Helena Curtis N. Sue Barnes
Adriana Schnek Alicia Massarini

Il nuovo Invito alla biologia.blu

Biochimica e biotecnologie

A cura di Laura Gandola,
Roberto Odone e Lorenzo Lancellotti

Impara con l'eBook multimediale

1 REGÌSTRATI
Vai su **my.zanichelli.it** e iscriviti come studente

2 ATTIVA IL TUO LIBRO
Nella tua area **myZanichelli**, clicca su **attiva opera** e inserisci la **chiave di attivazione** che trovi sul bollino argentato in questa pagina

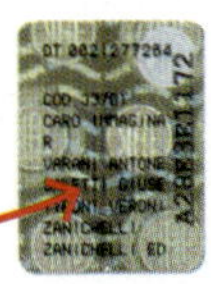

3 CLICCA SULLA COPERTINA
Puoi:
- sfogliare l'**eBook online**
- **scaricarlo offline** sul tuo computer o sul tuo tablet

LOSAI? Ripassa con lo smartphone prima della verifica

1 SCARICA LA APP DA:
Scarica su App Store — Disponibile su Google Play

2 AGGIUNGI IL LIBRO
con le tue credenziali **myZanichelli** e con la **chiave di attivazione**

3 CLICCA SUL CAPITOLO
che vuoi ripassare

4 SCEGLI LA TEORIA O IL TEST
Trovi:
- **sintesi di capitolo** per rivedere la teoria
- **test** per metterti alla prova

The original Spanish language title: *Invitación a la Biología*, 7a Edición de Helena Curtis, N. Sue Barnes, Adriana Schnek y Alicia Massarini
First published in Argentina by Editorial Médica Panamericana. © 2016 Editorial Médica Panamericana. All rights reserved
Titolo originale in inglese: *Invitation to Biology*, Fifth Edition © 1994, 1985, 1981, 1977, 1972 by Worth Publishers, Inc.
– All rights reserved
Il progetto didattico e culturale dell'opera deriva da *Invito alla biologia*, sesta edizione italiana, a cura di Laura Gandola e Roberto Odone.

Realizzazione editoriale:
- Redazione: Elena Bacchilega, Claudio Dutto, Sara Urbani
- Segreteria di redazione: Deborah Lorenzini, Rossella Frezzato
- Revisione esecutiva: Rosa D'Imperio, Les Mots Libres (Bologna)
- Progetto grafico e impaginazione: Chialab, Bologna
- Ricerca iconografica: Claudio Dutto
- Collaborazione alla ricerca iconografica: Claudia Patella, Chiara Presepi
- Indice analitico: Tiziano Cornegliani

Le fonti iconografiche si trovano sul sito online.zanichelli.it/curtisnuovoinvitoblu

Contributi:
- Nuovi disegni: Elisa Botton, Dmitrij Leoni, Luca Tible, Thomas Trojer
- Rilettura critica: Luciano Cozzi, Ugo Leuzzi, Mauro Mandrioli, Emma Sanzari
- Stesura degli esercizi di fine capitolo: Luciano Cozzi
- Stesura degli esercizi *In 1 ora*: Chiara Velli
- Stesura delle sintesi di fine capitolo: Selvaggia Santin
- Stesura delle linee del tempo: Marco Boscolo
- Stesura dei moduli CLIL: Marco Arcioni
- Revisione dei moduli CLIL: Sara Chiappara, Jackie Leeder

Copertina:
- Progetto grafico: Miguel Sal & C., Bologna
- Realizzazione: Roberto Marchetti e Francesca Ponti
- Immagine di copertina: fotohunter/Shutterstock

Prima edizione: marzo 2017

Ristampa: **prima tiratura**

5 4 3 2 1 2017 2018 2019 2020 2021

Zanichelli garantisce che le risorse digitali di questo volume sotto il suo controllo saranno accessibili, a partire dall'acquisto dell'esemplare nuovo, per tutta la durata della normale utilizzazione didattica dell'opera. Passato questo periodo, alcune o tutte le risorse potrebbero non essere più accessibili o disponibili: per maggiori informazioni, leggi my.zanichelli.it/fuoricatalogo

File per sintesi vocale
L'editore mette a disposizione degli studenti non vedenti, ipovedenti, disabili motori o con disturbi specifici di apprendimento i file pdf in cui sono memorizzate le pagine di questo libro. Il formato del file permette l'ingrandimento dei caratteri del testo e la lettura mediante software screen reader. Le informazioni su come ottenere i file sono sul sito http://www.zanichelli.it/scuola/bisogni-educativi-speciali

Grazie a chi ci segnala gli errori
Segnalate gli errori e le proposte di correzione su **www.zanichelli.it/correzioni.**
Controlleremo e inseriremo le eventuali correzioni nelle ristampe del libro.
Nello stesso sito troverete anche l'errata corrige, con l'elenco degli errori e delle correzioni.

Zanichelli editore S.p.A. opera con sistema qualità
certificato CertiCarGraf n. 477
secondo la norma UNI EN ISO 9001:2008

Questo libro è stampato su carta che rispetta le foreste.
www.zanichelli.it/la-casa-editrice/carta-e-ambiente/

Stampa: Grafica Ragno
Via Lombardia 25, 40064 Tolara di Sotto, Ozzano Emilia (Bologna)
per conto di Zanichelli editore S.p.A.
Via Irnerio 34, 40126 Bologna

Helena Curtis N. Sue Barnes
Adriana Schnek Alicia Massarini

Il nuovo Invito alla biologia.blu

Biochimica e biotecnologie

A cura di Laura Gandola,
Roberto Odone e Lorenzo Lancellotti

SCIENZE ZANICHELLI

Sommario

Capitolo

E1

Le biomolecole

Nell'ebook

Video ***Un minuto di biologia***

- *I carboidrati*
- *I lipidi*
- *Le proteine*
- *Gli acidi nucleici*

LO SAI? RIPASSA CON LO SMARTPHONE

ESERCIZI INTERATTIVI SU ZTE

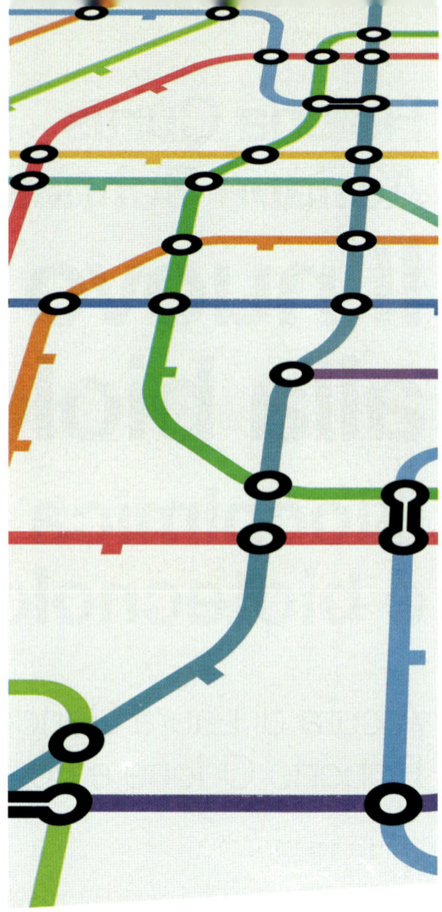

Capitolo

E2

La bioenergetica

Nell'ebook

Video ***La biologia in 3D***

- *Struttura e funzione dell'alcol deidrogenasi*
- *Structure and function of alcohol dehydrogenase*

LO SAI? RIPASSA CON LO SMARTPHONE

ESERCIZI INTERATTIVI SU ZTE

Capitolo

E3

La fotosintesi clorofilliana

Nell'ebook

Video ***Un minuto di biologia***
- *La fotosintesi*

Video ***La biologia in 3D***
- *La fotosintesi: le reazioni della fase luminosa*
- *Photosynthesis: light reactions*

LO SAI? RIPASSA CON LO SMARTPHONE

ESERCIZI INTERATTIVI SU ZTE

Capitolo

E4

Il metabolismo del glucosio

Nell'ebook

Video ***Un minuto di biologia***
- *La glicolisi*
- *La respirazione cellulare*
- *La forza proton-motrice*
- *La fermentazione*

Video ***La biologia in 3D***
- *La catena respiratoria e la fosforilazione ossidativa*
- *The respiratory chain and the oxidative phosphorylation*

Approfondimento ***Per saperne di più***
- *Il disaccoppiamento genera calore*

LO SAI? RIPASSA CON LO SMARTPHONE

ESERCIZI INTERATTIVI SU ZTE

Capitolo

E5

La regolazione del metabolismo

Nell'ebook

Approfondimento ***La nostra salute***
- *I rimedi metabolici al digiuno*
- *Il fabbisogno proteico giornaliero*

Linea del tempo interattiva

LO SAI? RIPASSA CON LO SMARTPHONE

ESERCIZI INTERATTIVI SU ZTE

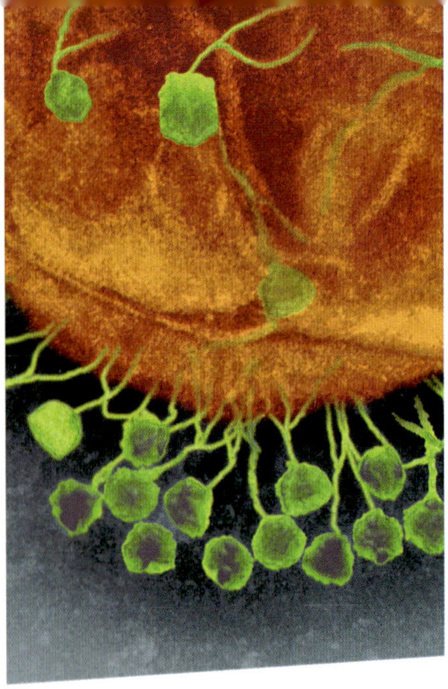

Capitolo

E6

La genetica di virus e batteri

Capitolo

E7

La genetica degli eucarioti

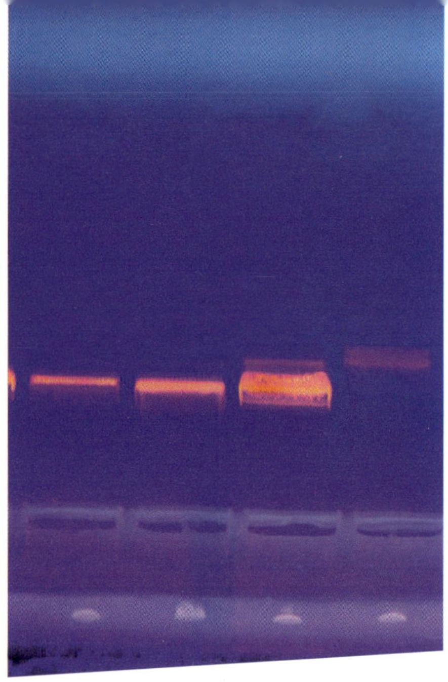

Capitolo

E8

Il DNA ricombinante

Capitolo

E9

Le applicazioni delle biotecnologie

Nell'ebook

Approfondimento ***Per saperne di più***
- *Un OGM per salvare le banane*

Linea del tempo interattiva

LO SAI? RIPASSA CON LO SMARTPHONE

ESERCIZI INTERATTIVI SU ZTE

Come orientarsi nel libro

Su carta

BOX

Ti ricordi?
Per richiamare alla memoria i concetti fondamentali della biologia.
Per esempio cap. E2, *pagg.* E42-E43

[illegible]
Mappe sintetiche per visualizzare i contenuti del testo.
Per esempio cap. E4, *pagg.* E102-E103

Le parole
Per riflettere sull'etimologia dei termini scientifici.
Per esempio cap. E1, *pagg.* E16-E17

Curiosità
Per esplorare aspetti originali a margine della materia.
Per esempio cap. E4, *pag.* E96

Facciamo il punto
Domande per fissare i passaggi più importanti del paragrafo.
Per esempio cap. E3, *pag.* E73

SCHEDE

Per saperne di più
Approfondimenti che stimolano ad andare oltre il testo.
Per esempio cap. E7, *pag.* E170

Storia della scienza
I personaggi e le vicende simbolo della ricerca scientifica.
Per esempio cap. E3, *pag.* E69

Chiavi di lettura
Brani autentici scritti dai protagonisti della ricerca.
Per esempio cap. E6, *pag.* E146

Uno sguardo alla bioetica
Riflessioni sulle potenzialità e i rischi delle biotecnologie.
Per esempio cap. E9, *pag.* E217

LA LINEA DEL TEMPO

Le grandi scoperte e gli scienziati più importanti nel loro contesto storico.
Per esempio pagg. E134-E135

SINTESI DI FINE CAPITOLO

Per fare il punto sui concetti-chiave del capitolo.
Per esempio cap. E1, *pag.* E38

ESERCIZI DI FINE CAPITOLO

Per esempio cap. E4, *pagg.* E107-E109
- Verifica le tue conoscenze
- Verifica le tue abilità
- Verso l'università UNITUTOR
- Hands-on glossary
- Verso l'esame: le tue competenze

SEI PRONTO PER LA VERIFICA? IN 1 ORA

Allenati con una prova generale della verifica da svolgere in un'ora, con il punteggio per autovalutarti.
Per esempio pagg. E64-E65

BIOLOGY HIGHLIGHTS

Un modulo in inglese che tratta un argomento-chiave con il metodo CLIL.
Per esempio pagg. E239-E243

PROVE ESPERTE

Un allenamento alla Seconda prova dell'esame di Stato.
Per esempio, pagg. E244-E247

In digitale

PDF

Approfondimento
8 schede di approfondimento su argomenti di attualità, salute, storia, ambiente.
Per esempio:
Un OGM per salvare le banane

VIDEO

La biologia in 3D
8 video in grafica tridimensionale per capire meglio, in italiano e in inglese (40 minuti).
Per esempio:
L'operone lac - The lac operon

Un minuto di biologia
15 video brevi per ripassare i concetti-chiave della materia (20 minuti).
Per esempio:
Il ciclo litico e il ciclo lisogeno

Le biotecnologie
4 video per osservare da vicino le più comuni tecniche di laboratorio (30 minuti).
Per esempio:
Come si fa il DNA fingerprinting

LO SAI?

Ripassa con lo smartphone prima di una verifica con: sintesi di capitolo per rivedere la teoria e batterie di test per metterti alla prova.

ESERCIZI INTERATTIVI SU ZTE

TIMELINE

Le linee del tempo interattive.

MP3

Audio in inglese del modulo finale Biology Highlights.

Sezione

E

La biochimica e le biotecnologie

Capitolo
E1 Le biomolecole

1 I carboidrati

Le biomolecole sono le molecole dei viventi

Le biomolecole sono la componente più significativa dei composti organici presenti negli organismi viventi; formano la struttura delle cellule e nello stesso tempo rappresentano i protagonisti del metabolismo cellulare.

Esse sono riconducibili a quattro classi fondamentali: **carboidrati**, **lipidi**, **proteine** e **acidi nucleici**. Fanno da complemento a queste classi le *vitamine* e gli *ormoni*. Tutte le biomolecole, tranne i lipidi, sono polimeri, cioè sono costituite dall'unione di più monomeri.

- I carboidrati assolvono funzioni energetiche, di riserva energetica e strutturali.
- I lipidi costituiscono una riserva energetica, ma svolgono anche una funzione strutturale.
- Le proteine svolgono molteplici ruoli biologici fondamentali (strutturale, catalitica, di regolazione, difesa, trasporto ecc.) nel metabolismo cellulare. Sono biomolecole polimeriche costituite da unità strutturali ripetute, dette amminoacidi.
- Gli acidi nucleici sono le biomolecole polimeriche nelle quali sono codificati i geni e pertanto sono responsabili della conservazione, trasmissione ed espressione dell'informazione ereditaria. Le unità strutturali ripetute sono i nucleotidi.

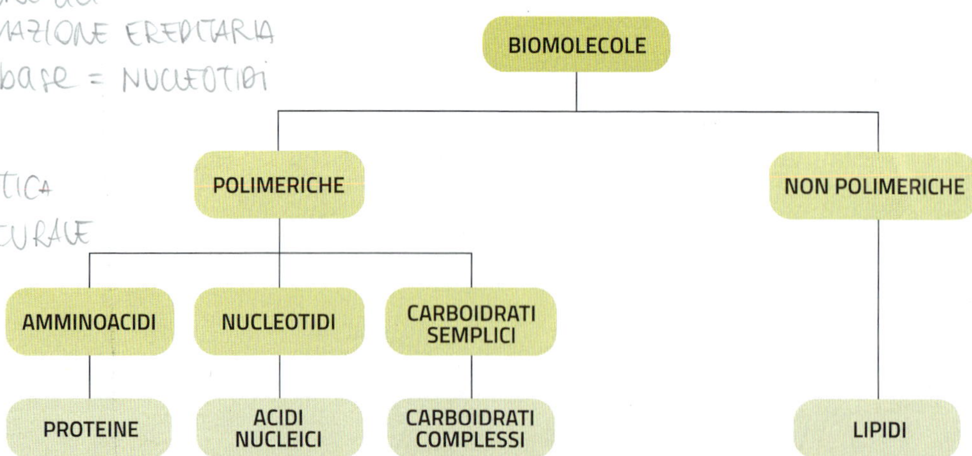

I carboidrati sono monosaccaridi, oligosaccaridi e polisaccaridi

I carboidrati o **glucidi** sono biomolecole monomeriche o polimeriche costituite da due o più gruppi idrossido (–OH) e da un gruppo aldeidico (–CHO) o un gruppo chetonico (>C).

I carboidrati rappresentano in assoluto le biomolecole più diffuse nella biosfera e hanno un'enorme importanza biologica, assolvendo ruoli *energetici* (glucosio, fruttosio), di *riserva energetica* (amido e glicogeno, presenti rispettivamente negli organismi vegetali e animali) e *strutturali* (cellulosa e chitina).

Nei primi composti analizzati, il rapporto tra idrogeno e ossigeno risultò essere di 2 : 1. Lo stesso rapporto si ritrova nella molecola d'acqua e pertanto questi composti furono denominati *idrati di carbonio* o *carboidrati*. In realtà lo stesso rapporto tra idrogeno e ossigeno è presente anche in composti che non sono carboidrati, inoltre alcuni presentano un rapporto diverso da 2 : 1.

In base alla complessità della loro struttura, i carboidrati sono classificati in **monosaccaridi**, **oligosaccaridi** e **polisaccaridi** a seconda che siano costituiti da un solo monomero, da pochi oppure da un numero elevato di monomeri legati tra loro.

Le tre classi di carboidrati sono in relazione tramite la reazione di idrolisi, ovvero per addizione di acqua, in presenza di un catalizzatore acido H^+:

$$\text{polisaccaride} + \text{acqua} \xrightarrow{H^+} \text{oligosaccaride} + \text{acqua} \xrightarrow{H^+} \text{monosaccaride}$$

Le parole

I carboidrati sono denominati anche **glucidi** (dal greco *glukos*, «dolce») per il sapore dolce di alcuni di questi composti.

Per classificare i carboidrati si utilizza anche il termine **saccaride** (dal latino *saccharum*, «zucchero») per il sapore dolce di alcuni di essi.

I monosaccaridi comprendono aldosi e chetosi

I monosaccaridi o zuccheri semplici sono carboidrati che per idrolisi non sono suddivisibili in composti più semplici.

I monosaccaridi sono distinti in **aldosi** e **chetosi** a seconda che contengano un gruppo aldeidico o chetonico. A seconda del numero di atomi di carbonio presente nella loro molecola possono essere classificati in triosi, tetrosi, pentosi, esosi ed eptosi. Entrambi i sistemi di classificazione possono essere considerati con un unico termine: un monosaccaride con il gruppo aldeidico e quattro atomi di carbonio è un *aldotetroso*.

L'aldoso e il chetoso più semplici sono due triosi, il 2,3-diidrossipropanale (o *gliceraldeide*) e il diidrossipropanone (o *diidrossiacetone*):

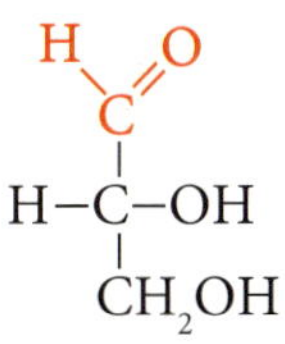

gliceraldeide

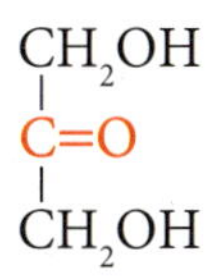

diidrossiacetone

Ti ricordi?

Ci sono due tipi di **gruppo carbonile**: aldeidico e chetonico. Il primo è presente all'estremità di una catena carboniosa alifatica e il secondo al suo interno.

I monosaccaridi più noti e più diffusi sono il ribosio e il desossiribosio, il glucosio, il galattosio e il fruttosio:

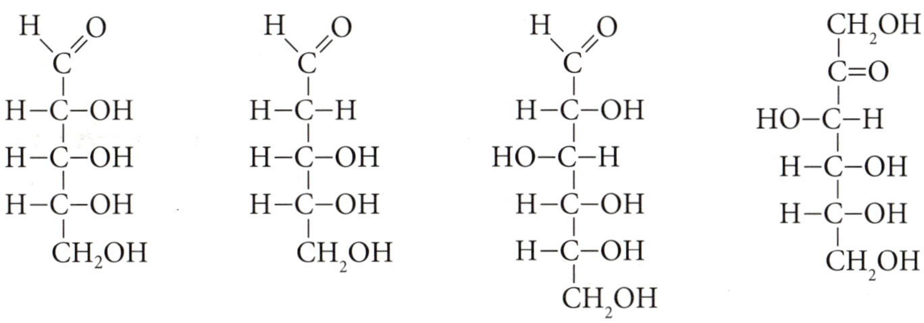

ribosio desossiribosio glucosio fruttosio

aldopentosi aldoesoso chetoesoso

Ti ricordi?

Il **ribosio** e il **desossiribosio** sono due aldopentosi presenti tra i costituenti dei nucleotidi del RNA e del DNA.

La chiralità: proiezioni di Fischer

> **Ti ricordi?**
>
> Uno **stereocentro** è un atomo di carbonio ibridato sp^3 legato a quattro atomi o a gruppi atomici tra loro diversi.
>
> Gli **enantiomeri** sono due stereoisomeri che differiscono nella disposizione spaziale per essere l'uno l'immagine speculare, ma non sovrapponibile, dell'altro.

Le molecole dei monosaccaridi, tranne il diidrossiacetone, hanno uno o più stereocentri (simbolo *C), quindi si presentano sotto forma di due o più **enantiomeri**: per questo motivo i monosaccaridi sono definiti molecole **chirali**.

Per la presenza di uno **stereocentro**, la gliceraldeide presenta due enantiomeri: uno destrogiro, (+)-gliceraldeide, e l'altro levogiro, (–)-gliceraldeide. Usando le proiezioni prospettiche, i due enantiomeri sono così rappresentati:

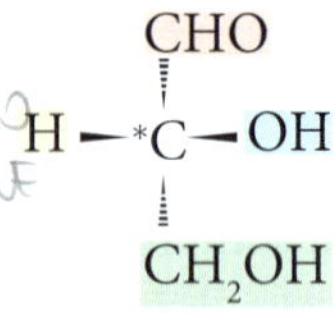
(+)-gliceraldeide

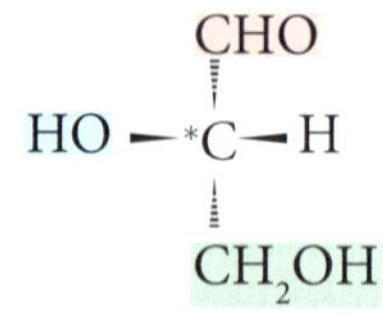
(–)-gliceraldeide

Nel 1881 il chimico tedesco Emil Fischer propose di rappresentare le formule di due enantiomeri con formule planari (bidimensionali) dette **proiezioni di Fischer**, in cui lo stereocentro è identificato dall'intersezione di due segmenti perpendicolari: il segmento orizzontale evidenzia i gruppi situati sopra il piano del foglio, il segmento verticale evidenzia i gruppi situati sotto il piano del foglio. Rappresentando i monosaccaridi con le proiezioni di Fischer si deve:

1. disporre la catena carboniosa verticalmente con *in alto il gruppo carbonile*;
2. omettere il simbolo dell'atomo (o degli atomi) di carbonio che è uno stereocentro (*C);
3. numerare gli atomi di carbonio *dall'alto verso il basso*.

Utilizzando le proiezioni di Fischer, i due enantiomeri della gliceraldeide sono così rappresentati:

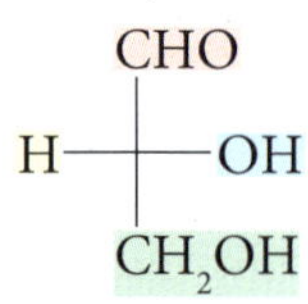
(+)-gliceraldeide

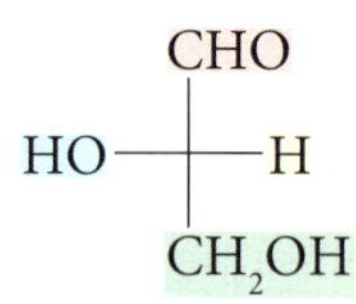
(–)-gliceraldeide

Fischer stabilì inoltre di assegnare convenzionalmente alla configurazione della (+)-gliceraldeide, quella con l'ossidrile (–OH) a destra, la lettera D e al suo enantiomero, la (–)-gliceraldeide, quello con l'ossidrile a sinistra, la lettera L (**figura 1**).

La codifica di Fischer è oggi estesa a tutti i monosaccaridi nel modo seguente:

- se lo stereocentro più lontano dal gruppo aldeidico o chetonico ha l'ossidrile a *destra*, il composto è un monosaccaride della serie D;
- se la configurazione dello stereocentro più lontano ha l'ossidrile a *sinistra*, il composto è un monosaccaride della serie L.

A D-(+)-gliceraldeide

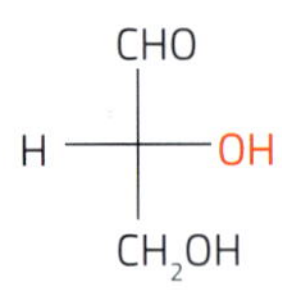

B L-(–)-gliceraldeide

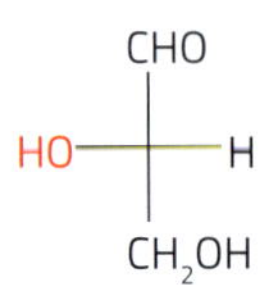

▲ **Figura 1**
La D-(+)-gliceraldeide e la L-(–)-gliceraldeide differiscono per la posizione di OH rispetto allo stereocentro.

La maggior parte dei monosaccaridi presenti in natura è della serie D.

Gli enantiomeri del glucosio e del fruttosio sono così rappresentati con le proiezioni di Fischer:

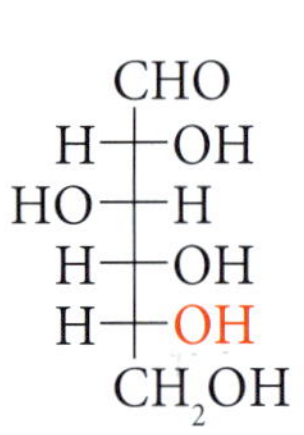
D-(+)-glucosio

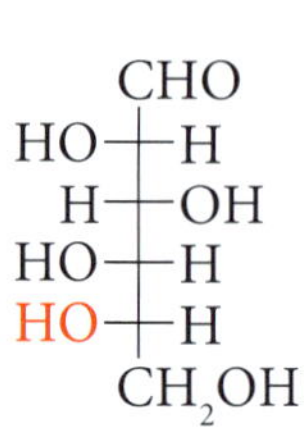
L-(–)-glucosio

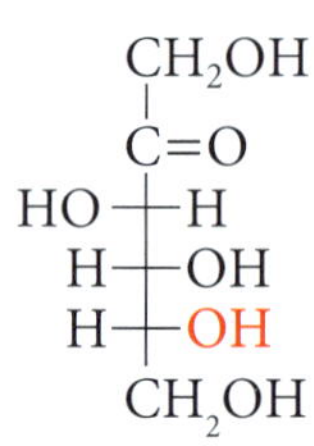
D-(–)-fruttosio

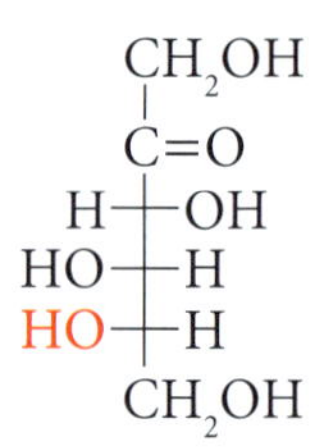
L-(+)-fruttosio

Per una molecola che contiene *n* stereocentri, il numero totale degli isomeri ottici è dato da 2^n. Per gli aldoesosi (in cui sono presenti 4 stereocentri) si hanno in tal modo sedici isomeri ($2^4 = 16$): otto della serie D (con il gruppo OH sull'atomo C-5 a destra) e otto della serie L (con il gruppo OH sull'atomo C-5 a sinistra).

I monosaccaridi possono assumere struttura ciclica

In acqua la struttura prevalente dei monosaccaridi (in particolare degli esosi) non è aciclica o aperta, ma **ciclica** o **emiacetalica** quando è rappresentata con le proiezioni di Fischer.

Il gruppo carbonile delle aldeidi e dei chetoni infatti reagisce velocemente con il gruppo ossidrile degli alcoli per formare emiacetali.

Nei monosaccaridi la reazione tra i due gruppi, il carbonile e l'ossidrile (presenti all'interno della stessa molecola), conduce alla formazione di una struttura emiacetalica ciclica. Tra la forma aperta e quella ciclica esiste un equilibrio che è notevolmente spostato verso la forma ciclica, più stabile. La produzione del semiacetale, partendo da un alcol e una aldeide, è infatti una reazione endoergonica, cioè sfavorita. I monosaccaridi riescono a mantenere la struttura semiacetalica con la ciclizzazione.

Negli **aldoesosi** (D-glucosio) l'anello è ottenuto per addizione nucleofila del gruppo ossidrile del C-5 al gruppo aldeidico in C-1 ed è costituito da cinque atomi di carbonio e da uno di ossigeno:

Ti ricordi?

L'**emiacetale** o **semiacetale** è un composto che presenta sullo stesso atomo di carbonio una funzione alcolica (–OH) e una funzione eterea (–O–).

D-glucosio

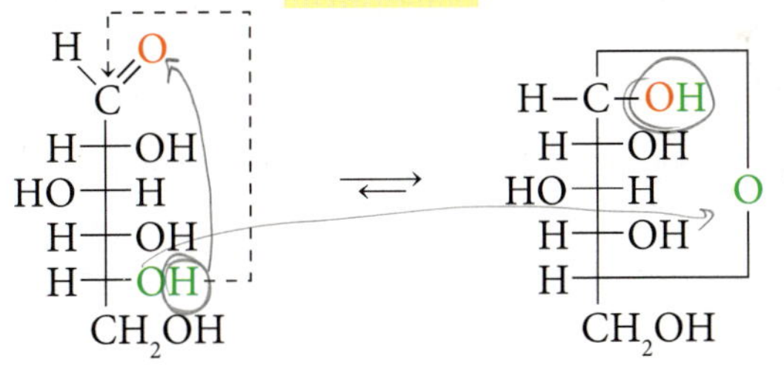

Forma aperta-Fischer — Forma ciclica-Fischer

Le proiezioni di Haworth rappresentano la forma ciclica degli aldosi

La forma ciclica degli aldosi è un anello esatomico ed eterociclico che si rappresenta con le **proiezioni di Haworth** in cui l'atomo di ossigeno è posto in alto a destra dell'anello e gli atomi di carbonio sono numerati e disposti in senso orario a partire dal C-1 a destra.

Gli ossidrili, che nelle proiezioni di Fischer si trovano a destra, stanno *sotto* il piano dell'anello nelle proiezioni di Haworth (viceversa, gli ossidrili di sinistra delle proiezioni di Fischer stanno *sopra* nelle proiezioni di Haworth). Il gruppo terminale $-CH_2OH$ sta *sopra* nelle proiezioni di Haworth negli aldoesosi della serie D e *sotto* in quelle della serie L. Si può utilizzare anche una rappresentazione in cui gli atomi di idrogeno si omettono e si evidenzia solo la presenza degli ossidrili. Per esempio, nel caso del D-glucosio:

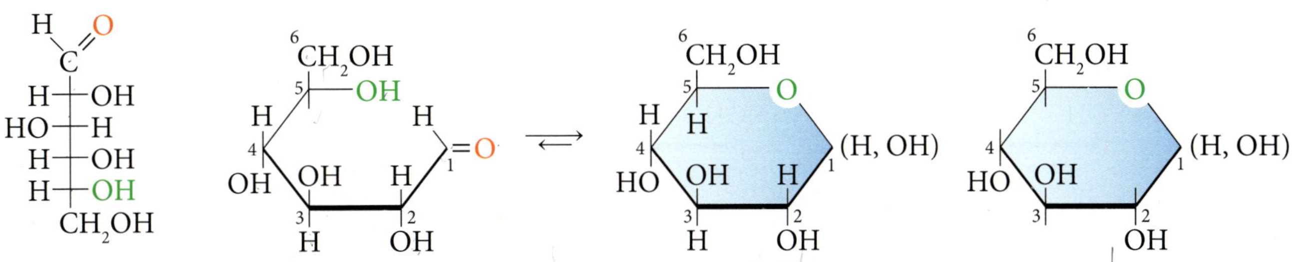

Proiezione di Fischer — Forma aldeidica aciclica — Proiezione di Haworth

Il gruppo OH e l'atomo H legati al C-1 possono trovarsi sopra o sotto, quindi, per adesso, vengono scritti in modo generico nella forma (H, OH).

Nei **chetoesosi** la forma ciclica, ottenuta per addizione nucleofila del gruppo ossidrile del C-5 al gruppo chetonico in C-2, è costituita da quattro atomi di carbonio e da un atomo di ossigeno e, quindi, l'anello è pentatomico ed eterociclico. Per esempio, nel caso del D-futtosio:

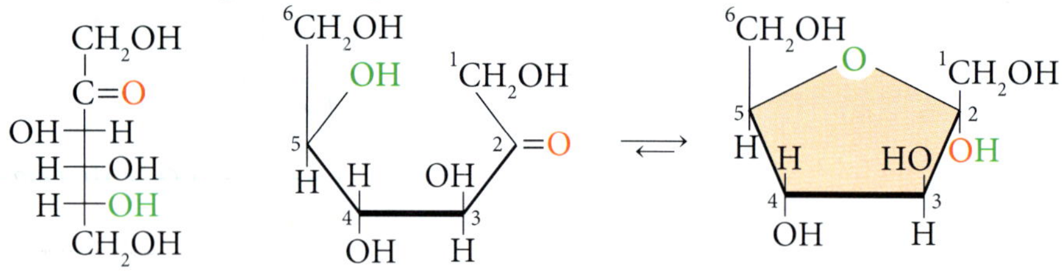

Proiezione di Fischer — Forma chetonica aciclica — Proiezione di Haworth (anomero α)

Le reazioni dei monosaccaridi sono ossidazione e riduzione

Per la presenza dei gruppi aldeidico e chetonico, i carboidrati danno reazioni di riduzione e ossidazione tipiche del gruppo carbonile.

La reazione di **riduzione** interessa il gruppo carbonile degli aldosi e dei chetosi nella forma aciclica, in equilibrio con l'emiacetale ciclico. In presenza di un riducente, il gruppo carbonile si riduce e il prodotto che si ottiene è un poliolo detto **alditolo**.

1 - Per saperne di più

Anomeria e mutarotazione

La ciclizzazione dei monosaccaridi porta alla formazione di un atomo di carbonio *emiacetalico* (il C-1 nel D-glucosio, il C-2 nel D-fruttosio). Infatti, è contemporaneamente il carbonio di un alcol e di un etere, essendo legato sia a un gruppo ossidrile sia a un atomo di ossigeno.

Il carbonio emiacetalico, che nella forma aldeidica o chetonica aciclica non è uno *stereocentro*, nella struttura ciclica lo diventa, essendo legato a quattro gruppi diversi (nel glucosio: H, OH, OC-5 e C-2).

Un atomo di carbonio, emiacetalico e stereocentro, si chiama **carbonio anomerico**.

In conseguenza del nuovo stereocentro sono possibili due stereoisomeri detti **anomeri** che vengono distinti in α e β a seconda della posizione del gruppo ossidrile. Per i monosaccaridi della serie D il gruppo OH è diretto verso il *basso* nell'anomero α e verso l'*alto* in quello β.

I due stereoisomeri α e β del glucosio hanno proprietà fisiche diverse (temperatura di fusione e rotazione ottica specifica). I due anomeri costituiscono infatti una coppia di diastereoisomeri e non di enantiomeri, dal momento che presentano strutture non speculari: le due strutture sono identiche ma differiscono nella configurazione di un solo stereocentro, il C-1.

Le due forme α e β del D-glucosio in acqua si convertono l'una nell'altra. Quando l'α-D-glucosio va in soluzione in acqua, la rotazione ottica specifica *diminuisce* gradualmente dal valore iniziale di +112° a un valore costante di +52°.

Se è il β-D-glucosio ad andare in soluzione, la rotazione ottica specifica *aumenta* gradualmente dal valore iniziale di +19° al valore costante di +52°.

La variazione di rotazione ottica associata all'interconversione degli anomeri si chiama **mutarotazione**.

Il fenomeno si giustifica con la reversibilità del processo di formazione degli emiacetali. In acqua, la forma ciclica emiacetalica α o β si apre per dare l'aldeide aciclica, che poi ciclizza di nuovo per dare la forma α o β, fino al raggiungimento di un equilibrio tra le due forme.

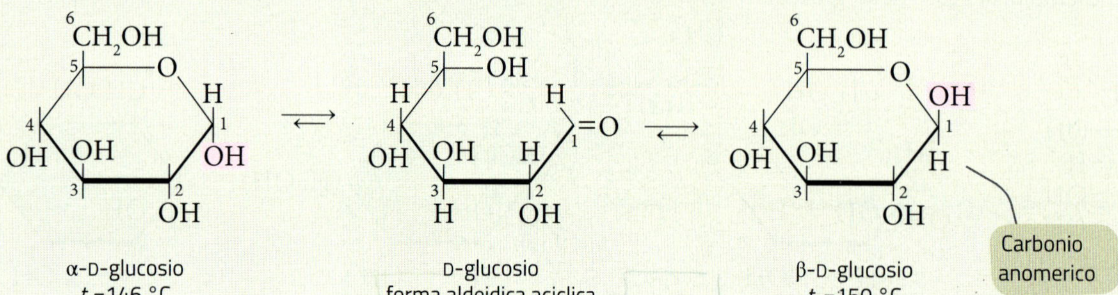

α-D-glucosio t_f=146 °C [α]=+112° — D-glucosio forma aldeidica aciclica — β-D-glucosio t_f=150 °C [α]=+19°

La reazione di riduzione del D-glucosio porta alla formazione del D-glucitolo (conosciuto con il nome di *sorbitolo*), che trova impiego come dolcificante alimentare in sostituzione del saccarosio (**figura 2**):

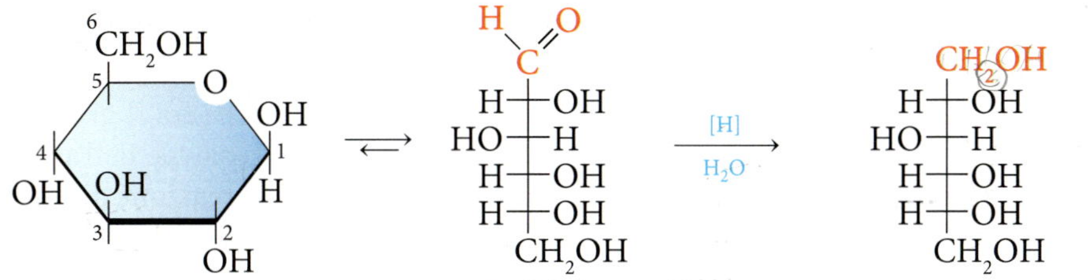

β-D-glucosio forma ciclica — D-glucosio forma aciclica — D-glucitolo o sorbitolo poliolo

▲ **Figura 2**
Il sorbitolo è presente in natura nel frutto del sorbo.

Man mano che la forma aciclica viene ridotta, l'equilibrio si sposta a *destra* così che, alla fine, tutto il monosaccaride è convertito in poliolo.

La reazione di **ossidazione** interessa il gruppo *aldeidico* degli aldosi nella forma aciclica, in equilibrio con la forma ciclica. In presenza di un ossidante, il gruppo aldeidico si ossida con formazione di acidi carbossilici detti **acidi aldonici**. Gli agenti ossidanti utilizzati sono il **reattivo di Tollens** (soluzione basica contenente ioni Ag^+) e il **reattivo di Fehling** (soluzione basica contenente ioni Cu^{2+}), che vengono *ridotti* rispettivamente ad argento metallico che si deposita sulla parete della provetta (specchio d'argento), e a ossido di rame(I) che precipita (**figura 3**). Per esempio, la reazione di ossidazione del β-D-galattosio forma l'acido D-galattonico:

A colpo d'occhio

REAZIONI DEI MONOSACCARIDI
- **RIDUZIONE DEL GRUPPO CARBONILE**
- **OSSIDAZIONE DEL GRUPPO ALDEIDICO**

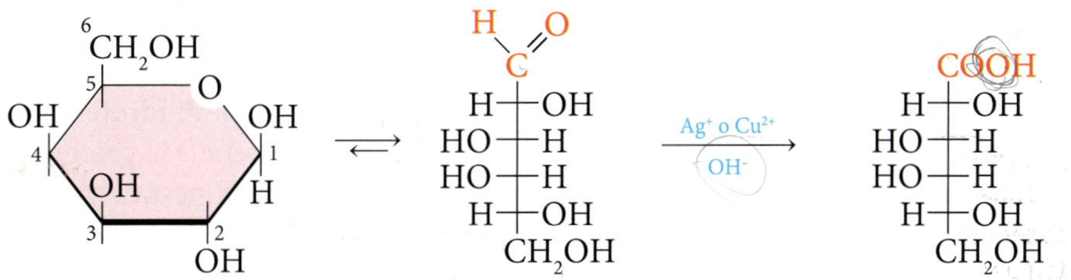

β-D-galattosio forma ciclica — D-galattosio forma aciclica — acido D-galattonico

Un aldoso che reagisce con il reattivo di Tollens o di Fehling si chiama **zucchero riducente**, in quanto l'ossidazione del gruppo aldeidico è accompagnata dalla riduzione degli ioni argento Ag^+ o degli ioni rame Cu^{2+}.

◄ **Figura 3**
I saggi di Fehling (A) e di Tollens (B).

OLIGOSACCARIDI = monosaccaridi 2 a 10
↳ DISACCARIDI: 2 monosaccaridi unite da un LEGAME GLICOSIDICO ↓ più comune 1,4-glicosidico

I disaccaridi sono costituiti da due monomeri

Gli oligosaccaridi sono carboidrati costituiti dall'unione di pochi monosaccaridi (da due a dieci). La classe più semplice, ma più importante, è rappresentata dai disaccaridi.

I disaccaridi sono carboidrati costituiti da due unità di monosaccaridi (uguali o diverse) uniti da un legame glicosidico.

La reazione che porta alla formazione del disaccaride avviene fra il gruppo ossidrilico del carbonio anomerico di un'unità e un gruppo ossidrile dell'altra unità; si ha eliminazione di una molecola d'acqua e quindi è una **reazione di condensazione** tra due unità emiacetaliche. Il disaccaride che si forma è un **acetale** e il legame acetalico che unisce i due monomeri è chiamato legame **glicosidico**.

Il più comune tra i legami glicosidici è quello che coinvolge il carbonio in posizione 1 di un monosaccaride e quello in posizione 4 di un altro monosaccaride; tale legame è quindi chiamato legame **1,4-glicosidico**:

Ti ricordi?
L'**acetale** è un composto che presenta sullo stesso atomo di carbonio due funzioni eteree (–O–).

reazione: GRUPPO OSSIDRILICO del carbonio anomerico + GRUPPO OSSIDRILE ↓ di CONDENSAZIONE = creazione di H_2O

Il disaccaride che si forma è un ACETALE (-O-)

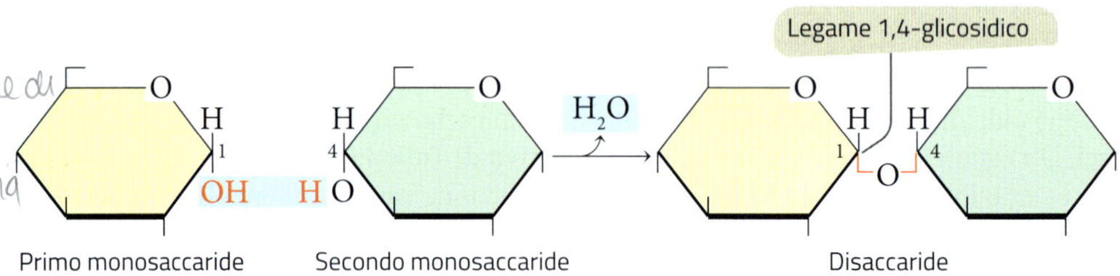

Il legame glicosidico può essere di tipo α o di tipo β, a seconda che sia α o β il gruppo ossidrile del carbonio anomerico impegnato nella formazione del legame. Per esempio, quello mostrato sopra è un legame 1,4 di tipo α.

I disaccaridi, in presenza di un catalizzatore acido o di un enzima, possono essere suddivisi nei due monosaccaridi costituenti con la reazione di **idrolisi**.

I disaccaridi più comuni sono il *lattosio*, il *maltosio* e il *saccarosio* e, poiché si formano dalla condensazione di due molecole di esosi, hanno la stessa formula molecolare ($C_{12}H_{22}O_{11}$) ma una diversa formula di struttura.

• Il LEGAME GLICOSIDICO può essere α o β in base se sia α o β il gruppo OH del carbonio anomerico
• i disaccaridi con un CATALIZZATORE ACIDO/ENZIMA possono diventare due monosaccaridi con l'IDROLISI

Lattosio, maltosio e saccarosio sono i principali disaccaridi

Il **lattosio**, che è il principale zucchero del latte, si forma per condensazione di una molecola di β-D-galattosio e di una molecola di β-D-glucosio. Il legame è 1,4-β-glicosidico (**figura 4**):

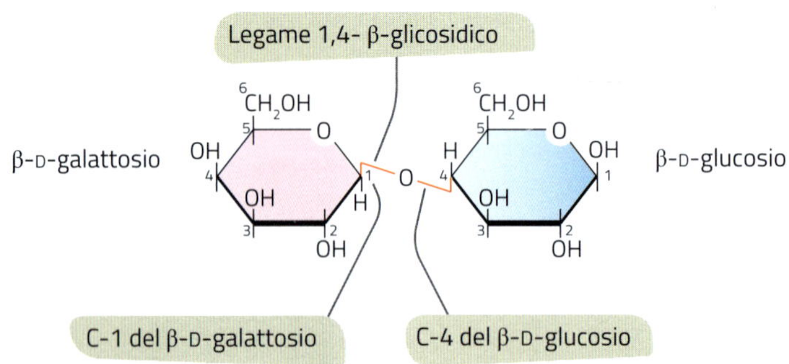

▸ **Figura 4**
Nella molecola del lattosio è presente un legame β-glicosidico tra il C-1 del β-D-galattosio e il C-4 del β-D-glucosio.

LATTOSIO
• si forma per CONDENSAZIONE β-D GALATTOSIO + β-D GLUCOSIO
• legame 1,4 β GLICOSIDICO
• malattia ereditaria GALATTOSEMIA manca l'enzima capace di isomerizzare il GALATTOSIO in GLUCOSIO

In alcuni bambini, subito dopo la nascita, si può manifestare una malattia ereditaria del metabolismo chiamata **galattosemia**. Questa patologia è causata dalla mancanza dell'enzima capace di isomerizzare il galattosio in glucosio. La patologia, che può causare un deficit nello sviluppo intellettivo e somatico, è associata a una dieta ricca di lattosio che comporta un accumulo di galattosio nei tessuti. Affinché la malattia non si manifesti, è necessario eliminare il latte dalla dieta.

Il **maltosio**, che si trova nell'amido di mais e nei semi in germinazione, si forma per condensazione di due molecole di α-D-glucosio. Il legame è 1,4-α-glucosidico (**figura 5**).

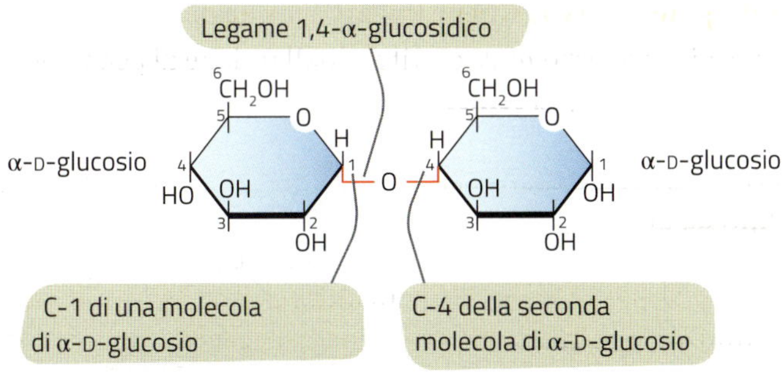

◂ Figura 5
Nella molecola del maltosio è presente un legame α-glicosidico tra le due molecole di α-D-glucosio.

MALTOSIO
• si forma per condensazione α-D-glucosio + α-D-glucosio
• legame 1,4-α-glucosidico

SACCAROSIO
• si forma per condensazione α-D-glucosio + β-D-fruttosio
• legame 1,2 α glicosidico

Da evidenziare che lattosio e maltosio, presentando un gruppo emiacetalico libero, si comportano come **zuccheri riducenti**.

Il **saccarosio**, lo zucchero da tavola che si ricava dalla canna da zucchero e dalla barbabietola, si forma per condensazione di una molecola di α-D-glucosio e una molecola di β-D-fruttosio. Il legame è 1,2-α-glicosidico (**figura 6**). Per l'assenza di un gruppo emiacetalico libero, il saccarosio è uno **zucchero non riducente**.

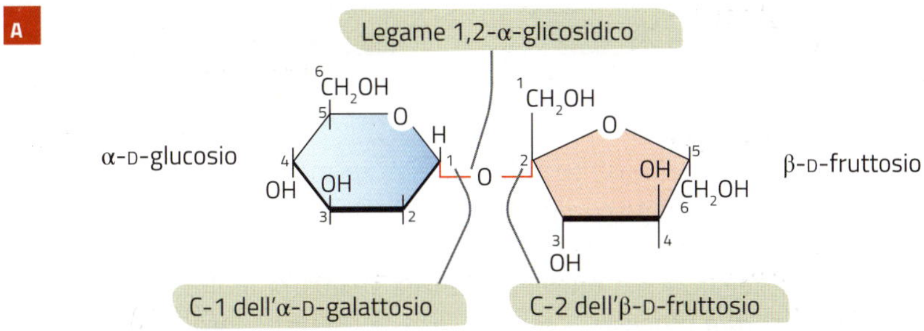

◂ Figura 6
(A) Nella molecola del saccarosio è presente un legame α-glicosidico tra il C-1 dell'α-D-glucosio e il C-2 del β-D-fruttosio.
(B) Il saccarosio è lo zucchero più usato in cucina e si ricava dalla canna da zucchero e dalla barbabietola.

POLISACCARIDI
= carboidrati costituiti da numero elevato di monosaccaridi con legami glucosidici
→ amido, glucogeno, cellulosa sono polimeri di glucosio
↓
sono zuccheri non riducenti

• AMIDO: funzione di riserva negli organismi vegetali
↓
unità = α-glucosio
- costituito 2 polimeri
• amilosio: solubile in H_2O
• amilopectina: insolubile in H_2O

I polisaccaridi sono lunghe catene di monosaccaridi

I polisaccaridi sono carboidrati costituiti da un numero elevato di monosaccaridi legati tra loro da legami glicosidici.

I polisaccaridi più diffusi in natura sono l'amido, il glicogeno e la cellulosa, tutti polimeri del glucosio. Poiché questi composti non hanno gruppi emiacetalici liberi (tranne quello alla fine della catena), sono **zuccheri non riducenti**.

L'**amido** è il carboidrato che svolge la funzione di riserva energetica negli organismi vegetali. L'amido, formato da unità di α-glucosio, è costituito da due polimeri: l'amilosio e l'amilopectina.

L'**amilosio** è costituito da unità di glucosio, unite da legami 1,4-α-glicosidici, che formano delle catene lineari (**figura 7**). L'amilosio è solubile in acqua.

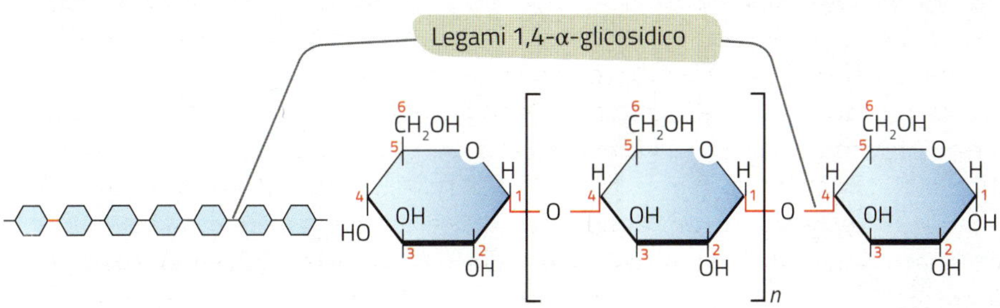

◂ Figura 7
La struttura lineare dell'amilosio.

L'**amilopectina** è formata da catene lineari di unità di glucosio legate da legami 1,4-α-glicosidici, che si inseriscono lateralmente con legami 1,6-α-glicosidici a formare una struttura ramificata (**figura 8**). Questa molecola è insolubile in acqua.

▸ Figura 8
La struttura ramificata dell'amilopectina.

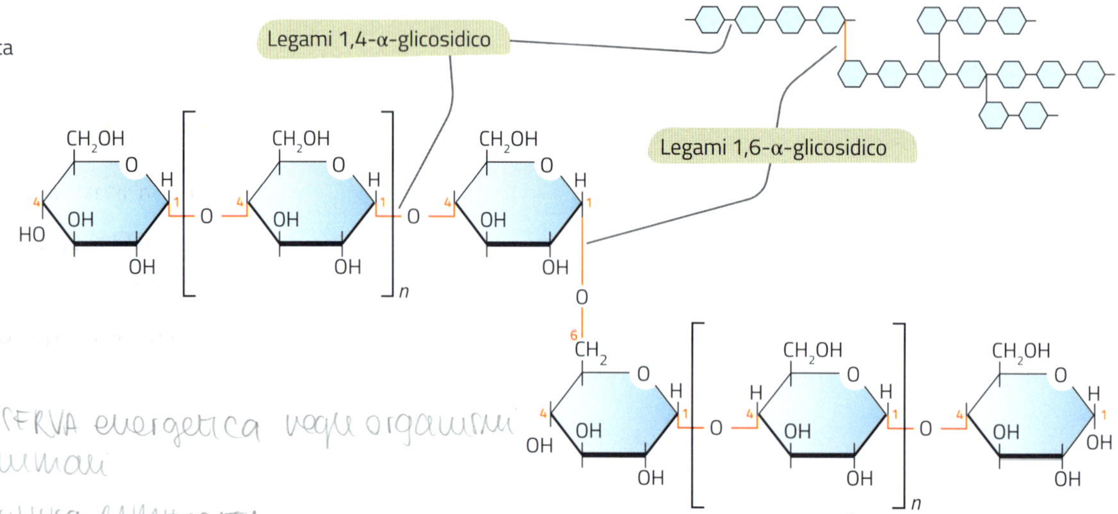

GLICOGENO → RISERVA energetica negli organismi animali
struttura RAMIFICATA
legami
1,4 1,6
α - glucosidici

Sia l'amilosio sia l'amilopectina, per idrolisi, danno molecole di maltosio che, successivamente, si idrolizzano completamente in glucosio.

Il **glicogeno** svolge funzione di riserva energetica negli organismi animali, dove è presente nel fegato e nei muscoli. Ha una struttura molto ramificata ed è costituito da unità di α-glucosio legate tra loro da legami 1,4 e 1,6-α-glicosidici (**figura 9**).

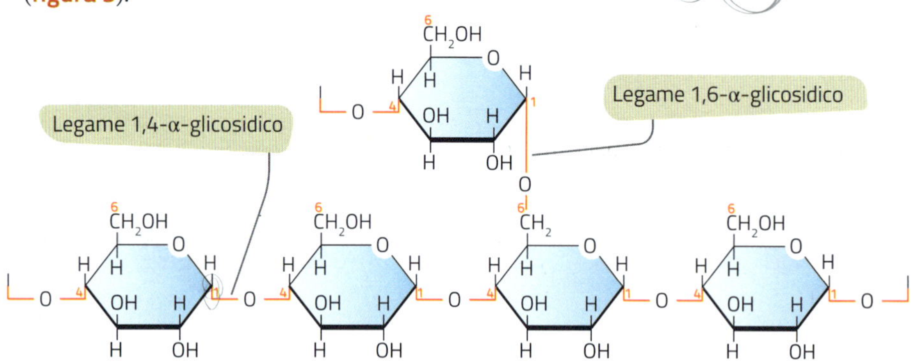

▸ Figura 9
Il glicogeno è un polimero ramificato di molecole di α-glucosio.

CELLULOSA → POLISACCARIDE INSOLUBILE
sostegno nelle piante ↓ struttura della parete cellulare
unità: β - glucosio
legame: 1,4 β glucosidico
↓
CATENE LINEARI unite da LEGAMI IDROGENO

La **cellulosa** è un polisaccaride insolubile in acqua che ha la funzione di sostegno nelle piante, in quanto va a costituire la struttura della parete cellulare delle cellule (**figura 10**).

▸ Figura 10
(A) La cellulosa è un polisaccaride con funzione di sostegno nelle piante. (B) Nelle cellule vegetali è presente anche una parete di cellulosa, spessa e rigida.

La cellulosa è costituita da un gran numero di molecole di β-glucosio (da circa 300 fino anche a 3000 unità), legate tra loro da legami 1,4-β-glicosidici, che formano catene lineari unite da legami a idrogeno che si stabiliscono tra gruppi ossidrili (OH) di catene adiacenti (**figura 11**).

Il nostro organismo è in grado di digerire l'amido e il glicogeno (polimeri costituiti da unità di glucosio legati da legami α-glicosidici), ma non la cellulosa, perché il nostro apparato digerente non possiede enzimi in grado di catalizzare l'idrolisi dei legami β-glicosidici a differenza di quello dei ruminanti, che presenta, nella flora batterica, microrganismi simbionti in grado di convertire il legame β in un legame α. Questo è facilmente scindibile da tutti gli animali, che così ottengono i singoli monomeri di glucosio richiesti dal metabolismo cellulare.

Guarda il video nell'ebook
Un minuto di biologia
I carboidrati

Il nostro organismo non ha l'ENZIMA per catalizzare l'IDROLISI dei legami β-glicosidici

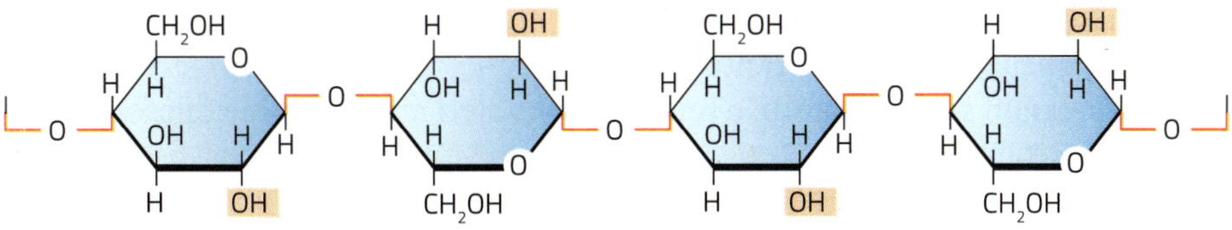

▾ Figura 11
La struttura della cellulosa. La cellulosa è un polimero lineare di molecole di β-glucosio.

In corrispondenza dei gruppi –OH (evidenziati in rosa) si formano legami a idrogeno con catene di cellulosa vicine.

2 - Educazione ambientale

Da rifiuti a risorse: le biomasse

La richiesta di energia per rispondere alle esigenze delle industrie e della popolazione è in costante crescita nel mondo. Si tratta di un problema non solo economico, ma anche ecologico: si riflette nell'aumento delle emissioni di gas serra, nella prospettiva di esaurimento delle fonti fossili, negli effetti globali dell'inquinamento e nei preoccupanti cambiamenti climatici in atto. Come possiamo riuscire a soddisfare i fabbisogni energetici nel rispetto dell'ambiente e delle sue risorse? La produzione sostenibile di energia è oggi un'esigenza prioritaria: in questo contesto, l'utilizzo di fonti rinnovabili e la valorizzazione delle biomasse sono diventate tematiche centrali nelle politiche economiche mondiali.

BIOMASSE E BIOENERGIA

Con **biomasse** si intendono tutte le materie prime organiche di origine biologica naturale che vengono utilizzate per produrre energia.

Sono biomasse tutte le macromolecole organiche contenute negli scarti agricoli, nei residui dell'industria del legno, nei rifiuti derivanti dalle attività zootecniche, nei prodotti delle coltivazioni agro-alimentari e nei rifiuti solidi urbani (limitatamente alla sua componente organica).

A seconda dell'origine della biomassa, la «bioenergia» prodotta può essere di origine animale o vegetale. Da un punto di vista energetico le biomasse più utilizzate sono quelle *vegetali*: le piante sono infatti un serbatoio di energia rinnovabile, perché riescono a immagazzinare l'energia solare trasformando il diossido di carbonio in glucosio con la fotosintesi clorofilliana.

La conversione delle biomasse in energia può essere fatta in due modi, per via termochimica o per via biochimica. Nel *processo termochimico* la materia organica viene bruciata attraverso una reazione di combustione: l'energia contenuta nei legami chimici viene liberata sotto forma di calore, proprio come quando si brucia la legna nel camino per riscaldare le abitazioni. Nei *processi biochimici*, invece, la biomassa viene trasformata grazie all'azione di enzimi, funghi e microrganismi contenuti nella materia organica. Questi degradano le macromolecole (carboidrati, lipidi e proteine) attraverso processi di fermentazione che liberano prodotti che possono essere riutilizzati a scopi energetici, come il biogas. Il biogas è una miscela di gas costituita principalmente da metano, che può essere impiegato come combustibile per alimentare caldaie a gas.

LA BIORAFFINERIA

Le biomasse non sono soltanto dei combustibili ma sono anche una risorsa di carbonio per l'industria chimica. Come dal petrolio ricaviamo i combustibili e i «mattoni» per i processi petrolchimici, allo stesso modo le biomasse possono essere trasformate per ottenere biocombustibili e biomolecole. L'insieme di processi che permettono di trasformare la biomassa in combustibili e in prodotti chimici è chiamata **bioraffineria**.

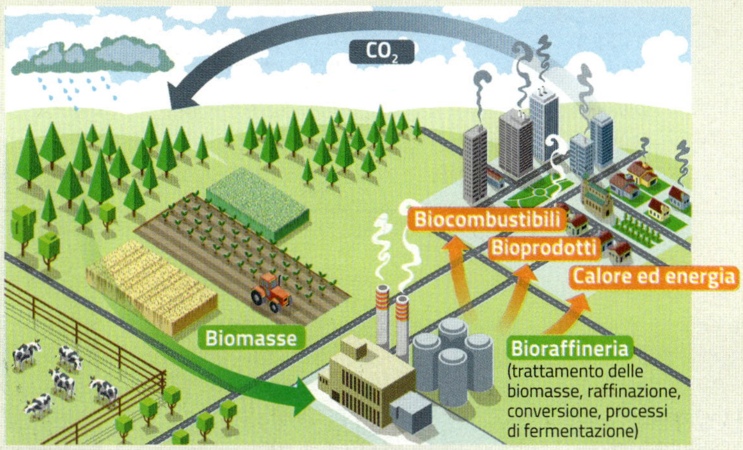

Facciamo il punto

1. Quali sono le due modalità con cui vengono classificati i monosaccaridi?
2. Come può essere descritta la reazione di sintesi di un disaccaride?
3. Quali sono la struttura e il ruolo biologico dei polisaccaridi?

2 I lipidi

I lipidi si dividono in saponificabili e non saponificabili

I lipidi rappresentano una vasta classe di composti chimicamente eterogenei per struttura e proprietà, ma che presentano tutti la caratteristica di essere insolubili in acqua e solubili in solventi organici apolari.

I lipidi possono essere distinti in due grandi gruppi:

- i lipidi **saponificabili**, o complessi, sono trigliceridi, fosfolipidi e glicolipidi; questi composti contengono acidi grassi e quindi in soluzione basica formano i sali corrispondenti (saponi);
- i lipidi **non saponificabili**, o semplici, sono steroidi e vitamine liposolubili; questi composti non contengono acidi grassi e quindi per idrolisi basica non formano i sali corrispondenti.

A colpo d'occhio

- LIPIDI
  - SAPONIFICABILI
    - CERE
    - FOSFOLIPIDI
    - TRIGLICERIDI
  - NON SAPONIFICABILI
    - STEROIDI
    - VITAMINE LIPOSOLUBILI

I trigliceridi sono triesteri del glicerolo

Negli organismi viventi, i **trigliceridi** svolgono un ruolo biologico rilevante:

1. costituiscono un'importante riserva energetica, infatti la quantità di energia fornita da un grammo di trigliceridi è circa il doppio di quella fornita da un grammo di carboidrati;
2. formano il tessuto adiposo presente negli organismi animali (**figura 12**) che protegge l'organismo dal freddo (isolamento termico);
3. rappresentano il veicolo per l'assorbimento delle vitamine liposolubili.

Ti ricordi?

La reazione di **sostituzione nucleofila acilica** consiste in un'addizione nucleofila al carbonio *sp*[2] dell'acido, seguita da una reazione di condensazione (eliminazione di acqua).

I trigliceridi sono definiti **triesteri del glicerolo** in quanto si formano dalla reazione di esterificazione tra una molecola di glicerolo e tre molecole di acidi grassi. La reazione è una **sostituzione nucleofila acilica**, con eliminazione di tre molecole d'acqua (reazione di condensazione) e formazione di tre legami esterei:

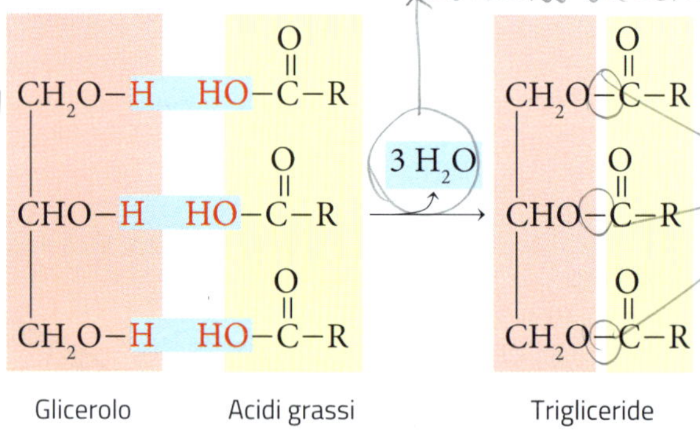

▸ **Figura 12**
Negli animali, i trigliceridi costituiscono il tessuto adiposo sottocutaneo, che consente l'isolamento termico. Questa funzione è particolarmente importante nei climi freddi, come quelli in cui vivono orsi (A) e pinguini (B).

I trigliceridi sono distinti secondo il loro stato fisico in grassi e oli:

- i **grassi**, presenti negli organismi animali, sono costituiti da *acidi grassi saturi* come l'acido stearico (la catena carboniosa presenta solo legami semplici C-C) e a temperatura ambiente sono allo stato *solido*;

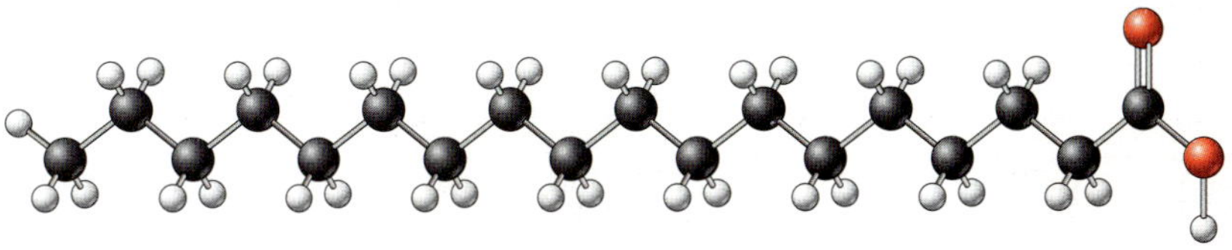

Acido stearico (saturo)

$$CH_3CH_2CH_2CH_2CH_2CH_2CH_2CH_2CH_2CH_2CH_2CH_2CH_2CH_2CH_2CH_2CH_2\overset{\overset{O}{\|}}{C}OH$$

- gli **oli**, presenti negli organismi vegetali, sono costituiti da *acidi grassi insaturi* come l'acido linolenico (la catena carboniosa presenta uno o più doppi legami carbonio-carbonio) e a temperatura ambiente sono allo stato *liquido*.

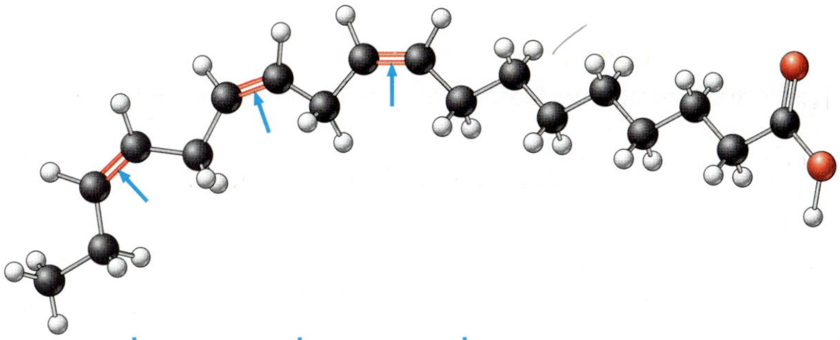

Acido linolenico (insaturo)

$$CH_3CH_2CH{=}CHCH_2CH{=}CHCH_2CH{=}CHCH_2CH_2CH_2CH_2CH_2CH_2CH_2\overset{\overset{O}{\|}}{C}OH$$

> **Le parole**
> Il termine **grasso** (dal latino *crassus*, «denso») in senso generale è sinonimo di lipide, in senso ristretto è sinonimo di trigliceride allo stato solido. Negli animali costituisce il tessuto adiposo.

Il diverso stato fisico dei grassi e degli oli dipende dalla saturazione o insaturazione degli acidi grassi, che influenzano il punto di fusione dei trigliceridi (**figura 13**). Le molecole di acidi grassi saturi hanno conformazioni lineari e quindi possono addensarsi in modo ordinato (stato solido con punto di fusione più alto). La presenza nei trigliceridi di uno o più doppi legami (acidi grassi insaturi) abbassa il punto di fusione: i doppi legami creano infatti dei punti di discontinuità. In questo modo le molecole di acidi grassi insaturi non si possono allineare e determinano un addensamento disordinato (stato liquido con punto di fusione più basso).

L'acido linoleico e linolenico (acidi grassi insaturi) sono detti *acidi grassi essenziali* perché l'organismo non è in grado di sintetizzarli, e quindi, devono essere acquisiti con l'alimentazione.

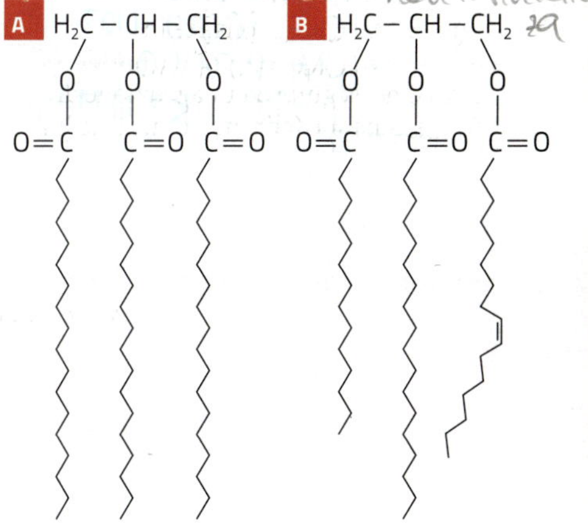

Un triacilglicerolo semplice — Un triacilglicerolo misto

▲ **Figura 13**
(A) Trigliceride saturo, con catene di acidi grassi allineate; (B) trigliceride insaturo con catene di acidi grassi non allineate.

Le reazioni dei trigliceridi sono l'idrogenazione e l'idrolisi alcalina

Le più importanti reazioni dei trigliceridi sono l'idrogenazione degli oli e l'idrolisi alcalina dei grassi e degli oli.

La reazione di **idrogenazione** è il processo di trasformazione degli oli in grassi vegetali solidi per l'addizione di idrogeno, in presenza di un catalizzatore metallico (reazione di riduzione catalitica), ai doppi legami C-C degli acidi grassi insaturi. Un esempio della reazione di idrogenazione è la seguente:

$$\begin{array}{l} CH_2O-\overset{\overset{O}{\|}}{C}-(CH_2)_7-CH{=}CH-(CH_2)_7-CH_3 \\ | \\ CHO-\overset{\overset{O}{\|}}{C}-(CH_2)_7-CH{=}CH-(CH_2)_7-CH_3 \\ | \\ CH_2O-\overset{\overset{O}{\|}}{C}-(CH_2)_7-CH{=}CH-(CH_2)_7-CH_3 \end{array} + 3\,H_2 \xrightarrow{Ni} \begin{array}{l} CH_2O-\overset{\overset{O}{\|}}{C}-(CH_2)_{16}-CH_3 \\ | \\ CHO-\overset{\overset{O}{\|}}{C}-(CH_2)_{16}-CH_3 \\ | \\ CH_2O-\overset{\overset{O}{\|}}{C}-(CH_2)_{16}-CH_3 \end{array}$$

Olio (trioleato di glicerile) — Grasso (tristearato di glicerile)

A colpo d'occhio

REAZIONI DEI TRIGLICERIDI
- IDROGENAZIONE
- IDROLISI ALCALINA

Idrogenando l'olio di cotone, di soia, di arachidi o di mais si ottiene la *margarina*.

La reazione di **idrolisi alcalina** dei trigliceridi avviene fornendo calore e in presenza di basi forti (NaOH, KOH): il processo, chiamato anche *saponificazione*, porta alla formazione di glicerolo e sali di acidi grassi, noti commercialmente con il nome di *saponi*. La reazione di idrolisi alcalina è rappresentata dalla seguente equazione:

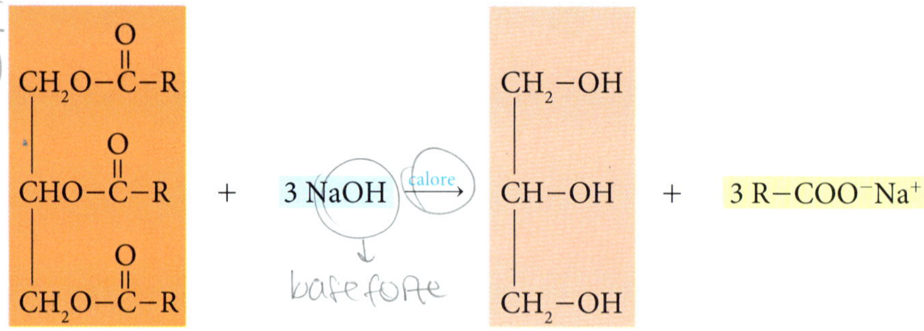

Trigliceride   Glicerolo   Sapone

Ti ricordi?

I metalli **alcalini** sono gli elementi del primo gruppo (Li, Na, K) del sistema periodico.

I sali di sodio sono saponi allo stato solido, quelli di potassio sono allo stato liquido. Il sapone potassico, biodegradabile e naturale, è usato come insetticida, se costituito da acidi grassi a catena corta, e come erbicida se prodotto con acidi a catena lunga.

Il sapone forma un'emulsione con i grassi in acqua

Le molecole di sapone (sali di acidi grassi) sono costituite da una lunga catena idrocarburica apolare, la coda, che è quindi idrofobica, e da un'estremità polare costituita dallo ione carbossilato e dallo ione sodio Na^+ o dallo ione potassio K^+, la testa, che è quindi idrofila:

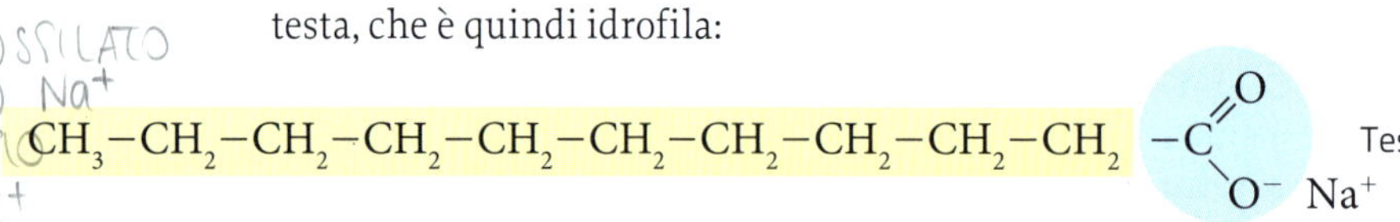

Testa polare idrofila

Coda apolare idrofobica

3 - La nostra salute

I grassi idrogenati negli alimenti

Molti alimenti oggi in commercio presentano la scritta «senza grassi idrogenati» sulla confezione (**figura**). Perché si è resa necessaria questa dicitura? I grassi idrogenati sono impiegati soprattutto per la preparazione industriale dei prodotti da forno e delle margarine vendute al dettaglio. Questi alimenti hanno sostituito in parte i grassi saturi di origine animale per il loro minor costo, la maggiore friabilità che garantiscono e la maggiore conservabilità.

Per ottenerli i produttori hanno fatto ricorso al processo di idrogenazione, che può cambiare la disposizione spaziale della catena carboniosa da *cis* a *trans*.

L'**isomeria cis-trans** (o isomeria geometrica) è un particolare tipo di stereoisomeria e i composti caratterizzati da questa isomeria sono distinti dalla posizione dei sostituenti rispetto al piano della molecola. Gli isomeri *cis* presentano proprietà fisiche diverse da quelli *trans*, come punto di ebollizione, densità ecc.

In particolare, i *trans*-acidi prodotti sono sospettati di essere dannosi per la salute umana (ictus, infarto, cancerogenesi) in quanto la lipasi, l'enzima impegnato nella trasformazione metabolica di tali sostanze, è in grado di agire soltanto sulla forma *cis* e quindi non va a demolire con altrettanta efficacia queste sostanze.

◂ **Figura**
Un esempio di prodotto che sull'etichetta segnala l'assenza di grassi idrogenati.

le molecole di sapone si aggregano a sfera → "MICELLE"

Quando il sapone è mescolato con l'acqua, le lunghe code idrocarburiche si associano a costituire una sfera idrofobica e le teste idrofile si pongono all'esterno della superficie sferica rivolte verso l'acqua: questi aggregati molecolari si chiamano **micelle** (**figura 14A**).

Se nell'acqua sono presenti goccioline di grasso o di olio e si aggiunge sapone, le code apolari idrofobiche penetrano nella gocciolina, mentre le teste polari idrofile si protendono fuori da essa. Si forma così una nube di cariche negative (**figura 14B**).

NUBE di CARICHE NEGATIVE

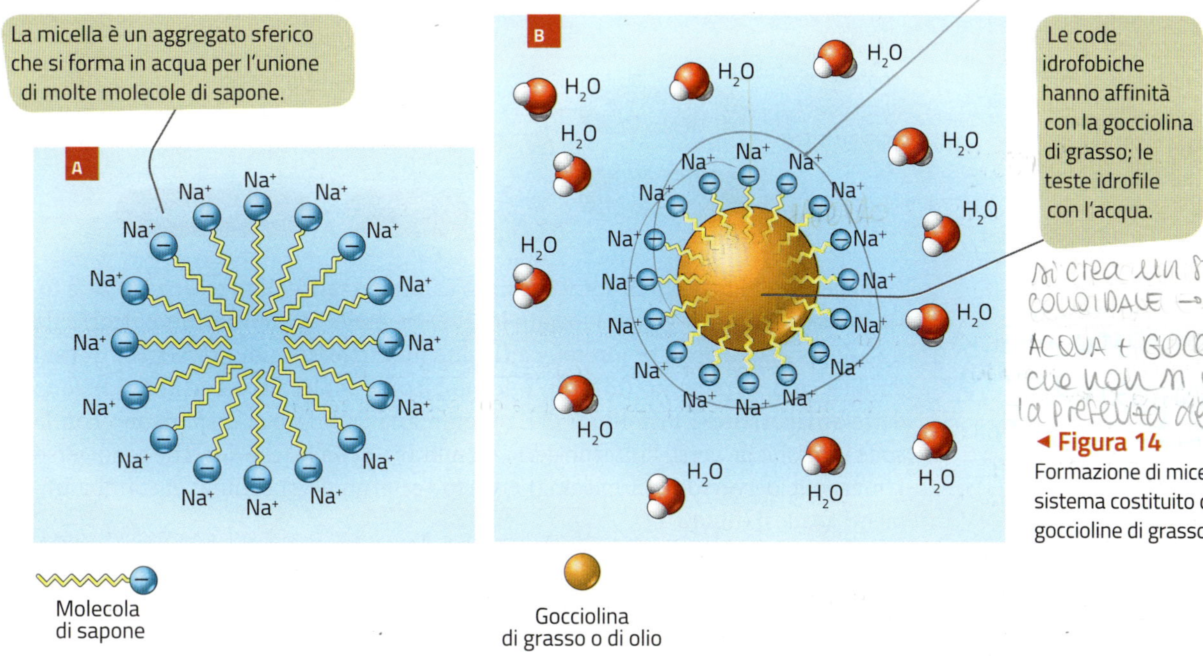

si crea un sistema colloidale → detto EMULSIONE
ACQUA + GOCCE LIPIDICHE che non si uniscono per la presenza delle code

◂ **Figura 14**
Formazione di micelle in un sistema costituito da acqua e goccioline di grasso o di olio.

Si è formato un sistema colloidale, detto *emulsione*, costituito da acqua e goccioline lipidiche che non possono unirsi, per la presenza delle code negative acquisite (**figura 15A**). Con un'energica agitazione, le goccioline di grasso si rompono e ne formano altre più piccole, con la conseguenza che alla fine si ha la loro completa dissoluzione in acqua (**figura 15B**). Poiché il sapone funziona da tensioattivo, cioè abbassa la tensione superficiale dell'acqua, le goccioline di grasso, circondate dalle micelle, possono essere allontanate facilmente insieme al sapone stesso.

Ti ricordi?

L'**emulsione** è una miscela eterogenea caratterizzata da goccioline di un liquido (generalmente un lipide) disperse in un liquido (generalmente acqua) immiscibile con il primo.

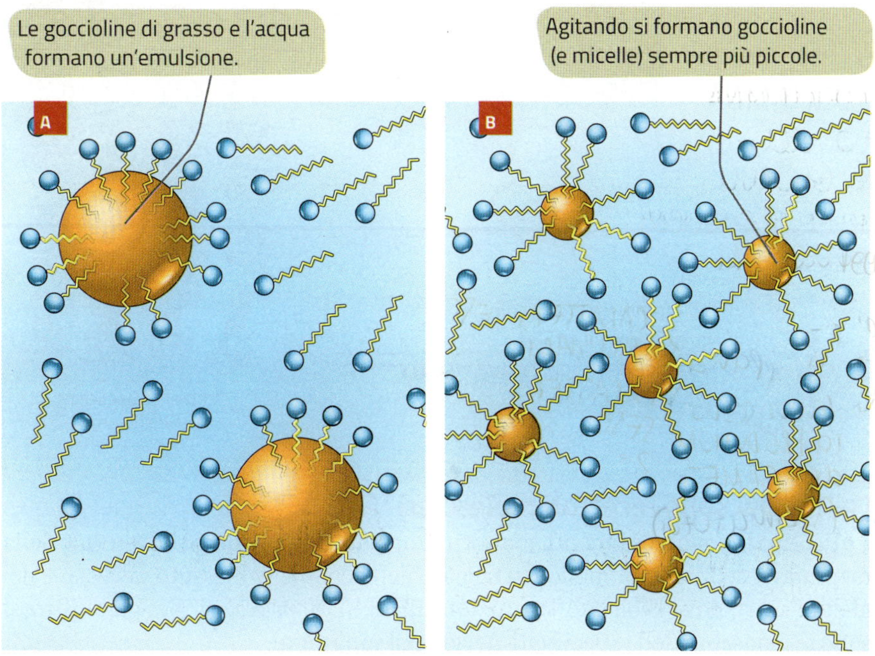

◂ **Figura 15**
Grazie alla formazione di un'emulsione con il sapone, il grasso si dissolve nell'acqua.

FOSFOLIPIDI → compongono la membrana cellulare e selezionano il passaggio di ioni e molecole

GLICEROLO → 2 ACIDI GRASSI → 1 ACIDO FOSFORICO – interagiscono i suoi gruppi alcolici con un processo di esterificazione

ETANOLAMMINA, COLINA – legato ad un amminoalcol

I fosfolipidi sono molecole anfipatiche

I **fosfolipidi**, dopo i trigliceridi, sono i lipidi più abbondanti in natura. Rivestono una grande importanza biologica perché sono i principali componenti delle membrane cellulari e selezionano il passaggio di ioni e molecole attraverso di essa.

I fosfolipidi sono chimicamente simili ai trigliceridi, in quanto derivano dall'esterificazione di due gruppi alcolici del glicerolo con acidi grassi e dall'esterificazione del terzo gruppo alcolico con l'acido fosforico, a sua volta legato da un altro legame estere a un amminoalcol (**figura 16**). Gli amminoalcol più comuni sono l'etanolammina e la colina.

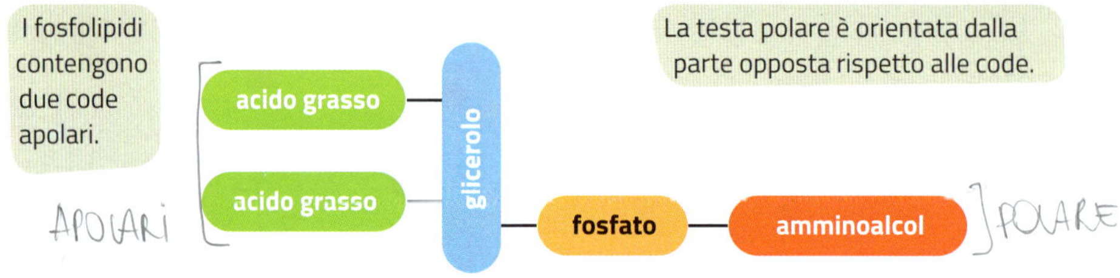

▸ **Figura 16**
La struttura di un fosfolipide.

→ per la presenza di una parte polare idrofila e una apolare idrofobica sono dette ANFIPATICHE

Le parole

Il termine **anfipatico** (dal greco: *anfi-*, «di qua e di là» e *pathos*, «passione») indica composti nelle cui molecole coesistono gruppi polari (idrofili) e apolari (idrofobici).

Le molecole dei fosfolipidi sono pertanto caratterizzate dalla presenza di una testa polare idrofila (il gruppo fosfato legato alla molecola dell'amminoalcol) e da una doppia coda apolare idrofobica (le due molecole di acidi grassi). Per questo duplice comportamento (idrofilo e idrofobico) le molecole dei fosfolipidi sono dette **anfipatiche**. I fosfolipidi della membrana cellulare si dispongono con le code idrofobiche verso l'interno della membrana e con le teste idrofile sono verso l'interno (cioè verso il citoplasma) e verso l'esterno della cellula, entrambi ambienti acquosi (**figura 17**).

▸ **Figura 17**
Le molecole dei fosfolipidi nella membrana cellulare si dispongono con le code verso l'interno e la testa verso l'esterno.

H_2O

H_2O

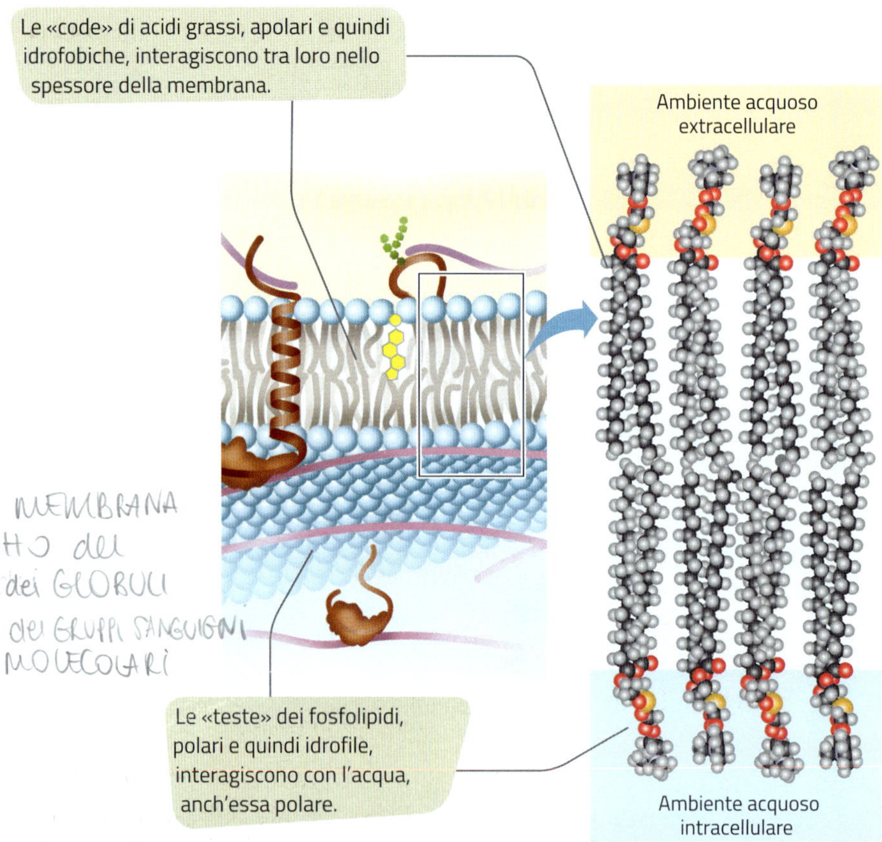

GLICOLIPIDI costituenti della membrana cellulare soprattutto del tessuto nervoso e dei globuli rossi → responsabili dei gruppi sanguigni → sono recettori molecolari

I glicolipidi sono recettori molecolari

I **glicolipidi** sono costituenti molto importanti della superficie esterna della membrana cellulare, in modo particolare delle cellule del tessuto nervoso e dei globuli rossi, dove svolgono la funzione di *recettori molecolari*. Nei globuli rossi sono responsabili della specificità dei gruppi sanguigni.

I glicolipidi sono formati da una molecola di un amminoalcol (la sfingosina), alla quale si lega un acido grasso e un monosaccaride, generalmente glucosio o galattosio (**figura 18**).

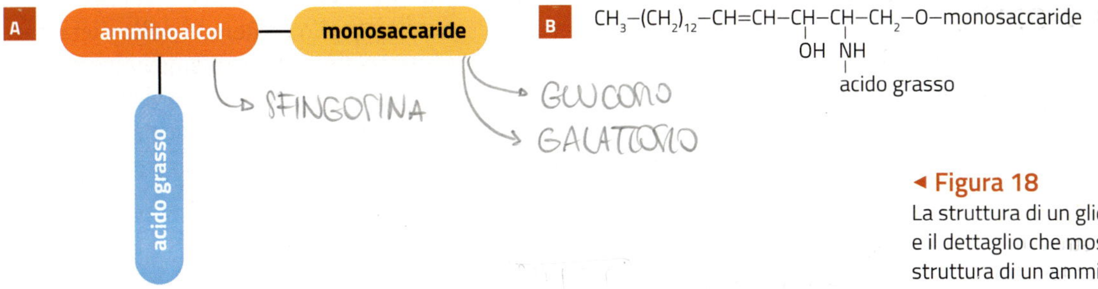

◂ Figura 18
La struttura di un glicolipide (A) e il dettaglio che mostra la struttura di un amminoalcol (B).

Gli steroidi comprendono colesterolo, acidi biliari e ormoni steroidei

Gli **steroidi** sono composti che derivano da un idrocarburo policiclico formato da quattro anelli condensati, lo sterano. Gli steroidi più importanti sono il *colesterolo*, gli *acidi biliari* e gli *ormoni steroidei* (ormoni sessuali e corticosurrenali).

Sterano

Le parole
Con il termine **steroidi** (dal greco *stereos*, «solido» e *-eides*, «simile») si indicano composti organici di notevole importanza biologica che derivano da un idrocarburo policiclico, lo sterano.

Il **colesterolo**, lo steroide più abbondante nei tessuti animali, è un composto la cui molecola presenta un gruppo alcolico $-OH$, un doppio legame, una catena alifatica e due sostituenti metilici:

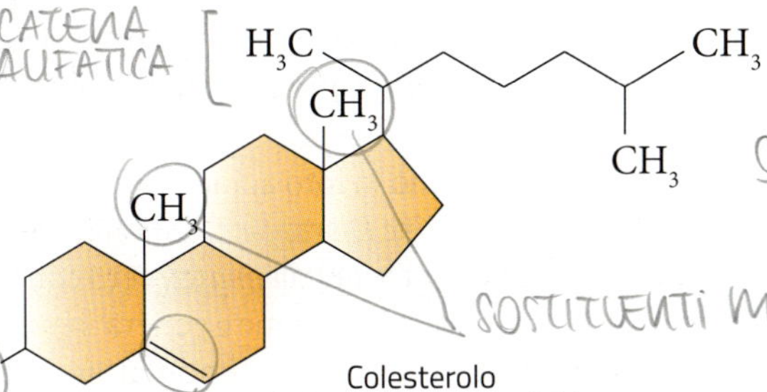

Colesterolo

Le parole
Colesterolo deriva dalla radice greca *cole-* «bile», dalla parola *stereos* «solido» e dal suffisso *-olo*. Lo sterolo è un composto steroideo contenente il gruppo ossidrile ($-OH$) degli alcoli.

Il colesterolo è un importante costituente delle membrane cellulari, della mielina (il tessuto di rivestimento degli assoni dei neuroni) ed è il componente delle lipoproteine nel sangue.

Le lipoproteine sono classificate in base alla loro densità e le più importanti per la prevenzione cardiovascolare sono:

1. le **lipoproteine a bassa densità** o **LDL**, che trasportano il colesterolo sintetizzato dal fegato alle cellule dei tessuti;
2. le **lipoproteine ad alta densità** o **HDL**, che prelevano il colesterolo in eccesso presente nelle cellule dei tessuti e lo trasportano al fegato.

Ti ricordi?
Le **lipoproteine** sono proteine coniugate contenenti molecole lipidiche come trigliceridi, fosfolipidi e colesterolo. Rappresentano la principale forma di trasporto dei lipidi nel sangue.

Quando il colesterolo nel sangue è presente in eccesso (*ipercolesterolemia*), si deposita nelle arterie determinando la rigidità e l'ispessimento delle pareti (*aterosclerosi*). Questa condizione può determinare lo sviluppo di malattie cardiovascolari (infarto del miocardio, ipertensione).

Effettuando dei normali esami del sangue è possibile rilevare la concentrazione ematica totale di colesterolo. Questo valore deve essere inferiore a 200 mg/dL, frutto della somma dei valori del colesterolo associato alle HDL (che non deve scendere sotto la soglia di 40 mg/dL) e di quello associato alle LDL (che non deve superare 160 mg/dL).

Per la salute umana, infatti, sono particolarmente pericolose le LDL, perché vanno ad arricchire i tessuti di colesterolo e ne favoriscono il deposito, se questo è in eccesso. Le HDL invece, sottraendo colesterolo dai tessuti, prevengono il deposito di placche di accumulo.

▲ **Figura 19**
Nel burro e negli alimenti di origine animale è presente colesterolo.

Le fonti principali del colesterolo sono due: quello contenuto nella dieta (carni, uova, latte, burro; **figura 19**) e quello sintetizzato dall'organismo nel metabolismo dei carboidrati, dei lipidi e degli amminoacidi. Le diete ricche di acidi grassi saturi alzano il livello ematico del colesterolo, mentre diete ricche di acidi grassi insaturi provocano un abbassamento di tale livello. Il colesterolo è il precursore degli acidi biliari e della vitamina D.

Gli **acidi biliari** sono componenti della bile, derivano dal colesterolo e il più comune è l'*acido colico*.

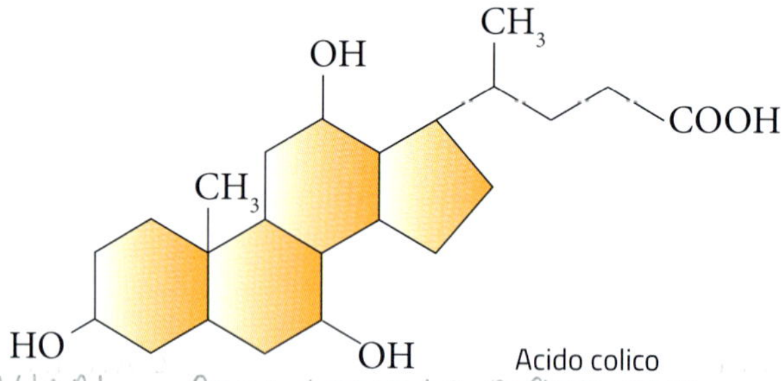

Acido colico

A livello intestinale (in cui il pH è 8) gli acidi biliari si dissociano in ioni idrogeno e anioni (lo ione negativo dell'acido colico è lo ione colato). Gli anioni formano con i cationi presenti (Na^+) i **sali biliari**, che hanno il ruolo di emulsionare i trigliceridi e facilitare quindi la digestione enzimatica.

Gli **ormoni sessuali** sono molecole organiche prodotte dalle gonadi, o ghiandole sessuali (ovaie nelle femmine e testicoli nei maschi), che svolgono la funzione di regolare lo sviluppo dell'individuo, il ciclo riproduttivo e il comportamento sessuale. Le gonadi producono tre principali tipi di ormoni: androgeni, estrogeni e progestinici. Questi sono sintetizzati sia dalle femmine sia dai maschi, ma in proporzioni diverse: le femmine producono estrogeni e progestinici in una percentuale più elevata rispetto agli androgeni.

Molte sostanze tossiche esercitano la loro azione imitando o bloccando l'azione di ormoni sessuali (EDC, *Endocrine Disruptor Chemicals*). Per esempio il tributilstagno (TBT), utilizzato come vernice *antifouling* (ovvero con funzione antivegetativa) per gli scafi delle navi, passa in soluzione e genera *imposex* nei gasteropodi, favorendo cioè lo sviluppo di caratteri sessuali non attesi (per esempio in una femmina si ha la comparsa dell'apparato genitale maschile), o anche il completo cambio di sesso dell'individuo.

Ti ricordi?

La produzione degli **ormoni sessuali** è sotto il controllo dell'ipotalamo che rilasciando l'ormone GnRH stimola l'adenoipofisi a rilasciare le gonadotropine, il follicolo-stimolante (FSH) e il luteinizzante (LH).

Ti ricordi?

Il **testosterone** è un ormone prodotto nei tubuli seminiferi dei testicoli dalle cellule di Leydig in seguito al rilascio dell'ormone LH dall'adenoipofisi. Il testosterone e l'ormone FSH stimolano le cellule del Sertoli a produrre spermatozoi.

1. Gli **androgeni** più importanti sono l'*androsterone* e il *testosterone*. Nel maschio, questi ormoni stimolano lo sviluppo dei caratteri sessuali primari (organi del sistema riproduttore) e secondari (sviluppo della muscolatura, timbro di voce, crescita dei peli), e favoriscono la produzione dei gameti maschili (spermatozoi).

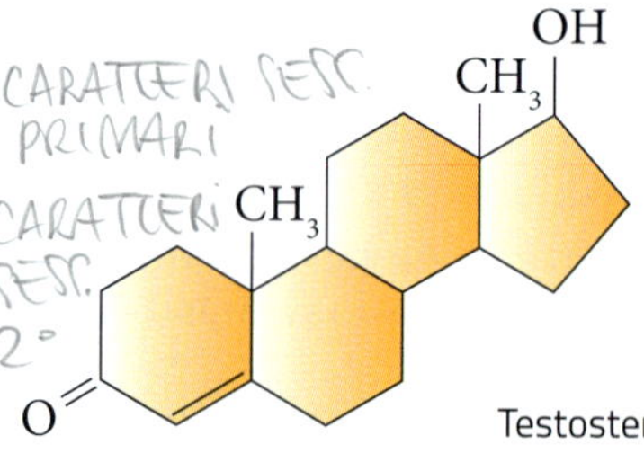

Testosterone

2. Gli **estrogeni**, nella femmina, sono responsabili dello sviluppo dei caratteri sessuali primari (organi del sistema riproduttore) e secondari (tono della voce, sviluppo del seno, ampliamento del bacino).

3. I **progestinici** sono responsabili della ricostituzione della parete interna dell'utero (endometrio) per l'impianto e lo sviluppo della cellula uovo fecondata. Il più importante è il progesterone:

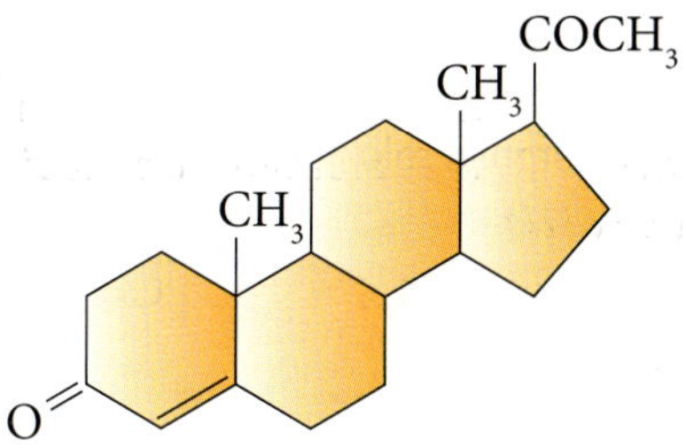

Progesterone

Ti ricordi?

Gli **estrogeni** e il **progesterone** sono ormoni prodotti durante il ciclo ovarico dal follicolo (nella fase pre-ovulatoria) e dal corpo luteo (nella fase post-ovulatoria).

Gli **ormoni corticosurrenali** sono prodotti dalle ghiandole surrenali e si distinguono in glicocorticoidi e mineralcorticoidi.

1. I *glicocorticoidi* più importanti sono il **cortisolo** e il **cortisone**. Questi ormoni favoriscono la formazione del glucosio a partire dagli amminoacidi (processo di gluconeogenesi), aumentando la quantità di glucosio disponibile per le cellule.
2. I *mineralcorticoidi* sono responsabili del riassorbimento dello ione sodio Na^+ a livello dei tubuli renali del nefrone, regolando in tal modo l'equilibrio idrosalino. Il più importante è l'**aldosterone**.

A colpo d'occhio

STEROIDI
- COLESTEROLO
- ACIDI BILIARI
- ORMONI SESSUALI
- ORMONI CORTICOSURRENALI

Le vitamine liposolubili sono regolatori del metabolismo

Le vitamine sono composti organici contenenti il gruppo amminico e sono indispensabili per il metabolismo cellulare; si dividono in vitamine idrosolubili e liposolubili. Le **vitamine liposolubili** (A, D, E, K) sono molecole organiche indispensabili per controllare e regolare numerosi processi metabolici, ma che devono essere introdotte con gli alimenti perché non sono sintetizzabili dall'organismo umano. I composti liposolubili a cui appartiene questa categoria di vitamine, se assunti in eccesso, vengono accumulati in comparti «inerti» dell'organismo come i tessuti adiposi, le unghie, i denti, i capelli. Solo i composti idrosolubili e di facile metabolizzazione vengono eliminati attraverso le urine e le feci. L'accumulo però può attivare nel tempo una risposta tossica da parte di questi composti. In particolare sono noti gli effetti tossici di assunzioni eccessive di vitamina A che determinano epatotossicità, alterazioni della vista e malformazioni fetali.

La **vitamina A** o *retinolo* è presente solo negli organismi animali (abbondante nel fegato dei pesci), ma può essere ricavata anche da alimenti vegetali in quanto è presente sotto forma di un pigmento, β-carotene o pro-vitamina A, nella frutta (**figura 20**). Il β-carotene nell'intestino tenue è ossidato ad aldeide (retinale), che viene successivamente ridotta a retinolo, vitamina A.

▲ **Figura 20**
La vitamina A è presente nelle albicocche.

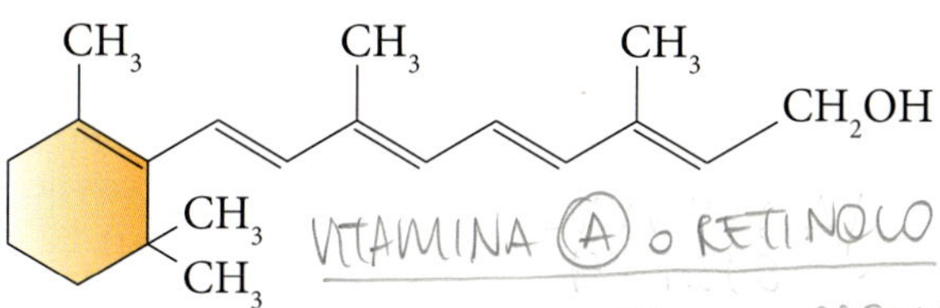

Vitamina A

Nel nostro organismo la vitamina A ha una funzione protettiva nei confronti dei tessuti epiteliali ed è implicata nel meccanismo molecolare della visione.

Il retinolo, infatti, combinandosi con una proteina, l'opsina, forma una proteina coniugata, la **rodopsina**, responsabile dell'assorbimento della luce da parte delle cellule fotorecettrici della retina dell'occhio. Quindi una carenza di vitamina A altera la capacità dell'occhio di adattarsi rapidamente al passaggio dalla luce al buio; la condizione che ne deriva è nota come *cecità notturna*. In India e nell'E-

Ti ricordi?

Le **proteine coniugate** sono costituite da amminoacidi e da un gruppo prostetico (una molecola organica non amminoacidica). Il gruppo prostetico può essere un lipide, un glucide, un acido nucleico.

Guarda il video nell'ebook
Un minuto di biologia
I lipidi

▲ **Figura 21**
Nel tuorlo d'uovo è presente la vitamina D.

stremo Oriente circa 250 milioni di bambini soffrono di carenza di vitamina A, una condizione che determina spesso casi di cecità infantile. In queste aree la base dell'alimentazione è il riso, che è povero di vitamina A, ma può essere modificato geneticamente per fornire questo nutriente all'organismo (*vedi* capitolo E9).

La **vitamina D** o *calciferolo* è presente solo negli organismi animali; è per esempio abbondante nel tuorlo d'uovo (**figura 21**), ma può essere ricavata anche dalla fotossidazione di due steroidi (l'ergosterolo e il colesterolo) in seguito all'azione delle radiazioni UV della luce solare.

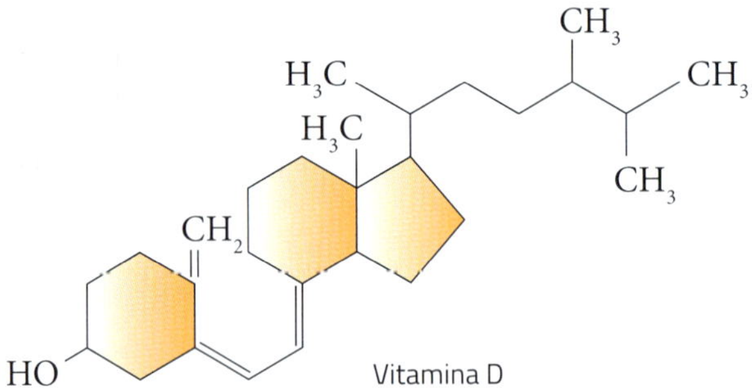

Vitamina D

La vitamina D è coinvolta nell'assorbimento e nella deposizione degli ioni calcio Ca^{2+} e degli ioni fosfato PO_4^{3-} che sono responsabili della mineralizzazione delle ossa. Una carenza di questa vitamina nei bambini determina il *rachitismo*. Negli adulti un'alterazione dei meccanismi che presiedono all'utilizzazione della vitamina D porta a una perdita di ioni calcio dalle ossa, che diventano fragili (*osteoporosi*) e soggette a fratture difficilmente ricomponibili.

La **vitamina E**, o *tocoferolo*, si trova in natura negli oli vegetali e ha una funzione antiossidante, proteggendo gli acidi grassi insaturi presenti nei fosfolipidi delle membrane cellulari. Per questa capacità di proteggere le componenti lipidiche delle cellule la vitamina E è utilizzata nell'industria cosmetica (creme antirughe e antismagliature) e in ambito sanitario (preparati per ustioni e cicatrici). La sua capacità antiossidante sembra avere un ruolo anche nella prevenzione dei tumori, ostacolando la formazione di sostanze cancerogene come le nitrosammine, prodotte dal fumo di sigaretta. Il potere antiossidante è infine sfruttato nell'industria della conservazione dei cibi: la vitamina E è impiegata come additivo conservante (E307).

Esistono tre differenti forme di **vitamina K**. La vitamina K1, o *naftochinone*, è presente solo negli organismi vegetali (**figura 22**). La vitamina K2, o *menachinone*, è sintetizzata dalla flora batterica intestinale. Infine, la vitamina K3, o *menadione*, è un prodotto di sintesi. La vitamina K è impiegata nella sintesi della protrombina, un fattore essenziale per la coagulazione del sangue, per cui una sua carenza è responsabile di emorragie.

La vitamina K è coinvolta anche nel metabolismo osseo, favorendo il differenziamento degli osteociti, e nella funzionalità renale. Sembra ormai appurato che le vitamine del gruppo K subiscano un diverso percorso di assorbimento: la vitamina K1, per esempio, sarebbe assorbita nel tratto dell'intestino tenue denominato ileo, mentre la vitamina K2 sembra essere assorbita principalmente a livello del colon. L'assorbimento è comunque strettamente connesso alla attività di pancreas e fegato che liberano i succhi pancreatici e biliari. La vitamina K presenta una stabilità piuttosto bassa, con un tempo di emivita (tempo necessario a ridurre la concentrazione di una sostanza della metà) molto breve, pari a circa 17 ore. Da ciò deriva la necessità di una dieta in grado di fornire un apporto adeguato e costante di vitamina K, e l'importanza del lavoro di sintesi svolto dalla flora batterica simbionte del nostro intestino.

▲ **Figura 22**
I piselli e i fagiolini sono una fonte di vitamina K.

Facciamo il punto

1. Attraverso quale reazione si formano i trigliceridi? Come si classificano?
2. Perché i fosfolipidi sono definiti molecole anfipatiche?
3. Qual è il ruolo biologico del colesterolo e dei suoi derivati (acido colico e vitamina D)?

4 - La nostra salute

Le vitamine idrosolubili

Le **vitamine idrosolubili** si differenziano da quelle liposolubili non solo per le caratteristiche fisico-chimiche e le fonti alimentari, ma anche per le diverse condizioni di digestione, assorbimento, trasporto nei liquidi organici e metabolismo a cui le due classi di vitamine sono sottoposte nell'organismo.

Le vitamine idrosolubili devono essere introdotte ogni giorno con la dieta poiché gli eccessi sono eliminati con le urine e non vengono immagazzinati. Le vitamine idrosolubili si trovano in molti alimenti, sia in quelli di origine animale, sia nei vegetali. Per preservarle, sono importanti alcuni accorgimenti nel lavaggio e nella cottura degli alimenti; generalmente le vitamine sono instabili al calore e con la cottura gli alimenti perdono fino all'80% del loro contenuto vitaminico. Inoltre le vitamine idrosolubili passano dagli alimenti all'acqua durante i lavaggi. Pertanto è preferibile un accurato risciacquo, invece di un ammollo prolungato. Perdite rilevanti di vitamine si hanno anche con i processi di raffinazione degli alimenti. Sono vitamine idrosolubili le otto del gruppo B, che svolgono tutte funzione coenzimatica, e la *vitamina C*.

LA TIAMINA (VITAMINA B1)

La tiamina (**figura A**) costituisce il coenzima TPP indispensabile per le reazioni di decarbossilazione. Si tratta di un composto molto solubile in acqua la cui molecola contiene, fra l'altro, zolfo.

LA RIBOFLAVINA (VITAMINA B2)

Questa vitamina viene sintetizzata dalle piante e da molti microrganismi. È assorbita nell'intestino e inviata al fegato tramite la vena porta. Passa poi nel sangue e nei vari tessuti ove costituisce due importanti coenzimi: il **FAD** (*Flavin Adenin Dinucleotide*) e l'**FMN** (*Flavin Adenin Mononucleotide*) che intervengono nel metabolismo intermedio e nei processi ossidoriduttivi cellulari.

LA NIACINA (VITAMINA B3)

La niacina è detta anche vitamina PP. Nell'organismo umano può essere sintetizzata a partire da un precursore: l'amminoacido essenziale *triptofano*, presente soprattutto nelle proteine ad alto valore biologico (carne, uova).

L'importanza di questa vitamina deriva dal fatto che essa è componente essenziale di due importanti coenzimi: il **NAD** (*Nicotinammide Adenin Dinucleotide*) e il **NADP** (*Nicotinammide Adenin Dinucleotide Phosphate*).

L'ACIDO PANTOTENICO (VITAMINA B5)

L'acido pantotenico è presente in tutti gli alimenti animali e vegetali. Riveste un ruolo di primaria importanza come costituente del coenzima A (CoA), il trasportatore-attivatore dei gruppi acilici, tra cui il gruppo acetato (acetil-CoA). Come tale partecipa al metabolismo dei glucidi, dei lipidi, delle proteine. È il punto di partenza di numerose sintesi: acidi grassi, colesterolo, ormoni steroidei, corpi chetonici, acetilcolina (un neurotrasmettitore), porfirine (composti di base dell'emoglobina).

LA PIROSSIDINA (VITAMINA B6)

La piridossina, o vitamina B6, è molto diffusa negli alimenti e rapidamente assorbita nell'intestino. Nel fegato, nel cervello, nei reni, nei muscoli, subisce una fosforilazione e si trasforma nella forma che funge da coenzima: il piridossalfosfato o PLP. Il PLP è coinvolto in un numero elevato di reazioni metaboliche riguardanti soprattutto il metabolismo degli amminoacidi e delle sostanze azotate in genere. Interviene anche nel metabolismo glucidico e lipidico e in quello vitaminico, interagendo con altre vitamine. Partecipa inoltre alla sintesi dell'emoglobina e alla produzione di anticorpi.

LA BIOTINA (VITAMINA B7)

La biotina (da *bios*, «vita») è chiamata anche vitamina H e costituisce il coenzima delle carbossilasi, enzimi che catalizzano l'incorporazione della CO_2 in diverse molecole, formando importanti metaboliti. Partecipa alla sintesi del glucosio, degli acidi grassi, delle basi puriniche e interviene nel catabolismo degli acidi grassi a numero dispari di atomi di carbonio.

L'ACIDO FOLICO (VITAMINA B9)

Il nome acido folico, o folacina, deriva dalla diffusa presenza di questa vitamina nelle foglie dei vegetali, si tratta di un gruppo di composti tutti derivati dell'acido folico (folati). L'acido folico viene assorbito nell'intestino, tramite il sangue si distribuisce ai vari tessuti in cui è trasformato in coenzima attivo. Le reazioni in cui interviene l'acido folico riguardano il metabolismo degli amminoacidi, la sintesi degli acidi nucleici, il metabolismo dei neurotrasmettitori.

LA COBALAMINA (VITAMINA B12)

La cobalamina (**figura B**) è conosciuta sotto varie forme attive ed è caratterizzata da una struttura chimica particolarmente complessa formata, tra l'altro, da un anello simile al gruppo eme con al centro il cobalto.

La funzione della cobalamina è quella di intervenire in reazioni di isomerizzazione nel metabolismo degli amminoacidi e degli acidi nucleici. Interagisce inoltre con l'acido folico, dimostrandosi essenziale per il corretto funzionamento di questa vitamina.

LA VITAMINA C

La struttura chimica della vitamina C è abbastanza semplice e ricorda quella del glucosio e più in generale degli esosi. La capacità di ossidoriduzione (da acido ascorbico a deidroascorbico e viceversa) sta alla base della sua azione fisiologica e del suo impiego come additivo *antiossidante* nella conservazione degli alimenti.

La vitamina C, come **fattore redox**, partecipa a numerose biosintesi, in particolare a quella del collagene; inoltre facilita l'assorbimento intestinale del ferro, interviene nelle reazioni allergiche, regolando la sintesi di istamina, potenzia le funzioni immunologiche e antibatteriche dei globuli bianchi, neutralizza i radicali liberi dell'ossigeno e salvaguarda le strutture cellulari dalla loro azione lesiva.

A

B

◂ **Figura**
(A) La vitamina B1 si trova nei legumi e nei cereali. (B) La vitamina B12 è contenuta in molti alimenti di origine animale.

3 Gli amminoacidi e le proteine

Negli amminoacidi sono presenti i gruppi amminico e carbossilico

Gli amminoacidi rappresentano i monomeri dei peptidi e specificatamente delle proteine, polimeri in cui è presente il legame peptidico. Le proteine svolgono un ruolo biologico fondamentale nel metabolismo cellulare.

Gli amminoacidi sono composti bifunzionali costituiti dal gruppo funzionale carbossilico (–COOH) e dal gruppo funzionale amminico ($–NH_2$).

I due gruppi funzionali possono essere legati allo stesso atomo di carbonio (α-amminoacidi) o ad atomi di carbonio diversi (β-amminoacidi, γ-amminoacidi):

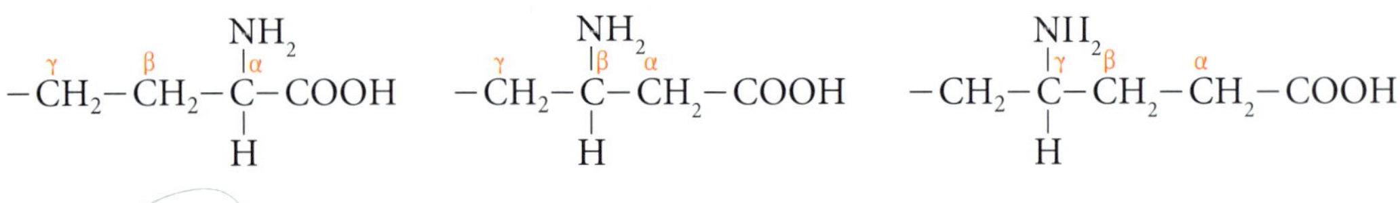

α-amminoacido β-amminoacido γ-amminoacido

Gli amminoacidi presenti negli organismi viventi, sia allo stato libero sia come componenti delle proteine, sono tutti α-amminoacidi. Si rappresentano (tranne la glicina e la prolina) con una **formula generale** definita da un atomo di carbonio centrale a cui sono legati un atomo di idrogeno, un gruppo amminico, un gruppo carbossilico e un gruppo atomico, radicale (simbolo **R**) o catena laterale. Il gruppo R è diverso da un amminoacido a un altro e ne determina le proprietà specifiche.

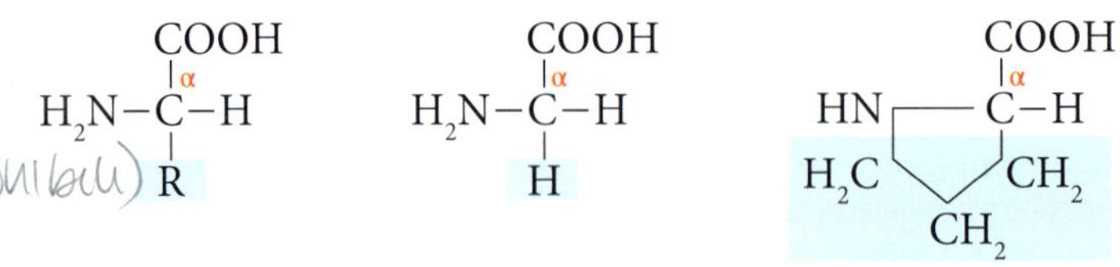

Amminoacido generico Glicina Prolina

Gli amminoacidi sono molecole chirali

L'atomo di carbonio α, essendo legato a quattro gruppi atomici diversi (tranne nell'amminoacido glicina in cui R è un atomo di idrogeno) è uno stereocentro. Tutti gli α-amminoacidi, tranne la glicina, sono molecole chirali che si presentano sotto forma di due **enantiomeri** ovvero molecole che sono l'una l'immagine speculare dell'altra e non sovrapponibili (**figura 23**):

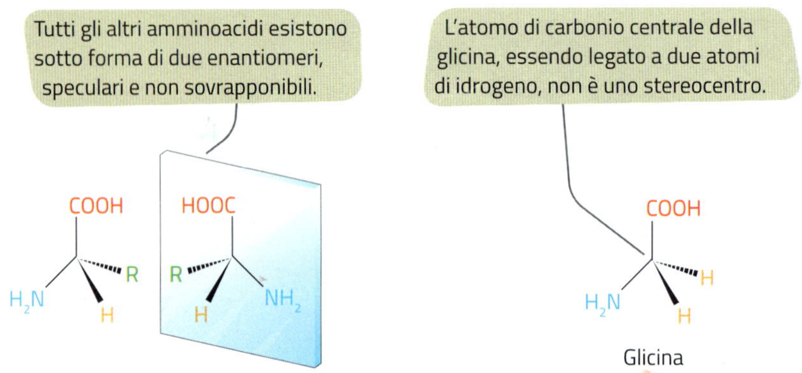

▸ Figura 23
Tutti gli amminoacidi, tranne la glicina, hanno quattro gruppi atomici diversi legati al carbonio (stereocentro), per cui si presentano sotto forma di due enantiomeri.

Di conseguenza anche gli α-amminoacidi, come i carboidrati, possono essere rappresentati con le proiezioni di Fischer: disponendo il gruppo carbossilico –COOH in alto e la catena laterale R in basso, il tipo di configurazione è determinato dalla posizione del gruppo $-NH_2$ che, se si trova a destra, indica la configurazione D, se si trova a sinistra, indica la configurazione L:

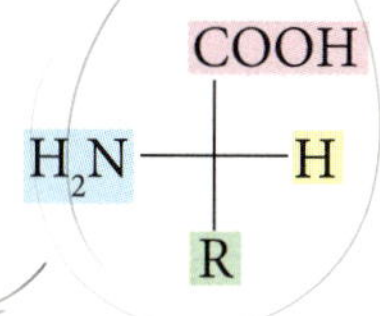

L-amminoacido

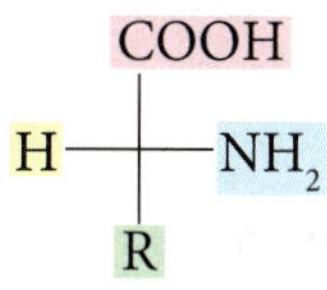

D-amminoacido

Quasi tutti gli amminoacidi naturali hanno la configurazione L. Sono state recentemente scoperte eccezioni a questa regola: amminoacidi con configurazione D sono stati trovati in proteine prodotte da organismi marini abissali, nelle pareti cellulari di alcuni batteri e nel veleno di alcuni molluschi (**figura 24**). Infine, alcuni amminoacidi della serie D sembrano avere un ruolo come neurotrasmettitori. Gli L-α-amminoacidi che costituiscono le proteine sono venti: otto sono detti **essenziali** in quanto l'organismo non è in grado di sintetizzarli, quindi devono essere acquisiti attraverso le proteine presenti negli alimenti.

▲ **Figura 24**
Molti molluschi predatori del genere *Conus* producono un veleno neurotossico molto potente. In particolare, per il veleno di *C. textile*, mortale anche per gli esseri umani, non esiste antidoto.

Gli amminoacidi sono classificati in base alla catena laterale R

Gli amminoacidi naturali sono denominati con un nome comune (glicina, alanina, valina) che si rappresenta con tre lettere (Gly, Ala, Val), quando deve essere utilizzato per rappresentare le formule dei peptidi, oppure con una lettera (G, A, V) quando si descrive la sequenza degli amminoacidi nei polipeptidi e nelle proteine (**figura 25**, nella pagina seguente).

I cinque amminoacidi con catene laterali dotate di carica elettrica (+1 oppure −1) attraggono l'acqua (cioè sono idrofili) e gli ioni aventi carica opposta. I cinque amminoacidi con catene laterali polari hanno la tendenza a formare legami a idrogeno con l'acqua e con altre sostanze polari o dotate di carica elettrica. Anche questi amminoacidi sono idrofili. Sette amminoacidi hanno invece catene laterali costituite da idrocarburi apolari; pertanto sono idrofobici. Nell'ambiente acquoso tipico delle cellule, le catene laterali idrofobiche tendono a raggrupparsi all'interno della proteina, il più lontano possibile dall'acqua.

Tre amminoacidi, la glicina, la cisteina e la prolina, pur avendo catene laterali idrofobiche, costituiscono casi a parte.

- La catena laterale della glicina è un semplice atomo di idrogeno; è quindi così piccola da incastrarsi nei ristretti spazi liberi all'interno di una proteina, dove una catena laterale più ingombrante non troverebbe spazio.
- Il gruppo R della cisteina presenta un gruppo terminale −SH e può reagire con la catena laterale di un'altra unità di cisteina, formando un legame covalente tra i due atomi di zolfo detto **ponte disolfuro** (−S−S−). I ponti disolfuro contribuiscono a determinare il modo in cui si ripiega la proteina.

A colpo d'occhio

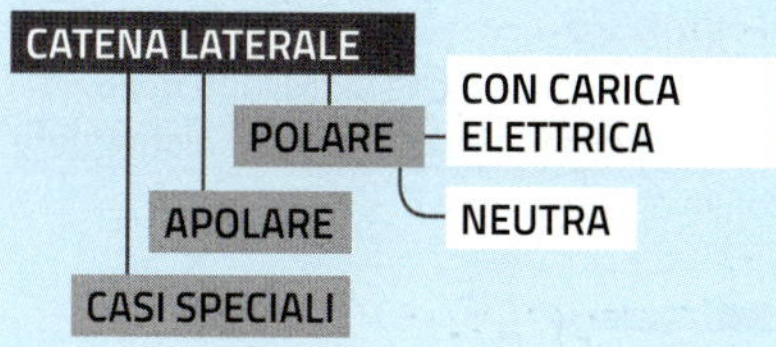

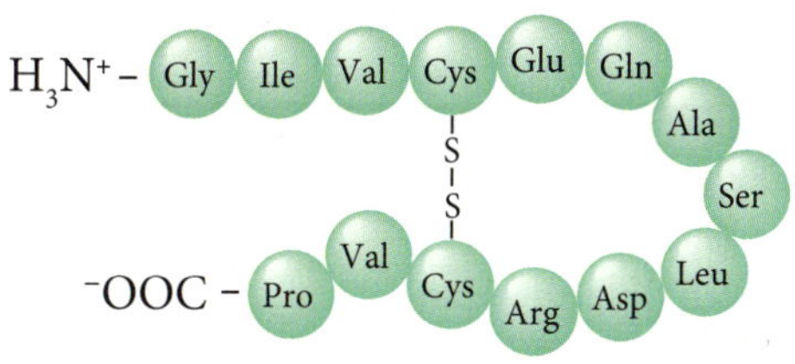

- La prolina è diversa dagli altri amminoacidi perché presenta un gruppo amminico modificato, privo di un atomo di idrogeno, che forma invece un legame covalente con un carbonio della catena laterale, generando una struttura ad anello. Ciò riduce la sua capacità di formare legami a idrogeno e limita le possibilità di rotazione attorno al carbonio α; per questo è facile che si trovi nei gomiti di una proteina, dove costituisce un punto di rigidità che contribuisce a mantenere la forma della molecola.

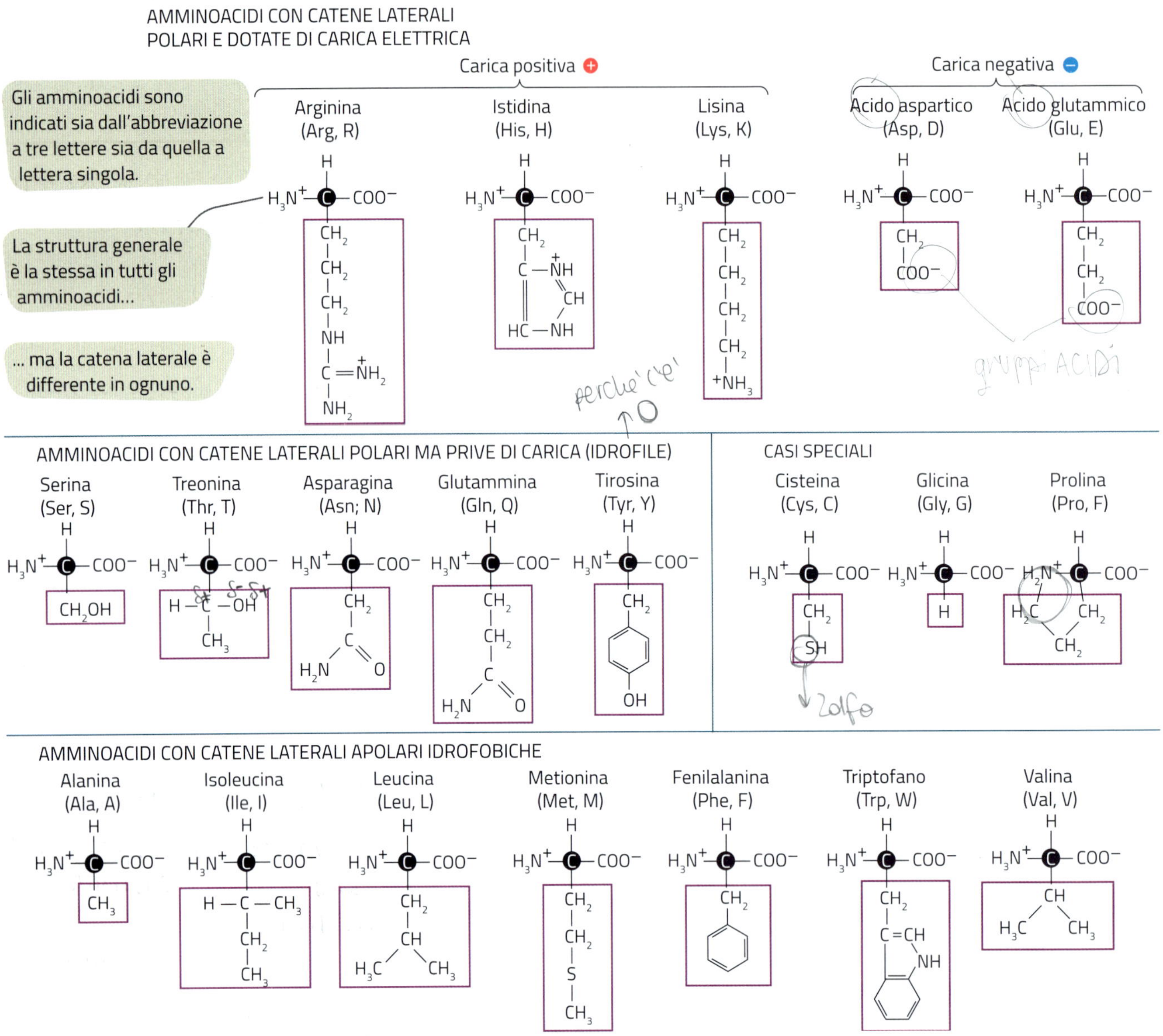

▲ **Figura 25**
I venti amminoacidi che si trovano nelle cellule si possono raggruppare e distinguere in base ai loro gruppi R.

La struttura ionica degli amminoacidi è dipolare

Negli amminoacidi, per la presenza del gruppo carbossilico e del gruppo amminico, si verifica una reazione intramolecolare acido-base: il gruppo carbossilico (–COOH) comportandosi da acido cede uno ione H^+ (trasformandosi nello ione carbossilato $-COO^-$) al gruppo amminico ($-NH_2$) che, comportandosi da base, lo accetta trasformandosi nello ione $-NH_3^+$. Si forma uno **ione dipolare** o **zwitterione**, ovvero uno ione con due cariche opposte che si trovano su due gruppi funzionali diversi.

Le parole

Il termine **zwitterione** proviene dal tedesco *Zwitter*, «ermafrodito» e indica uno ione provvisto di due cariche elettriche opposte.

Forma acido-base

Forma ionica dipolare

Gli zwitterioni sono molecole in grado di attraversare le membrane cellulari, lipofile, poiché privi di una carica ionica netta; allo stesso tempo le cariche parziali interne alla struttura garantiscono loro una sufficiente idrofilia, e conseguente solubilità in acqua.

Tra la forma acido-base e la forma ionica dipolare si stabilisce un equilibrio spostato verso la forma ionica dipolare:

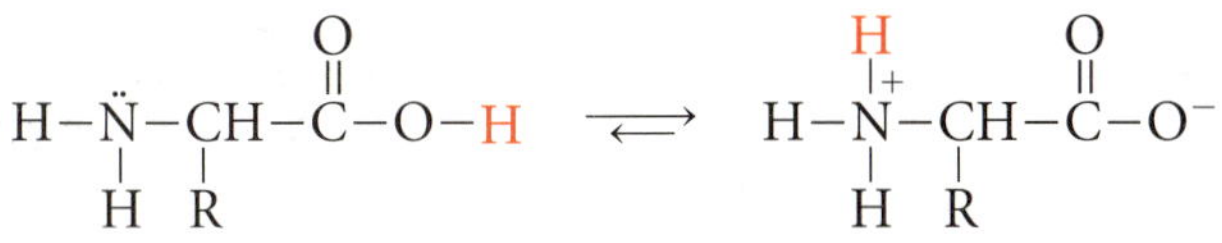

Forma acido-base — Forma ionica dipolare

Le proprietà fisiche e chimiche dipendono dalla struttura ionica dipolare

La struttura ionica dipolare degli amminoacidi giustifica:

- le proprietà fisiche, che si identificano nello stato solido cristallino, negli alti punti di fusione e nella solubilità in acqua, ma non in solventi apolari (etere, benzene);
- le proprietà chimiche, che si identificano nel loro comportamento **anfotero** in quanto possono reagire sia con acidi sia con basi. Gli amminoacidi, infatti, nella forma ionica dipolare:

  1. in una soluzione basica (OH^-) si comportano da acidi, cedendo un protone H^+ e trasformandosi in anione con carica elettrica –1:

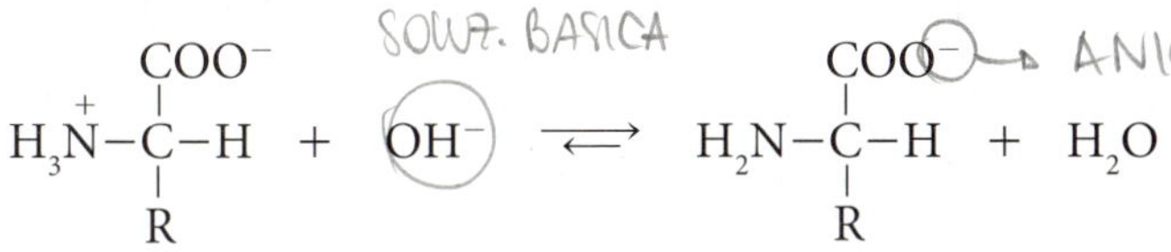

  2. in una soluzione acida (H_3O^+) si comportano da basi, accettando un protone H^+ e trasformandosi in catione con carica elettrica +1:

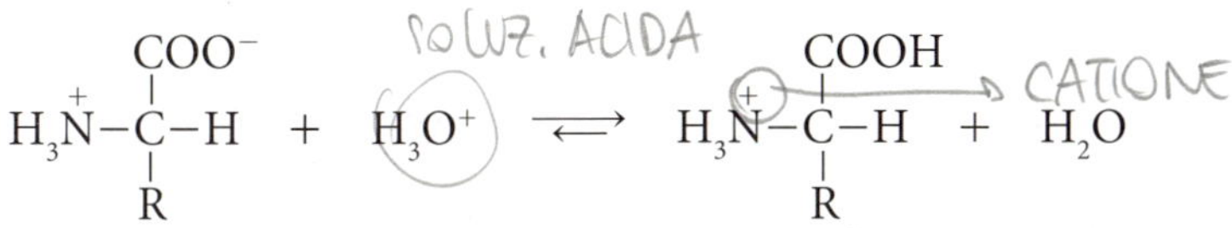

È evidente, quindi, che la carica di un amminoacido dipende dal pH della soluzione:

- ad alti valori di pH (soluzione basica) la carica è negativa e l'amminoacido è presente nella forma anionica, ovvero deprotonata;
- a bassi valori di pH (soluzione acida) la carica è positiva e l'amminoacido è presente nella forma cationica, ovvero protonata.

A un dato valore di pH, detto **punto isoelettrico** (pI), l'amminoacido ha una forma ionica dipolare e carica complessiva uguale a zero (**figura 26** e **tabella 1** nella pagina seguente). Le differenze di punto isoelettrico si possono utilizzare per separare gli amminoacidi di una soluzione mediante una tecnica chiamata *elettroforesi*, di cui riparleremo nel capitolo E8.

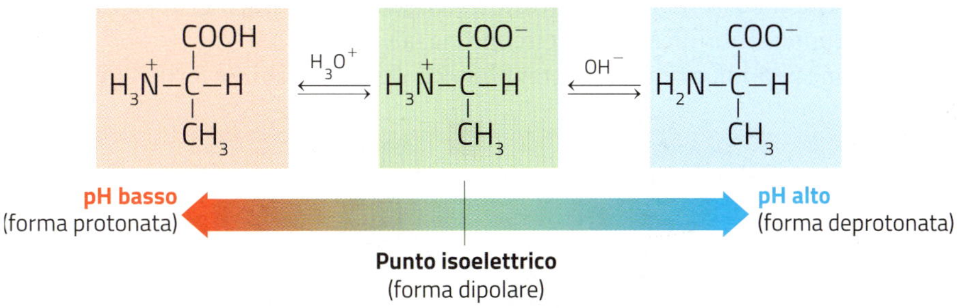

◂ **Figura 26**
A valori di pH bassi, l'amminoacido si presenta nella forma protonata (con carica positiva), mentre a valori di pH alti è nella forma deprotonata (con carica negativa). Per l'alanina il pI corrisponde a un valore di pH uguale a 6,0.

Per gli amminoacidi che hanno un solo gruppo carbossilico e un solo gruppo amminico (amminoacidi neutri) il valore del pI corrisponde a un valore di pH intermedio, nell'intervallo tra pH = 5,0 e pH = 6,5. Per i due amminoacidi con due

Nome	Punto isoelettrico (pI)
acido aspartico	3,0
acido glutammico	3,2
cisteina	5,0
asparagina	5,4
fenilalanina	5,5
glutammina	5,7
serina	5,7
tirosina	5,7
metionina	5,8
triptofano	5,9
alanina	6,0
glicina	6,0
leucina	6,0
valina	6,0
isoleucina	6,1
prolina	6,3
treonina	6,5
istidina	7,6
lisina	9,8
arginina	10,8

▲ **Tabella 1**
Valori del punto isoelettrico dei venti amminoacidi naturali.

PEPTIDI = biopolimeri costituiti da 2 o + amminoacidi uniti da un LEGAME AMMIDICO = legame PEPTIDICO

tra CARBONIO -COOH e AZOTO -NH$_2$ → eliminazione di H$_2$O REAZIONE di CONDENSAZIONE

legame peptidico e' STABILE e FORTE per il suo parziale carattere di DOPPIO LEGAME

gruppi carbossilici e un gruppo amminico (amminoacidi acidi), e per i tre amminoacidi con un gruppo carbossilico e due gruppi amminici (amminoacidi basici), il valore del pI corrisponde a valori di pH rispettivamente molto bassi (pH = 3) e maggiori di 7 (nell'intervallo pH = 7,6 e pH = 10,8).

I peptidi sono i polimeri degli amminoacidi

I peptidi sono biopolimeri costituiti da due o più amminoacidi uguali o diversi, uniti da un legame ammidico chiamato legame peptidico.

Il **legame peptidico** tra due amminoacidi si stabilisce tra il carbonio del gruppo carbossilico (–COOH) di un amminoacido (simbolo aa$_1$) e l'azoto del gruppo amminico (–NH$_2$) di un altro amminoacido (simbolo aa$_2$).

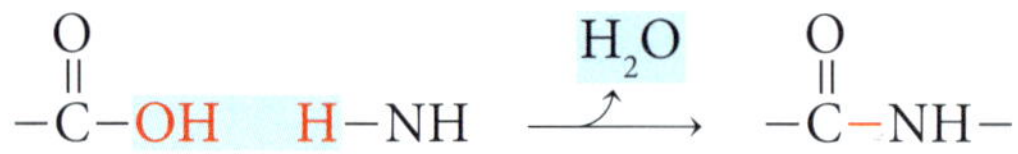

Il legame peptidico si rappresenta con un legame covalente singolo C–N ma ha in effetti una lunghezza intermedia tra quello di un legame singolo e quello di un legame doppio. Tale lunghezza di legame è giustificata dalla delocalizzazione del doppietto elettronico libero sull'atomo di azoto che originando il fenomeno della risonanza descrive il legame ammidico con due formule limite.

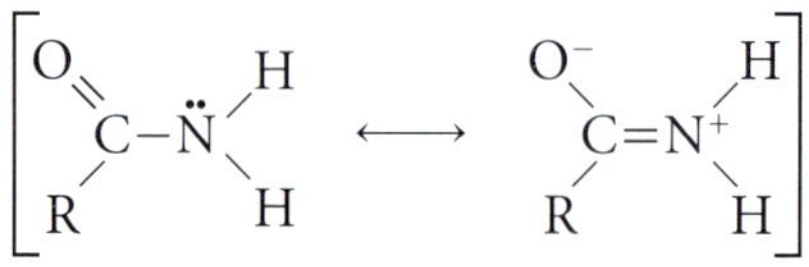

Per effetto della risonanza, il legame C–N non può ruotare e il peptide assume una disposizione planare, condizione fondamentale per svolgere la specifica attività biologica.

La reazione tra due amminoacidi comporta l'eliminazione di una molecola di acqua (**reazione di condensazione**) e la formazione di un *peptide*.

Per convenzione il peptide si scrive mettendo a sinistra l'amminoacido con il gruppo amminico libero (**amminoacido N-terminale**) e a destra l'amminoacido con il gruppo carbossilico libero (**amminoacido C-terminale**). Un peptide costituito da due amminoacidi si chiama *dipeptide*:

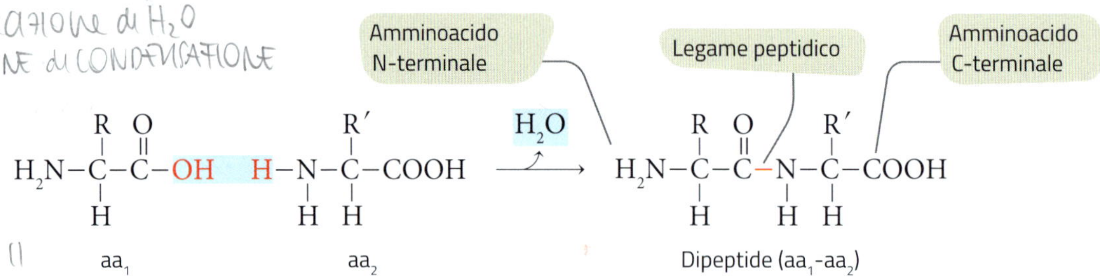

In effetti, nella reazione tra due amminoacidi (aa$_1$ e aa$_2$) si possono ottenere due dipeptidi che sono isomeri di struttura, a seconda di quale sia il gruppo carbossilico e il gruppo amminico che reagiscono (aa$_1$-aa$_2$ e aa$_2$-aa$_1$).

Il legame peptidico risulta nel complesso un legame stabile e forte (**figura 27**).

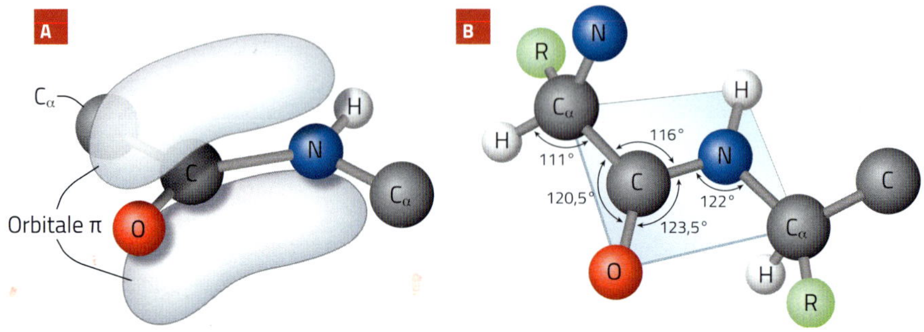

▶ **Figura 27**
(A) La stabilità del legame peptidico risiede nel parziale carattere di doppio legame, determinato dalla ibridazione *sp*^{2} dell'azoto e del carbonio peptidici; (B) nella conformazione *trans*, con minore ingombro sterico, dell'idrogeno legato all'azoto e dell'ossigeno del gruppo C=O rispetto al legame C–N.

La reazione tra l'alanina e la serina porta alla formazione del dipeptide alanilserina, mentre quella tra la serina e l'alanina porta alla formazione del dipeptide serilalanina (**figura 28**):

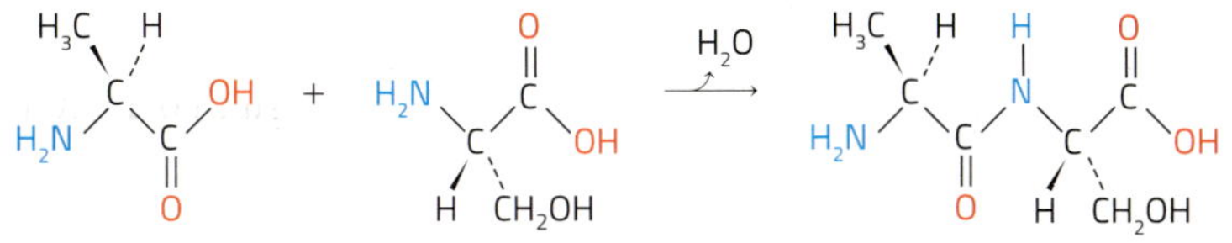

Alanina (Ala) — Serina (Ser) — Alanilserina (Ala-Ser)

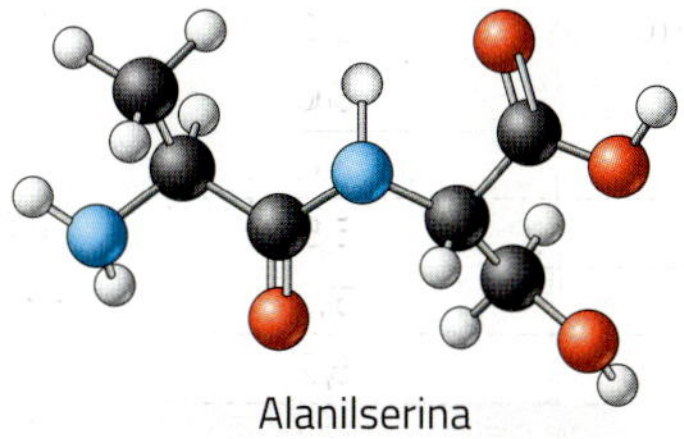

Alanilserina

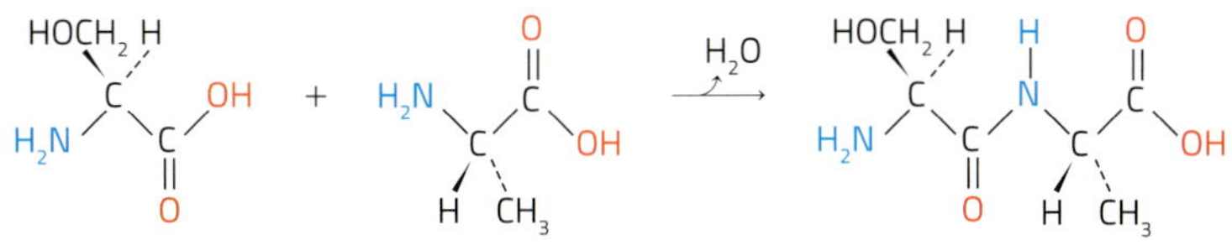

Serina (Ser) — Alanina (Ala) — Serilalanina (Ser-Ala)

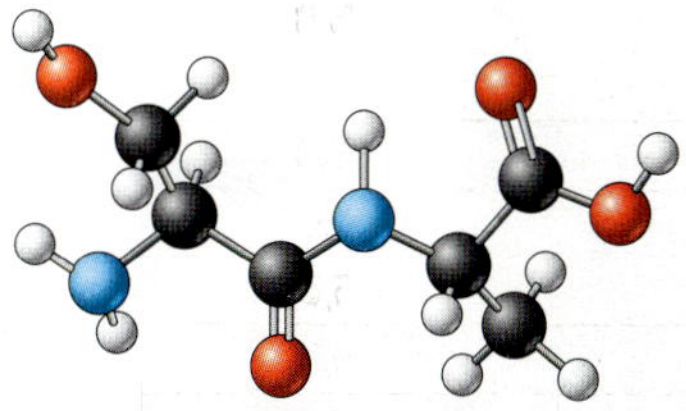

Serilalanina

▲ **Figura 28**
Le molecole di alanilserina e serilalanina.

Di solito le formule dei peptidi si rappresentano con tre lettere per ciascun amminoacido: in tal modo la formula dell'alanilserina si scrive *Ala-Ser* e quella della serilalanina si scrive *Ser-Ala*.

Il numero degli isomeri ovviamente aumenta all'aumentare del numero di amminoacidi che costituiscono il peptide: con tre amminoacidi si possono ottenere sei tripeptidi.

combinazioni possibili
3 amminoacidi → 6 tripeptidi

Il numero (n) di peptidi che si possono ottenere con un numero (m) di amminoacidi è dato dalla relazione: n = 1, 2, 3 ... m.

I peptidi possono essere suddivisi negli amminoacidi costituenti mediante una reazione di **idrolisi**, che negli organismi viventi è catalizzata da enzimi:

attraverso ENZIMI con una REAZIONE di IDROLISI i peptidi tornano singoli amminoacidi

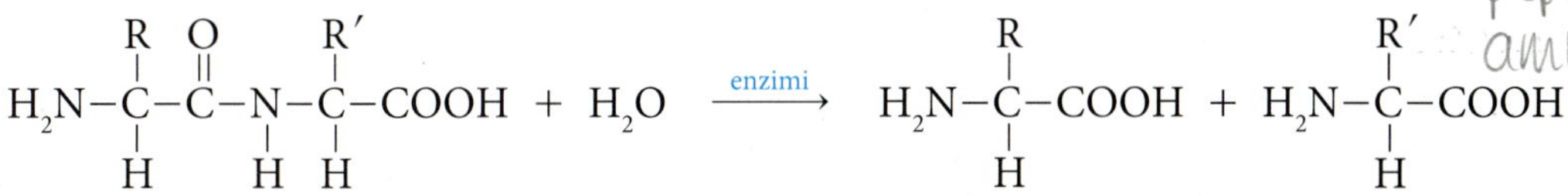

Dipeptide (aa_1-aa_2) — aa_1 — aa_2

Tra gli amminoacidi di un peptide, oltre al legame peptidico, si può formare un secondo tipo di legame covalente, il legame disolfuro, che si può stabilire tra i gruppi –SH di due unità di cisteina:

Il legame disolfuro è un legame covalente singolo tra due atomi di zolfo (S–S). Il legame disolfuro si forma per ossidazione (deidrogenazione) di due gruppi –SH appartenenti a due amminoacidi di cisteina (Cys); essi possono appartenere allo stesso peptide o a due peptidi diversi:

→ LEGAME di DISOLFURO tra i gruppi -SH di 2 unità di cisteina
↳ si forma per OSSIDAZIONE

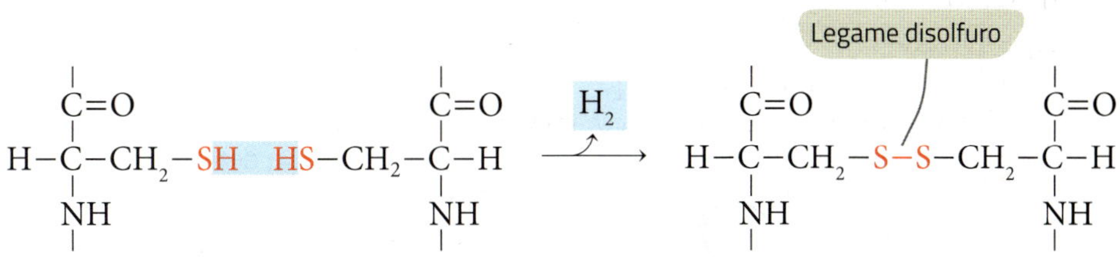

Cisteina — Cisteina — -Cys-S-S-Cys-

∘ OLIGOPEPTIDI da 2 a 10
∘ POLIPEPTIDI < 100
∘ PROTEINE > 100

I peptidi, a seconda del numero di amminoacidi che li costituiscono, sono distinti in: **oligopeptidi**, formati da pochi amminoacidi (da 2 a 10), **polipeptidi**, formati da non più di 100 amminoacidi, e **proteine**, costituite da oltre 100 amminoacidi. I termini *polipeptide* e *proteina* vengono spesso utilizzati come sinonimi.

Le parole

Le **proteine** (dal greco: *protos*, «primo») sono polimeri organici a elevata massa molecolare di primaria importanza nel metabolismo cellulare.

Le proteine si classificano in diversi modi

Le **proteine** sono biopolimeri formati da molti amminoacidi (più di 100) uniti tra loro da legami peptidici.

Sulla base della loro composizione chimica, le proteine sono suddivise in:

- **semplici**, formate solo da amminoacidi;
- **coniugate**, costituite da amminoacidi e da un *gruppo prostetico*, una molecola non proteica, che può essere un lipide (*lipoproteine*), un glucide (*glicoproteine*) o un acido nucleico (*nucleoproteine*).

A seconda della funzione biologica svolta, si possono distinguere le seguenti classi di proteine:

- **strutturali**, che costituiscono tessuti e organi; proteine strutturali sono la cheratina (**figura 29**) e il collagene;
- **catalitiche**, come gli enzimi, che aumentano la velocità delle reazioni chimiche nelle cellule;
- **contrattili** e di **movimento**, che permettono la contrazione muscolare (actina e miosina) e il movimento di ciglia e flagelli;
- di **trasporto**, come l'emoglobina, che favoriscono il trasporto di ioni o molecole;
- di **riserva**, che accumulano ioni (ferritina) o molecole (ovoalbumina) nei tessuti;
- di **difesa**, come gli anticorpi che proteggono l'organismo dagli agenti patogeni;
- di **regolazione**, come gli ormoni, che regolano diversi processi metabolici negli organismi.

▲ **Figura 29**
Tra le proteine fibrose c'è la cheratina, una delle componenti principali dei capelli.

In base alla **forma** che assumono nello spazio, le proteine possono essere suddivise in fibrose e globulari.

Le **proteine fibrose**, insolubili in acqua, sono formate da due o tre catene polipeptidiche disposte le une accanto alle altre e legate con legami disolfuro (cheratina) o legami a idrogeno (collagene), a costituire un unico filamento o un piano (**figura 30**).

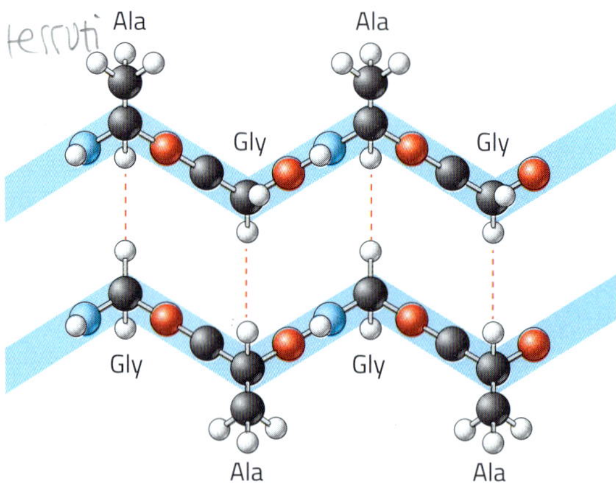

▶ **Figura 30**
La forma allungata di molte proteine fibrose, come il collagene, deriva dalla disposizione nello spazio di molecole unite da legami a idrogeno lungo direzioni parallele.

Le **proteine globulari**, solubili in acqua, sono formate da catene polipeptidiche ripiegate su se stesse in forme compatte più o meno sferiche, determinate da numerose interazioni intramolecolari e ioniche. Sono proteine globulari gli enzimi (biocatalizzatori), gli *ormoni* (messaggeri chimici preposti alla regolazione di processi biologici), le proteine di trasporto (l'emoglobina), le proteine di riserva (ovoalbumina) e di difesa (anticorpi).

Le *immunoglobuline* o anticorpi sono glicoproteine prodotte dalle plasmacellule del sistema immunitario. Hanno forma globulare e sono costituite da quattro catene polipeptidiche (due pesanti e due leggere) unite con legami disolfuro.

Il tipo di ripiegamento adottato dall'anticorpo ne determina le proprietà specifiche.

La struttura primaria è la sequenza degli amminoacidi

Esaminando una proteina nella sua configurazione spaziale, è possibile individuare quattro livelli di organizzazione ai quali si dà il nome di struttura primaria, secondaria, terziaria e quaternaria.

La **struttura primaria** è definita dalla sequenza con cui gli amminoacidi sono legati con legami peptidici e legami disolfuro nella catena polipeptidica. Ogni proteina ha la sua sequenza specifica e da essa dipende la sua funzione biologica. Per esempio, due ormoni proteici sintetizzati dall'ipotalamo, l'ossitocina e la vasopressina, differiscono solo per due amminoacidi ma svolgono funzioni biologiche completamente differenti:

- l'ossitocina è responsabile della contrazione della muscolatura uterina prima e durante il parto;
- la vasopressina favorisce il riassorbimento dell'acqua a livello del tubulo renale del nefrone.

A colpo d'occhio

CONFIGURAZIONE DELLE PROTEINE
- STRUTTURA PRIMARIA
- STRUTTURA SECONDARIA
- STRUTTURA TERZIARIA
- STRUTTURA QUATERNARIA

Ossitocina

Cys – Tyr – Ile – Gln – Asn – Cys – Pro – Leu – Gly

Vasopressina

Cys – Tyr – Phe – Gln – Asn – Cys – Pro – Arg – Gly

La struttura secondaria è la disposizione spaziale degli amminoacidi

La **struttura secondaria** è definita dalla disposizione spaziale degli atomi della catena polipeptidica ed è determinata da legami a idrogeno che si stabiliscono tra l'ossigeno del gruppo carbonile (>CO) di un amminoacido e l'idrogeno del gruppo –NH di un altro amminoacido della stessa catena proteica o tra due catene diverse. La struttura secondaria, tipica delle proteine fibrose, può presentarsi sotto forma di tre configurazioni.

- La configurazione ad **α-elica**, caratterizzata da una catena polipeptidica avvolta a spirale su se stessa in senso antiorario, è determinata da legami a idrogeno intramolecolari con i gruppi R diretti verso l'esterno. La configurazione ad α-elica conferisce alla proteina una elevata flessibilità ed elasticità. Proteine ad α-elica sono la *cheratina*, il *collagene* e l'*elastina*.

A colpo d'occhio

STRUTTURA SECONDARIA
- α-ELICA
- β-FOGLIETTO RIPIEGATO
- LOOP

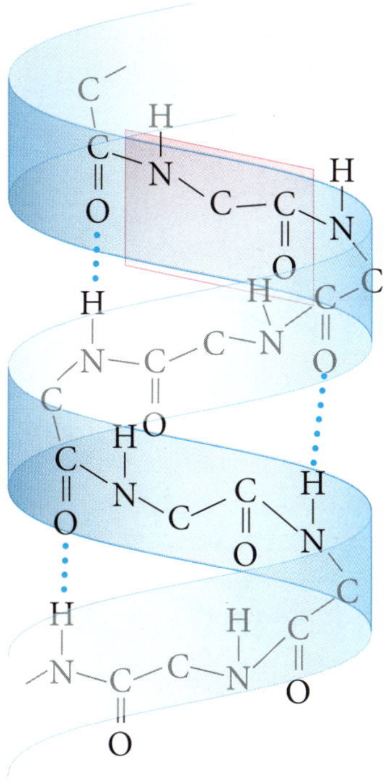

α-elica

β-FOGLIETTO RIPIEGATO: catene polipeptidiche disposte PARALLELAMENTE vicino
↳ LEGAME IDROGENO: C=O···H–N
↳ fibroina

LOOP: regioni della catena che assumono STRUTTURE SECONDARIE IRREGOLARI

→ STRUTTURA TERZIARIA
è definita dalla FORMA della proteina determinata da INTERAZIONI INTERMOLECOLARI tra gruppi R
↳ tipica delle PROTEINE GLOBULARI
= unione di α ELICA e β FOGLIETTO

- La configurazione a **β-foglietto ripiegato**, caratterizzata da più catene polipeptidiche disposte parallelamente l'una accanto all'altra, è determinata da legami a idrogeno intermolecolari che si stabiliscono tra il gruppo >CO e il gruppo –NH di due catene parallele e da gruppi R che si trovano alternativamente sopra e sotto il piano della molecola. Una proteina a β-foglietto ripiegato è la *fibroina*, costituente principale delle fibre della seta e della tela del ragno.

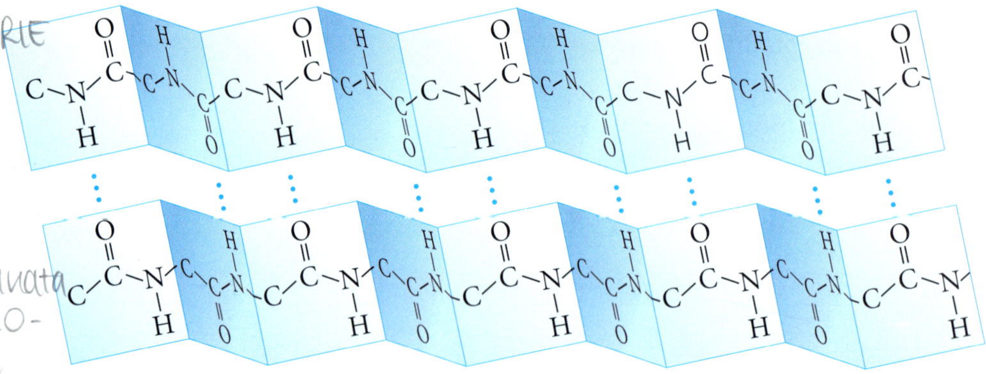

β-foglietto

- Sono definite **loop** le regioni della catena polipeptidica che non assumono alcun tipo di struttura secondaria regolare. In genere si trovano nel sito attivo degli enzimi (*vedi* capitolo E2) e diventano ordinate in presenza della molecola che legano.

La struttura terziaria definisce la forma della proteina

La **struttura terziaria** è definita dalla forma della proteina, determinata da interazioni intramolecolari (legami a idrogeno, legami disolfuro, interazioni ioniche) tra i gruppi R degli amminoacidi.

La struttura terziaria è tipica delle proteine globulari e può essere considerata come l'insieme di segmenti polipeptidici ad α-elica e a β-foglietto, uniti da elementi di connessione e ripiegati in modo da garantire alla proteina la massima stabilità. All'interno di proteine di grandi dimensioni, sono spesso presenti regioni dette **domini**, caratterizzate da una particolare stabilità, al punto da conservare la loro struttura tridimensionale anche se vengono scisse dal resto della molecola. I domini sono deputati allo svolgimento di una particolare funzione, come la catalisi o la regolazione.

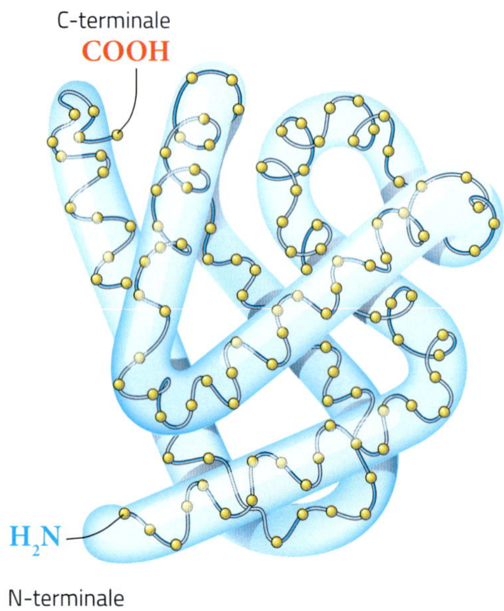

La struttura quaternaria è l'unione di più strutture terziarie

La **struttura quaternaria** è definita dall'associazione di due o più catene polipeptidiche chiamate anche *subunità*. Una proteina di forma globulare con struttura quaternaria è l'**emoglobina**, proteina di trasporto dell'ossigeno nei globuli rossi. L'emoglobina è una proteina coniugata costituita dal gruppo prostetico eme e da quattro subunità (globine), due subunità α con 141 amminoacidi e due subunità β con 146 amminoacidi. Nel feto, l'emoglobina è costituita dall'unione di due catene α e due catene γ. Anomalie nella sintesi dell'emoglobina, causate da mutazioni geniche, sono responsabili dell'anemia falciforme e della talassemia (anemia mediterranea).

→ STRUTTURA QUATERNARIA
unione di 2 o + catene polipeptidiche chiamate SUBUNITÀ
→ EMOGLOBINA: trasporta l'ossigeno nei globuli rossi

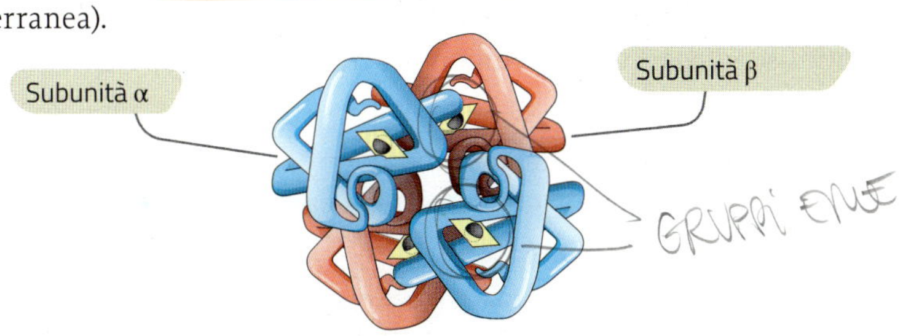

Strutture 1°/2°/3° determinano la solubilità, dimensione e ruolo biologico

Le strutture primaria, secondaria e terziaria, presenti in tutte le proteine, ne determinano la solubilità, la dimensione e il ruolo biologico specifico.

Dalla struttura primaria alla secondaria, terziaria e quaternaria, si verifica un progressivo aumento della complessità strutturale. La specifica attività biologica della proteina è svolta solo quando la struttura assunta è quella definitiva (**figura 31**).

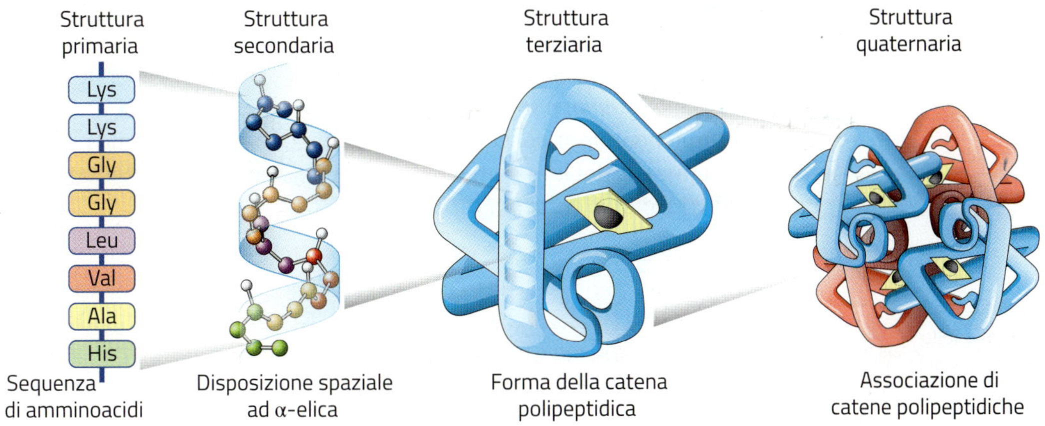

◂ **Figura 31**
I possibili livelli di organizzazione di una proteina.

La denaturazione rompe i legami deboli nella proteina

I legami chimici responsabili della struttura secondaria, terziaria e quaternaria di una proteina sono deboli, per cui in presenza di temperature elevate, di valori estremi di pH, di solventi organici (alcoli) e di ioni di metalli pesanti tendono a rompersi. In tal caso la proteina perde la sua funzionalità biologica (**denaturazione**).

Quando una proteina denaturandosi forma nuovi legami intramolecolari e intermolecolari, il processo di denaturazione è irreversibile e viene chiamato coagulazione. Esistono però alcune proteine che rivestono un ruolo fondamentale nella gestione dello stress ossidativo cellulare. Queste proteine, denominate *heat shock proteins (hsp)*, intervengono proprio quando una proteina, che sta subendo un processo di denaturazione, forma nuovi legami intramolecolare non corretti, rischiando di assumere una conformazione non funzionale. Le *hsp* assistono e guidano la proteina nella costruzione dei legami, permettendole di recuperare la corretta disposizione spaziale, e quindi la normale funzionalità.

Guarda il video nell'ebook
Un minuto di biologia
Le proteine

LEGAMI CHIMICI delle strutture 2°/3°/4° sono DEBOLI
- ALTE TEMPERATURE
- VALORI ESTREMI PH
- SOLVENTI ORGANICI
- IONI di METALLI PESANTI
] rompono i legami

proteina perde la FUNZIONE BIOLOGICA → DENATURAZIONE

Facciamo il punto

1. Perché gli amminoacidi hanno un comportamento anfotero?
2. In che modo si forma il legame peptidico tra due amminoacidi?
3. Quali sono le configurazioni della struttura secondaria delle proteine?

→ HEAT SHOCK PROTEINS sono proteine che intervengono quando una proteina si sta denaturalizzando → cercano di RIDARLE la sua FORMA ORIGINALE

Acidi nucleici → monomero = nucleotidi
funzioni: conservazione, trasmissione, espressione dei caratteri ereditari

nucleotidi formati → monosaccaride aldopentoso
• D-ribosio
• D-2-desossiribosio
→ base eterociclica azotata
• pirimidine = 1 anello esatomico
- citosina
- timina
- uracile
• purine = 2 anelli esatomici (1 esatomico, 1 pentatomico)
- guanina
- adenina
→ gruppo fosfato
conferisce l'acidità all'acido nucleico

4 I nucleotidi e gli acidi nucleici

I nucleotidi sono costituiti da uno zucchero, una base azotata e un gruppo fosfato

I nucleotidi sono i monomeri degli acidi nucleici, biopolimeri presenti universalmente nei sistemi viventi, nei quali presiedono alla conservazione, trasmissione ed espressione dei caratteri ereditari.

I nucleotidi sono costituiti dall'unione di tre molecole appartenenti a classi diverse.

- Un *monosaccaride* a cinque atomi di carbonio in cui è presente il gruppo aldeidico, che può essere il **D-ribosio** o il **D-2-desossiribosio** (figura 32);

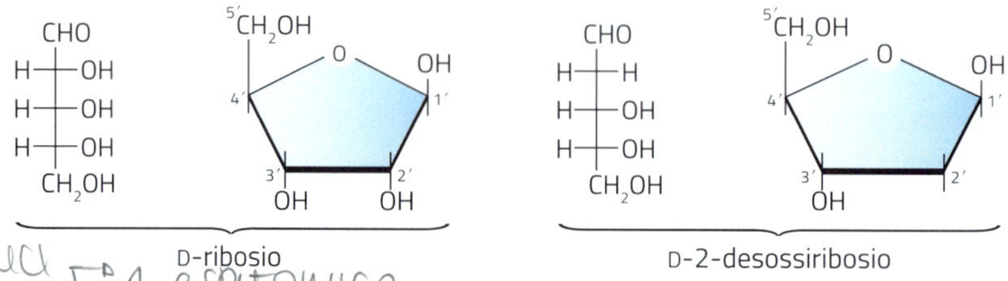

▸ **Figura 32**
Le molecole del D-ribosio e del D-2-desossiribosio rappresentate con le proiezioni di Fischer e di Haworth. Gli atomi di carbonio del pentoso sono contraddistinti da un apice (′) che si legge «primo».

- Una *base eterociclica azotata* costituita da uno o due anelli di atomi di carbonio e di azoto (eteroatomo). Le basi azotate presenti nella costituzione degli acidi nucleici sono cinque e appartengono a due classi, le pirimidine e le purine. Le **pirimidine** (*citosina*, *timina*, *uracile*) sono costituite da un anello esatomico; le **purine** (*adenina*, *guanina*) sono formate da due anelli condensati, uno esatomico e uno pentatomico. Le basi azotate vengono generalmente indicate con la lettera iniziale del loro nome (figura 33): A (adenina), C (citosina), G (guanina), T (timina), U (uracile);

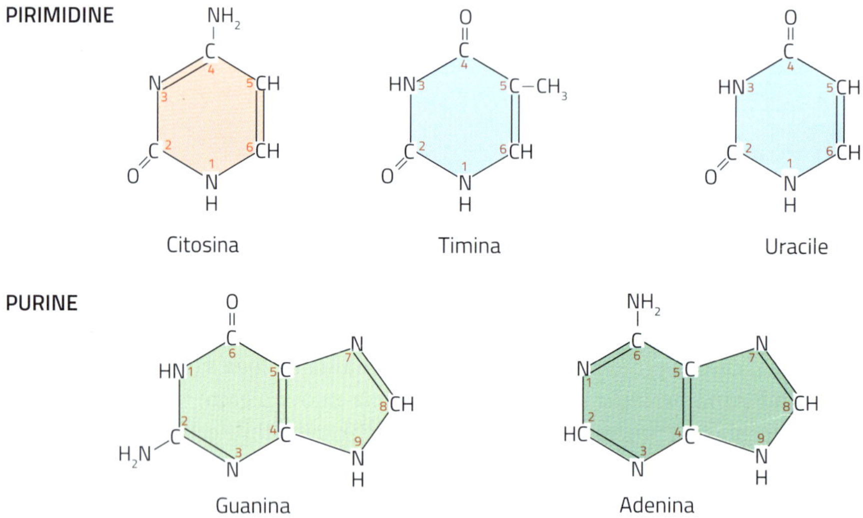

▸ **Figura 33**
Le basi azotate pirimidiniche (citosina, timina e uracile) sono costituite da un anello esatomico. Le basi azotate puriniche (guanina e adenina) sono costituite da un anello esatomico e uno pentatomico.

- Un *gruppo fosfato*, con un atomo di fosforo al centro, che conferisce all'acido nucleico la sua caratteristica acidità.

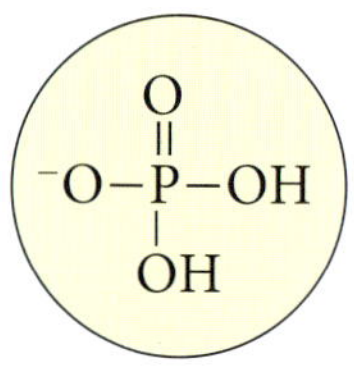

La sintesi degli acidi nucleici avviene mediante reazioni di condensazione

Il gruppo funzionale emiacetalico –OH legato all'atomo di carbonio-1′ (si legge: uno primo) di una molecola di zucchero può reagire con il gruppo amminico –NH in posizione 1 di una base azotata pirimidinica o con il gruppo amminico in posizione 9 di una base azotata purinica. L'eliminazione di una molecola di acqua porta alla formazione di un legame glicosidico e di un composto chiamato **nucleoside**:

zucchero + base azotata → nucleoside + acqua

I nucleosidi prendono il nome dalla base azotata da cui derivano: adenosina, citidina, guanosina, timidina, uridina. Per esempio, nella reazione tra il D-ribosio e la citosina si ottiene il nucleoside citidina:

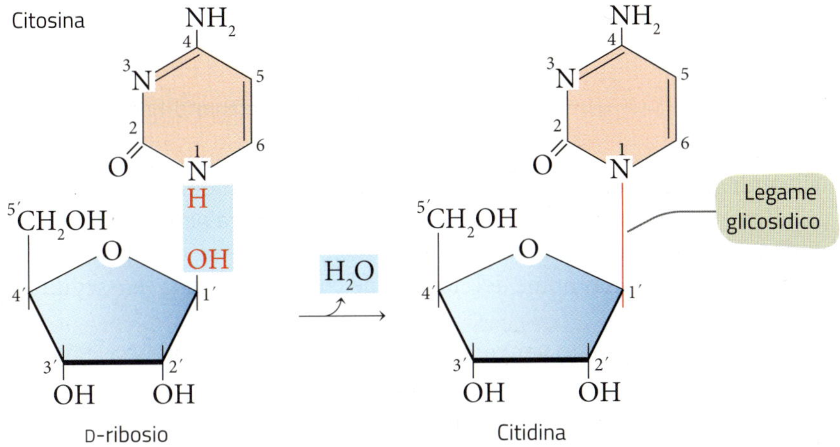

Il legame glicosidico coinvolge l'atomo di carbonio C-1′, il quale è anomerico. Si possono quindi avere legami α o β glicosidici. Nei nucleosidi il legame è N-glicosidico è sempre nella configurazione β. Lo zucchero, grazie alla presenza dei molti gruppi –OH, garantisce ai nucleosidi una buona solubilità.

Il gruppo ossidrile del C-5′ dello zucchero del nucleoside può reagire con una molecola di acido fosforico (H_3PO_4); si ha l'eliminazione di una molecola di acqua e la formazione di un legame estereo che determina la sintesi di un composto chiamato **nucleotide**:

nucleoside + acido fosforico → nucleotide + acqua

Per esempio, dalla citidina si forma il nucleotide citidina monofosfato.

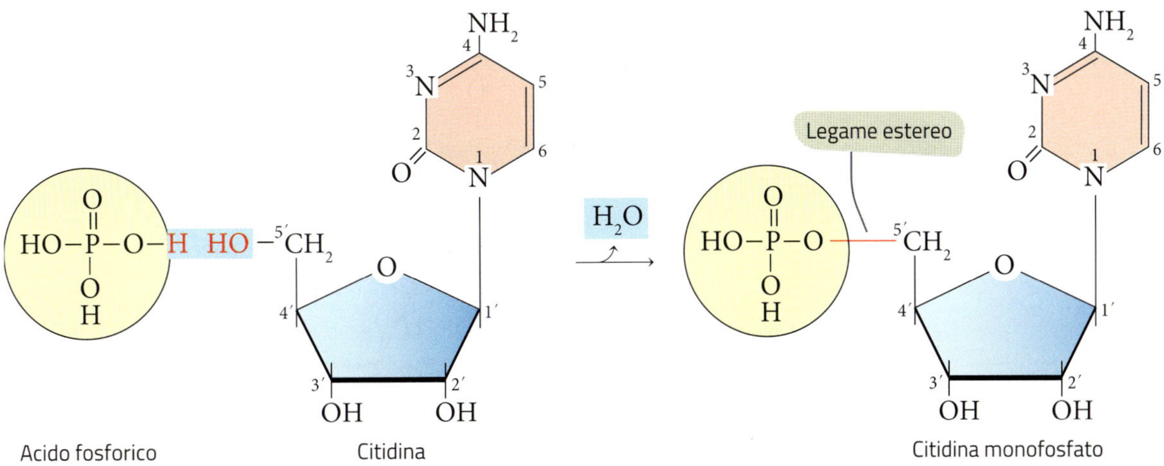

- OH del C1 reagisce
NH dello zucchero → 1 pirimidina → 9 purinica
→ creazione legame glicosidico
→ molecola = nucleoside → sempre β
→ espulsione H_2O

nomi nucleosidi:
- ADENOSINA
- CITIDINA
- GUANOSINA
- TIMIDINA
- URIDINA

→ OH del C5 reagisce gruppo fosfato
→ creazione legame estereo
→ espulsione H_2O
→ molecola = nucleotide

NUCLEOTIDI = ACIDI ORGANICI FORTI ↓ danno origine ai polimeri = ACIDI NUCLEICI

I nucleotidi sono quindi esteri fosfati dei nucleosidi e sono costituiti da una base azotata unita a uno zucchero aldopentoso (ribosio o desossiribosio), legato a un gruppo fosfato mediante un legame estereo.

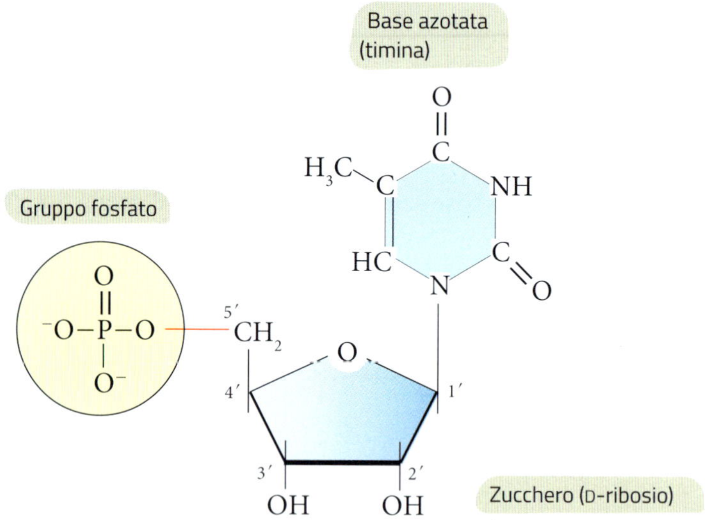

Base azotata	Nucleoside	Nucleotide	Sigla
Adenina	Adenosina	Adenosina monofosfato	AMP
Citosina	Citidina	Citidina monofosfato	CMP
Guanina	Guanosina	Guanosina monofosfato	GMP
Timina	Timidina	Timidina monofosfato	TMP
Uracile	Uridina	Uridina monofosfato	UMP

▲ Tabella 2
La nomenclatura di nucleosidi e nucleotidi monofosfato in cui è presente il ribosio.

I nucleotidi si presentano come acidi organici forti, dal momento che il valore di pK_a di prima dissociazione è inferiore a 1. Questo spiega perché i biopolimeri a cui danno origine sono denominati acidi nucleici. Il nome dei nucleotidi monofosfato è costituito dal nome del nucleoside con la desinenza *-ina* seguita dal termine *monofosfato*.

I nucleotidi monofosfato vengono generalmente indicati con una sigla di tre lettere, di cui la prima indica il tipo di base azotata presente (A, C, G, T, U), la seconda il numero di gruppi fosfato (M = *mono* = uno) e la terza il gruppo fosfato P (tabella 2).

Se nei nucleosidi e nucleotidi è presente il 2-desossiribosio, si ha una serie analoga di 2-desossinucleosidi e di 2-desossinucleotidi per i cui nomi si premette il prefisso *desossi-*.

Il gruppo fosfato di un nucleotide (legato al C-5′ dello zucchero) può reagire con il gruppo ossidrile del C-3′ dello zucchero di un altro nucleotide. L'eliminazione di una molecola di acqua porta alla formazione di un legame fosfodiestere e di un composto chiamato **dinucleotide**:

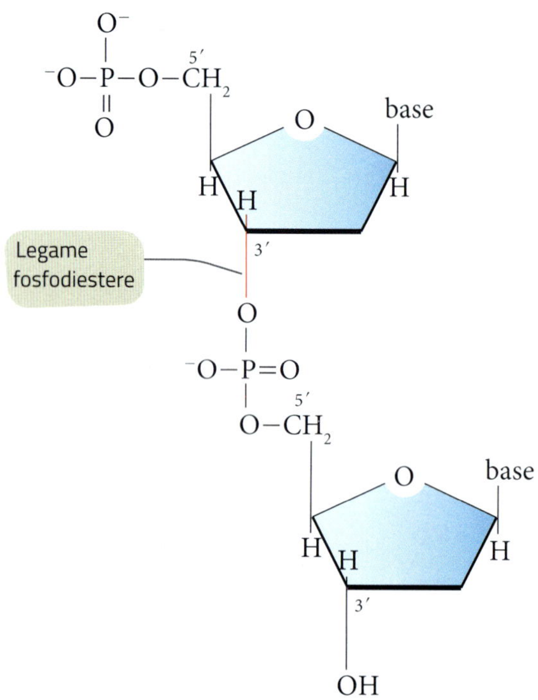

Quando più nucleotidi si legano tra loro, si costituisce un polinucleotide di un **acido nucleico** (**figura 34**).

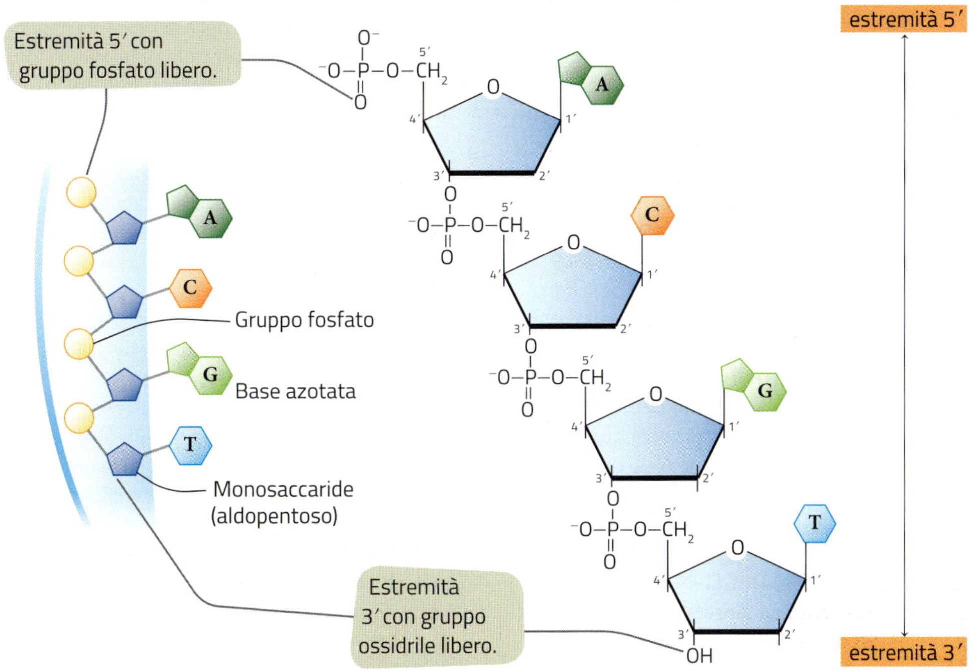

◂ Figura 34
Il polinucleotide di una molecola di acido nucleico.

Da notare che una delle due estremità del polinucleotide ha un ossidrile libero sul carbonio-3′ (**estremità 3′**), mentre l'altra ha un gruppo fosfato legato al carbonio-5′ (**estremità 5′**).

Nei sistemi viventi sono presenti due classi di acidi nucleici, strutturalmente e funzionalmente molto diverse, anche se chimicamente simili, gli acidi desossiribonucleici (**DNA**) e gli acidi ribonucleici (**RNA**).

- Negli **acidi desossiribonucleici** lo zucchero è il 2-*desossiribosio* e le quattro basi azotate che possono legarsi a esso sono adenina, citosina, guanina e timina. Le molecole di DNA si trovano prevalentemente nel nucleo della cellula.
- Negli **acidi ribonucleici** lo zucchero è il *ribosio* e le quattro basi azotate che possono legarsi ad esso sono adenina, citosina, guanina e uracile. Le molecole di RNA si trovano nel citoplasma e nei ribosomi.

Ti ricordi?

Nei **mitocondri** e nei **cloroplasti** si trovano piccole molecole di DNA, che consentono a questi organuli di autoriprodursi. La presenza del DNA è dovuta all'origine endosimbiotica delle cellule eucariotiche.

Guarda il video nell'ebook
Un minuto di biologia
Gli acidi nucleici

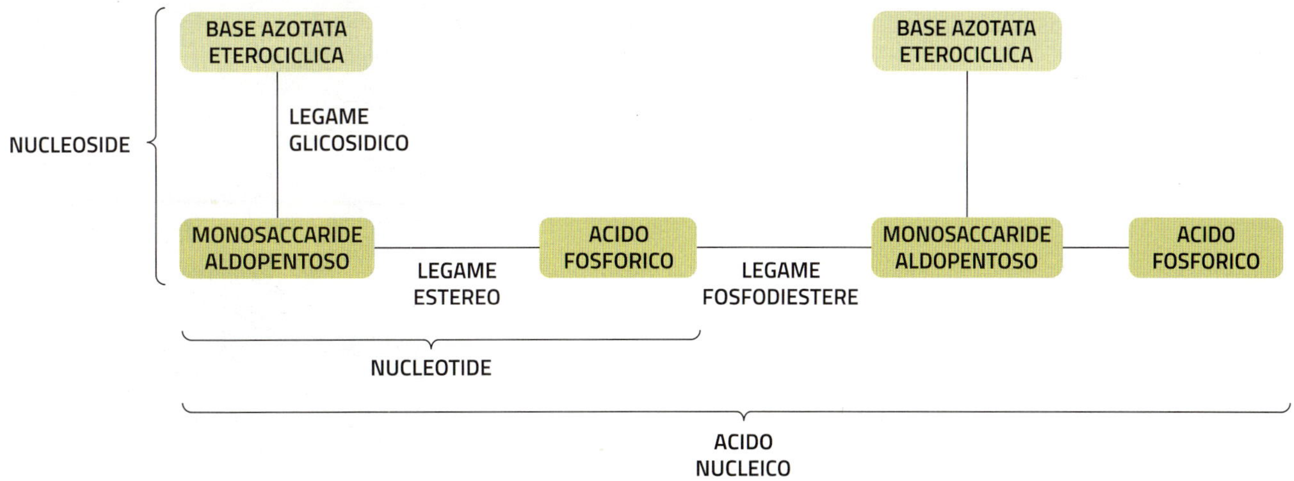

Facciamo il punto

1. Qual è la composizione chimica dei nucleotidi?
2. Come avviene la sintesi degli acidi nucleici?
3. Che cosa si intende con l'espressione estremità 3' e 5'?

A quali grassi dobbiamo prestare attenzione?

I grassi di origine animale e di origine vegetale che noi assumiamo con gli alimenti sono costituiti per il 90- 95% da trigliceridi. A temperatura ambiente, i grassi vegetali sono liquidi e sono definiti *oli*, mentre i grassi animali a temperatura ambiente sono solidi. Questa differenza è dovuta alla prevalenza negli oli di **acidi grassi insaturi**, che sono caratterizzati da temperature di fusione relativamente basse; nei trigliceridi dei grassi animali prevalgono invece gli **acidi grassi saturi**, con temperature di fusione superiori ai 60 °C. Anche la lunghezza della catena idrocarburica e la disposizione dei doppi legami sono importanti per le caratteristiche fisico-chimiche e per le proprietà biologiche degli acidi grassi.

L'olio d'oliva, per esempio, contiene il 70% di acido oleico, il 12% di acido linoleico e circa l'1% di acido linolenico. Tutti e tre questi acidi grassi sono formati da catene a 18 atomi di carbonio, ma differiscono per posizione e numero dei doppi legami.

Poiché gli acidi grassi presenti in natura sono tutti nella forma *cis* e i doppi legami sono sempre separati da un metilene, i biochimici numerano i doppi legami a partire dal carbonio ω, che è l'atomo di carbonio posto all'estremità opposta rispetto al carbossile (**figura A**):

- l'**acido oleico** possiede un solo doppio legame (*monoinsaturo*) in posizione 9, e appartiene quindi alla serie ω-9 (18:1 ω-9);
- l'**acido linoleico** ha due doppi legami, e quindi è *polinsaturo*; il primo dei doppi legami si trova in posizione 6 (e di conseguenza il secondo in posizione 9): si tratta pertanto di un acido grasso della serie ω-6 (18:2 ω-6);
- l'**acido linolenico**, anch'esso *polinsaturo*, possiede tre doppi legami, di cui il primo è in posizione 3 (e di conseguenza il secondo in posizione 6 e il terzo in posizione 9), fa quindi parte della serie ω-3 (18:3 ω-3).

LE FUNZIONI DEGLI ACIDI GRASSI

Gli acidi grassi polinsaturi (abbreviati in PUFA) della serie ω-3 e ω-6 sono molto importanti per l'alimentazione umana. In particolare, il nostro organismo non è in grado di sintetizzare l'acido linoleico e l'acido linolenico, che devono necessariamente essere introdotti con gli alimenti, essendo anche i precursori di numerosi altri acidi grassi, rispettivamente della serie ω-6 e ω-3, coinvolti in molte funzioni cellulari. Per esempio, a partire dall'acido linoleico le nostre cellule sintetizzano l'*acido arachidonico*, un acido grasso a 20 atomi di carbonio che è uno dei costituenti della membrana plasmatica ed è anche il precursore degli *eicosanoidi*, sostanze con funzione regolatrice a livello cellulare o locale. Tra gli eicosanoidi troviamo le *prostaglandine*, i *leucotrieni* e i *trombossani*, che regolano l'aggregazione delle piastrine e la contrazione della muscolatura liscia; inoltre intervengono nei processi infiammatori e nella regolazione dei livelli ematici dei lipidi, soprattutto del colesterolo, prevenendo le malattie cardiovascolari.

NON TUTTI GLI OLI SONO INSATURI: L'OLIO DI PALMA

L'olio di palma (**figura B**) si differenzia dagli altri oli di semi per l'elevata quantità di grassi saturi (pari a circa il 47%), in particolare di *acido palmitico*, un acido grasso saturo a 16 atomi di carbonio che si trova nel latte, compreso quello materno. Questa caratteristica ha spinto

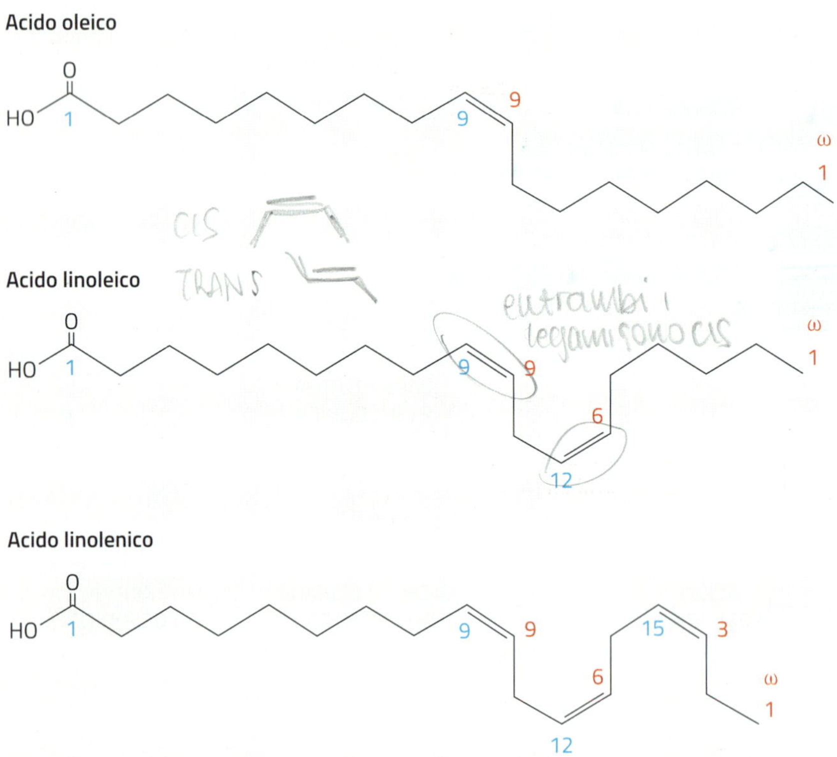

▲ **Figura A**
La differenza tra le formule chimiche di tre acidi grassi insaturi.

▲ **Figura B**
Anche se si presenta in forma liquida a temperatura ambiente, l'olio di palma è ricco di acido palmitico, un acido grasso saturo.

i nutrizionisti a sconsigliare il consumo dell'olio di palma poiché, come riportato in diverse pubblicazioni scientifiche, il rischio di malattie cardiovascolari aumenta con l'assunzione di alimenti contenenti acidi grassi saturi.

L'Istituto Nazionale di Ricerca per gli Alimenti e la Nutrizione raccomanda che circa il 30% delle calorie giornaliere derivino dai grassi, di cui 2/3 insaturi e solo 1/3 saturi; per questo è consigliabile limitare l'uso dell'olio di palma come di qualunque altro grasso con alte percentuali di acidi grassi saturi, per esempio il burro. Questo anche perché altri alimenti che contengono elevate quantità di acidi grassi saturi (come la carne o il latte e suoi derivati) devono comunque essere assunti in quanto ritenuti essenziali per l'apporto in proteine ad alto valore biologico.
Sarebbe quindi un errore usare l'olio di palma come grasso da condimento, soprattutto in sostituzione dell'olio extravergine di oliva. Grazie alla sua composizione, infatti, l'olio d'oliva è insostituibile nella dieta mediterranea: la presenza di un acido grasso monoinsaturo lo rende più resistente all'ossidazione rispetto ad altri oli vegetali caratterizzati da elevate percentuali di acidi grassi polinsaturi, mentre il contenuto di acidi grassi polinsaturi soddisfa il fabbisogno dell'organismo.

Il particolare, poiché gli enzimi che intervengono nel metabolismo dell'acido linoleico e dell'acido linolenico hanno un'affinità maggiore per i substrati della serie ω-3 rispetto a quelli della serie ω-3, è importante che il rapporto ω-6/ω-3 negli alimenti sia a favore dei primi; questo è quello che si verifica nell'olio d'oliva, dove la concentrazione di acido linoleico è maggiore di quella dell'acido linolenico. Un eccesso di acido linolenico, infatti, potrebbe inibire il metabolismo dell'acido linoleico, impedendo la sintesi di quantità sufficienti degli altri acidi della serie ω-6 come l'acido arachidonico.

Per quanto abbiamo detto, quindi, possiamo consumare tutti i grassi di origine sia animale sia vegetale purché teniamo presente la raccomandazione che, del 30% delle calorie complessive derivanti dai grassi, non più di 1/3 devono essere sotto forma di acidi grassi saturi (**figura C**).

Biscotti frollini con panna fresca
Ingredienti: farina di **frumento**, zucchero, olio di semi di girasole, amido di **frumento**, **uova** fresche, **burro**, **panna** fresca pastorizzata 2,0%, sciroppo di glucosio, sale, agenti lievitanti (carbonato acido di sodio, tartrato monopotassico), aroma.
Può contenere tracce di: frutta a guscio, sesamo e soia.
Gli ingredienti evidenziati possono provocare reazioni in persone allergiche o intolleranti.

Le etichette degli alimenti riportano sempre il tipo di grassi usati, per esempio l'olio di semi di girasole e il burro.

Nonostante fosse uno degli oli più usati a livello industriale, oggi molte aziende hanno deciso di rinunciare all'olio di palma in favore di altri tipi di acidi grassi.

INFORMAZIONI NUTRIZIONALI	Per 100g di prodotto	Per porzione (320g - 1 pizza)	%*Per porzione	Per 1/2 porzione (160g - 1/2 pizza)	%*Per 1/2porzione
Energia	970 kJ 231 kcal	3103 kJ 738 kcal	37%	1552 kJ 370 kcal	19%
Grassi di cui acidi grassi saturi	7,4 g 3,9 g	24 g 12,3 g	34% 62%	12 g 6,2 g	17% 31%
Carboidrati di cui zuccheri	28 g 1,2 g	90 g 3,8 g	35% 4%	45 g 1,9 g	17% 2%
Fibre	2,3 g	7,2 g	-	3,7 g	-
Proteine	12 g	38 g	76%	19 g	38%
Sale	1,3 g	4,3 g	72%	2,1 g	36%

*Assunzioni di riferimento di un adulto medio (8400 kJ - 2000 kcal).
Contiene 1 porzione.
Le porzioni dovrebbero essere adattate alle diverse età dei bambini.

Dalla tabella con le informazioni nutrizionali è possibile vedere la quantità in grammi e la percentuale di grassi saturi e insaturi di ciascun alimento.

◂ **Figura C**
Leggendo le etichette dei prodotti è possibile ricavare numerose informazioni.

SINTESI DI FINE CAPITOLO

LO SAI? RIPASSA CON LO SMARTPHONE

Le biomoleocle

Le **biomolecole** sono la componente principale dei composti organici presenti negli organismi viventi; formano la struttura delle cellule e nello stesso tempo sono i protagonisti del metabolismo cellulare. Le biomolecole sono riconducibili a quattro classi fondamentali: **carboidrati**, **lipidi**, **proteine** e **acidi nucleici**. Fanno da complemento a queste classi le vitamine e gli ormoni.

I carboidrati

I carboidrati, o glucidi, sono biomolecole monomeriche o polimeriche costituite da due o più gruppi ossidrilici e da un gruppo aldeidico o un gruppo chetonico.

Si dividono in monosaccaridi, oligosaccaridi e polisaccaridi.

Le tre classi di carboidrati sono in relazione tramite la reazione di idrolisi, ovvero per addizione di acqua, in presenza di un catalizzatore acido H^+ secondo la reazione:

$$\text{polisaccaride} + \text{acqua} \xrightarrow{H^+}$$
$$\xrightarrow{H^+} \text{oligosaccaride} + \text{acqua} \xrightarrow{H^+}$$
$$\xrightarrow{H^+} \text{monosaccaride}$$

Monosaccaridi e disaccaridi

I **monosaccaridi** sono carboidrati che per idrolisi non sono suddivisibili in composti più semplici. I monosaccaridi sono distinti in *aldosi* e *chetosi* a seconda che il gruppo carbonile presente sia aldeidico o chetonico. In acqua hanno una struttura prevalente ciclica o emiacetalica. I monosaccaridi più diffusi sono: ribosio e desossiribosio, glucosio, galattosio e fruttosio.

I **disaccaridi** sono carboidrati costituiti da due unità di monosaccaridi (uguali o diverse) uniti da un *legame 1,4-glicosidico* in seguito a una reazione di condensazione. I disaccaridi più comuni sono: lattosio e maltosio (che si comportano come zuccheri riducenti) e saccarosio (che si comporta con zucchero non riducente.

I polisaccaridi

I **polisaccaridi** sono carboidrati costituiti da un numero elevato di monosaccaridi legati tra loro da legami glicosidici. I più diffusi in natura sono l'**amido**, il **glicogeno** e la **cellulosa**, tutti polimeri del glucosio.

Poiché questi composti non hanno gruppi emiacetalici liberi (tranne quello alla fine della catena), sono zuccheri non riducenti.

I lipidi

I **lipidi** rappresentano una vasta classe di composti chimicamente eterogenei per struttura e proprietà, ma che presentano tutti la caratteristica di essere insolubili in acqua e solubili in solventi organici apolari. I lipidi possono essere distinti in due grandi gruppi:

- **saponificabili**, o complessi, come trigliceridi, fosfolipidi e glicolipidi;
- **non saponificabili**, o semplici, come steroidi e vitamine liposolubili.

I trigliceridi

I **trigliceridi** hanno la funzione di riserva energetica, formano il tessuto adiposo, sono il veicolo per l'assorbimento delle vitamine; sono distinti in **grassi** e **oli**.
Le più importanti reazioni dei trigliceridi sono:

- l'**idrogenazione degli oli**, ovvero la trasformazione degli oli in grassi vegetali solidi per l'addizione di idrogeno;
- l'**idrolisi alcalina dei grassi e degli oli**, che avviene fornendo calore e in presenza di basi forti; la *saponificazione* porta alla formazione di glicerolo e sali di acidi grassi.

Fosfolipidi e glicolipidi

I **fosfolipidi** sono i principali componenti delle membrane cellulari. Le molecole dei fosfolipidi hanno una testa polare idrofila e da una doppia coda apolare idrofobica; per questo duplice comportamento le molecole dei fosfolipidi sono dette *anfipatiche*.

I **glicolipidi** sono formati da una molecola di un amminoalcol (la sfingosina), alla quale si lega un acido grasso e un monosaccaride.

Steroidi e vitamine liposolubili

Gli **steroidi** sono composti che derivano da un idrocarburo policiclico (lo sterano). Il *colesterolo* è un composto la cui molecola presenta un gruppo alcolico, un doppio legame, una catena alifatica e due sostituenti metilici. È un costituente delle membrane cellulari e della mielina. Gli *acidi biliari* sono componenti della bile e derivano dal colesterolo. Gli *ormoni sessuali* sono gli androgeni, gli estrogeni, i progestinici e gli ormoni corticosurrenali. Le **vitamine liposolubili** (A, D, E, K) sono regolatori del metabolismo.

Amminoacidi e proteine

Gli **amminoacidi** sono composti bifunzionali costituiti dal gruppo funzionale carbossilico e dal gruppo funzionale amminico. Le **proteine** sono costituite da venti amminoacidi, otto dei quali sono detti *essenziali* (l'organismo non è in grado di sintetizzarli).

I **peptidi** sono biopolimeri costituiti da due o più amminoacidi uguali o diversi, uniti da un legame peptidico. I peptidi sono distinti in: *oligopeptidi*, formati da pochi amminoacidi (da 2 a 10), *polipeptidi* formati da non più di 100 amminoacidi, e proteine, costituite da oltre 100 amminoacidi.

Le proteine sono biopolimeri formati da molti amminoacidi uniti tra loro da legami peptidici. Una proteina ha quattro livelli di organizzazione ai quali si dà il nome di **struttura primaria**, **secondaria**, **terziaria** e **quaternaria**.

Nucleotidi e acidi nucleici

I **nucleotidi** sono i monomeri degli acidi nucleici che presiedono alla conservazione, trasmissione ed espressione dei caratteri ereditari.
I nucleotidi sono costituiti dall'unione di: un *monosaccaride* (ribosio o desossiribosio); una *base eterociclica azotata* che può essere una pirimidina (citosina, timina, uracile) o una purina (adenina, guanina); un *gruppo fosfato*.

Quando più nucleotidi si legano tra loro, si costituisce un polinucleotide di un **acido nucleico**. Ci sono due classi di acidi nucleici: gli acidi desossiribonucleici (**DNA**) e gli acidi ribonucleici (**RNA**).
La sintesi degli acidi nucleici avviene mediante reazioni di *condensazione*.

VERIFICA LE TUE CONOSCENZE

ZTE ONLINE

Lezione 1
I carboidrati

1. La cellulosa è un polimero di
- A β-D-glucosio.
- B α-D-fruttosio.
- C β-D-fruttosio.
- D α-D-glucosio.

2. Il lattosio si forma dalla reazione di condensazione tra
- A β-D-galattosio e β-D-glucosio.
- B α-D-glucosio e β-D-fruttosio.
- C due molecole di α-D-glucosio.
- D due molecole di β-D-galattosio.

3. Il monosaccaride che costituisce un chetoso è
- A D-gliceraldeide.
- B D-diidrossoacetone.
- C D-ribosio.
- D D-glucosio.

4. I due monosaccaridi componenti di un disaccaride sono legati mediante un legame
- A glicosidico.
- B a idrogeno.
- C peptidico.
- D estereo.

5. Il D-(+)-mannosio

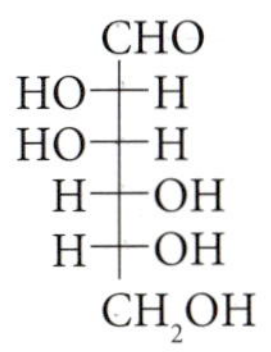

è un monosaccaride
- A aldopentoso.
- B aldoesoso.
- C chetopentoso.
- D chetoesoso.

6. Quale tra i seguenti composti reagisce con il reattivo di Fehling?
- A Glicina.
- B Gliceraldeide.
- C Diidrossiacetone.
- D Fruttosio.

Lezione 2
I lipidi

7. Le principali funzioni dei lipidi sono
- A di riserva energetica, di regolazione, strutturale.
- B di riserva energetica, di regolazione, catalitica.
- C catalitica, di regolazione, strutturale.
- D di trasporto, di regolazione, catalitica.

8. Quale delle seguenti affermazioni non è corretta?
- A I fosfolipidi sono i componenti principali della membrana cellulare.
- B I trigliceridi sono triesteri della gliceraldeide.
- C I glicolipidi sono responsabili della specificità dei gruppi sanguigni.
- D Il colesterolo è un componente della mielina.

9. La vitamina utilizzata per la sintesi della protrombina, fattore essenziale per la coagulazione del sangue, è
- A K
- B E
- C D
- D A

10. Le molecole che hanno il ruolo biologico di emulsionare i trigliceridi sono
- A i mineralcorticoidi.
- B i sali biliari.
- C gli acidi biliari.
- D glicocorticoidi.

11. La reazione di idrolisi alcalina dei trigliceridi dà origine a una molecola di glicerolo e tre molecole di
- A acidi grassi saturi.
- B sali di acidi grassi.
- C sali acidi.
- D acidi grassi insaturi.

Lezione 3
Gli amminoacidi e le proteine

12. Gli amminoacidi essenziali
- A si trovano nelle proteine di origine vegetale.
- B si trovano nelle proteine di origine animale.
- C non sono sintetizzati dalle cellule.
- D sono sintetizzati dalle cellule.

13. Quale tra i seguenti amminoacidi non è una molecola chirale?
- A Alanina.
- B Glicina.
- C Prolina.
- D Cisteina.

14. Quale tra le seguenti molecole non è un amminoacido?
- A Lisina.
- B Metionina.
- C Anilina.
- D Fenilalanina.

15. Tra i seguenti legami chimici quello che non è presente tra i gruppi R della struttura terziaria di una proteina è il legame
- A idrogeno.
- B disolfuro.
- C ionico.
- D estereo.

Lezione 4
I nucleotidi e gli acidi nucleici

16. Un nucleotide è formato da
- A un gruppo fosfato, un aldopentoso e una base azotata.
- B un gruppo fosfato, un chetoesoso e una base azotata.
- C un gruppo fosfato, un aldoesoso e una base azotata.
- D un gruppo fosfato, un chetopentoso e una base azotata.

17. Un nucleoside è costituito da
- A un gruppo fosfato e un aldopentoso.
- B un aldoesoso e una base azotata.
- C un gruppo fosfato e una base azotata.
- D un aldopentoso e una base azotata.

18. I nucleotidi degli acidi nucleici sono legati con un legame
- A fosfodiestere.
- B a idrogeno.
- C peptidico.
- D estereo.

19. Rappresenta le proiezioni di Fischer di un
- A D-aldoso.
- B L-aldoso.
- C D-chetoso.
- D L-chetoso.

VERIFICA LE TUE ABILITÀ

20. **La proiezione di Fischer del D-eritrosio (un aldotetroso) riportata di seguito rappresenta**

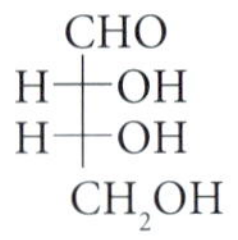

D-eritrosio

- [A] la proiezione di Fischer dell'L-eritrosio.
- [B] la formula prospettica del D-eritrosio.

21. **Con riferimento alle proiezioni di Fischer del D-mannosio e del D-sorbosio, rappresenta le corrispondenti proiezioni di Haworth.**

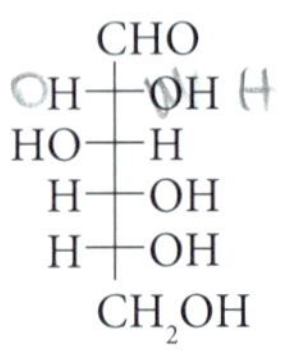

D-mannosio

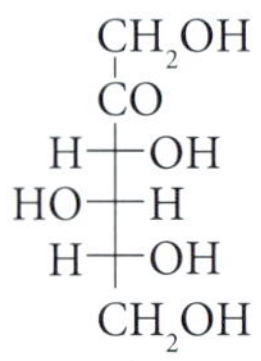

D-sorbosio

22. **Con riferimento alle proiezioni di Fischer del D-ribosio e del D-ribulosio, rappresenta la proiezione di Haworth di**

a) β-D-ribosio

b) β-D-ribulosio

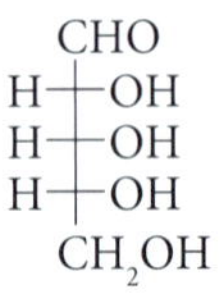

D-ribosio

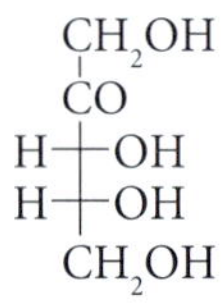

D-ribulosio

23. **Le rotazioni ottiche specifiche dell'α e del β-D-fruttosio sono rispettivamente +21° e −133°. Le soluzioni di ciascun isomero danno mutarotazione fino a una rotazione ottica specifica di equilibrio di −92°. Calcola la percentuale delle due forme presenti all'equilibrio.**

24. **Rappresenta la reazione di riduzione del D-mannosio con idrogeno, specificando il nome del prodotto.**

25. **Rappresenta la reazione di ossidazione del D-mannosio con il reattivo di Fehling, specificando il nome del prodotto.**

26. **Con riferimento alle forme emiacetaliche cicliche, rappresenta le reazioni di idrolisi (in presenza di un catalizzatore acido) specificando il nome dei prodotti del**

a) lattosio

b) saccarosio

27. **L'acido palmitico è un acido grasso saturo costituito da 16 atomi di carbonio. Rappresenta la reazione di esterificazione (specificando il nome del prodotto) tra il glicerolo e l'acido palmitico.**

28. **L'acido oleico è un acido grasso monoinsaturo costituito da 18 atomi di carbonio e con un doppio legame in posizione 10. Rappresenta la reazione di idrogenazione del trioleato di glicerile (in presenza di un catalizzatore di nichel).**

29. **Rappresenta le proiezioni di Fischer degli amminoacidi**

a) L-tirosina

b) L-valina

30. **Evidenzia il comportamento anfotero dell'alanina rappresentando la reazione dell'amminoacido (in forma di ione dipolare) con una soluzione di**

a) acido cloridrico

b) idrossido di sodio

31. **Rappresenta la formula razionale dell'amminoacido cisteina a un valore di**

a) pH = 5

b) pH = 9

c) pH = 3

32. **Rappresenta la reazione di condensazione tra la glicina e l'alanina.**

33. **Rappresenta la reazione di idrolisi (in presenza di un catalizzatore acido) della fenilcisteina.**

34. **Rappresenta la reazione di condensazione tra il D-ribosio e la timina specificando il nome del prodotto.**

35. **Rappresenta le strutture dei nucleotidi**

a) adenosinmonofosfato

b) desossitiminmonofosfato

36. **Rappresenta la reazione di condensazione tra l'acido fosforico e l'uridina specificando il nome del prodotto.**

UNITUTOR
VERSO L'UNIVERSITÀ

Preparati ai test di ammissione sul sito Unitutor.

37. **Quale dei seguenti composti biochimici non ha un numero pari di atomi di carbonio?**

- [A] Glucosio
- [B] Amilopectina
- [C] Deossiribosio
- [D] Amilosio
- [E] Maltosio

[dal test di ammissione a Medicina, 2012-13]

38. **I legami idrogeno in una proteina possono influenzare la struttura**

- [A] secondaria, terziaria e quaternaria
- [B] primaria e terziaria
- [C] primaria e secondaria
- [D] primaria, secondaria e terziaria
- [E] terziaria soltanto

[dal test di ammissione a Medicina, 2010-11]

TEST YOUR ENGLISH

Choose the correct answer.

39. **In the molecule of a monosaccharide three stereocentres are present. The total number of the isomers is**

- [A] 3
- [B] 6
- [C] 8
- [D] 9

40. **Which statement, among the following, is not correct?**

- [A] Lipids are polar biomolecules.
- [B] Phospholipids are the principal components of the cell membrane.
- [C] Lipids are not polymers.
- [D] Phospholipids are made up of a hydrophilic head and a double hydrophobic tail.

VERSO L'ESAME: LE TUE COMPETENZE

RAPPRESENTA

41. Schematizza, attraverso una tabella a doppia entrata, le differenze tra DNA ed RNA.

ESEMPLIFICA

42. Fai esempi di biomolecole anfipatiche e del loro ruolo biologico.

OSSERVA E CLASSIFICA

43. Classifica le molecole rappresentate in figura come acidi grassi saturi o insaturi.

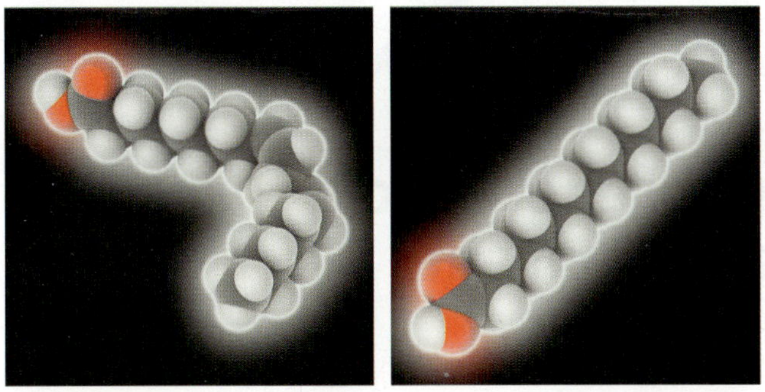

OSSERVA E DESCRIVI

44. La proteina rappresentata in figura è globulare o fibrosa? Che tipo di struttura/e secondaria/e riconosci? Possiede una struttura quaternaria? In caso di risposta affermativa, da che cosa lo deduci e quanti polipeptidi riesci a individuare?

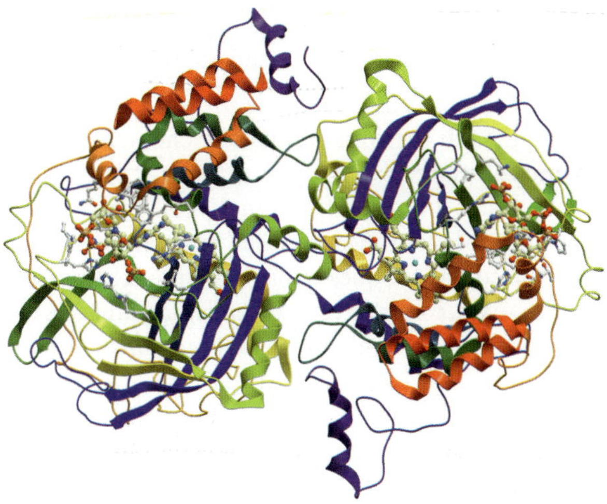

IPOTIZZA

45. Gli istoni sono proteine associate al DNA attraverso un legame ionico.

a) Quale caratteristica chimica devono avere gli istoni per reagire con un acido come il DNA?
b) Quali amminoacidi pensi che possano conferire agli istoni tale caratteristica?

OSSERVA E IPOTIZZA

46. I modellini molecolari in figura rappresentano la daunorubicina, farmaco antitumorale intercalante, capace di inserirsi tra coppie di basi adiacenti del DNA.

a) Quale caratteristica strutturale consente alla daunorubicina una tale interazione con il DNA?
b) Perché le cellule tumorali vengono maggiormente danneggiate dal farmaco rispetto a quelle sane?

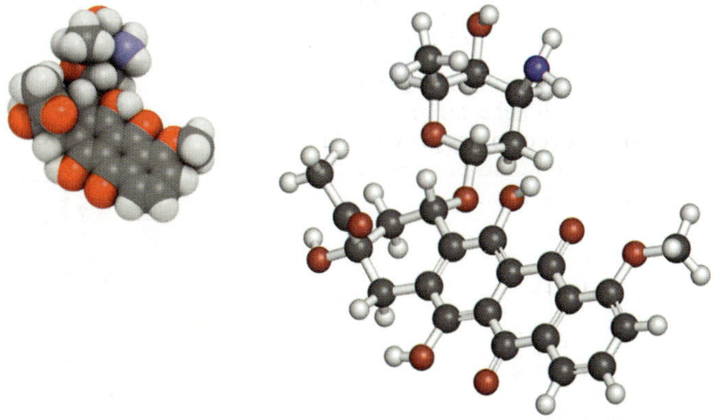

CONFRONTA

47. La figura A rappresenta la mioglobina, mentre la figura B rappresenta l'emoglobina, due proteine capaci di legare l'ossigeno attraverso una molecola eterociclica aromatica, denominata «eme», a esse associata. Tuttavia, mioglobina ed emoglobina presentano affinità diversa per l'ossigeno in diverse condizioni ambientali.

Quali differenze strutturali potrebbero causare questa diversità funzionale tra le due proteine?

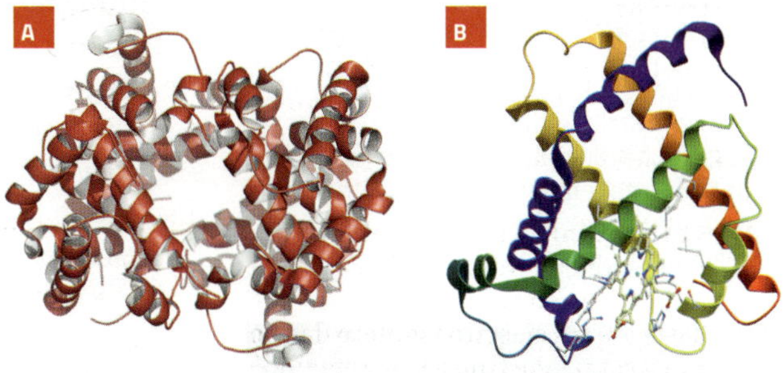

CONFRONTA

48. L'ubiquitina è una proteina che si trova in tutti i tessuti del corpo ed è associata ad altre proteine tramite legame covalente. L'ubiquitina costituisce un segnale: la sua presenza determina la degradazione, da parte di un complesso enzimatico, della proteina a cui è legata.

Dal punto di vista chimico, qual è la differenza tra l'associazione di più polipeptidi in una struttura quaternaria e l'associazione tra ubiquitina e proteina da degradare?

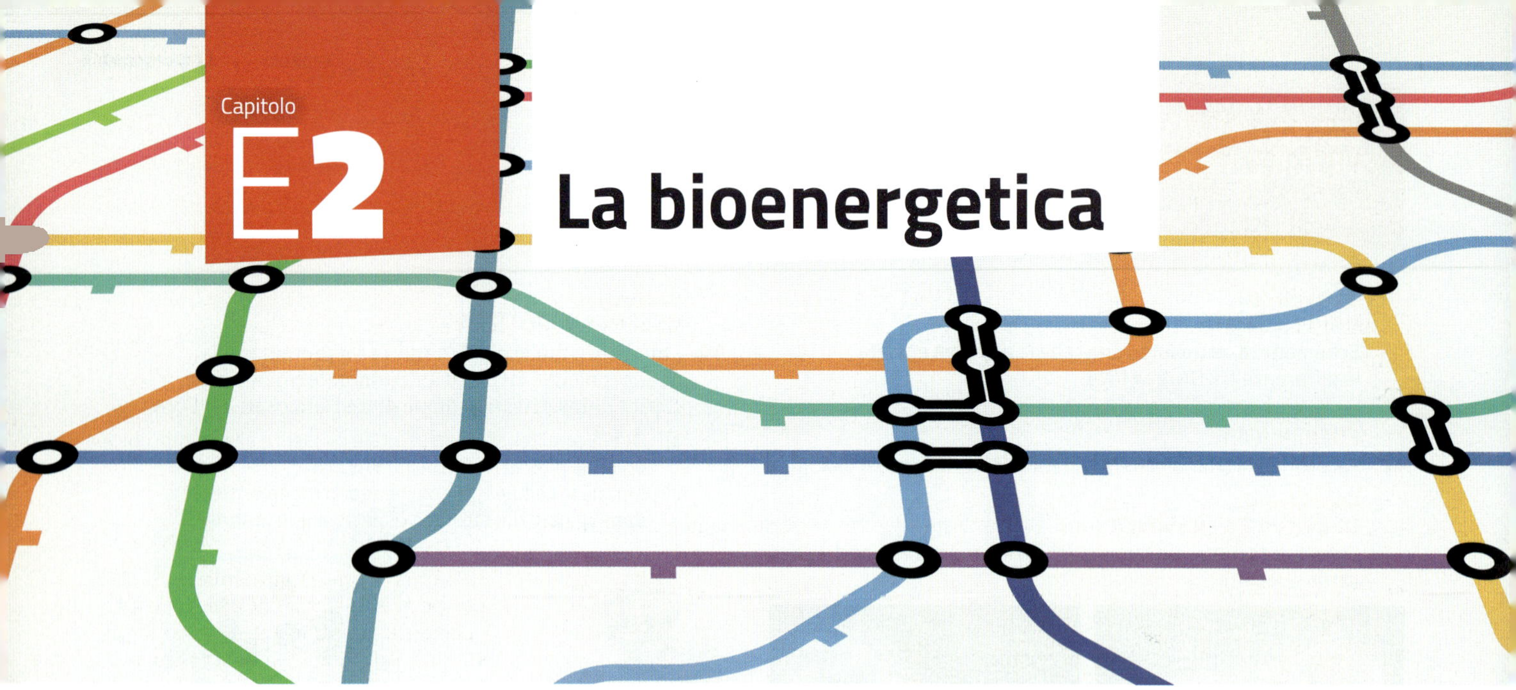

Capitolo

E2 La bioenergetica

1 Gli scambi energetici negli esseri viventi

A colpo d'occhio

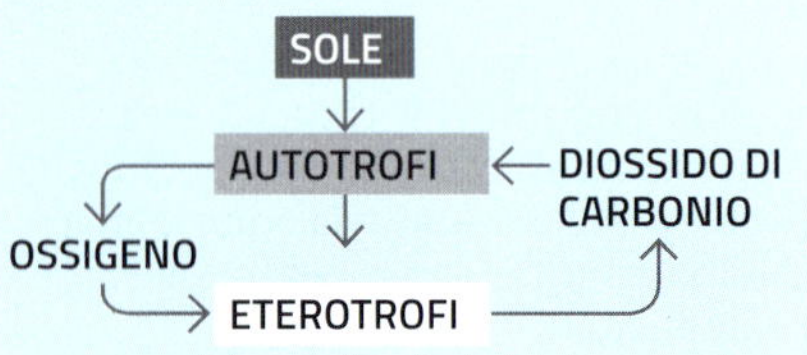

Ti ricordi?

Nella cellula le **proteine** svolgono funzioni strutturali (cheratina), catalitiche (enzimi), contrattili (actina), di trasporto (emoglobina), di riserva (ovoalbumina), di difesa (anticorpi) e di regolazione (ormoni).

Gli organismi sono capaci di convertire l'energia in forme diverse perché possa essere utilizzata

La vita sulla Terra dipende dal Sole, in particolare dal flusso di energia che si origina nelle reazioni termonucleari del nucleo solare e che raggiunge la superficie terrestre. Una piccola frazione di questa energia, pari a meno dell'1% di quella che arriva sulla Terra, si trasforma e alimenta i processi vitali: gli organismi *autotrofi*, infatti, utilizzano l'energia solare per sintetizzare i composti organici e nel farlo liberano ossigeno. Gli organismi *eterotrofi*, invece, consumano l'ossigeno e le molecole prodotte dagli autotrofi per ricavare energia, con liberazione di diossido di carbonio. Le funzioni vitali di tutti gli organismi sono svolte attraverso processi che coinvolgono migliaia di reazioni chimiche e che nel loro insieme costituiscono il **metabolismo cellulare**.

L'energia si manifesta nel nostro ambiente fisico in diverse forme come, per esempio, energia elettrica, luminosa, chimica, termica ecc. Anche se ai nostri sensi si presentano in modi molto diversi, queste forme energetiche possono essere convertite una nell'altra, ma per compiere la conversione è necessario un dispositivo fisico, come, per esempio, il filamento della lampadina che converte l'energia elettrica in energia luminosa e calore (**figura 1**).

Nella cellula, il dispositivo fisico è rappresentato dalle proteine, che per questo hanno un ruolo insostituibile nelle trasformazioni energetiche. Per esempio, le proteine contrattili delle cellule muscolari sono capaci di convertire in movimento meccanico l'energia chimica immagazzinata nei legami tra gli atomi che formano le molecole; nella retina, i coni e bastoncelli possiedono dei pigmenti in grado di catturare l'energia luminosa e trasformarla in un impulso elettrico; nelle cellule vegetali, i cloroplasti convertono l'energia luminosa in energia chimica, che sarà usata per la sintesi di zuccheri a partire da diossido di carbonio; nelle lucciole, infine, esistono proteine che convertono l'energia chimica in energia luminosa (*bioluminescenza*).

◂ **Figura 1**
La lampadina a incandescenza funziona grazie a un dispositivo fisico, un filo in tungsteno, attraverso il quale passa la corrente elettrica, che lo surriscalda e genera la fonte luminosa.

Il primo principio della termodinamica riguarda la conservazione dell'energia

La conoscenza dei principi che regolano le trasformazioni energetiche è strettamente collegata alla storia dello sviluppo delle macchine: a mano a mano che il loro uso si diffuse, diventò necessario ottenere rendimenti sempre migliori. Divenne quindi indispensabile misurare l'efficacia della conversione da un tipo di energia a un'altra. Intorno alla metà dell'Ottocento, il lavoro del fisico inglese James Joule portò alla nascita della *termodinamica*, la scienza che studia le trasformazioni dell'energia. I fisici (e poi i biologi) compresero molto presto che le regole formulate dai principi termodinamici non permettevano solo di descrivere le trasformazioni prodotte nelle macchine, ma erano anche utili per comprendere i processi naturali.

Tutti i processi di trasformazione energetica che avvengono negli organismi viventi sono accomunati da un fatto: l'energia non si crea né si distrugge, ma si trasforma. Ovvero, come afferma il **primo principio della termodinamica**, quando le trasformazioni energetiche si verificano in un sistema isolato, l'energia totale al suo interno rimane costante.

I sistemi biologici non sono sistemi isolati bensì sistemi aperti, caratterizzati da un continuo afflusso di sostanze ad alto contenuto energetico e da una continua fuoriuscita di prodotti di rifiuto a basso contenuto energetico; i viventi, quindi, scambiano liberamente materia ed energia con l'ambiente. Ciò nonostante, anche in questo caso il principio di conservazione dell'energia continua a essere valido perché l'energia persa o dissipata è uguale a quella guadagnata dall'ambiente in cui esso si trova, per cui il saldo è nullo, come in un sistema isolato.

Il primo principio della termodinamica si riferisce alla conservazione totale dell'energia; i fisici si resero presto conto, però, che ogni volta che si usa energia per svolgere un processo, inevitabilmente una parte di essa si disperde sotto forma di calore. Questa osservazione fece nascere il concetto di «efficienza» nel trasferimento di energia. L'efficienza dipende dal tipo di trasformazione e dal dispositivo che la compie: le vecchie locomotive a vapore avevano un'efficienza inferiore al 10%, nei motori che impiegano combustibili fossili l'efficienza reale è poco più del 25%, mentre nelle celle solari è pari a circa il 30%.

Ti ricordi?

L'Universo è un **sistema isolato**, perché non ha scambi né di energia né di materia con l'ambiente esterno al sistema; la Terra è un **sistema chiuso**, perché scambia soltanto energia con l'ambiente; i viventi sono **sistemi aperti**, perché scambiano sia energia sia materia con l'ambiente che li circonda.

Gli organismi evitano lo spreco di energia attraverso processi ben controllati

Gli esseri viventi sono spesso dotati di dispositivi più efficienti delle macchine per convertire l'energia. Gli organismi bioluminescenti, per esempio, emettono una luce verdastra e «fredda», a cui corrisponde pochissimo calore prodotto (**figura 2A**). La notevole efficienza di questo meccanismo, che raggiunge il 96%, è tuttora oggetto di studio.

◂ Figura 2
In una combustione non regolata, come quella chi avviene quando bruciamo la legna nel caminetto (A), la resa energetica è bassa; mentre in un sistema come quello che produce la bioluminescenza nelle meduse (B), la resa è quasi totale.

L'impiego dell'energia ottenuta dagli alimenti da parte degli organismi animali è stato oggetto di ricerca già a partire dall'epoca, di Leonardo da Vinci. Gli studi hanno portato a pensare che dal punto di vista chimico il metabolismo cellulare sia simile al processo di combustione, in cui la sostanza organica, formata da carboidrati, lipidi e proteine, si ossida liberando diossido di carbonio, acqua ed energia. Esiste però un'importante differenza: le combustioni, come per esempio la legna che brucia nel caminetto, avvengono rapidamente, perché il combustibile reagisce direttamente con il comburente liberando di colpo energia sotto forma di luce e calore (**figura 2B**); invece, quando gli esseri viventi ossidano i carboidrati (ma anche i lipidi e le proteine), il processo avviene più lentamente e in modo controllato, convertendo l'energia racchiusa nei legami chimici del glucosio in una forma di energia utilizzabile dalla cellula.

La reazione che si verifica nelle cellule può essere riassunta nell'equazione:

$$C_6H_{12}O_6 + 6\,O_2 \rightarrow 6\,CO_2 + 6\,H_2O + \text{energia}$$

glucosio + ossigeno → diossido di carbonio + acqua + energia

In base al primo principio della termodinamica, la somma dell'energia dei prodotti e dell'energia liberata durante la reazione è uguale all'energia iniziale contenuta nelle sostanze che reagiscono, ovvero:

energia prodotti + energia liberata = energia iniziale

È importante ricordare che questa equazione rappresenta la trasformazione chimica *complessiva* ottenuta dalla degradazione del glucosio; nella realtà esistono molti passaggi intermedi che aumentano l'efficienza con la quale una gran parte dell'energia contenuta nei legami chimici del glucosio può essere convertita in energia «utile» per la cellula, anziché essere dissipata sotto forma di calore.

È bene sottolineare che, a prescindere dal numero di passaggi impiegati nella reazione di ossidazione del glucosio con formazione di diossido di carbonio e acqua, la quantità di energia liberata in totale dal processo sarà comunque sempre la stessa:

energia totale liberata = energia utile + calore

Il secondo principio della termodinamica indica che l'entropia tende ad aumentare

I processi che si verificano in natura si svolgono in maniera spontanea e sempre in una sola direzione, mai in quella opposta: un sasso rotola soltanto verso il basso, il calore fluisce solo da un oggetto più caldo a uno più freddo, una palla che cade rimbalza ma non arriva mai alla stessa altezza dalla quale è caduta. Affinché questi processi possano avvenire, è necessario che esistano dislivelli o **gradienti** di energia tra due estremi delle reazioni.

Questi processi tendono a rendere omogeneo il sistema, dissipando i gradienti fino a raggiungere uno stato di equilibrio nel quale tutta l'energia utile è stata consumata e convertita in calore. Se ciò si verifica, nel sistema non si possono più svolgere processi di trasformazione, per cui è essenziale che non si raggiunga mai l'equilibrio.

In termini energetici, le condizioni di non equilibrio si possono considerare come *riserve di energia utile* che permettono lo svolgimento dei processi. La quantità di energia utile sarà uguale all'energia totale messa in gioco durante il processo, meno la quantità di energia che viene dissipata:

energia utile = energia totale – energia dissipata

Negli anni Cinquanta dell'Ottocento il fisico tedesco Rudolf Clausius, studiando il ruolo di questa frazione di energia dissipata, la espresse come il prodotto della temperatura (T) per un fattore che chiamò **entropia** e che rappresentò con la lettera S.

Le parole
In termodinamica, per **energia totale** si intende l'energia liberata in totale nel corso della reazione.

L'equazione risultante quindi è:

$$\text{energia dissipata} = T \times S$$

Pertanto, possiamo riscrivere l'espressione precedente come:

$$\text{energia utile} = \text{energia totale} - (T \times S)$$

Per capire il significato dell'entropia, supponiamo di avere un mazzo di carte (**figura 3**): ne usiamo metà per costruire un castello (sistema 1) e l'altra metà la lasciamo ammucchiata a fianco del castello (sistema 2). Abbiamo così due sistemi costruiti con lo stesso tipo e numero di componenti, ma che hanno due configurazioni, o *stati*, diversi dal punto di vista dell'energia gravitazionale: lo stato del sistema 1 è più ordinato, ma è meno probabile che si origini spontaneamente rispetto allo stato del sistema 2, che è più disordinato. Lo stato più probabile di un sistema si definisce **condizione di equilibrio**.

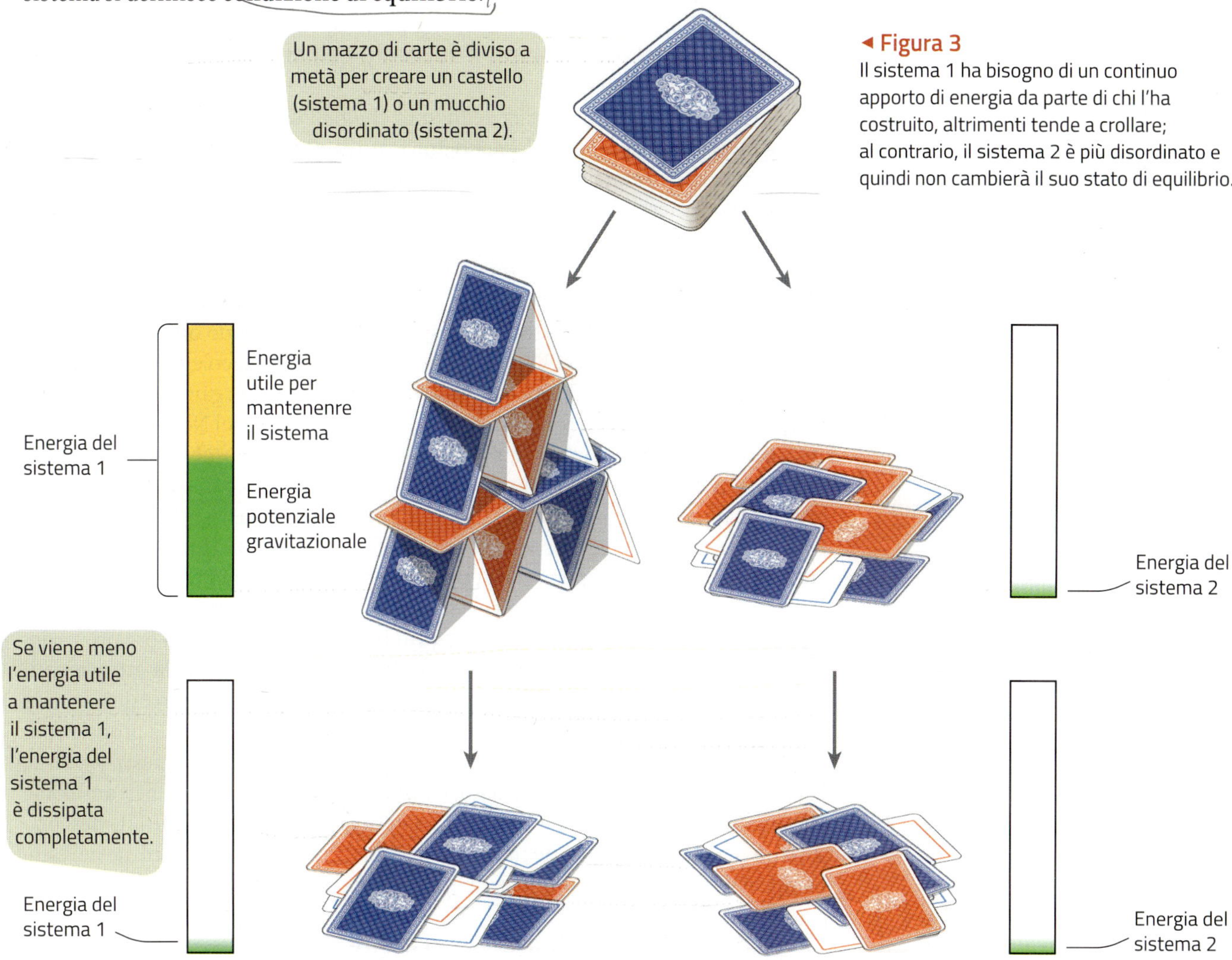

◂ **Figura 3**
Il sistema 1 ha bisogno di un continuo apporto di energia da parte di chi l'ha costruito, altrimenti tende a crollare; al contrario, il sistema 2 è più disordinato e quindi non cambierà il suo stato di equilibrio.

Trascorso un certo tempo, la probabilità di ritrovarli nelle loro configurazioni iniziali è molto minore per il sistema 1 rispetto al sistema 2. Senza un apporto di lavoro destinato a ripararlo costantemente, infatti, il sistema 1 tende a crollare, liberando l'energia potenziale gravitazionale immagazzinata nelle carte, che raggiungono la condizione di equilibrio. Ma questo lavoro richiede energia utile, che si disperde nel momento in cui crolla il castello e aumenta il disordine; raggiunto l'equilibrio, il gradiente iniziale è scomparso e il sistema è diventato omogeneo.

Lo stato più probabile, ovvero la condizione di equilibrio, è quindi quello a maggior disordine, ovvero a maggiore entropia.

In un qualsiasi sistema isolato (e quindi anche nell'Universo), i processi non sono dovuti ad agenti esterni ma si verificano perché il sistema presenta dei

Le parole

In fisica e chimica il termine **disordine** è associato al concetto di entropia: dal secondo principio della termodinamica deriva che l'entropia esprime «la misura del grado di disordine di un sistema isolato».

gradienti: se una parte del sistema ha una temperatura maggiore del resto, il calore fluisce fino a che tutto il sistema non raggiunge una temperatura uniforme; se vi sono differenze di carica, si producono correnti elettriche che le compensano; se vi sono regioni nelle quali il potenziale chimico è maggiore, questo si dissipa fino a renderlo omogeneo.

Quando questi processi spontanei avranno compensato i gradienti che li hanno prodotti, il sistema avrà raggiunto l'equilibrio: tutta l'energia utile sarà stata consumata e l'entropia avrà raggiunto il massimo. Questo è ciò che afferma il **secondo principio della termodinamica**: il calore non può fluire spontaneamente da un corpo più freddo a un corpo più caldo.

Gli organismi viventi sono come i castelli di carte: strutture complesse, altamente ordinate, ben distinte dal loro ambiente e molto distanti dallo stato di equilibrio. Come riescono tali strutture a mantenersi tali in un sistema in cui l'entropia è in continuo aumento?

I sistemi viventi non víolano il secondo principio della termodinamica

Dallo studio dell'entropia i fisici dedussero che nell'Universo tutti i sistemi tendono a invecchiare, procedendo verso uno stato di equilibrio in cui tutta l'energia utile è stata consumata e l'entropia ha raggiunto il massimo. Allo stesso tempo, però, i biologi mostrarono che l'evoluzione della materia vivente può essere interpretata come una freccia che punta nel verso opposto.

La storia della vita suggeriva infatti che la materia si fosse organizzata in maniera spontanea e progressiva, formando prima cellule semplici, poi organismi pluricellulari in cui le cellule si sarebbero specializzate formando organismi sempre più complessi. Per i fisici dell'epoca, la probabilità che molecole meno complesse si fossero associate in modo spontaneo a formare strutture organizzate era in contrasto con i principi della termodinamica. Tuttavia, a metà del Novecento, il fisico austriaco Erwin Schrödinger trovò una soluzione a questo problema: in un libro intitolato *What is life?*, pubblicato nel 1944, Schrödinger cercò di condensare i concetti fondamentali della fisica, della chimica e della biologia.

Poiché i sistemi viventi sono attraversati di continuo da flussi di materia ed energia, Schrödinger concluse che, per comprendere i bilanci energetici che esistono in un sistema biologico, esso deve essere considerato insieme all'ambiente che lo circonda. Un sistema biologico, quindi, mantiene la propria organizzazione interna sottraendo energia utile all'ambiente e trasformandola attraverso il suo macchinario biochimico, che combina le trasformazioni energetiche con la produzione di lavoro. In questo modo le cellule possono svolgere le proprie funzioni e mantenere la propria organizzazione interna. Durante questi processi, le cellule dissipano energia sotto forma di calore, che si disperde nell'ambiente aumentandone il disordine e l'entropia. Gli organismi viventi, quindi, riescono a mantenere il proprio ordine interno a spese dell'aumento del disordine nell'ambiente, nel rispetto del secondo principio della termodinamica.

A colpo d'occhio

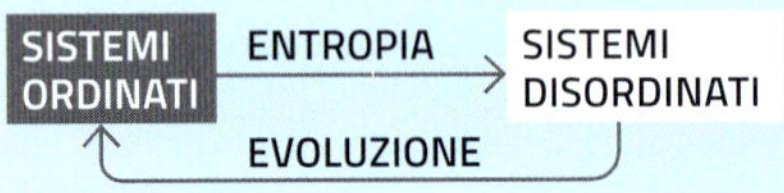

Curiosità

Schrödinger è ricordato soprattutto per un esperimento mentale che elaborò nel 1935 allo scopo di illustrare un paradosso della cosiddetta «interpretazione ortodossa» della meccanica quantistica; l'esperimento è noto come *paradosso del gatto quantistico*.

Le vie metaboliche comprendono molte reazioni catalizzate dagli enzimi

Nell'ultima metà del ventesimo secolo, la combinazione degli strumenti di analisi della biochimica e della biologia molecolare ha permesso di spiegare moltissimi processi cellulari. Le cellule sono il «contenitore» nel quale si svolgono questi processi, che sono insiemi di reazioni chimiche rappresentate da un'equazione del tipo:

$$R \rightarrow P$$

dove R indica uno o più reagenti e P si riferisce ai prodotti finali. In realtà questa equazione, che rappresenta un intero processo, riassume un insieme di reazioni che rappresentano le tappe intermedie tra R e P. Queste tappe possono consistere nella trasformazione di R in altre molecole stabili che, attraverso successive trasformazioni chimiche, avranno come risultato il prodotto P. In questo caso il processo complessivo descritto dall'equazione sarà il risultato della somma di varie reazioni chimiche indipendenti:

$$R \rightarrow A \text{ (reazione 1)}$$
$$A \rightarrow B \text{ (reazione 2)}$$
$$B \rightarrow P \text{ (reazione 3)}$$
$$R + A + B \rightarrow A + B + P \text{ (reazione complessiva)}$$
$$R + \cancel{A} + \cancel{B} \rightarrow \cancel{A} + \cancel{B} + P \text{ (reazione complessiva semplificata)}$$
$$R \rightarrow P$$

Questo tipo di sequenze si riscontrano nel **metabolismo intermedio**, che è costituito da tutte le reazioni che riguardano l'immagazzinamento e la produzione di energia e l'impiego di questa energia per la biosintesi di composti a basso peso molecolare e composti che servono come riserva energetica. In base alla strategia metabolica che adottano, organismi diversi possono arrivare alla conversione di *R* in *P* attraverso un differente numero di passaggi.

Le reazioni chimiche cellulari devono soddisfare alcuni requisiti: devono avvenire a una velocità compatibile con la vita stessa della cellula, in condizioni di pressione e temperatura ambiente e con un rendimento il più alto possibile. Consideriamo un esempio: un alimento di natura proteica, come il pesce o la carne, viene digerito in circa 3 ore, il tempo necessario a scindere i legami peptidici che uniscono gli amminoacidi. Se però vogliamo rompere gli stessi legami in laboratorio, attraverso un'idrolisi proteica, dobbiamo trattare la sostanza sotto vuoto in presenza di HCl 6M mettendola in stufa a 110 °C per un periodo compreso tra 24 e 72 ore. Queste condizioni sono tutte incompatibili con la vita della cellula.

Negli esseri viventi, le reazioni chimiche possono avvenire grazie alla presenza di catalizzatori biologici chiamati **enzimi** (**figura 4**).

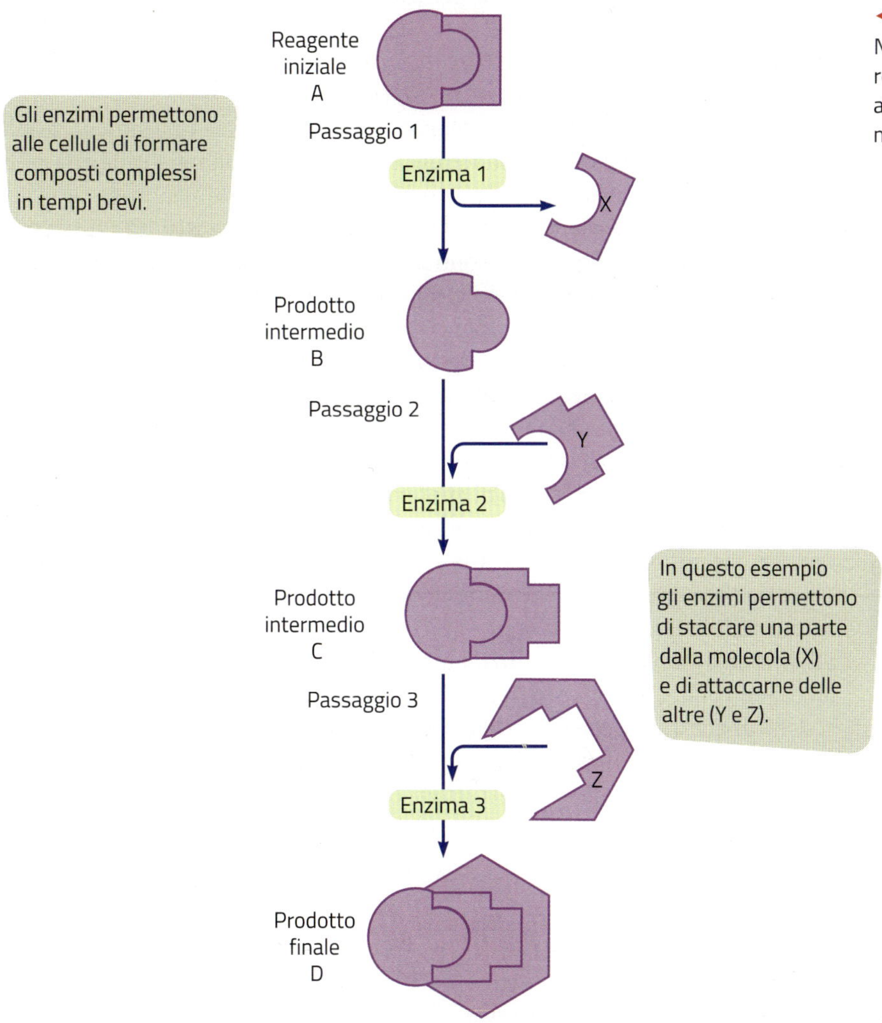

◂ Figura 4
Nelle cellule il passaggio dai reagenti ai prodotti avviene attraverso una serie di reazioni mediate da enzimi specifici.

La presenza degli enzimi influisce su due aspetti generali delle reazioni chimiche: la velocità e il rendimento. Senza la presenza di questi catalizzatori una reazione chimica può impiegare molto tempo a compiersi, mentre in un ambiente cellulare può essere quasi istantanea. Oltre ad accelerare le reazioni, gli enzimi coordinano e amministrano le risorse energetiche attraverso migliaia di reazioni chimiche diverse, molte delle quali si svolgono in maniera simultanea ed efficiente, limitando al minimo gli sprechi.

I biochimici raggruppano le reazioni del metabolismo in una serie ordinata di passaggi, indicati in genere come **vie metaboliche**.

Alcune vie sono collegate alla biosintesi dei componenti strutturali e funzionali con le quali una cellula costruisce sé stessa: queste sono chiamate **vie anaboliche** e costituiscono l'*anabolismo*. Altre consistono nella degradazione di molecole complesse dalle quali si ottengono energia e altre molecole più semplici necessarie alla biosintesi: queste sono dette **vie cataboliche** e costituiscono il *catabolismo*.

A colpo d'occhio

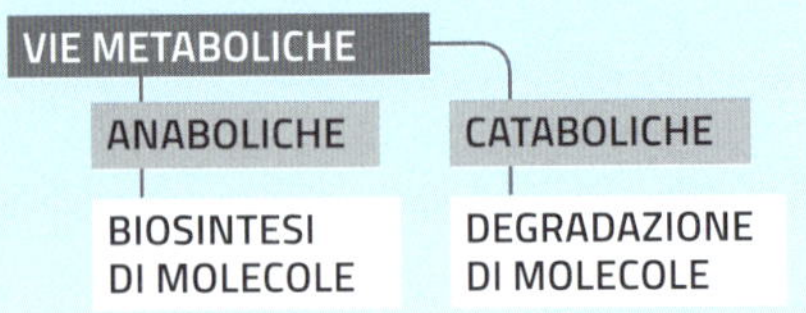

Ogni via metabolica svolge una determinata funzione nella vita della cellula o dell'organismo. Una via può avere una decina o più di reazioni o passaggi successivi; alcune vie possono condividere dei passaggi con altre, per esempio quelle che intervengono nella sintesi degli amminoacidi o delle basi azotate.

In molti sistemi viventi esistono vie particolari che sono caratteristiche di quel tipo di sistema: le cellule vegetali, per esempio, consumano gran parte della loro energia nella costruzione di pareti cellulari, cosa che non avviene nelle cellule animali.

La maggior parte delle vie metaboliche, tuttavia, è assai simile anche in specie molto diverse come esseri umani, querce, funghi, meduse e api. Esistono poi alcune vie metaboliche, come la fermentazione e la glicolisi, che sono **universali** e si verificano in quasi tutti i sistemi viventi.

Le reazioni esoergoniche sono spontanee, quelle endoergoniche non sono spontanee

Quando si analizzano i sistemi biologici occorre sapere se una singola reazione biochimica si verificherà in modo spontaneo, fornendo energia utile alla cellula, o se al contrario richiederà un apporto di energia.

A colpo d'occhio

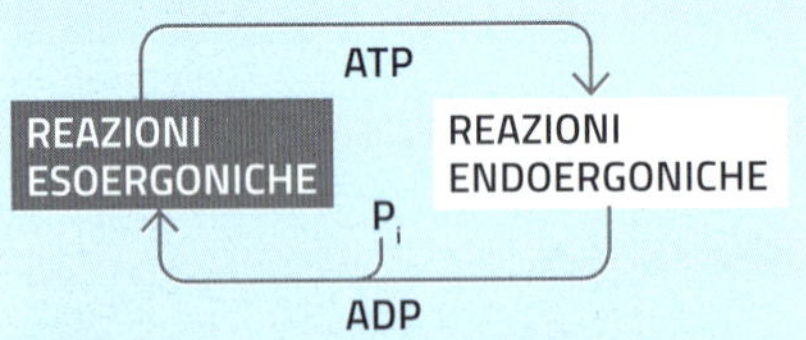

Le reazioni che forniscono energia utile per svolgere le attività cellulari sono dette **reazioni esoergoniche** e sono spontanee; le reazioni che invece consumano energia libera si chiamano **endoergoniche** e non avvengono in maniera spontanea.

Alcuni esempi di reazioni esoergoniche sono la glicolisi e la respirazione cellulare, che avvengono nelle cellule, ma anche l'accensione di un fiammifero, che genera sia calore sia energia luminosa (**figura 5**). Un esempio di reazione endoergonica è, invece, la fotosintesi clorofilliana, che trasforma l'energia luminosa in una molecola ad alto contenuto di energia, il glucosio.

▲ **Figura 5**
L'accensione di un fiammifero comporta la combustione della miscela di composti chimici che formano la capocchia; questo processo libera calore ed energia luminosa.

Nel metabolismo esistono molte reazioni endoergoniche, che possono avvenire perché sono «accoppiate» alle reazioni esoergoniche, che forniscono loro l'energia necessaria. Tali *accoppiamenti energetici* sono possibili perché l'energia liberata nelle reazioni esoergoniche può conservarsi sotto forma di legami chimici all'interno di molecole che funzionano da intermediari, che la liberano quando le reazioni endoergoniche lo richiedono.

Uno di questi intermediari è l'**ATP** (adenosina trifosfato), che perde un gruppo fosfato e diventa ADP (adenosina difosfato), liberando energia. Riparleremo più avanti in questo capitolo della struttura e del ruolo dell'ATP.

Facciamo il punto

1. Che cosa si intende per metabolismo cellulare?
2. Che cosa enuncia il primo principio della termodinamica?
3. Perché gli esseri viventi non violano il secondo principio della termodinamica?
4. Qual è la differenza tra via anaboliche e cataboliche?
5. Che cosa distingue le reazioni esoergoniche da quelle endoergoniche?

2 Gli enzimi nel metabolismo cellulare

→ CATALIZZATORE = sostanza che ACCELERA una reazione senza MODIFICARE

→ ENERGIA di ATTIVAZIONE = energia necessaria per innescare una reazione

→ la VELOCITA' di una REAZIONE dipende → TEMPERATURA → CONCENTRAZIONE dei REAGENTI

Le reazioni cellulari possono essere spontanee ma troppo lente, oppure richiedere energia

I principi della termodinamica ci permettono di sapere se una reazione sarà spontanea, e quindi libererà energia (reazione esoergonica), o se al contrario si verificherà solo con l'apporto esterno di energia (reazione endoergonica). Tuttavia, la spontaneità della reazione ci dice solo se potrà verificarsi con o senza apporto di energia, ma non ci dà informazioni sulla *velocità* con la quale essa avverrà. Molte reazioni spontanee, infatti, richiederebbero tempi troppo lunghi, non compatibili con la vita della cellula.

Per esempio, la combinazione di diossido di carbonio con acqua (che produce acido carbonico) è una reazione che si verifica spontaneamente negli oceani:

$$CO_2 + H_2O \rightarrow H_2CO_3$$

ma negli esseri viventi essa avviene 107 volte più velocemente. Negli animali, infatti, il diossido di carbonio che deriva dal metabolismo cellulare si trasforma in acido carbonico e in questa forma è trasportato dal sangue; tutto ciò deve avvenire in brevissimo tempo perché l'accumulo di CO_2 risulterebbe tossico per l'organismo. Grazie agli enzimi, le reazioni sono tanto accelerate da non permettere al diossido di carbonio di danneggiare i tessuti.

Nelle cellule si verificano anche reazioni che non sono spontanee e che richiedono un apporto esterno di energia. La possibilità che le reazioni endoergoniche si verifichino dipende dall'energia liberata con la rottura dei legami dell'ATP che si converte in ADP, perciò l'ATP è chiamata «moneta energetica» delle cellule.

Gli enzimi abbassano l'energia di attivazione delle reazioni cellulari

In chimica, un catalizzatore è una sostanza che accelera la velocità di una reazione senza però modificare né la natura dei reagenti né quella dei prodotti, ma agendo esclusivamente sul tempo in cui si svolge la reazione (**figura 6**).

Ogni reazione chimica comporta un riordinamento degli atomi che formano parte dei reagenti: si rompono i legami che li mantengono uniti e se ne formano di nuovi, dando luogo a composti diversi da quelli iniziali, anche se formati dallo stesso tipo e numero di atomi. Qualsiasi reazione chimica, anche se esoergonica, avviene grazie a un apporto iniziale di energia che favorisce la destabilizzazione dei legami delle molecole che formano i reagenti; di conseguenza si formano altri legami a minor contenuto energetico. Questa richiesta iniziale di energia prende il nome di **energia di attivazione** e rappresenta la quantità di energia necessaria perché si inneschi la reazione.

Durante lo svolgimento di una reazione chimica è frequente che si formino diversi **composti intermedi** prima di arrivare al prodotto finale. Questi stadi chimici intermedi presentano in genere configurazioni elettroniche instabili e stati energetici elevati; quando la loro configurazione raggiunge un livello critico di instabilità, detto *stadio di transizione*, si innesca la conclusione della trasformazione chimica e si formano i prodotti.

In una miscela di reagenti a una certa temperatura e a una determinata concentrazione ci sarà sempre una frazione di atomi o molecole che raggiunge l'energia di attivazione; questa è una conseguenza delle collisioni atomiche o molecolari e dell'agitazione termica molecolare. Maggiori sono la temperatura e la concentrazione dei reagenti, maggiore sarà la quantità di reagenti che raggiunge il valore dell'energia di attivazione; poiché la velocità di una reazione chimica è proporzionale alla quantità di atomi o molecole che in un dato momento raggiungono l'energia di attivazione, tale velocità dipenderà dalla temperatura e dalla concentrazione dei reagenti.

▲ **Figura 6**
La reazione di decomposizione di una soluzione di H_2O_2 produce H_2O e O_2, ma procede più velocemente se è catalizzata con MnO_2.

Guarda i video nell'ebook:
La biologia in 3D
- *Struttura e funzione dell'alcol deidrogenasi*
- *Structure and function of alcohol dehydrogenase*

→ gli ENZIMI abbassano la TEMPERATURA di ATTIVAZIONE

Nelle condizioni di temperatura in cui si trovano le cellule, l'agitazione termica delle molecole è abbastanza contenuta ed è poco probabile che si possa raggiungere l'energia di attivazione necessaria affinché avvenga una reazione. Un aumento della temperatura non risolverebbe il problema per due motivi: innanzitutto il calore denatura gli enzimi e le altre proteine, impedendone la funzionalità, in secondo luogo si accelererebbero tutte le reazioni cellulari in maniera indiscriminata e il metabolismo sarebbe fuori controllo.

Gli enzimi funzionano come i catalizzatori inorganici perché abbassano l'energia di attivazione delle reazioni: attraverso la formazione di associazioni transitorie con i reagenti, che sono detti **substrati**, essi avvicinano le molecole che devono reagire e indeboliscono i legami chimici esistenti, favorendo la formazione di nuovi legami (**figura 7**).

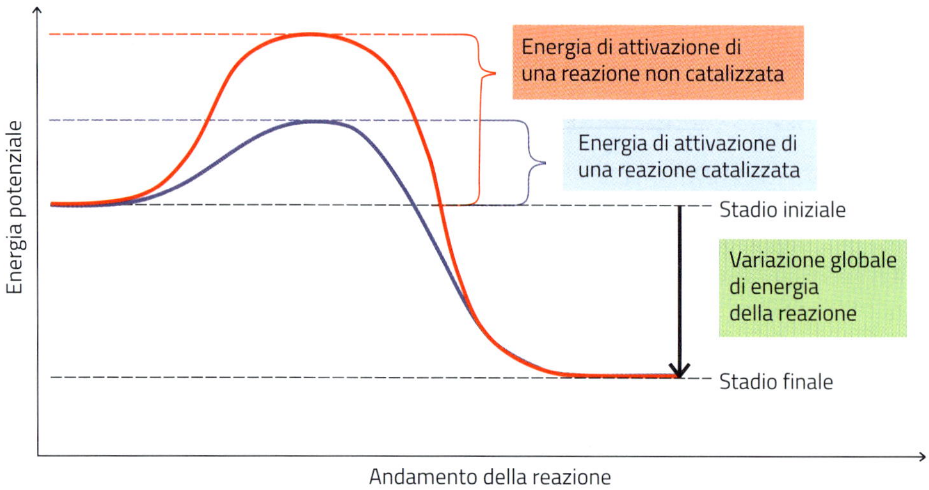

▸ Figura 7
Grafico che mostra il confronto tra una reazione catalizzata (in azzurro) e una non catalizzata (in blu): la differenza è il livello di energia di attivazione necessaria a iniziare il processo.

I catalizzatori biologici differiscono però dai normali catalizzatori chimici per alcuni aspetti:

- la velocità delle reazioni catalizzate da enzimi è maggiore di quella delle reazioni non catalizzate, ma anche rispetto a quelle che avvengono in presenza di catalizzatori chimici;
- non richiedono condizioni drastiche, come condizioni di temperatura, pressione e pH incompatibili con la vita della cellula (tipiche della catalisi chimica);
- hanno un'elevatissima specificità sia rispetto alla reazione sia rispetto al substrato;
- l'attività catalitica è regolata in funzione delle esigenze cellulari.

Per svolgere questa attività catalitica e selettiva allo stesso tempo, la maggior parte degli enzimi hanno caratteristiche strutturali particolari. Innanzitutto sono proteine globulari di grandi dimensioni, formate da una o più catene polipeptidiche, anche se esistono alcune molecole di RNA, chiamate *ribozimi*, che presentano caratteristiche enzimatiche. Inoltre le catene polipeptidiche sono ripiegate in modo da formare una tasca nella quale sono esposti alcuni amminoacidi. Questa tasca è chiamata **sito attivo** dell'enzima ed è il luogo fisico nel quale si inseriscono le molecole dei substrati e dove avvengono le reazioni. Per ogni enzima esistono solo pochissimi substrati capaci di entrare nel sito attivo, grazie a una precisa corrispondenza strutturale tra la forma del sito e quella dei substrati (**figura 8**); per questo motivo ogni enzima è in grado di catalizzare solo un singolo tipo di reazione, anche se nella cellula se ne verificano in ogni momento centinaia di migliaia.

Quando il chimico tedesco Emil Fischer nel 1894 ipotizzò l'esistenza dei siti attivi, paragonò la relazione che esiste tra un enzima e il suo substrato a quella che c'è tra una serratura e una chiave; tuttavia alcuni studi successivi sulla struttura degli enzimi indicano che il sito attivo è molto più flessibile e interattivo di

Curiosità

Emil Fischer è stato un pioniere nello studio dell'attività enzimatica, ma prima si era dedicato allo studio delle molecole organiche; a lui si devono anche le cosiddette *proiezioni di Fischer*, utili per rappresentare su un piano la struttura tridimensionale di una molecola chirale.

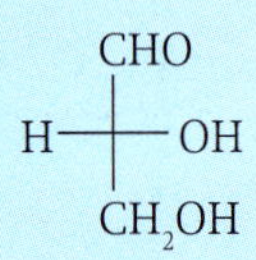

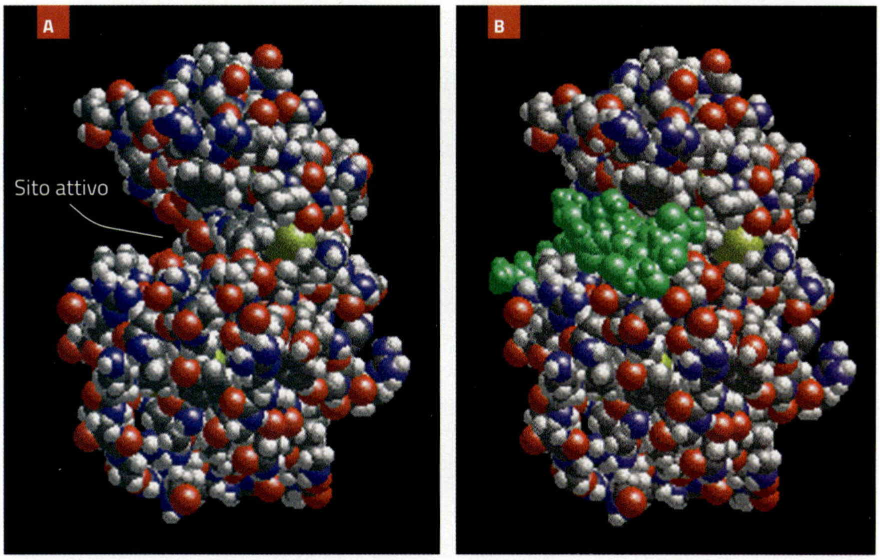

◂ **Figura 8**
Un enzima con il sito attivo libero (A) e legato al substrato, in verde (B).

quanto non suggerisca il *modello chiave-serratura*. Secondo il modello attuale, l'unione dell'enzima con il substrato modifica la conformazione dell'enzima stesso inducendo un intimo adattamento tra sito attivo e substrato; questo modello è chiamato **adattamento indotto** (**figura 9**).

In seguito al legame dell'enzima con le molecole del substrato si forma un complesso molecolare detto **complesso enzima-substrato**; è in questa fase che si svolge l'attività catalitica che trasforma i substrati in prodotti. La reazione chimica risulta accelerata per diversi motivi: in primo luogo il sito attivo funziona come uno stampo nel quale i reagenti vengono avvicinati finché non sono disposti con l'orientamento adatto a far avvenire la reazione. Inoltre l'adattamento indotto tra sito attivo e substrato crea tensione nelle molecole dei reagenti, facilitando il decorso della reazione. In questo modo, grazie all'intervento degli enzimi, l'energia di attivazione della reazione diminuisce avvicinando le molecole e rompendo i legami.

Poiché gli enzimi non cambiano natura durante la reazione chimica, dopo aver partecipato a una di esse sono subito disponibili a catalizzarne una nuova; questo meccanismo costituisce il **ciclo catalitico di un enzima**. Così, una sola molecola di enzima può catalizzare la reazione di decine di migliaia di molecole uguali in un tempo dell'ordine di un secondo. Grazie a questa capacità, gli enzimi sono efficaci in quantità estremamente ridotte.

Nel caso delle vie metaboliche, ciascuno dei singoli passaggi di una stessa via è catalizzato da un enzima specifico; lungo la via lavorano quindi numerosi enzimi, che a volte possono raggrupparsi formando *complessi multienzimatici*. Negli eucarioti alcuni enzimi e complessi multienzimatici si trovano in soluzione all'interno degli organuli, come succede per esempio nei lisosomi. Gli enzimi della catena respiratoria, invece, sono immersi nella membrana mitocondriale interna (o nella membrana plasmatica, nel caso dei procarioti aerobi) e sono disposti in successione lineare, seguendo l'ordine dei passaggi della via metabolica di cui fanno parte. In questo modo, il prodotto di una reazione diventa il substrato dell'enzima contiguo, che catalizzerà la reazione successiva della via (**figura 10**). Uno dei vantaggi di tale disposizione è che ciascun prodotto intermedio è consumato prima che faccia in tempo ad accumularsi, risparmiando tempo ed energia.

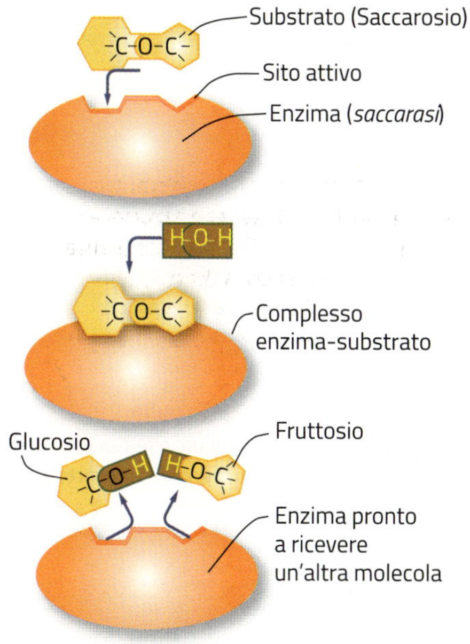

▴ **Figura 9**
L'adattamento indotto è il modello che meglio spiega l'azione di un enzima sul suo substrato.

▾ **Figura 10**
In una via metabolica ogni reazione è catalizzata da uno specifico enzima, il cui prodotto finale è il substrato dell'enzima successivo.

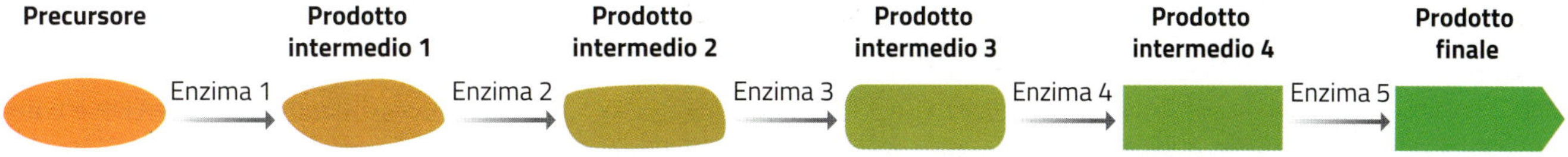

Le cellule contengono migliaia di enzimi, che si possono suddividere in sei classi a seconda del substrato che legano e della reazione che catalizzano (**tabella 1**). Ciascuna di queste classi è a sua volta divisa in sottoclassi più specifiche; il nome di un enzima spesso è riferito alla sua funzione e termina con il suffisso *-asi*: l'enzima lattasi catalizza la rottura del legame glicosidico tra i monomeri del lattosio, l'idrolasi catalizza l'idrolisi di un legame chimico e così via.

▸ Tabella 1
Le sei classi enzimatiche si distinguono in relazione al substrato che legano e alla reazione che catalizzano.

Classi enzimatiche	Funzione
Ossidoreduttasi	Catalizzano le reazioni di ossidoriduzione
Trasferasi	Catalizzano il trasferimento di gruppi funzionali
Idrolasi	Catalizzano la rottura di legami con l'aggiunta di acqua
Liasi	Catalizzano l'addizione o sottrazione di gruppi funzionali a doppi legami
Isomerasi	Catalizzano le reazioni di isomerizzazione
Ligasi	Catalizzano la formazione di legami accoppiati all'idrolisi di ATP

L'azione di molti enzimi dipende dalla presenza di cofattori e coenzimi

L'attività catalitica di alcuni enzimi non dipende solo da interazioni fisiche e chimiche tra gli amminoacidi del sito attivo e il substrato, ma richiede la presenza di ulteriori sostanze. Se si tratta di sostanze inorganiche e di basso peso molecolare sono dette **cofattori**, mentre se sono molecole organiche non proteiche si parla di **coenzimi** (**tabella 2**). Un esempio di cofattore è lo ione magnesio (Mg^{2+}) che è indispensabile in tutte le reazioni enzimatiche che implicano il trasferimento di un gruppo fosfato da una molecola all'altra; quando il gruppo fosfato si trova in soluzione possiede due cariche negative, che sono attratte dalle due cariche positive dello ione magnesio, questo aiuta il gruppo fosfato a posizionarsi correttamente nel sito attivo.

▸ Tabella 2
Alcuni esempi di coenzimi e cofattori.

Tipo di molecola	Ruolo svolto nelle reazioni catalitiche
Cofattore inorganico	
Ferro (Fe^{2+} o Fe^{3+})	Ossidazione/riduzione
Rame (Cu^{+} o Cu^{2+})	Ossidazione/riduzione
Zinco (Zn^{2+})	Stabilizza la struttura di regolatori che si legano al DNA
Magnesio (Mg^{2+})	Indispensabile nelle reazioni che utilizzano ATP
Coenzima	
Biotina	Trasporta gruppi $-COO^{-}$
Coenzima A	Trasporta gruppi $-CO-CH_3$
NAD	Trasporta elettroni e protoni
ATP	Fornisce/accumula energia
NADP	Trasporta elettroni e protoni

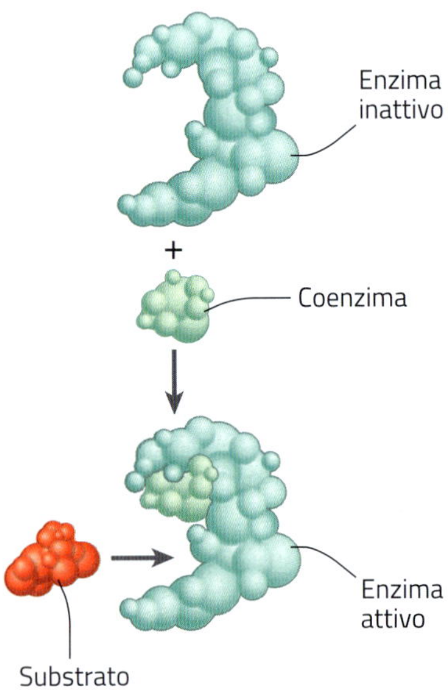

▴ Figura 11
Molti coenzimi e cofattori sono indispensabili per il funzionamento dell'enzima, al quale si legano per il tempo necessario alla catalisi della reazione.

Alcuni coenzimi si legano all'enzima al momento della reazione, altri sono strettamente legati all'enzima in una zona della proteina generalmente molto vicina al sito attivo (**figura 11**); una parte di essi interviene nelle reazioni di ossidoriduzione, ricevendo da un substrato un paio di elettroni che poi trasferisce a un'altra molecola. Ci sono diversi tipi di coenzimi accettori di elettroni; i più abbondanti sono tre:

- il *nicotinammide adenin dinucleotide* (NAD) che è la forma attiva della vitamina PP (niacina);
- il *nicotinammide adenin dinucleotide fosfato* (NADP), simile al NAD ma con un gruppo fosfato aggiuntivo;
- il *flavin adenin dinucleotide* (FAD) che è la forma attiva e della vitamina B2 (riboflavina).

Mentre il NAD è utilizzato soprattutto nei processi catabolici, il NADP è coinvolto nei processi anabolici e in particolare nelle reazioni di biosintesi di lipidi e acidi nucleici.

La regolazione dell'attività enzimatica mantiene l'omeostasi

Per gestire la rete di reazioni che si verificano contemporaneamente e per accelerare o rallentare al momento opportuno l'attività degli enzimi, la cellula agisce a più livelli. Una prima parte del meccanismo di regolazione dell'attività enzimatica avviene a livello dell'espressione dei geni che codificano gli enzimi e della sintesi proteica delle catene polipeptidiche che li costituiscono, come vedremo nel capitolo E7. Ma quando gli enzimi sono stati sintetizzati, devono intervenire dei fattori che ne influenzano l'attività positivamente (*induzione enzimatica*) o negativamente (*inibizione enzimatica*): in questo modo è possibile «accendere» o «spegnere» una reazione e, nel caso di enzimi-chiave, un'intera via metabolica.

Regolare la velocità a cui operano migliaia di enzimi diversi contribuisce a garantire l'**omeostasi**, ovvero il mantenimento di condizioni chimico-fisiche stabili all'interno dell'organismo al variare delle condizioni esterne. Nella maggior parte dei casi il controllo dell'attività enzimatica avviene grazie a molecole chiamate **inibitori**, che si legano agli enzimi e riducono la velocità delle reazioni che essi catalizzano.

Gli inibitori enzimatici possono essere competitivi o non competitivi

Esistono vari tipi di inibitori, diversi per il tipo di interazione che instaurano con l'enzima su cui agiscono. Alcuni di essi hanno una struttura simile a quella del substrato, per cui riducono l'attività enzimatica occupando temporaneamente il sito attivo dell'enzima (**figura 12B**). Poiché l'inibitore e il substrato competono per il legame al sito attivo, questa forma di regolazione è detta **inibizione competitiva**. L'inibizione competitiva è del tutto *reversibile*: il risultato della competizione dipende in ogni momento dalla concentrazione del substrato e da quella dell'inibitore. Se la concentrazione dell'inibitore è maggiore di quella del substrato, la probabilità che l'inibitore occupi il sito attivo è maggiore e l'attività dell'enzima verrà ridotta. Al contrario, se la concentrazione di substrato aumenta e riesce a occupare il sito attivo, l'enzima riprenderà a funzionare.

L'inibizione competitiva è il meccanismo di azione di alcuni farmaci usati per curare specifiche infezioni batteriche. Per esempio, i batteri producono l'acido folico, una vitamina essenziale per il loro metabolismo; uno dei composti della via metabolica che porta alla formazione di acido folico è l'acido para-amminobenzoico (PABA). Il farmaco sulfanilamide ha una struttura molto simile a quella del PABA e occupa il sito attivo dell'enzima che deve convertire il PABA in acido folico. Senza acido folico il batterio muore, mentre la cellula animale, che non sintetizza questa vitamina ma la ottiene dagli alimenti, non subisce alcun danno.

Esistono poi altri inibitori che non somigliano al substrato, e che perciò non competono con esso (**figura 12C**). Il meccanismo di **inibizione non competitiva** consiste nel legame dell'inibitore a un sito di regolazione diverso dal sito attivo; in seguito al legame, la conformazione dell'enzima si modifica e il sito attivo non riesce più a legare il substato o, se lo fa, la velocità di formazione del prodotto è assai ridotta. Analogamente agli inibitori competitivi, anche quelli non competitivi possono staccarsi dall'enzima: la loro azione è quindi *reversibile*.

A colpo d'occhio

- INIBIZIONE
  - REVERSIBILE
  - IRREVERSIBILE
    - COMPETITIVA
    - NON COMPETITIVA

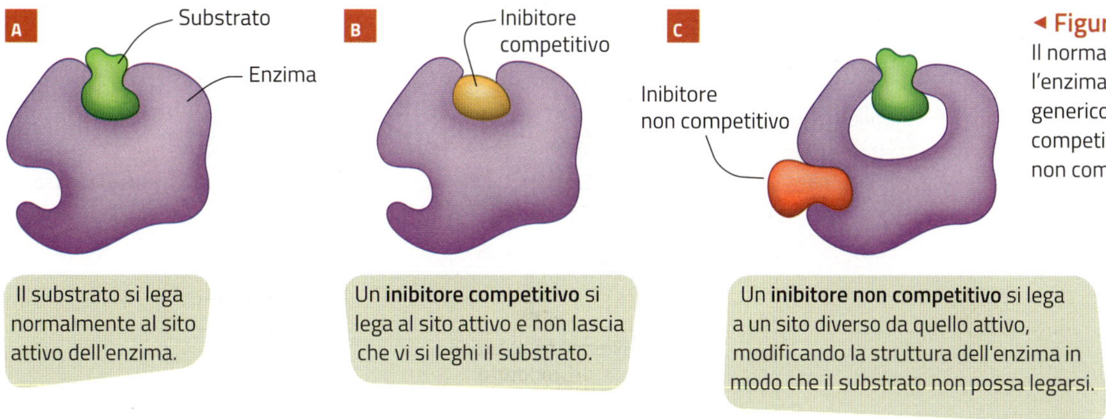

◂ **Figura 12** Il normale legame tra l'enzima e il substrato (A), un generico esempio di inibizione competitiva (B) e di inibizione non competitiva (C).

→ INIBITORI IRREVERSIBILI
↳ GAS NERVINI

Esistono infine inibitori che bloccano gli enzimi in maniera *irreversibile* perché si legano stabilmente al sito attivo o perché denaturano completamente la proteina. È questo il caso dei gas nervini come il DFP (diisopropilfluorofosfato), che ebbero largo impiego durante la Prima guerra mondiale e sono ora vietati, poiché sono tra i veleni più potenti che si conoscano.

Diversi farmaci, compreso l'antibiotico penicillina, sono anch'essi inibitori irreversibili di un'attività enzimatica; infatti la morte dei batteri è garantita dal blocco degli enzimi e, conseguentemente, dalle reazioni vitali da essi catalizzate. L'inibizione irreversibile è una forma di regolazione poco comune a livello cellulare, perché disattiva per sempre gli enzimi.

La regolazione allosterica modifica la conformazione dell'enzima modificando la velocità di reazione

REGOLAZIONE ALLOSTERICA
un effettore si lega a un sito di regolazione e induce l'enzima a cambiare forma

I cambiamenti di forma di un enzima indotti da un inibitore non competitivo sono spesso utilizzati per modulare in modo preciso l'attività di un enzima con un meccanismo chiamato *allosteria*. La **regolazione allosterica** si verifica quando, legandosi in corrispondenza di un sito di regolazione (o *sito allosterico*), una molecola chiamata **effettore** induce l'enzima a cambiare forma. Il cambiamento di forma altera l'affinità del sito attivo per il substrato e influenza la velocità della reazione.

Gli enzimi soggetti a regolazione allosterica spesso sono proteine dotate di struttura quaternaria, cioè costituite da due o più subunità polipeptidiche. Il polipeptide che contiene il sito attivo è detta *subunità catalitica*, mentre i siti allosterici sono collocati su catene differenti dette *subunità di regolazione*. Questi enzimi possono esistere in varie conformazioni (**figura 13**): la *forma attiva* dell'enzima ha la forma adatta per legarsi al substrato, mentre la *forma inattiva* non è in grado di farlo. Alcuni effettori quindi, legandosi al sito allosterico, stabilizzano la sua forma attiva (comportandosi da **attivatori**) oppure quella inattiva (per cui sono degli **inibitori**).

Quando in un enzima sono presenti più subunità catalitiche, può essere il substrato stesso ad agire come effettore: legandosi alla prima subunità catalitica, il substrato provoca un piccolo cambiamento di struttura che influenza la subunità catalitica adiacente; tale cambiamento rende più probabile il legame del substrato al sito attivo della seconda subunità catalitica, per cui la reazione accelera a mano a mano che i siti vengono attivati uno dopo l'altro.

Ti ricordi?

La **struttura quaternaria** è la conformazione tipica di alcune proteine, caratterizzate da due o più catene polipeptidiche di struttura terziaria unite da legami covalenti tra gli amminoacidi; ciascuna delle strutture terziarie è chiamata *subunità*.

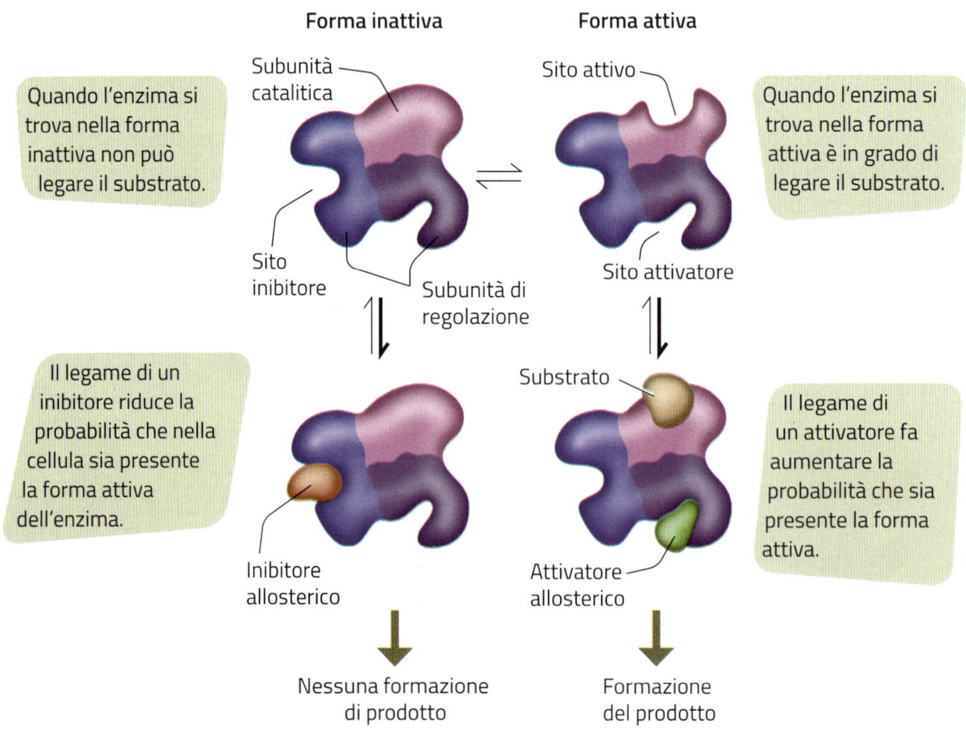

▸ Figura 13
Negli enzimi soggetti a regolazione allosterica le forme attiva e inattiva sono interscambiabili e dipendono dalla presenza di un attivatore o di un inibitore.

Il risultato è che quando la concentrazione del substrato è bassa un enzima allosterico con più siti attivi e un enzima non allosterico che ha un unico sito attivo presentano velocità di reazione molto diverse (**figura 14**). Per un enzima non allosterico, la curva della velocità di reazione in funzione della concentrazione di substrato è iperbolica: la velocità dapprima aumenta rapidamente all'aumentare della concentrazione di substrato, poi rallenta fino a raggiungere un livello massimo costante. La velocità massima si raggiunge quando tutto l'enzima risulta saturato. Per un enzima allosterico formato da più subunità, invece, il grafico presenta un andamento sigmoide: quando la concentrazione iniziale di substrato è relativamente bassa, la velocità di reazione cresce lentamente a mano a mano che il substrato aumenta. Una volta che il substrato si è legato al primo sito attivo dell'enzima, si ha una variazione della struttura quaternaria tale da rendere gli altri siti più pronti a legare il substrato, cosicché la reazione accelera bruscamente. Quando infine tutti i siti attivi sono saturati dal substrato, la velocità di reazione rimane costante.

Esiste quindi un certo intervallo di tempo in cui la velocità di reazione risponde molto intensamente a cambiamenti relativamente piccoli della concentrazione di substrato; grazie a questa sensibilità, gli enzimi allosterici sono usati per regolare in modo fine e preciso intere vie metaboliche.

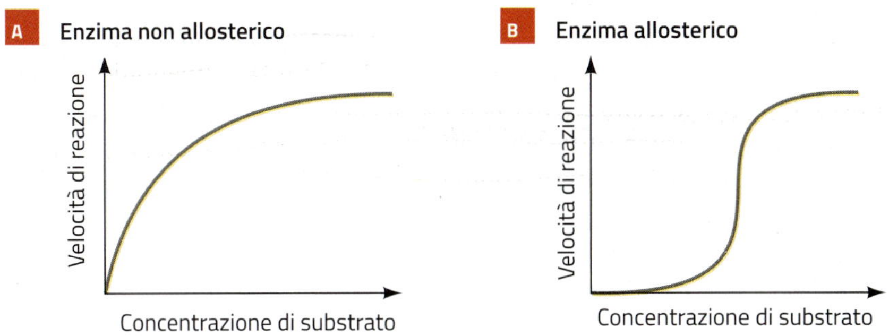

◂ Figura 14
(A) Per un enzima non allosterico, il grafico che mostra la velocità di reazione in funzione della concentrazione di substrato ha la forma di una curva iperbolica. (B) Nel caso di un enzima allosterico il grafico ha un andamento sigmoide.

Le vie metaboliche possono essere regolate per effetto allosterico

Nelle vie metaboliche sono presenti una sostanza di partenza, vari prodotti intermedi e un prodotto finale, che serve alla cellula per qualche scopo. Ogni via metabolica è costituita da una serie di reazioni, ciascuna delle quali è catalizzata da un enzima diverso e porta a un prodotto intermedio (*vedi* **figura 10**).

La prima tappa di una via costituisce il cosiddetto *passaggio obbligato*: ciò significa che, una volta avvenuta quella reazione catalitica, le altre si susseguono fino all'ottenimento del prodotto finale. Ma che cosa succede se la cellula non ha più bisogno di quel prodotto? Continuare a sintetizzarlo sarebbe uno spreco di energia per la cellula. Un modo per risolvere il problema è fare in modo che il prodotto finale si comporti da inibitore nei confronti dell'enzima che catalizza il passaggio obbligato, interrompendo la via metabolica al suo inizio (**figura 15**). Spesso tale inibizione avviene per via allosterica: il prodotto finale, presente a concentrazioni elevate, va a occupare un sito allosterico nell'enzima della prima reazione e lo rende inattivo. Questo meccanismo è noto come **inibizione retroattiva** o **feedback negativo**.

INIBIZIONE RETROATTIVA o FEEDBACK NEGATIVO

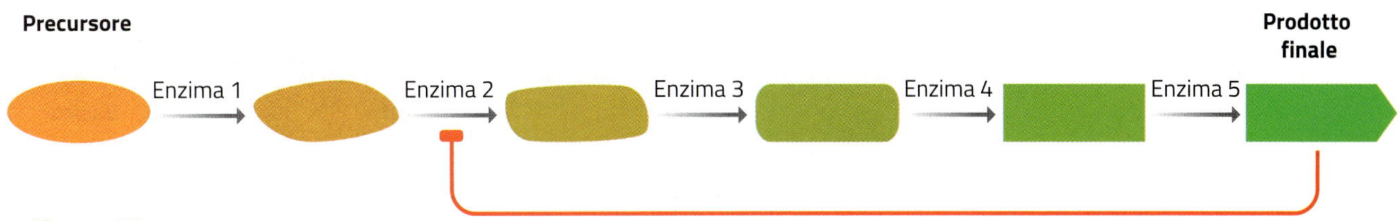

▴ Figura 15
Molte vie metaboliche sono regolate con un controllo a feedback negativo, per cui il prodotto finale della via agisce da inibitore degli enzimi che consentono di svolgere le prime reazioni metaboliche.

La temperatura e il pH agiscono sull'attività enzimatica

Il meccanismo di regolazione allosterica controlla in modo specifico l'attività di enzimi che agiscono in determinati momenti della vita della cellula. Vi sono tuttavia altre variabili, come il pH o la temperatura, che hanno un effetto generalizzato su tutti gli enzimi.

In generale, la velocità di una reazione aumenta con l'aumentare della temperatura, ma nel caso degli enzimi questo principio vale fino a un certo valore di temperatura, oltre il quale velocità si riduce bruscamente (**figura 16A**). Questo succede perché l'aumento di temperatura denatura l'enzima, rompendo i legami a idrogeno che determinano la sua struttura tridimensionale. Alcuni enzimi si denaturano già a 40 °C, mentre altri (tipici dei microrganismi che vivono in ambienti estremi) sono stabili fino al punto di ebollizione; di solito questi enzimi presentano una struttura terziaria tenuta insieme da legami covalenti, come ponti disolfuro o interazioni di cariche elettriche, che sono più resistenti alla denaturazione rispetto ai legami a idrogeno. Gran parte degli enzimi del nostro corpo resistono a temperature più elevate di quelli dei batteri che ci infettano: per questo una febbre moderata riesce denaturare un enzima batterico ma non un enzima umano e quindi rappresenta un valido meccanismo di difesa contro le infezioni. Tutti gli enzimi hanno comunque una temperatura ottimale per la loro attività catalitica.

La velocità delle reazioni enzimatiche dipende anche dal pH della soluzione a cui avvengono (**figura 16B**). Ogni enzima infatti raggiunge il massimo della sua attività a un valore di **pH** ben definito: se l'ambiente diventa più acido o più basico la sua attività diminuisce.

All'interno delle cellule il pH è generalmente neutro, ma in altri comparti la situazione può essere diversa: nello stomaco, per esempio, il pH è circa 1,5. Questa condizione di acidità favorisce l'attività dell'enzima pepsina, uno degli enzimi che intervengono nella digestione delle proteine. Una volta che arriva nel duodeno, però, il chimo deve essere portato a valori vicini alla neutralità in modo da permettere l'azione delle proteasi intestinali: per questo l'intestino tenue secerne una soluzione tampone a base di bicarbonato, che innalza il pH e permette agli enzimi di lavorare.

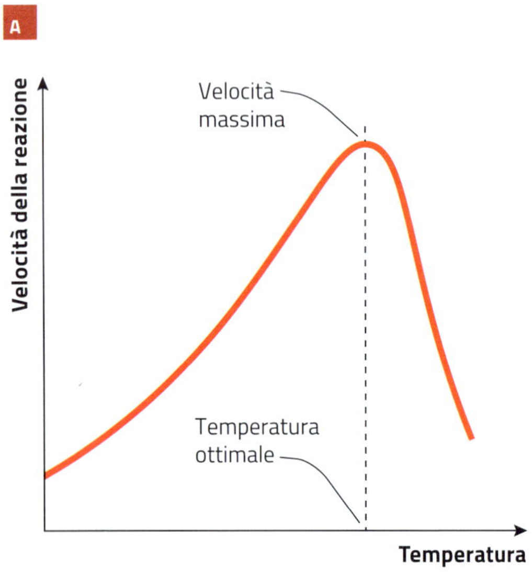

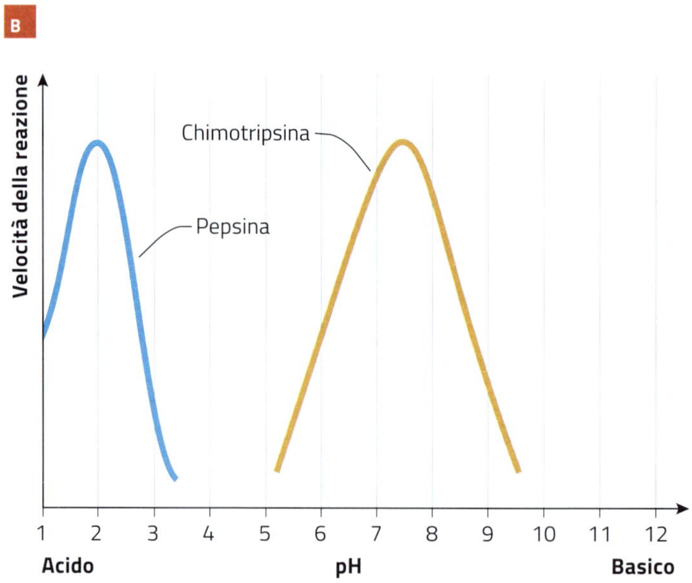

▾ Figura 16
(A) Ogni enzima presenta il proprio massimo di attività a una temperatura ottimale: a temperature superiori la curva di attività precipita perché l'enzima si denatura e diventa inattivo. (B) Il grafico mostra la relazione tra velocità di reazione e pH per due diversi enzimi coinvolti nella digestione: la pepsina è attiva nell'ambiente acido dello stomaco, mentre la chimotripsina è attiva nell'intestino tenue a pH neutro (B).

Facciamo il punto

1. Che cos'è l'energia di attivazione di una reazione e in che modo un enzima agisce su di essa?
2. Qual è la differenza tra il modello chiave-serratura e il modello ad adattamento indotto?
3. Qual è la funzione di coenzimi e cofattori?
4. In che modo può avvenire l'inibizione dell'attività enzimatica?
5. Quale effetto hanno temperatura e pH sull'attività enzimatica?

3 Il ruolo dell'ATP

ATP → zucchero = RIBOSIO
→ base azotata = ADENINA
→ 3 GRUPPI FOSFATO

L'idrolisi dell'ATP libera energia

L'adenosina trifosfato (ATP) è la molecola utilizzata dagli esseri viventi per tutti gli scambi energetici. Una molecola di **ATP** è formata dalla base azotata **adenina**, dallo zucchero aldoso a cinque atomi di carbonio **ribosio** e da **tre gruppi fosfato** (**figura 17**). I legami che uniscono tra loro i gruppi fosfato si possono scindere per idrolisi, liberando una certa quantità di energia; si tratta quindi di reazioni *esoergoniche*.

Una molecola di ATP può perdere per idrolisi uno oppure due gruppi fosfato; nel primo caso i prodotti sono adenosina difosfato (ADP) e fosfato inorganico (P_i), nel secondo sono adenosina monofosfato (AMP) e due pirofosfato (PP_i). L'idrolisi dell'ATP è catalizzata da enzimi chiamati *ATPasi*:

$$ATP + H_2O \rightarrow ADP + P_i + \text{energia libera}$$

$$ATP + H_2O \rightarrow AMP + PP_i + \text{energia libera}$$

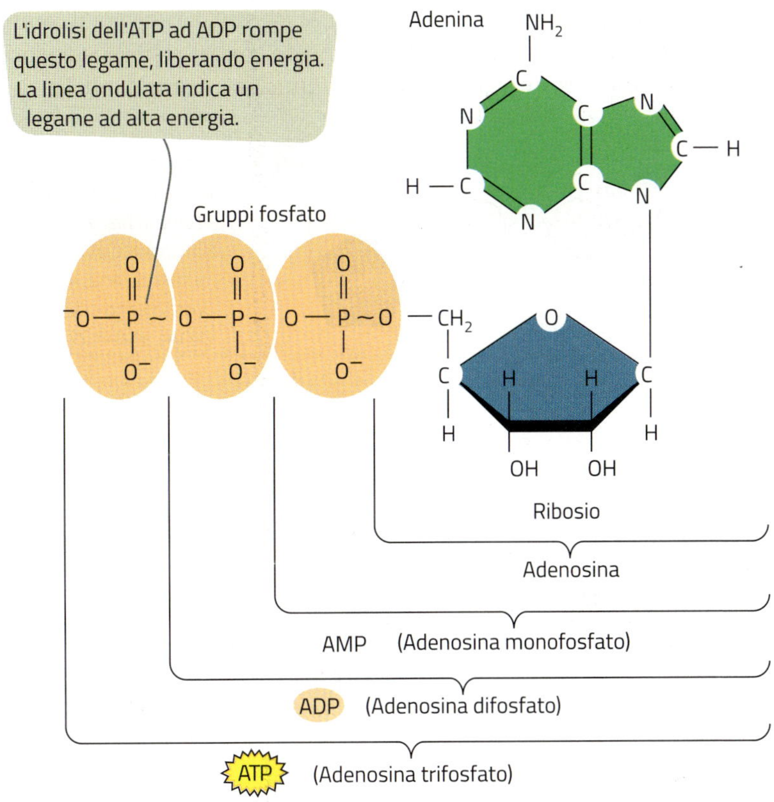

◂ **Figura 17**
A seconda del numero di gruppi fosfato legati al C-5 del ribosio si ottiene una molecola di AMP (1 gruppo fosfato), di ADP (due gruppi fosfato) o di ATP (tre gruppi fosfato).

L'ATP è l'agente accoppiante tra le reazioni endoergoniche e quelle esoergoniche

Mentre l'idrolisi di ATP è esoergonica, la reazione inversa, cioè la sintesi di ATP da ADP e fosfato (P_i), è *endoergonica* e richiede tanta energia quanta se ne libera durante l'idrolisi:

$$ADP + P_i + \text{energia libera} \rightarrow ATP + H_2O$$

Nella cellula, in ogni momento hanno luogo molte reazioni esoergoniche in grado di fornire energia utile a sintetizzare ATP; per gli eucarioti e per molti procarioti, la più importante di queste reazioni è la *respirazione cellulare*. La sintesi e l'idrolisi di ATP costituiscono un esempio di **accoppiamento energetico** in cui l'ADP preleva l'energia dalle reazioni esoergoniche diventando ATP, che poi a sua volta dona energia alle reazioni endoergoniche (**figura 18A**). L'ATP è quindi l'elemento che le reazioni esoergoniche ed endoergoniche hanno in comune, e che svolge il ruolo di **agente accoppiante**.

Nel metabolismo, l'accoppiamento tra reazioni esoergoniche ed endoergoniche è molto frequente. L'energia libera accumulata nei legami ad alta energia $P \sim O$ dell'ATP, infatti, diffonde in altri siti della cellula dove consegna, tramite idrolisi, l'energia libera per alimentare una reazione di biosintesi, per svolgere il trasporto attivo o per consentire il movimento. Una cellula in attività ha bisogno di produrre milioni di molecole di ATP ogni secondo per alimentare le proprie reazioni biochimiche: generalmente una molecola di ATP è consumata entro un secondo dalla sua formazione. A riposo, un individuo medio produce e idrolizza quasi 40 kg di ATP al giorno: questo significa che ogni molecola di ATP subisce circa 10 000 cicli di sintesi e idrolisi in 24 ore.

Esiste un altro modo per utilizzare l'ATP come fonte di energia: l'ATP infatti può donare un gruppo fosfato ad altri composti, che acquisiscono così una parte dell'energia contenuta nella sua molecola. I composti fosforilati potranno poi partecipare a una reazione o svolgere un certo lavoro. L'aggiunta di un gruppo fosfato è detta **fosforilazione** ed è catalizzata da una famiglia di enzimi chiamati *chinasi* (**figura 18B**). Le *chinasi*, attraverso la fosforilazione, possono anche attivare gli altri enzimi, regolandone l'attività. Un altro gruppo di enzimi, le *fosfatasi*, hanno poi il compito di eliminare dalle molecole i gruppi fosfato, rendendo così reversibile la fosforilazione. L'interazione tra *chinasi* e *fosfatasi* controlla numerose vie metaboliche.

▾ Figura 18
L'ATP può agire da agente accoppiante (A) o essere usato per la fosforilazione dei composti (B).

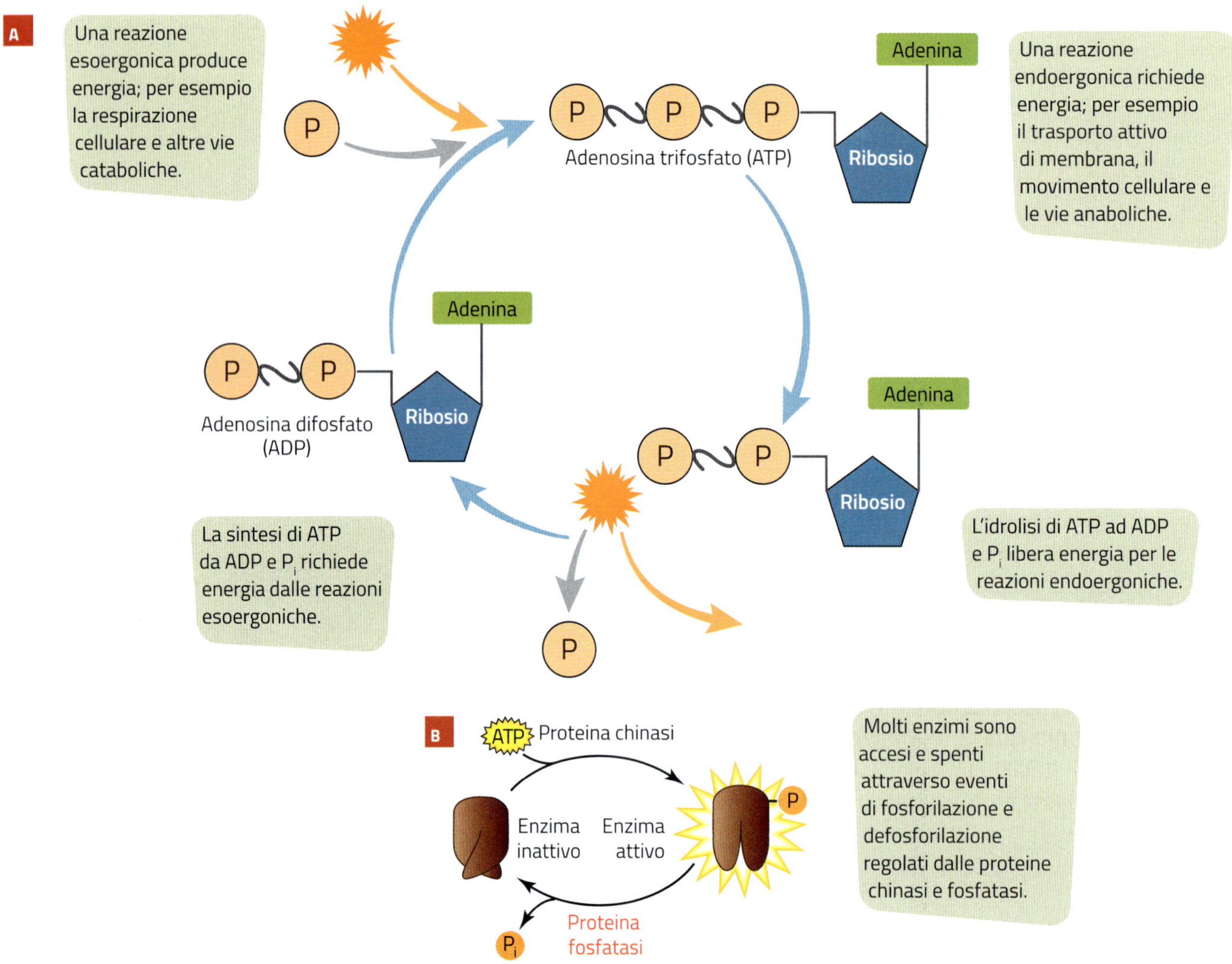

Facciamo il punto

1. Descrivi la struttura dell'ATP.
2. In che modo l'ATP agisce da agente accoppiante?
3. Qual è la funzione di chinasi e fosfatasi?

1 - Chiavi di lettura

Hans Krebs e l'ATP

Hans Adolf Krebs (**figura**), nato nel 1900 a Hildesheim, era figlio di un otorinolaringoiatra e voleva diventare anch'egli medico. Ma ancor prima di ottenere la laurea in medicina, Krebs pubblicò un articolo scientifico sulle tecniche di colorazione del tessuto muscolare e decise di dedicarsi alla ricerca pura. Mentre faceva pratica in diversi laboratori, fra cui quello diretto da Otto Warburg al ***Kaiser-Wilhelm Institut*** di Berlino, Krebs maturò un crescente interesse per lo studio del metabolismo intermedio, quello che si svolge nelle cellule. Come avrebbe spiegato molto tempo dopo:
Ero fortemente attratto dal problema delle vie intermedie di ossidazione. Queste reazioni costituiscono la principale fonte di energia degli organismi superiori e, data l'importanza della questione energetica per gli esseri viventi, le cui attività dipendono da un costante rifornimento d'energia, mi sembrava che valesse la pena di studiare questo problema.

All'epoca si sapeva ben poco sulla serie di reazioni biochimiche che iniziano quando gli alimenti entrano nel corpo e terminano con la produzione di nuovi tessuti e di energia. L'obiettivo di Krebs era determinare la sequenza ininterrotta delle reazioni metaboliche che hanno luogo nelle cellule. Intanto a Szeged, in Ungheria, Albert Szent-Györgyi – che nel 1932 aveva scoperto la struttura chimica della vitamina C – stava preparando il terreno studiando la respirazione cellulare, il processo con cui le cellule assorbono e usano l'ossigeno, una parte importante del metabolismo degli organismi aerobi. Per lo studio sulla respirazione Szent-Györgyi si serviva di un nuovo modello sperimentale: muscoli pettorali di piccione sminuzzati. [...] Con una serie di esperimenti Szent-Györgyi svelò una parte di un'importante via metabolica, la trasformazione chimica dell'acido lattico in anidride carbonica. Scoprì così che questa reazione può avere come catalizzatore uno qualsiasi tra quattro acidi (acido malico, succinico, fumarico e ossalacetico). Inoltre Szent-Györgyi ipotizzò che la trasformazione complessiva fosse ciclica, ovvero che ricominciasse da capo quando i nuovi reagenti diventavano nuovi prodotti; era dunque l'inizio di una piccola ruota da lunapark.

Krebs, che conosceva di persona Szent-Györgyi, iniziò a propria volta a sperimentare con i muscoli pettorali di piccione, e scoprì altre tappe dello schema complessivo di reazioni enzimatiche che dava inizio all'intera catena di conversioni chimiche da una sostanza alla successiva. Trovò, tra l'altro, che l'acido citrico svolge un ruolo essenziale nel processo, tanto che la serie completa divenne nota come ciclo dell'acido citrico. Già nel 1941 tuttavia si parlava di ciclo di Krebs, nome in uso ancora oggi, in omaggio all'enorme contributo dato dallo scienziato tedesco alla comprensione delle reazioni.

In sostanza la serie di conversioni molecolari del ciclo di Krebs è responsabile della demolizione dei carboidrati, dei grassi e delle proteine che produce anidride carbonica e acqua, allo scopo di liberare energia. La sequenza completa degli eventi è un gioiello di sofisticazione chimica, che si può apprezzare al meglio nelle versioni animate disponibili su alcuni siti web. Persino Krebs si chiedeva per quale motivo il ciclo fosse così tortuoso e complesso, ma alla fine decise che, per quanto complicato, il ciclo dell'acido citrico era con ogni probabilità il metodo chimico più efficiente per estrarre energia da un'ampia gamma di nutrienti. All'inizio Krebs aveva pensato che il ciclo riguardasse soltanto il metabolismo dei carboidrati, ma ricerche successive dimostrarono che esso costituisce il percorso finale comune per l'utilizzo di tutte le principali classi di alimenti. [...]
Ma il vero punto-chiave del ciclo di Krebs per gli organismi viventi si trova ai margini di un piccolo epiciclo che ruota all'interno del ciclo principale, generando una cascatella di molecole identificate dalla sigla ATP. [...]

NON C'È VITA SENZA ATP

Se Hans Adolf Krebs è stato il primo eroe del metabolismo, il secondo eroe è la molecola di ATP. L'ATP, adenosina trifosfato, è una delle molecole più importanti nei viventi perché è il serbatoio energetico delle cellule: fa contrarre le cellule muscolari, alimenta la trasmissione degli impulsi nervosi, è usata per fabbricare le proteine e per demolire chimicamente i nutrienti. Se davvero esistesse una «scintilla molecolare della vita», capace di animare la materia vivente e di fare da forza motrice per ogni organismo, questa sarebbe l'adenosina trifosfato. Come ha detto il chimico Peter Atkins: «Dove c'è vita, c'è ATP».

L'ATP è stata individuata come sostanza nel 1929 da tre scienziati, in modo indipendente uno dall'altro; ma la sua struttura chimica è stata decifrata soltanto nel 1935. Nella molecola c'è un'unità fatta di adenina (un anello di atomi di carbonio e di azoto) e ribosio (uno zucchero), che si legano a formare un composto chiamato adenosina. Quell'unità è poi connessa, in una catena lineare, a una successione di tre gruppi fosfato identici (ciascuno composto da un atomo di fosforo e da quattro atomi di ossigeno, con i relativi atomi di idrogeno). La catena di gruppi fosfato è assai ricca di energia chimica, che risiede in particolare nel legame covalente molto energetico tra il fosfato terminale e il resto della molecola.

L'intero processo di sintesi dell'ATP è talmente importante per le funzioni vitali che una qualsiasi interferenza significativa (per esempio l'avvelenamento da cianuro di potassio, che blocca l'assorbimento di ossigeno da parte delle cellule) provoca la morte in pochi minuti. L'ATP è anche ciò che rende i muscoli flessibili: ecco perché dopo la morte il corpo diventa rigido; il *rigor mortis* è provocato proprio dalla mancanza di nuovo ATP nelle cellule (e si manifesta più rapidamente se già in precedenza le riserve di ATP erano ridotte, per esempio a causa di un'attività atletica o di un combattimento). I fertilizzanti contengono grandi quantità di fosfato proprio per consentire la sintesi di ATP, che avviene infatti anche nelle piante.

da *Cosa è la vita?*, E. Regis, Chiavi di lettura, Zanichelli, 2010

▲ **Figura**
Hans A. Krebs in laboratorio nel 1953.

SINTESI DI FINE CAPITOLO

LO SAI? RIPASSA CON LO SMARTPHONE

Gli scambi energetici negli esseri viventi

Le funzioni vitali di tutti gli organismi sono svolte attraverso processi che coinvolgono migliaia di reazioni chimiche e che nel loro insieme costituiscono il **metabolismo cellulare**.

Secondo il *primo principio della termodinamica* l'energia si conserva: quando le trasformazioni energetiche si verificano in un sistema isolato, l'energia totale al suo interno rimane costante.

Secondo il *secondo principio della termodinamica* l'entropia tende ad aumentare. I processi che si verificano in natura si svolgono in maniera spontanea e sempre in una sola direzione, mai in quella opposta. Gli organismi viventi, quindi, riescono a mantenere il proprio ordine interno a spese dell'aumento del disordine nell'ambiente, nel rispetto del secondo principio della termodinamica.

Le vie metaboliche

Il **metabolismo intermedio** è costituito da tutte le reazioni che riguardano la produzione e l'accumulo di energia e l'impiego di questa energia per la biosintesi di composti a basso peso molecolare e composti che servono come riserva energetica.

Le **reazioni del metabolismo** sono una serie ordinata di passaggi, indicati in genere come vie metaboliche. Alcune vie sono collegate alla biosintesi dei componenti strutturali e funzionali con le quali una cellula costruisce sé stessa (*vie anaboliche*). Altre consistono nella degradazione di molecole complesse dalle quali si ottengono energia e altre molecole più semplici necessarie alla biosintesi (*vie cataboliche*).

Le reazioni che forniscono energia sono **esoergoniche** e sono spontanee; le reazioni che consumano energia sono **endoergoniche** e non sono spontanee.

Gli enzimi nel metabolismo cellulare

Le reazioni cellulari possono essere spontanee ma troppo lente, oppure richiedere energia. Questa richiesta iniziale di energia è detta **energia di attivazione** e rappresenta la quantità di energia necessaria perché si inneschi la reazione.

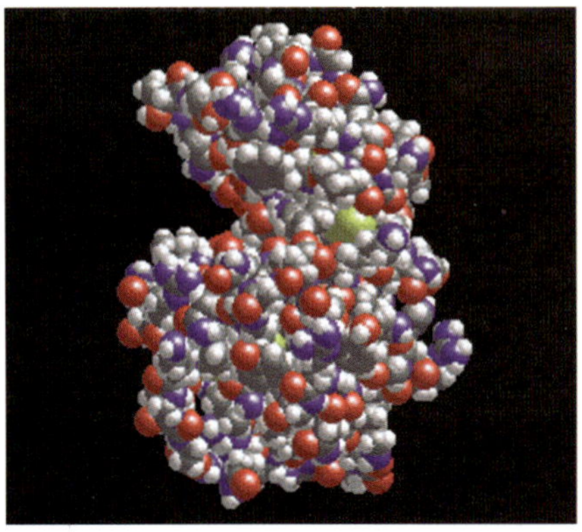

Gli enzimi abbassano l'energia di attivazione delle reazioni cellulari: attraverso la formazione di associazioni transitorie con i reagenti, che sono detti **substrati**, essi avvicinano le molecole e indeboliscono i legami chimici esistenti, favorendo la formazione di nuovi legami. Il sito attivo dell'**enzima** è il luogo fisico nel quale si inseriscono le molecole dei substrati e dove avvengono le reazioni. In seguito si forma un complesso molecolare detto *complesso enzima-substrato*: qui si svolge l'attività catalitica che trasforma i substrati in prodotti.

Cofattori, coenzimi e inibitori enzimatici

L'attività catalitica di alcuni enzimi richiede la presenza di sostanze inorganiche e di basso peso molecolare, dette **cofattori**, o di molecole organiche non proteiche, chiamate **coenzimi**.

Il controllo dell'attività enzimatica avviene grazie agli **inibitori**, molecole che si legano agli enzimi e riducono la velocità delle reazioni che essi catalizzano. Poiché l'inibitore e il substrato competono per il legame al sito attivo, questa forma di regolazione è detta *inibizione competitiva*. L'*inibizione non competitiva* consiste nel legame dell'inibitore a un sito di regolazione diverso dal sito attivo la conformazione dell'enzima si modifica e il sito attivo non riesce più a legare il substrato.

La regolazione allosterica

La regolazione allosterica si verifica quando, legandosi a un sito di regolazione (o sito allosterico), un *effettore* induce l'enzima a cambiare forma. Il cambiamento di forma altera l'affinità del sito attivo per il substrato e influenza la velocità della reazione. Alcuni effettori, legandosi al sito allosterico, stabilizzano la sua forma attiva (*attivatori*) oppure quella inattiva (*inibitori*). Le vie metaboliche possono essere regolate per effetto allosterico.

La temperatura, il pH e l'attività enzimatica

La **velocità** di una reazione aumenta con l'aumentare della temperatura, ma nel caso degli enzimi questo principio vale fino a un certo valore di temperatura, oltre il quale velocità si riduce bruscamente. Ogni enzima raggiunge il massimo della sua attività a un valore di pH ben definito: se l'ambiente diventa più acido o più basico la sua attività diminuisce.

L'ATP

L'adenosina trifosfato (ATP) è la molecola utilizzata dagli esseri viventi per tutti gli scambi energetici ed è formata dall'*adenina*, dallo zucchero *ribosio* e da tre gruppi *fosfato*.

L'idrolisi di ATP è una reazione esoergonica mentre la sintesi di ATP è una reazione endoergonica. La sintesi e l'idrolisi di ATP costituiscono un esempio di **accoppiamento energetico**. L'ATP è l'elemento che le reazioni esoergoniche ed endoergoniche hanno in comune e svolge il ruolo di *agente accoppiante*.

L'ATP può donare un gruppo fosfato ad altri composti; l'aggiunta di un gruppo fosfato è detta **fosforilazione** ed è catalizzata da una famiglia di enzimi chiamati *chinasi*.

VERIFICA LE TUE CONOSCENZE

ZTE ONLINE

Lezione 1
Gli scambi energetici negli esseri viventi

1. Il metabolismo può essere definito come l'insieme

A dei processi chimici e fisici che consente a un organismo di vivere.
B delle reazioni chimiche che si svolgono in una cellula.
C dei processi biologici svolti da un organismo.
D delle trasformazioni energetiche che avvengono in una cellula.

2. Il secondo principio della termodinamica afferma che in un sistema isolato

A l'energia dissipata diminuisce a ogni trasformazione.
B l'energia totale diminuisce a ogni trasformazione.
C la variazione dell'energia utile è uguale all'entropia.
D l'energia utile diminuisce a ogni trasformazione.

3. Il primo principio della termodinamica non sembra applicabile agli organismi viventi perché essi

A sono sistemi aperti e non isolati.
B non sono sistemi esclusivamente fisici.
C hanno un loro metabolismo.
D la fisica non può spiegare la vita.

4. Una via metabolica è costituita da reazioni tra loro connesse in quanto

A avvengono contemporaneamente all'interno di una data cellula.
B ogni passaggio condivide composti intermedi con il successivo.
C l'energia libera fluisce da una all'altra, attivandole in sequenza.
D concorrono alla formazione dello stesso prodotto finale.

5. Tutte le vie cataboliche

A consumano energia libera.
B sostengono processi di biosintesi.
C producono molecole più semplici.
D derivano da vie anaboliche.

6. Ci può essere un accoppiamento energetico tra

A una reazione esoergonica e una endoergonica.
B una via anabolica e una catabolica.
C l'idrolisi di ATP e il suo utilizzo.
D la produzione di ATP e una reazione endoergonica.

Lezione 2
Gli enzimi nel metabolismo cellulare

7. Un enzima

A velocizza una reazione spostandone a destra l'equilibrio.
B fornisce alla reazione l'energia di attivazione necessaria.
C velocizza una reazione spostandone a sinistra l'equilibrio.
D diminuisce l'energia di attivazione di una reazione.

8. Gli enzimi sono migliori dei catalizzatori inorganici per molti aspetti, però

A sono meno specifici rispetto alla reazione.
B sono meno specifici rispetto al substrato.
C possono essere inibiti quando sia necessario.
D sono più sensibili alle condizioni ambientali.

9. Il modello attualmente usato per spiegare il riconoscimento enzimatico è detto

A chiave-serratura.
B adattamento indotto.
C complesso enzima-substrato.
D sito attivo.

10. Il ciclo catalitico è possibile poiché gli enzimi

A restano inalterati al termine della reazione.
B sono dotati di un'elevata specificità.
C sono soggetti a regolazione da parte della cellula.
D sono velocissimi nella loro azione.

11. Tra le forme di regolazione enzimatica, la meno comune nelle cellule è l'inibizione

A competitiva.
B non competitiva.
C irreversibile.
D allosterica.

12. L'inibizione esercitata dal prodotto di una reazione sull'enzima che la catalizza è detta

A competitiva.
B feedback negativo.
C irreversibile.
D allosterica.

13. Il pH ottimale per l'azione di un enzima è

A generalmente acido.
B generalmente basico.
C variabile da un enzima all'altro.
D corrispondente al pH cellulare.

14. Il sito attivo di un enzima

A determina con la sua forma la specificità dell'enzima.
B non forma legami chimici con i substrati.
C forma una sporgenza sulla superficie dell'enzima.
D non modifica mai la sua struttura tridimensionale.

Lezione 3
Il ruolo dell'ATP

15. Nell'ATP i legami a alta energia di idrolisi sono

A 1
B 2
C 3
D 4

16. L'idrolisi nell'ATP

A richiede energia.
B è una reazione esoergonica.
C non richiede catalizzatori.
D è una reazione anabolica.

17. La reazione di fosforilazione permette di

A aggiungere un gruppo fosfato a un enzima.
B legare un gruppo fosfato a una molecola di ADP.
C legare un gruppo fosfato a una molecola di ATP.
D traferire un gruppo fosfato dall'ATP a un'altra molecola organica.

VERIFICA LE TUE ABILITÀ

Barra il completamento esatto e motiva la risposta.

18. **L'efficienza energetica si esprime come**

A percentuale di energia ottenuta da una trasformazione.

B rapporto tra energia ottenuta e costo economico.

C rapporto tra energia fornita ed energia necessaria.

D percentuale di energia creata da un dato processo.

19. **Considerando insieme le reazioni**
A + B → C + D
C + E → F + G
si possono considerare come prodotti netti

A soltanto G.

B F e G.

C D, F e G.

D C, D, F e G.

20. **Una reazione spontanea ma molto lenta può essere favorita in una cellula grazie a**

A la catalisi di uno specifico enzima.

B l'apporto di energia da parte dell'ATP.

C l'utilizzo di un enzima e di ATP.

D un'alterazione delle condizioni fisiche.

21. **Gli enzimi che catalizzano le tappe successive di uno stesso processo**

A si trovano comunque dispersi nel citoplasma.

B possono trovarsi disposti in precisi rapporti spaziali.

C sono sempre associati in specifici complessi multienzimatici.

D si possono trovare solo all'interno di particolari organuli.

22. **Tra i seguenti, l'unico ad agire come un coenzima è**

A lo ione Mg^{2+}.

B la catena β dell'emoglobina.

C l'ATP.

D il FAD.

23. **In una catena metabolica formata dalle nelle trasformazioni**
$A \xrightarrow{E1} B \xrightarrow{E2} C \xrightarrow{E3} D \xrightarrow{E4} E \xrightarrow{E5} F$,
C inibisce l'enzima E1; l'inibizione sarà probabilmente

A competitiva.

B omeostatica.

C non competitiva.

D irreversibile.

24. **L'analisi strutturale dell'enzima fosfofruttochinasi indica che esso modifica la sua configurazione spaziale quando si lega al citrato, una molecola che non ha nulla in comune con il fruttosio 6-fosfato, che è il suo substrato. Ciò suggerisce che il citrato sia per questo enzima un inibitore**

A allosterico.

B competitivo.

C non competitivo.

D irreversibile.

Completa il brano scegliendo tra i termini elencati in fondo.

25. Le .... sono sequenze ordinate di reazioni catalizzate da enzimi. Le .... degradano molecole complesse per ottenere energia e composti più semplici: si tratta quindi di processi ....

Le .... sintetizzano i componenti strutturali e funzionali della cellula a partire da sostanze semplici; questi processi richiedono un apporto energetico e pertanto sono ....

(esoergonici, vie metaboliche, vie anaboliche, endoergonici, vie cataboliche)

26. Quando l'ATP viene idrolizzato ad ADP si libera l'energia contenuta nel legame tra i .... La sintesi e l'idrolisi di ATP costituiscono un esempio di .... in cui l'ADP preleva l'energia dalle reazioni esoergoniche diventando ATP, che a sua volta dona energia alle reazioni endoergoniche.
La molecola di ATP può anche donare un gruppo fosfato a composti diversi, caricandoli di energia: tale processo si chiama ....

(gruppi fosfato, fosforilazione, accoppiamento energetico)

Barra il completamento errato.

27. **La pepsina è**

A un enzima che agisce nello stomaco.

B attiva a pH elevato.

C attiva a pH basso.

D attiva alla temperatura corporea.

UNITUTOR VERSO L'UNIVERSITÀ

Preparati ai test di ammissione sul sito Unitutor.

28. **Quali legami possono essere presenti nella molecola di un enzima digestivo?**

A legame peptidico

B legami disolfuro

C legami ionici

D legami a idrogeno

[dal test di ammissione a Medicina, 2014-15]

29. **In seguito alla somministrazione di un farmaco antagonista, la cui molecola è complementare al sito attivo di un enzima, la quantità di prodotto della reazione enzimatica sarà probabilmente:**

A diminuita perché il farmaco si lega al substrato.

B diminuita perché il farmaco compete con il substrato.

C aumentata perché il farmaco favorisce il legame tra enzima e substrato.

D aumentata perché il farmaco funziona da cofattore.

E invariata perché i farmaci non attraversano mai la membrana cellulare.

[dal test di ammissione a Veterinaria, 2012-13]

TEST YOUR ENGLISH

Choose the correct answer.

30. **Which statement about thermodynamics is true?**

A free energy is used up in an exoergonic reaction.

B free energy cannot be used to do work.

C the total amount of energy can change after a chemical transformation.

D entrophy has a tendency to increase.

31. **In an enzyme-catalyzed reaction**

A a substrate does not change.

B the enzyme can be permanently changed.

C strain may be added to a substrate.

D the rate is not affected by substrate concentration.

VERSO L'ESAME: LE TUE COMPETENZE

SCHEMATIZZA

32. Costruisci una mappa concettuale che schematizzi la struttura molecolare, la funzione e l'inibizione degli enzimi.

DEFINISCI

33. Scrivi la definizione dei seguenti termini: metabolismo cellulare, gradiente, via metabolica, reazione endoergonica ed esoergonica, energia di attivazione, complesso enzima-substrato, regolazione allosterica.

LEGGI E SPIEGA

34. Nell'opera *What is Life?* Erwin Schrödinger afferma: «Come possiamo esprimere in termini di statistica la meravigliosa capacità degli organismi viventi, grazie al quale è ritardato il processo di decadimento verso l'equilibrio termodinamico (la morte)? (...) [Un organismo vivente] si nutre di entropia negativa, attirando, per così dire, un flusso di entropia negativa su di sé, per compensare l'incremento di entropia che produce vivendo e quindi per mantenersi in uno stato stazionario a un livello di entropia abbastanza basso.»

a) Per quale ragione Schrödinger equipara il concetto di «equilibrio termodinamico» alla morte?
b) Che cosa intende quando afferma che un organismo vivente si nutre di entropia negativa?
c) Descrivi ciò che caratterizza lo stato stazionario di cui parla Schrödinger.

CONFRONTA

35. Costruisci una tabella che consenta di comparare i diversi tipi di inibizione enzimatica, in termini di sito di riconoscimento, effetti, tipi di legami e altro.

OSSERVA E DISTINGUI

36. Osserva l'immagine qui sotto e completala, corredandola di etichette dove indicato e di una didascalia che spieghi le differenze tra i due casi.

RAPPRESENTA

37. Una reazione generica A + B → C + D ha una variazione di energia pari a –35,0 kJ/mol e un'energia di attivazione di +10,0 kJ/mol.

a) Disegna su un grafico il profilo della reazione e della stessa reazione quando, grazie a un enzima, l'energia di attivazione si riduca del 40%.
b) La presenza di un inibitore modificherebbe questo profilo di reazione? Chiarisci le ragioni della tua risposta.

LEGGI E RISPONDI

38. Negli anni Novanta, presso la spiaggia di Maronti a Ischia, laddove si trovano caldissime fumarole, è stato isolato *Pyrobaculum aerophilum* un archeo termofilo che ha attratto l'attenzione per le sue caratteristiche (vive a temperature non inferiori ai 60 °C e il suo optimum si aggira attorno ai 100 °C) e per i possibili usi industriali di un suo enzima, una *nitrato reduttasi* altamente stabile alle alte temperature.

Sulla base delle tue conoscenze, indica alcuni degli adattamenti che possono rendere così resistente questo enzima.

IPOTIZZA

39. Un atleta deve aumentare la sua massa muscolare, per cui inizia a seguire una dieta iperproteica; tuttavia le proteine che assume dalla dieta sono demolite dal catabolismo e gli amminoacidi così ottenuti sono utilizzati per costruire le proteine delle fibre muscolari.

Prova a esporre alcune delle ragioni per cui questo processo, che sembra uno spreco di tempo e di energie, è invece l'unico possibile per un organismo vivente.

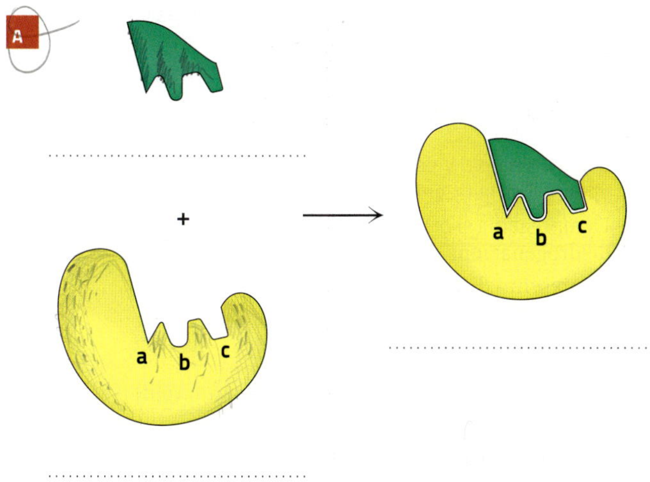

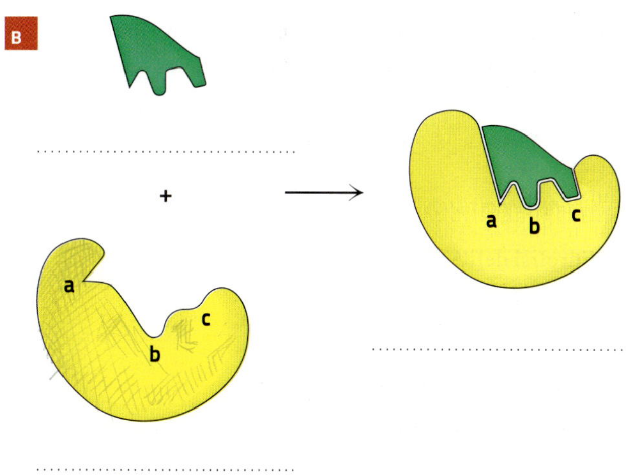

SEI PRONTO PER LA VERIFICA?

Dopo aver studiato i contenuti fondamentali dei **capitoli E1** ed **E2**, prova a svolgere questa verifica nel **tempo massimo di 1 ora.**

Alla fine della prova **controlla le tue risposte** con le soluzioni che troverai sul sito *online.scuola.zanichelli.it/curtisnuovoinvitoblu* e **calcola il punteggio** totale che hai conseguito compilando la griglia finale.

CONOSCENZE

Barra il completamento esatto.

1. **La formula grezza del maltosio è**

A $C_{12}H_{24}O_{12}$
B $C_{12}H_{22}O_{11}$
C $C_{12}H_{24}O_{11}$
D $C_{12}H_{26}O_{13}$

(4 punti se hai risposto correttamente) ...../4

2. **Le molecole di RNA che presentano caratteristiche enzimatiche sono dette**

A RNAasi.
B RNAzimi.
C ribonucleoenzimi.
D ribozimi.

(4 punti se hai risposto correttamente) ...../4

3. **L'idrolisi dell'ATP libera ADP e**

A un gruppo difosfato.
B tre gruppi fosfato.
C due gruppi fosfato.
D un gruppo fosfato.

(4 punti se hai risposto correttamente) ...../4

4. **Il nucleoside che contiene la timina è detto**

A timonina.
B timinina.
C timidina.
D timosina.

(4 punti se hai risposto correttamente) ...../4

5. **L'idrolisi dell'ATP viene accoppiata a una reazione**

A endoergonica, poiché assorbe energia.
B endoergonica, poiché libera energia.
C esoergonica, poiché libera energia.
D esoergonica, poiché assorbe energia.

(4 punti se hai risposto correttamente) ...../4

6. **Il legame disolfuro tra due residui di cisteina si forma in una reazione di**

A idrogenazione.
B ossidazione.
C condensazione.
D idrolisi.

(4 punti se hai risposto correttamente) ...../4

Barra la risposta esatta.

7. **Quanti legami peptidici contiene un polipeptide di 150 amminoacidi?**

A 148
B 149
C 150
D 151

(4 punti se hai risposto correttamente) ...../4

8. **Quale coenzima trasporta elettroni e protoni?**

A biotina
B coenzima A
C NAD
D ATP

(4 punti se hai risposto correttamente) ...../4

Barra i due completamenti esatti.

9. **Il legame 1,4-α-glicosidico è presente**

A nel lattosio.
B nell'amilosio.
C nel saccarosio.
D nella cellulosa.
E nel maltosio.

(5 punti per due risposte corrette, 3 per una sola) ...../5

10. **Nelle micelle formate dai saponi**

A le code idrocarburiche si dispongono verso l'interno.
B le teste idrofobiche si dispongono verso l'esterno.
C le code idrofiliche si dispongono verso l'interno
D le teste idrofiliche si dispongono verso l'esterno.
E le teste idrocarburiche si dispongono verso l'interno.

(5 punti per due risposte corrette, 3 per una sola) ...../5

11. Barra il simbolo V se l'affermazione è vera oppure F se la ritieni falsa.

a) La margarina si ottiene dalla deidrogenazione dell'olio di mais. V F
b) La presenza di uno o più doppi legami nei trigliceridi abbassa il punto di fusione. V F
c) I fosfolipidi contengono tre catene di acidi grassi. V F
d) Gli steroidi sono lipidi non saponificabili. V F

(2 punti per ogni scelta corretta) ...../8

12. Definisci la natura di un inibitore e descrivi i meccanismi dell'inibizione enzimatica.

....

....

....

....

(8 punti se la risposta è completa, 4 punti se è incompleta) ...../8

ABILITÀ

Barra il completamento esatto.

13. L'energia di attivazione è la quantità di energia

A minima necessaria per la sintesi di ATP.

B liberata da una reazione chimica che serve ad attivare la reazione successiva.

C necessaria per innescare una reazione chimica.

D minima che bisogna fornire affinché possa avvenire una reazione endoergonica.

(4 punti se hai risposto correttamente) ...../4

14. La parte idrofila del colesterolo è localizzata

A nella catena alifatica.

B nei gruppi metile.

C nel gruppo idrossile.

D le doppio legame.

(4 punti se hai risposto correttamente) ...../4

15. La reazione che si verifica quando il gruppo ossidrile presente sul C-5 dello zucchero di un nucleoside reagisce con una molecola di acido fosforico (H_3PO_4) per formare un nucleotide è una

A nella catena alifatica.

B nei gruppi metile.

C nel gruppo idrossile.

D le doppio legame.

(4 punti se hai risposto correttamente) ...../4

16. L'amminoacido che ha il gruppo amminico con un atomo di idrogeno in meno rispetto agli altri amminoacidi è la

A prolina.

B glicina.

C cisteina.

D fenilalanina.

(4 punti se hai risposto correttamente) ...../4

17. Tra i seguenti, l'unico monosaccaride aldopentoso è

A D-glucosio.

B D-ribosio.

C D-gliceraldeide.

D D-fruttosio.

(4 punti se hai risposto correttamente) ...../4

18. Barra il completamento errato.
Gli enzimi

A sono costituiti da amminoacidi.

B catalizzano sia le reazioni esoergoniche che quelle endoergoniche.

C si denaturano a temperature elevate.

D legano un solo tipo substrato e catalizzano tutti i tipi di reazione a cui questo prende parte.

(4 punti se hai risposto correttamente) ...../4

19. Barra tra i termini in neretto quelli errati.

a) Le ossidoriduttasi catalizzano le reazioni in cui c'è un trasferimento di **elettroni** / **ossigeno**.

b) Le ligasi catalizzano la formazione di legami accoppiati **all'idrolisi** / **alla sintesi** di ATP.

c) Le idrolasi catalizzano la rottura di legami con l'**eliminazione** / **aggiunta** di una molecola d'acqua.

d) Le liasi catalizzano l'addizione o sottrazione di gruppi **fosfato** / **funzionali** a doppi legami.

(2 punti per ogni scelta corretta) ...../8

20. Completa le seguenti frasi con i termini appropriati (alcuni vanno utilizzati più di una volta).

a) La struttura .... di una proteina indica la sequenza .... con cui sono legati gli amminoacidi.

b) Gli amminoacidi si legano tra loro formando legami ....

c) La struttura .... di una proteina può avere una configurazione ad α-elica o a β-foglietto ripiegato ed è determinata dalla formazione di legami ....

d) La struttura .... definisce la forma della proteina ed è determinata da legami ...., legami disolfuro, interazioni .... tra i gruppi R degli amminoacidi.

e) Le strutture .... e .... possono essere distrutte con l'aumento della temperatura, al contrario di quella ....

(a idrogeno, secondaria, peptidici, ioniche, terziaria, lineare, primaria)

(2 punti per ogni frase corretta) ...../10

PUNTEGGIO TOTALE ...../100

Se hai ottenuto:

- meno di 60 punti devi riprendere lo studio dei capitoli;
- tra 60 e 70 punti hai una preparazione sufficiente;
- tra 70 e 80 punti hai una preparazione buona;
- tra 80 e 100 punti significa che hai studiato a fondo.

Capitolo

E3 La fotosintesi clorofilliana

1 La fotosintesi: una visione d'insieme

La fotosintesi è divisa in due fasi

Gli organismi fotosintetici sono *autotrofi*, cioè non assumono le sostanze organiche sotto forma di alimento, come avviene negli organismi *eterotrofi*, ma le sintetizzano loro stessi. Per questi organismi sono sufficienti una fonte di energia (la luce), una fonte di carbonio (CO_2) e acqua per produrre la materia organica necessaria al loro sostentamento. Uno dei prodotti di questo processo è l'ossigeno gassoso, il quale forma parte della nostra atmosfera ed è indispensabile per la presenza della vita sulla Terra.

I primi studi sistematici sulla fotosintesi risalgono alla seconda metà del Settecento (*vedi* Scheda 1). Fino ai primi anni del secolo scorso, i naturalisti erano certi che nell'equazione della fotosintesi l'ossigeno liberato provenisse dalla molecola di diossido di carbonio:

$$CO_2 + H_2O + \text{luce} \rightarrow C_6H_{12}O_6 + H_2O + O_2$$

Negli anni Trenta del Novecento, però, il microbiologo olandese Cornelis B. van Niel, che lavorava con i batteri fotosintetici che usano solfuro di idrogeno (H_2S) al posto dell'acqua, trovò che accumulavano granuli di zolfo. Così dedusse che la molecola di H_2S era stata scissa: l'idrogeno era stato utilizzato e lo zolfo eliminato. Suppose per analogia che nei vegetali fosse la rottura della molecola d'acqua a produrre ossigeno gassoso e non il diossido di carbonio. Formulò quindi la reazione generale della fotosintesi per tutti gli organismi fotosintetici:

$$CO_2 + 2\,H_2A + \text{luce} \rightarrow (CH_2O) + H_2O + A_2$$

Nei batteri fotosintetici H_2A rappresenta il solfuro di idrogeno, mentre nei cianobatteri, nelle alghe e nelle piante rappresenta H_2O (l'acqua). Questo postulato fu verificato sperimentalmente poco tempo dopo. Nel 1941 gli scienziati Samuel Ruben e Martin Kamen usarono come marcatore un isotopo pesante dell'ossigeno (^{18}O) e così tracciarono il suo percorso nel processo, dall'acqua fino all'ossigeno gassoso.

Nell'esperimento, a un gruppo di piante lasciarono compiere la fotosintesi in presenza di acqua con ossigeno marcato ($H_2{}^{18}O$) e a un altro gruppo in presenza di diossido di carbonio con ossigeno marcato ($C^{18}O_2$). Analizzando l'os-

Ti ricordi?
L'**ossigeno** (O_2) rappresenta il 21% dei gas atmosferici; l'aria che respiriamo è formata poi da azoto (N_2) al 78% e altri gas come CO_2, metano ecc.

Guarda il video nell'ebook:
Un minuto di biologia
La fotosintesi

sigeno prodotto in ciascun gruppo di piante trovarono che il $^{18}O_2$ era presente solo nelle piante che avevano ricevuto $H_2{}^{18}O$. Da allora il concetto generale della fotosintesi non è più cambiato.

Fin dai primi decenni del Ventesimo secolo fu chiaro che la fotosintesi si svolge in due fasi principali. Nella **fase dipendente dalla luce** o *luminosa* l'energia luminosa avvia una sequenza di trasporto di elettroni che genera un gradiente di protoni a partire dal quale si sintetizza ATP (energia chimica) e, allo stesso tempo, riduce la molecola di $NADP^+$ a NADPH, creando una forza riducente. Nella **fase indipendente dalla luce** o *oscura*, i prodotti della prima fase (ATP e NADPH) sono impiegati per la produzione di zuccheri grazie al processo di *fissazione*, che consente di legare una molecola di CO_2 a una molecola organica. La luce non è specificatamente necessaria per le reazioni di fissazione del carbonio, ma molti degli enzimi coinvolti in questa fase sono regolati o attivati dalla luce e quindi essa agisce in maniera indiretta su tali reazioni.

Le parole

I termini **luminoso** e **oscuro** riferiti alle due fasi della fotosintesi sono legati all'azione diretta e indiretta della luce e non riguardano i concetti di luce e buio.

I cloroplasti sono gli organuli chiave della fotosintesi

Nel 1817 i chimici francesi Pierre Joseph Pelletier e Joseph Bienaimé Caventou riuscirono a isolare la sostanza che conferisce il colore verde alle piante e la chiamarono **clorofilla**; non riuscirono tuttavia a spiegarne l'importanza per la fotosintesi. Tra il 1862 e il 1864 il botanico tedesco Julius von Sachs dimostrò che la clorofilla, invece che essere distribuita in maniera diffusa all'interno delle cellule, è localizzata in piccoli corpi cellulari che furono poi chiamati **cloroplasti**.

Von Sachs realizzò anche una serie di esperimenti con i quali scoprì che le foglie verdi producevano amido a partire dal CO_2 assorbito, e che tale amido scompariva dal cloroplasto durante le ore di buio. Concluse quindi che l'amido si accumulava come risultato della fotosintesi.

Negli eucarioti fotosintetici la fotosintesi si svolge nei cloroplasti. Il numero di cloroplasti per cellula è variabile. L'alga unicellulare eucariotica *Chlamydomonas* ha un unico grande cloroplasto, la cellula di una foglia di una pianta qualsiasi ne ha invece tra i 40 e i 50. In un millimetro quadrato di superficie di una foglia vi sono circa 500 000 cloroplasti.

I cloroplasti, come i mitocondri, sono circondati da due membrane, la membrana esterna e quella interna, separate da uno spazio (**figura 1**). La membrana esterna è permeabile a piccole molecole.

▼ Figura 1
Particolare di una foglia di dente di leone (*Taraxacum officinale*), una pianta comune nei prati della zona temperata.

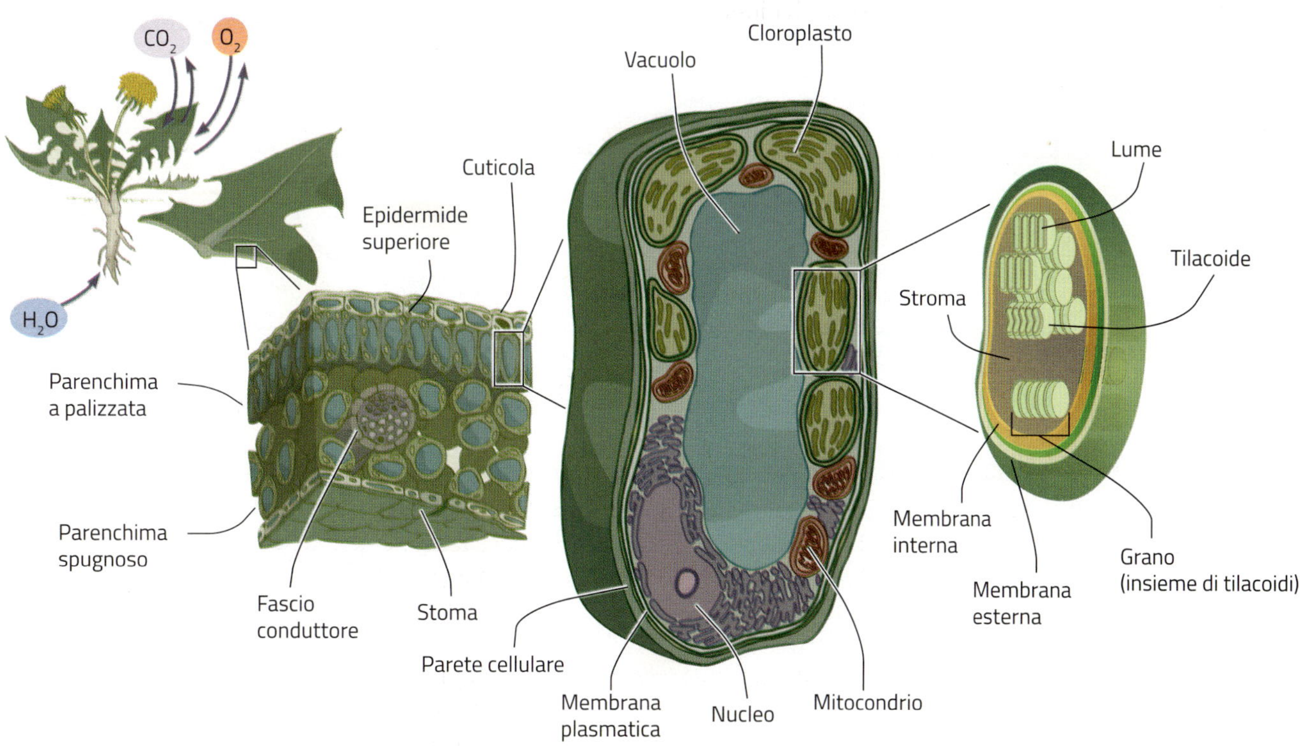

Quella interna, che a differenza della membrana mitocondriale interna è liscia, forma una barriera altamente selettiva, poiché contiene proteine trasportatrici che regolano il movimento di sostanze fuori e dentro l'organello. La membrana interna racchiude una soluzione densa, lo *stroma*, che differisce nella sua composizione dal citoplasma cellulare. Nello stroma si trovano le membrane dei **tilacoidi**, lamelle che si estendono da un estremo all'altro all'interno della cellula. In alcune zone la lamella si ingrossa formando sacchi appiattiti o dischi, i **dischi tilacoidali**, che racchiudono uno spazio chiamato *lume*. Esso contiene un'altra soluzione densa, con una composizione diversa da quella dello stroma. I dischi tilacoidali sono a loro volta raggruppati in pile, ciascuna delle quali si chiama **grano**. Il lume di ogni disco tilacoidale è in comunicazione con quelli intorno attraverso lo spazio che delimita la membrana tilacoidale. Su queste strutture si trova la clorofilla, il pigmento responsabile della captazione della luce. Le reazioni della fase luminosa si svolgono sui tilacoidi e quelle di fissazione del carbonio nello stroma. Uno schema generale delle fasi della fotosintesi e della loro collocazione nel cloroplasto si può vedere nella **figura 2** e nella **tabella 1**.

I procarioti fotosintetici sono privi di cloroplasti, ma possiedono tilacoidi che possono essere parte integrante della membrana cellulare, essere isolati nel citoplasma oppure possono costituire una complessa struttura della membrana interna.

▸ **Tabella 1**
Riassunto delle fasi della fotosintesi.

	Condizioni	Sede	Processo	Risultato
Reazioni che catturano l'energia luminosa	Si verificano solo in presenza della luce.	Tilacoidi	Trasporto di elettroni attivato dalla luce e accoppiamento chemiosmotico.	Produzione di ATP e di NADPH.
Reazioni che fissano il carbonio	Sono regolate in maniera indiretta dalla luce.	Stroma	Ciclo di reazioni biochimiche attivate da ATP e NADPH con fissazione di CO_2.	Sintesi di G3P, un intermedio anabolico.

▾ **Figura 2**
La fotosintesi si svolge in due fasi localizzate in diverse parti del cloroplasto: le reazioni dipendenti dalla luce sulla membrana tilacoidale e le reazioni che fissano il carbonio nello stroma.

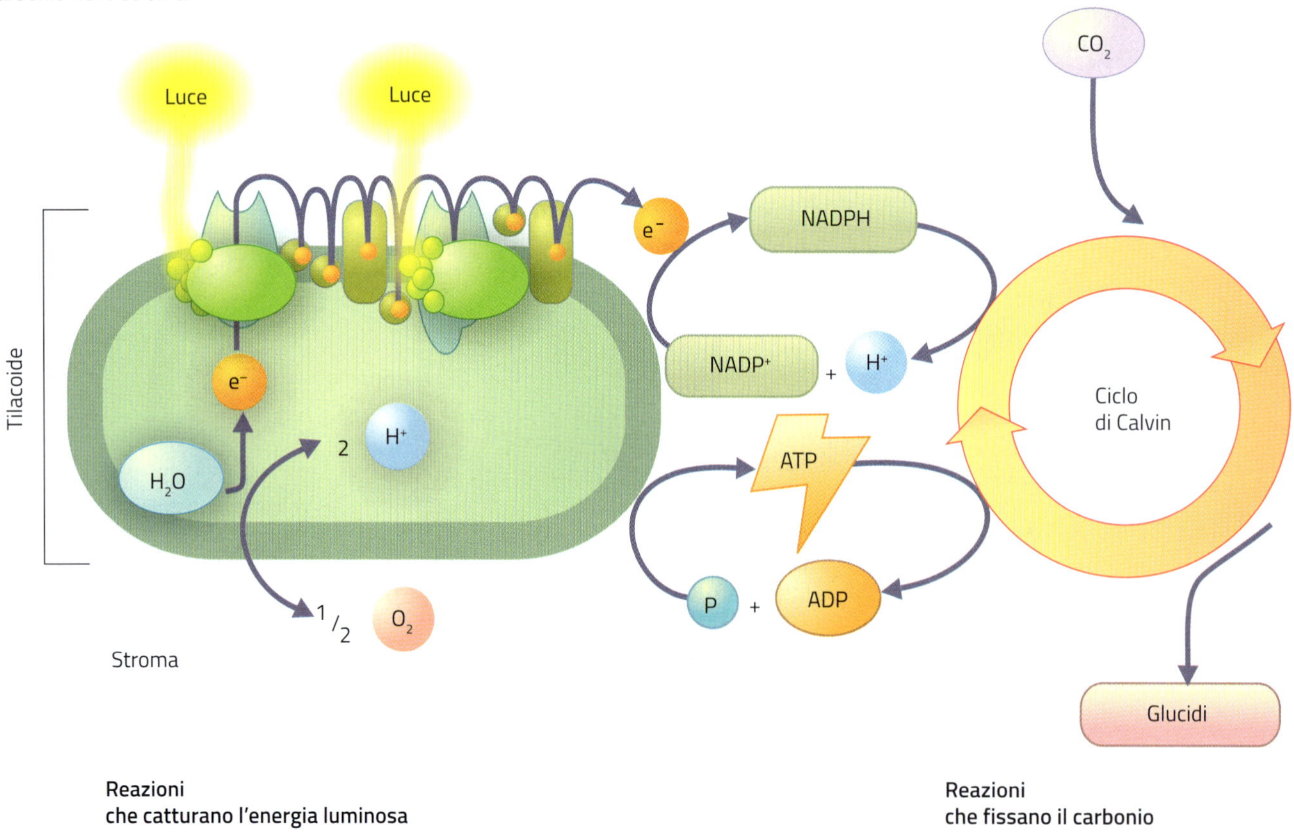

1 - Storia della scienza

La scoperta della fotosintesi

Fino a circa 400 anni fa era opinione comune che le piante assorbissero tutto il nutrimento dal suolo. Quest'idea così diffusa fu messa in discussione quando il medico belga **Jean Baptist van Helmont** (1580-1644) coltivò un piccolo salice in un vaso per cinque anni, aggiungendo solo acqua. Alla fine dei cinque anni l'albero pesava 74 kg, mentre la terra contenuta nel vaso era diminuita di soli 57 g. Basandosi su questo risultato Van Helmont concluse che tutta la sostanza della pianta derivava dall'acqua e non dal suolo. Le conclusioni di Van Helmont rappresentarono una risposta parziale al problema, anche se contribuirono a comprenderlo meglio.

PIANTE COME PURIFICATORI

Altri contributi alla conoscenza sulla nutrizione vegetale giunsero dallo studio della combustione. Uno dei problemi più affascinanti di questo processo era che si riteneva che in qualche modo «guastasse» l'aria. Se per esempio si lasciava bruciare una candela in un recipiente chiuso, la fiamma si estingueva subito; se poi si metteva un topo in quel recipiente, moriva.

Uno dei naturalisti che si interessarono ai cambiamenti prodotti nell'aria dalla combustione fu **Joseph Priestley** (1733-1804). La sua ipotesi era che le piante purificassero l'aria. Per verificarla mise una pianta di menta in un recipiente che conteneva aria «guastata», poiché al suo interno aveva bruciato una candela (**figura**). Dieci giorni dopo vide che un'altra candela poteva bruciare nello stesso recipiente con la medesima aria. Priestley ritenne, a quanto riporta il suo resoconto, di aver scoperto per caso un metodo per risanare l'aria che era stata guastata dalla combustione delle candele. I rapporti di Priestley sulle piante che purificavano l'aria suscitarono subito delle critiche, perché non era possibile riprodurre gli esperimenti. Infatti quando Priestley provò a ripetere i suoi stessi esperimenti non ottenne i medesimi risultati. Il motivo di tale fallimento fu il trasferimento del suo apparecchio in un angolo buio del laboratorio: poiché la velocità della fotosintesi dipende dall'intensità della luce, la quantità di ossigeno liberato fu minore.

Un medico olandese, **Jan Ingenhousz** (1730-1799), poté infine confermare il lavoro di Priestley aggiungendo una nuova ipotesi: la «purificazione» dell'aria si verifica solo in presenza della luce solare. Ingenhousz sosteneva che le piante, di notte o all'ombra, «contaminano l'aria che le circonda, esalando un'aria dannosa per gli animali». Dedusse anche che soltanto le parti verdi delle piante risanano l'aria. Inoltre, sulla base degli esperimenti di controllo – nei quali esponeva al Sole un dispositivo simile, ma senza piante – ipotizzò che «il Sole di per sé non è in grado di purificare l'aria senza l'intervento delle piante».

QUESTIONE DI CHIMICA

Mentre Ingenhousz conduceva le sue prove sulle piante, il chimico francese **Antoine-Laurent Lavoisier** (1743-1794) lavorava agli esperimenti che stabilirono le basi della chimica moderna. Tra i tanti lavori di ricerca di Lavoisier, quelli che ebbero un maggior impatto sulle ricerche in ambito vegetale riguardavano gli scambi gassosi che avvengono quando gli animali respirano. Ingenhousz continuò il percorso indicato da Lavoisier, prematuramente interrottosi perché questi fu ghigliottinato l'8 maggio del 1794, durante la Rivoluzione francese. Ingenhousz fece subito proprie le idee di Lavoisier riguardo ai gas e ipotizzò che la pianta non scambiasse semplicemente «aria buona» con «aria cattiva», rendendo così il mondo vivibile per gli animali. Egli propose che nelle ore di luce le piante assorbissero il carbonio del diossido di carbonio, «rilasciando allo stesso tempo soltanto l'ossigeno libero e mantenendo il carbonio per sé come alimento».

In seguito **Nicolas Théodor de Saussure** (1767-1845) dimostrò che durante la fotosintesi si scambiano uguali volumi di CO_2 e di O_2 e che la pianta in verità trattiene il carbonio. Perciò, il carbonio presente nella materia secca delle piante proviene dal diossido di carbonio, ma con uguale importanza il resto della materia secca proviene dall'acqua, ad eccezione dei minerali che derivano dal suolo.

DUE FASI SONO MEGLIO DI UNA

Nel 1905, invece, il fisiologo vegetale inglese **Frederick Blackman** (1866-1947) fornì la prima prova a sostegno di un meccanismo distinto in due fasi per spiegare la fotosintesi. Nei suoi esperimenti Blackman misurò la velocità della fotosintesi in diverse condizioni.

Sulla base di questi esperimenti Blackman ipotizzò che nella fotosintesi vi fossero almeno due fattori limitanti: l'intensità luminosa e la temperatura. Questa osservazione portò all'idea che in questo processo intervenisse più di un complesso di reazioni. Vi era da una parte un gruppo di reazioni dipendenti dalla luce, ma che non dipendevano dalla temperatura. Vi era poi un gruppo di reazioni che non dipendevano dalla luce, ma dalla temperatura. Entrambi i gruppi di reazioni sembravano necessari per la fotosintesi. Aumentando il tasso di un solo gruppo di reazioni si velocizzava tutto il processo ma solo fino a un certo punto: da lì in poi il secondo gruppo cominciava a rallentare il primo (cioè, diventava limitante per la velocità). Era necessario aumentare la velocità del secondo gruppo di reazioni affinché il primo gruppo procedesse senza impedimenti.

La dimostrazione che la fotosintesi potesse essere influenzata da diversi fattori portò a definire una fase dipendente dalla luce, detta fase «luminosa», e una enzimatica, indipendente dalla luce, la cosiddetta fase «oscura».

▲ **Figura**
Una simulazione dell'esperimento di Priestly, che mise una pianta sotto una teca per purificare l'aria guastata dalla combustione della candela.

Facciamo il punto

1. Quali contributi diedero van Niel, Ruben e Kamen alla scoperta della fotosintesi?
2. Che cosa sono le fasi dipendente dalla luce e indipendente dalla luce?
3. Descrivi nel dettaglio la struttura di un cloroplasto.
4. In quali organismi sono presenti i cloroplasti?

Guarda i video nell'ebook:
La biologia in 3D
- *La fotosintesi: le reazioni della fase luminosa*
- *Photosynthesis: light reactions*

2 La fase dipendente dalla luce

I pigmenti antenna assorbono la luce

Per essere utilizzata dai sistemi viventi l'energia luminosa deve prima essere assorbita; questa funzione è svolta dai pigmenti. Un **pigmento** è una qualsiasi sostanza in grado di assorbire luce.

Alcuni pigmenti assorbono luce di tutte le lunghezze d'onda del visibile e quindi ci appaiono neri. Altri assorbono solo alcune lunghezze d'onda, trasmettendo o riflettendo quelle non assorbite (**figura 3**).

▸ Figura 3
Quando la luce colpisce un oggetto colorato, parte dello spettro delle lunghezza d'onda si assorbe, mentre un'altra parte è trasmessa o riflessa. I colori che percepiamo sono quelli della lunghezza d'onda corrispondente alla luce trasmessa e riflessa.

Il modello di assorbimento di un pigmento è noto come **spettro di assorbimento** di quella sostanza. Quando un pigmento assorbe un *fotone* o *quanto di luce* un suo elettrone viene spinto a un livello energetico più alto e raggiunge uno stato «eccitato». Un fotone può essere assorbito soltanto se la sua energia è uguale a quella di transizione elettronica, cioè l'energia necessaria affinché un elettrone passi da un dato livello energetico a uno superiore. Lo stato eccitato è instabile: si può mantenere solo per periodi molto brevi, intorno a un milionesimo di secondo o anche meno. Dopo questa frazione di tempo l'elettrone torna a uno stato più stabile, cedendo l'energia assorbita. Tale energia può essere dissipata sotto forma di calore, può essere riemessa subito sotto forma di energia luminosa di maggiore lunghezza d'onda (fenomeno noto come **fluorescenza**) o può essere impiegata in una reazione fotochimica.

Il pigmento più abbondante nelle foglie e responsabile della fotosintesi è la **clorofilla**, che assorbe luce alla lunghezza d'onda del viola, dell'azzurro del rosso, riflettendo la luce verde; per questo le piante ci appaiono di questo colore. Le reazioni della fase luminosa della fotosintesi si svolgono sulle membrane dei tilacoidi, dove si concentra la clorofilla. Tutti i tilacoidi di un cloroplasto sono orientati in direzione parallela tra loro. Così, quando il cloroplasto si rivolge verso la luce, orienta allo stesso tempo anche i suoi milioni di molecole di pigmento, massimalizzando la superficie esposta alla radiazione e raggiungendo la ricezione massima.

Vi sono vari tipi di clorofilla, che si differenziano per piccole variazioni nella struttura molecolare e nel loro spettro di assorbimento. La **clorofilla *a***, oltre a captare l'energia luminosa, è il pigmento coinvolto direttamente nella trasformazione dell'energia luminosa in energia chimica. La maggior parte delle cellule fotosintetiche, però, contiene un secondo tipo di clorofilla, la **clorofilla *b***, che si trova nelle piante e alghe verdi, mentre un terzo tipo, la **clorofilla *c***, si trova solo nelle alghe brune. Le alghe rosse e i cianobatteri hanno soltanto clorofilla *a*. Tutti gli organismi fotosintetici possiedono anche altri pigmenti, detti **carotenoidi**, che possono essere rossi, arancioni o gialli. Uno di questi è il β-*carotene*, che conferisce il colore alle carote e alle zucche, ma si trova anche nelle foglie di diverse piante. Nelle foglie verdi il colore dei carotenoidi è mascherato dalle clorofille, che sono più abbondanti, ma in autunno, quando le cellule delle foglie smettono di sintetizzare clorofilla, i carotenoidi diventano visibili. Nelle alghe rosse e nei cianobatteri vi sono pigmenti rossi e azzurri, le **ficobiline**, che assorbono la luce giallo-verde, gialla e arancione.

A colpo d'occhio

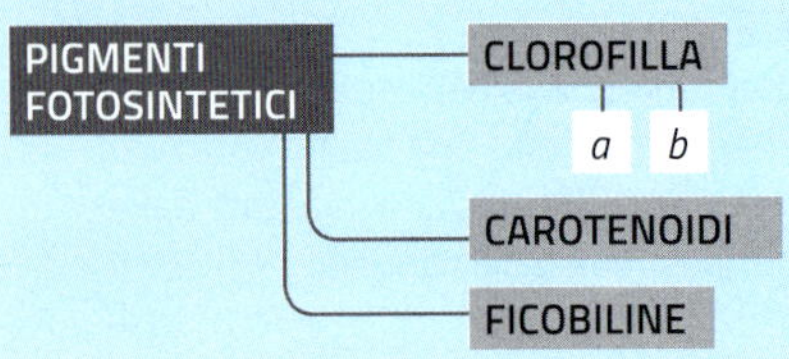

Il trasporto di elettroni avviene sui fotosistemi e sui trasportatori

Nelle reazioni della fotosintesi dipendenti dalla luce si produce un flusso di elettroni che ha come risultato la produzione di ATP e NADPH. Questo flusso dipende da alcune strutture collocate sulla membrana tilacoidale che consistono in complessi di molecole di clorofilla associati a proteine e altre molecole organiche. Questi complessi sono chiamati **fotosistemi** (**figura 4**). Ciascun fotosistema è formato da un **complesso antenna** che convoglia l'energia luminosa, nel quale si trovano i diversi pigmenti (clorofilla *a* e *b*, carotenoidi) associati a proteine, e un **centro di reazione**, che contiene una molecola reattiva di clorofilla *a* e altre molecole che partecipano alle reazioni di ossidoriduzione del trasporto degli elettroni.

Quando un fotone è assorbito dai pigmenti dell'antenna «rimbalza» rapidamente sulle altre molecole di pigmento del fotosistema, fino a raggiungere la clorofilla *a* di un centro di reazione. Qui l'assorbimento dell'energia luminosa fa passare un elettrone della clorofilla *a* a un livello energetico superiore. L'elettrone eccitato viene quindi trasferito a un *accettore primario di elettroni*, cioè un'altra molecola associata alle proteine del centro di reazione. L'accettore, prendendo l'elettrone, si riduce e si carica negativamente. La clorofilla che ha ceduto l'elettrone si è invece ossidata e caricata positivamente. Essa torna a ridursi ricevendo elettroni da altre molecole, chiamate *donatori di elettroni*. Anche l'accettore primario torna nella sua condizione iniziale, trasferendo l'elettrone eccitato a un *accettore secondario di elettroni*.

A colpo d'occhio

FOTOSISTEMA → COMPLESSO ANTENNA; CENTRO DI REAZIONE

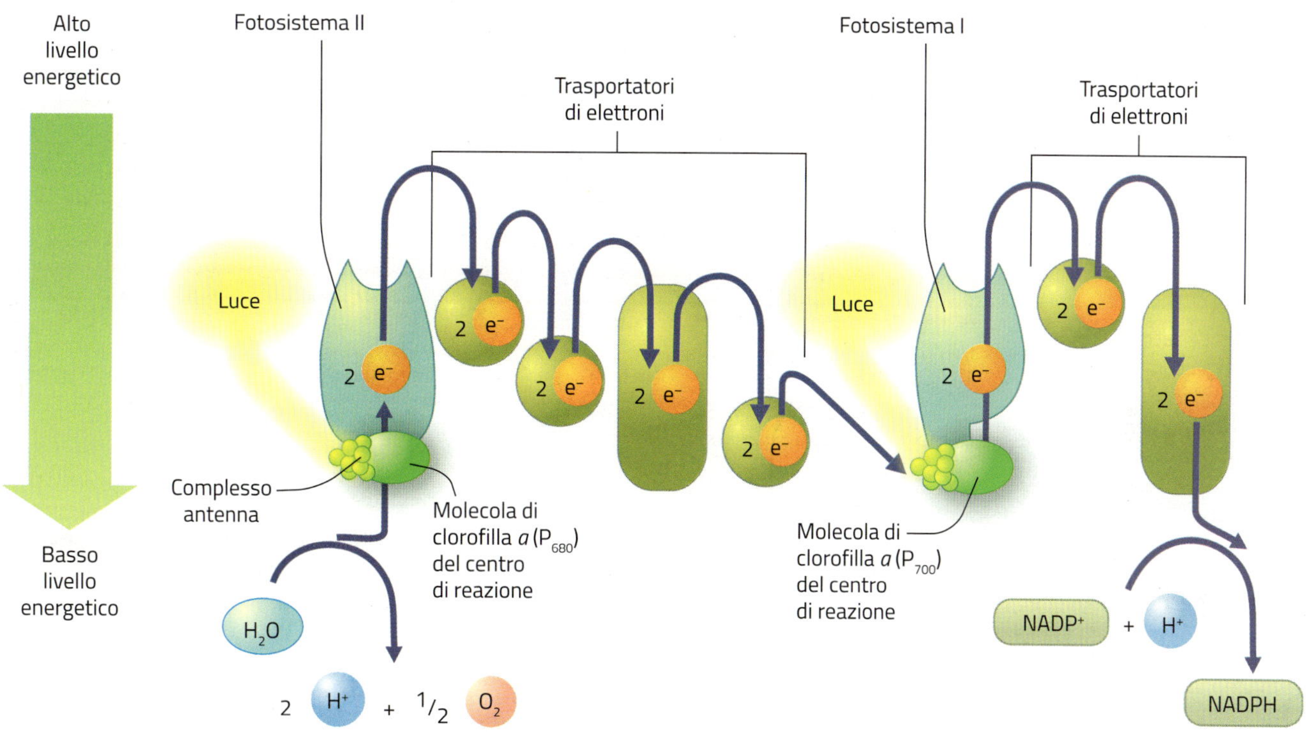

L'ossidazione dell'acqua permette di ridurre il fotosistema II, mentre a ridurre il fotosistema I è l'elettrone proveniente dal fotosistema II.

▲ **Figura 4**
Schema del flusso di elettroni che si verifica nella fase luminosa.

Esistono due tipi di fotosistemi distinti secondo la lunghezza d'onda che assorbono in maniera preponderante. Nel **fotosistema I** la molecola di clorofilla *a* del centro di reazione ha un picco di assorbimento intorno ai 700 nanometri, una lunghezza d'onda leggermente più lunga del normale picco della clorofilla. Perciò è anche detta P_{700}. Nel **fotosistema II** il picco di assorbimento ha un massimo a 680 nm, perciò la clorofilla *a* è indicata come P_{680}. Il flusso di elettroni può seguire un percorso non ciclico o ciclico a seconda delle condizioni metaboliche della pianta.

A colpo d'occhio

FOTOSISTEMI → I → P_{700}; II → P_{680}

In genere il flusso degli elettroni è non ciclico

Nel **flusso non ciclico di elettroni** i due fotosistemi lavorano insieme in maniera simultanea e continua (**figura 5**). Quando la clorofilla P_{680} del fotosistema II cattura un fotone, un suo elettrone è trasferito all'accettore primario di elettroni del fotosistema. In seguito l'elettrone sarà trasferito a una serie di trasportatori di elettroni, per mezzo di ossidazioni e riduzioni, fino a raggiungere il P_{700} del fotosistema I. Una volta trasferito l'elettrone il P_{680} riceve un elettrone e torna nel suo stato neutro. Questo elettrone proviene dall'acqua in maniera indiretta, attraverso altri donatori di elettroni. È in questo modo che l'H_2O partecipa alla fotosintesi.

Contemporaneamente, la clorofilla P_{700} del fotosistema I cattura un fotone di luce e si ossida: un elettrone del P_{700} è trasferito all'accettore primario di elettroni del fotosistema I che, ricevendo l'elettrone, si riduce. L'accettore primario si ossida a sua volta perché cede l'elettrone a un'altra serie di trasportatori, fino ad arrivare al $NADP^+$. La molecola P_{700} del fotosistema I, che si era ossidata, si riduce ricevendo un elettrone che proviene dal fotosistema II.

▾ Figura 5
Molecole e complessi molecolari che partecipano alle reazioni dipendenti direttamente dalla luce. Tra questi vi sono i trasportatori di elettroni, i fotosistemi I e II e alcuni enzimi come l'ATP sintasi, tutti inseriti nella membrana tilacoidale.

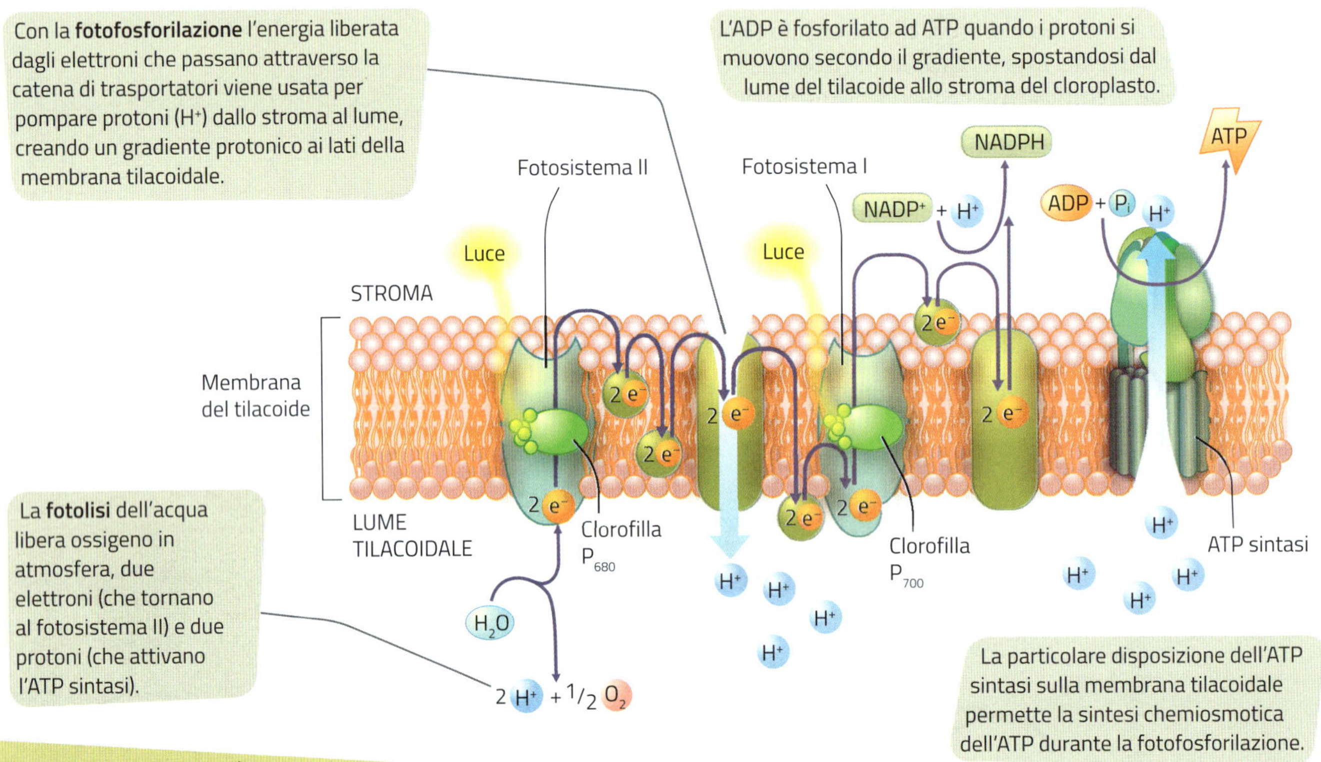

2 – Per saperne di più

L'alba della fotosintesi

Due miliardi e mezzo di anni fa l'atmosfera della Terra cominciò ad arricchirsi di ossigeno, sterminando buona parte degli organismi anaerobi e creando le condizioni per la sopravvivenza degli organismi aerobi. I responsabili di questo cambiamento epocale erano i procarioti fotosintetici, che dovevano necessariamente essere apparsi nelle acque degli oceani in un periodo antecedente. In base ad alcuni fossili possiamo ipotizzare che la fotosintesi ossigenica sia apparsa tra i 3,5 e i 2,8 miliardi di anni fa, ma non è possibile essere più precisi perché i fossili non possono darci molte indicazioni sul metabolismo. Ora una nuova ricerca finanziata dalla NASA è invece riuscita a identificare nelle rocce la «firma» lasciata dall'ossigeno e, quindi, dalla fotosintesi.

Gli studiosi, guidati dal geologo Clark Johnson della *University of Wisconsin-Madison*, si sono concentrati su una formazione antichissima proveniente dal Sudafrica: le rocce che la costituiscono contengono infatti alte percentuali di ferro, un elemento che reagisce con l'ossigeno in modo caratteristico. I sedimenti di mare più profondo indicavano che era presente pochissimo ossigeno, ma quelli che si trovavano in acque basse avevano una quantità di ossidi di ferro che poteva essere spiegata solo dalla fotosintesi. Per datare con precisione il campione, gli studiosi hanno esaminato il contenuto di uranio e degli elementi in cui esso decade, come il piombo, concludendo che la roccia ha 3,2 miliardi di anni, e costituisce quindi la più antica testimonianza di fotosintesi ossigenica mai ritrovata.

Ora sappiamo che i primi procarioti fotosintetici, probabilmente cianobatteri, erano già presenti 3,2 miliardi di anni fa negli ambienti di acque basse.

La mancanza di ossidi nelle rocce di mare profondo ci dicono però che l'ossigeno prodotto non era molto e che gli oceani erano ancora un ambiente sostanzialmente anossico.

Quindi, un flusso continuo di elettroni va dall'acqua al fotosistema II, da questo al fotosistema I e infine al $NADP^+$. In diversi punti, durante il trasferimento degli elettroni, vengono anche sottratti protoni allo stroma e liberati nel lume, lo spazio interno del tilacoide. Così si crea un gradiente di protoni che non si dissipa: i protoni infatti non tornano nello stroma, perché non possono attraversare la membrana tilacoidale. Questo gradiente protonico genera una forza proton-motrice che permette la sintesi di ATP a partire da ADP e P. Il processo di produzione dell'ATP a partire dall'energia luminosa è noto come **fotofosforilazione**.

Il flusso degli elettroni è ciclico se non funziona il fotosistema II

In certe condizioni il fotosistema I può lavorare in maniera indipendente dal fotosistema II; in tal caso il processo è chiamato **flusso ciclico di elettroni**. Gli elettroni vengono trasferiti dal P_{700} all'accettore primario del fotosistema I, ma alla fine non raggiungono il $NADP^+$, perciò non si forma NADPH. Gli elettroni sono ceduti a un trasportatore di elettroni intermedio tra i fotosistemi I e II, dal quale tornano nuovamente alla molecola di clorofilla P_{700} (**figura 6**). Nel corso di questo passaggio si produce un gradiente protonico la cui forza motrice permette la sintesi di ATP. Il flusso ciclico di elettroni che produce ATP, ma non NADPH, è una via alternativa che consente di regolare in base alle necessità della pianta la quantità di ATP e NADPH prodotti in presenza di luce. Questa via è predominante in assenza di $NADP^+$, quando questo è tutto ridotto a NADPH. D'altra parte, è probabile che questo processo aumenti l'efficienza nella produzione di ATP tramite la fotosintesi, qualora sia presente insieme al flusso non ciclico di elettroni. I batteri fotosintetici hanno un unico fotosistema, perciò presentano soltanto il flusso ciclico di elettroni intorno a esso.

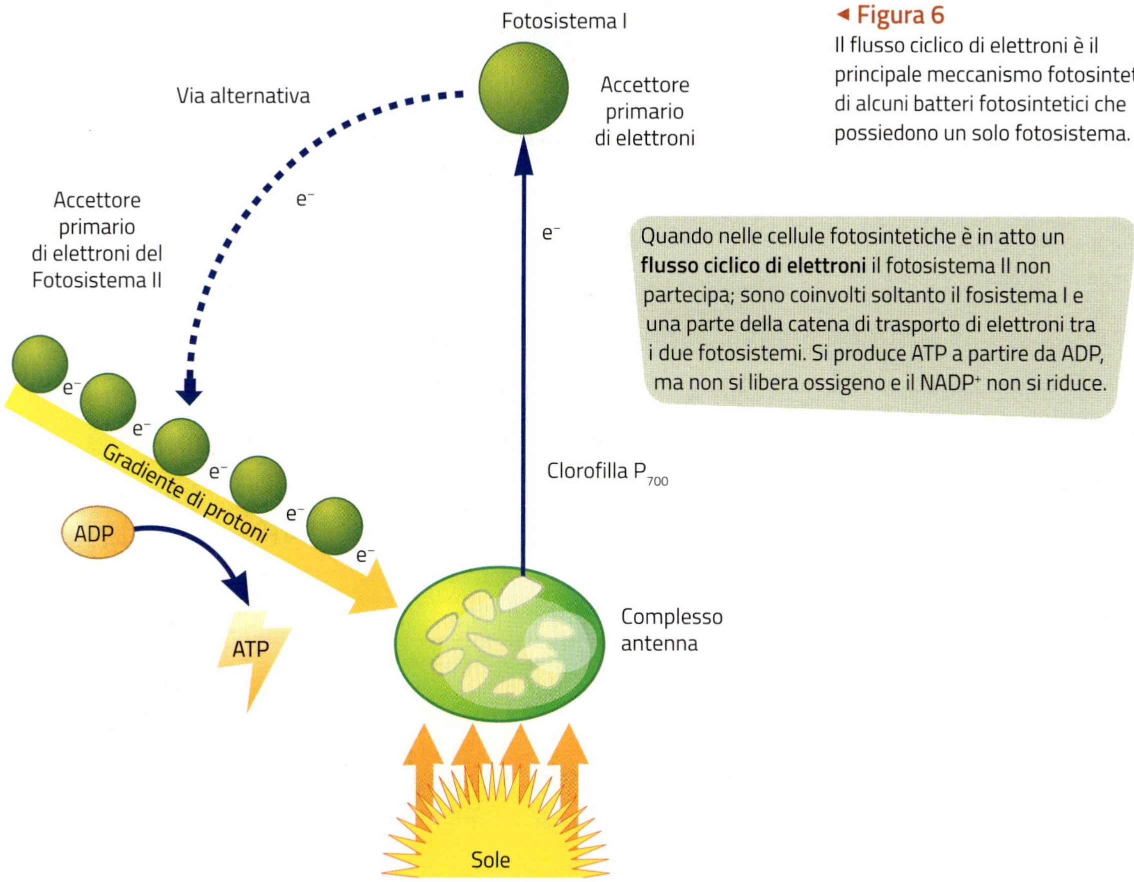

◂ **Figura 6**
Il flusso ciclico di elettroni è il principale meccanismo fotosintetico di alcuni batteri fotosintetici che possiedono un solo fotosistema.

Facciamo il punto

1. Che cos'è un pigmento e quali sono quelli fotosintetici?
2. Che cos'è la fluorescenza?
3. Che cos'è e come funziona un complesso antenna?
4. Come avviene il flusso non ciclico di elettroni?
5. In che modo e perché alcune cellule attuano il flusso ciclico di elettroni?

3 La fase indipendente dalla luce

Il carbonio è fissato per formare i composti organici

Il carbonio è disponibile per le cellule fotosintetiche sotto forma di CO_2. Le alghe utilizzano direttamente il CO_2 disciolto nell'acqua in cui sono immerse. Nelle piante terrestri il CO_2 presente nell'aria arriva alle cellule fotosintetiche attraverso delle aperture specializzate situate sulle foglie e sui fusti verdi, chiamate **stomi** (figura 7). La formazione di molecole più complesse, ricche di energia, comporta la riduzione del CO_2. Con il ciclo di reazioni di fissazione il CO_2 è ridotto a glucosio ($C_6H_{12}O_6$), uno zucchero semplice. In questo processo intervengono l'ATP e il NADPH prodotti durante la fase luminosa della fotosintesi. Queste molecole trasferiscono la loro energia, immagazzinata temporaneamente, alle molecole complesse che nelle cellule delle alghe o delle piante trasportano e conservano energia. Il composto che si ottiene da questo processo ha uno scheletro a tre atomi di carbonio, a partire dal quale la cellula può costruire una varietà di molecole organiche.

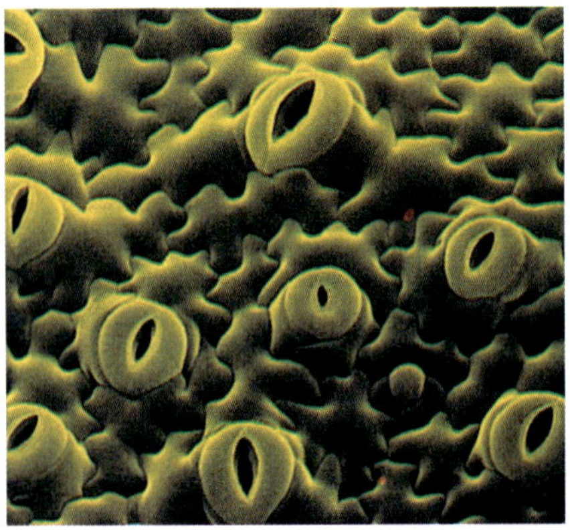

▲ Figura 7
Il CO_2 che sarà utilizzato nella fotosintesi diffonde verso le cellule fotosintetiche attraverso gli stomi presenti sull'epidermide fogliare; sempre attraverso gli stomi le foglie disperdono nell'atmosfera vapore acqueo e ossigeno.

Il ciclo di Calvin dipende dall'enzima rubisco

La riduzione o fissazione del carbonio si verifica nello stroma in forma ciclica. Il **ciclo di Calvin** fu chiamato così dal nome del suo scopritore, il chimico statunitense Melvin Calvin. Questo ciclo è analogo al ciclo di Krebs (*vedi* capitolo E4), nel senso che ogni volta che si completa un ciclo si rigenera il composto iniziale, che nel caso del ciclo di Calvin è il ribulosio bisfosfato (RuBP), uno zucchero a cinque atomi di carbonio a cui sono legati due fosfati. Come avviene nel ciclo di Krebs, ciascun passaggio è catalizzato da un enzima specifico.

Il ciclo di Calvin comincia quando il CO_2 si lega a una molecola di RuBP, che poi si scinde formando due molecole di fosfoglicerato (PGA). Ogni molecola di PGA ha tre atomi di carbonio; da qui deriva l'altro nome del ciclo: **ciclo C_3** (figura 8).

▼ Figura 8
Rappresentazione del ciclo di Calvin; ogni sei giri del ciclo si forma una molecola di zucchero a 6 atomi di carbonio.

Nel corso dei sei cicli si combinano sei molecole di ribulosio bisfosfato (RuBP) con sei molecole di CO_2. Si ottengono così sei molecole di un intermedio instabile che si scinde subito in due molecole di fosfoglicerato, che si riducono a due molecole di gliceraldeide 3-fosfato, grazie all'intervento del NADPH, il quale si ossida a $NADP^+$. Dieci di queste molecole di G3P si combinano e rigenerano le sei molecole a cinque atomi di carbonio di RuBP.

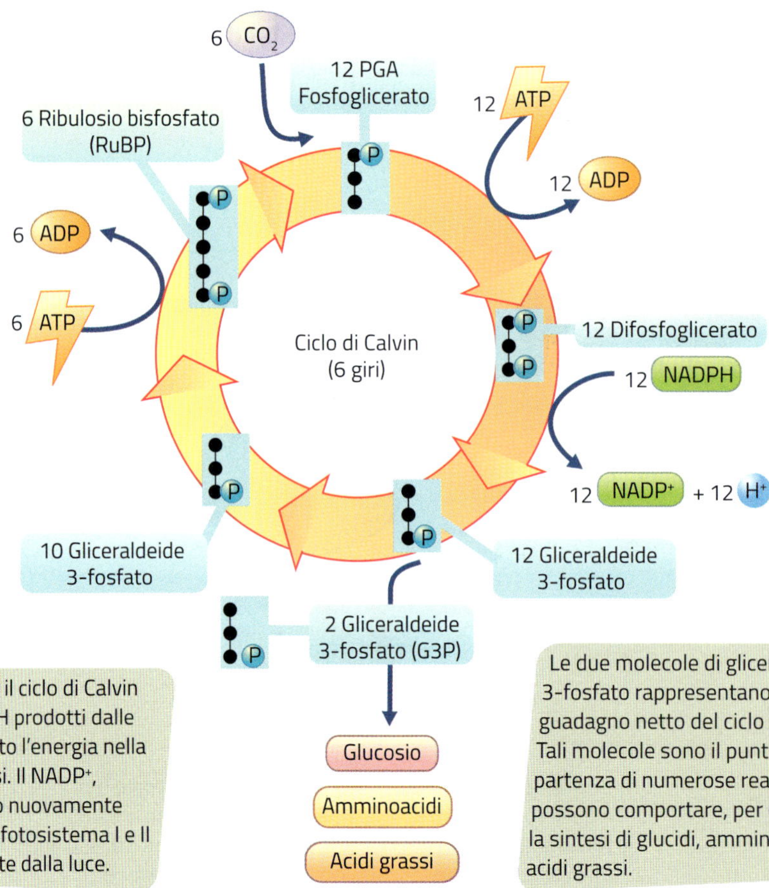

L'energia che fa funzionare il ciclo di Calvin deriva dall'ATP e dal NADPH prodotti dalle reazioni che hanno catturato l'energia nella prima fase della fotosintesi. Il $NADP^+$, l'ADP e il P_i rigenerati sono nuovamente disponibili per entrare nel fotosistema I e II della fase dipendente dalla luce.

Le due molecole di gliceraldeide 3-fosfato rappresentano il guadagno netto del ciclo di Calvin. Tali molecole sono il punto di partenza di numerose reazioni, che possono comportare, per esempio, la sintesi di glucidi, amminoacidi e acidi grassi.

L'enzima che catalizza questa reazione chiave, la RuBP carbossilasi ossigenasi o **rubisco**, rappresenta più del 25% delle proteine totali del cloroplasto; si ritiene perciò che la rubisco sia la proteina più abbondante al mondo.

In ciascun ciclo entra una molecola di CO_2 che reagisce con una molecola di RuBP e produce due composti formati ciascuno da tre atomi di carbonio. Questi vengono poi ridotti grazie all'ossidazione del NADPH e alla fine la molecola di RuBP viene rigenerata. Tre cicli completi introducono tre molecole di CO_2, quelle necessarie per poter sintetizzare uno zucchero a tre atomi di carbonio, e producono una molecola di gliceraldeide fosfato, che è quindi il prodotto netto del ciclo di Calvin. Sono necessari sei cicli, e sei molecole di CO_2, per produrre l'equivalente di uno zucchero a sei atomi di carbonio come il glucosio. I sei cicli producono due molecole di gliceraldeide fosfato, che possono reagire producendo una molecola di zucchero a sei atomi di carbonio.

L'equazione generale della serie di reazioni richieste per la sintesi di uno zucchero a sei atomi di carbonio è:

$$6\ RuBP + 6\ CO_2 + 18\ ATP + 12\ NADPH + 12\ H^+ + 6\ H_2O \rightarrow$$
$$\rightarrow 6\ RuBP + glucosio + 18\ P_i + 18\ ADP + 12\ NADP^+$$

Le piante possiedono un meccanismo di controllo che impedisce che il ciclo di Calvin degradi ATP e NADPH durante la notte, quando non vengono sintetizzati dalle reazioni della fase luminosa. La luce stimola in maniera indiretta il ciclo di Calvin e il buio inibisce le reazioni di fissazione del carbonio.

La fotorespirazione riduce l'efficienza fotosintetica

Quando c'è sufficiente CO_2, la RuBP carbossilasi ossigenasi, o rubisco, lo fissa in maniera efficace integrandolo nel ciclo di Calvin. Quando invece la concentrazione di CO_2 nella foglia si abbassa in relazione alla concentrazione di O_2, il medesimo enzima catalizza la reazione del RuBP con l'O_2 e non con il CO_2. L'azione dell'enzima come ossigenasi è favorita a temperature elevate, superiori ai 28 °C. L'incorporazione di O_2 (invece di CO_2) nel ciclo di Calvin produce un composto che scindendosi genera una molecola a due atomi di carbonio. Tale molecola lascia il cloroplasto ed entra nei perossisomi e nei mitocondri, dove è convertita in due molecole di CO_2. Questo processo è noto come **fotorespirazione**, poiché in presenza di luce consuma ossigeno e libera CO_2 e H_2O (**figura 9**).

In condizioni atmosferiche normali fino al 25% del carbonio fissato durante la fotosintesi si riossida a CO_2 durante la fotorespirazione, perciò questo processo riduce molto l'efficienza fotosintetica delle piante.

Curiosità

Alcuni ricercatori hanno suggerito che la **fotorespirazione** sia utile alle piante poiché favorirebbe l'assorbimento di nitrati dal suolo, ma la sua origine è da ricercare nel fatto che quando si è evoluto il processo di fotosintesi, non esisteva ancora ossigeno libero nell'atmosfera e questo processo non si verificava comunque. Quando la percentuale di ossigeno cominciò a salire, il processo era ormai difficile da migliorare per mutazione e selezione naturale e si è mantenuto, sebbene sia un evidente esempio di *adattamento imperfetto*.

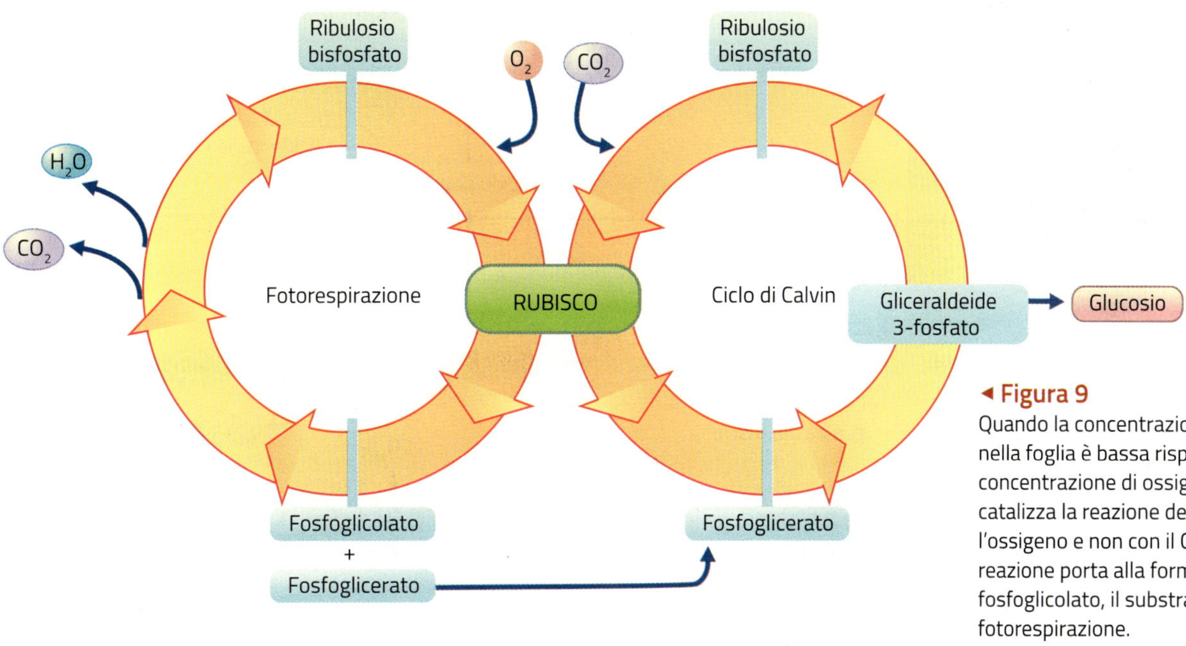

◂ **Figura 9**
Quando la concentrazione di CO_2 nella foglia è bassa rispetto alla concentrazione di ossigeno, la rubisco catalizza la reazione del RuBP con l'ossigeno e non con il CO_2. Questa reazione porta alla formazione di fosfoglicolato, il substrato della fotorespirazione.

Le piante C_4 seguono una via diversa dal ciclo C_3

Alcune piante tropicali sono particolarmente ben adattate alle elevate intensità luminose, alle alte temperature o alla siccità. In queste condizioni il CO_2 è poco disponibile per la fotosintesi. Questo gas entra negli stomi, che si aprono e si chiudono in base all'intensità luminosa e alla quantità di acqua disponibile. Attraverso gli stomi le foglie di queste piante perdono anche acqua sotto forma di vapore. Quando la temperatura è alta e l'umidità scarsa le piante limitano la perdita di acqua chiudendo i loro stomi, ma facendolo impediscono anche l'ingresso di CO_2. D'altra parte, poiché le piante in queste regioni crescono molto avvicinate tra loro, la concentrazione di CO_2 nell'aria che circonda le foglie può raggiungere livelli bassi, a causa dell'attività fotosintetica. Le piante adattate a queste condizioni sono dette **C_4**, perché il CO_2, invece di entrare direttamente nel ciclo di Calvin, si lega prima a un composto a tre atomi di carbonio (fosfoenolpiruvato o PEP), formandone uno a quattro atomi di carbonio (l'ossalacetato), che poi si converte in malato. Tutto questo processo si svolge nelle cellule del mesofillo, un tessuto molto prossimo alla superficie della foglia, ed è catalizzato dalla PEP carbossilasi, che, a differenza della RuBP carbossilasi, è incapace di incorporare O_2. L'enzima lavora velocemente legando il CO_2 al PEP, perfino a concentrazioni molto basse di CO_2 e in presenza di abbondante ossigeno. Il malato così formatosi passa a un altro tessuto, che si trova più in profondità nella foglia: le cellule della guaina del fascio, che possiedono una gran quantità di cloroplasti. In queste cellule il malato si scinde in due molecole di CO_2 che entrano nel ciclo di Calvin. In questo processo la cattura del CO_2 da parte della pianta è fisicamente separata dalle reazioni del ciclo di Calvin e comporta il consumo di ATP (**figura 10**).

L'efficienza di questo processo rispetto a quello delle piante C_3 dipende dal fatto che la PEP carbossilasi non ha affinità per l'O_2, neppure a basse concentrazioni di CO_2. Inoltre, la PEP carbossilasi fissa il CO_2 più velocemente e a livelli più bassi, se paragonata all'attività della RuBP carbossilasi in presenza di O_2, mantenendo bassa la concentrazione di CO_2 nelle cellule vicine alla superficie della foglia. Questo massimizza il gradiente di CO_2 tra tali cellule e l'aria esterna. Così, quando gli stomi sono aperti il CO_2 si diffonde rapidamente verso l'interno della foglia,

▸ **Figura 10**
Le reazioni che avvengono nelle piante C_4.

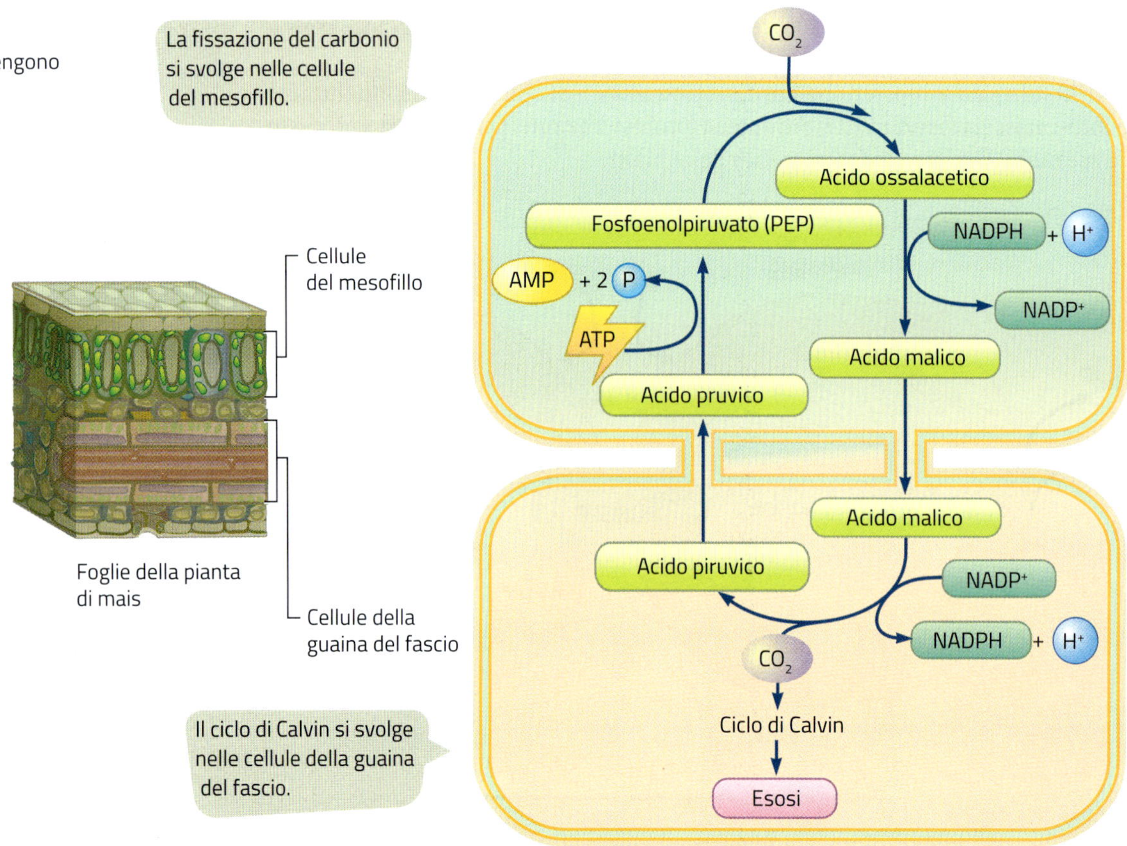

spinta dal gradiente del potenziale chimico. Anche in situazioni in cui gli stomi sono per la maggior parte del tempo chiusi (come quando il clima è caldo e secco), la pianta con un metabolismo C_4 incorporerà nel poco tempo disponibile più CO_2 per unità di tempo rispetto a una pianta che ha un metabolismo C_3. L'intervallo ottimale di temperatura per la fotosintesi C_4 è molto più ampio che per la fotosintesi C_3; le piante C_4, infatti, crescono anche a temperature che alla fine sarebbero letali per molte specie C_3. Le piante C_4, grazie alla loro maggior efficacia nell'uso del diossido di carbonio in queste condizioni climatiche, possono raggiungere lo stesso tasso fotosintetico delle C_3, sebbene abbiano stomi più piccoli (**tabella 2**).

Forse l'esempio più familiare della capacità competitiva delle piante C4 si può vedere d'estate nell'erba. Nel verde urbano l'erba è formata per la maggior parte da specie C_3, come l'erba fienarola (*Poa pratensis*). Quando i giorni d'estate diventano più caldi e secchi queste graminacee sono spesso sopraffatte dalla rapida crescita della gramigna (*Cynodon dactylon*), che rovina il prato man mano che crescono le sue piante, di foglia più larga e colore giallo-verde. Non sorprenderà sapere che quest'ultima pianta è C_4.

	Piante C_3	Piante C_4
Accettore primario di CO_2	RuBP	PEP
Enzima che catalizza la cattura di CO_2 nel mesofillo	RuBP carbossilasi	PEP carbossilasi
Primo prodotto della fissazione di CO_2	PGA (composto a tre atomi di carbonio)	Acido ossalacetico (composto a quattro atomi di carbonio)
Primo prodotto del ciclo di Calvin	PGA (composto a tre atomi di carbonio)	PGA (composto a tre atomi di carbonio)
Sede del ciclo di Calvin	Cellule del mesofillo	Cellule della guaina del fascio conduttore
Fotorespirazione	Abbondante	Minima

◂ **Tabella 2**
Fotosintesi nelle piante C_3 e C_4.

Le piante CAM sono adatte a vivere con poca acqua

Un altro adattamento alla siccità estrema è quello di alcune piante che aprono gli stomi di notte e li chiudono durante il giorno. Questo meccanismo impedisce la perdita eccessiva di acqua. Come abbiamo detto, la chiusura degli stomi nelle ore più calde riduce la perdita di acqua per traspirazione, ma impedisce lo scambio di gas per la fotosintesi. Questo adattamento consiste nello sviluppo di una via metabolica, chiamata **metabolismo acido delle crassulacee** o fotosintesi **CAM**. Questo processo si ritrova in numerose specie di orchidee, nell'ananas, nella tillanzia e in molti altri vegetali meno noti (**figura 11**). In questo tipo di piante il CO_2 viene assimilato di notte, quando gli stomi sono aperti e la perdita d'acqua dovuta alla traspirazione è minima. Il CO_2 reagisce con il PEP, in una reazione catalizzata dall'enzima PEP carbossilasi, formando acido malico, che viene immagazzinato nei vacuoli. Di giorno i vacuoli liberano l'acido malico, che poi è decarbossilato in modo che il CO_2 possa entrare nel ciclo di Calvin. Tutto il processo si svolge nelle cellule del mesofillo delle foglie di queste piante. In questo caso la compartimentazione è temporale e non fisica, come è invece nel caso delle piante C_4. Durante la notte si accumulano i composti del carbonio e durante il giorno, quando si sintetizzano ATP e NADPH nella fase della fotosintesi dipendente dalla luce, questi composti liberano CO_2, che potrà così partecipare al ciclo di Calvin.

▴ **Figura 11**
Il metabolismo delle crassulacee fu scoperto studiando questo tipo di piante e ad esse si deve il suo nome.

Facciamo il punto

1. Che cosa si intende per fissazione del carbonio?
2. Quali sono i prodotti iniziali e finali di tre giri completi del ciclo di Calvin?
3. Quali sono gli enzimi coinvolti nel ciclo di Calvin?
4. Che cos'è e quando si attiva il processo di fotorespirazione?
5. Quali sono le caratteristiche delle piante C_3 e C_4?
6. Come risolvono le piante CAM il problema dell'esposizione a un forte calore ambientale?

4 Il bilancio della fotosintesi

I prodotti della fotosintesi permettono di costruire tutte le molecole

L'equazione generale della fotosintesi implica che il processo abbia come prodotto organico il glucosio e sappiamo che la gliceraldeide trifosfato può produrre glucosio attraverso la gluconeogenesi. Inoltre il glucosio è davvero importante e quantitativamente è il principale prodotto che deriva dalla fotosintesi. Il glucosio è infatti il precursore del disaccaride saccarosio, cioè la molecola che dalle foglie trasporta il nutrimento a tutte le parti della pianta che non operano la fotosintesi.

Tuttavia, è importante notare che il CO_2 è l'unica fonte di carbonio per l'organismo vegetale e quindi, grazie alla reazione catalizzata dalla rubisco, da esso derivano tutti gli atomi di carbonio di ogni singolo enzima proteico, del DNA, dei lipidi e, in generale, di qualunque sostanza organica vegetale. Se in una visione limitata a una cellula del tessuto fotosintetico, il prodotto della fotosintesi è il glucosio, dal punto di vista della pianta come organismo completo, la fotosintesi serve a fabbricare se stessa (**figura 12**). Questo implica che nelle piante l'anabolismo dovrà essere ancora più complesso e versatile di quanto lo sia negli organismi eterotrofi. Esso può basarsi sul glucosio o sulla stessa gliceraldeide 3-fosfato, che è una molecola assai versatile. Intermedio della glicolisi e della gluconeugenesi, la gliceraldeide 3-fosfato è anche il precursore di amminoacidi (triptofano) e di importanti coenzimi (tiamina).

▲ **Figura 12**
Quando osserviamo la crescita delle piante, stiamo assistendo all'effetto macroscopico della fotosintesi: il carbonio atmosferico fissato diventa il precursore per costruire le foglie e i sistemi di sostegno delle piante.

La velocità della fotosintesi deve essere uguale o superiore a quella della respirazione

La respirazione cellulare e la fotosintesi sono strettamente collegate. La fotosintesi è il punto di partenza nella cattura dell'energia da parte delle piante e, per estensione, di quasi tutti gli esseri viventi. La respirazione è il sistema con il quale tutti gli esseri viventi trasformano e utilizzano l'energia immagazzinata nei legami chimici. Nelle piante avvengono entrambi i processi allo stesso tempo. Di conseguenza, affinché le piante possano crescere, la fotosintesi deve essere più veloce della respirazione. A concentrazioni di CO_2 o a intensità luminose molto basse, la quantità di energia catturata con la fotosintesi sarà uguale o minore a quella consumata attraverso la respirazione. L'intensità luminosa alla quale le velocità di fotosintesi e respirazione si eguagliano è chiamata *punto di compensazione per la luce.*

In maniera simile il *punto di compensazione per il* CO_2 è definito come la concentrazione di CO_2 alla quale sono uguali le velocità dei due processi. Al di sotto del punto di compensazione per la luce o il CO_2 la respirazione supera la fotosintesi. Bisogna considerare che le radici o altri organi sotterranei, come i tuberi della patata, i fiori e i frutti, non compiono fotosintesi. Quindi per crescere e per riprodursi le piante hanno bisogno di un tasso fotosintetico molto più alto di quello respiratorio.

Questi processi metabolici sono soltanto alcuni di quelli che si svolgono negli esseri viventi, in questo caso le piante, perché cellule si verificano di continuo un'enorme quantità di reazioni.

Facciamo il punto

1. Perché la fotosintesi è indispensabile per la sopravvivenza dei viventi?
2. Quale relazione esiste tra fotosintesi e respirazione cellulare?
3. Come possiamo osservare l'attività della fotosintesi delle piante?

3 - Chiavi di lettura

Una fonte inesauribile di energia

L'astronave Terra non è un sistema isolato. Deve far fronte a molte necessità del suo equipaggio con le riserve (non rinnovabili) che ha nella stiva, ma gode anche di un grande beneficio: riceve in continuità dal Sole una immensa quantità di energia sotto forma di radiazione elettromagnetica, cioè luce e calore.

È proprio questa l'energia che «rinnova» alcune risorse fondamentali della Terra: i prodotti del mondo vegetale e l'ossigeno, mediante il processo della fotosintesi clorofilliana, e con essi tutta la piramide alimentare; l'acqua potabile, tramite l'evaporazione dei mari e le precipitazioni; il vento, con la formazione di gradienti di temperatura che fanno muovere grandi masse d'aria.

Anche i combustibili fossili sono una risorsa continuamente «rinnovata» dalla luce solare, poiché derivano dal processo di fotosintesi; in pratica però per noi sono una risorsa non rinnovabile, perché per formarsi richiedono un tempo un milione di volte più lungo di quello con cui li stiamo consumando.

I VANTAGGI DELL'ENERGIA SOLARE

L'energia solare è abbondante: in meno di un'ora la Terra riceve dal Sole una quantità di energia pari all'intero consumo umano mondiale di un anno. L'energia solare, a differenza dei combustibili fossili, è presente in tutte le zone del pianeta, pur con differenze rilevanti in funzione della latitudine. E poiché il Sole continuerà a brillare per miliardi di anni, ecco che l'energia solare, oltre a essere abbondante e ben distribuita, è anche inesauribile nella nostra scala dei tempi. Questi importantissimi pregi sono però mitigati da due difetti: l'energia solare ha intensità bassa ed è intermittente su scala locale, perché dipende dalle condizioni meteorologiche oltre che dall'alternanza tra il giorno e la notte. L'attuale sistema di vita nei Paesi più sviluppati richiede densità di potenza che vanno dai 20-100 W/m^2 di un'abitazione ai 300-900 W/m^2 di un'acciaieria. La densità di potenza dell'energia solare è in media di circa 170 W/m^2, un valore che si riduce drasticamente quando la si converte in potenza utilizzabile. Perciò non sarà mai possibile far funzionare acciaierie e altre strutture ad altissimo consumo energetico, come gli ospedali, con l'energia della radiazione solare che cade di giorno sui loro tetti.

È facile intuire, allora, che la principale sfida scientifica e tecnologica è immagazzinare in qualche modo il gigantesco – ma diluito – flusso di energia solare, per poi utilizzarlo con l'intensità necessaria laddove è richiesto.

LE NUOVE TECNOLOGIE

La conversione dell'energia solare in calore a bassa temperatura si può ottenere mediante i cosiddetti *pannelli solari* (**figura**). Questi pannelli (da non confondere con quelli fotovoltaici per la produzione di elettricità) sono collettori dove un liquido che scorre in tubi di rame è riscaldato dalla luce solare ed è poi utilizzato per scambiare calore con una riserva d'acqua. Un pannello di circa 3 m^2 è sufficiente, alle nostre latitudini, per fornire acqua calda a uso domestico per una famiglia media. Con superfici più estese di pannelli si può alimentare anche un impianto di riscaldamento a pavimento per gli edifici.

Un pannello solare ha una durata di almeno 30 anni, richiede soltanto piccole manutenzioni e in due anni produce una quantità di energia pari a quella che è stata necessaria per fabbricarlo. Si tratta di una tecnologia semplice, affidabile e poco costosa, grazie anche agli incentivi promossi da molti governi.

Alla fine del 2009 la potenza installata mondiale di pannelli solari termici era di 180 GW, con un aumento del 20% rispetto all'anno precedente. Nel 2010 l'area dei collettori solari installati in Cina ha raggiunto i 150 km^2 (quasi la superficie della città di Milano) e si prevede che raddoppierà entro il 2020. L'uso dei pannelli solari comporta, indirettamente, anche un risparmio elettrico. Nelle case moderne infatti si usano grandi quantità di energia elettrica per scaldare l'acqua nelle lavatrici e nelle lavastoviglie.

È da notare poi che buona parte degli impianti solari italiani sono localizzati in Alto Adige, non nel più soleggiato Mezzogiorno. Persino l'acqua calda delle docce degli stabilimenti balneari italiani è quasi sempre ottenuta bruciando GPL. E questo è un sintomo assolutamente esemplare di un Paese incapace di guardare al futuro.

da N. Armaroli, V. Balzani, *Energia per l'astronave Terra*, Chiavi di lettura, Zanichelli, 2008

◂ **Figura**
I pannelli solari (A) sono utili per la produzione di calore, mentre i pannelli fotovoltaici (B) si usano per la produzione di energia elettrica.

SINTESI DI FINE CAPITOLO

LO SAI?
RIPASSA CON LO SMARTPHONE

Le due fasi della fotosintesi

Nella **fase dipendente dalla luce** l'energia luminosa avvia una sequenza di trasporto di elettroni, che genera un gradiente di protoni a partire dal quale si sintetizza ATP e si riduce la molecola di $NADP^+$ a NADPH, creando una forza riducente.

Nella **fase indipendente dalla luce**, ATP e NADPH sono impiegati per produrre zuccheri grazie alla *fissazione*, che consente di legare una molecola di CO_2 a una molecola organica.

I cloroplasti

Sono gli organuli chiave della fotosintesi circondati da una **membrana esterna,** permeabile a piccole molecole, e da una **membrana interna** che forma una barriera altamente selettiva.

La membrana interna racchiude lo **stroma** in cui si trovano dei **tilacoidi**, lamelle che si estendono da un estremo all'altro all'interno della cellula. In alcune zone la lamella si ingrossa formando sacchi appiattiti o *dischi tilacoidali*, che racchiudono uno spazio chiamato **lume**. I dischi tilacoidali sono a loro volta raggruppati in *grana*.

Le reazioni della fase luminosa si svolgono sui tilacoidi e quelle di fissazione del carbonio nello stroma.

La fase dipendente dalla luce

Un *pigmento* è una qualsiasi sostanza in grado di assorbire luce; il pigmento responsabile della fotosintesi è la **clorofilla**.

Nelle reazioni della fotosintesi dipendenti dalla luce si produce *un flusso di elettroni* che ha come risultato la produzione di ATP e NADPH: questo dipende da complessi di molecole di clorofilla associati a proteine e altre molecole organiche, detti **fotosistemi**.

Ciascun fotosistema è formato da un **complesso antenna** che convoglia l'energia luminosa e da un **centro di reazione**.

Esistono due tipi di fotosistemi:

- nel **fotosistema I** la clorofilla ha un picco di assorbimento intorno ai 700 nm, perciò è anche detta P_{700};
- nel **fotosistema II** il picco di assorbimento ha un massimo a 680 nm, perciò la clorofilla è indicata come P_{680}.

Il flusso degli elettroni

Nel **flusso non ciclico di elettroni** i due fotosistemi lavorano insieme in maniera simultanea e continua.

Il processo di produzione dell'ATP a partire dall'energia luminosa è noto come **fotofosforilazione**. Con la fotofosforilazione l'energia liberata dagli elettroni che passano attraverso la catena di trasportatori viene usata per pompare H^+ dallo stroma al lume, creando un gradiente protonico ai lati della membrana tilacoidale. L'ADP è fosforilato ad ATP quando i protoni si muovono secondo il gradiente, spostandosi dal lume del tilacoide allo stroma del cloroplasto.

Il **flusso ciclico degli elettroni** è attivo se non funziona o se non è presente il fotosistema II.

La fase indipendente dalla luce

Il carbonio è disponibile per le cellule fotosintetiche sotto forma di CO_2 ed entra attraverso delle aperture specializzate chiamate **stomi**.

Con il ciclo di reazioni di fissazione il CO_2 è ridotto a glucosio ($C_6H_{12}O_6$). La riduzione o fissazione del carbonio si verifica nello stroma in forma ciclica: è **il ciclo di Calvin**. Questo ciclo inizia quando il CO_2 si lega a una molecola di ribulosio bifosfato (o RuBP), che poi si scinde formando due molecole di fosfoglicerato (PGA). Ogni molecola di PGA ha 3 atomi di carbonio; da qui deriva l'altro nome del ciclo: **ciclo C_3**. L'enzima che catalizza questa reazione chiave è la *RuBP carbossilasi ossigenasi*: la **rubisco.**

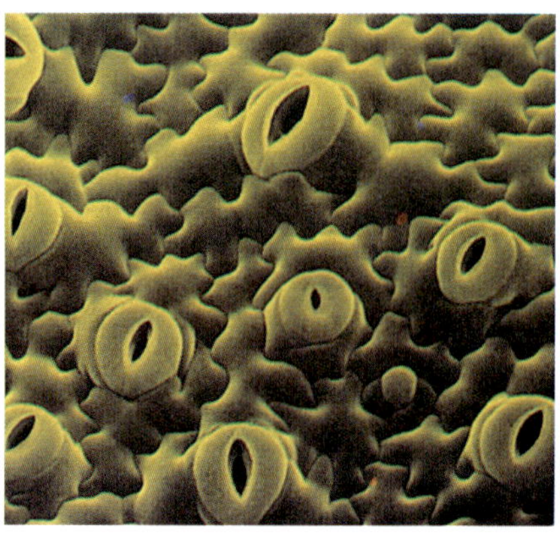

Le piante C_4 e CAM

Le piante tropicali sono adattate alle elevate intensità luminose, alle alte temperature e alla siccità; sono dette C_4 perché la CO_2, invece di entrare direttamente nel ciclo di Calvin, si lega prima a un composto a 3 atomi di carbonio (*fosfoenolpiruvato* o PEP), formandone uno a 4 atomi di carbonio (*ossalacetato*), che poi si converte in *malato*. In questo processo la cattura della CO_2 da parte della pianta è fisicamente separata dalle reazioni del ciclo di Calvin e comporta il consumo di ATP.

Un altro adattamento alla siccità estrema è quello di alcune piante che aprono gli stomi di notte e li chiudono durante il giorno; questo meccanismo limita la perdita di acqua ma impedisce lo scambio di gas per la fotosintesi. Questo adattamento consiste nello sviluppo di una via metabolica, chiamata *metabolismo acido delle crassulacee* o fotosintesi **CAM**. Tutto il processo si svolge nelle cellule del mesofillo delle foglie.

Il bilancio della fotosintesi

La fotosintesi ha come prodotto organico il glucosio. Il CO_2 è l'unica fonte di carbonio per l'organismo vegetale e quindi, grazie alla reazione catalizzata dalla rubisco, da esso derivano tutti gli atomi di carbonio di ogni singolo enzima proteico, del DNA, dei lipidi e, in generale, di qualunque sostanza organica vegetale.

La respirazione cellulare e la fotosintesi sono strettamente collegate e nelle piante avvengono in contemporanea. L'intensità luminosa a cui le velocità di fotosintesi e respirazione si eguagliano è chiamata *punto di compensazione per la luce*. In maniera simile il *punto di compensazione per il CO_2* è definito come la concentrazione di CO_2 a cui le velocità dei due processi sono uguali.

VERIFICA LE TUE CONOSCENZE

ZTE ONLINE

Lezione 1
La fotosintesi: una visione d'insieme

1. Lavoisier ebbe un influsso sulle ricerche attorno alla fotosintesi grazie alle sue ricerche
- [A] sulla natura chimica della clorofilla contenuta nelle foglie.
- [B] sugli scambi di gas nel corso della fotosintesi vegetale.
- [C] sulla fotolisi dell'acqua nel corso della fotosintesi.
- [D] sugli scambi di gas nel corso della respirazione animale.

2. L'O_2 liberato dalla fotosintesi proviene da
- [A] CO_2
- [B] H_2O
- [C] ATP
- [D] G3P

3. La fotosintesi è un processo
- [A] anabolico endoergonico.
- [B] anabolico esoergonico.
- [C] catabolico endoergonico.
- [D] catabolico esoergonico.

4. Lo stroma si trova
- [A] all'interno la membrana interna.
- [B] nei tilacoidi.
- [C] nei grana.
- [D] nello spazio intermembrana.

Lezione 2
La fase dipendente dalla luce

5. L'assorbimento di energia associato a un temporaneo salto elettronico è un fenomeno comune, ma di solito l'energia assorbita si dissipa come
- [A] energia chimica.
- [B] respirazione cellulare.
- [C] calore.
- [D] ATP.

6. L'assorbimento di fotoni avviene a carico di una molecola di
- [A] clorofilla *a*.
- [B] clorofilla *b*.
- [C] qualsiasi clorofilla.
- [D] qualsiasi pigmento.

7. Nel flusso non ciclico di elettroni, essi si muovono
- [A] dal fotosistema I fotosistema II.
- [B] all'interno del fotosistema II.
- [C] all'interno del fotosistema.
- [D] dal fotosistema II fotosistema I.

8. Il flusso ciclico di elettroni produce
- [A] ATP
- [B] O_2
- [C] NADPH
- [D] NADH

9. Il P_{700} è un esempio di
- [A] sistema antenna.
- [B] centro di reazione.
- [C] fotosistema.
- [D] sistema di trasporto.

10. Gli elettroni persi dal P_{680} sono rimpiazzati da
- [A] P_{700}
- [B] $NADPH + H^+$
- [C] $NADP^+$
- [D] H_2O

Lezione 3
La fase indipendente dalla luce

11. Fissare il carbonio significa
- [A] legarlo alla molecola di G3P.
- [B] trasformarlo in C organico.
- [C] limitarne il flusso nei tilacoidi.
- [D] farne l'accettore finale di elettroni.

12. Per produrre una molecola di esoso, una cellula fotosintetica consuma un numero di molecole di ATP pari a
- [A] 3
- [B] 12
- [C] 18
- [D] 108

13. La fotorespirazione è così chiamata perché
- [A] è l'unica forma di fotosintesi che avviene in fase aerobica.
- [B] è una forma di respirazione cellulare che richiede luce.
- [C] costituisce la fase luminosa del processo.
- [D] la rubisco usa O_2 come substrato.

14. Il ciclo di Calvin
- [A] consente di assorbire la luce solare.
- [B] corrisponde alla fase luminosa.
- [C] consente di organicare CO_2.
- [D] si svolge sui tilacoidi.

15. Le piante C_4 hanno il massimo vantaggio in un ambiente
- [A] caldo-umido.
- [B] caldo-secco.
- [C] desertico freddo.
- [D] molto variabile.

16. La fissazione di CO_2 nelle piante C_4 e CAM è operata da
- [A] PEP carbossilasi.
- [B] rubisco.
- [C] malato deidrogenasi.
- [D] CAM carbossilasi.

17. La differenza tra C_4 e CAM sta nel fatto che
- [A] seguono una diversa via metabolica.
- [B] la via C_4 è adattativa, quella delle CAM no.
- [C] la compartimentazione è spaziale per le CAM.
- [D] le C_4 fanno la fotosintesi solo di notte.

Lezione 4
Il bilancio della fotosintesi

18. Di giorno la respirazione delle piante
- [A] non avviene perché il processo è inibito.
- [B] avviene e produce O_2.
- [C] è solo C_3.
- [D] è meno veloce della fotosintesi.

19. Il punto di compensazione per il CO_2 è
- [A] l'intensità luminosa alla quale respirazione cellulare e fotosintesi si equivalgono.
- [B] la concentrazione di CO_2 alla quale respirazione cellulare e fotosintesi si equivalgono.
- [C] la quantità di ATP necessaria per ridurre 6 molecole di CO_2 a una di glucosio.
- [D] la concentrazione di CO_2 organicata da una pianta in un'ora.

VERIFICA LE TUE ABILITÀ

20. Barra la lettera V se l'affermazione è vera, F se è falsa.

a) La fotosintesi è formata da due fasi: una avviene di giorno, l'altra di notte. V F

b) Senza la luce non possono svolgersi né la fase dipendente dalla luce né quella indipendente. V F

c) I dischi tilacoidali presenti nei cloroplasti sono impilati a formare i grana. V F

d) Lo spazio interno ai dischi tilacoidali è detto stroma. V F

e) Nella fase dipendente dalla luce l'ossigeno viene ridotto ad acqua in modo analogo a quanto avviene nella respirazione cellulare. V F

f) L'enzima rubisco può agire sia da carbossilasi sia da ossigenasi. V F

Completa le seguenti frasi con i termini appropriati (alcuni termini sono superflui).

21. Ogni fotosistema comprende un .... e un sistema .... in cui il fotone procede da una molecola di .... all'altra fino a raggiungere la molecola di .... del centro di reazione. Nel centro di reazione del .... è contenuta una molecola che assorbe la luce di lunghezza d'onda corrispondente a 700 nm.

(fotosistema II, centro di reazione, antenna, pigmento, clorofilla, fotosistema I, carotenoide)

22. Il ciclo di Calvin comprende tre processi: la .... del carbonio, la riduzione del 3PG e la .... del RuBP. La produzione della G3P richiede due reazioni: una .... e una riduzione. La G3P può essere utilizzata per ottenere piruvato per produrre .... e saccarosio.

(fissazione, decarbossilazione, rigenerazione, riduzione fosforilazione, amido, glucosio)

Barra il completamento esatto e motiva la risposta.

23. La presenza di organismi fotosintetici sulla Terra è indispensabile perché

A è necessaria per purificare l'aria.
B altrimenti la vita sarebbe possibile solo in mare.
C l'energia non può essere riciclata.
D essi vivono anche in assenza di ossigeno.

24. Nella reazione

$$CO_2 + 2\,H_2A + luce \rightarrow$$
$$\rightarrow (CH_2O) + H_2O + A_2$$

H_2A rappresenta

A l'acqua.
B il solfuro di idrogeno.
C un donatore di H.
D il NADPH + H^+.

25. I pigmenti accessori come i carotenoidi sono utili perché consentono di

A mutare il colore delle foglie in autunno.
B immagazzinare energia per tempi più lunghi.
C assorbire anche la luce gialla-verde.
D assorbire anche la luce rossa-arancione.

26. La funzione della fotosintesi è quella di trasformare l'energia elettromagnetica in

A energia chimica presente in molecole organiche.
B potenziale chemiosmotico nei tilacoidi.
C energia chimica presente in ATP e in NADPH.
D forza proton-motrice degli H^+.

27. Nel flusso non ciclico di elettroni, il fotosistema I non può funzionare senza il fotosistema II perché non ha

A un accettore finale per gli elettroni.
B energia per lavorare.
C elettroni da fare arrivare al P_{700}.
D un accettore primario per gli elettroni.

28. I principali vantaggi della PEP carbossilasi sono

A altissima velocità e possibilità di agire su più substrati.
B affinità elevata per CO_2 e nulla per O_2.
C la stabilità e l'efficienza anche a condizioni ambientali mutevoli.
D affinità elevata per il PEP e nulla per il RuBP.

29. Un processo che non si può studiare su cellule isolate in provetta è

A C_3
B C_4
C fase indipendente dalla luce
D CAM

UNITUTOR
VERSO L'UNIVERSITÀ

Preparati ai test di ammissione sul sito Unitutor.

30. L'enzima ribulosio 1,5-bisfosfato carbossilasi ossigenasi (rubisco) fissa il carbonio della molecola di anidride carbonica a una molecola a 5 atomi di carbonio, il ribulosio 1,5-bisfosfato (RuBP). Tale reazione inizia

A il ciclo dei pentoso fosfati.
B la catena di trasporto mitocondriale.
C la catena di trasporto fotosintetica.
D il ciclo di Calvin-Benson.
E il ciclo di Krebs.

[dal test di ammissione a Odontoiatria, 2008-09]

31. Le reazioni del ciclo di Calvin-Benson che servono a ridurre le molecole di anidride carbonica in molecole di 3-fosfoglicerato avvengono

A nelle creste mitocondriali.
B nella matrice mitocondriale.
C nello stroma dei cloroplasti.
D nel citosol delle cellule vegetali.
E nelle membrane dei tilacoidi.

[dal test di ammissione a Veterinaria, 2008-09]

TEST YOUR ENGLISH

Choose the correct answer.

32. Which of these statements does not describe photosynthesis?

A In photosynthesis, there are some reactions wich depend on the presence of light.
B Photosynthesis relies on chlorophyll molecules and other pigments arranged in photosystem units.
C Photosynthesis is conducted in chloroplasts.
D In photosynthesis, there is a stage called photophosphorylation wich is very different from oxidative phosphorylation.

VERSO L'ESAME: LE TUE COMPETENZE

ANALIZZA

33. In laboratorio sono stati isolati e posti in una sospensione *in vitro* i cloroplasti di alcune cellule. La soluzione in cui essi sono stati posti inizialmente a pH 4, ma dopo un tempo adeguato a garantire la completa diffusione della soluzione esterna, sono stati trasferiti in una nuova soluzione a pH 8.

Quali effetti avrà sull'attività dei cloroplasti questo trattamento? Motiva le tue previsioni.

OSSERVA E INTERPRETA

34. Nel 1882 T. W. Englemann rese pubblico un suo studio sulla fotosintesi, destinato a diventare storico: pose un'alga verde filamentosa del genere *Spirogyra* in sospensione insieme a un elevato numero di batteri eterotrofi aerobi (rappresentati nel disegno come semplici puntini, disposti attorno all'alga nastriforme); a questo punto illuminò con la luce uscente da un prisma e, quindi, scomposta nel suo spettro. In breve tempo, lo scienziato osservò che i batteri si distribuivano attorno all'alga in maniera evidentemente non casuale, concentrandosi soprattutto attorno alle porzioni di alga irraggiate da luce blu e da luce rossa.

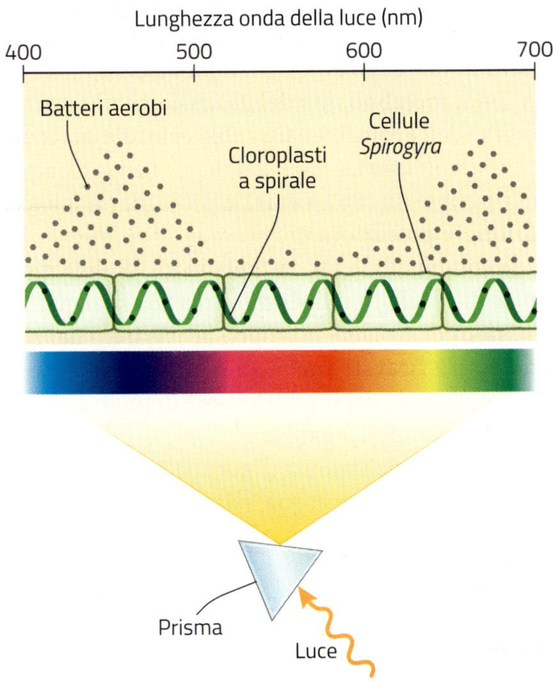

a) Spiega la ragione per cui Engelmann ha fatto ricorso ai batteri nel suo esperimento.
b) Costruisci un grafico che indichi la velocità con cui procede la fotosintesi in funzione della variazione della lunghezza d'onda.
c) Spiega la ragione della distribuzione osservata.

OSSERVA E DISTINGUI

35. La funzione dei cloroplasti è assorbire la luce e svolgere la fotosintesi, ma la luce è energia elettromagnetica e il suo assorbimento causa un riscaldamento che può danneggiare gli organuli se l'intensità luminosa è alta.

In base a queste considerazioni, osserva l'immagine che rappresenta una cellula e indica, per ciascuno schema:

a) l'intensità della luce: nulla, debole, elevata;
b) la posizione della fonte luminosa.

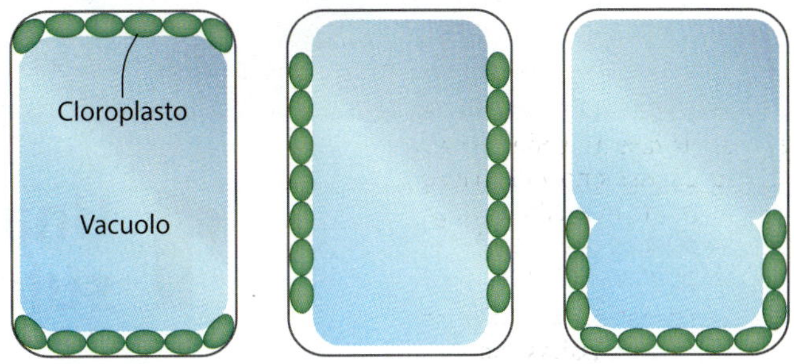

RIFLETTI

36. Indica qual è il prodotto dell'attività dei tilacoidi, dei cloroplasti, di una cellula del tessuto fotosintetico, della foglia, della radice. Motiva ogni tua risposta brevemente.

SCHEMATIZZA

37. Costruisci un grafico che abbia in ascissa la frequenza della luce e in ordinata la percentuale di assorbimento di:

a) un ipotetico pigmento perfettamente bianco;
b) un pigmento che assorba nell'area del verde e del blu;
c) un pigmento che assorba nell'area del rosso.

ASSOCIA

38. Di fianco a ogni affermazione colloca

- la lettera A, se essa si riferisce alla fase dipendente dalla luce;
- la lettera B, se si riferisce alla fase indipendente dalla luce.

a) L'ossalacetato è un intermedio della reazione (.....)
b) L'acqua è ossidata a ossigeno molecolare (.....)
c) La G3P è convertita in molecole più complesse, come glucosio o fruttosio (.....)
d) Il NADPH è ossidato a $NADP^+$ (.....)
e) Viene liberata energia sottoforma di ATP (.....)

SCHEMATIZZA

39. Per un progetto scolastico ti è stato chiesto di dimostrare sperimentalmente che la fonte di sostanze organiche delle piante viene dall'aria. Descrivi come organizzeresti un esperimento del genere e chiarisci i punti chiave.

Capitolo

E4

Il metabolismo del glucosio

1 Una panoramica sull'ossidazione del glucosio

Il glucosio è la fonte di energia principale di tutti gli organismi

Gli esseri viventi ricavano energia mediante l'ossidazione dei macronutrienti (carboidrati, proteine e lipidi) derivati dagli alimenti. Il metabolismo dei carboidrati può essere identificato con il **metabolismo del glucosio** poiché questo monosaccaride ha assunto nel corso dell'evoluzione un ruolo centrale nel metabolismo, almeno da LUCA (*Last Universal Common Ancestor*) in poi. La via catabolica di questo monosaccaride, infatti, ricopre un ruolo centrale per le piante, gli animali e molti microrganismi eucariotici e procariotici.

Il glucosio funziona sia da combustibile sia da precursore di altre molecole: dalla combustione di una mole di zucchero si liberano circa 686 kcal, pari a circa 2870 kJ, che una cellula può usare per svolgere le proprie attività; ma dal glucosio o dai suoi cataboliti possono essere ricavati anche gli scheletri carboniosi utili alla produzione di tutti gli amminoacidi, degli acidi grassi e di molti altri composti indispensabili per la sopravvivenza dell'organismo.

Se bruciamo un po' di zucchero su una fiamma (**figura 1**), questo reagisce con l'ossigeno per formare diossido di carbonio e acqua, rilasciando energia. La reazione completa è rappresentata dalla seguente equazione:

$$C_6H_{12}O_6 + 6\,O_2 \rightarrow 6\,CO_2 + 6\,H_2O + \text{calore}$$

La reazione di combustione del glucosio è un'ossidoriduzione in cui il glucosio si ossida a CO_2 e l'ossigeno si riduce ad acqua. La stessa equazione si applica al catabolismo del glucosio che avviene all'interno delle cellule; in questo caso, però, l'ossidazione è un processo controllato e suddiviso in numerose reazioni intermedie, ognuna delle quali è catalizzata da un enzima specifico per evitare la dispersione di energia e l'aumento di temperatura intracellulare:

$$C_6H_{12}O_6 + 6\,O_2 \rightarrow 6\,CO_2 + 6\,H_2O + \text{energia libera}$$

Durante il processo l'energia contenuta nei legami carbonio-carbonio del glucosio è utilizzata direttamente (tramite «fosforilazione a livello del substrato») o indirettamente (tramite il trasferimento di elettroni ai coenzimi NAD e FAD) per formare composti del fosfato (ATP) a elevata energia di idrolisi, che saranno utilizzati dalla cellula in tutti gli scambi energetici. Tale energia può poi essere impiegata per eseguire un lavoro cellulare, come il movimento muscolare o il trasporto attivo di membrana, o per alimentare le vie anaboliche del metabolismo.

Ti ricordi?

LUCA è un acronimo inglese che identifica l'ultimo antenato comune universale, cioè l'organismo unicellulare procariotico da cui sono derivati tutti gli esseri viventi che si trovano oggi sulla Terra o che sono estinti.

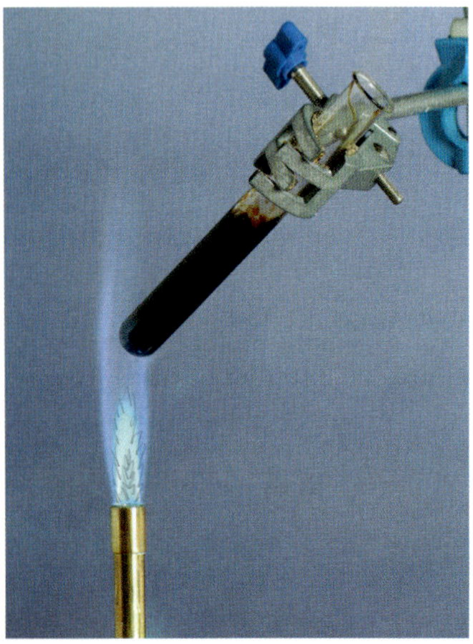

▲ **Figura 1**
Se mettiamo su una fiamma una provetta contenente del glucosio o del saccarosio possiamo osservare il rapido annerimento dello zucchero, che si trasforma in diossido di carbonio e acqua, sviluppando calore.

Le reazioni metaboliche del glucosio coinvolgono diversi enzimi e coenzimi

Molte delle reazioni del metabolismo del glucosio (comprese la glicolisi, il ciclo di Krebs e la fosforilazione ossidativa), sono delle ossidoriduzioni e sono catalizzate da enzimi della famiglia delle *deidrogenasi*. Tramite queste reazioni, gli elettroni sono trasferiti dallo zucchero (che si ossida) ad alcuni coenzimi (che si riducono). I coenzimi si comportano di fatto come delle «navette» che trasferiscono elettroni (e atomi di idrogeno) da un donatore a un accettore. Mediante la fosforilazione ossidativa, poi, i coenzimi si riossidano perché cedono gli elettroni all'ossigeno, che è l'ultimo accettore; dalla riduzione di O_2 si forma H_2O.

Uno dei coenzimi coinvolti nelle reazioni cataboliche del glucosio è il *nicotinammide adenina dinucleotide*, abbreviato in **NAD**, che è la forma attiva della vitamina B3 o niacina. Come indica il suo nome, la molecola è formata da due nucleotidi costituiti entrambi da una base azotata (nicotinammide l'uno, adenina l'altro) da uno zucchero a cinque atomi di carbonio (ribosio) e da un gruppo fosfato (**figura 2A**). Il NAD, che nel suo stato ossidato si indica come NAD^+, può accettare un protone e due elettroni, riducendosi a NADH:

$$NAD^+ + H_2 \rightarrow NADH + H^+$$

Quando il NAD si riduce, acquista un atomo di idrogeno e due elettroni, mentre l'altro atomo di idrogeno viene rilasciato sotto forma di un protone. In una fase successiva, tramite la catena respiratoria presente nei mitocondri, NADH viene riossidato a NAD^+ dall'ossigeno molecolare, con formazione di acqua.

$$NADH^+ + H^+ + \frac{1}{2}O_2 \rightarrow NAD^+ + H_2O$$

Un altro coenzima coinvolto nell'ossidazione del glucosio è il *flavin adenina dinucleotide*, abbreviato in **FAD**, che deriva dalla vitamina B2 o riboflavina. Anche questa molecola è formata da due nucleotidi, costituiti entrambi da una base azotata (riboflavina e adenina), da uno zucchero a cinque atomi di carbonio (ribosio) e da un gruppo fosfato (**figura 2B**). Il FAD può accettare due protoni e due elettroni, riducendosi a $FADH_2$:

$$FAD + H_2 \rightarrow FADH_2$$

Nella fase finale della respirazione cellulare, il NADH e il $FADH_2$ cedono i loro elettroni a una serie di trasportatori fino ad arrivare all'ossigeno, che rappresenta l'accettore finale. A mano a mano che gli elettroni scendono a livelli energetici inferiori si libera energia, che viene usata per sintetizzare ATP a partire da ADP e fosfato. Quando gli elettroni raggiungono il livello energetico più basso si combinano con i protoni e l'ossigeno, e si forma acqua.

enzimi coinvolti nelle reazioni CATABOLICHE del glucosio
* NAD — 2 NUCLEOTIDI, RIBOSIO, GRUPPO FOSFATO
· stato ossidato NAD+
· ridotto: NADH
* FAD — 2 NUCLEOTIDI, RIBOSIO, GRUPPO FOSFATO
· ridotto $FADH_2$

▼ Figura 2
(A) I coenzimi NAD e NADP differiscono per la presenza di un gruppo fosfato legato al C-2 del ribosio legato alla base azotata adenina.
(B) La forma ridotta del FAD ha 2 atomi di idrogeno in più sul gruppo di tre anelli condensati.

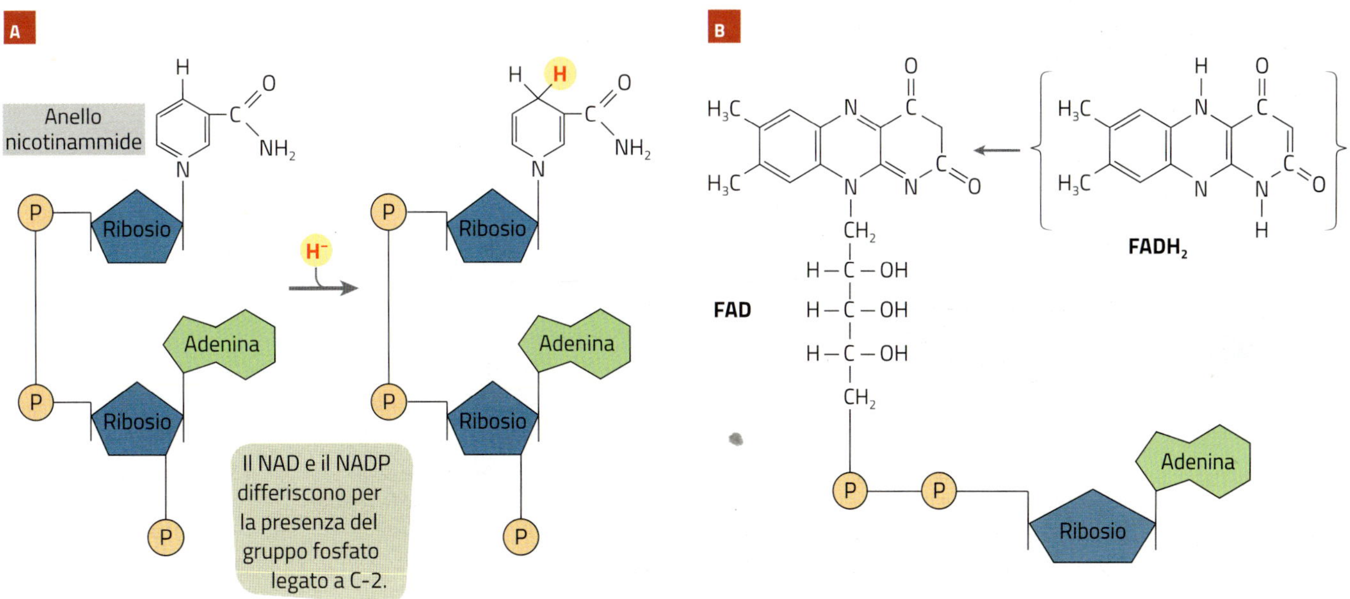

Alla glicolisi può seguire un processo in aerobiosi o in anaerobiosi

Il catabolismo del glucosio si può dividere in due parti: la prima parte è comune a tutte le cellule, non richiede l'intervento dell'ossigeno e porta alla formazione di due molecole di piruvato; la seconda parte, invece, si trova soltanto nelle cellule che vivono in aerobiosi, perché il piruvato è ossidato a CO_2 e H_2O in presenza dell'ossigeno. Queste vie metaboliche hanno luogo in compartimenti della cellula separati e in condizioni diverse (**figura 3**).

La **glicolisi** è un processo anaerobico, cioè non richiede la presenza di ossigeno e avviene nel citoplasma delle cellule procariotiche ed eucariotiche; il glucosio è convertito in piruvato ed è liberata una piccola quantità di energia sotto forma di NADH e ATP. Dopo la glicolisi, e in presenza di ossigeno, avviene la **respirazione cellulare**, che ha luogo nei mitocondri delle cellule eucariotiche e sulla membrana plasmatica dei procarioti aerobi; la respirazione cellulare completa l'ossidazione del piruvato, che è trasformato in acqua e diossido di carbonio, e libera la maggior parte dell'energia sotto forma di ATP.

In assenza di ossigeno, invece, la glicolisi si completa nel citoplasma grazie alla **fermentazione**. In questo caso l'ossidazione del glucosio è incompleta, per cui si libera una quantità di energia assai minore rispetto alla glicolisi seguita dalla respirazione cellulare.

A colpo d'occhio

DOPO LA GLICOLISI
- AEROBIOSI → RESPIRAZIONE CELLULARE
- ANAEROBIOSI → FERMENTAZIONE

▼ **Figura 3**
Schema generale dell'ossidazione del glucosio.

Gli enzimi della glicolisi si trovano nel citoplasma, dove una molecola di glucosio formata da 6 atomi di carbonio si trasforma in due molecole a 3 atomi di carbonio ciascuna: il piruvato. L'energia liberata da questo processo è scarsa e si sintetizza una piccola quantità di ATP e coenzimi ridotti.

In **presenza di ossigeno**, ciascuna molecola di piruvato passa all'interno del mitocondrio, dove continua a ossidarsi attraverso il ciclo di Krebs, che produce ATP e coenzimi ridotti. I coenzimi ridotti generati dalla glicolisi e dal ciclo di Krebs trasferiscono gli elettroni alla catena respiratoria, dove ha luogo la fosforilazione ossidativa che produce la maggior parte dell'ATP cellulare.

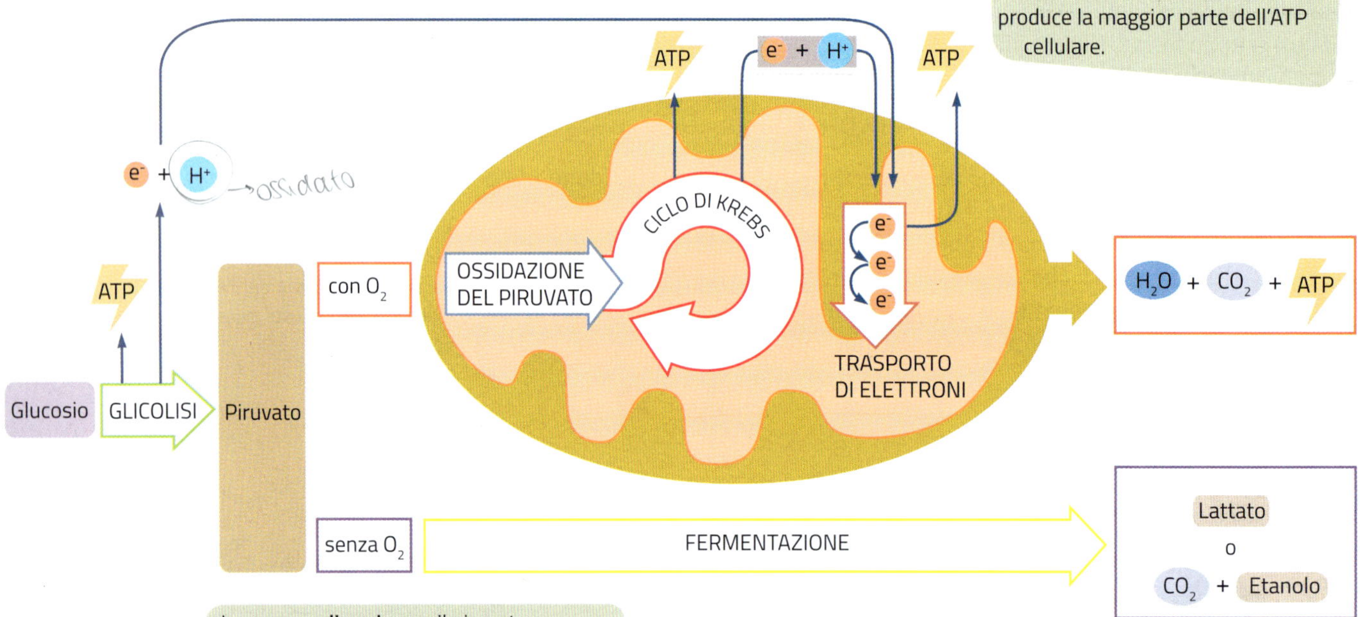

In **assenza di ossigeno**, il piruvato rimane nel citoplasma e va incontro alla fermentazione, una serie di reazioni che riossidano i coenzimi ridotti e riducono il piruvato a lattato o etanolo.

Facciamo il punto

1. Perché il metabolismo del glucosio è il processo metabolico fondamentale?
2. Che tipo di reazioni chimiche avvengono nel corso di questo metabolismo?
3. Che cos'è e dove avvengono le reazioni della glicolisi?
4. Quali differenze esistono tra il metabolismo aerobico e quello anaerobico?

1 - Per saperne di più

L'azione del cianuro sulla respirazione cellulare

Lo scrittore Gabriel Garcia Marquez inizia uno dei suoi romanzi, *L'amore ai tempi del colera*, in questo modo:

Era inevitabile: l'odore delle mandorle amare gli ricordava sempre il destino degli amori contrastati. Il dottor Juvenal Urbino lo sentì appena entrato nella casa ancora in penombra, dove era accorso d'urgenza per occuparsi di un caso che per lui aveva cessato di essere urgente da molti anni. Il rifugiato antillano Jeremiah de Saint-Amour, invalido di guerra, fotografo di bambini e il suo avversario di scacchi più pietoso, si era messo in salvo dai tormenti della memoria con un suffumigio di cianuro di oro

In questo brano Garcia Marquez allude alla somiglianza tra l'odore delle mandorle amare e quello del cianuro. I semi delle mandorle (**figura**), come la maggior parte di quelli presenti nei frutti chiamati drupe (come susine, pesche e albicocche) possiedono nella loro composizione una sostanza detta amigdalina. Nella varietà di mandorlo che produce mandorle amare questa sostanza si trova in una concentrazione molto più alta che negli altri frutti citati. Quando si mangiano queste mandorle l'amigdalina viene degradata con la saliva, liberando acido cianidrico. Nel nostro sistema digestivo questo si trasforma rapidamente in cianuro, uno dei veleni più potenti che si conoscono. L'inalazione di acido cianidrico gassoso o l'ingestione di un suo sale, per esempio cianuro di potassio, causano una inibizione irreversibile della catena respiratoria mitocondriale, impedendo il legame dell'enzima citocromo *c* ossidasi con l'ossigeno molecolare.

La citocromo *c* ossidasi è un complesso dimerico di 13 catene polipeptidiche, che contiene anche tre atomi di rame legati ad altrettanti residui di cisteina. Il complesso fa parte della membrana mitocondriale interna, dove catalizza la tappa conclusiva della catena di trasporto degli elettroni.

L'effetto del cianuro è quello di bloccare la catena respiratoria e quindi la respirazione cellulare con l'immediata interruzione della produzione di ATP. Questo evento colpisce molto rapidamente le cellule del sistema nervoso centrale, che vanno incontro ad apoptosi. La rapidità d'azione del cianuro richiede un pronto intervento per evitare la morte: in pochi minuti vanno somministrati nitriti o tiosolfato, una sostanza che reagisce con il cianuro formando tiocianato, un composto non tossico.

DAL FRUTTO ALLE ARMI CHIMICHE

Che conseguenze ebbe questa conoscenza nel corso della storia? Scoprire che l'acido cianidrico è fortemente tossico ha fatto sì che venisse impiegato come arma letale.

L'impiego di sostanze chimiche per scopi bellici, o «guerra chimica», ha avuto origine sui campi di battaglia della Prima guerra mondiale e da allora il suo impiego si è ampliato. Infatti, l'acido cianidrico fu utilizzato, con il nome di ZIKLON B o *acido prussico*, nelle camere a gas del regime nazista. Le armi chimiche risultano letali perché con la loro azione colpiscono qualche aspetto chiave del metabolismo cellulare.

Per bloccare altre ricerche sull'impiego delle armi chimiche, nel 1993 fu firmata la *Convenzione sulla proibizione dello sviluppo, della produzione, dell'accumulo e dell'uso di armi chimiche e sulla loro distruzione.* Il trattato firmato entrò in vigore nel 1997 e nel luglio del 2003 riportava l'adesione di 153 nazioni. Era affiancato da un'organizzazione totalmente dedicata alla sua applicazione, cioè l'Organizzazione per la Proibizione delle Armi Chimiche (OPCW). Tuttavia l'applicazione di questi accordi non garantisce la cessazione degli atti bellici e della sottomissione di alcuni Paesi da parte delle grandi potenze. Dopo la firma dell'accordo, per esempio, venne invaso l'Iraq, giustificando questo atto con la presunta esistenza di armi chimiche, che non furono mai trovate.

NON SOLO CIANURO: L'AZIONE LETALE DEL CO

Come il cianuro, anche il monossido di carbonio (CO) si combina con la citocromo *c* ossidasi, inattivandola e bloccando sia l'intera catena respiratoria sia la produzione di ATP. Il CO è un gas incolore e inodore che si produce quando combustibili organici vengono bruciati in carenza di ossigeno come avviene, per esempio, nel caso di bracieri, stufe o camini con tiraggio inadeguato o funzionanti in luoghi chiusi e privi di ricambio d'aria. L'estrema tossicità anche di bassi livelli di questo composto spiega perché il CO è la causa di oltre la metà di tutte le morti per avvelenamento nel mondo.

▸ **Figura**
La presenza del cianuro è stata rilevata nelle mandorle amare, non nelle mandorle dolci comunemente in commercio.

2 La glicolisi

La glicolisi è una via metabolica universale e irreversibile

A colpo d'occhio

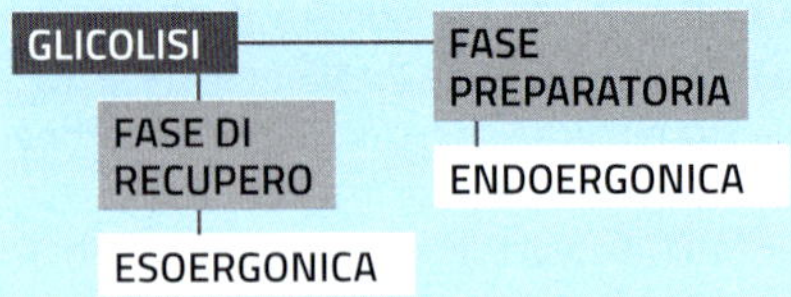

La glicolisi è una delle vie fondamentali nel metabolismo della maggior parte degli organismi e la sua scoperta diede impulso allo sviluppo della biochimica e alla comprensione delle vie metaboliche più importanti.

La **glicolisi** si svolge attraverso una serie di dieci reazioni, ciascuna catalizzata da un enzima specifico; nel suo complesso, questa via metabolica consiste nella scissione di una molecola di glucosio (a sei atomi di carbonio) in due molecole di un composto a tre atomi di carbonio, il *piruvato*. L'energia che si libera è usata per sintetizzare ATP e ridurre NAD^+ (**tabella 1**).

▸ **Tabella 1**
Confronto tra le due fasi della glicolisi.

Fase	Entra	Esce	Bilancio
Endoergonica	1 glucosio	2 G3P	-2 ATP
Esoergonica	2 G3P	2 piruvato	+ 4 ATP + 2 NADH

Le parole

Il termine **bisfosfato** è utilizzato nei composti in cui sono presenti due gruppi fosforici legati ad atomi di carbonio non consecutivi, mentre il termine **difosfato** è usato per i composti in cui i gruppi fosforici sono consecutivi.

Guarda il video nell'ebook:
Un minuto di biologia
La glicolisi

Le prime cinque tappe (**figura 4A**) rompono il glucosio in due molecole a tre atomi di carbonio e richiedono energia sotto forma di due molecole di ATP. Si tratta della cosiddetta **fase endoergonica**, detta anche **fase preparatoria**, durante la quale vengono utilizzati due gruppi fosfato ad alta energia: il primo serve per formare glucosio 6-fosfato, il secondo permette di formare fruttosio 1,6-bisfosfato. A partire dal fruttosio 1,6-bisfosfato si formano due molecole a tre atomi di carbonio, il diidrossiacetone fosfato e la gliceraldeide 3-fosfato. Il diidrossiacetone fosfato si isomerizza a gliceraldeide 3-fosfato. Nella fase endoergonica quindi la cellula consuma due molecole di ATP e produce due molecole di gliceraldeide 3-fosfato (G3P).

Nelle cinque tappe successive (**figura 4B**), che costituiscono la **fase esoergonica**, si libera energia. Durante questa fase, detta anche **fase di recupero**, si verifica l'ossidazione della G3P a piruvato; allo stesso tempo vengono sintetizzate quattro molecole di ATP e ridotte due molecole di NAD^+ a NADH.

Sette delle dieci tappe della glicolisi sono *reversibili* (e sono indicate con una doppia freccia), ovvero possono avvenire anche nella direzione opposta; come vedremo, questo è importante nella via anabolica di sintesi del glucosio. Le altre tre tappe (la conversione del glucosio in glucosio 6-fosfato, la fosforilazione del fruttosio 6-fosfato a fruttosio 1,6-bisfosfato e la conversione del fosfoenolpiruvato in piruvato), invece, sono *irreversibili* nelle condizioni intracellulari; questo fa sì che la glicolisi sia nel suo insieme un processo irreversibile.

Nella fase endoergonica una molecola di glucosio è scissa in due G3P

Gli enzimi coinvolti nella fase endoergonica appartengono alle classi delle *transferasi* (esochinasi e fosfofruttochinasi), *isomerasi* (fosfoesoso isomerasi e trioso fosfato isomerasi) e *liasi* (aldolasi). Questa fase richiede due molecole di ATP e produce due molecole di gliceraldeide 3-fosfato per ogni molecola di glucosio.

La prima reazione è cruciale per evitare la fuoriuscita dello zucchero dalla cellula: il glucosio viene fosforilato e quindi assume una carica negativa, che gli impedisce di attraversare per diffusione la membrana cellulare. Il doppio strato fosfolipidico è infatti impermeabile alle molecole polari.

Vediamo ora nel dettaglio le reazioni che avvengono in ogni tappa di questa fase.

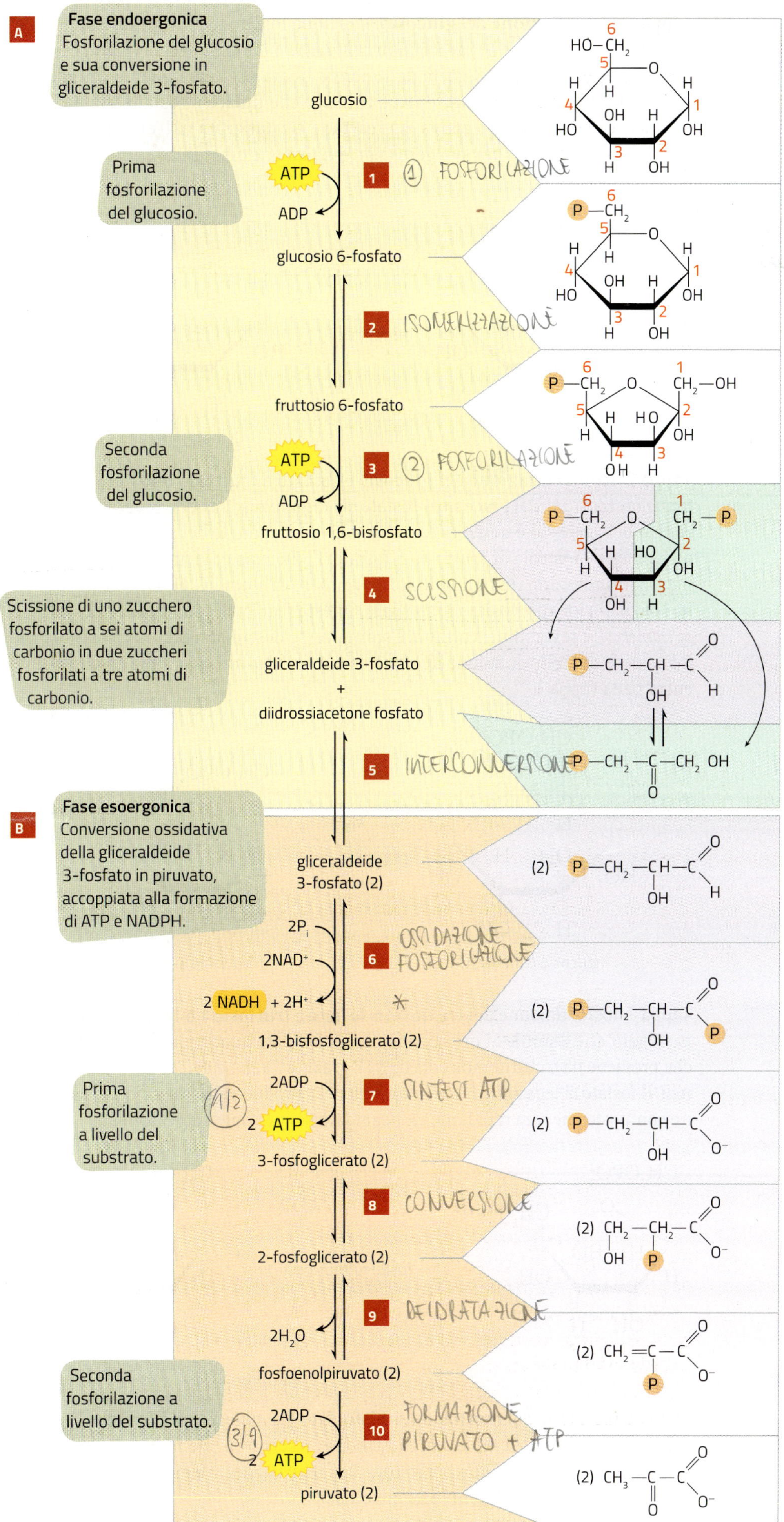

◂ Figura 4
La glicolisi si compone di una fase endoergonica di preparazione (A) e di una fase esoergonica di recupero energetico (B).

Curiosità

La **fosforilazione del glucosio** ha il compito di impedire l'uscita dello zucchero dalla cellula. Una volta fosforilato, infatti, il glucosio porta la carica negativa presente sul fosfato e quindi non può più attraversare la membrana cellulare, impermeabile alle molecole cariche.

Tappa 1: fosforilazione del glucosio. Il gruppo fosfato terminale di una molecola di ATP si trasferisce al carbonio in posizione 6 della molecola di glucosio, formando glucosio 6-fosfato. Parte dell'energia libera originariamente immagazzinata nell'ATP si conserva nel legame chimico che unisce il fosfato alla molecola di glucosio, che quindi si attiva. La reazione è catalizzata dall'enzima *esochinasi* che richiede ioni Mg^{2+} per svolgere la propria azione catalitica:

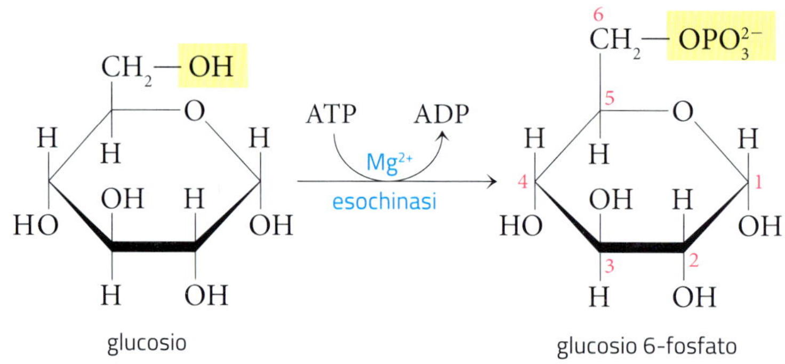

Tappa 2: isomerizzazione del glucosio 6-fosfato a fruttosio 6-fosfato. In questa tappa la struttura del glucosio 6-fosfato si riorganizza. L'anello esagonale caratteristico del glucosio è convertito nell'anello pentagonale del fruttosio, per cui si ottiene una molecola di fruttosio 6-fosfato. Il glucosio e il fruttosio sono due isomeri configurazionali: hanno lo stesso numero di atomi ($C_6H_{12}O_6$) che differiscono solo nella loro disposizione spaziale. Questa reazione, catalizzata dalla *fosfoesoso isomerasi*, è reversibile; tuttavia è spinta verso destra dall'accumulo di glucosio 6-fosfato e dall'eliminazione del fruttosio 6-fosfato, a mano a mano che questo entra nella tappa 3.

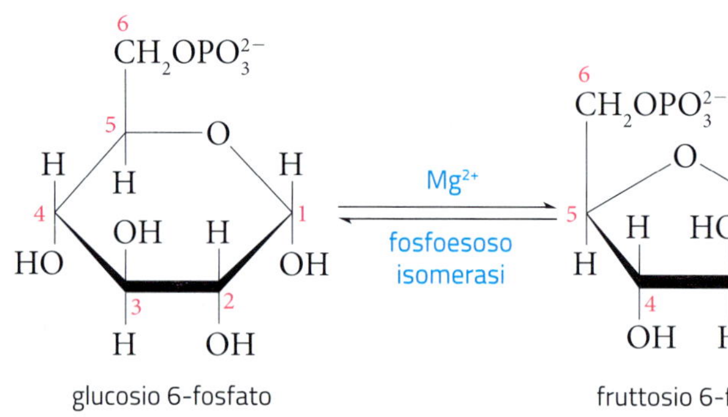

Tappa 3: fosforilazione del fruttosio 6-fosfato a fruttosio 1,6-bisfosfato. In questo passaggio, che è simile al primo, il fruttosio 6-fosfato guadagna un secondo fosfato che proviene da un'altra molecola di ATP grazie all'azione dell'enzima *fosfofruttochinasi*. Il fosfato si lega al carbonio in posizione 1, producendo fruttosio 1,6-bisfosfato, un composto che sarà rapidamente degradato nei passaggi successivi.

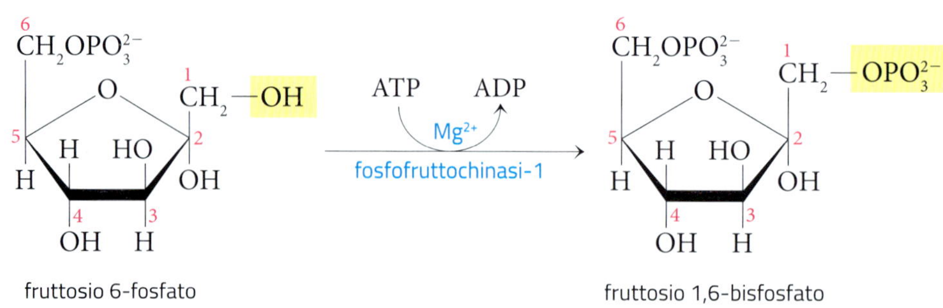

Tappa 4: scissione del fruttosio 1,6-bisfosfato. La molecola di fruttosio 1,6-bisfosfato, che è formata da sei atomi di carbonio, è scissa in due molecole a tre atomi dall'enzima *aldolasi*: il diidrossiacetone fosfato e la gliceraldeide 3-fosfato. Questa è la tappa *litica* che dà il nome alla glicolisi.

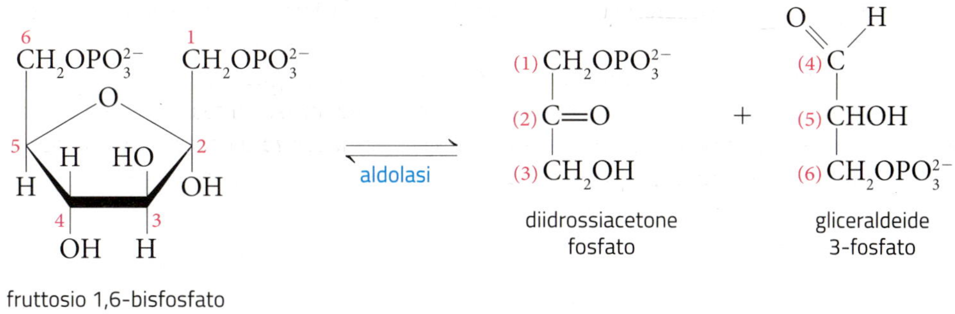

Tappa 5: interconversione dei triosi fosfato. Le molecole di diidrossiacetone fosfato e gliceraldeide 3-fosfato sono isomeri, convertibili l'una nell'altra grazie all'enzima *trioso fosfato isomerasi*. Tuttavia, poiché solo la gliceraldeide 3-fosfato è metabolizzata nelle reazioni successive, tutto il diidrossiacetone fosfato è convertito in gliceraldeide 3-fosfato. Con la tappa 5 si conclude la fase endoergonica; da questo momento in poi, i prodotti di tutte le tappe successive devono essere moltiplicati per due, perché tali sono le molecole di gliceraldeide 3- fosfato prodotte a partire da una di glucosio.

La fase esoergonica converte le due molecole di G3P in due molecole di piruvato

Nella fase esoergonica le due molecole di gliceraldeide 3-fosfato che si sono formate per ogni molecola di glucosio sono convertite in altrettante molecole di piruvato, accompagnate dalla formazione di quattro molecole di ATP e di due di NADH. Gli enzimi coinvolti in questa fase appartengono alle *ossidoreduttasi* (gliceraldeide 3-fosfato deidrogenasi), *transferasi* (fosfoglicerato chinasi e piruvato chinasi), *isomerasi* (fosfoglicerato mutasi) e *liasi* (enolasi). Di seguito sono riportate le cinque reazioni che avvengono in sequenza.

Tappa 6: ossidazione e fosforilazione della gliceraldeide 3-fosfato. Le molecole di gliceraldeide 3-fosfato si ossidano a 1,3-bisfosfoglicerato per azione della *gliceraldeide 3-fosfato deidrogenasi*. Gli atomi di idrogeno provenienti da questa ossidazione, con i loro elettroni, sono trasferiti al NAD^+, che si riduce a NADH: il bilancio è la formazione di due molecole di NADH e due ioni H^+ per ciascuna molecola di glucosio. Questa reazione è esoergonica; l'energia liberata è impiegata dallo stesso enzima per legare un gruppo fosfato al prodotto ossidato, formando 1,3-bisfosfoglicerato. Poiché la quantità di NAD^+ disponibile è assai inferiore a quella del glucosio, se il NADH non viene continuamente riossidato (mediante la respirazione cellulare o la fermentazione, che seguono la glicolisi) la reazione si arresta.

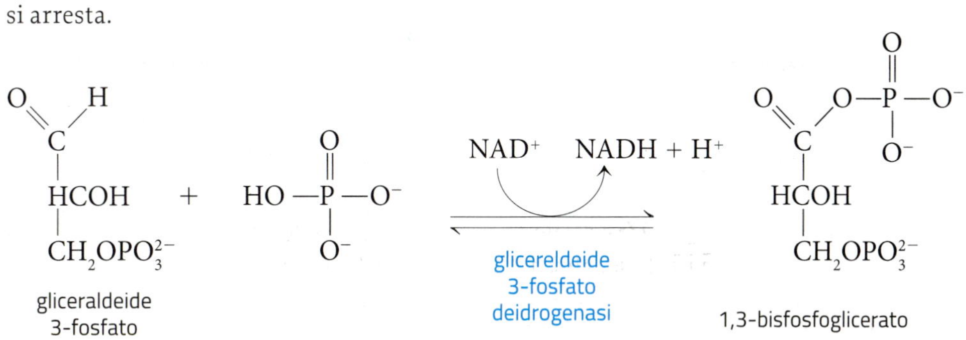

Tappa 7: sintesi di ATP. L'1,3-bisfosfoglicerato che si ottiene nella tappa precedente è un composto a elevata energia di idrolisi, che tende a cedere facilmente il gruppo fosfato a una molecola di ADP per formare ATP. Questa reazione, altamente esoergonica, è detta **fosforilazione a livello del substrato** perché il donatore del gruppo fosfato è il substrato dell'enzima *fosfoglicerato chinasi*. In questa tappa, che si ripete due volte per ciascuna molecola di glucosio, le due molecole di ATP che si formano compensano le due molecole di ATP consumate nella prima parte della glicolisi.

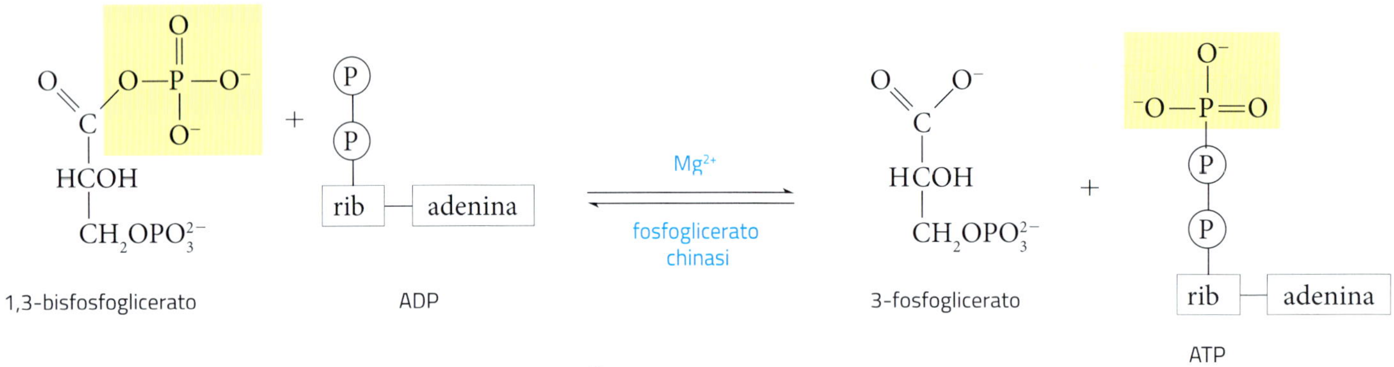

Tappa 8: conversione del 3-fosfoglicerato a 2-fosfoglicerato. L'enzima *fosfoglicerato mutasi* catalizza il trasferimento del gruppo fosfato rimanente dal carbonio in posizione 3 al carbonio 2 del glicerato, con formazione di 2-fosfoglicerato.

Tappa 9: deidratazione del 2-fosfoglicerato. In questa tappa l'enzima *enolasi* elimina una molecola di acqua dal 2-fosfoglicerato, producendo fosfoenolpiruvato (PEP). Questo riordinamento interno modifica la distribuzione energetica della molecola perché concentra l'energia nel legame del gruppo fosfato, che diventa molto instabile e prepara la molecola alla reazione successiva.

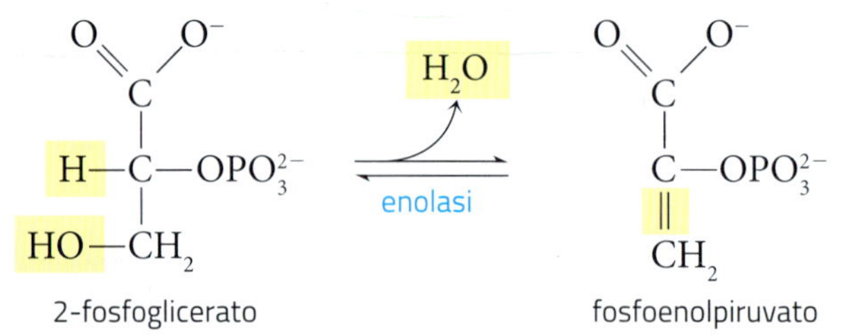

Tappa 10: formazione di piruvato e ATP. Il gruppo fosfato ad alta energia del fosfoenolpiruvato è trasferito dall'enzima *piruvato chinasi* a una molecola di ADP per formare ATP; si tratta della seconda **fosforilazione a livello del substrato**: la forma enolica del piruvato (il PEP) è instabile, per cui si trasforma spontaneamente nella forma chetonica più stabile, liberando una notevole quantità di energia. Anche in questo caso si ottengono due molecole di ATP per molecola di glucosio, che rappresentano il guadagno energetico netto della glicolisi. Questa tappa è l'unica reazione irreversibile della fase di recupero della glicolisi.

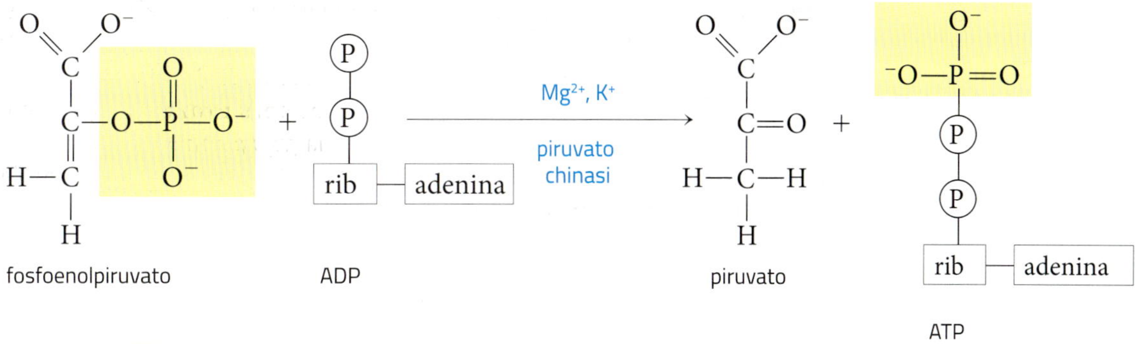

Il bilancio della glicosi è di due ATP, due NADH, acqua e piruvato

Riassumendo, per iniziare la scissione del glucosio è necessaria l'energia contenuta nei legami ad alta energia di due molecole di ATP. Successivamente si producono due molecole di NADH (a partire da due NAD^+), e quattro di ATP (a partire da quattro di ADP). Questo si può rappresentare mediante la seguente equazione:

$$\text{glucosio} + 2\,ATP + 4\,ADP + 2\,P_i + 2\,NAD^+ \rightarrow$$
$$\rightarrow 2\,\text{piruvato} + 2\,ADP + 4\,ATP + 2\,NADH + 2H^+ + 2\,H_2O$$

in cui il fosfato inorganico (HPO_4^{2-}) che si unisce alla G3P durante la tappa 6 è indicato con la sigla P_i.

Se semplifichiamo l'equazione, eliminando i termini che compaiono a sinistra e a destra della freccia, otteniamo l'equazione semplificata in cui i termini più importanti sono evidenziati in rosso:

$$\text{glucosio} + 2\,NAD^+ + 2\,ADP + 2\,P_i \rightarrow$$
$$\rightarrow 2\,\text{piruvato} + 2\,NADH + 2\,H^+ + 2\,ATP + 2\,H_2O$$

L'equazione mostra che una molecola di glucosio è convertita in due molecole di piruvato e che parte dell'energia contenuta nella molecola originaria è conservata negli elettroni ad alto potenziale di riduzione di due molecole di NADH e nei legami fosfato di due molecole di ATP, che rappresentano il guadagno energetico netto della glicolisi. Una parte molto più consistente dell'energia del glucosio rimane, invece, nelle due molecole di piruvato che, in base alle condizioni ambientali, possono imboccare varie vie metaboliche (**figura 5**): in presenza di ossigeno il piruvato seguirà la via aerobica, cioè la respirazione cellulare, mentre in assenza di ossigeno potrà seguire una delle possibili vie anaerobiche, per esempio la fermentazione lattica o la fermentazione alcolica.

endoergonica:
− 2ATP
esoergonica:
+ 2(NADH)
+ 2(2 ATP) = 4

GUADAGNO NETTO = 2ATP

Ti ricordi?

Il **potenziale di riduzione** è il valore che misura la tendenza a ridursi, cioè ad acquistare elettroni, di un semielemento; nel Sistema Internazionale questo valore si misura in volt.

◂ Figura 5
Nel corpo umano le cellule muscolari possono lavorare sia in presenza sia in assenza di ossigeno.

Facciamo il punto

1. Quali sono le differenze principali tra la fase endoergonica e la fase esoergonica della glicolisi?
2. Che cosa si intende per fosforilazione a livello del substrato?
3. Qual è il bilancio energetico complessivo della glicolisi?

glicolisi → decarbossilazione ossidativa del piruvato → con ossigeno = respirazione cellulare { ciclo di Krebs / fosforilazione ossidativa } avvengono nei mitocondri

ossidazione completa del piruvato → $CO_2 + H_2O$

sostanze x ciclo di Krebs MATRICE MITOC.

sostanze x fosforilaz. ossidativa MEMBRANA

3 La respirazione cellulare

A colpo d'occhio

- RESPIRAZONE CELLULARE
  - DECARBOSSILAZIONE OSSIDATIVA DEL PIRUVATO
  - CICLO DI KREBS
  - FOSFORILAZIONE OSSIDATIVA

La respirazione cellulare avviene nei mitocondri in presenza di ossigeno

In presenza di ossigeno, il catabolismo del glucosio prosegue con l'ossidazione completa del piruvato a CO_2 e acqua, grazie a un processo noto come **respirazione cellulare**. La respirazione cellulare è formata da due fasi principali, il **ciclo di Krebs** e la **fosforilazione ossidativa**, che sono precedute dalla **decarbossilazione ossidativa del piruvato**, una fase «intermedia» che collega la glicolisi con la respirazione cellulare.

Nelle cellule eucariotiche, le reazioni della respirazione cellulare si svolgono all'interno dei mitocondri, organuli rivestiti da due membrane. La membrana esterna è liscia, mentre quella interna è molto estesa e ripiegata a formare delle **creste**. Il compartimento interno del mitocondrio, che è in contatto con la superficie interna delle creste, è la **matrice mitocondriale**. La matrice è composta da una soluzione densa che contiene enzimi, coenzimi, acqua, gruppi fosfato e altre molecole coinvolte nella respirazione. Gli enzimi che partecipano alle reazioni del ciclo di Krebs si trovano tutti in soluzione nella matrice, ad eccezione della *succinato deidrogenasi* che è associata alla membrana; gli enzimi che prendono parte alla fosforilazione ossidativa, invece, sono proteine associate alla membrana mitocondriale interna. La distribuzione degli enzimi nei due compartimenti è essenziale per lo svolgimento delle reazioni di ciascuna delle due fasi (**figura 6**).

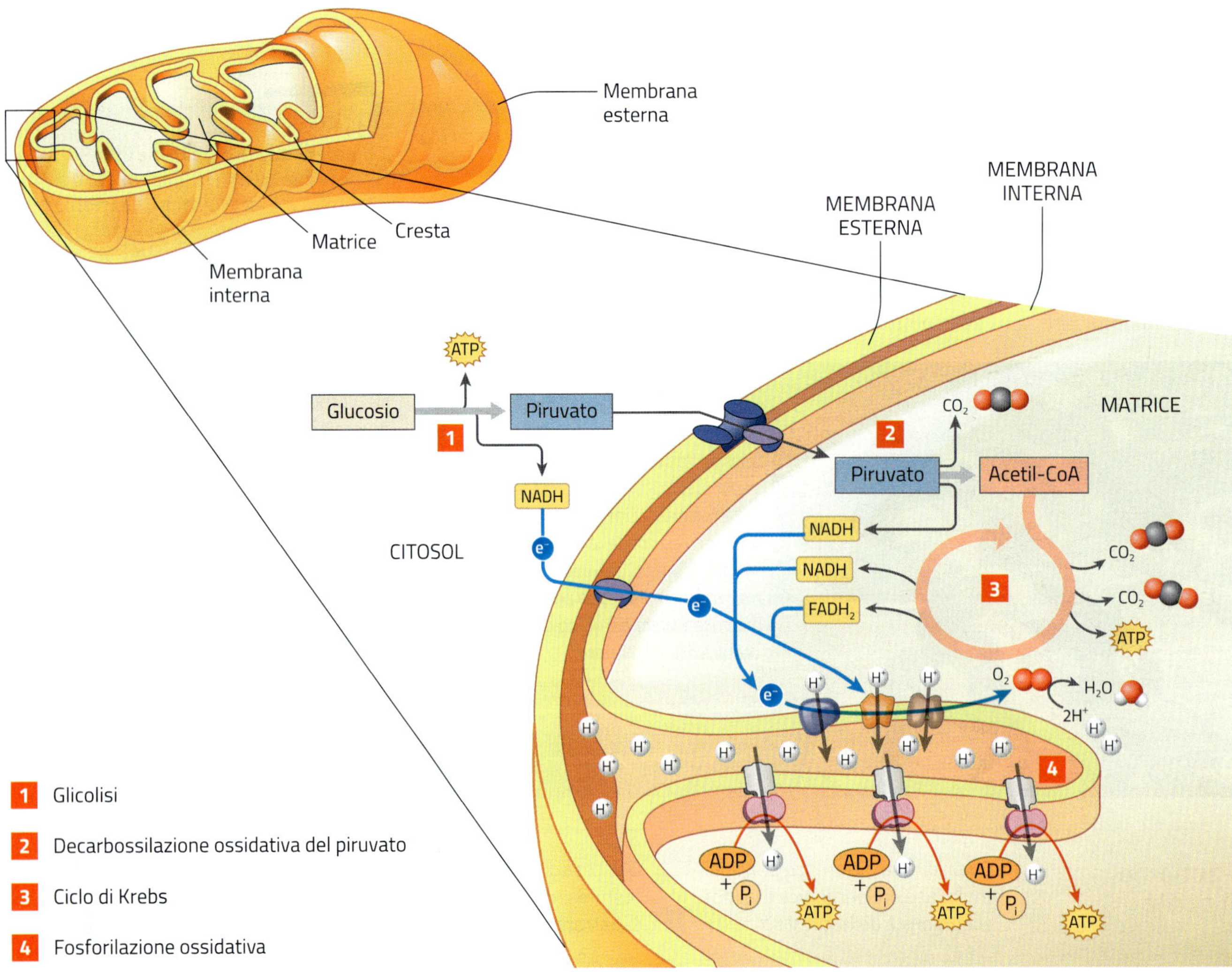

▾ Figura 6
Il piruvato attraversa le due membrane che formano il mitocondrio e raggiunge la matrice mitocondriale, nella quale si trovano gli enzimi del ciclo di Krebs e della decarbossilazione ossidativa del piruvato, mentre sulle creste della membrana interna si trovano gli enzimi coinvolti nella fosforilazione ossidativa.

Anche numerose specie di organismi procariotici compiono la respirazione aerobica ma, poiché sono privi di mitocondri, localizzano diversamente questi processi; essi infatti possiedono delle piccole invaginazioni della membrana plasmatica che generano un microambiente capace di svolgere la stessa funzione dei mitocondri presenti negli eucarioti.

Guarda il video nell'ebook:
Un minuto di biologia
La respirazione cellulare

La decarbossilazione ossidativa del piruvato produce acetil-CoA e libera CO_2

Il piruvato prodotto nel citoplasma dalla glicolisi entra nella matrice mitocondriale grazie a una proteina di trasporto. Nella matrice, il complesso multienzimatico della *piruvato deidrogenasi* trasforma il piruvato in **acetil-CoA**; la formazione di acetil-CoA è l'anello di congiunzione tra la glicolisi e il ciclo di Krebs. La piruvato deidrogenasi è quindi un enzima chiave del nostro metabolismo, soprattutto per quegli organi, come il cervello, che utilizzano il glucosio come unica fonte di energia. La reazione comprende due eventi:

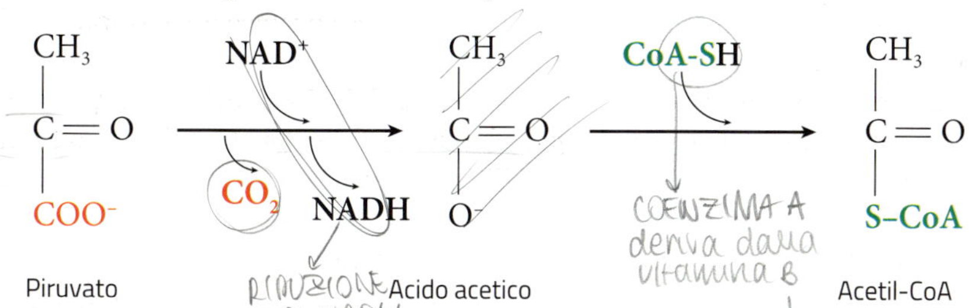

2 - La nostra salute

Le malattie mitocondriali

Oggi sono note numerose **malattie dovute a mutazioni del DNA mitocondriale** (mtDNA), che hanno un'incidenza di circa 15 casi ogni 100 000 abitanti (**tabella**). La prima a essere riconosciuta è stata la *neuropatia ottica ereditaria di Leber* (LHON), una forma di cecità che compare nella mezza età e che è causata da diverse mutazioni delle catene polipeptidiche del complesso I codificate dal mitocondrio: alcune di queste mutazioni compromettono l'uso del NADH, mentre altre bloccano il trasferimento degli elettroni al coenzima Q. Le mutazioni a carico del complesso I sono la causa più frequente di malattie mitocondriali. Altre malattie, come le encefalopatie mitocondriali, colpiscono il muscolo scheletrico e il cervello.

Tutte le malattie dovute a mutazioni del mtDNA seguono uno schema ereditario del tutto diverso dalle mutazioni del DNA nucleare: esse infatti si ereditano esclusivamente per via materna, perché al momento della fecondazione lo zigote riceve solo il citoplasma della cellula uovo e non quello dello spermatozoo. Di conseguenza, la malattia si può manifestare in tutti i figli (maschi e femmine) di una donna malata, ma solo le femmine possono trasmetterla alla discendenza.

Inoltre, poiché durante la divisione cellulare il mtDNA si replica in maniera indipendente dal DNA nucleare e i mitocondri segregano nelle cellule figlie indipendentemente dai cromosomi nucleari, la percentuale di mitocondri che portano una mutazione del mtDNA può essere diversa tra le varie cellule dei diversi tessuti: questa eterogeneità è detta **eteroplasmia**. Una certa percentuale di mitocondri mutati può essere tollerata dalla cellula: se i mitocondri sani sono sufficienti la malattia non si esprimerà; se invece la percentuale di mitocondri mutati è elevata, si avrà la manifestazione della malattia. L'eteroplasmia spiega anche perché non sempre i figli di una donna malata sono malati: tutto dipende dalla percentuale di mitocondri mutati ricevuti dalla cellula uovo al momento della meiosi.

In generale, l'accumulo di mutazioni nel mtDNA che avviene nel corso di tutta la vita diminuisce l'efficienza energetica delle cellule, contribuendo all'invecchiamento e alla comparsa di malattie degenerative. Il danno colpisce soprattutto gli organi che richiedono grandi quantità di energia, come il sistema nervoso, il pancreas e il cuore.

Distretti colpiti	Malattie
Difetti di componenti strutturali della catena respiratoria.	Sindrome di Leigh, leucodistrofia
	Paraganglioma ereditario
	Atassia, miopatia, crisi convulsive
Difetti di fattori che controllano la fosforilazione ossidativa o il metabolismo del mtDNA.	Encefalopatia infantile
	Cardiomiopatia infantile
	Cardiomiopatia ipertrofica fetale
	Neuropatia ottica ereditaria di Leber
	Sindrome di Alpers
Difetti di proteine indirettamente correlate alla fosforilazione ossidativa.	Atrofia ottica dominante
	Atassia di Friedreich
	Paraplegia spastica ereditaria
	Sordità, distonia

▲ **Tabella**
Alcuni esempi di malattie mitocondriali e le cause che le scatenano.

In primo luogo il piruvato subisce una decarbossilazione e l'ossidazione della molecola risultante (acetaldeide attiva) ad acido acetico, con contemporanea riduzione di una molecola di NAD a NADH. In seguito il gruppo acetile si lega a un composto chiamato *coenzima A* (*CoASH*) mediante il legame tra un atomo di carbonio e uno di zolfo e forma l'acetil-CoA.

Alla fine di questa fase, per ogni molecola di glucosio si formano due molecole di CO_2, due acetil-CoA e due NADH.

Il ciclo di Krebs produce NADH, $FADH_2$ e ATP

A questo punto l'acetil-CoA prodotto dalla piruvato deidrogenasi entra nel **ciclo di Krebs** o *ciclo dell'acido citrico* (**figura 7**). Il **ciclo di Krebs** è una via metabolica costituita da reazioni che si ripetono ciclicamente e che portano all'ossidazione completa dell'acetil-CoA; ognuna delle reazioni è catalizzata da un enzima specifico.

Curiosità

Hans Adolf Krebs è stato un biochimico tedesco che negli anni Trenta scoprì prima il ciclo dell'urea e poi il ciclo dell'acido citrico; per quest'ultima scoperta vinse il premio Nobel per la medicina nel 1953.

Il ciclo inizia quando il gruppo acetile a due atomi di carbonio rompe il legame con il coenzima A e si lega a un composto a quattro atomi di carbonio, l'*ossalacetato*: si forma così il *citrato*, un acido tricarbossilico a sei atomi di carbonio. Il citrato, tramite l'enzima *aconitasi* è isomerizzato a *isocitrato*, che a sua volta è ossidato a *ossalsuccinato*, con contemporanea riduzione di una molecola di NAD a NADH. L'ossalsuccinato è un composto instabile e spontaneamente decarbossila, liberando CO_2 e formando α-*chetoglutarato*, un composto a cinque atomi di carbonio. L'α-chetoglutarato è a sua volta trasformato in *succinil-CoA* tramite una reazione analoga alla decarbossilazione ossidativa del piruvato: una molecola di coenzima A si lega al composto e una seconda molecola di CO_2 viene liberata.

Il succinil-CoA è una molecola a quattro atomi di carbonio ad alto contenuto energetico; tramite l'enzima *succinil-CoA sintetasi*, la sua energia è utilizzata per la sintesi di una molecola di GTP da GDP e P_i. Il GTP (guanosina trifosfato) è un nucleotide trifosfato simile per struttura e quantità di energia libera di idrolisi all'ATP; questa molecola trasferirà poi il gruppo fosforico su una molecola di ADP per formare ATP, secondo l'equazione:

$$GTP + ADP \rightarrow GDP + ATP$$

Questa reazione è una **fosforilazione a livello del substrato** simile a quelle che si verificano nella glicolisi.

Oltre a produrre GTP, l'enzima succinil-CoA sintetasi libera anche una molecola di *succinato*, che nella reazione successiva viene ossidato a *fumarato*; quest'ultimo reagisce con acqua per formare *malato*, il quale è infine ossidato per ripristinare *ossalacetato*. L'ossalacetato così prodotto può reagire con una nuova molecola di acetil-CoA e dare inizio a un nuovo ciclo.

A ogni giro, quindi, entra nel ciclo una molecola di acetil-CoA (a due atomi di carbonio) ed escono due molecole di CO_2; allo stesso tempo, è impiegata una molecola di ossalacetato che alla fine del ciclo viene rigenerata; di conseguenza, non vi è consumo netto di ossalacetato.

Curiosità

Negli organismi aerobici, il **ciclo di Krebs** è una **via anfibolica**, ovvero prende parte sia a processi catabolici, come l'ossidazione del glucosio, sia a processi anabolici. Per esempio, l'α-chetoglutarato e l'ossalacetato possono essere sottratti al ciclo e usati come precursori degli amminoacidi aspartato e glutammato; l'ossalacetato può anche essere convertito in glucosio, mentre il succinil-CoA è un intermedio della sintesi del gruppo eme presente nell'emoglobina e nella mioglobina. Infine l'acetil-CoA può essere utilizzato per la sintesi di acidi grassi.

Il ruolo del ciclo di Krebs non è quello di generare grandi quantità di ATP, ma piuttosto quello di rimuovere elettroni dall'acetil-CoA e usarli per formare i coenzimi ridotti NADH e $FADH_2$. Questo avviene durante le quattro reazioni di ossidazione che fanno parte del ciclo, che producono rispettivamente tre molecole di NADH e H^+ e una di $FADH_2$. Le molecole di coenzimi ridotti, cariche di energia, andranno ad alimentare l'ultima parte della respirazione cellulare, ovvero la catena di trasporto degli elettroni.

Dato che per ogni molecola di glucosio che imbocca la glicolisi si formano due molecole di piruvato, dalle quali derivano due molecole di acetil-CoA, il ciclo di Krebs compie due «giri» per ogni molecola di glucosio. Il bilancio complessivo è quindi il seguente:

$$2\ \text{acetil-CoA} + 6\ NAD^+ + 2\ FAD + 2\ ADP + 2\ P_i + 4\ H_2O \rightarrow$$
$$\rightarrow 4\ CO_2 + 6\ NADH + 6\ H^+ + 2\ FADH_2 + 2\ ATP + 2\ CoASH$$

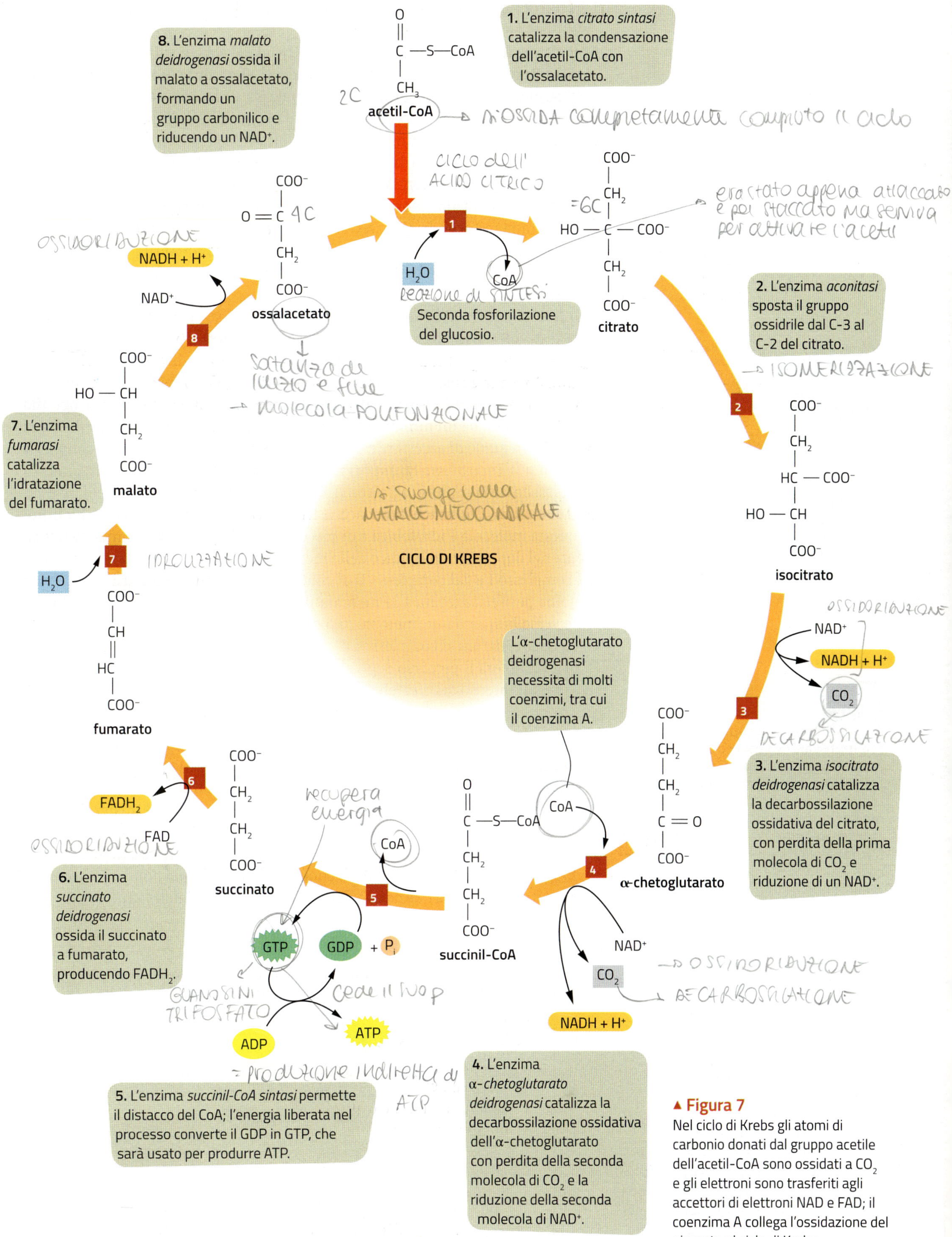

▲ Figura 7
Nel ciclo di Krebs gli atomi di carbonio donati dal gruppo acetile dell'acetil-CoA sono ossidati a CO_2 e gli elettroni sono trasferiti agli accettori di elettroni NAD e FAD; il coenzima A collega l'ossidazione del piruvato al ciclo di Krebs.

La fosforilazione ossidativa è la fase finale della respirazione cellulare

Nell'ultima fase della respirazione, gli elettroni del NADH e del $FADH_2$ sono trasferiti attraverso la **catena di trasporto degli elettroni** o **catena respiratoria** all'ossigeno. La catena respiratoria è formata da una serie di trasportatori che sono in grado di donare o accettare elettroni in funzione del loro potenziale di ossidoriduzione standard. Lungo la catena respiratoria gli elettroni prendono parte a una sequenza di reazioni di ossidoriduzione nel corso della quale rilasciano gradualmente la propria energia. L'energia rilasciata quando gli elettroni vengono trasferiti da un trasportatore a un altro è usata per pompare protoni attraverso la membrana mitocondriale interna verso lo spazio intermembrana, generando un gradiente protonico che serve a sintetizzare grandi quantità di ATP. Questo processo è chiamato **fosforilazione ossidativa**.

La catena respiratoria è formata da complessi proteici legati alla membrana e da trasportatori mobili

I trasportatori di elettroni della catena respiratoria sono di due tipi: i complessi respiratori e i trasportatori mobili (**figura 8**). I **complessi respiratori**, numerati da I a IV, sono enzimi associati alla membrana interna del mitocondrio; ognuno di essi è formato da un numero variabile di polipeptidi e contiene diversi gruppi prostetici in grado di accettare e donare elettroni. Inframmezzati tra i complessi mitocondriali si trovano i **trasportatori mobili**, molecole più piccole in grado di spostarsi da un complesso all'altro: il coenzima Q e il citocromo *c*.

Il **coenzima Q** o **ubichinone** acquistando due elettroni si riduce a **ubichinolo**; questa molecola è idrofobica e di piccole dimensioni, quindi si muove liberamente nel doppio strato lipidico della membrana interna, trasportando elettroni dal complesso I e dal complesso II al complesso III. Il **citocromo *c***, invece, è una proteina periferica legata alla membrana mitocondriale interna sul versante rivolto verso lo spazio intermembrana; possiede un gruppo eme contenente ferro e trasferisce elettroni al complesso IV.

Seguiamo ora il percorso degli elettroni provenienti dalla glicolisi e dal ciclo di Krebs all'interno della catena di trasporto.

- Gli elettroni del NADH entrano nella catena respiratoria a livello del **complesso I** o *NADH deidrogenasi*, un complesso enzimatico formato da due gruppi prostetici e da 43 subunità polipeptidiche. Il complesso I ha una forma a L, con un braccio immerso nella membrana mitocondriale interna e l'altro orientato verso la matrice, e catalizza due processi: il trasferimento esoergonico all'ubichinone di due elettroni dal NADH e di due protoni, oltre che il trasferimento endoergonico di quattro protoni (H^+) dalla matrice verso lo spazio intermembrana. Questo complesso è quindi una pompa protonica guidata dall'energia che deriva dal trasferimento degli elettroni.

A colpo d'occhio

CATENA RESPIRATORIA
- COMPLESSI RESPIRATORI — I-IV
- TRASPORTATORI MOBILI — CITOCROMO *c*
  - UBICHINONE

Le parole

Alcune subunità del **complesso I** sono codificate dal DNA mitocondriale e sintetizzate dai ribosomi presenti nella matrice del mitocondrio, mentre le altre sono codificate dal genoma nucleare e vengono importate dopo essere state sintetizzate nel citoplasma. Il **complesso III**, invece, è formato da tre subunità codificate dal DNA mitocondriale e dieci dal DNA nucleare.

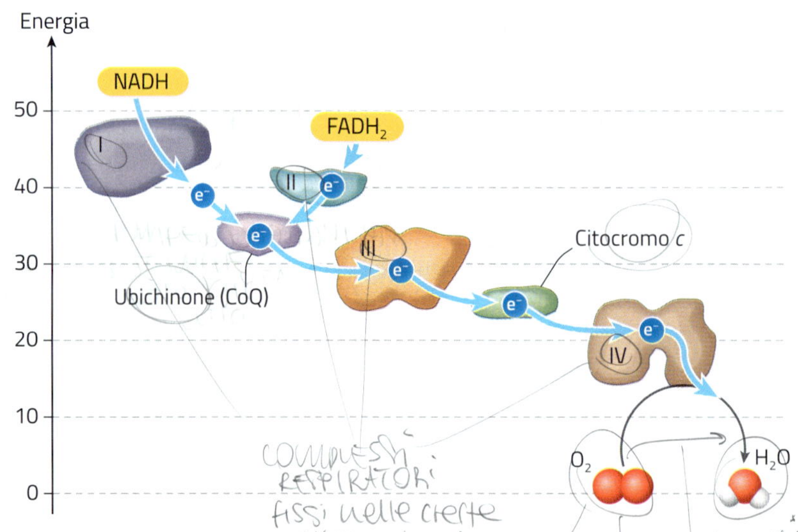

▸ **Figura 8**
Il FAD ridotto si inserisce nella catena di trasporto degli elettroni a un livello più basso rispetto al NAD ridotto perché ha un potenziale di riduzione meno negativo e quindi ha una minore tendenza a cedere elettroni.

- Il **complesso II** o *succinato deidrogenasi* è invece il punto d'ingresso degli elettroni del $FADH_2$, che sono anch'essi trasferiti all'ubichinone. Il complesso II è molto più piccolo del complesso I e non attraversa la membrana; quindi non trasporta protoni perché nel trasferimento degli elettroni dal $FADH_2$ all'ubichinone si libera una quantità di energia troppo piccola, insufficiente a traslocare protoni dalla matrice allo spazio intermembrana; per questo motivo, si forma meno ATP dall'ossidazione del $FADH_2$ che dall'ossidazione del NADH.
- L'ubichinone ridotto (ubichinolo) diffonde nella membrana mitocondriale interna dirigendosi verso il **complesso III** o *ubichinone-citocromo c ossidoreduttasi*, che catalizza il trasferimento degli elettroni dall'ubichinolo al citocromo *c*; come il complesso I, anche il complesso III si comporta come una pompa protonica e trasferisce protoni dalla matrice nello spazio intermembrana.
- Il citocromo *c* ridotto si sposta lungo la membrana fino al **complesso IV** o *citocromo c ossidasi*. Questo enzima è formato da 13 catene polipeptidiche e trasferisce elettroni dal citocromo *c* all'ossigeno molecolare, con formazione di acqua. Anche il complesso IV utilizza l'energia liberata dalla reazione per pompare protoni nello spazio intermembrana.

Guarda il video nell'ebook:
La biologia in 3D
- *La catena respiratoria e la fosforilazione ossidativa*
- *The respiratory chain and the oxidative phosphorylation*

L'ossigeno è quindi l'accettore terminale degli elettroni provenienti dai coenzimi ridotti NADH e $FADH_2$. La richiesta di ossigeno di questa reazione è il motivo per cui gli organismi aerobici dipendono da questo elemento chimico per la propria sopravvivenza: in pratica, noi respiriamo per procurarci l'ossigeno che serve ad alimentarla.

3 - La nostra salute

La rivolta dell'ossigeno: i radicali liberi e le ROS

L'ossigeno molecolare è un accettore di elettroni ideale, perché la sua elevata affinità elettronica genera una grande forza che mette in moto tutta la catena respiratoria. La riduzione dell'O_2 comporta però dei rischi dovuti alle possibili reazioni collaterali: se il trasferimento di quattro elettroni è completo, si genera un prodotto innocuo (due molecole d'acqua), ma se la riduzione dell'ossigeno molecolare è parziale, genera composti pericolosi come il radicale libero superossido ($\cdot O_2^-$) e il radicale libero ossidrilico ($\cdot OH$), ancora più reattivo e di conseguenza più dannoso.

Questi radicali sono chiamati *specie reattive dell'ossigeno* o *ROS*. Si tratta di molecole molto dannose e distruttive, che reagiscono ossidando tutte le biomolecole cellulari comprese le proteine, gli acidi nucleici e i lipidi delle membrane. Il danno ossidativo causato da questi composti è uno dei fattori che determinano l'invecchiamento ed è associato a malattie come il Parkinson, la distrofia muscolare e il diabete.

Le cellule tengono sotto controllo il problema evitando che il complesso IV rilasci intermedi parzialmente ridotti dell'ossigeno; questo è possibile perché l'enzima tiene l'ossigeno saldamente legato tra gli ioni Fe e Cu dei suoi gruppi prostetici.

Tuttavia, è inevitabile che qualche molecola riesca a sfuggire. La cellula dispone però di altri sistemi per eliminare le ROS: gli ioni superossido, per esempio, sono rimossi dall'enzima *superossido dismutasi*, che converte i radicali in una molecola di perossido di idrogeno (H_2O_2) e una di ossigeno molecolare:

$$2 \cdot O_2^- + 2 H^+ \rightleftarrows O_2 + 2 H_2O_2$$

Il perossido di idrogeno, anch'esso molto reattivo, è poi rimosso dalla *catalasi* che lo converte in acqua e ossigeno molecolare:

$$2 H_2O_2 \rightleftarrows O_2 + 2 H_2O$$

Entrambi questi enzimi sono molto efficienti: la *superossido dismutasi*, in particolare, aumenta quando si pratica esercizio fisico, perché si producono maggiori quantità di ROS prodotte dal metabolismo aerobico. L'effetto globale è quindi una maggiore protezione anche nei momenti di riposo.

Un'altra difesa cellulare contro i radicali liberi comprende le vitamine antiossidanti E e C: la prima si trova nei semi oleosi e nella frutta secca (**figura A**) ed è particolarmente efficace nella protezione delle membrane grazie alla sua natura lipidica; la seconda si trova negli agrumi, nei kiwi e nei peperoni (**figura B**) e agisce da fattore redox grazie alle sue capacità antiossidanti.

A

B

▲ **Figure**
(A) Esempi di prodotti ricchi di vitamina E. (B) Alcuni frutti e ortaggi che contengono vitamina C.

Guarda il video nell'ebook:
Un minuto di biologia
La forza proton-motrice

La sintesi di ATP avviene per accoppiamento chemiosmotico

Il trasferimento complessivo di due elettroni che attraversano la catena respiratoria dal NADH all'ossigeno si può riassumere con la seguente reazione:

$$NADH^{+} + H^{+} + \frac{1}{2}O_2 \rightarrow NAD^{+} + H_2O$$

Si tratta di una reazione esoergonica, che libera energia usata dai complessi respiratori per pompare protoni fuori dalla matrice verso lo spazio intermembrana: il complesso I e il complesso III trasferiscono quattro protoni ciascuno, mentre il complesso IV ne trasferisce due (**figura 9**). In totale, quindi, per ogni coppia di elettroni che passa dal NADH all'ossigeno fuoriescono dalla matrice 10 protoni.

Questo trasferimento di protoni genera un **gradiente elettrochimico** dovuto a due componenti:

- un **gradiente chimico** generato alla differenza di concentrazione di protoni ai due lati della membrana mitocondriale interna;
- un **gradiente elettrico** indotto dalla diversa distribuzione delle cariche positive dei protoni, più abbondanti nello spazio intermembrana.

Il gradiente elettrochimico costituisce una fonte di energia potenziale detta **forza motrice protonica** (o *forza proton-motrice*), che tende a far rientrare i protoni verso la matrice mitocondriale per riequilibrare le differenze nella concentrazione e nella distribuzione delle cariche. La membrana mitocondriale interna, però, è impermeabile ai protoni: per attraversarla, questi sono convogliati in un canale protonico associato all'enzima *ATP sintasi*. Quando i protoni ritornano nella matrice attraverso il canale, **l'ATP sintasi** usa l'energia che rilasciano per sintetizzare ATP. L'*ATP sintasi*, quindi, è un «motore molecolare» che sfrutta la forza motrice protonica proprio come un mulino ad acqua sfrutta l'energia della corrente per compiere un lavoro.

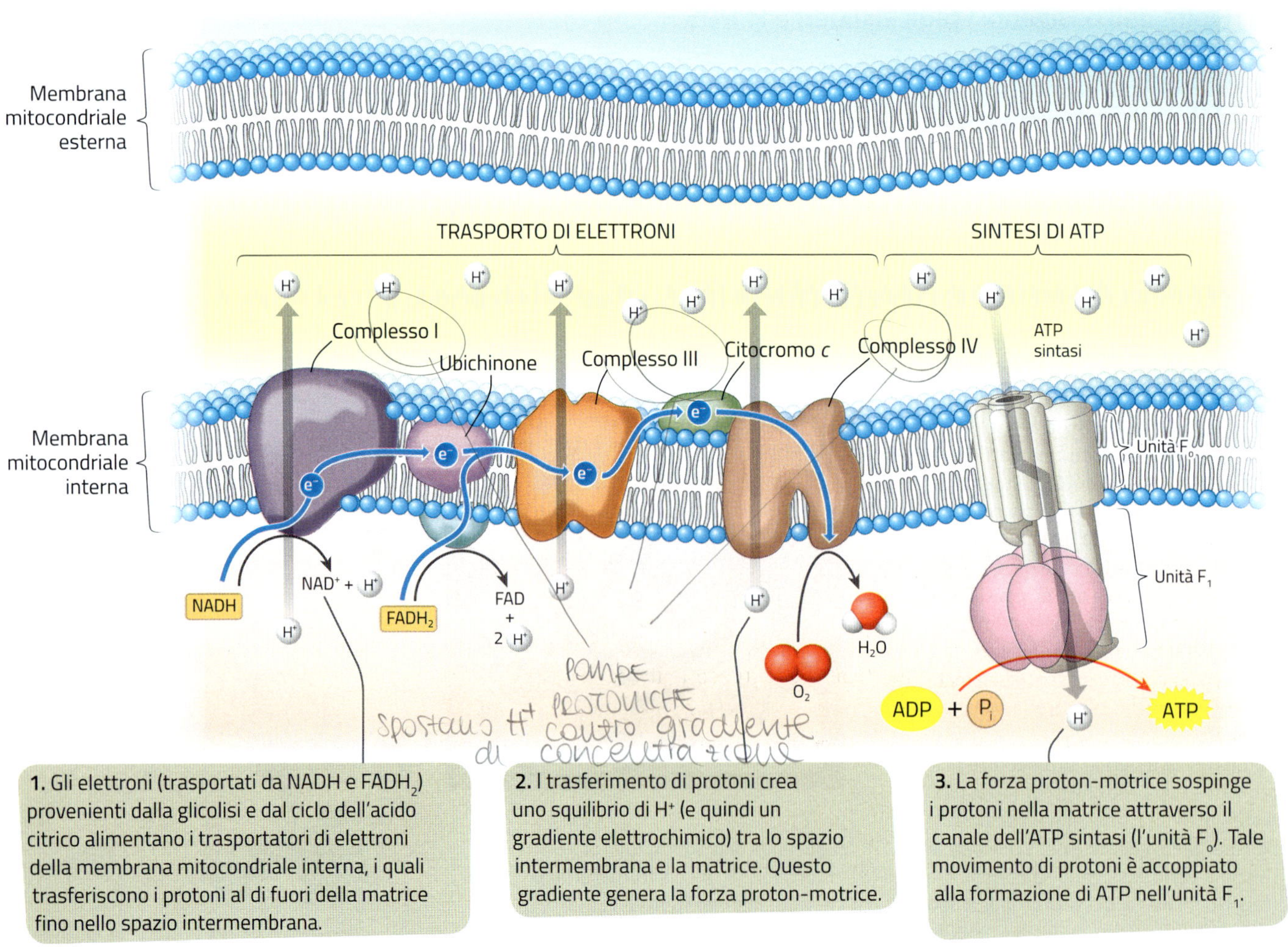

▾ Figura 9
I complessi I, II e IV che formano la catena respiratoria pompano protoni dalla matrice allo spazio intermembrana, creando un gradiente chimico ed elettrico.

1. Gli elettroni (trasportati da NADH e $FADH_2$) provenienti dalla glicolisi e dal ciclo dell'acido citrico alimentano i trasportatori di elettroni della membrana mitocondriale interna, i quali trasferiscono i protoni al di fuori della matrice fino nello spazio intermembrana.

2. I trasferimento di protoni crea uno squilibrio di H^+ (e quindi un gradiente elettrochimico) tra lo spazio intermembrana e la matrice. Questo gradiente genera la forza proton-motrice.

3. La forza proton-motrice sospinge i protoni nella matrice attraverso il canale dell'ATP sintasi (l'unità F_0). Tale movimento di protoni è accoppiato alla formazione di ATP nell'unità F_1.

L'ipotesi che la sintesi dell'ATP fosse spinta da un gradiente di protoni presente ai lati della membrana mitocondriale interna fu proposta negli anni Sessanta dal biochimico britannico Peter Mitchell. Questo meccanismo è noto come **accoppiamento chemiosmotico**: la produzione di ATP come risultato della fosforilazione ossidativa comprende sia processi chimici sia processi di trasporto attraverso una membrana selettivamente permeabile.

Leggi l'approfondimento nell'ebook:
Per saperne di più
Il disaccoppiamento genera calore

L'ATP sintasi possiede due unità funzionali

L'*ATP sintasi* mitocondriale è un enzima (**figura 10**) formato da due unità distinte, l'unità F_o (la lettera «o» in pedice indica che è sensibile all'antibiotico oligomicina) e l'unità F_1. L'**unità F_o** è una regione transmembrana che forma il canale per i protoni; l'**unità F_1** contiene i siti attivi per la sintesi dell'ATP ed è formata da sei subunità disposte come gli spicchi di un'arancia intorno a un polipeptide centrale che interagisce con l'unità F_o. Quando gli ioni H^+ attraversano il canale, l'energia potenziale della forza motrice protonica si trasforma in energia cinetica che fa ruotare il polipeptide centrale; l'energia si trasmette così alle subunità catalitiche di F_1, portando alla sintesi di ATP.

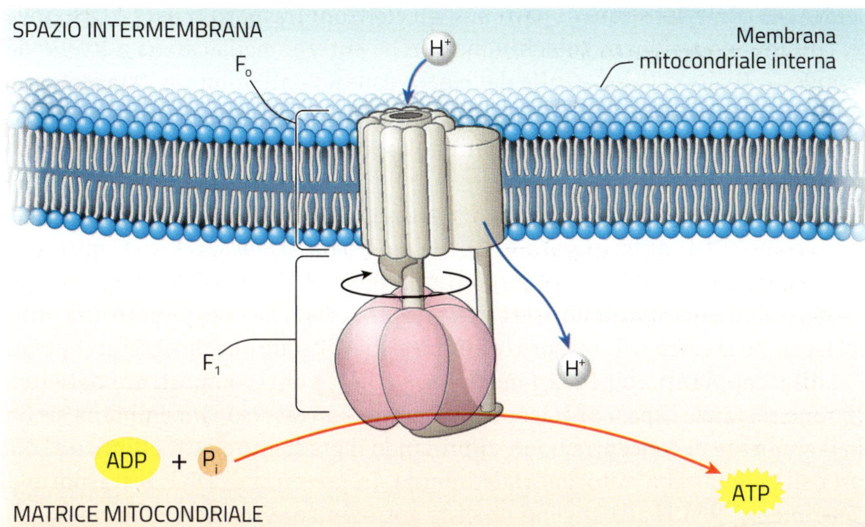

◂ Figura 10
La struttura dell'ATP sintasi, l'enzima che può agire sia per la sintesi sia per l'idrolisi di ATP.

La sintesi di ATP è una reazione reversibile; l'*ATP sintasi*, infatti, può anche funzionare come ATPasi, idrolizzando ATP a ADP e P_i:

$$ATP \rightleftarrows ADP + P_i + \text{energia libera}$$

Se la reazione procede verso destra, viene rilasciata energia che il mitocondrio usa per trasferire gli H^+ fuori dalla matrice; se la reazione procede verso sinistra, invece, si produce ATP. Di solito la reazione avviene nella direzione della sintesi perché l'ATP appena prodotto lascia la matrice mitocondriale per essere impiegato nel metabolismo cellulare; di conseguenza, la concentrazione di ATP nella matrice rimane bassa e l'equilibrio si sposta verso sinistra.

La velocità della respirazione cellulare è determinata dal fabbisogno di ATP

In condizioni normali, il trasporto di elettroni è strettamente accoppiato alla fosforilazione (**figura 11**). Infatti, gli elettroni non fluiscono lungo la catena di trasporto fino all'ossigeno se contemporaneamente l'ADP non viene fosforilato ad ATP. Quando la concentrazione di ADP aumenta, come nel caso di un muscolo in contrazione che consuma continuamente ATP, anche la velocità della fosforilazione ossidativa aumenta, per rispondere alla maggiore richiesta di ATP. La regolazione della velocità della fosforilazione ossidativa da parte dei livelli di ADP è detta **controllo respiratorio**: esperimenti su mitocondri isolati hanno dimostrato che il consumo di ossigeno aumenta in modo considerevole quando si aggiunge ADP, ma torna ai valori iniziali quando tutto l'ADP è stato convertito in ATP.

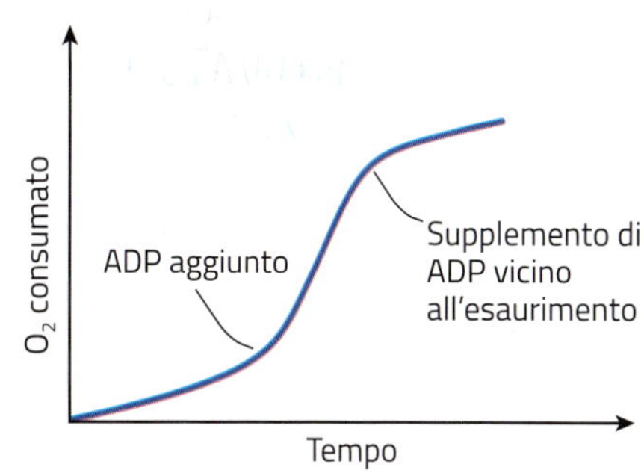

▴ Figura 11
La velocità della respirazione cellulare (espressa come quantità di ossigeno consumato) aumenta se è necessario consumare le molecole di ADP presenti in eccesso.

Il livelli di ADP influenzano anche la velocità del ciclo di Krebs. A basse concentrazioni di ADP, come nel muscolo a riposo, il NADH e il $FADH_2$ non sono riossidati nella catena respiratoria; la velocità del ciclo di Krebs rallenta, perché la disponibilità di NAD^+ e FAD è minore. Non appena la concentrazione di ADP aumenta, la fosforilazione ossidativa riprende e il NADH e il $FADH_2$ vengono nuovamente ossidati; il ciclo di Krebs può così riprendere la sua attività. Gli elettroni, quindi, non fluiscono dal glucosio all'O_2 a meno che la cellula non abbia necessità di sintetizzare ATP.

La fosforilazione ossidativa si può inibire in molti punti

Esistono diversi veleni e sostanze tossiche che inibiscono la fosforilazione ossidativa; ognuno di loro agisce a livello di un sito diverso.

A colpo d'occhio

INIBIZIONE
- DELLA CATENA RESPIRATORIA
- DELL'ATP SINTASI
- MEDIANTE DISACCOPPIANTI

L'**inibizione della catena respiratoria** può avvenire su ciascuno dei quattro complessi mitocondriali: il risultato è sempre il blocco del flusso di elettroni e la scomparsa della forza motrice protonica, con conseguente interruzione della sintesi di ATP. Il *rotenone*, un insetticida ricavato dalle radici di alcune leguminose, e il barbiturico *amital* inibiscono il complesso I e quindi impediscono l'utilizzo del NADH come substrato di partenza; gli elettroni trasportati dal $FADH_2$, invece, continuano a ridurre l'ubichinone perché entrano nella catena a livello del complesso II che si trova a valle del blocco causato dall'inibitore. L'*antimicina A*, un antibiotico prodotto da funghi del gruppo degli streptomiceti, inibisce il complesso III, mentre il complesso IV è inibito dal *cianuro* (**figura 12A**) e dal *monossido di carbonio*.

Tra gli **inibitori dell'ATP sintasi** si trovano l'*oligomicina*, un antibiotico che si usa come antifungino (**figura 12B**), e la *dicloesilcarbodiimide* (DCCD); queste sostanze impediscono il flusso di protoni attraverso l'ATP sintasi. Esponendo mitocondri isolati a questi inibitori, la catena respiratoria si blocca: questa è una prova del fatto che la catena di trasporto e la sintesi di ATP sono due processi accoppiati.

I **disaccoppianti**, come il *2,4-dinitrofenolo* (DNP) e altri composti aromatici acidi, sono sostanze capaci di trasportare i protoni attraverso la membrana secondo il gradiente di concentrazione, annullando il gradiente elettrochimico ai due lati della membrana mitocondriale interna. In presenza di DNP, il trasporto di elettroni dal NADH all'ossigeno procede normalmente, ma non si forma ATP in quanto la forza motrice protonica viene continuamente dissipata. Questa perdita del controllo respiratorio porta a un aumento del consumo di ossigeno e dell'ossidazione del NADH, ma l'energia liberata non è usata per formare ATP, perché si disperde sotto forma di calore.

▾ Figura 12
L'effetto di due veleni che agiscono da inibitori della fosforilazione ossidativa: il cianuro (A) e l'oligomicina (B).

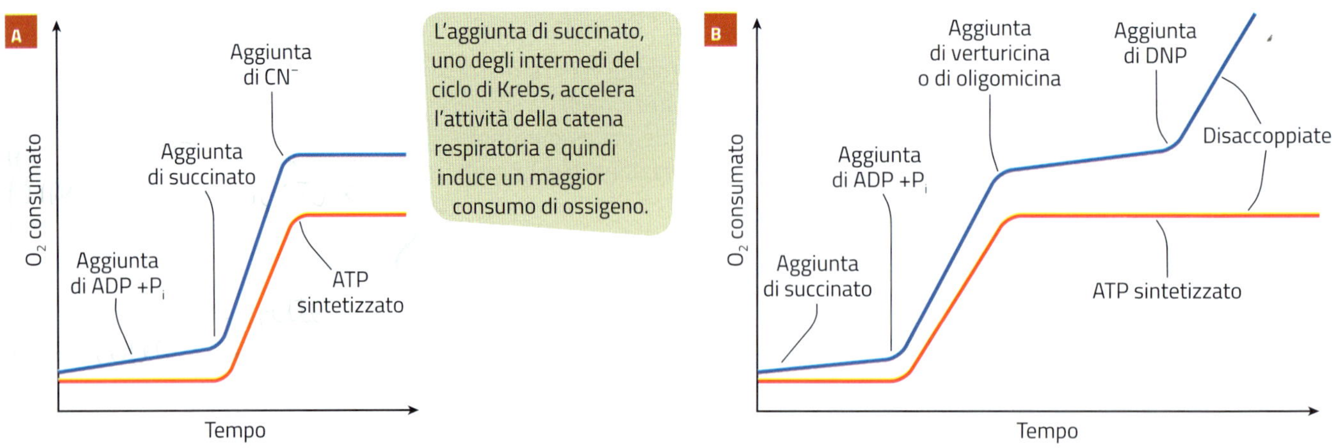

Facciamo il punto

1. Quali sono le tappe della respirazione cellulare e dove avvengono?
2. Qual è la funzione dell'enzima piruvato deidrogenasi?
3. Perché il ciclo di Krebs è una via ciclica?
4. Perché il metabolismo aerobico dipende dalla presenza dell'ossigeno?
5. Che cos'è l'ATP sintasi?
6. Come avviene l'inibizione della respirazione cellulare?

4 La fermentazione

La fermentazione non produce ATP ma ossida i coenzimi ridotti

Il metabolismo aerobico del glucosio è comparso in tempi relativamente recenti nella storia degli esseri viventi, appena 2,3 miliardi di anni fa; secondo la documentazione fossile, in questa data la concentrazione atmosferica dell'ossigeno prodotto dagli organismi fotosintetici raggiunse il 7%. La comparsa di tali quantitativi di ossigeno ha rappresentato uno spartiacque per gli esseri viventi, perché ha offerto una nuova possibilità di ricavare energia dalle biomolecole. Il metabolismo aerobico ha funzionato così bene che la maggior parte degli organismi si è adattata a vivere in presenza di ossigeno e ciò ha fatto aumentare ulteriormente la presenza di questo gas in atmosfera (**figura 13**).

Guarda il video nell'ebook: **Un minuto di biologia** *La fermentazione*

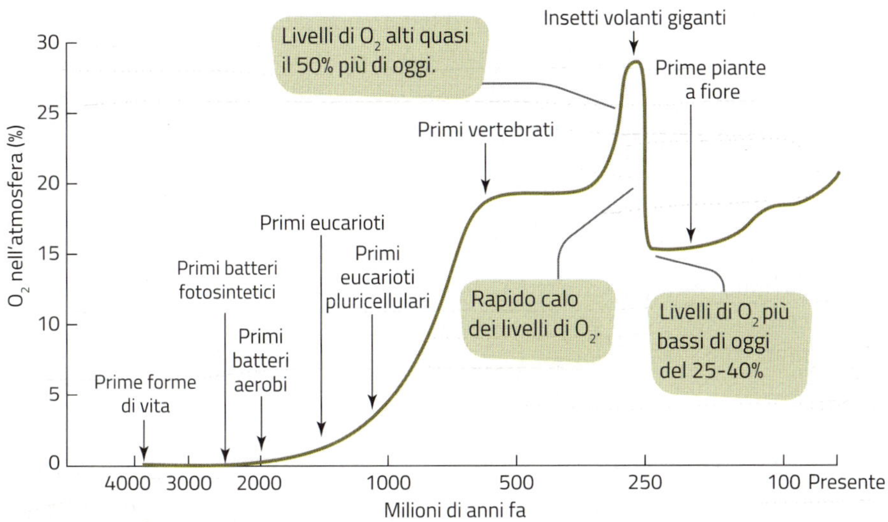

◄ **Figura 13**
La concentrazione atmosferica di ossigeno è variata nel tempo e questo ha influenzato l'evoluzione della vita sulla Terra; oggi la percentuale di O_2 in atmosfera è del 21%.

A colpo d'occhio

FERMENTAZIONE → ALCOLICA / LATTICA

Esiste però un'altra via metabolica assai più antica della respirazione cellulare, che è sfruttata ancora dagli organismi unicellulari che vivono in ambienti anaerobici (come le zone vulcaniche o l'intestino degli animali) o da alcuni tipi di cellule eucariotiche. Questa via, chiamata **fermentazione**, permette alle cellule di consumare il piruvato in assenza di ossigeno, evitando che questo si accumuli nella cellula e finisca per inibire la glicolisi. La fermentazione, inoltre, ha il compito di riossidare il NADH a NAD^+, che può così partecipare di nuovo alla via glicolitica.

A seconda delle molecole che producono e degli organismi in cui avvengono, si distinguono vari tipi di fermentazione, come quella alcolica e quella lattica. In ogni caso, durante la fermentazione non si forma ATP: la cellula quindi non ottiene energia addizionale da questo processo.

La fermentazione alcolica produce etanolo e diossido di carbonio

I prodotti finali della **fermentazione alcolica** sono CO_2 ed etanolo (o alcol etilico), che possono attraversare la membrana plasmatica e diffondere fuori dalla cellula, dove si accumulano senza inibire la glicolisi. Questa via metabolica è tipica dei lieviti e di altri microrganismi unicellulari che sono usati dall'uomo per produrre bevande alcoliche e far lievitare il pane e altri tipi di impasti. Queste antiche biotecnologie sfruttano il metabolismo microbico per ottenere alcol a partire dagli zuccheri dell'uva e dai carboidrati presenti nelle farine: nel caso del vino e della birra, l'etanolo resta in soluzione producendo vari tipi di bevande alcoliche; nel caso del pane, i prodotti della fermentazione si liberano sotto forma di gas, formando grosse bolle che fanno lievitare gli impasti (**figura 14**); sia l'alcol sia il CO_2 sono poi eliminati durante la cottura.

Il bilancio complessivo della glicolisi seguita dalla fermentazione alcolica è:

$$\text{glucosio} + 2\,ADP + 2\,P_i \rightarrow 2\,\text{etanolo} + 2\,CO_2 + 2\,ATP + 2\,H_2O$$

In una fetta di pane, sono visibili dei forellini provocati dallo scoppio delle bolle di CO_2 liberate in fase di lievitazione durante la cottura.

▲ **Figura 14**
La fermentazione attuata dai lieviti è usata per produrre molti prodotti, come il pane.

La fermentazione lattica produce lattato

Un'altra strategia di fermentazione, detta **fermentazione lattica**, consuma il NADH per convertire il piruvato in acido lattico, che nelle condizioni cellulari si trova sotto forma di anione (lattato):

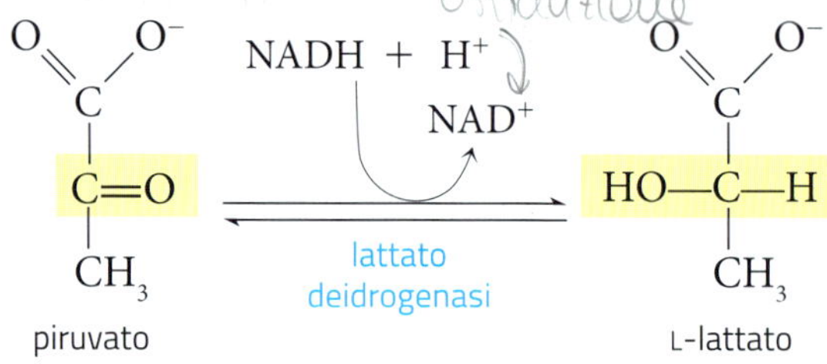

Questa via metabolica avviene negli eritrociti, privi di mitocondri, ed è impiegata anche da batteri come *Lactobacillus casei*, che si trova nell'intestino umano ma che viene anche sfruttato per la produzione dello yogurt. Diversamente dai prodotti della fermentazione alcolica, il lattato non può attraversare la membrana plasmatica; affinché la reazione possa procedere, quindi, è necessario che la cellula esprima sulla membrana una specifica proteina di trasporto per il lattato che lo esporti fuori dal citoplasma.

La fermentazione lattica avviene anche nelle nostre cellule muscolari durante un'attività fisica intensa. In questa situazione, il circolo sanguigno non fornisce una quantità di ossigeno sufficiente a ossidare il piruvato e il NADH prodotti dalla glicolisi mediante la respirazione cellulare; il muscolo utilizza così la sua riserva di glucosio per produrre ATP mediante la glicolisi seguita dalla fermentazione, con il lattato come prodotto finale.

Durante uno sforzo, il lattato può accumularsi, provocando un abbassamento del pH nelle cellule muscolari; ciò riduce la capacità delle fibre muscolari di contrarsi e genera la sensazione di affaticamento. Nel periodo di recupero successivo allo sforzo il lattato diffonde nel sangue a arriva nel fegato, dove è riconvertito in glucosio: il ciclo di reazioni che comprende la conversione del glucosio in lattato nel muscolo e la conversione del lattato in glucosio nel fegato è detto **ciclo di Cori** (**figura 15**).

Curiosità

Esiste anche un tipo di fermentazione che necessita della presenza di ossigeno atmosferico: è la **fermentazione acetica**, realizzata dai batteri acetici del genere *Acetobacter* che vengono sfruttati nella produzione dell'aceto, in quanto capaci di trasformare il glucosio (presente nelle mele) e l'etanolo (del vino) in acido acetico e acqua.

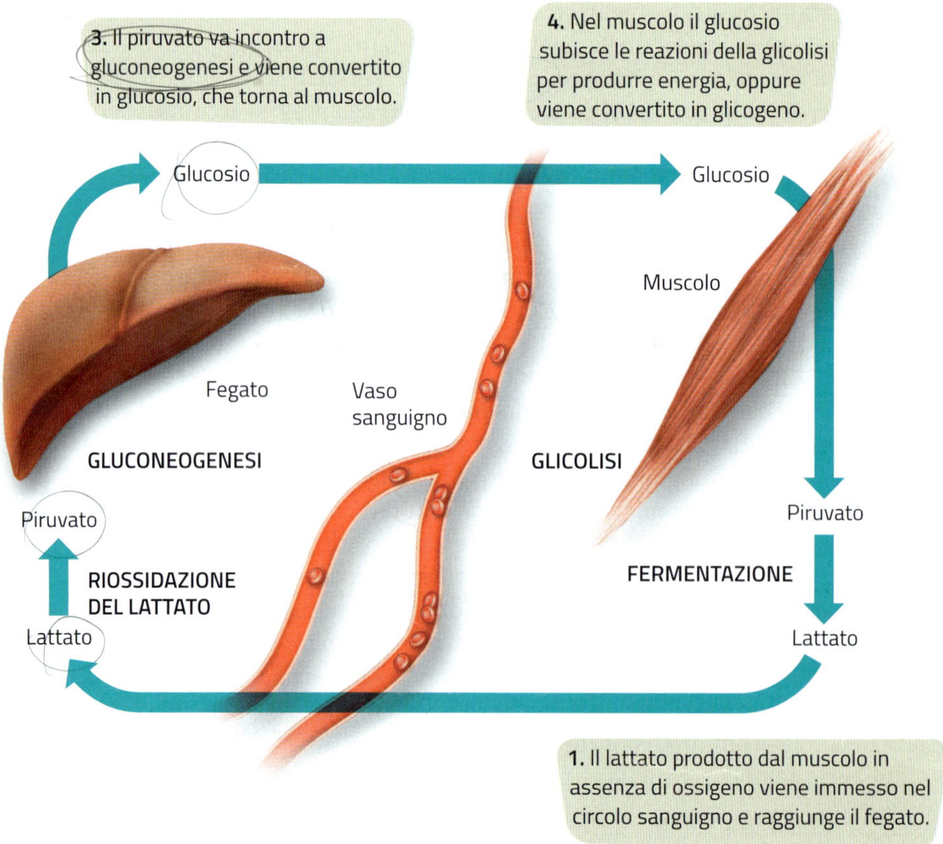

▶ **Figura 15**
Il ciclo di Cori è un processo formato da più vie metaboliche: la glicolisi e la fermentazione nel muscolo, che producono lattato a partire dal glucosio, e la gluconeogenesi nel fegato, che produce glucosio da lattato.

Il metabolismo aerobico del glucosio produce 32 ATP per molecola di glucosio

La glicolisi anaerobica produce una quantità di energia pari a 2 molecole di ATP per ogni molecola di glucosio metabolizzata. Quando la glicolisi è seguita dalla respirazione cellulare, invece, il rendimento massimo per molecola di glucosio è di 30/32 molecole di ATP.

Tale resa energetica è dovuta al fatto che grazie alla chemiosmosi si ottengono 2,5 molecole di ATP per ogni molecola di NADH e 1,5 molecole di ATP per ogni molecola di $FADH_2$ che entrano nella catena respiratoria.

È stato valutato infatti che la sintesi di una molecola ATP richiede una quantità di energia equivalente a quella che si recupera dal rientro di quattro protoni nelle matrice mitocondriale. Poiché in seguito alla riossidazione di NADH vengono traslocati 10 protoni, dal loro rientro si formano 2,5 molecole di ATP. Viceversa poiché tramite la riossidazione di $FADH_2$ sono traslocati sei protoni, con il loro rientro si recupera energia per la sintesi di 1,5 molecole di ATP.

Dato che la membrana mitocondriale interna non è permeabile al NADH citoplasmatico prodotto dalla glicolisi, esistono speciali sistemi navetta, o *shuttle*, che trasportano gli elettroni all'interno dei mitocondri per evitare che il coenzima ridotto si accumuli nel citoplasma. Lo shuttle che agisce nel muscolo scheletrico e nel cervello trasferisce energia sufficiente per sintetizzare 1,5 molecole di ATP per coppia di elettroni, mentre lo shuttle attivo in fegato, reni e cuore permette di ottenere 2,5 molecole di ATP ogni due elettroni. Questo è il motivo per cui il rendimento massimo dell'ossidazione del glucosio varia da 30 a 32 molecole di ATP a seconda dell'organo.

La resa energetica in ambiente anaerobico è inferiore a quella in ambiente aerobico perché glicolisi e fermentazione ossidano solo parzialmente il glucosio (**figura 16**); i prodotti finali della fermentazione (lattato ed etanolo) contengono ancora una grande quantità di energia, molto maggiore di quella contenuta nel diossido di carbonio che è il prodotto finale della respirazione cellulare. In un ambiente ricco di ossigeno, quindi, un organismo in grado di svolgere la respirazione cellulare si trova assai avvantaggiato rispetto a un organismo che si limita alla fermentazione.

Curiosità

Il *rendimento teorico massimo* per mole di glucosio è 36-38 molecole di ATP, ma in condizioni fisiologiche la resa del metabolismo aerobico del glucosio è di 30-32 molecole di ATP per ciascuna molecola di glucosio consumata.

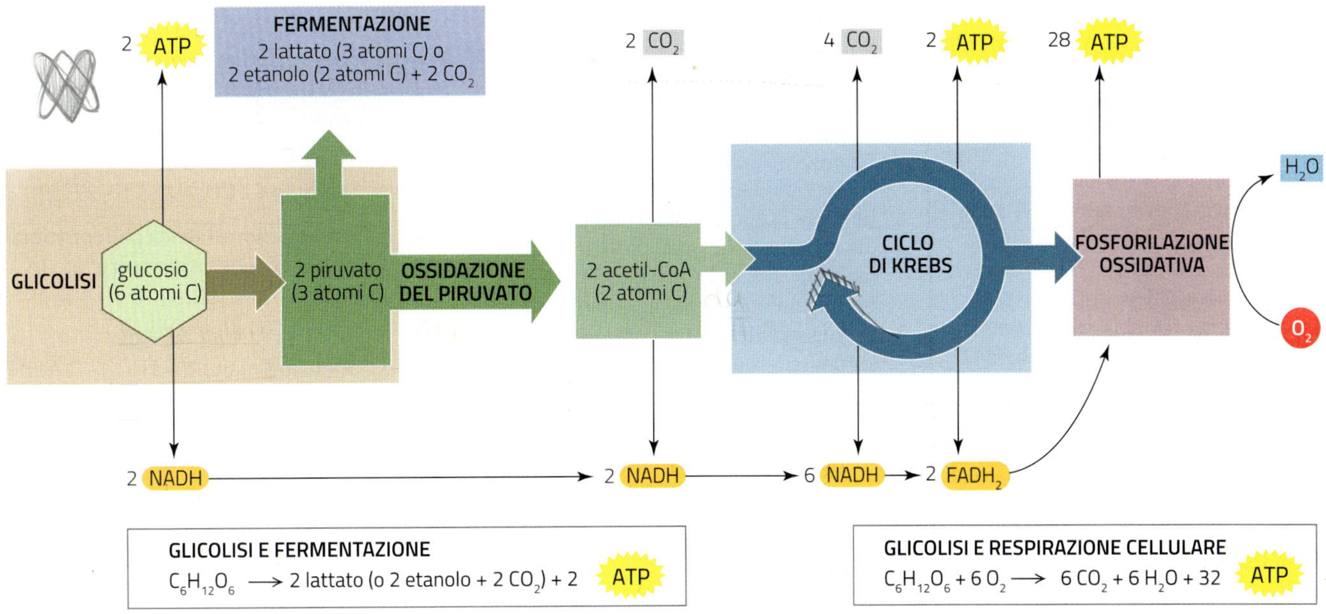

▼ Figura 16
Il confronto tra le due vie del metabolismo del glucosio: quella aerobica produce trentadue ATP per molecola di glucosio, quella anaerobica soltanto due.

Facciamo il punto

1. Qual è la funzione della fermentazione?
2. Quali differenze esistono tra la fermentazione alcolica e quella lattica?
3. Che cos'è il ciclo di Cori?
4. Perché la resa energetica del metabolismo aerobico del glucosio è maggiore della resa del metabolismo anaerobico?

SINTESI
DI FINE CAPITOLO

LO SAI? RIPASSA CON LO SMARTPHONE

Il glucosio come fonte di energia

L'energia contenuta nei legami del glucosio è usata direttamente (tramite la fosforilazione a livello del substrato) o indirettamente (tramite il trasferimento di elettroni ai coenzimi NAD e FAD) per formare composti del fosfato (ATP) a elevata energia di idrolisi.

Le reazioni metaboliche del glucosio coinvolgono diversi enzimi e coenzimi; uno dei coenzimi coinvolti nel catabolismo del glucosio è il *nicotinammide adenina dinucleotide* o **NAD**, che è la forma attiva della vitamina B3 o niacina. Un altro coenzima coinvolto nell'ossidazione del glucosio è il *flavin adenina dinucleotide* **FAD**, che deriva dalla vitamina B2 o riboflavina.

La glicolisi

La **glicolisi** è un processo che avviene in **anaerobiosi**.

La glicolisi è una via metabolica universale e irreversibile e si svolge attraverso una serie di dieci reazioni, ciascuna catalizzata da un enzima specifico. Nel suo complesso, a partire dalla scissione di una molecola di glucosio (a 6 atomi di carbonio) si arriva a due molecole di un composto a 3 atomi di carbonio, il *piruvato*. L'energia che si libera è usata per sintetizzare ATP e ridurre NAD.

La fase endoergonica e quella esoergonica

Le prime cinque tappe della glicolisi scindono il glucosio in due molecole a 3 atomi di carbonio e richiedono energia sotto forma di ATP: è la **fase endoergonica**. Gli enzimi coinvolti appartengono alle classi delle *transferasi*, *isomerasi* e *liasi*. Questa fase richiede 2 molecole di ATP e produce 2 molecole di *gliceraldeide 3-fosfato* per ogni molecola di glucosio.

Nella **fase esoergonica** le 2 molecole di gliceraldeide 3-fosfato sono convertite in altrettante molecole di *piruvato*, accompagnate dalla formazione di 4 molecole di ATP e di 2 di NADH.

La reazione completa della glicolisi è:

$$C_6H_{12}O_6 + 2\,NAD^+ + 2\,ADP + 2\,P_i \rightarrow$$
$$\rightarrow 2\text{ piruvato} + 2\,NADH + 2\,H^+ +$$
$$+ 2\,ATP + 2\,H_2O$$

La respirazione cellulare

Dopo la glicolisi e in presenza di ossigeno, nei mitocondri avviene la *respirazione cellulare*, mentre in assenza di ossigeno la glicolisi si completa nel citoplasma grazie alla *fermentazione*.

La **respirazione cellulare** è formata da due fasi, il *ciclo di Krebs* e la *fosforilazione ossidativa*, che sono precedute dalla *decarbossilazione ossidativa del piruvato*, collega la glicolisi con la respirazione cellulare.

Il piruvato prodotto nel citoplasma dalla glicolisi entra nella matrice mitocondriale; qui il complesso multienzimatico della *piruvato deidrogenasi* trasforma il piruvato in **acetil-CoA**.

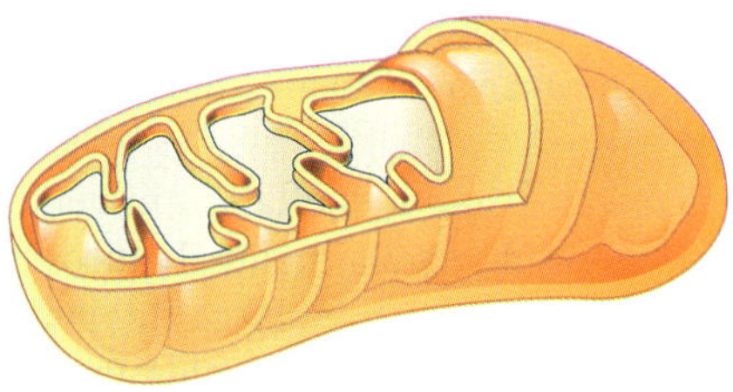

Il ciclo di Krebs

L'acetil-CoA prodotto dalla piruvato deidrogenasi entra nel **ciclo di Krebs** o *ciclo dell'acido citrico*. Il ciclo di Krebs è una via metabolica costituita da reazioni che si ripetono ciclicamente e che portano all'ossidazione completa dell'acetil-CoA; ogni reazione è catalizzata da un enzima specifico.

Per ogni molecola di glucosio che imbocca la glicolisi si formano 2 molecole di piruvato, dalle quali derivano 2 molecole di acetil-CoA; il ciclo di Krebs compie due «giri» per ogni molecola di glucosio. Il bilancio complessivo è il seguente:

$$2\text{ acetil-CoA} + 6\,NAD^+ + 2\,FAD + 2\,ADP +$$
$$+ 2\,P_i + 4\,H_2O \rightarrow$$
$$\rightarrow 4\,CO_2 + 6\,NADH + 6\,H^+ + 2\,FADH_2 +$$
$$+ 2\,ATP + 2\,CoA$$

La catena di trasporto degli elettroni

Nell'ultima fase della respirazione, gli elettroni del NADH e del $FADH_2$ sono trasferiti attraverso la **catena di trasporto degli elettroni** o **catena respiratoria** all'ossigeno.

L'energia rilasciata quando gli elettroni vengono trasferiti da un trasportatore a un altro è usata per pompare protoni attraverso la membrana mitocondriale interna verso lo spazio intermembrana, generando un *gradiente protonico* che serve a sintetizzare grandi quantità di ATP. Questo processo è chiamato **fosforilazione ossidativa**.

La catena respiratoria è formata da **complessi proteici** legati alla membrana e da **trasportatori mobili**, il *coenzima Q* e il *citocromo c*. La sintesi di ATP avviene per *accoppiamento chemiosmotico* grazie alla **ATP sintasi**:

$$C_6H_{12}O_6 + 6O_2 \rightarrow 6CO_2 + 6H_2O + 32\,ATP$$

La fermentazione

La fermentazione non produce ATP, ma ossida i coenzimi ridotti dalla glicolisi: consuma il piruvato in assenza di ossigeno.

Esistono due tipi di fermentazione:

- la **fermentazione alcolica** che produce etanolo e diossido di carbonio, secondo la formula:

$$C_6H_{12}O_6 + 2\,ADP + 2\,P_i \rightarrow$$
$$\rightarrow 2\text{ etanolo} + 2\,CO_2 + 2\,ATP + 2\,H_2O$$

- la **fermentazione lattica** che consuma il NADH per convertire il piruvato in acido lattico:

$$C_6H_{12}O_6 \rightarrow$$
$$\rightarrow 2\text{ lattato (o 2 etanolo} + 2\,CO_2) + 2\,ATP$$

VERIFICA LE TUE CONOSCENZE

ZTE ONLINE

Lezione 1
Una panoramica sull'ossidazione del glucosio

1. Il metabolismo cellulare del glucosio e la combustione di questo zucchero sono accomunati dal fatto che

A utilizzano l'ossigeno come combustibile.
B sono reazioni di ossidoriduzione.
C liberano energia sotto forma di calore.
D sono processi fortemente esoergonici.

2. Nel suo stato ridotto, il NAD può

A cedere due elettroni e due protoni.
B acquistare due elettroni e un protone.
C cedere due elettroni e un protone.
D acquistare un elettrone e due protoni.

3. In ambiente aerobico, la tappa conclusiva del metabolismo del glucosio è

A la respirazione cellulare.
B la fermentazione lattica.
C la fermentazione alcolica.
D la glicolisi.

Lezione 2
La glicolisi

4. La fase preparatoria della glicolisi produce

A una molecola di glucosio 6-fosfato.
B una molecola di G3P e una di DAP.
C una molecola di fruttosio 1,6-bisfosfato.
D due molecole di G3P.

5. La tappa *litica* della glicolisi è quella catalizzata dall'enzima

A aldolasi.
B gliceraldeide 3-fosfato deidrogenasi.
C piruvato chinasi.
D trioso fosfato isomerasi.

6. L'equilibrio DAP $\rightleftarrows$ G3P nella cellula

A spostato completamente a sinistra.
B dà un rapporto 1 : 1 tra i due prodotti.
C non è raggiunto perché G3P non si accumula.
D dipende dalla concentrazione del fruttosio 1,6-bisfosfato.

7. Nella reazione catalizzata dalla gliceraldeide 3-fosfato deidrogenasi

A il substrato cede un gruppo fosfato all'ADP.
B il substrato acquista un gruppo fosfato inorganico.
C il substrato cede un gruppo fosfato all'ATP.
D l'ATP cede un gruppo fosfato al substrato.

8. Il guadagno netto di energia della glicolisi è di

A 2 ATP e 2 NADH.
B 2 ATP.
C 4 ATP.
D 4 APT e 2 NADH.

Lezione 3
La respirazione cellulare

9. L'unico enzima del ciclo di Krebs che non si trova nella matrice mitocondriale è

A la piruvato deidrogenasi.
B la citrato sintetasi.
C la succinato deidrogenasi.
D l'α-chetoglutarato deidrogenasi.

10. L'energia derivante dall'idrolisi del legame del succinil-CoA è utilizzata per

A formare un nuovo legame C–C.
B sintetizzare una molecola di GTP.
C ossidare l'α-chetoglutarato.
D sintetizzare una molecola di ATP.

11. Il ciclo di Krebs è una via anfibolica perché

A il ciclo può girare in tutti due i versi, con funzioni opposte.
B essendo ciclico, chiude dove aveva avuto inizio.
C fa parte del metabolismo sia autotrofo sia eterotrofo.
D ha un ruolo sia nel catabolismo sia nell'anabolismo.

12. Tutti i complessi respiratori e i trasportatori mobili sono in grado di

A pompare ioni H^+ attraverso al membrana mitocondriale interna.
B ossidarsi e ridursi in modo reversibile.
C catalizzare la sintesi di ATP.
D reagire con il NADH + H^+ o il $FADH_2$.

13. L'ossigeno nella respirazione cellulare

A funge da accettore finale di elettroni.
B reagisce con ADP + P_i per dare ATP.
C si forma dalla reazione di H_2O.
D è utilizzato per produrre CO_2.

14. La catena di trasporto degli elettroni genera

A un gradiente elettrochimico.
B un accumulo di ioni H^+ nella matrice mitocondriale.
C un accoppiamento chemiosmotico.
D legami ad alta energia di idrolisi.

15. Tra i seguenti composti e molecole, non ha una funzione inibitrice

A lo ione cianuro.
B l'oligomicina.
C il 2,4-dinitrofenolo.
D l'amital.

16. Il disaccoppiamento

A è una grave disfunzione genetica.
B può servire in certi casi per generare calore.
C è causato dall'antibiotico termogenina.
D causa la produzione di DNP.

Lezione 4
La fermentazione

17. Per una cellula il prodotto principale della fermentazione alcolica è

A ATP.
B CO_2.
C etanolo.
D NAD^+.

18. La fermentazione lattica

A avviene in due tappe, ciascuna catalizzata da un enzima specifico.
B è tipica solo degli organismi unicellulari, procarioti ed eucarioti.
C avviene anche in alcuni organi del nostro corpo.
D è legata alla patologia detta intolleranza al lattosio.

VERIFICA LE TUE ABILITÀ

Barra il completamento esatto e motiva la risposta.

19. Il glucosio è un precursore versatile, infatti

A vi sono organismi che crescono su *terreni minimi*, con glucosio come unica fonte di C.

B la sua ossidazione completa porta alla liberazione di ben 2870 kJ.

C può essere degradato sia in ambiente aerobico sia in ambiente anaerobico.

D è l'unica molecola che può soddisfare tutte le necessità di un organismo umano.

20. La completa riduzione di una molecola di ossigeno richiede

A una molecola di FAD.

B due molecole di FAD.

C una molecola di $FADH_2$.

D due molecole di $FADH_2$.

21. Nonostante la loro minore efficienza energetica, i processi di fermentazione sono stati evolutivamente conservati perché

A sono più veloci della respirazione cellulare.

B non tutte le specie hanno evoluto la capacità di respirare.

C richiedono strutture più semplici.

D consentono di produrre ATP in assenza di ossigeno.

22. L'osservazione al microscopio di un tessuto consente di valutare quanto sia intenso il processo respiratorio delle sue cellule perché

A si osserveranno mitocondri con più creste.

B ci saranno meno mitocondri, ma più grossi.

C i mitocondri saranno piccoli e molto numerosi.

D i mitocondri avranno più membrane di rivestimento.

23. Un inibitore del complesso IV rispetto a un inibitore del complesso III risulta

A meno dannoso perché consente una maggiore possibilità di ingresso.

B egualmente dannoso perché comunque blocca il processo.

C più dannoso perché blocca qualunque flusso.

D più o meno dannoso in base al meccanismo di azione.

Barra il completamento errato.

24. La glicolisi è un processo irreversibile perché

A tutte le reazioni che la compongono sono irreversibili.

B tre delle sue tappe sono costituite da reazioni irreversibili.

C alcune delle reazioni della fase esoergonica sono irreversibili.

D alcune delle reazioni della fase endoergonica sono irreversibili.

25. La produzione dello yogurt attraverso la fermentazione lattica è vantaggiosa perché

A lo yogurt è più digeribile del latte.

B l'acidificazione favorisce la conservazione.

C lo yogurt è ricco di vitamina B3 sotto forma di NAD.

D lo yogurt è ricco di vitamine del gruppo B prodotte dai lattobacilli.

26. Completa il brano scegliendo tra i termini elencati in fondo.

Il ciclo di Krebs o .... è un processo ciclico che si compie nella .... Ogni tappa del ciclo è catalizzata da un .... specifico. All'inizio del ciclo, il gruppo acetile si lega a una molecola di .... Successivamente il gruppo acetile viene completamente ossidato: i suoi due atomi di carbonio sono eliminati sotto forma di due molecole di ...., mentre le quattro coppie di atomi di idrogeno sono usate per ridurre i trasportatori di elettroni. Per ogni gruppo acetile ossidato, quindi, si producono 3 molecole di NADH + H^+ e 1 di $FADH_2$. Il ciclo produce anche un ATP per ogni gruppo acetile attraverso una .... Al termine del processo, il .... è ossidato per ripristinare l'ossalacetato, che può essere riutilizzato dando inizio a un nuovo ciclo.

(ciclo dell'acido citrico, malato, CO_2, fosforilazione a livello del substrato, matrice mitocondriale, enzima, ossalacetato)

UNITUTOR VERSO L'UNIVERSITÀ

Preparati ai test di ammissione sul sito Unitutor.

27. Durante la fase aerobica della respirazione cellulare, la demolizione del glucosio rilascia diossido di carbonio. Per ogni molecola di glucosio, quante molecole di diossido di carbonio vengono rilasciate rispettivamente nella decarbossilazione ossidativa del piruvato (L) e nel ciclo di Krebs (K)?

A L=2; K=4.

B L=1; K=2.

C L=4; K=2.

D L=2; K=1.

E L=2; K=2

[dal test di ammissione a Medicina, 2014-15]

28. In quale/i delle seguenti fasi della respirazione cellulare si produce ATP?

1) Da glucosio a piruvato

2) Da piruvato a lattato

3) Da piruvato a etanolo

A Solo 1 e 3.

B Solo 2.

C Solo 1 e 2.

D Solo 2 e 3.

E Solo 1.

[dal test di ammissione a Veterinaria, 2013-14]

TEST YOUR ENGLISH

Choose the correct answer.

29. The Krebs cycle and oxidative phosphorylation are two phases of

A cell respiration.

B glycolysis.

C photosynthesis.

D fermentation process.

30. In aerobic conditions, the oxidation of one glucose molecule produces

A 24 ATP.

B 32 ATP.

C 40 ATP.

D it varies.

VERSO L'ESAME: LE TUE COMPETENZE

SCHEMATIZZA

31. Costruisci una mappa concettuale che schematizzi le diverse vie del metabolismo del glucosio, distinguendo tra quelle aerobiche e anaerobiche e indicando i prodotti di ciascuna di esse.

DEFINISCI

32. Scrivi la definizione dei seguenti termini: glicolisi, fosforilazione a livello del substrato, fosforilazione ossidativa, acetil-CoA, trasportatori mobili, gradiente elettrochimico, forza motrice protonica, accoppiamento chemiosmotico.

IPOTIZZA

33. In microbiologia sono noti ceppi di lievito che formano colonie dette *petite* (piccole) perché poste in coltura su una capsula di Petri raggiungono dimensioni di gran lunga inferiori a quelle dei ceppi selvatici (normali). L'analisi di tali ceppi ha dimostrato che essi sono portatori di una mutazione che rende inutilizzabile la catena di trasporto degli elettroni.

Formula un'ipotesi sul perché ciò possa spiegare l'anormale crescita delle colonie *petite* e proponi un esperimento che possa confermare la tua ipotesi.

CONFRONTA

34. Esistono due enzimi dal nome molto simile: la piruvato deidrogenasi e la piruvato decarbossilasi. Crea una tabella che consenta di comparare le caratteristiche delle reazioni catalizzate da questi due enzimi, evidenziandone somiglianze e differenze.

RIFLETTI

35. Immagina di potere ottenere tre diversi campioni di glucosio:
a) uno marcato con ^{3}H, che è radioattivo;
b) uno marcato con ^{14}C, anch'esso radioattivo;
c) uno caratterizzato dal contenere ^{18}O, un isotopo stabile, ma più pesante del molto più comune ^{16}O.

Se in tre esperimenti condotti in parallelo somministri questi campioni a tre colture di *E. coli* come unica fonte nutrizionale, in quale sostanza potrai rilevare la radioattività nei primi due casi e in quale ritroverai l'ossigeno pesante? Chiarisci le ragioni delle tue risposta.

SPERIMENTA

36. Se si isolano i mitocondri di una cellula e li si pone in sospensione acquosa, in presenza di una serie di sostanze a loro necessarie, i mitocondri sopravvivono e restano attivi per qualche tempo.
Immagina di dover allestire tre diversi esperimenti, nei quali poni i mitocondri:
a) in una soluzione acida;
b) in una soluzione neutra;
c) in una soluzione basica.

Che cosa cambierà nei tre casi? Ipotizza la causa di tali differenze.

RIFLETTI

37. Immagina di applicare un farmaco in grado di causare la separazione dell'unità F1 dalla Fo dell'enzima ATP sintasi. Quale conseguenza avrebbe per la catena di trasporto e, di conseguenza, per tutta la cellula?

MOTIVA

38. Il doping è definito come la somministrazione a un atleta di sostanze proibite dai regolamenti, allo scopo di accrescere in modo sleale il rendimento fisico nel corso di una competizione. Se un atleta si iniettasse direttamente delle molecole di ADP in una fibra muscolare, otterrebbe un'accelerazione del ciclo di Krebs e quindi la maggior produzione di energia.

Come puoi spiegare questo fenomeno?

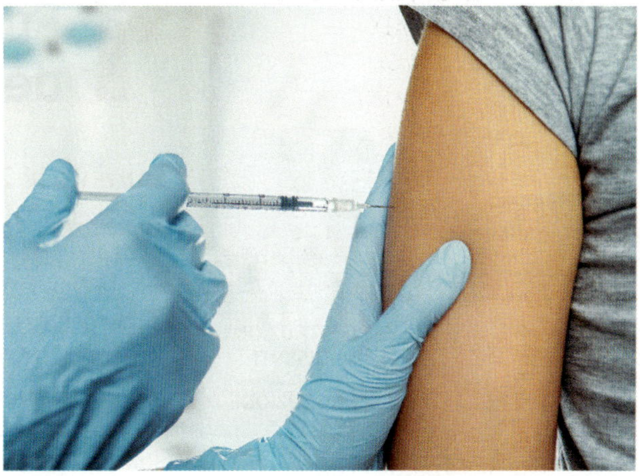

ASSOCIA

39. Completa la tabella evidenziando le corrispondenze tra le fasi della respirazione cellulare (lettere) e gli eventi che le contraddistinguono (numeri).

Fasi	Eventi
A. Glicosi	**1.** Ha come accettore finale l'ossigeno
B. Fermentazione alcolica	**2.** Ha una molecola di glucosio come composto di partenza
C. Ciclo di Krebs	**3.** Avviene nei muscoli in assenza di O_2
D. Catena di trasporto degli elettroni	**4.** Trasforma l'acido piruvico in etanolo
E. Fermentazione lattica	**5.** Demolisce il gruppo acetile liberando CO_2

A	B	C	D	E

Capitolo

E5

La regolazione del metabolismo

1 Funzioni e controllo dell'alimentazione

A colpo d'occhio

FUNZIONE DEI NUTRIENTI

- PLASTICA — COSTRUZIONE DI TESSUTI
- ENERGETICA — PRODUZIONE DI ATP
- REGOLATRICE — CONTROLLO DELL'ATTIVITÀ CELLULARE

Ti ricordi?

Il **pancreas** è una grossa ghiandola che fa parte dell'apparato digerente e presenta sia cellule a funzione esocrina, che producono i succhi pancreatici, sia cellule endocrine chiamate isole di Langerhans, che producono glucagone (cellule α) e insulina (le cellule β).

Durante le 24 ore si alternano diversi cicli di nutrizione/digiuno

Attraverso l'alimentazione, il nostro organismo riceve i materiali di cui necessita per tutti gli scopi vitali. I nutrienti che costituiscono gli alimenti, infatti, svolgono sia una **funzione plastica**, fornendo le biomolecole necessarie per la costruzione dei tessuti e il loro mantenimento, sia una **funzione energetica**, in quanto l'energia che si libera dalla loro ossidazione viene trasformata in ATP e poi usata dai diversi organi per il loro funzionamento. Il glucosio è la nostra principale fonte di energia (*vedi* capitolo E4), ma negli alimenti è presente in forma libera solo in minima percentuale perché si trova prevalentemente come costituente dei carboidrati complessi che, assieme ai lipidi e alle proteine, formano gli alimenti *essenziali* per il nostro organismo. Il termine «essenziale» indica che i nutrienti devono essere presenti in quantità adeguate a evitare il danneggiamento delle funzioni dei tessuti, ma poiché l'organismo non può sintetizzarli o non è in grado di produrne in quantità sufficienti, bisogna assumerli con la dieta. Alcuni nutrienti poi, come le vitamine e i sali minerali, svolgono anche un'importante **funzione regolatrice**.

L'apporto di nutrienti, tuttavia, non è costante. Durante la giornata, nel nostro corpo si avvicendano diversi cicli di **nutrizione/digiuno** che dipendono dalla vicinanza o dalla distanza dai pasti. Nel periodo post-prandiale, infatti, una quota dei nutrienti assimilati in seguito alla digestione è usata per ricavare energia, mentre un'altra quota è accumulata come riserva da usare nei periodi di digiuno che intercorrono tra un pasto e l'altro, soprattutto nelle ore notturne. Passando quindi dallo stato di digiuno a quello di nutrizione (e viceversa) il nostro metabolismo subisce profonde modificazioni che, grazie al controllo ormonale, garantiscono l'omeostasi e permettono di mantenere costanti i parametri fisiologici. I principali ormoni coinvolti nella regolazione del metabolismo sono l'**insulina** e il **glucagone**, entrambi prodotti dal *pancreas*.

Nella fase di alimentazione prevalgono le vie metaboliche che tendono a immagazzinare i nutrienti sotto forma di glicogeno, trigliceridi e proteine, oppure a utilizzarli immediatamente per produrre energia. Nelle ore di digiuno, invece, le vie metaboliche prevalenti sono quelle che demoliscono le sostanze di riserva o che sintetizzano glucosio a partire da altri composti. In questo modo la *glicemia* (cioè la concentrazione di glucosio nel sangue) è mantenuta costante e le cellule possono essere rifornite di glucosio anche a distanza da un pasto.

Organi e tessuti hanno esigenze energetiche e metaboliche differenti

Il nostro organismo utilizza energia sotto forma di ATP non solo durante i periodi di attività, ma anche nei periodo di riposo. L'ATP deve quindi essere continuamente rigenerato per evitare che le cellule muoiano. Per soddisfare questa esigenza metabolica, introduciamo molecole di nutrienti sotto forma di alimenti normalmente suddivisi in tre pasti principali, in modo da assicurare un apporto calorico tra 600 e 800 kcal a pasto; queste calorie sono ripartite tra carboidrati (55-60%), lipidi (20-30%) e proteine (10-15%). Gli acidi nucleici presenti negli alimenti di origine animale sono in quantità troppo limitate per essere rilevanti dal punto di vista nutrizionale.

Una volta introdotti con gli alimenti, i nutrienti sono scissi nei loro componenti di base grazie all'azione degli enzimi digestivi. Nei mammiferi, le modalità della digestione variano a seconda del tipo di alimentazione: i carnivori presentano una digestione quasi esclusivamente enzimatica, mentre negli erbivori è presente anche un'intensa attività di fermentazione che avviene nel rumine (nei ruminanti) oppure nell'intestino (nei conigli e negli equini). Gli esseri umani sono onnivori monogastrici adattati a consumare alimenti di vario tipo; la nostra digestione quindi è affidata prevalentemente agli enzimi, anche se nel colon possono avere luogo processi fermentativi importanti per la sintesi di alcune vitamine.

Dopo la digestione, i nutrienti vengono assorbiti e subiscono destini diversi a seconda degli organi a cui sono destinati. L'utilizzo delle sostanze nutrienti, infatti, non è identico in tutte le cellule, ma cambia a seconda della funzione specifica dell'organo stesso o del tessuto.

Il *fegato* modifica e distribuisce ai tessuti periferici i nutrienti in arrivo dall'intestino, ed è quindi l'organo che presenta la maggiore flessibilità metabolica; nella fase di nutrizione immagazzina glucosio sotto forma di glicogeno, mentre nella fase di digiuno lo rilascia rendendolo disponibile agli altri organi (**figura 1**). I *muscoli* hanno bisogno di energia per contrarsi; il metabolismo delle cellule mu-

Curiosità

È utile variare la composizione dei **pasti** di giorno in giorno per evitare che l'organismo si abitui a una dieta monotona e per assicurare il giusto apporto di vitamine e sali minerali, che sono distribuiti negli alimenti in modo diverso per qualità e per quantità.

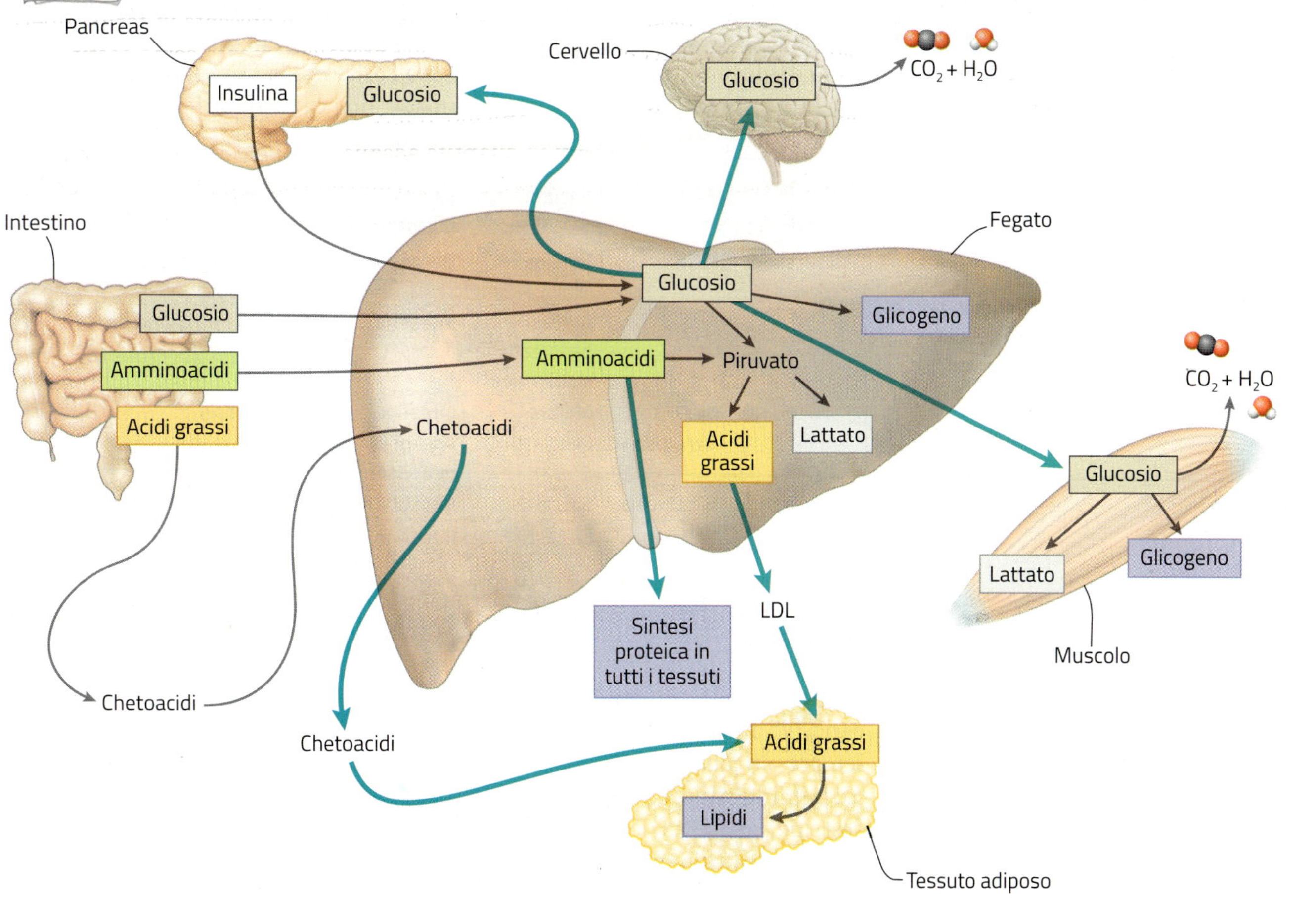

▼ Figura 1
Il fegato distribuisce il glucosio contenuto nel cibo ai vari organi e tessuti, provvedendo a convertirlo nelle forme in cui è consumato o immagazzinato.

Leggi l'approfondimento nell'ebook:
La nostra salute
I rimedi metabolici al digiuno

scolari, quindi, è specializzato nel produrre ATP. Il *tessuto adiposo* ha il compito di immagazzinare gli acidi grassi come riserva energetica e di distribuirli quando l'apporto di glucosio con la dieta non è sufficiente al fabbisogno energetico dell'organismo. Il *cervello* e il resto del sistema nervoso, invece, hanno bisogno di energia per trasmettere impulsi elettrici; le cellule nervose ricavano energia quasi esclusivamente dal glucosio ematico, e quindi dipendono dalla glicemia, che deve essere mantenuta sempre costante per la loro sopravvivenza. Il *sangue*, infine, provvede a trasportare ossigeno e nutrienti, soddisfacendo così le richieste metaboliche dei vari tessuti.

Facciamo il punto

1. Quali sono le funzioni svolte dai nutrienti nell'organismo?
2. Che cosa sono i cicli di nutrizione/digiuno?
3. Quali differenze metaboliche esistono tra i diversi organi del corpo umano?

CARBOIDRATI = nutrienti più efficaci per ottenere ENERGIA → c'è bisogno di ENZIMI per ridurli a MONOSACCA.
→ AMIDO → azione dell'AMILASI che scinde i LEGAMI α 1,4 GLUCOSIDICO
→ CELLULOSA → non può essere DIGERITA dall'intestino umano (legami β 1,4 GLICOSIDICI)

2 Il metabolismo degli zuccheri

La digestione dei carboidrati avviene grazie a enzimi che scindono polisaccaridi e disaccaridi

I **carboidrati** sono i nutrienti più efficaci per ricavare energia, ma per poter essere assimilati è necessario un corredo di enzimi che li riduca a monosaccaridi (**tabella 1**).

I principali carboidrati presenti negli alimenti sono l'amido e la cellulosa, due polimeri del glucosio sintetizzati dalle piante che si differenziano per il tipo di legame che tiene unite le unità strutturali. **L'amido** costituisce circa la metà dei carboidrati che assumiamo con gli alimenti ed è facilmente digeribile grazie all'azione delle *amilasi*, gli enzimi che scindono i legami α-1,4-glicosidici tra le unità di glucosio. La **cellulosa**, invece, va a costituire la fibra alimentare perché non può essere digerita dall'intestino umano; mancano, infatti, le *cellulasi*, gli enzimi capaci di rompere i legami β-1,4-glicosidici.

Ti ricordi?
Nell'**amido** le unità di glucosio sono unite tra loro tramite legami α-1,4-glicosidici, mentre nella **cellulosa** i legami sono β-1,4 glicosidici; questa differenza rende l'amido digeribile per l'intestino umano, mentre la cellulosa risulta indigeribile perché manca un enzima in grado di idrolizzare il legame β-1,4-glicosidico.

▸ **Tabella 1**
Alcuni esempi di carboidrati complessi, che devono essere scissi nei loro costituenti per poter essere assimilati dall'intestino umano.

Classe di carboidrati	Esempio	Enzima	Sede della digestione	Prodotti
Polisaccaridi	Amido	Ptialina	Bocca	Maltosio, maltotriosio e destrine
		Amilasi pancreatiche e destrine	Intestino	Maltosio e glucosio
		Maltasi	Intestino	Glucosio
	Cellulosa	Cellulasi	Assente nell'essere umano	/
Disaccaridi	Saccarosio	Saccarasi	Intestino	Glucosio e fruttosio
	Lattosio	Lattasi	Intestino	Glucosio e galattosio

Già nel cavo orale l'amido è parzialmente idrolizzato dall'azione dell'*α-amilasi salivare* o *ptialina* che produce maltosio (un disaccaride), maltotriosio (un trisaccaride) e destrine (oligosaccaridi anch'essi costituiti da alcune unità di glucosio). La ptialina, infatti, scinde in maniera casuale i legami α-1,4-glicosidici, frazionando l'amilosio e l'amilopectina (i due costituenti dell'amido) in frammenti sempre più piccoli, ma senza intaccare i legami α-1,6-glicosidici dell'amilopectina. Nell'intestino, poi, le *amilasi pancreatiche* e l'*enzima deramificante* idrolizzano le destrine con formazione di maltosio e glucosio; le *maltasi*, infine, agiscono scindendo il maltosio in due molecole di glucosio.

La digestione dei **disaccaridi** è più rapida e avviene grazie agli enzimi intestinali che li scindono nei monomeri costituenti: il saccarosio è scisso dalla *saccarasi* in glucosio e fruttosio, mentre il lattosio è idrolizzato a glucosio e lattosio dalla *lattasi*. I monosaccaridi sono assorbiti dalle cellule dei villi intestinali, dove fruttosio e galattosio, in parte, vengono isomerizzati a glucosio. Infine tutto il glucosio è immesso nel circolo sanguigno e, tramite la vena porta, arriva al fegato.

Dopo un pasto ricco di carboidrati, il livello del glucosio nel sangue aumenta. Di conseguenza, per ripristinare i livelli normali della glicemia, il glucosio è metabolizzato per ottenere energia oppure immagazzinato come glicogeno; le vie metaboliche coinvolte sono la glicolisi, la respirazione cellulare, la glicogenosintesi e, con fini diversi, la via del pentoso fosfato.

La via del pentoso fosfato è parallela alla glicolisi e produce NADPH

La funzione principale del catabolismo del glucosio attraverso la glicolisi è la produzione di ATP, ma esistono altre vie cataboliche che, partendo dal glucosio, portano alla formazione di prodotti necessari alla cellula. Una di queste è la **via del pentoso fosfato**, che ha luogo nel citoplasma e utilizza il glucosio 6-fosfato non per scopi energetici, ma per produrre ribosio e molecole di NADPH (**figura 2**).

La via del pentoso fosfato ha, infatti, due scopi principali: innanzitutto rifornisce di ribosio utile per la sintesi di RNA, DNA, ATP e coenzimi le cellule che si dividono rapidamente, come le cellule del midollo osseo, della mucosa intestinale e le cellule tumorali; inoltre produce NADPH, un coenzima ridotto che costituisce una fonte di elettroni per le reazioni di sintesi di acidi grassi (nel fegato, nelle cellule del tessuto adiposo e nelle ghiandole mammarie), di colesterolo e di ormoni steroidei (nel fegato, nelle ghiandole surrenali, nei testicoli e nelle ovaie). Il NADPH serve anche a contrastare gli effetti dannosi dei radicali liberi prodotti dall'ossigeno.

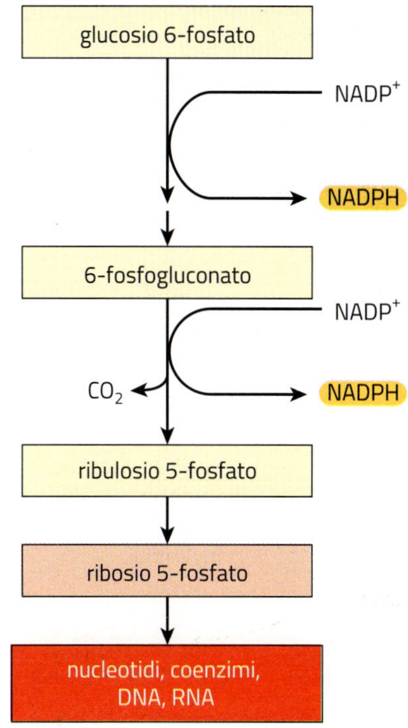

▲ **Figura 2**
Attraverso la via del pentoso fosfato l'organismo ricava le molecole di ribosio necessarie per la costruzione dei nucleotidi e alcuni coenzimi ridotti.

1 - La nostra salute

Favismo: malattia o scudo protettivo?

Il **favismo** è un deficit congenito di *glucosio 6-fosfato deidrogenasi*, l'enzima che catalizza la prima reazione nella via del pentoso fosfato. La reazione riduce una molecola di NAP$^+$ a NADPH:

Oltre a prendere parte a numerose reazioni biosintetiche, il NADPH generato da questa via protegge le cellule dai danni ossidativi causati da molecole particolarmente reattive, le ROS (*specie reattive dell'ossigeno*), che si generano durante il metabolismo ossidativo.

Le ROS sono trasformate in molecole innocue grazie all'intervento del *glutatione ridotto*, un tripeptide formato da glutammato, cisteina e glicina che, con il suo gruppo solfidrico libero, si comporta da agente riducente; una volta svolto il suo compito, il glutatione si trova nella forma ossidata e deve essere nuovamente ridotto dal NADPH prodotto dalla glucosio 6-fosfato deidrogenasi nella via del pentoso fosfato.

Per tale motivo, le cellule carenti di glucosio 6-fosfato deidrogenasi sono particolarmente sensibili agli stress ossidativi: questo è vero soprattutto per i globuli rossi, che metabolizzano il glucosio esclusivamente in anaerobiosi e di conseguenza dispongono soltanto della fermentazione per produrre coenzimi ridotti.

UN OSTACOLO CONTRO LA MALARIA

La carenza di glucosio 6-fosfato deidrogenasi si manifesta in modo più grave quando l'individuo consuma fave (**figura**) o piselli, assume certi farmaci (come sulfamidici, salicilici, antimalarici) o viene esposto ad alcuni erbicidi. Le sostanze contenute in questi prodotti, infatti, agiscono da «fattori scatenanti» perché inibiscono l'attività della glucosio 6-fosfato deidrogenasi dei globuli rossi. I sintomi sono emolisi, itterizia e insufficienza renale e compaiono in modo improvviso, entro 48 ore dall'assunzione delle fave fresche o dei medicinali.

A causare la mancanza dell'enzima è la mutazione di un gene che si trova sul cromosoma X: i maschi ne sono colpiti in forma grave mentre le femmine, che sono portatrici del gene mutato, si ammalano di forme più lievi.

Nonostante la sua gravità, il favismo ha rappresentato una forma di protezione per le popolazioni che lo hanno contratto. Questa malattia è, infatti, diffusa soprattutto in Africa e nel bacino del Mediterraneo, dove la deficienza enzimatica conferisce resistenza ad alcune forme di malaria perché per svilupparsi il plasmodio della malaria ha bisogno di glutatione ridotto e dei prodotti della via del pentoso fosfato.

▲ **Figura**
Le fave (*Vicia faba*) sono delle leguminose che producono baccelli di 20 cm di lunghezza, al cui interno ci possono essere semi di colore verde, viola o rossastro a seconda della varietà.

> **Ti ricordi?**
> Nel **glicogeno** le unità di glucosio sono unite da legami α-1,4-glicosidici a formare catene lineari, mentre i punti di ramificazione si formano grazie a legami α-1,6-glicosidici.

Il glucosio è immagazzinato sotto forma di glicogeno

Nel nostro organismo, il glucosio introdotto in eccesso con gli alimenti è convertito in glicogeno, che si accumula soprattutto nel fegato e nei muscoli scheletrici sotto forma di granuli citoplasmatici (**figura 3**). Il glicogeno è un polimero ramificato costituito da monomeri di glucosio; sebbene il suo contenuto energetico sia inferiore rispetto a quello degli acidi grassi, questo polimero presenta alcuni vantaggi rispetto ai lipidi: la demolizione del glicogeno, infatti, è molto rapida e produce direttamente glucosio disponibile.

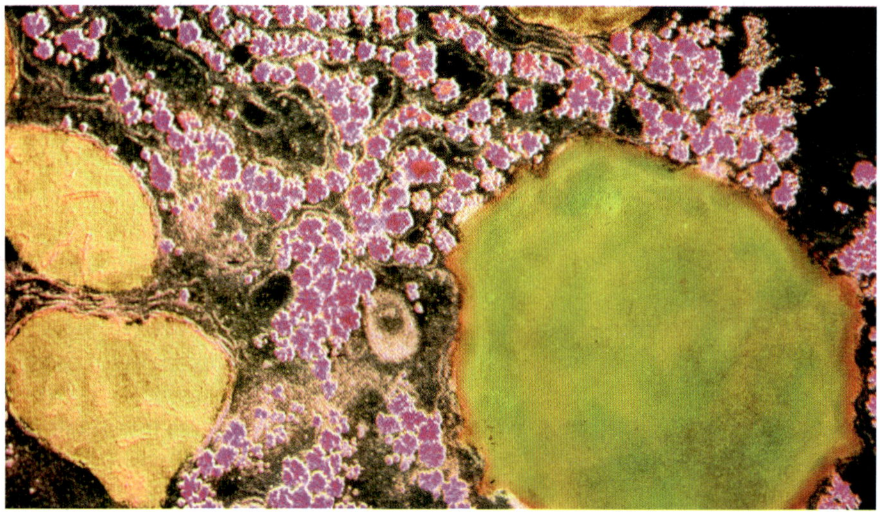

▸ Figura 3
Figura al microscopio elettronico a trasmissione di una cellula epatica: in rosa i granuli di glicogeno, in verde un vacuolo contenente una miscela di trigliceridi.

METABOLISMO del GLICOGENO → GLICOGENOSINTESI, GLICOGENOLISI
sono regolate nel FEGATO per mantenere la glicemia costante
→ nei MUSCOLI SCHELETRICI il glicogeno produce ATP, e i due processi sono regolati dal muscolo stesso in base alle necessità

Il **metabolismo del glicogeno** comprende due vie: la biosintesi del glicogeno (*glicogenosintesi*) e la sua demolizione (*glicogenolisi*). Nel fegato, queste due vie metaboliche sono regolate per mantenere costante la glicemia: dopo un pasto si attiva la glicogenosintesi e il glucosio esogeno è utilizzato per ripristinare le riserve di glicogeno intaccate nelle ore di digiuno; al contrario, quando l'apporto di glucosio esogeno termina, la sintesi del glicogeno è inibita e si attiva la glicogenolisi per liberare le unità di glucosio. Nei muscoli scheletrici, invece, il glicogeno è metabolizzato esclusivamente per produrre ATP, per cui i due processi sono regolati in modo da soddisfare il fabbisogno di energia del muscolo stesso, che può consumare le proprie riserve di glicogeno in meno di un'ora di esercizio fisico intenso.

La biosintesi del glicogeno o **glicogenosintesi** (**figura 4**) ha inizio con la trasformazione del glucosio 6-fosfato a glucosio 1-fosfato ad opera dell'enzima *fosfoglucomutasi*. Il glucosio 1-fosfato deve essere a sua volta «attivato» tramite l'intervento del nucleotide uridina trifosfato (UTP), che lo converte in uridina difosfo-glucosio (UDP-glucosio), secondo la reazione:

$$\text{glucosio 1-fosfato} + \text{UTP} \rightarrow \text{UDP-glucosio} + \text{PP}_i$$

> **Ti ricordi?**
> I polisaccaridi amido e glicogeno sono zuccheri **non riducenti**, ovvero presentano una sola estremità riducente (con un gruppo emiacetalico libero), quella che ha il carbonio anomerico libero; tutte le altre estremità, tante quante sono le ramificazioni, hanno carattere non riducente.

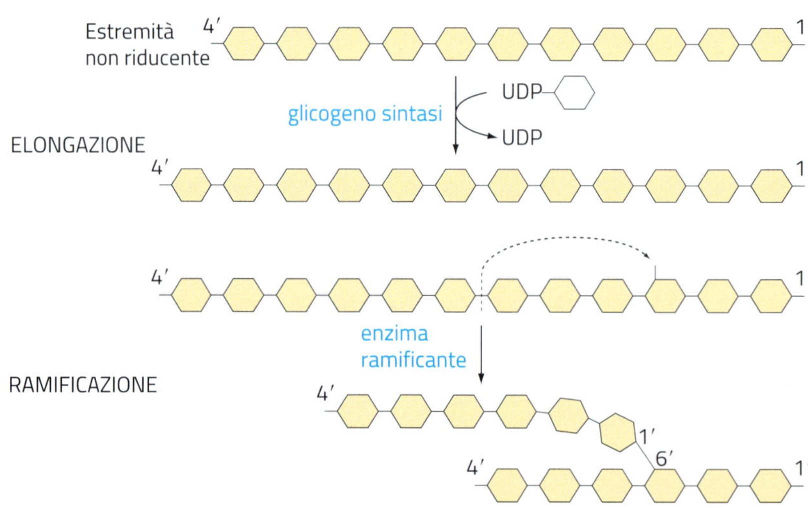

▸ Figura 4
L'allungamento della molecola di glicogeno coinvolge gli enzimi fosfoglucomutasi, glicogeno sintasi ed enzima ramificante.

A questo punto l'enzima *glicogeno sintasi* trasferisce la molecola del glucosio dall'UDP a un'estremità non riducente di una molecola di glicogeno costituita da unità di glucosio legate con legami α-1,4-glicosidici, allungando così questa catena lineare. I legami α-1,6-glicosidici che costituiscono i punti di ramificazione si formano successivamente, grazie all'intervento dell'*enzima ramificante*, che trasferisce 6-8 unità di glucosio al gruppo ossidrile sul C-6 del glucosio posto all'estremità di una catena. La formazione delle ramificazioni rende la molecola di glicogeno aggredibile dagli enzimi in più punti contemporaneamente.

Tramite la **glicogenolisi** (**figura 5**) il glicogeno viene scisso nei suoi monomeri, con produzione di glucosio 6-fosfato; la demolizione ha inizio con il distacco di unità di glucosio 1-fosfato dalle estremità non riducenti grazie all'enzima *glicogeno fosforilasi*, che rompe i legami α-1,4-glicosidici formando, in presenza di fosfato inorganico, glucosio 1-fosfato. Questo enzima agisce sulle estremità della molecola di glicogeno fino a quando non si avvicina a un punto di ramificazione in corrispondenza di un legame α-1,6-glicosidico; qui la *glicogeno fosforilasi* si blocca e viene sostituita dall'*enzima deramificante*, che libera una molecola di glucosio e spezza la ramificazione per rendere nuovamente possibile l'azione della *fosforilasi*.

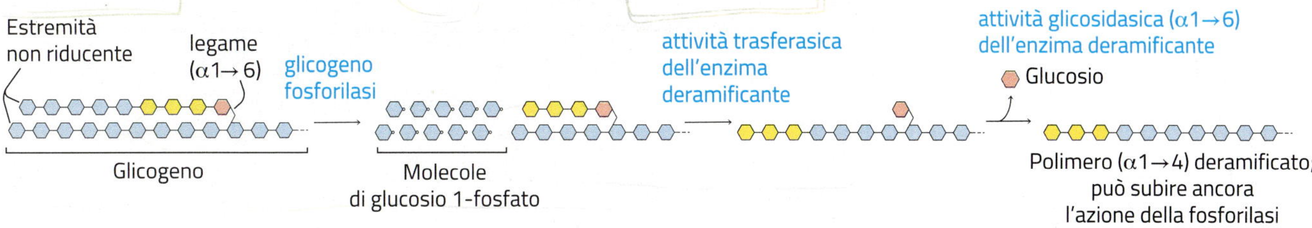

▲ **Figura 5**
La demolizione della molecola di glicogeno è attuata dagli enzimi glicogeno fosforilasi ed enzima deramificante.

Il glucosio 1-fosfato è poi convertito in glucosio 6-fosfato dall'enzima *fosfoglucomutasi*. A questo punto il glucosio 6-fosfato può imboccare due vie:

- nel muscolo il glucosio 6-fosfato entra nella glicolisi, dove serve come fonte di energia immediata per la contrazione;
- nel fegato il glucosio 6-fosfato è convertito in glucosio, che viene rilasciato nel sangue.

L'attività degli enzimi *glicogeno sintasi* e *glicogeno fosforilasi* è uno snodo molto importante nelle vie che accumulano o utilizzano le riserve di glucosio; per questo è sottoposta a una serie di controlli metabolici e ormonali. **L'insulina**, infatti, inibisce la lisi del glicogeno e promuove l'azione della *glicogeno sintasi*, stimolando la sintesi di glicogeno, sia nel fegato sia nel muscolo; il **glucagone**, al contrario, inibisce nel fegato la glicogenosintesi e stimola la demolizione del glicogeno, consentendo a quest'organo di mantenere costante il valore della glicemia anche in assenza di glucosio esogeno. L'**adrenalina**, infine, stimola la lisi del glicogeno nel muscolo, dove il glucosio 6-fosfato che si forma è metabolizzato per fornire energia.

A colpo d'occhio

REGOLAZIONE DEL GLICOGENO

INSULINA	GLICOGENOSINTESI (FEGATO E MUSCOLO)
GLUCAGONE	GLICOGENOLISI (FEGATO)
ADRENALINA	GLICOGENOLISI (MUSCOLO)

Il glucosio può essere sintetizzato a partire da altre molecole

Alcuni tessuti del nostro corpo dipendono quasi completamente dal glucosio per gli scopi energetici: il fabbisogno giornaliero di glucosio del cervello, per esempio, è di circa 120 g, che costituiscono la maggior parte dei 160 g richiesti ogni giorno dall'intero organismo. Poiché l'unica riserva di glucosio è costituita dal glicogeno epatico, che è in grado di coprire il fabbisogno solo per alcune ore di digiuno, l'organismo dispone di una via metabolica chiamata **gluconeogenesi**, che produce glucosio a partire da precursori non glucidici come il piruvato, il lattato, il glicerolo e alcuni amminoacidi.

Il lattato si forma soprattutto nei globuli rossi, che essendo privi di mitocondri possono contare solo sulla glicolisi, e nel muscolo attraverso la fermentazione lattica, quando la velocità della glicolisi supera quella della respirazione cellulare. Grazie al ciclo di Cori (*vedi* capitolo E4) il lattato torna al fegato, dove è trasformato in piruvato, il quale, ripercorrendo a ritroso le tappe della glicolisi, è poi convertito in glucosio.

Il glicerolo, invece, deriva dall'idrolisi dei trigliceridi, dove è presente in quantità di circa il 5% e può essere fosforilato e ossidato a diidrossiacetone fosfato, un intermedio della glicolisi. Infine gli amminoacidi *glucogenici*, che derivano dalle proteine degli alimenti oppure dal turnover delle proteine muscolari, sono degradati per ricavare gli scheletri carboniosi che possono essere convertiti in glucosio.

Nei vertebrati, la gluconeogenesi avviene soprattutto nel citoplasma delle cellule del fegato e del rene; una volta sintetizzato, il glucosio passa nel sangue per rifornire gli altri tessuti. Anche se hanno diverse tappe in comune, la gluconeogenesi e la glicolisi non sono semplicemente vie metaboliche identiche percorse in direzioni opposte (**figura 6**). Sette delle dieci reazioni enzimatiche della glicolisi sono, infatti, reazioni reversibili che possono avvenire nella direzione opposta, ma tre sono irreversibili e quindi non sono utilizzabili nella gluconeogenesi; per

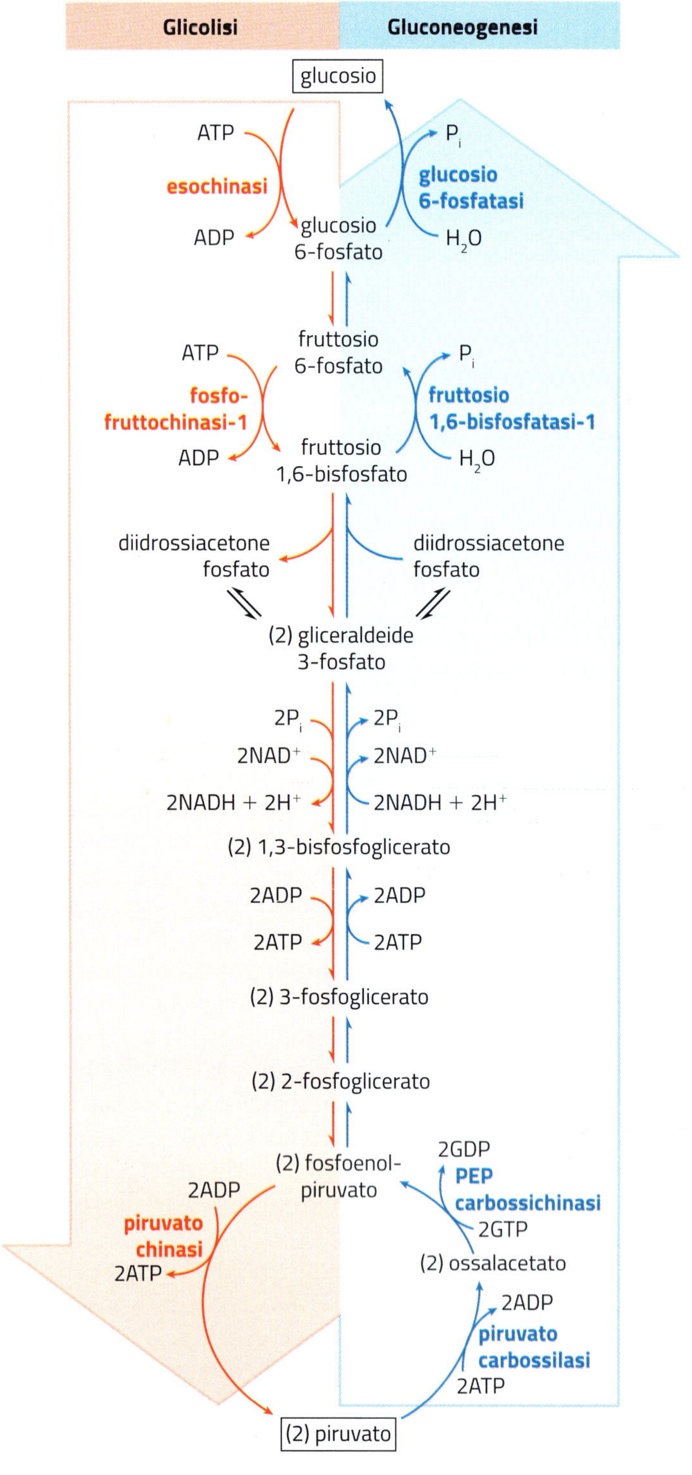

▸ **Figura 6**
Confronto tra le reazioni della glicolisi (in rosso), che vanno dal glucosio al piruvato, e quelle della gluconeogenesi (in blu), che procedono dal piruvato al glucosio.

superare queste tappe è dunque necessario l'intervento di enzimi diversi e un piccolo dispendio energetico.

Come le glicogenosintesi e la glicogenolisi, anche la glicolisi e la gluconeogenesi necessitano di una regolazione coordinata: infatti, se procedessero simultaneamente, si creerebbero dei cicli «futili» che produrrebbero consumo di ATP con dispersione di calore. Le vie metaboliche sono quindi regolate affinché la glicogenolisi e la gluconeogenesi vengano inibite quando il flusso del glucosio procede verso la sintesi del glicogeno o attraverso la glicolisi, e viceversa.

2 - La nostra salute

La regolazione del metabolismo glucidico

La regolazione del metabolismo del glucosio avviene grazie a degli enzimi soggetti a **modificazione covalente**: questi enzimi, infatti, possono essere **fosforilati** tramite *proteine chinasi* su residui di serina, treonina o tirosina oppure **defosforilati** tramite *fosfatasi*. Alcuni di essi sono attivi se defosforilati, mentre altri sono attivi quando sono fosforilati (**tabella**).

L'azione dei due ormoni antagonisti insulina e glucagone controlla queste vie metaboliche: in condizioni di **iperglicemia** (elevate concentrazioni di glucosio nel sangue) l'insulina causa la defosforilazione della *glicogeno sintasi* (che si attiva) e della *fosforilasi* (che invece viene inibita). Contemporaneamente l'insulina induce la defosforilazione, e quindi l'attivazione, della *fosfofruttochinasi* e inibisce, per defosforilazione, la *fruttosio1,6-bisfosfatasi*, enzima chiave della gluconeogenesi. In condizioni di iperglicemia, quindi, sono attive la glicogenosintesi e la glicolisi, mentre la glicogenolisi e gluconeogenesi sono inibite.

Nelle ore di digiuno, che corrispondono a periodi di **ipoglicemia** (basse concentrazioni di glucosio nel sangue), cambiano i livelli ormonali: il pancreas non secerne più insulina, ma glucagone. Il glucagone fosforila la *fosforilasi*, attivandola, e la *glicogeno sintasi*, che quando è fosforilata è inattiva; si interrompe quindi la sintesi del glicogeno mentre è attivata la glicogenolisi, con formazione di unità di glucosio libero, che è immesso in circolo per mantenere costante il valore della glicemia. Contemporaneamente, sempre sotto l'azione del glucagone, è fosforilata la *fosfofruttochinasi*, che viene resa inattiva e provoca il blocco della glicolisi; al contrario, la fosforilazione della *fruttosio 1,6-bisfosfatasi* rende sempre più attiva la gluconeogenesi a mano a mano che si esauriscono le scorte di glicogeno. In condizioni di ipoglicemia, quindi, le vie metaboliche attive sono la glicogenolisi e la gluconeogenesi, mentre la glicogenosintesi e la glicolisi risultano inibite.

Riassumendo, in condizioni di iperglicemia, come dopo un pasto ricco di carboidrati, sotto l'azione dell'insulina il glucosio è immagazzinato come glicogeno o metabolizzato tramite la glicolisi per formare acetil-CoA, precursore della sintesi degli acidi grassi; in condizioni di ipoglicemia invece, come nelle ore di digiuno, la richiesta di glucosio viene soddisfatta o dalla degradazione del glicogeno o tramite la gluconeogenesi grazie all'azione del glucagone (**figura**).

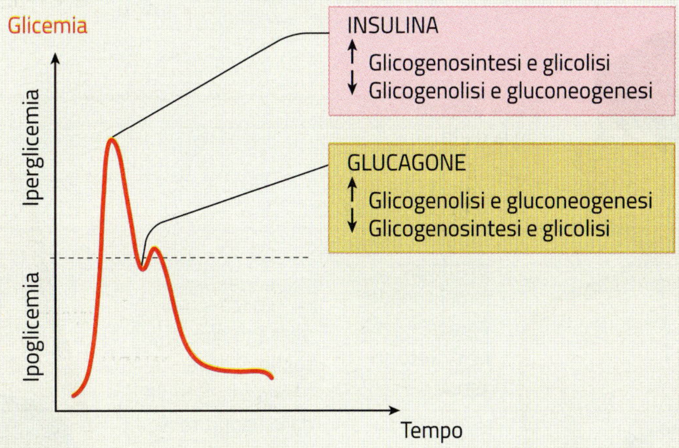

◂ **Figura** L'effetto delle diverse vie metaboliche sulla glicemia.

Ormone	Fosforila	Defosforila	Effetto sull'enzima	Effetto sulla via metabolica
Insulina		*Glicogeno sintasi*	Attivo	Glicogenosintesi attivata
		Fosforilasi	Inibito	Glicogenolisi bloccata
		Fosfofruttochinasi	Attivo	Glicolisi attivata
		Fruttosio1,6-bisfosfatasi	Inibito	Gluconeogenesi bloccata
Glucagone	*Fosforilasi*		Attivo	Glicogenolisi attivata
	Glicogeno sintasi		Inibito	Glicogenosintesi bloccata
	Fosfofruttochinasi		Inibito	Glicolisi bloccata
	Fruttosio1,6-bisfosfatasi		Attivo	Gluconeogenesi attivata

◂ **Tabella** La concentrazione di glucosio nel sangue dipende dall'azione degli ormoni insulina e glucagone, che attivano gli enzimi fosforilandoli o defosforilandoli.

Facciamo il punto

1. Come avviene la gluconeogenesi?
2. Quale funzione ha la via del pentoso fosfato?
3. Come avviene la glicogenosintesi?

3 Il metabolismo dei lipidi

La digestione e l'assorbimento dei lipidi sono influenzati dalla loro idrofobicità

I **lipidi** sono una classe di biomolecole assai eterogenea che rappresenta la principale riserva energetica dell'organismo, ma hanno anche importanti funzioni strutturali, di regolazione e di trasporto delle vitamine liposolubili. Trattandosi di composti con un grado di ossidazione inferiore a quello dei carboidrati, l'ossidazione metabolica dei lipidi consuma più ossigeno, ma rilascia una quantità di energia superiore.

Le quantità di lipidi (e, in particolare, di trigliceridi) che introduciamo con la dieta varia molto a seconda della distribuzione geografica della popolazione: nelle nazioni meno industrializzate la percentuale di grassi assunta è spesso inferiore al fabbisogno minimo, mentre nelle zone più ricche si verifica il contrario e questo provoca problemi di sovrappeso e obesità.

Per una sana alimentazione si suggerisce che circa il 30% circa delle calorie giornaliere sia fornito dai grassi, preferendo quelli vegetali per l'elevato contenuto di acidi grassi polinsaturi. In particolare l'*acido linoleico* (un acido grasso della serie ω-6 da cui si formano gli altri della stessa serie) e l'*acido linolenico* (della serie ω-3, precursore della sintesi degli altri della stessa serie) sono due acidi grassi polinsaturi definiti *essenziali* perché il nostro organismo non ne può fare a meno, ma non è in grado di sintetizzarli.

Come la digestione dei carboidrati, anche la digestione dei lipidi avviene nell'intestino grazie agli enzimi pancreatici e intestinali (**figura 7**). Il problema principale da affrontare nella digestione, nell'assorbimento e nel trasporto di

Curiosità

Secondo i dati della FAO (organizzazione delle Nazioni Unite per l'alimentazione e l'agricoltura) 795 milioni di persone nel mondo sono **denutrite**; il dato è in ribasso negli ultimi trent'anni: nel 1990 il numero di persone che non assumeva la dose minima giornaliera di cibo superava 1 miliardo di persone. Allo stesso tempo, però, l'OMS (Organizzazione Mondiale della Sanità) ha reso noto che nel 2014 il numero di persone **obese** o in sovrappeso era di 1,4 miliardi.

▾ **Figura 7**
I trigliceridi assunti con la dieta raggiungono l'intestino, sono assimilati, quindi inglobati nei chilomicroni e in questa forma passano nel sangue, che li porta al tessuto adiposo o ai muscoli.

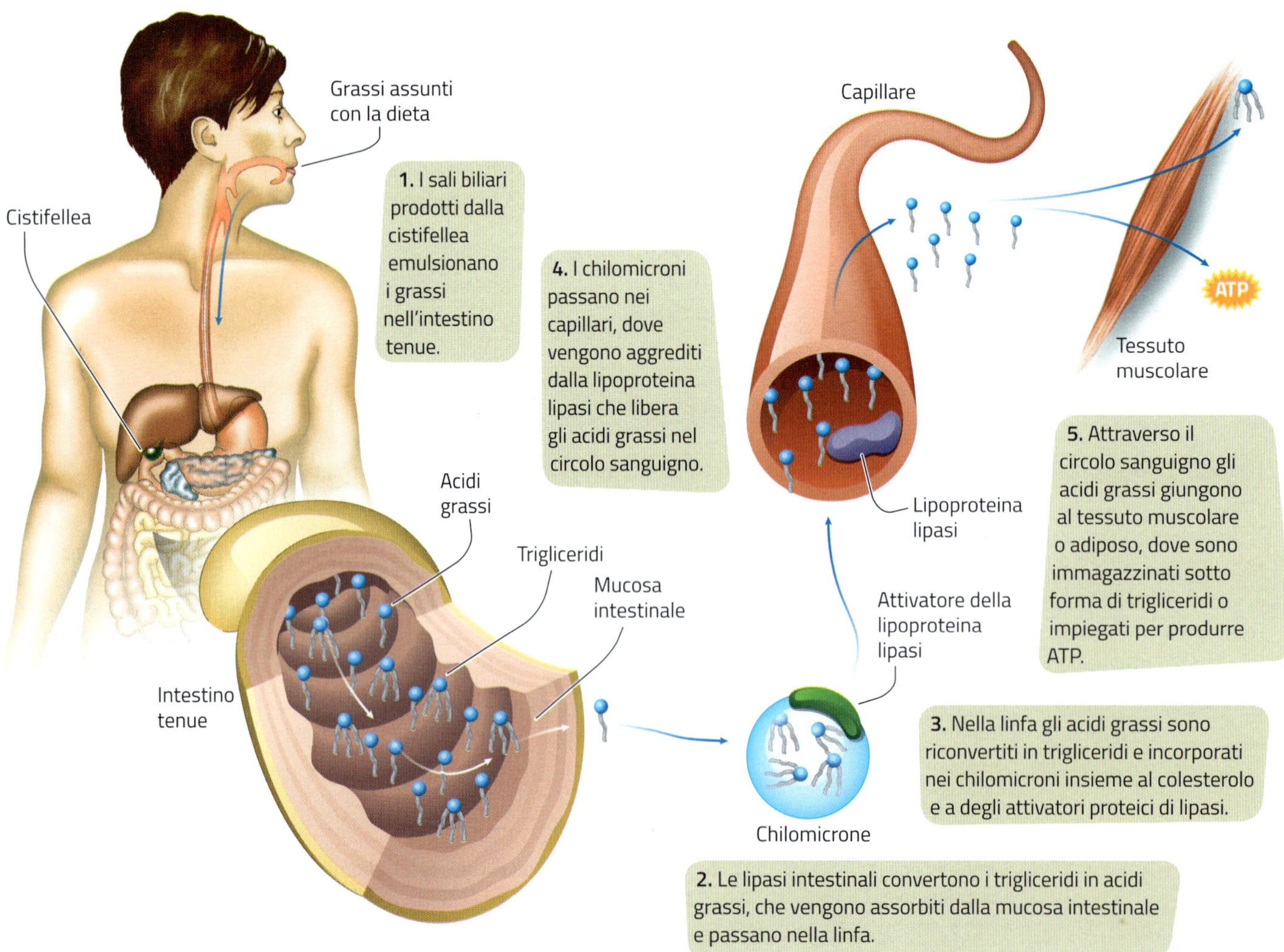

questi nutrienti è la loro insolubilità in ambiente acquoso. Per superare il problema (**tabella 2**), l'organismo ricorre all'azione dei **sali biliari** prodotti dal fegato e secreti dalla cistifellea e dei fosfolipidi presenti nella bile. I sali biliari sono molecole anfipatiche che si dispongono nell'interfaccia lipide-acqua, con la parte idrofila a contatto con la fase acquosa e la parte idrofobica a contatto con la fase lipidica; questa disposizione consente l'emulsione dei grassi, con formazione di *micelle* di dimensioni sempre più ridotte, cosicché i grassi possano essere aggrediti dagli enzimi presenti in soluzione.

Nell'intestino, i trigliceridi sono idrolizzati dalla *lipasi pancreatica* con produzione di acidi grassi, monogliceridi e digliceridi che vengono assorbiti dalla mucosa intestinale; il colesterolo, i fosfolipidi e gli acidi grassi liberi, che rappresentano la componente minore, sono digeriti dalla *colesterolo esterasi* e dalle *fosfolipasi*. I prodotti finali della digestione sono assorbiti dalle cellule intestinali, che prima di immetterli in circolo ricostruiscono i trigliceridi a partire da glicerolo e acidi grassi liberi e li «impacchettano» con colesterolo, fosfolipidi e proteine in vescicole di trasporto dette **chilomicroni**, una classe di lipoproteine.

I chilomicroni sono rilasciati nel sistema linfatico e quindi nel sangue: dopo un pasto ricco di grassi, il sangue ha un aspetto lattiginoso proprio a causa dell'elevato numero di chilomicroni. Una volta giunti nei tessuti, i trigliceridi sono nuovamente idrolizzati da enzimi extracellulari; il glicerolo e gli acidi grassi entrano infine nelle cellule, dove sono usati per ricavare energia o sono immagazzinati come riserva energetica.

Agenti digestivi	Azione
Sali biliari	Formazione di micelle
Lipasi pancreatica	Liberazione di monogliceridi e digliceridi
Colesterolo esterasi	Digestione del colesterolo
Fosfolipasi	Digestione dei fosfolipidi

▲ **Tabella 2**
I principali enzimi e agenti digestivi che intervengono nell'intestino per digerire i lipidi.

La β-ossidazione degli acidi grassi produce acetil-CoA e coenzimi ridotti

L'ossidazione degli acidi grassi è la via principale che permette di ricavare energia dai lipidi; questa via ha luogo nella matrice mitocondriale e scinde le catene idrocarburiche degli acidi grassi in unità di acetil-CoA, che andranno ad alimentare il ciclo di Krebs.

Prima di entrare nel mitocondrio la molecola di acido grasso viene «attivata» legandosi al coenzima A; a questo punto le molecole possono entrare direttamente, se le catene hanno al massimo 12 atomi di carbonio, oppure devono sfruttare un sistema di trasporto chiamato *shuttle della carnitina*, se ne hanno 14 o più. L'ingresso nei mitocondri è la tappa limitante per l'ossidazione degli acidi grassi e rappresenta un punto su cui agisce la regolazione metabolica.

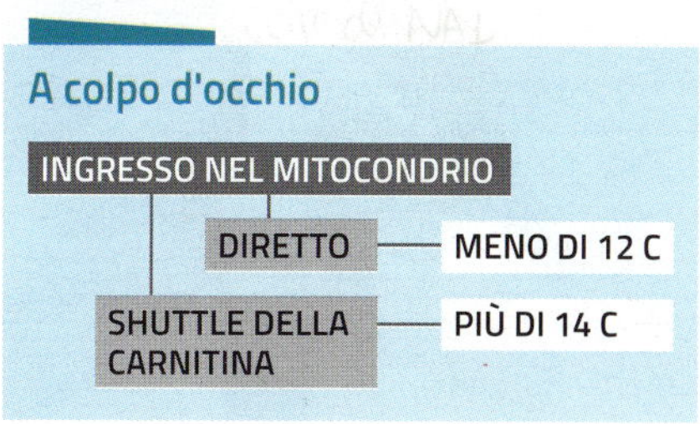

Nella matrice mitocondriale l'acido grasso si stacca dalla carnitina e viene riconvertito in acil-CoA, quindi viene metabolizzato attraverso cicli ripetuti di ossidazione che accorciano mano a mano la catena carboniosa di due atomi di carbonio. Poiché l'ossidazione avviene a livello del carbonio β (ovvero il C-3 della catena dell'acido grasso), il ciclo ripetuto di reazioni è chiamato **via della β-ossidazione** e produce una molecola di NADH, una di $FADH_2$ e una di acetil-CoA.

L'ossidazione di una molecola di acido grasso è un processo altamente esoergonico, che genera la formazione di molte molecole di ATP. Per esempio, l'ossidazione completa dell'acido palmitico (un acido grasso saturo a 16 atomi di carbonio) richiede sette cicli di β-ossidazione, che danno luogo alla formazione di 8 molecole di aceti-CoA (che entrano nel ciclo di Krebs), 7 di NADH, 7 di $FADH_2$ con una resa netta complessiva di 106 molecole di ATP:

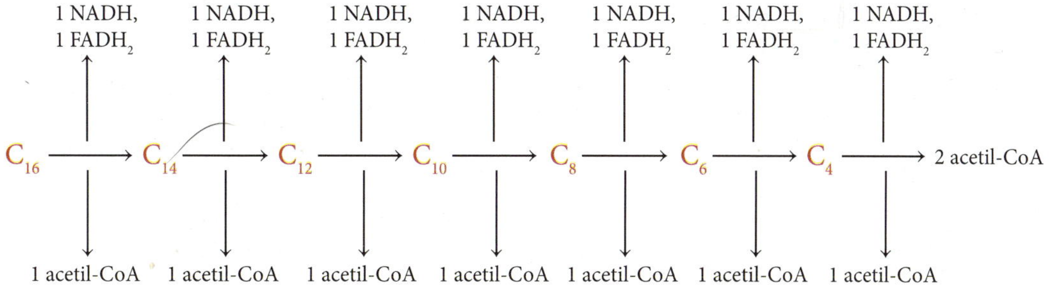

Curiosità

Un accumulo di corpi chetonici può verificarsi in caso di **dieta chetogenica**, un regime alimentare prolungato basato su proteine e lipidi, ma molto povero di carboidrati; questa dieta è efficace in tempi brevi perché induce una forte perdita di peso, ma a lungo andare abbassa il pH sanguigno al punto che può portare al coma.

I corpi chetonici sono una fonte di energia alternativa al glucosio

I normali processi metabolici che si svolgono nel fegato durante l'ossidazione degli acidi grassi portano alla produzione di alcuni composti chiamati **corpi chetonici**: l'acetoacetato, il β-idrossibutirrato e l'acetone.

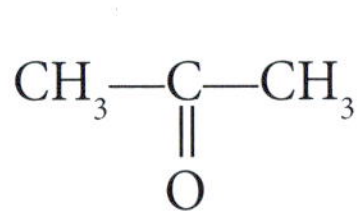

acetone

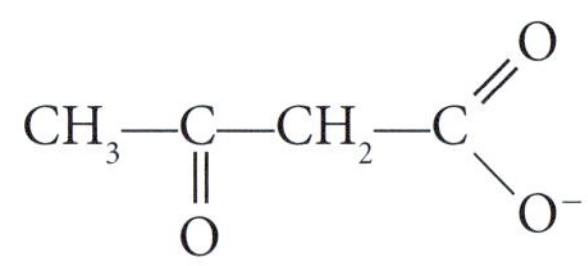

acetoacetato

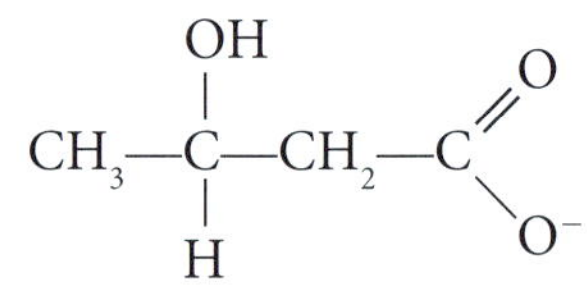

D-β-idrossibutirrato

I corpi chetonici sono sintetizzati nel fegato quando l'acetil-CoA che si forma dal metabolismo degli acidi grassi non può entrare nel ciclo di Krebs. In questo organo i corpi chetonici non possono essere usati perché il fegato è privo dell'enzima *tioforasi*, ma per evitarne l'accumulo li invia attraverso il sangue nei tessuti periferici, dove sono metabolizzati per scopi energetici. Sebbene producano meno ATP degli acidi grassi da cui derivano, l'acetoacetato e il β-idrossibutirrato hanno il vantaggio di essere idrosolubili e di poter attraversare la barriera ematoencefalica.

La sintesi dei corpi chetonici è particolarmente attiva durante il digiuno prolungato o nel caso di patologie come il diabete mellito, nelle quali sono usati come fonte di energia al posto del glucosio da tutti gli organi, compreso il cervello. L'acetone, che è prodotto in quantità inferiore, è eliminato con le urine e con la respirazione.

Il fegato produce lipidi e colesterolo

Anche se attraverso l'alimentazione riusciamo a soddisfare il nostro fabbisogno giornaliero di lipidi, il fegato e il tessuto adiposo sono in grado di sintetizzare **acidi grassi** e **colesterolo**. Questa capacità è importante in determinate circostanze fisiologiche, come lo sviluppo embrionale o l'allattamento, oppure quando la disponibilità energetica è più elevata rispetto alle necessità dell'organismo. In queste condizioni anche i carboidrati e le proteine, se in eccesso, possono essere trasformati in grasso, che si deposita nel tessuto adiposo (**figura 8**).

▲ **Figura 8**
Consumare troppi cibi dolci o bevande ricche di zuccheri sottopone l'organismo a un eccesso di carboidrati, che vengono convertiti in trigliceridi e immagazzinati nel tessuto adiposo.

La biosintesi degli acidi grassi è una via metabolica ben distinta da quella ossidativa e avviene nel citoplasma (gli enzimi responsabili della β-ossidazione sono invece localizzati nelle matrice mitocondriale) a partire dall'acetil-CoA, che è il precursore per formare la catena idrocarburica a 16 atomi di carbonio dell'acido palmitico. La produzione di acidi grassi a catena più lunga e di acidi grassi insaturi, contenenti cioè legami doppi, avviene a partire sempre dall'acido palmitico grazie agli enzimi del reticolo endoplasmatico liscio. Le molecole di acidi grassi sono poi sottoposte a reazioni di esterificazione con il glicerolo per formare i trigliceridi.

Le cellule del fegato operano anche la **sintesi di colesterolo** a partire da acetil-CoA e utilizzando NADPH. Si tratta di una via metabolica molto complessa e articolata, che avviene nel citoplasma e che comporta una serie di intermedi come lo *squalene*, una molecola a 30 atomi di carbonio. Poiché il colesterolo è introdotto anche con gli alimenti e non può essere smaltito attraverso alcuna via catabolica ma solo eliminato con le feci, la sua concentrazione sanguigna deve essere mantenuta entro determinati valori; nell'uomo la quantità totale dovrebbe essere inferiore a 200 mg/dL di plasma. Livelli superiori provocano una condizione nota come *ipercolesterolemia*, che rappresenta un fattore di rischio per numerose patologie cardiovascolari.

La biosintesi del colesterolo è sotto stretto controllo ormonale: l'insulina e la tiroxina la attivano, mentre il glucagone la inibisce.

A colpo d'occhio

METABOLISMO DEI LIPIDI
- BIOSINTESI DI ACIDI GRASSI – CITOPLASMA
- COLESTEROLO – CITOPLASMA
- β-OSSIDAZIONE – MATRICE MITOCONDRIALE

Facciamo il punto

1. Dove e come avviene la digestione dei lipidi?
2. Qual è la funzione della via della β-ossidazione?
3. Che cosa sono i corpi chetonici?
4. Come vengono sintetizzati gli acidi grassi e il colesterolo?

4 Il metabolismo delle proteine

La digestione delle proteine comincia nello stomaco e termina nell'intestino tenue

Le proteine rappresentano circa il 10-15% della massa corporea; tra queste, il 60% è costituito dalle proteine contrattili. Il contenuto proteico varia però a seconda del tipo di cellula e oscilla tra il 10% delle cellule nervose e il 20% di quelle muscolari.

Le proteine corporee subiscono un continuo processo di rinnovamento chiamato **turnover proteico** che interessa, con tempistiche diverse, sia le proteine fibrose sia quelle globulari. In questo ricambio, le proteine non più funzionali sono degradate e sostituite con nuove molecole; per sostenere il processo, l'organismo deve introdurre attraverso l'alimentazione una quantità adeguata di proteine esogene da idrolizzare per ricavare gli amminoacidi. Agli amminoacidi introdotti con la dieta si sommano, poi, quelli derivati dalla demolizione delle proteine cellulari.

Diversamente dai lipidi e dai carboidrati, non esiste una riserva proteica, per cui le proteine introdotte con gli alimenti non possono essere immagazzinate nell'organismo. Gli amminoacidi che ne sono stati ricavati, quindi, devono essere usati per la biosintesi delle proteine endogene oppure degradati per ricavare energia. Attraverso il metabolismo degli amminoacidi sono sintetizzati anche composti azotati non proteici che svolgono diversi ruoli biologici, come porfirine, sali biliari e neurotrasmettitori.

La digestione delle proteine inizia nello stomaco grazie alla *pepsina*, una proteasi che scinde i legami peptidici frammentando le proteine in brevi frammenti polipeptidici (**tabella 3**). La pepsina deriva dal precursore inattivo *pepsinogeno*, che si trasforma nella forma attiva in seguito alla secrezione di acido cloridrico (HCl) da parte delle ghiandole dello stomaco. L'enzima ha un'attività catalitica ottimale a valori di pH compresi tra 1 e 2, valori in cui quasi tutte le altre proteine sono denaturate; l'acido cloridrico mantiene queste condizioni, garantendo inoltre la distruzione dei batteri introdotti con gli alimenti.

Ti ricordi?
Le proteine in struttura terziaria si dividono in **proteine fibrose**, che hanno catene polipeptidiche disposte in fasci, e **proteine globulari**, le cui catene sono ripiegate ad assumere forme compatte.

Enzima	Sede della digestione	Prodotti
Pepsina	Stomaco	Brevi polipeptidi
Tripsina	Intestino tenue	Oligopeptidi
Amminopeptidasi	Intestino tenue	Amminoacidi liberi

◂ **Tabella 3**
Gli enzimi coinvolti nella digestione delle proteine e la loro sede.

Le proteine passano poi nell'intestino tenue, dove l'ormone *secretina* stimola il rilascio da parte delle cellule duodenali di bicarbonato di sodio ($NaHCO_3$) che neutralizza il pH acido del cibo. La presenza dei polipeptidi stimola anche il rilascio dell'ormone *colecistochinina* che promuove la liberazione delle *peptidasi pancreatiche* come la *tripsina*, che idrolizza i polipeptidi in oligopeptidi e amminoacidi liberi. Le *amminopeptidasi* intestinali completano, infine, la digestione degli oligopeptidi in singoli amminoacidi, che entrano nelle cellule dell'intestino grazie a specifici trasportatori e passano nel sangue per dirigersi al fegato.

Anche gli amminoacidi possono fornire energia

La frazione di energia ottenuta dagli amminoacidi non supera il 15% del fabbisogno energetico totale e dipende dal tipo di tessuto e dalle condizioni dell'organismo.

Le cellule utilizzano le proteine come fonte di energia soprattutto in tre casi: in seguito al normale processo di ricambio delle proteine cellulari, se la dieta è molto ricca di proteine oppure durante il digiuno prolungato, quando i carboidrati e i lipidi non sono più disponibili; in questo caso le proteine cellulari sono demolite e impiegate come combustibili per alimentare il metabolismo.

A colpo d'occhio

Lo scarso utilizzo degli amminoacidi come fonte di energia è dovuto al fatto che le proteine sono costituenti plastici indispensabili del nostro corpo. Inoltre, a differenza del glucosio e degli acidi grassi, che sono costituiti solo da carbonio, idrogeno e ossigeno, gli amminoacidi contengono anche azoto; perciò il catabolismo di questi composti produce composti azotati di scarto, che sono tossici e quindi devono essere eliminati.

Il gruppo amminico è staccato dagli amminoacidi

Il catabolismo degli amminoacidi avviene nel fegato e inizia con la perdita del gruppo amminico legato al carbonio α. Questo processo avviene grazie a due reazioni: la transaminazione e la deaminazione ossidativa del glutammato. Nella **transaminazione**, il gruppo amminico dell'amminoacido è trasferito sull'α-chetoglutarato, che si trasforma in glutammato:

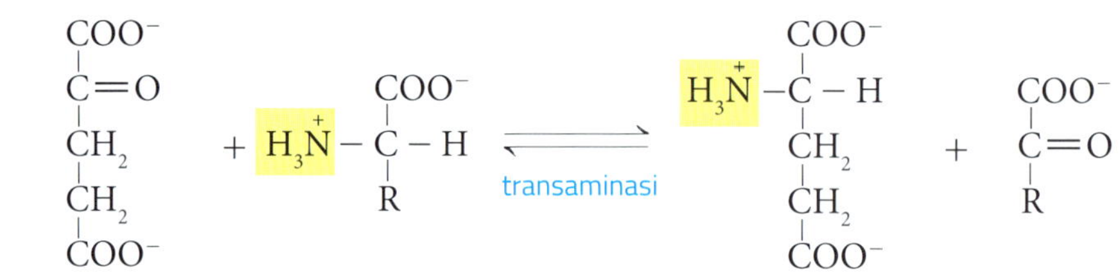

α-chetoglutarato   amminoacido   glutammato   α-chetoacido

Questa reazione, che sposta il gruppo amminico da una molecola all'altra, è catalizzata dalle *transaminasi*. Una concentrazione troppo elevata di questi enzimi nel sangue è un segnale di sofferenza epatica; essi pertanto vengono sfruttati come indicatori in analisi cliniche che prendono il nome di AST e ALT.

Mentre l'α-chetoacido va incontro a reazioni chimiche che lo trasformano in glucosio o in grasso, il glutammato viene invece sottoposto a **deaminazione ossidativa**. In questo processo, l'enzima mitocondriale *glutammato deidrogenasi* rigenera l'α-chetoglutarato liberando ioni ammonio; la reazione comporta la riduzione di una molecola di NAD^+ o di $NADP^+$:

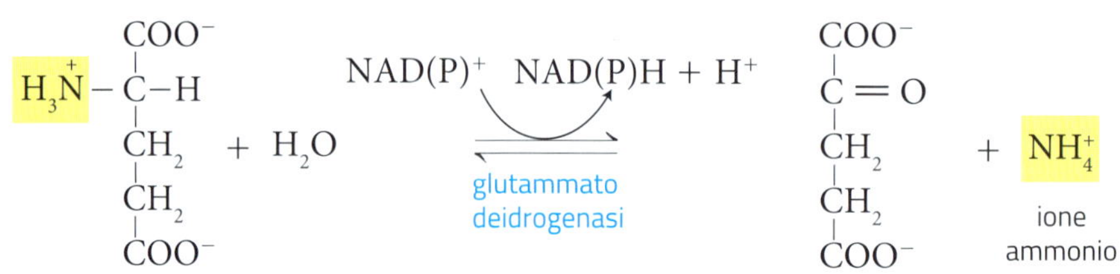

glutammato   α-chetoglutarato

Affinché la reazione possa procedere, lo ione ammonio deve essere continuamente allontanato; gli animali hanno sviluppato vari modi per eliminare in modo efficiente questo prodotto di rifiuto:

- gli animali *ammoniotelici*, come i pesci, liberano direttamente lo ione ammonio (**figura 9A**) rilasciandolo nell'ambiente acquoso; la liberazione diretta consente un risparmio di energia, ma richiede molta acqua per la diluizione di una sostanza assai tossica: per questo solo gli animali di acqua dolce seguono questa via;
- gli animali *uricotelici*, come i rettili e gli uccelli, convertono l'ammonio in acido urico (**figura 9B**) e ciò permette loro di risparmiare acqua, che viene riassorbita quasi completamente prima dell'escrezione, compensando il costo del trattamento metabolico; l'eliminazione avviene insieme a quella delle feci, in forma semisolida;
- gli animali *ureotelici*, come gli anfibi e i mammiferi, eliminano ammonio sotto forma di urea (**figura 9C**), una molecola meno tossica dello ione ammonio, formata da un gruppo carbonilico legato a due gruppi amminici.

A colpo d'occhio

METABOLISMO DELL'AZOTO
- AMMONIOTELICI — AMMONIACA
- URICOTELICI — ACIDO URICO
- UREOTELICI — UREA

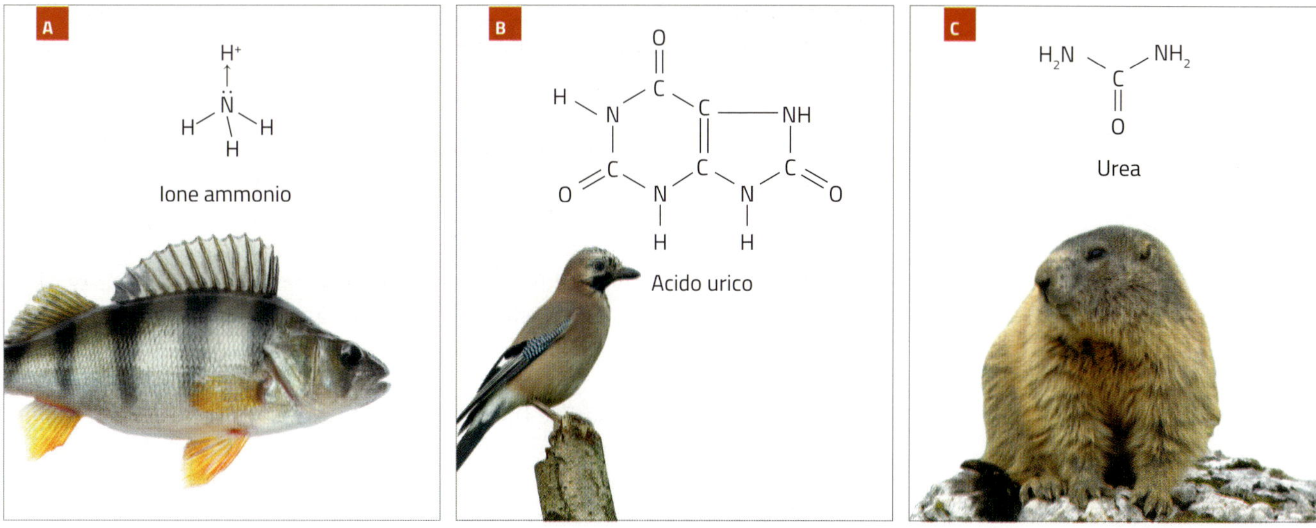

▲ **Figura 9**
Gli animali possono eliminare l'azoto che deriva dal catabolismo delle proteine in varie forme: i pesci come il persico sotto forma di ione ammonio (A), gli uccelli come la ghiandaia sotto forma di acido urico (B), i mammiferi come la marmotta sotto forma di urea (C).

La conversione dello ione ammonio in urea avviene nel fegato attraverso una serie di reazioni note come **ciclo dell'urea**. La regolazione del ciclo dell'urea è fondamentale perché se lo ione ammonio si accumula nell'organismo diventa tossico e provoca gravi danni al sistema nervoso. Una volta prodotta, l'urea è immessa nel sangue ed eliminata con le urine insieme a una piccola quantità di acido urico derivante dal catabolismo degli acidi nucleici.

Gli amminoacidi possono essere glucogenici e/o chetogenici

Perduto il gruppo amminico, le catene carboniose degli amminoacidi (sottoforma di chetoacidi) sono trasformate in intermedi metabolici del ciclo di Krebs e convertite in glucosio oppure trasformate in corpi chetonici. In base al loro destino, i venti amminoacidi che formano le proteine si distinguono in tre gruppi (**tabella 4**):

- gli amminoacidi *glucogenici* sono trasformati in piruvato o in intermedi del ciclo di Krebs,utilizzati per sintetizzare glucosio;
- gli amminoacidi *chetogenici* producono direttamente corpi chetonici o intermedi come l'acetil-CoA, che possono dare origine ad acidi grassi oppure a corpi chetonici;
- gli amminoacidi *glucogenici e chetogenici* producono sia glucosio sia acidi grassi e corpi chetonici.

Gli amminoacidi sono anche i precursori di numerose biomolecole come ormoni, neurotrasmettitori, nucleotidi e pigmenti. Le basi azotate degli acidi nucleici, per esempio, sono sintetizzate a partire dagli amminoacidi aspartato, glutammina e glicina; tra i neurotrasmettitori, l'adrenalina, la noradrenalina e la dopamina derivano dalla tirosina, mentre la serotonina deriva dal triptofano; l'istamina, una molecola coinvolta nelle reazioni allergiche e nello shock anafilattico, si forma dall'istidina.

Leggi l'approfondimento nell'ebook:
La nostra salute
Il fabbisogno proteico giornaliero

Categorie di amminoacidi	Esempi
Glucogenici	Alanina, arginina, acido aspartico, acido glutammico, asparagina, cisteina, glutammina, glicina, istidina, metionina, prolina, serina, valina
Chetogenici	Leucina, lisina
Glucogenici e chetogenici	Fenilalanina, isoleucina, tirosina, triptofano, treonina

◂ **Tabella 4**
La classificazione degli amminoacidi in base al destino delle loro catene carboniose.

Facciamo il punto

1. Che cos'è e come avviene il turnover proteico?
2. Dove avviene la digestione delle proteine e quali enzimi intervengono?
3. Quali reazioni fanno parte del catabolismo delle proteine?
4. Come sono suddivisi gli amminoacidi in base alle catene carboniose?

5 L'integrazione tra le vie metaboliche

Il fegato modifica e distribuisce glucosio, acidi grassi e proteine

Dopo essere stati assorbiti, i monosaccaridi, gli amminoacidi e una piccola parte dei trigliceridi passano nel sangue e tramite la vena porta raggiungono il fegato; la parte restante dei trigliceridi entra, invece, nel sistema linfatico e passa direttamente negli adipociti. La vena porta è la via di trasporto principale che collega l'intestino con il fegato, il primo organo ad avere accesso ai prodotti della digestione.

Il fegato è costituito da due tipi di cellule caratteristiche: le *cellule di Kupffer*, speciali macrofagi con funzione immunitaria, e gli **epatociti**, che elaborano i nutrienti ottenuti dagli alimenti e li inviano alla loro destinazione finale attraverso il flusso sanguigno. Per rispondere a situazioni diverse, il fegato ha una flessibilità metabolica considerevole che deriva dalla velocità con cui avviene la modulazione dell'espressione dei geni degli enzimi epatici; essa è 5-10 volte superiore a quella osservata in altri tessuti, per esempio il muscolo. Vediamo ora quale può essere il destino del glucosio, degli acidi grassi e degli amminoacidi che entrano in un epatocita.

Il trasportatore di **glucosio** presente negli epatociti permette una diffusione estremamente rapida di questo monosaccaride; una volta entrato nel fegato, lo zucchero è fosforilato a glucosio 6-fosfato (**figura 10A**). Se la glicemia si abbassa, il glucosio 6-fosfato è defosforilato e rilasciato nel sangue, in modo da mantenere

A Metabolismo degli zuccheri

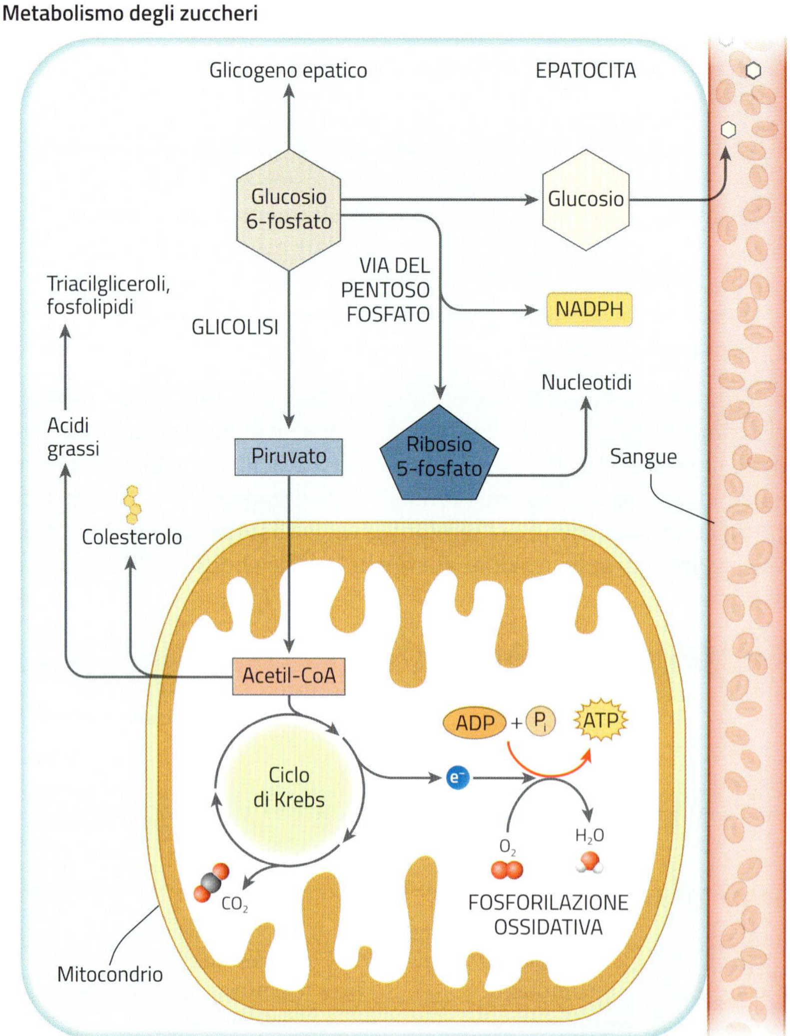

▸ **Figura 10** Tre schemi che riassumono le attività metaboliche di un epatocita.

costante il rifornimento di energia al cervello e agli altri organi. Al contrario, se la glicemia aumenta, il glucosio 6-fosfato può essere immagazzinato nel glicogeno epatico. Nelle condizioni in cui il glucosio 6-fosfato imbocca la glicolisi e l'ossidazione del piruvato, l'acetil-CoA che si forma può essere ossidato per produrre ATP attraverso il ciclo di Krebs e la fosforilazione ossidativa oppure può diventare precursore della sintesi degli acidi grassi e degli altri lipidi, che sono esportati agli altri tessuti attraverso le lipoproteine del sangue. Infine, il glucosio 6-fosfato può entrare nella via del pentoso fosfato, che produce ribosio e NADPH necessario per varie biosintesi e per l'eliminazione di molti farmaci metabolizzati nel fegato.

Gli **amminoacidi** che entrano nel fegato, invece, sono i precursori della sintesi delle proteine, oppure possono passare nel sangue e raggiungere gli altri tessuti (**figura 10B**). Alcuni amminoacidi sono utilizzati per la sintesi di nucleotidi, ormoni e altri composti azotati. Una volta perduto il gruppo amminico, che viene trasformato in urea, le catene carboniose possono essere convertite in glucosio (e poi in glicogeno) oppure in acetil-CoA, che entra nel ciclo di Krebs o è usato per la biosintesi di trigliceridi e di corpi chetonici.

Gli **acidi grassi**, infine, sono convertiti in trigliceridi o sono usati come combustibili attraverso la β-ossidazione per produrre acetil-CoA e NADH (**figura 10C**). L'acetil-CoA ha tre destini possibili: entrare nel ciclo di Krebs, essere convertito nei corpi chetonici, oppure ancora essere un precursore per la sintesi del colesterolo. Gli acidi grassi sono convertiti in fosfolipidi e trigliceridi e legati alle lipoproteine plasmatiche, che li trasportano al tessuto adiposo per essere immagazzinati. Una parte degli acidi grassi liberi si lega all'albumina del siero, che li trasporta attraverso il sangue al cuore e ai muscoli scheletrici.

B Metabolismo delle proteine

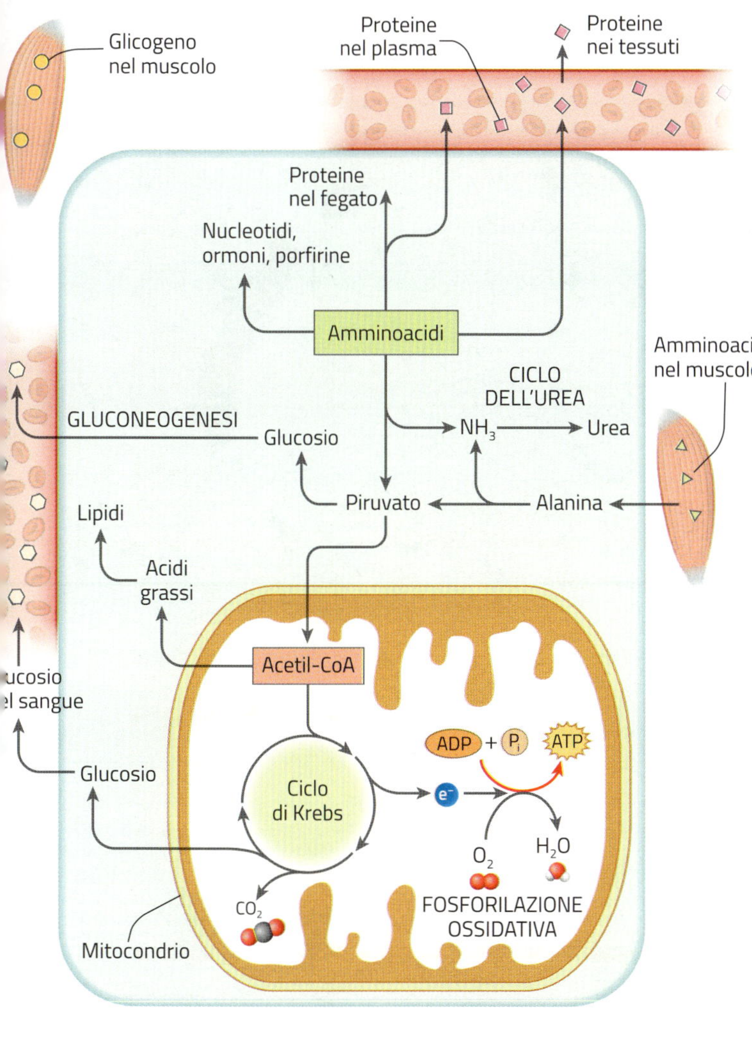

C Metabolismo delle lipidi

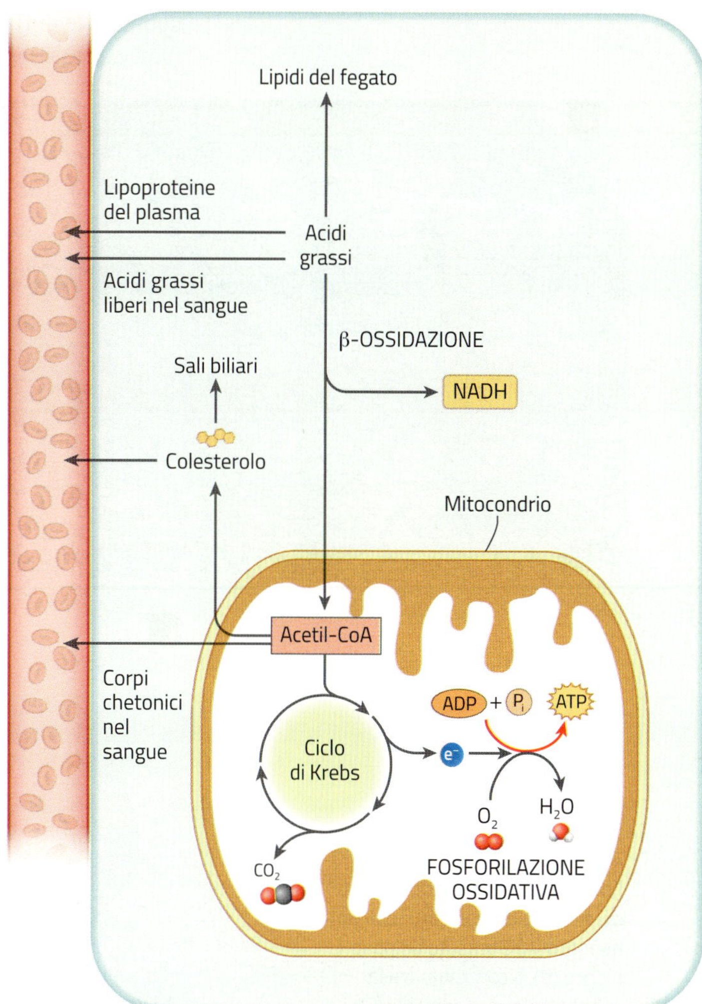

Il tessuto adiposo immagazzina e distribuisce gli acidi grassi

Esistono due tipi distinti di tessuto adiposo, che svolgono ruoli specifici: il tessuto adiposo bianco e il tessuto adiposo bruno (**figura 11**). Il **tessuto adiposo bianco** è il più abbondante ed è distribuito nel corpo: sotto la pelle, intorno ai vasi sanguigni e nella cavità addominale. Gli **adipociti** del tessuto adiposo bianco sono cellule di grandi dimensioni e di forma sferica, contenenti una singola grande goccia lipidica composta da trigliceridi. Come in altri tipi di cellule, negli adipociti sono attivi il metabolismo glicolitico e l'ossidazione del piruvato e degli acidi grassi, con formazione di acetil-CoA che entra nel ciclo dell'acido citrico, e la fosforilazione ossidativa. Gli adipociti immagazzinano i trigliceridi che arrivano dal fegato e dal tratto intestinale.

Quando la richiesta di combustibile metabolico aumenta, per esempio negli intervalli di tempo che intercorrono tra due pasti, le lipasi degli adipociti idrolizzano i trigliceridi immagazzinati e liberano gli acidi grassi. Il rilascio degli acidi grassi dagli adipociti è accelerato dall'adrenalina, mentre l'insulina ha effetto contrario. Oltre alla sua funzione principale di deposito di combustibile metabolico, il tessuto adiposo produce e rilascia ormoni che segnalano lo stato delle riserve energetiche e coordinano il metabolismo dei grassi e dei carboidrati nell'intero organismo.

Nei piccoli vertebrati e negli animali che vanno in ibernazione, ma anche nei neonati, una porzione significativa del tessuto adiposo è costituita dal **tessuto adiposo bruno** caratterizzato da adipociti più piccoli. Anche gli adipociti del tessuto adiposo bruno immagazzinano trigliceridi, in questo caso sotto forma di molte piccole gocce. Le cellule del tessuto adiposo bruno hanno più mitocondri e sono più irrorate da capillari rispetto a quelle del tessuto bianco. Una caratteristica specifica degli adipociti del tessuto adiposo bruno è l'espressione del gene *UCP1* che codifica la *termogenina*, una proteina mitocondriale disaccoppiante responsabile della principale funzione del tessuto adiposo bruno:la **termogenesi** (*vedi* capitolo E4).

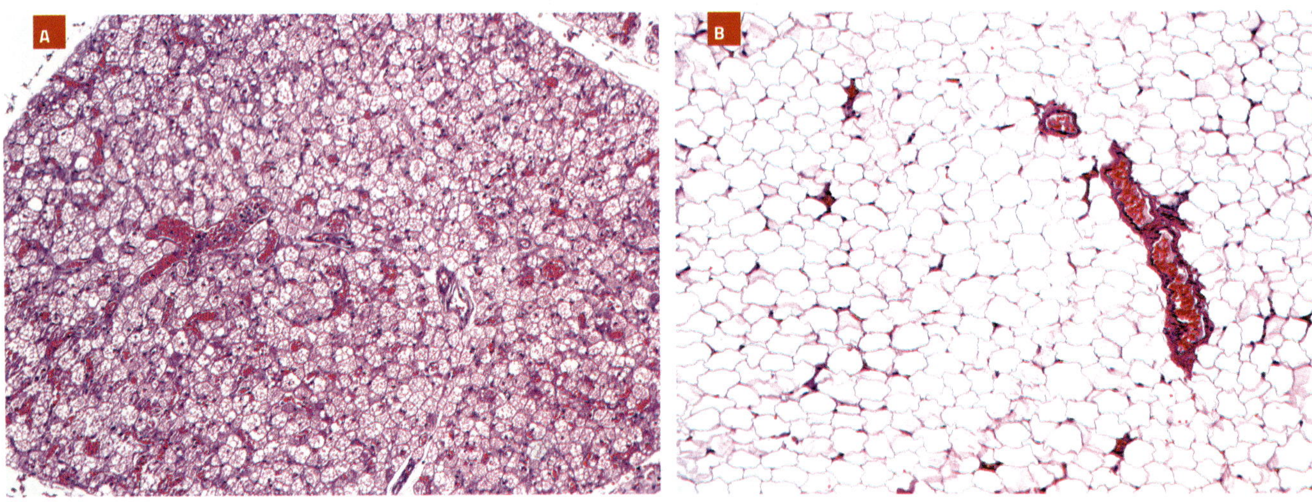

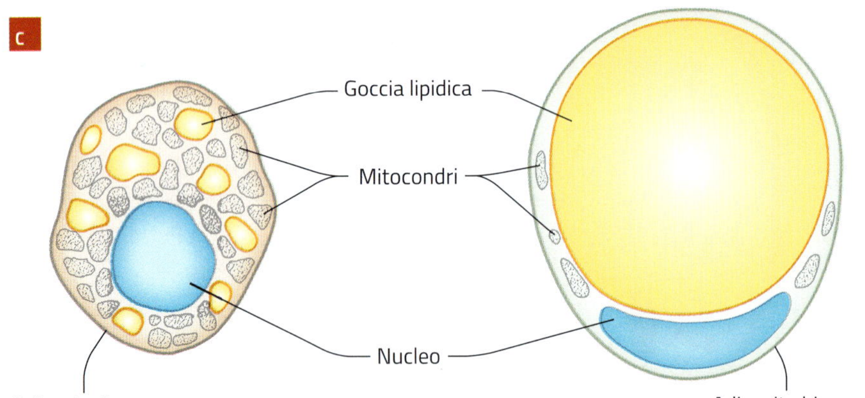

▲ **Figura 11**
Fotografie al microscopio ottico del tessuto adiposo bruno di un neonato (A) e tessuto adiposo bianco (B). Il confronto tra la struttura dei due adipociti (C).

I muscoli utilizzano l'ATP per compiere un lavoro meccanico

Il metabolismo che avviene nelle cellule del muscolo scheletrico ha lo scopo di produrre ATP come fonte di energia immediatamente disponibile per la contrazione. Inoltre, il muscolo scheletrico si è adattato a svolgere un lavoro meccanico in maniera intermittente, cioè su richiesta. Il tessuto muscolare si suddivide in due classi, che si distinguono per i diversi modi in cui utilizzano l'energia e per i differenti ruoli fisiologici.

Le **fibre muscolari lente** (o rosse), molto resistenti alla fatica, producono ATP attraverso la fosforilazione ossidativa. Le fibre rosse sono molto ricche di mitocondri e sono provviste di una fitta rete di capillari, che permette l'ossigenazione del muscolo, essenziale per la produzione di ATP. Le **fibre muscolari veloci** (o bianche) hanno un numero inferiore di mitocondri e sono meno vascolarizzate, ma sono in grado di produrre tensioni muscolari elevate in tempi molto brevi (**figura 12**).

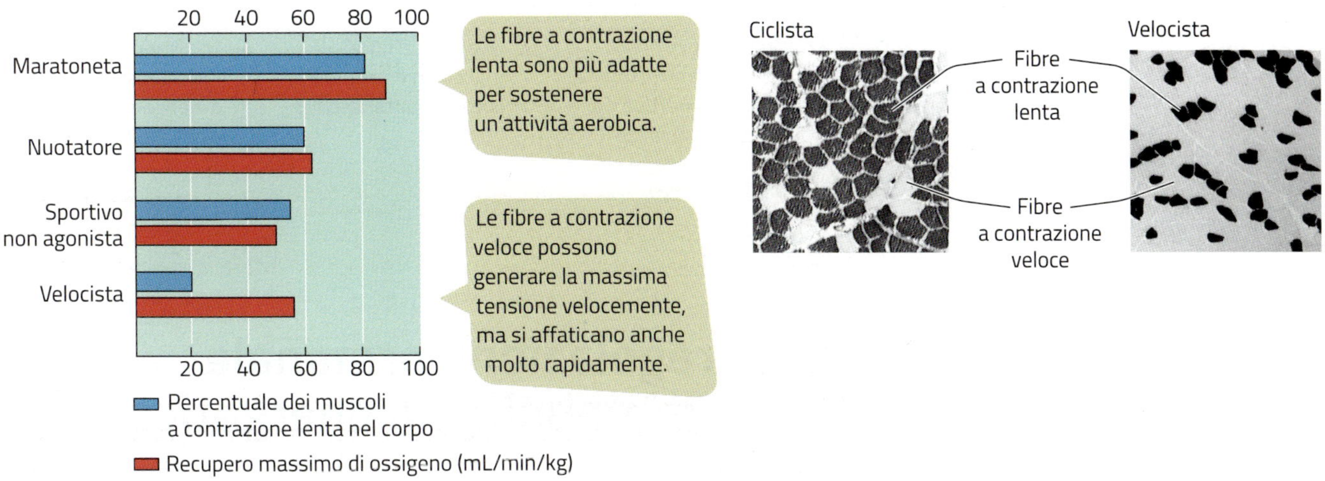

▲ **Figura 12**
Atleti di discipline sportive diverse hanno distribuzioni differenti dei vari tipi di fibre.

Per ricavare energia, i muscoli scheletrici possono utilizzare acidi grassi liberi, corpi chetonici o glucosio a seconda del grado di attività muscolare. Nel muscolo a riposo, le principali sostanze nutritive sono gli acidi grassi provenienti dal tessuto adiposo e i corpi chetonici prodotti nel fegato. Durante uno sforzo fisico intenso, la richiesta di ATP da parte delle fibre muscolari veloci diventa così elevata che l'apporto di O_2 e di sostanze nutritive da parte del sangue non è abbastanza rapido da soddisfare il fabbisogno energetico del tessuto tramite la respirazione aerobica. In queste condizioni il muscolo demolisce il glucosio derivante dal glicogeno in condizioni di anaerobiosi, formando lattato. La fermentazione lattica risponde quindi molto più velocemente alla richiesta di ATP rispetto alla fosforilazione ossidativa, producendo una quantità extra di energia sottoforma di ATP.

Tramite il ciclo di Cori, il lattato prodotto dalla fermentazione passa nel sangue e viene trasportato al fegato che lo trasforma in glucosio; questo ritorna poi ai muscoli per rigenerare il glicogeno che era stato consumato durante lo sforzo.

Il cervello utilizza energia per trasmettere impulsi elettrici

I neuroni dei mammiferi adulti usano normalmente solo il glucosio ematico come nutriente, ma il **cervello** non dispone di una riserva di glicogeno significativa, pertanto dipende dal glucosio che giunge dal sangue. Se la glicemia dovesse scendere sotto un livello critico potrebbero avvenire modificazioni profonde, anche irreversibili, nelle funzioni del cervello.

I neuroni cerebrali non possono metabolizzare direttamente gli acidi grassi, ma usano il β-idrossibutirrato prodotto nel fegato a partire dagli acidi grassi (**figura 13**). La capacità del cervello di ossidare questo corpo chetonico convertendolo in acetil-CoA diventa rilevante durante il digiuno prolungato quando anche quest'organo, in carenza di glucosio, si adatta a ricavare l'energia dal metabolismo dei corpi chetonici. L'uso del β-idrossibutirrato da parte del cervello ha come conseguenza un risparmio di proteine muscolari, che in questa situazione rappresentano l'unica fonte per la gluconeogenesi nel fegato.

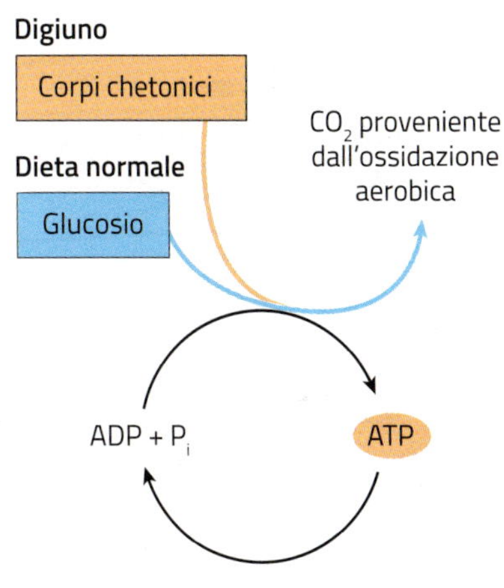

▲ **Figura 13**
I combustibili metabolici che riforniscono il cervello di ATP.

Il sangue trasporta ossigeno, metaboliti e ormoni

Il flusso sanguigno mette in connessione tutti gli organi e i tessuti perché trasporta sostanze nutritive dall'intestino tenue al fegato e dal fegato agli altri organi; trasporta inoltre i prodotti di scarto dai tessuti ai reni perché vengano escreti. L'ossigeno, attraverso il sangue, passa dai polmoni ai tessuti, e il CO_2 prodotto durante la respirazione cellulare, sempre mediante il sangue, torna ai polmoni per essere eliminato. Il sangue trasporta anche segnali ormonali da un tessuto all'altro.

Le cellule più abbondanti del sangue sono gli eritrociti, che durante il differenziamento perdono nucleo e mitocondri, quindi la glicolisi resta la loro unica via per formare ATP, assumendo il glucosio direttamente dal sangue. Il lattato prodotto dalla glicolisi ritorna al fegato, dove è convertito in glucosio tramite la gluconeogenesi.

Curiosità

Una caratteristica evolutiva che accomuna tutti i mammiferi è l'assenza del nucleo negli **eritrociti** maturi; tuttavia altri vertebrati, come i pesci, i rettili e gli uccelli, conservano questa struttura, anche se è inattiva. La perdita del nucleo è correlata alla capacità di trasportare un maggior quantitativo di ossigeno.

Facciamo il punto

1. Come avviene il metabolismo dei nutrienti nel fegato?
2. Quali sono le differenze strutturali e funzionali dei due tipi di tessuto adiposo?
3. Quali tipi di fibre muscolari esistono e in che cosa differiscono?
4. Quali tipi di metabolismo avvengono nei neuroni e negli eritrociti?

6 La regolazione ormonale del metabolismo energetico

Insulina, glucagone, adrenalina e cortisolo sono gli ormoni coinvolti nella regolazione del metabolismo

Gli aggiustamenti che istante per istante mantengono i livelli della glicemia costanti intorno a una concentrazione di 60-99 mg/dL coinvolgono l'azione coordinata di *insulina*, *glucagone*, *adrenalina* e *cortisolo* sui processi metabolici di diversi tessuti del corpo, principalmente fegato, muscolo e tessuto adiposo. L'insulina segnala ai tessuti una concentrazione di glucosio nel sangue più alta del necessario, mentre il glucagone indica che la disponibilità di glucosio è limitata. L'adrenalina viene rilasciata nel sangue per preparare i muscoli, i polmoni e il cuore a un'intensa attività. Infine, il cortisolo media la risposta agli stress a lungo termine.

Gli ormoni peptidici insulina e glucagone, che sono antagonisti tra loro, sono prodotti da gruppi di cellule specializzate del **pancreas**, le isole di Langerhans. Ciascun tipo di cellula produce un solo ormone: le cellule α producono il glucagone mentre le cellule β producono l'insulina.

Dopo un pasto ricco di carboidrati la concentrazione di glucosio nel sangue aumenta arrivando fino a 130-150 mg/dL; un trasportatore di membrana lo convoglia immediatamente nelle cellule β del pancreas, dove viene metabolizzato tramite la glicolisi. L'aumento della velocità del catabolismo del glucosio causa un incremento della concentrazione di ATP, che a sua volta determina un aumento della concentrazione del calcio intracellulare e il rilascio per esocitosi dell'insulina.

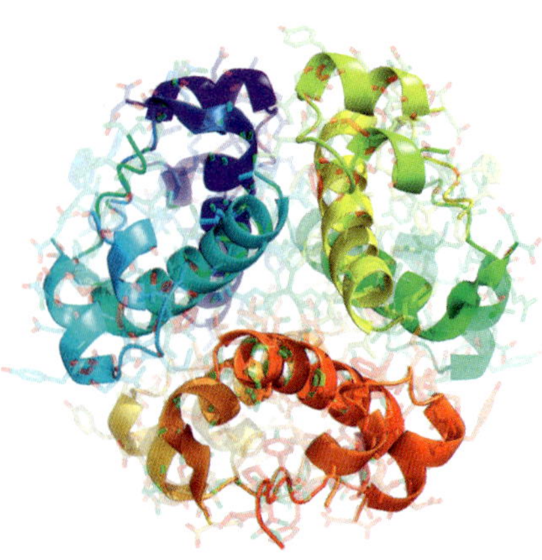

▲ **Figura 14**
La struttura molecolare dell'insulina è formata tre subunità, ognuna delle quali è formata da due peptidi uniti da ponti disolfuro.

L'insulina favorisce la conversione di glucosio in glicogeno e trigliceridi

Agendo attraverso recettori localizzati sulla membrana plasmatica, l'**insulina** (**figura 14**) stimola l'assunzione del glucosio da parte del tessuto muscolare e del tessuto adiposo; tali tessuti infatti sono detti *insulino-dipendenti*, diversamente dalle cellule del sistema nervoso centrale e del fegato che sono *insulino-indipendenti* perché non necessitano di insulina per incorporare il glucosio. Allo stesso

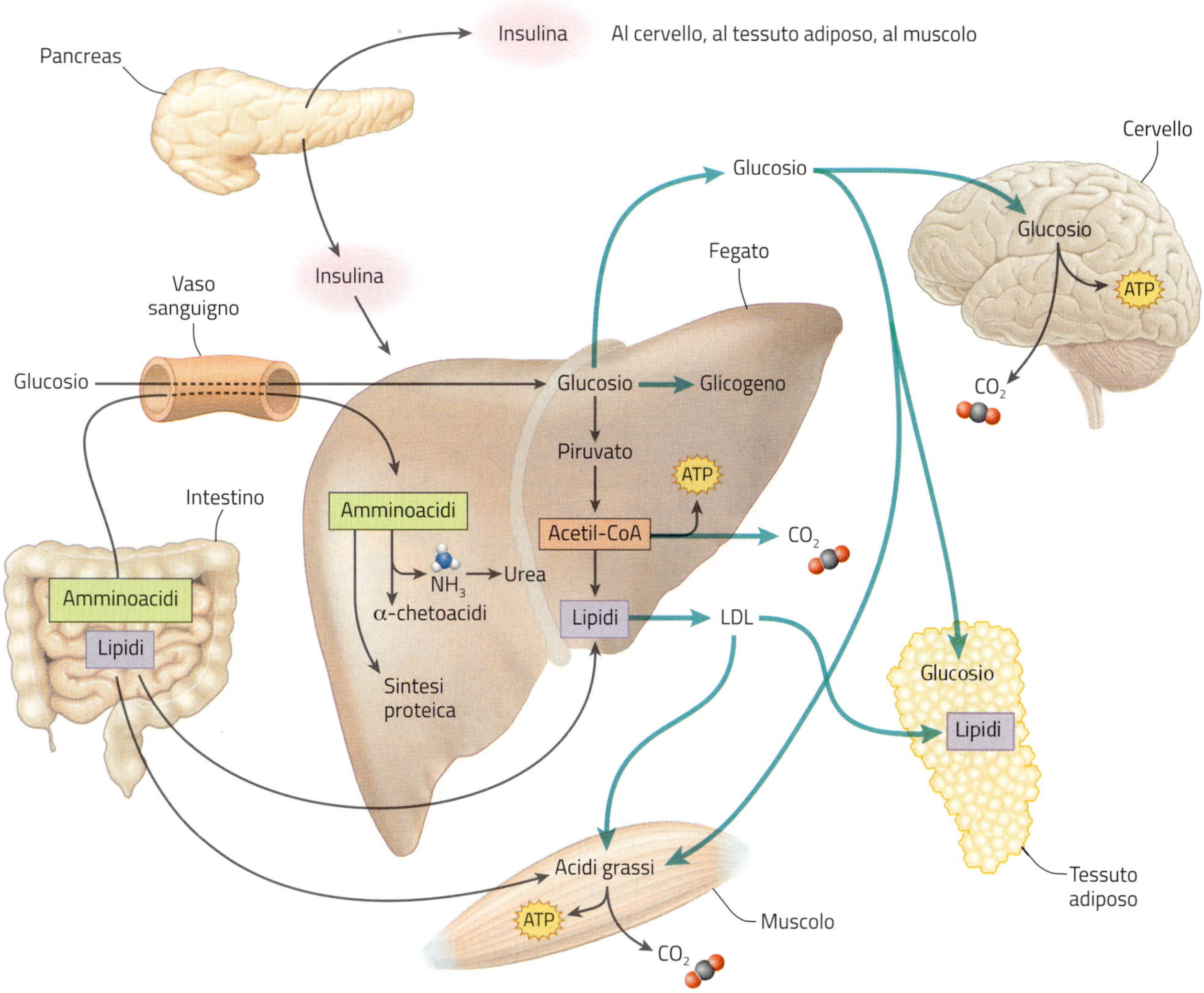

tempo, l'insulina avvia un meccanismo a cascata che attiva la trascrizione dei geni che codificano gli enzimi della glicolisi, del ciclo del pentoso fosfato, della glicogenosintesi e della sintesi degli acidi grassi. Con un meccanismo analogo, l'insulina reprime la trascrizione dei geni per gli enzimi della glicogenolisi, della gluconeogenesi e dell'ossidazione degli acidi grassi.

Nel fegato, l'insulina attiva la sintesi del glicogeno e l'ossidazione del piruvato ad acetil-CoA. L'acetil-CoA che non viene metabolizzato nel ciclo di Krebs per produrre energia tramite la fosforilazione ossidativa, invece, è usato per la sintesi di acidi grassi, che sono poi esportati nel tessuto adiposo sotto forma di trigliceridi legati alle lipoproteine.

In ultima analisi, quindi, l'insulina favorisce la conversione del glucosio in eccesso presente nel sangue in due forme di deposito: il glicogeno epatico e muscolare e i trigliceridi (**figura 15**). Il glicogeno epatico costituisce una riserva per i periodi di digiuno, mentre il glicogeno muscolare svolge unicamente una funzione energetica.

▲ **Figura 15**
L'insulina prodotta dal pancreas agisce sul fegato e influisce su cervello, tessuto adiposo e muscoli.

Il glucagone risponde a bassi livelli di glucosio nel sangue

Alcune ore dopo il pasto, i livelli di glucosio nel sangue tendono a scendere a causa del consumo operato dal cervello e da altri tessuti. L'abbassamento della glicemia attiva la secrezione di glucagone e riduce il rilascio di insulina. Il **glucagone** (**figura 16**) riporta la glicemia a livelli normali perché induce il fegato a rilasciare glucosio nel sangue mediante diverse vie alternative: l'ormone, infatti, stimola la demolizione di glicogeno epatico attivando l'enzima *glicogeno fosforilasi* e allo stesso tempo arresta la glicogenosintesi, inibendo l'enzima *glicogeno sintasi*. Il glucagone, inoltre, inibisce la glicolisi e stimola la gluconeogenesi.

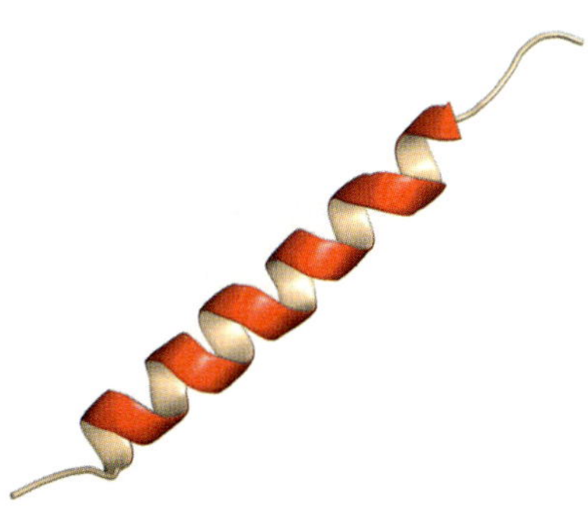

▲ **Figura 16**
La struttura molecolare del glucagone.

▸ **Figura 17**
Il glucagone agisce sul fegato e influisce sugli stessi organi dell'insulina, ma con effetto opposto.

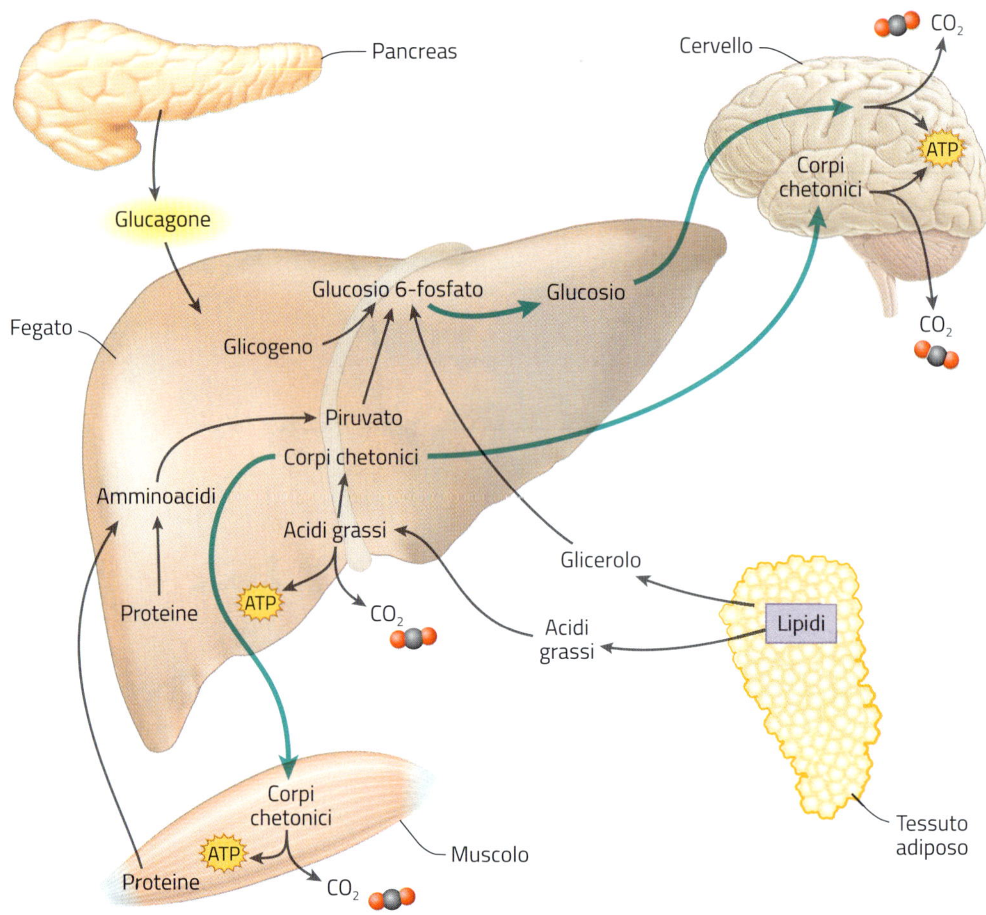

Il glucagone (come l'adrenalina) incide anche sul tessuto adiposo, promuovendo la degradazione dei trigliceridi in glicerolo e acidi grassi; questi ultimi vengono esportati nel fegato e negli altri tessuti per essere usati come combustibili metabolici (**figura 17**).

L'adrenalina segnala un'attività imminente, mentre il cortisolo segnala condizioni di stress

L'adrenalina è l'ormone responsabile della risposta «combatti e fuggi»: dilata le vie respiratorie, aumenta la frequenza e la forza cardiaca e innalza la pressione sanguigna. L'**adrenalina** agisce principalmente sui muscoli, sul tessuto adiposo e sul fegato (**tabella 5**). Su quest'organo stimola la secrezione di glucagone che attiva la glicogenolisi e inattiva la glicogenosintesi, stimolando quindi la conversione del glicogeno epatico in glucosio ematico.

Nel muscolo scheletrico, l'adrenalina promuove la demolizione del glicogeno in lattato mediante la fermentazione, con formazione di ATP in anaerobiosi. Essa

▸ **Tabella 5**
Gli effetti fisiologici e metabolici dell'adrenalina, sia a breve sia a medio-lungo termine.

Effetti immediati		Effetti complessivi
Effetti fisiologici	↑ Frequenza cardiaca	Aumento del trasporto di O_2 ai tessuti (muscolo)
	↑ Pressione del sangue	
	↑ Dilatazione delle vie respiratorie	
Effetti metabolici	↑ Demolizione del glicogeno (muscolo, fegato)	Aumento della quantità di glucosio da utilizzare a fini energetici
	↓ Sintesi del glicogeno (muscolo, fegato)	
	↑ Glucogenesi (fegato)	
	↑ Glicolisi (muscolo)	Aumento della produzione di ATP nel muscolo
	↑ Mobilizzazione degli acidi grassi (tessuto adiposo)	Aumento della diponibilità di acidi grassi da ossidare
	↑ Secrezione glucagone	Aumento degli effetti metabolici dell'adrenalina
	↓ Secrezione insulina	

innesca anche la mobilizzazione dei grassi dal tessuto adiposo e inibisce la secrezione di insulina, rinforzando il suo effetto sulla mobilizzazione dei combustibili metabolici e inibendone l'accumulo.

Le situazioni di stress (ansia, paura, dolore, emorragie, infezioni, bassa concentrazione di glucosio, digiuno) stimolano invece il rilascio dell'ormone steroideo **cortisolo** da parte della corteccia surrenale. Il cortisolo è un ormone ad attività relativamente lenta, in quanto altera il metabolismo modificando i tipi e le quantità di alcuni enzimi sintetizzati nelle sue cellule bersaglio, invece che attraverso la regolazione dell'attività di molecole enzimatiche già esistenti.

L'ormone agisce sui muscoli, fegato e tessuto adiposo. Nel tessuto adiposo il cortisolo stimola il rilascio di acidi grassi dalle riserve di trigliceridi; nel muscolo stimola la demolizione di proteine muscolari e il trasferimento delle catene carboniose degli amminoacidi al fegato, dove stimola la gluconeogenesi; il glucosio prodotto è conservato nel fegato sotto forma di glicogeno oppure esportato immediatamente nei tessuti che ne hanno bisogno.

3 – Chiavi di lettura

Insulina a portata di mano

A differenza degli antibiotici, la stragrande maggioranza dei farmaci cura i sintomi, ma non rimuove le cause di una malattia che perciò non può essere risolta in modo definitivo. Detto così, il risultato di almeno due secoli di ricerca farmacologica e di qualche millennio di scienza medica può sembrare assai modesto, dato che l'aspirazione dei farmacologi e dei medici è eliminare le malattie *insieme* alle loro cause. Non sottovalutiamo però quanto può essere importante evitare anche soltanto i sintomi delle malattie e le complicazioni che questi provocano.

Pensate all'insulina, una proteina che di norma è prodotta nelle cellule del pancreas di ognuno di noi e tiene sotto controllo la concentrazione dello zucchero quando è liberata nel sangue. Chi produce quantità insufficienti di insulina si ammala di diabete, una malattia fatale fino a meno di un secolo fa e molto comune (chi non conosce almeno una persona diabetica?).

UN NUOVO MODO PER ISOLARE L'INSULINA

Per i diabetici lo scenario è cambiato dal nero al rosa all'inizio del secolo scorso, grazie alla tenacia di un medico canadese che si chiamava Frederick Banting. Come molti medici e scienziati dell'epoca, Banting desiderava isolare l'insulina, ma la proteina non era facile da estrarre dalle cellule di Langerhans che la producono nel pancreas, poiché è subito degradata dalla tripsina, un enzima prodotto da altre cellule vicine.

Banting però era venuto a conoscenza di una procedura per evitare questo problema. Bastava bloccare il cosiddetto dotto pancreatico, un canale del pancreas che una volta legato non permette il passaggio della tripsina, e lasciare così intatte le cellule di Langerhans.

Per fare l'esperimento e testare la procedura Banting aveva però bisogno di un laboratorio e di un assistente. Profittando dell'estate (anche i laboratori a volte si svuotano!) chiese ospitalità a John Macleod, un biochimico e fisiologo scozzese che lavorava a Toronto. Macleod gli lasciò, oltre al campo libero, una dotazione considerevole: un aiutante a scelta fra i due giovani di laboratorio, Charles Best e Clark Noble, e dieci cani con cui condurre gli esperimenti. Best e Noble lanciarono una monetina per stabilire chi si sarebbe giocato le vacanze. A rimanere in laboratorio toccò a Best, che aiutò così Banting a isolare l'insulina dal pancreas dei cani.

I 347 milioni di malati di diabete che oggi possono sopravvivere nel mondo; le loro famiglie, i loro amici; in definitiva tutti noi umani (perché non c'è famiglia senza un diabetico) abbiamo un immenso debito di riconoscenza verso la tenacia di Frederick Banting, le vacanze perdute di Charles Best (che ha però ricevuto metà del valore del premio Nobel dal correttissimo e generosissimo Banting) e il sacrificio di quei dieci preziosissimi cani, alleati inconsapevoli della battaglia contro una malattia che non perdonava.

DALL'INSULINA ANIMALE ALL'ORMONE BIOTECH

Oggi non dobbiamo più sacrificare animali per offrire insulina e longevità ai malati di diabete e questo risultato lo dobbiamo a Frederick Sanger, il biochimico inglese che ha identificato per primo la struttura dell'insulina, aprendo la strada alla produzione del primo ormone di sintesi. L'insulina che i diabetici assumono oggi è un'ulteriore portento della ricerca: prodotta non più in un'industria chimica, ma in una microfabbrica biologica, ossia un batterio o un lievito in cui è stato inserito il gene dell'insulina umana. Il merito è degli scienziati della Genentech, la prima azienda biotecnologica, fondata poco più di 35 anni fa, e il prodotto è chiamato insulina ricombinante perché è il frutto della ricombinazione genetica fra geni umani e di microrganismi.

da Maurizio D'Incalci, Lisa Vozza, *Come nascono le medicine*, Chiavi di lettura, Zanichelli, 2014

A colpo d'occhio

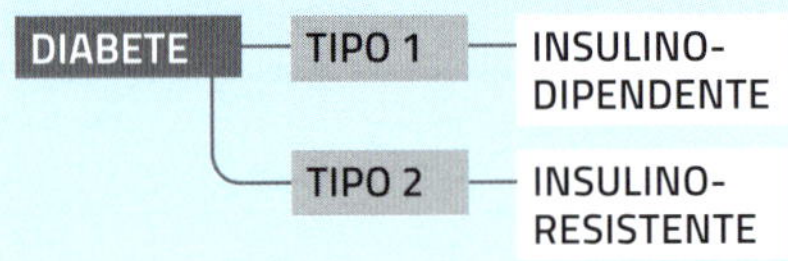

Il diabete di tipo 1 è provocato da un difetto nella produzione di insulina o nella sua azione

Il **diabete mellito** è una malattia metabolica relativamente comune che può esistere in due forme: il diabete di tipo 1, o *diabete insulino-dipendente*, e il diabete di tipo 2 o *non insulino-dipendente*, chiamato anche *diabete insulino-resistente*. In media, il diabete di tipo 2 rappresenta il 90% dei casi di malattia.

Nel **diabete di tipo 1** o *insulino-dipendente* la malattia comincia in giovane età, si aggrava rapidamente e risponde alla somministrazione di insulina; il difetto metabolico infatti deriva dalla distruzione autoimmune delle cellule β del pancreas, con conseguente incapacità di secernere quantità sufficienti di insulina (**figura 18A**). Una caratteristica della malattia è l'escrezione di grandi quantità di glucosio nelle urine, una condizione nota con il nome di **glicosuria**.

Dopo un pasto ricco di carboidrati, il glucosio si accumula fino a raggiungere livelli troppo elevati nel sangue, una condizione chiamata **iperglicemia**. Poiché i muscoli scheletrici e il tessuto adiposo sono insulino-dipendenti per l'ingresso del glucosio nelle cellule, in carenza di glucosio utilizzano gli acidi grassi dei depositi di trigliceridi come principale combustibile metabolico. Nel fegato, l'accumulo di acetil-CoA dovuto a un incremento del metabolismo degli acidi grassi porta alla sovrapproduzione dei corpi chetonici acetoacetato e β-idrossibutirrato, che però non possono essere utilizzati dai tessuti periferici alla stessa velocità con cui sono prodotti nel fegato. Il sangue dei diabetici contiene anche acetone, che conferisce al respiro un odore caratteristico. L'incremento della sintesi di corpi chetonici, condizione detta **chetosi**, porta a un forte aumento nella concentrazione di questi composti nel sangue (*chetonemia*) e nelle urine (*chetonuria*). Questa condizione è potenzialmente pericolosa per la salute: poiché si tratta di composti a carattere acido, la loro presenza in eccesso abbassa il pH del sangue, portando in casi estremi al coma e alla morte.

Il diabete di tipo 2 è dovuto alla resistenza all'insulina

Il **diabete di tipo 2** o *insulino-resistente* è meno grave del diabete di tipo 1 e in qualche caso all'inizio non viene nemmeno diagnosticato; si sviluppa più lentamente ed è tipico delle persone anziane e obese. La causa principale del diabete di tipo 2 è la resistenza all'insulina: il pancreas produce l'ormone, ma l'organismo non risponde più alla sua presenza. In questa condizione, è via via necessaria più insulina per ottenere lo stesso effetto che si osserva in condizioni normali (**figura 18B**). Nella fase precoce della malattia, le cellule β del pancreas secernono una quantità di insulina sufficiente a contrastare la minore sensibilità delle cellule del muscolo e del fegato; in seguito, però, le cellule β non riescono a far fronte all'emergenza

▼ Figura 18
Nel diabete di tipo 1 (A) le cellule β del pancreas sono danneggiate al punto che la quantità di insulina prodotta è insufficiente; nel diabete di tipo 2 (B) le cellule β producono una maggiore quantità di insulina che risulta comunque inefficace perché l'organismo è resistente all'insulina.

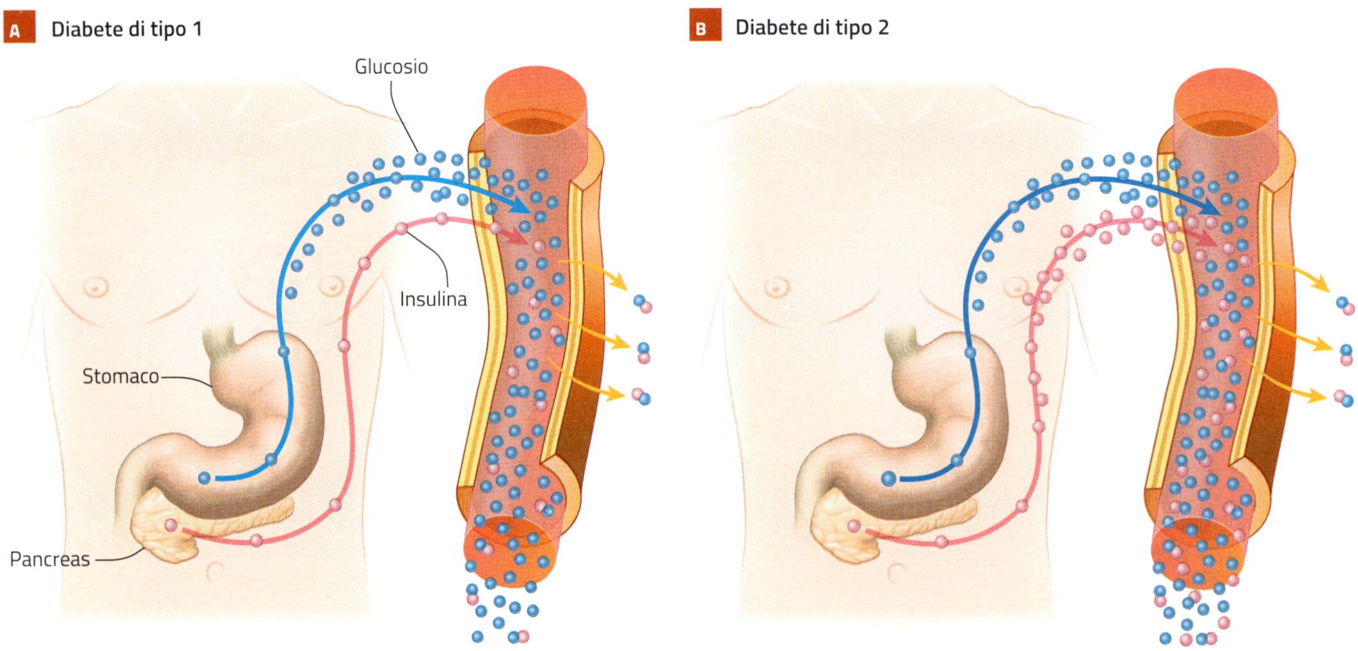

e gli individui perdono la capacità di regolare l'omeostasi del glucosio ematico. Questa fase, che precede la condizione di diabete di tipo 2, è denominata **sindrome metabolica**. Gli studi condotti su un grande numero di casi hanno dimostrato che i fattori che concorrono al successo del trattamento del diabete di tipo 2 sono la limitazione del cibo e l'esercizio fisico regolare; questo è anche il modo migliore per prevenire la sindrome metabolica e, di conseguenza, il diabete di tipo 2.

4 - La nostra salute

L'obesità dipende dagli ormoni?

L'**obesità** è il risultato dell'assunzione con la dieta di un eccesso di calorie rispetto a quelle necessarie all'attività corporea. L'organismo può far fronte all'eccesso di calorie in tre modi:

1. convertendo i combustibili metabolici in eccesso in grasso e immagazzinandolo nel tessuto adiposo;
2. bruciando i nutrienti in eccesso attraverso un incremento dell'attività fisica;
3. dissipando l'energia in eccesso mediante la produzione di calore (termogenesi), disaccoppiando il trasporto degli elettroni lungo la catena respiratoria mitocondriale dalla sintesi di ATP.

Per capire come insorge l'obesità è necessario analizzare quali sono i controlli e le regolazioni in condizioni di normalità e come vengono alterati questi meccanismi omeostatici.

GLI ORMONI PRODOTTI DAL TESSUTO ADIPOSO REGOLANO L'APPETITO

Il tessuto adiposo è un importante organo endocrino che produce ormoni peptidici noti come **adipochine**. Esse possono agire sia localmente sia in modo sistemico, fornendo al cervello informazioni sulla disponibilità di riserve energetiche depositate nel tessuto adiposo o in altri tessuti. La **leptina** (dal greco *leptòs*, «magro») è un'adipochina che, una volta raggiunto il cervello, agisce sui neuroni dell'ipotalamo per diminuire l'appetito segnalando una condizione di sazietà.

Nei topi, la leptina è codificata dal gene *OB* («obeso») che si trova sul cromosoma 7; i topi che possiedono due copie difettose del gene per la leptina (genotipo *ob*/*ob*) non sono in grado di contenere il loro appetito. Di conseguenza diventano obesi, raggiungendo un peso anche tre volte superiore a quello di un topo normale (**figura**); essi presentano anche alterazioni metaboliche molto simili a quelle degli animali diabetici, e sono insulino-resistenti. Quando a questi topi viene iniettata leptina, gli animali mangiano meno, perdono peso e aumentano l'attività fisica e la produzione di calore.

Un secondo gene del topo, chiamato *DB* (diabetico), ha una funzione nella regolazione dell'appetito. I topi con due copie difettose di questo gene (*db*/*db*) sono obesi e diabetici. Il gene *DB* codifica il recettore per la leptina: quando il recettore è difettoso, la funzione di segnale della proteina viene persa. Il recettore della leptina è espresso principalmente nelle regioni del cervello che controllano l'assunzione del cibo, su cui agisce l'ormone. Anche l'insulina agisce sull'ipotalamo, inibendo l'appetito come la leptina.

L'**adiponectina** è un altro ormone peptidico prodotto nel tessuto adiposo; essa sensibilizza altri organi all'azione dell'insulina, esercita un'azione protettiva contro l'aterosclerosi e inibisce le risposte infiammatorie. L'adiponectina inoltre modifica il metabolismo degli acidi grassi e dei carboidrati nei muscoli e nel fegato: negli epatociti l'ormone blocca la sintesi degli acidi grassi e la gluconeogenesi, mentre nel muscolo e nel fegato stimola il trasporto e il catabolismo del glucosio.

Un altro sistema di controllo coordina la crescita cellulare con il rifornimento di sostanze nutrienti e di energia; l'abbondanza di nutrienti attiva una proteina chinasi che va a fosforilare diversi fattori di trascrizione, che si legano al DNA e attivano l'espressione dei geni che codificano gli enzimi della sintesi dei lipidi e la proliferazione mitocondriale. Un'altra famiglia di fattori di trascrizione risponde alle variazioni della composizione lipidica della dieta, variando l'espressione dei geniche controllano il metabolismo dei grassi e dei carboidrati.

La **grelina** infine è un ormone peptidico prodotto dalle cellule che rivestono lo stomaco ed è un potente stimolante dell'appetito. I recettori della grelina sono localizzati nell'ipofisi e nell'ipotalamo, ma anche nel muscolo e nel tessuto adiposo. La concentrazione della grelina nel sangue varia notevolmente tra un pasto e l'altro, con un picco prima e un calo immediatamente dopo il pasto.

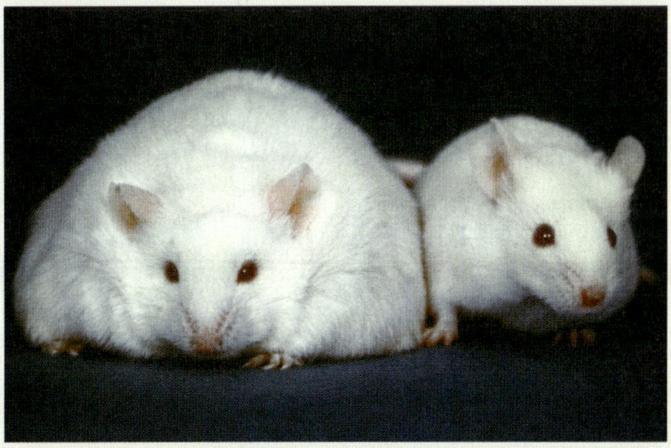

◄ **Figura** Un topo mutante per il gene dell'obesità (*ob*/*ob*) diventa obeso perché perde il senso di sazietà a causa dell'assenza della leptina.

Facciamo il punto

1. Quali sono e come intervengono gli ormoni che regolano il metabolismo?
2. Descrivi i ruoli di insulina e glucagone.
3. In che modo adrenalina e cortisolo agiscono sul corpo sottoposto a uno stress?
4. Quale differenza esiste tra diabete di tipo 1 e diabete di tipo 2?

Esplora nell'ebook la timeline interattiva

Le tappe della biochimica

La scienza ha sempre cercato di costruire ponti: tra persone e saperi diversi, ma anche tra discipline diverse. Tra Settecento e Novecento, mentre la biologia e la chimica circoscrivono in modo sempre più puntuale i loro ambiti di indagine, un ponte si costruisce tra le due, portando alla nascita della biochimica. Questa branca del sapere non solo ha permesso di apprendere i meccanismi fondamentali del metabolismo cellulare, ma ha portato a innovazioni epocali come la realizzazione dei primi fertilizzanti artificiali e la sintesi di diversi farmaci. Ma l'intervento massiccio dell'uomo sugli equilibri naturali, impennatosi a partire dalla Rivoluzione Industriale, ha avuto anche conseguenze impreviste, come l'effetto iper-serra che sta surriscaldando il nostro pianeta. Proprio il miglioramento della conoscenza dei meccanismi chimici, fisici e biologici coinvolti nei problemi globali che stanno preoccupando ambientalisti, politici e l'opinione pubblica mondiale può aiutare l'umanità a trovare le soluzioni.

1727

Studi di fisiologia vegetale
Nei *Saggi di statica*, Stephen Hales indaga la fisiologia vegetale dal punto di vista delle reazioni chimiche, ipotizzando la fotosintesi e conducendo diversi esperimenti sui rapporti con l'aria e l'acqua nel terreno.

1771

Esperimenti sulla respirazione delle piante
Joseph Priestley osserva la produzione di gas delle piante, compiendo esperimenti sulla capacità di «rivitalizzare» aria «deflogistizzandola», ovvero arricchendola di ossigeno. Sono i primi passi verso la comprensione della fotosintesi.

1779

Scoperta di fotosintesi e respirazione cellulare
Jan Ingenhousz dimostra che le parti verdi delle piante emettono O_2 e CO_2 quando sono rispettivamente alla luce o al buio. Con una serie di esperimenti misura la maggiore emissione del primo gas, dimostrando che non solo acqua e terreno, ma anche luce e aria sono coinvolte nello sviluppo delle piante.

1804

La prima descrizione della fotosintesi
Nicolas-Théodore de Saussure pubblica il primo libro che descrive compiutamente i processi fondamentali coinvolti nella fotosintesi, frutto di un lungo lavoro di raccolta di dati sperimentali.

1908

La sintesi dell'ammoniaca
Fritz Haber brevetta un metodo per la produzione dell'ammoniaca, un composto inorganico fondamentale per i fertilizzanti agricoli artificiali. Due anni dopo Carl Bosch commercializza il processo, che diventa noto come «metodo Fritz-Bosch». Fritz riceverà il premio Nobel per la Chimica nel 1918.

1920

Isolamento dell'insulina
Frederick Banting e Charles Best isolano l'insulina dal pancreas di un cane e la iniettano in un cane diabetico, osservando un calo della glicemia. Procedono con estratti da altri animali e cercano di purificare la sostanza, conducendo esperimenti fino a curare una serie di volontari diabetici. Divideranno il Nobel nel 1923.

1931

La fotosintesi è una redox
A dimostrarlo per la prima volta è Cornelius B. van Niel studiando batteri in grado di effettuare la fotosintesi. La sua idea è stata dimostrata sperimentalmente negli anni Quaranta da Samuel Ruben e Martin Kamen.

1960-1978

L'ATP prodotto per chemiosmosi
Peter Dennis Mitchell studia la sintesi dell'ATP, molecola che allora si pensava venisse prodotta per fosforilazione nei mitocondri. Mitchell si rende conto, invece, che il movimento di ioni attraverso il potenziale elettrochimico di membrana può fornire l'energia necessaria per la produzione di ATP. Il processo va sotto il nome di chemiosmosi e per questi studi nel 1978 riceve il premio Nobel per la Chimica.

1962

Esce *Silent Spring*
Considerato uno dei testi fondanti dell'ambientalismo, *Primavera silenziosa* è un libro scritto dalla zoologa statunitense Rachel Carson che documenta gli effetti negativi di un uso indiscriminato di pesticidi e della disinformazione operata dalle aziende chimiche dell'epoca.

1982

La prima insulina sintetica
Viene messa sul mercato la prima insulina prodotta da batteri transgenici con il nome di *Humulin*, che fornisce un'alternativa all'insulina purificata di origine animale disponibile fino ad allora.

1824

Si scopre l'effetto serra
J. Fourier è il primo a ipotizzare che la temperatura stabile adatta alla vita sia dovuta all'atmosfera, che assorbe una parte del calore emesso dal Sole e lo riflette sulla Terra. Nel 1863, J. Tyndall dimostrerà che vapore acqueo e CO_2 mantengono il calore e nel 1896 S. Arrhenius confermerà i risultati.

1827

Classificazione delle sostanze organiche
William Prout classifica le biomolecole in carboidrati, proteine e lipidi. Partendo dalla scoperta che i pesi atomici dei singoli elementi sono multipli di quello dell'idrogeno, elabora una teoria basata sull'idrogeno come unità di misura.

1888

Principio dell'equilibrio mobile
Henri Le Châtelier enuncia il principio di termodinamica chimica, secondo cui ogni sistema in equilibrio tende a reagire a una perturbazione impostagli dall'esterno minimizzandone gli effetti.

1894

Esperimenti su adrenalina e insulina
George Oliver ed Edward Albert Sharpey-Schäfer studiano i meccanismi dell'adrenalina. Ne dimostrano gli effetti sui muscoli e sul sangue iniettando un estratto ghiandolare in soggetti sperimentali e osservano l'immediato rialzo della pressione sanguigna. Coniano il termine «endocrino» per l'apparato ghiandolare e teorizzano il ruolo dell'insulina nel diabete.

1937

Definizione del ciclo di Krebs
Partendo da alcuni componenti e reazioni individuati da Albert Szent-Györgyi, Hans Adolf Krebs definisce il ciclo dell'acido citrico, un processo metabolico fondamentale per tutte le cellule degli organismi che utilizzano ossigeno nella respirazione cellulare.

1940-1980

La «rivoluzione verde»
Nuove tecniche di produzione e l'impiego di nuove varietà di piante selezionate artificialmente permettono di aumentare la produzione agricola, riducendo il numero di persone a rischio di fame. Il padre di questa rivoluzione è Norman Burlaug che nel 1970 viene insignito del premio Nobel per la Pace.

1947

La rubisco e il ciclo di Calvin
Sam G. Wildman scopre la *Fraction I protein*, un enzima abbondante nelle foglie di spinaci, oggi noto come rubisco. Melvin Calvin, James Bassham e Andrew Benson ne mostrano il ruolo fondamentale nel processo cellulare noto come ciclo di Calvin.

1957

Scoperta della pompa sodio-potassio
Jens Christian Skou scopre l'enzima (Na-K ATPasi) che costituisce la pompa sodio-potassio, ovvero il principale mezzo di trasporto attivo di sostanze nella membrana cellulare. 40 anni dopo riceverà il Nobel per tale scoperta.

1997

Il protocollo di Kyoto
Prima firma del trattato internazionale che mira alla riduzione delle emissioni di gas serra da parte dei 180 paesi firmatari; entrerà definitivamente in vigore solo nel 2005 con la firma della Russia, nel 2013 vi hanno aderito anche gli Stati Uniti, portando il computo dei firmatari a 192.

2005

Una nuova era: l'Antropocene
Il chimico e premio Nobel Paul Crutzen pubblica un libro, *Benvenuti nell'Antropocene*, in cui sostiene che gli effetti dell'attività umana sulla geologia e sull'ambiente ci hanno fatto entrare in una nuova era geologica, caratterizzata da un aumento senza precedenti della concentrazione in atmosfera di gas serra.

2007

La lotta al cambiamento climatico vince il Nobel
Il premio Nobel per la Pace viene assegnato all'*Intergovernmental Panel on Climate Change* (IPCC) e ad Al Gore Jr. «per i loro sforzi tesi a costruire e disseminare una conoscenza sempre maggiore riguardo al cambiamento climatico di origine antropica, e per aver gettato le basi necessarie a contrastarlo.»

SINTESI DI FINE CAPITOLO

LO SAI? RIPASSA CON LO SMARTPHONE

L'alimentazione e il metabolismo

I nutrienti che costituiscono gli alimenti hanno sia una **funzione plastica**, perché forniscono le biomolecole necessarie per la costruzione dei tessuti, sia una **funzione energetica**, perché producono ATP. Alcuni nutrienti (vitamine e sali minerali) svolgono anche un'importante **funzione regolatrice** per il controllo dell'attività cellulare.

L'apporto di nutrienti non è costante: durante la giornata, nel nostro corpo si avvicendano diversi cicli di *nutrizione/digiuno* che dipendono dalla vicinanza o dalla distanza dai pasti.

Il metabolismo degli zuccheri

I **carboidrati** sono i nutrienti da cui è più facile ricavare energia; la digestione dei carboidrati avviene grazie a enzimi che scindono polisaccaridi e disaccaridi. La funzione principale del catabolismo del glucosio è la produzione di ATP. Anche la *via del pentoso fosfato*, che ha luogo nel citoplasma, utilizza il glucosio 6-fosfato per produrre ribosio e molecole di NADPH.

Il glucosio è immagazzinato sotto forma di **glicogeno**, il cui metabolismo comprende due vie: la biosintesi del glicogeno (*glicogenosintesi*) e la sua demolizione (*glicogenolisi*), nel fegato queste due vie metaboliche sono regolate per mantenere costante la glicemia. Nella **gluconeogenesi** viene prodotto glucosio a partire da precursori non glucidici.

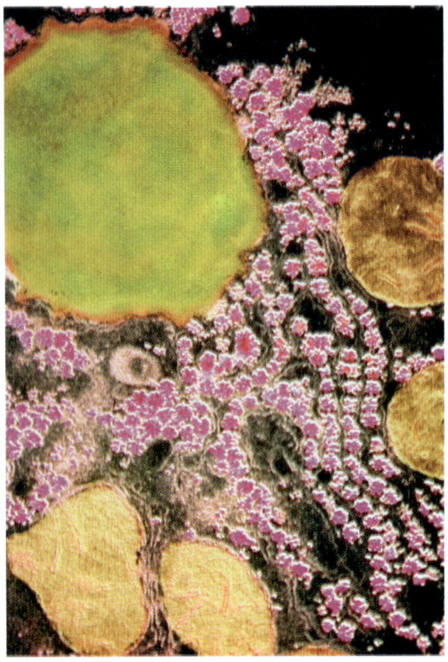

Il metabolismo dei grassi

I **lipidi** sono la principale riserva energetica dell'organismo e hanno importanti funzioni strutturali, di regolazione e di trasporto delle vitamine liposolubili. La digestione dei lipidi avviene nell'intestino grazie agli enzimi pancreatici e intestinali. La **β-ossidazione degli acidi grassi** è la via principale che permette di ricavare energia dai lipidi; ha luogo nella matrice mitocondriale e scinde le catene idrocarburiche degli acidi grassi in unità di acetil-CoA. I *corpi chetonici* sono una fonte di energia alternativa al glucosio.

Il fegato e il tessuto adiposo sono in grado di sintetizzare **acidi grassi** e **colesterolo**.

Il metabolismo delle proteine

Le proteine corporee subiscono un continuo processo di rinnovamento chiamato **turnover proteico**, che interessa le proteine fibrose e quelle globulari. Se la dieta è iperproteica e durante il digiuno prolungato, le cellule utilizzano le proteine come fonte di energia in seguito al normale processo di turnover proteico.

Il catabolismo degli amminoacidi avviene nel fegato e inizia con la *perdita del gruppo amminico* legato al carbonio α. Questo processo avviene grazie alla **transaminazione** e alla **deaminazione ossidativa** del glutammato. Perduto il gruppo amminico, le catene carboniose degli amminoacidi sono trasformate in intermedi metabolici del ciclo di Krebs e convertite in glucosio, oppure trasformate in corpi chetonici.

Le vie metaboliche sono tutte integrate

Nel nostro corpo i vari metabolismi si integrano:

- il fegato modifica e distribuisce glucosio, acidi grassi e proteine;
- il tessuto adiposo immagazzina e rilascia gli acidi grassi;
- i muscoli utilizzano l'ATP per compiere un lavoro meccanico;
- il cervello utilizza energia per trasmettere impulsi elettrici;
- il sangue trasporta ossigeno, metaboliti e ormoni in tutto il corpo.

La regolazione ormonale

Vari ormoni sono coinvolti nella regolazione del metabolismo:

- l'**insulina** stimola l'assunzione del glucosio da parte del tessuto muscolare e del tessuto adiposo, favorendo la conversione di glucosio in glicogeno e trigliceridi;
- il **glucagone** riporta la glicemia a livelli normali, inducendo il fegato a rilasciare glucosio nel sangue;
- l'**adrenalina** segnala un'attività imminente ed è responsabile del segnale «combatti e fuggi»;
- il **cortisolo** segnala condizioni di stress.

Il diabete

Il **diabete mellito** è una malattia metabolica che esiste in due forme:

- il **diabete di tipo 1**, o *insulino-dipendente*, causato da un difetto nella produzione di insulina o nella sua azione;
- il **diabete di tipo 2**, o *insulino-resistente*, provocato da una resistenza all'insulina, per cui il pancreas produce l'ormone, ma l'organismo non risponde più alla sua presenza. In questa condizione, è necessario fornire al paziente sempre più insulina per ottenere lo stesso effetto che si osserva in condizioni normali.

VERIFICA LE TUE CONOSCENZE

ZTE ONLINE

Lezione 1
Funzioni e controllo dell'alimentazione

1. La funzione tipica delle vitamine è quella

A energetica.
B ormonale.
C plastica.
D regolatrice.

2. L'organo con la maggiore flessibilità metabolica è

A il cervello.
B il fegato.
C il muscolo scheletrico.
D il pancreas.

Lezione 2
Il metabolismo degli zuccheri

3. La reazione catalizzata dall'amilasi salivare produce

A maltosio e maltotriosio.
B amilosio e amilopectina.
C amido e glicogeno.
D glucosio e fruttosio.

4. La via del pentoso fosfato consente alla cellula di

A ricavare energia anche dai pentosi.
B produrre glucosio partendo da un pentoso.
C produrre ribosio partendo dal glucosio.
D produrre pentosi consumando ATP.

5. La prima tappa della glicogenosintesi produce

A glucosio 1-fosfato.
B UDP-glucosio.
C glucosio 1-fosfato.
D glucosio.

6. L'enzima deramificante

A interviene nella sintesi del glicogeno.
B trasforma un legame α -1,4-glicosidico in α -1,6-glicosidico.
C è necessario per la sintesi di amilopectina.
D genera catene di amilosio.

7. Il maggior consumo di glucosio nel nostro organismo avviene a carico di

A globuli rossi.
B fegato.
C cervello.
D fegato e rene.

8. È possibile produrre glucosio partendo da alcuni amminoacidi grazie a

A gluconeogenesi.
B glicogenosintesi.
C glicogenolisi.
D via del pentoso fosfato.

Lezione 3
Il metabolismo dei lipidi

9. La digestione dei lipidi è resa difficile principalmente dal fatto che sono sostanze

A molto ridotte.
B a bassa densità.
C con o senza legami doppi.
D idrofobiche.

10. A ogni ciclo della β-ossidazione l'energia potenziale è conservata in

A NADH.
B coenzima A.
C $FADH_2$.
D coenzimi ridotti e acetil-CoA.

11. I corpi chetonici sono utili perché sono

A composti più ricchi di energia chimica dei lipidi.
B più semplici da metabolizzare rispetto agli zuccheri.
C in grado di attraversare la barriera ematoencefalica.
D utilizzabili per la respirazione dei globuli rossi.

12. La biosintesi degli acidi grassi differisce dalla β-ossidazione in quanto

A non utilizza il coenzima A.
B utilizza NADH ma non $FADH_2$.
C avviene nel citoplasma.
D non è un processo redox.

Lezione 4
Il metabolismo delle proteine

13. La digestione delle proteine ha inizio

A in bocca.
B nello stomaco.
C nel fegato.
D nell'intestino tenue.

14. Il catabolismo degli amminoacidi prevede inizialmente la loro trasformazione in

A α-chetoacidi.
B urea.
C transaminasi.
D glutammato.

15. L'organismo può ricavare energia dagli amminoacidi attraverso

A la sintesi proteica.
B la produzione di corpi chetonici.
C il ciclo dell'urea.
D il consumo di acetil-CoA.

Lezione 5
L'integrazione tra le vie metaboliche

16. La molecola chiave del metabolismo degli epatociti è

A acetil-CoA.
B glucosio.
C glucosio 6-fosfato.
D NADPH.

17. Il tessuto adiposo bruno differisce dal tessuto adiposo bianco in quanto

A è più distribuito nel corpo.
B è più ricco di colesterolo.
C ha cellule con più mitocondri.
D può produrre acetil-CoA.

18. Grazie al metabolismo del fegato, i neuroni al posto degli acidi grassi possono utilizzare

A β-idrossibutirrato.
B acetil-CoA.
C glucosio.
D trigliceridi.

Lezione 6
La regolazione ormonale del metabolismo energetico

19. Un organo insulina-dipendente per l'assunzione di glucosio è

A il muscolo scheletrico.
B il cervello.
C il fegato.
D il pancreas.

20. Il glucagone attiva

A la gluconeogenesi.
B la glicogenosintesi.
C la glicogenolisi.
D la glicolisi.

21. Dopo alcuni giorni di digiuno, nel sangue aumenterà la concentrazione di

A acidi grassi.
B corpi chetonici.
C amminoacidi.
D acetil-CoA.

22. Il cortisolo non è coinvolto nella risposta a

A stress.
B ansia.
C digiuno.
D aggressione.

23. Il diabete di tipo 1

A è una patologia autoimmune.
B è associato all'obesità.
C non si può curare con l'insulina.
D si previene con l'attività fisica regolare.

VERIFICA LE TUE ABILITÀ

24. Barra la lettera V se l'affermazione è vera, F se è falso.

a) Una persona che pratichi sport in modo intenso necessita solo di cibi con funzione energetica. V F

b) Se la carenza di acido alfa-linolenico nella dieta può causare danni alla salute, significa che è un nutrimento essenziale. V F

c) Se si somministra glucosio marcato radioattivamente a un volontario, è possibile in seguito che la radioattività si trovi nei grassi. V F

d) Il cervello possiede una speciale riserva nutrizionale specifica da usare in caso di necessità. V F

e) I sali minerali sono importanti, ma mai essenziali in quanto non forniscono calorie. V F

Completa il brano scegliendo tra i termini elencati in fondo (alcuni termini sono in eccesso).

25. La via del pentoso fosfato può avvenire .... in presenza di ossigeno e le sue funzioni sono diverse. Per esempio produrre .... e zuccheri quali il .... Tra i sottoprodotti privi di utilità per la cellula c'è invece ....

(acqua; ammoniaca; anche; diossido di carbonio; fruttosio; NAD+; NADH; NADPH; ribosio; solo)

26. Gli amminoacidi si possono distinguere in base al loro ruolo nelle reazioni ...., il quale a sua volta dipenderà dal gruppo .... Possono essere convertiti in acidi grassi quelli ...., mentre quelli .... possono diventare piruvato. Diversi amminoacidi possono essere trasformati in ....

(anaboliche; cataboliche; chetogenici; COOH; glucogenici; neurotrasmettitori; NH_2; R)

Barra il completamento esatto e motiva la risposta.

27. La differenza chiave fra la transaminazione e la deaminazione ossidativa è che la seconda

- A è esoergonica.
- B ha lo ione ammonio tra i prodotti.
- C non ha ammoniaca tra i reagenti.
- D è endoergonica.

28. Nei globuli rossi la via del pentoso fosfato ha la funzione di

- A contribuire con la glicolisi alla produzione di ATP.
- B produrre il NADPH necessario per le biosintesi.
- C rendere disponibile il ribosio per gli acidi nucleici.
- D permettere di utilizzare anche i corpi chetonici.

29. Quando una nuova unità di glucosio si aggiunge al glicogeno, essa vi si lega al livello del

- A C-1
- B C-4
- C C-6
- D C-4 o C-6

30. Tra gli acidi grassi presenti in una cellula, ti aspetti che sia più raro quello con un numero di C pari a

- A 8
- B 15
- C 16
- D 24

31. Un giovane atleta all'inizio della sua carriera da professionista avrà un bilancio azotato

- A negativo.
- B nullo.
- C in equilibrio.
- D positivo.

32. Il metabolismo degli amminoacidi <u>non</u> può dare origine a

- A basi azotate.
- B vitamine.
- C neurotrasmettitori.
- D acidi grassi.

33. Il ciclo di Cori prevede che il fegato svolga

- A la gluconeogenesi.
- B la glicogenolisi.
- C la glicogenosintesi.
- D la via del pentoso fosfato.

34. I danni al tessuto muscolare causati dal digiuno sono limitati da

- A la gliconeogenesi.
- B il catabolismo degli amminoacidi.
- C la fermentazione lattica.
- D il metabolismo dei corpi chetonici.

35. L'intensa attività fisica da parte di una persona diabetica che non sia adeguatamente curata genererà nel sangue

- A ipoglicemia, cioè bassa concentrazione di glucosio.
- B acidosi del sangue, cioè pH del sangue troppo basso.
- C iperlattacidemia, cioè eccessiva concentrazione di lattato.
- D ipercolesterolemia, cioè eccessiva concentrazione di colesterolo.

UNITUTOR VERSO L'UNIVERSITÀ

Preparati ai test di ammissione sul sito Unitutor.

36. La bile ha la funzione di

- A emulsionare i grassi.
- B idrolizzare i trigliceridi.
- C aumentare la tensione superficiale dei lipidi.
- D digerire i grassi.
- E scindere gli acidi grassi e il glicerolo.

[dal test di ammissione a Odontoiatria, 2010-11]

37. Nell'attività digestiva dell'uomo un pH acido

- A favorisce l'attivazione degli enzimi pancreatici.
- B blocca l'attività gastrica.
- C permette l'emulsionamento dei grassi.
- D favorisce l'attività della flora batterica.
- E favorisce l'attivazione del pepsinogeno.

[dal test di ammissione a Medicina, 2004-05]

TEST YOUR ENGLISH

38. Which of the following steps are irreversible in glycolysis and gluconeogenesis?

- A Fructose 6-phosphate to fructose 1,6-bisphosphate.
- B Phosphoenolpyruvate to 2-phosphoglycerate.
- C 1,3-bisphosfoglycerate to gliceraldehyde 3-phospate.
- D Fructose 6-phosphate to glucose 6-phosphate.

VERSO L'ESAME: LE TUE COMPETENZE

SCHEMATIZZA

39. Costruisci una mappa concettuale che schematizzi gli ormoni e gli enzimi coinvolti nel metabolismo del glucosio, specificando i siti in cui si verificano le diverse reazioni.

DEFINISCI

40. Scrivi la definizione dei seguenti termini: funzione plastica, glicemia, glicogenosintesi, gluconeogenesi, chilomicrone, turnover proteico, deaminazione ossidativa, fibre muscolari veloci e lente, diabete insulino-dipendente, diabete insulino-resistente.

CLASSIFICA E MOTIVA

41. Completa la seguente tabella fornendo, quando possibile, un esempio per ciascuna cella.

MOLECOLE	FUNZIONE		
	PLASTICA	ENERGETICA	REGOLATRICE
Acidi nucleici			
Carboidrati			
Lipidi			
Proteine			
Vitamine			

ANALIZZA

42. Un medico sta visitando una paziente con evidenti scompensi alimentari. Il medico sospetta tre possibili cause: problemi al fegato, diabete o una dieta molto inferiore alle necessità.

Se fossi tu al suo posto, quali esami del sangue richiederesti per decidere fra queste alternative? Chiarisci le tue ragioni.

IPOTIZZA

43. Un deficit di carnitina può provocare debolezza e crampi muscolari, questi sintomi si aggravano durante il digiuno, un intenso esercizio muscolare o in seguito a diete ricche di grassi.

Prova a ipotizzare perché in tali condizioni si verifica un aggravamento dei sintomi e fai una ricerca per scoprire la struttura chimica della carnitina, e a partire da quali sostanze viene sintetizzata dal nostro organismo.

PREVEDI

44. In laboratorio ti è stato dato l'incarico di preparare due becher: il primo contiene un dato volume di acqua e un volume pari a circa 1/4 di olio; il secondo contiene le stesse quantità di acqua e olio, ma in più vi va aggiunto un cucchiaio di sali biliari.

In che cosa differiranno i due miscugli? Volendo fare un esperienza analoga a casa tua, che cosa potresti usare invece dei sali biliari? Chiarisci le ragioni delle tue risposte.

CALCOLA

45. L'acido stearico è un acido grasso saturo a 18 atomi di carbonio.

Calcola la resa della sua ossidazione in termini di molecole di ATP, indicando con chiarezza i passaggi che segui.

CONFRONTA

46. Costruisci una tabella per confrontare il catabolismo di un adipocita, una cellula muscolare, un epatocita, un globulo rosso e metti in evidenza le differenze tra i diversi casi.

RICERCA

47. L'obesità è uno dei più importanti problemi di salute pubblica del Ventunesimo secolo. Fai una ricerca in Rete e costruisci una presentazione che metta in evidenza:

a) gli ormoni che sono implicati nel metabolismo e che possono avere un effetto sull'obesità;
b) le regioni del pianeta più colpite da questo problema e i numeri relativi a ogni zona;
c) alcuni provvedimenti adottati per risolvere il problema.

OSSERVA E INTERPRETA

48. Il grafico rappresenta la curva glicemica del paziente di un medico confrontata a una curva standard di riferimento. Quali indicazioni puoi ricavare sulla situazione clinica del paziente?

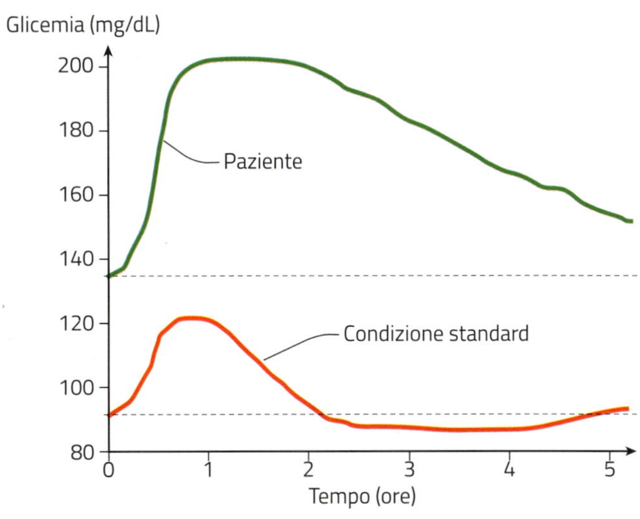

SEI PRONTO PER LA VERIFICA?

IN 1 ORA

Dopo aver studiato i contenuti fondamentali dei **capitoli E3, E4** ed **E5**, prova a svolgere questa verifica nel **tempo massimo di 1 ora.**

Alla fine della prova **controlla le tue risposte** con le soluzioni che troverai sul sito *online.scuola.zanichelli.it/curtisnuovoinvitoblu* e **calcola il punteggio** totale che hai conseguito compilando la griglia finale.

CONOSCENZE

Barra il completamento esatto.

1. Durante la fase luminosa della fotosintesi, si produce

A NADH.
B NADPH.
C NAD^+.
D $NADP^+$.

(4 punti se hai risposto correttamente) ..../4

2. Nelle piante, il ciclo di Calvin inizia quando CO_2 si unisce a una molecola di

A fosfoglicerato.
B gliceraldeide fosfato.
C ribulosio bisfosfato.
D acido ossalacetico.

(4 punti se hai risposto correttamente) ..../4

3. Nei mitocondri, durante l'ossidazione del NADH lungo la catena di trasporto degli elettroni, gli ioni H^+ sono portati

A dalla matrice mitocondriale allo spazio intermembrana.
B dallo spazio intermembrana alla matrice mitocondriale.
C dallo spazio intermembrana al citoplasma.
D dal citoplasma allo spazio intermembrana.

(4 punti se hai risposto correttamente) ..../4

4. Durante il ciclo di Krebs, il FAD si

A ossida a $FADH_2$.
B riduce a $FADH_2$.
C ossida a FAD.
D riduce a FAD.

(4 punti se hai risposto correttamente) ..../4

5. Il ribosio necessario per la sintesi di RNA, DNA e coenzimi viene prodotto attraverso la

A gluconeogenesi.
B sintesi dei corpi chetonici.
C glicolisi.
D via del pentoso fosfato.

(4 punti se hai risposto correttamente) ..../4

6. Durante la transaminazione, il gruppo amminico di un amminoacido viene

A trasferito al glutammato.
B trasferito all'alfa chetoglutarato.
C trasformato in ione ammonio.
D trasformato in urea.

(4 punti se hai risposto correttamente) ..../4

7. Durante la fase luminosa della fotosintesi, il fotosistema I riceve gli elettroni

A dai trasportatori della membrana tilacoide.
B dal fotosistema II.
C dal NADPH.
D dall'acqua.

(4 punti se hai risposto correttamente) ..../4

8. Barra la risposta esatta.
Durante la fase luminosa della fotosintesi, si produce

A NADH.
B NADPH.
C NAD^+.
D $NADP^+$.

(4 punti se hai risposto correttamente) ..../4

Barra i due completamenti esatti.

9. Nel catabolismo del glucosio, l'acetil-CoA è presente

A nella glicolisi.
B nella decarbossilazione ossidativa.
C nel ciclo di Krebs.
D nella fermentazione lattica.
E nella fermentazione alcolica.

(5 punti per due risposte corrette, 3 per una sola) ..../5

10. Nella cellula, il glucosio 1-fosfato si forma durante

A la glicolisi.
B la decarbossilazione ossidativa.
C il ciclo di Krebs.
D la glicogenosintesi.
E la glicogenolisi

(5 punti per due risposte corrette, 3 per una sola) ..../5

11. Per ciascuna affermazione, barra il simbolo V se la ritieni vera oppure il simbolo F se la ritieni falsa.

a) Il complesso antenna del fotosistema è formato solo da carotenoidi. V F
b) Durante la fase luminosa della fotosintesi, la fotolisi dell'acqua libera ossigeno. V F
c) L'ATP sintasi è inserita nella membrana tilacoide. V F
d) Il centro di reazione del fotosistema II è costituito clorofilla che ha il picco di assorbimento a 680 nm. V F

(2 punti per ogni scelta corretta) ...../8

12. **Spiega come l'insulina e il glucagone regolano la glicemia.**

....

....

....

....

....

....

(8 punti se hai risposto correttamente, 4 punti se la risposta è incompleta) ..../8

ABILITÀ

Barra il completamento esatto.

13. **Il NAD^+ viene ridotto durante**

A la fermentazione lattica.
B la fermentazione alcolica.
C la fosforilazione ossidativa.
D la glicolisi.

(4 punti se hai risposto correttamente) ..../4

14. **Durante il ciclo di Krebs, per ogni molecola di acetil-CoA si verificano**

A 3 reazioni di ossidoriduzione.
B 4 reazioni di ossidoriduzione.
C 6 reazioni di ossidoriduzione.
D 8 reazioni di ossidoriduzione.

(4 punti se hai risposto correttamente) ..../4

15. **Il prodotto del catabolismo degli amminoacidi di un serpente è**

A l'azoto.
B lo ione ammonio.
C l'acido urico.
D l'urea.

(4 punti se hai risposto correttamente) ..../4

16. **In quale reazione della glicolisi si verifica una isomerizzazione?**

A Da glucosio a glucosio 6-fosfato.
B Da glucosio 6-fosfato a fruttosio 6-fosfato.
C Da fruttosio 6-fosfato a fruttosio 1,6-bisfosfato.
D Da fruttosio 1,6-bisfosfato a gliceraldeide 3-fosfato e diidrossiacetone fosfato.

(4 punti se hai risposto correttamente) ..../4

17. **Quale composto è un intermedio della fotosintesi, della glicolisi e della gluconeogenesi?**

A Diidrossiacetone fosfato.
B Fosfoglicerato.
C Gliceraldeide 3-fosfato.
D Glucosio.

(4 punti se hai risposto correttamente) ..../4

18. **Barra il completamento errato.**
Nella fotosintesi

A la fase luminosa si svolge nei tilacoidi.
B la fissazione del carbonio avviene nel ciclo di Calvin.
C la fase indipendente dalla luce avviene nello stroma.
D la fase dipendente dalla luce consuma ATP.

(4 punti se hai risposto correttamente) ...../4

19. **Nel seguente brano, barra tra i termini in neretto quelli errati.**

L'ossidazione degli acidi grassi scinde le catene idrocarburiche in unità di acetil-CoA che alimenteranno **la fosforilazione ossidativa / il ciclo di Krebs**. Prima di entrare nel mitocondrio, l'acido grasso si lega a una molecola di **coenzima A / NAD^+**. Se la catena acilica è più lunga di 12 atomi di carbonio, viene trasferita alla carnitina, presente **nel citoplasma / nella membrana esterna mitocondriale**. Nella matrice mitocondriale, l'acido grasso viene trasferito a una molecola di coenzima A e ossidato a varie unità di acetil-CoA, liberando **NAD^+ / NADH** e **FAD / $FADH_2$**.

(2 punti per ogni scelta corretta) ...../10

20. **Completa le seguenti frasi con i numeri corretti (alcuni vanno utilizzati più di una volta).**

a) Il metabolismo aerobio di una molecola di glucosio libera .... molecole di CO_2, ... molecole di H_2O e .... molecole di ATP.

b) Durante la fosforilazione ossidativa, si ottengono .... molecole di ATP per ogni molecola di NADH e .... molecole di ATP per ogni molecola di $FADH_2$

c) In condizioni anaerobie, durante la glicolisi e la fermentazione alcolica, da una molecola di glucosio si originano 2 molecole di alcol etilico, ... molecole di CO_2 e .... molecole di ATP.

d) In condizioni anaerobie, durante la glicolisi e la fermentazione lattica da una molecola di glucosio si originano .... molecole acido lattico e .... molecole di ATP.

(1 – 1,5 – 2 - 2,5 – 5 – 6 – 32)

(2 punti per ogni frase corretta) ..../8

PUNTEGGIO TOTALE ...../100

Se hai ottenuto:

- meno di 60 punti devi riprendere lo studio dei capitoli;
- tra 60 e 70 punti hai una preparazione sufficiente;
- tra 70 e 80 punti hai una preparazione buona;
- tra 80 e 100 punti significa che hai studiato a fondo.

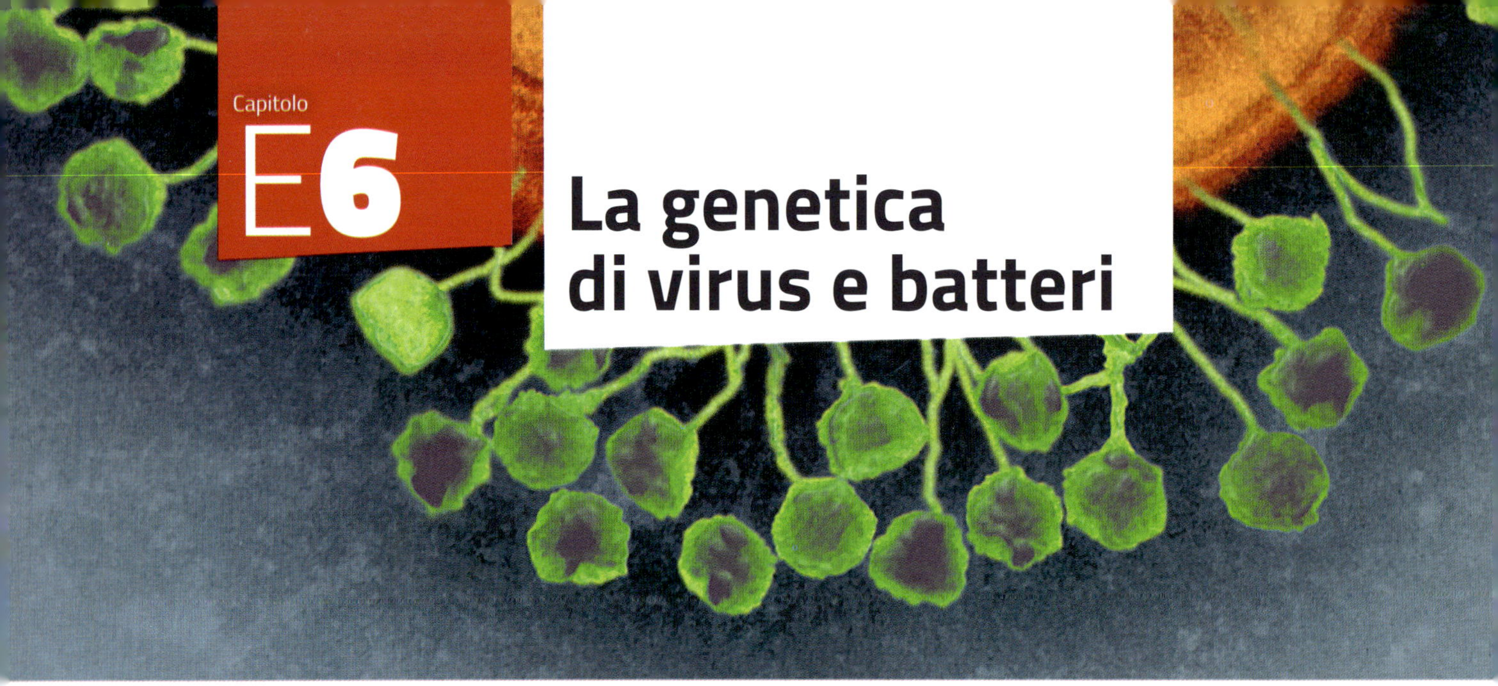

Capitolo
E6 La genetica di virus e batteri

1 La genetica dei virus

Il genoma virale è un modello ideale per lo studio della genetica

Molte delle informazioni disponibili sulla struttura e sulle funzioni del DNA provengono dallo studio dei virus, che sono entità molto semplici sia da un punto di vista strutturale sia biochimico. I **genomi virali** più piccoli contengono infatti solo 3 geni e il loro genoma completo consiste di meno di 4000 nucleotidi; i genomi di virus più grandi contengono invece 150 geni, pari circa a 1/20 dei geni osservati mediamente nei batteri e 1/100 di quelli presenti negli insetti.

I virus sono costituiti da un involucro proteico chiamato capside, che contiene un **acido nucleico** che può essere DNA o RNA (figura 1). La funzione del capside è di proteggere l'acido nucleico dalla degradazione nelle fasi in cui il virus è libero nell'ambiente.

In alcune specie, il capside è rivestito da una membrana dalla composizione eterogenea detta **envelope** (che in inglese significa «involucro»). L'envelope aiuta i virus a non essere riconosciuti dal sistema immunitario dell'ospite e quindi favorisce la loro replicazione all'interno delle cellule.

▾ **Figura 1**
Tutti i virus sono dotati di un capside proteico che racchiude il materiale genetico (A); talvolta il capside è ricoperto da un involucro simile alla membrana plasmatica (B).

A

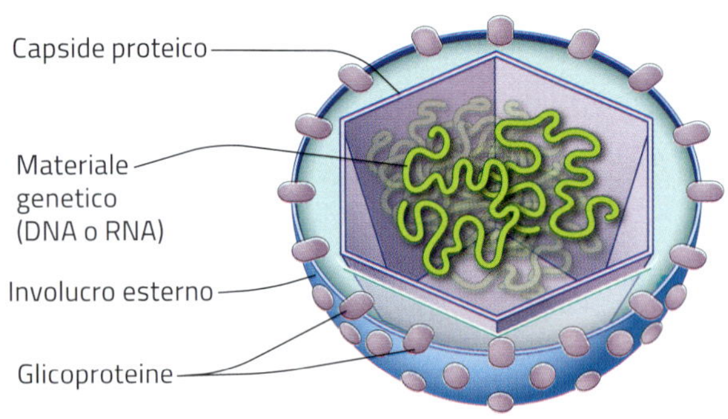

Sull'involucro esterno del virus dell'influenza sono presenti delle glicoproteine che si legano ai recettori di membrana della cellula ospite, permettendo al virus di penetrare all'interno della cellula.

B

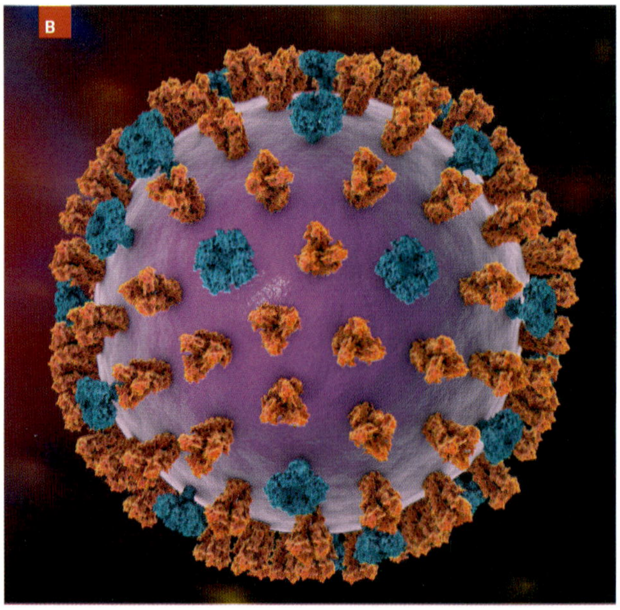

La presenza di pochi geni, combinata all'assenza degli apparati cellulari necessari alla replicazione, alla trascrizione e alla sintesi proteica, rende i virus incapaci di replicarsi in modo autonomo; questo è il motivo per cui tutti i virus sono **parassiti intracellulari obbligati**, che per riprodursi usano l'apparato biosintetico della cellula infettata. Tutti i tipi di cellule, sia procariotiche sia eucariotiche, sono esposte all'infezione virale: i virus che infettano solo i procarioti sono chiamati **batteriofagi** o **fagi**.

Possedere un genoma di piccole dimensioni, che si può replicare rapidamente, rappresenta un vantaggio non solo per i virus, che riescono a infettare molte cellule in poco tempo, ma anche per i ricercatori: in laboratorio è possibile ottenere moltissime generazioni di virus in pochi giorni e condurre esperimenti complessi in tempi assai ridotti.

Esistono circa 4000 differenti tipi di virus, molti dei quali patogeni per l'uomo (**tabella 1**), classificati in base alle loro caratteristiche: per esempio, in alcuni virus le proteine del capside sono disposte a formare una struttura elicoidale, oppure un poliedro o altre forme geometriche (**figura 2**).

Le parole

Il termine **batteriofago** è composto dal termine «batterio» seguito dal suffisso «-fago», che deriva dal verbo greco *phagêin*, «mangiare» ; i batteriofagi, infatti, hanno come unici ospiti i procarioti.

Tessuto/Organo/Sistema	Virus	Malattia
Pelle	*Variola*	Vaiolo
	Herpes simplex I	Herpes labiale
Sangue	Ebola	Febbre emorragica
Sistema immunitario	HIV	AIDS
Cervello	Flavivirus	Febbre gialla
	Rhabdovirus	Rabbia
Apparato respiratorio	*Rhinovirus*	Raffreddore
Apparato digerente	*Hepatitis B*	Epatite
	Rotavirus	Gastroenterite
Apparato riproduttore	*Herpes simplex II*	Herpes genitale
	Papillomavirus	Cancro al collo dell'utero

◂ Tabella 1 Alcuni virus che infettano il corpo umano.

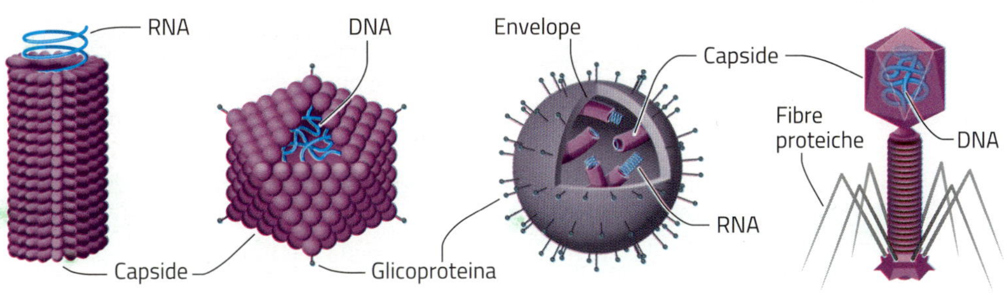

◂ Figura 2 I virus possono assumere diverse forme geometriche, che conferiscono loro la possibilità di muoversi nell'ambiente e aderire ai loro ospiti nel migliore dei modi.

I virus possono essere a DNA o a RNA

Nel 1958 Francis Crick, uno degli scopritori della struttura a doppia elica del DNA, propose il **dogma centrale della biologia molecolare**, secondo il quale l'informazione genetica fluisce dal DNA all'RNA e alle proteine, ma non può andare in direzione inversa. Circa 10 anni dopo la formulazione di questa proposta, il virologo statunitense Howard M. Temin avanzò l'ipotesi che alcuni virus fossero capaci di provocare tumori usando l'RNA come materiale genetico (**figura 3**).

Secondo Temin, questi virus erano in grado di trasformare le cellule sane in cellule tumorali dopo aver inserito nel genoma cellulare un tratto di DNA copiato dall'RNA virale. Le idee di Temin incontrarono per molti anni forti resistenze perché di fatto andavano contro il dogma centrale; alla luce dei numerosi dati ac-

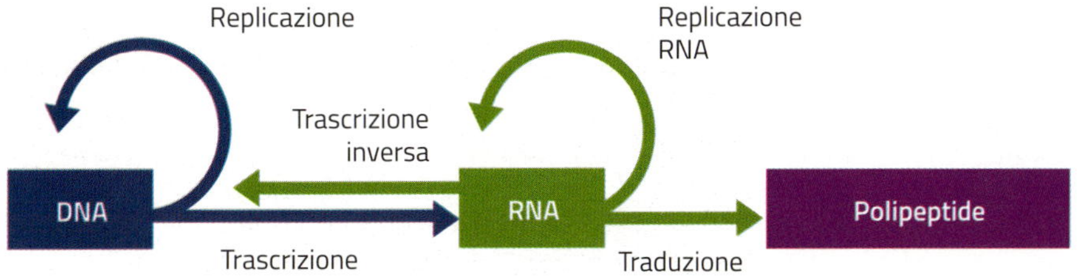

◂ Figura 3 Il dogma centrale della biologia molecolare ampliato e corretto dopo le intuizioni di Temin.

cumulati, divenne evidente che in alcuni virus le informazioni genetiche passavano dalle molecole di RNA a quelle di DNA. Oggi, quindi, possiamo distinguere i virus in:

- **virus a DNA**, tra cui gli herpesvirus, responsabili nell'uomo dei vari tipi di herpes e della varicella;
- **virus a RNA**, che comprendono anche i virus influenzali umani.

A colpo d'occhio

VIRUS — A DNA — HERPESVIRUS
VIRUS — A RNA — VIRUS DELL'INFLUENZA

Nella maggior parte dei **virus a DNA** è presente un cromosoma costituito da una corta molecola di DNA lineare a doppia elica. Esistono però delle eccezioni: alcuni virus possiedono una molecola di DNA a singolo filamento, mentre altri possiedono un DNA a doppio filamento circolare.

Nei **virus a RNA**, invece, il genoma è quasi sempre una molecola di RNA a singolo filamento; solo raramente sono presenti molecole di RNA a doppio filamento. A seconda del tipo di virus, una volta che l'RNA è entrato nella cellula è usato direttamente per la sintesi delle proteine virali oppure è trascritto in un mRNA che viene poi tradotto. In alcuni virus a RNA, chiamati *retrovirus*, le molecole di RNA virale sono invece *retrotrascritte* a DNA a opera di specifiche DNA polimerasi che utilizzano l'RNA come stampo: questi enzimi sono chiamati **trascrittasi inverse** o **retrotrascrittasi**. Le molecole di DNA fanno poi da stampo per la sintesi degli mRNA che saranno usati per la sintesi proteica.

Virus diversi hanno cicli vitali diversi

Le osservazioni di Temin suggerivano che alcuni virus potessero integrarsi stabilmente nel DNA della cellula ospite, che poi subiva una trasformazione in senso tumorale in seguito all'espressione del genoma virale. Ma tutti i virus agiscono in questo modo?

In realtà, i virus interagiscono con le cellule da infettare in molti modi diversi: alcuni entrano nella cellula ospite per endocitosi, mentre altri fondono il proprio rivestimento esterno con la membrana plasmatica e altri ancora iniettano il proprio acido nucleico all'interno della cellula ospite, come nel caso dei batteriofagi.

A seguito dell'infezione, i virus possono presentare due diversi cicli vitali, a seconda che il genoma virale si integri o meno in quello della cellula ospite (**figura 4**). Nei virus che seguono un **ciclo litico**, la cellula infettata è usata immediatamente per replicare le particelle virali, ma il DNA virale non viene mai integrato nel genoma batterico. In questo caso, il DNA virale viene semplicemente trascritto in modo da produrre nuovi *virioni* (cioè le particelle virali) che saranno liberati nell'ambiente extracellulare in seguito alla lisi della membrana plasmatica.

Curiosità

I meccanismi molecolari del passaggio tra **ciclo litico e ciclo lisogeno** si basano su una serie di interruttori che attivano alternativamente due geni che codificano le proteine *cI* e *Cro*. Il fago rimane in fase lisogena se predomina la proteina *cI*, mentre entra nella fase litica se predomina l'espressione di *Cro*. In una cellula infettata sana, *cI* è trascritto ad alti livelli e inibisce la produzione di *Cro*, inibendo il ciclo litico. Quando la cellula ospite è danneggiata, si ha invece una attiva trascrizione di *Cro*, da cui deriverà l'inizio del ciclo litico.

1 - Per saperne di più

I virus: da patogeni a vettori

Uno degli elementi ricorrenti nella genetica moderna è la possibilità di trovare un'applicazione pratica a quanto si scopre nella ricerca di base. In particolare, il fatto che alcuni virus fossero in grado di integrarsi nel genoma della cellula infettata ha suggerito l'idea che potessero essere usati come **vettori** per inserire geni nel genoma di cellule eucariotiche.

L'idea di base era semplice: bastava modificare il genoma dei virus per integrare al suo interno il gene di interesse ed eliminare i geni pericolosi per la cellula. Questa idea si è rivelata realizzabile, tanto che la produzione di *virus ricombinanti* è stata per molto tempo uno degli ambiti più promettenti della biologia molecolare della fine del Novecento. I virus ricombinanti, infatti, possono infettare le cellule in modo specifico trasferendo all'interno del genoma il gene desiderato con un'efficienza molto elevata.

Inizialmente, i vettori virali furono considerati lo strumento chiave per modificare e trattare mediante terapia genica sia le cellule con mutazioni responsabili di malattie genetiche sia le cellule tumorali (**figura**). Il successo tuttavia è stato inferiore alle aspettative: i virus ricombinanti inoculati nel paziente potevano infatti generare nuovi virus patogeni mediante ricombinazione con altri virus presenti nel genoma. La terapia genica è così rimasta per lungo tempo una delle grandi promesse incompiute della biologia molecolare moderna. I virus si sono rivelati invece ottimi vettori per manipolare le cellule in coltura, tanto che oggi sono comunemente utilizzati in laboratorio.

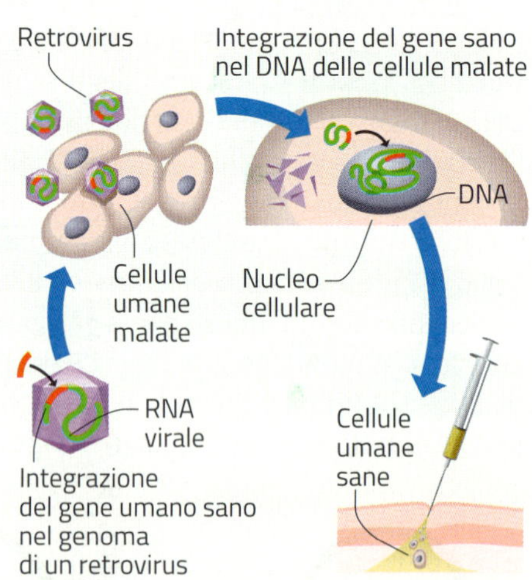

▲ **Figura**
L'uso dei virus è indispensabile nella terapia genica.

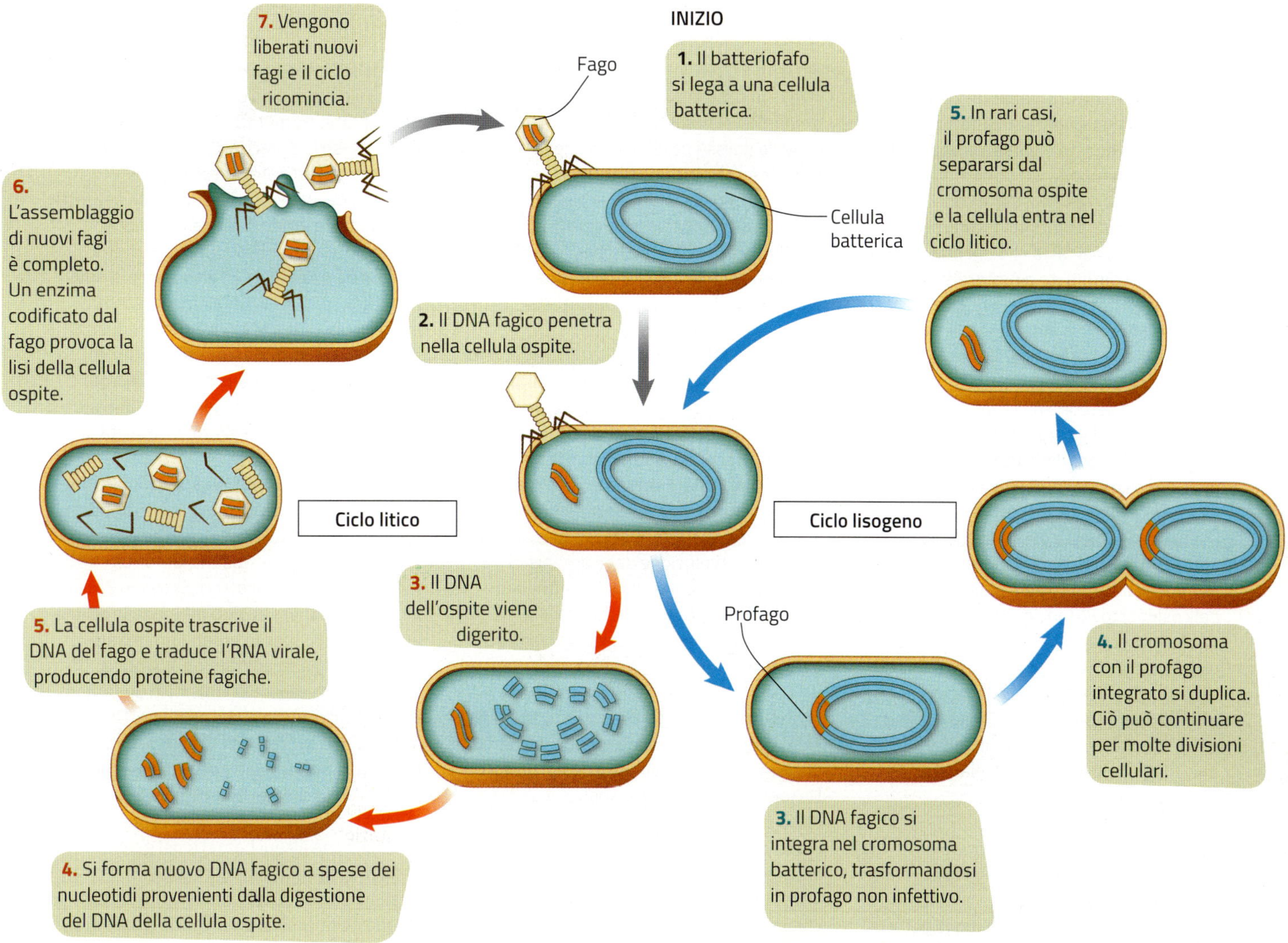

▲ **Figura 4**
Il ciclo litico (colorato in rosso) e il ciclo lisogeno (in blu).

Guarda il video nell'ebook:
Un minuto di biologia
Il ciclo litico e il ciclo lisogeno

Nel **ciclo lisogeno**, invece, l'acido nucleico virale si integra nel genoma dell'ospite, dove può rimanere quiescente anche per molto tempo per poi riattivarsi a seguito di precisi segnali molecolari. Una volta riattivatosi, il DNA virale è usato per dirigere la sintesi e l'assemblaggio delle particelle virali e infine per portare a lisi la cellula infettata, liberando i nuovi virioni.

Le nostre conoscenze sul ciclo lisogeno sono dovute in gran parte agli studi condotti sui batteriofagi. Dalle prime osservazioni apparivano inspiegabili certe infezioni virali che davano origine a una colonia di cellule batteriche apparentemente non infette. La causa di questo fenomeno era la capacità dei virus di produrre una relazione a lungo termine con la loro cellula ospite: essi rimanevano latenti per molte divisioni cellulari prima di iniziare un ciclo litico in cui la cellula veniva davvero sfruttata e distrutta. Questi virus furono chiamati **fagi temperati**.

Il DNA dei fagi temperati può integrarsi in siti specifici del cromosoma ospite e duplicarsi insieme a esso. I batteriofagi integrati sono noti come **profagi** e i batteri che li ospitano sono chiamati **batteri lisogeni**. Col passare del tempo (circa una volta ogni 10 000 divisioni cellulari), un profago può attivarsi e staccarsi dal cromosoma batterico, dando inizio a un nuovo ciclo litico. In laboratorio questo processo può essere innescato da raggi ultravioletti, da raggi X o da altri agenti che danneggiano gli acidi nucleici.

Facciamo il punto

1. Quali sono le parti che caratterizzano la struttura di un virus?
2. Come sono classificati i virus in base all'acido nucleico che contengono?
3. Qual è la differenza tra ciclo litico e ciclo lisogeno?
4. Che cosa sono i fagi temperati?

È nato prima il virus o la cellula?

Finora abbiamo incontrato virus di ogni forma e struttura, capaci di infettare ogni organismo vivente sulla Terra. Come si è sviluppata questa diversità stupefacente, e in quanto tempo?

Charles Darwin scriveva a conclusione de *L'origine delle specie*: «Vi è qualcosa di grandioso [...] nel fatto che, mentre il nostro pianeta ha continuato a ruotare secondo l'immutabile legge della gravità, da un così semplice inizio innumerevoli forme, bellissime e meravigliose, si sono evolute e continuano a evolversi».

Secondo la teoria dell'evoluzione darwiniana, più gli organismi sono antichi maggiore è la loro diversità. In effetti i virus sono compagni di vita arcaici delle creature biologiche. Ma quanto arcaici? Per rispondere a questa domanda dobbiamo iniziare un nuovo viaggio, questa volta nel tempo. Dobbiamo risalire almeno fino all'era del cosiddetto «brodo primordiale», la calda miscela d'acqua, molecole di carbonio e altri elementi che, interagendo con l'atmosfera terrestre primitiva, avrebbe dato origine ai primi frammenti di vita. Ciò avveniva 3 miliardi e mezzo di anni fa, un miliardo di anni dopo la formazione del pianeta.

IL MIO NOME È LUCA

Secondo la teoria dell'evoluzione ogni forma vivente che esiste oggi sulla Terra discende da una serie di antenati comuni vissuti in passato, ed è imparentata in modo più o meno stretto con le altre. Nel suo *Racconto dell'antenato* Richard Dawkins ha immaginato di ripercorrere a ritroso la storia della vita fino a raggiungere l'entità biologica comune a tutte le forme di vita esistenti: l'ultimo comune antenato, per gli amici, LUCA (acronimo di *Last Universal Common Ancestor*, ultimo antenato comune universale).

Non sappiamo come fosse fatto LUCA. Probabilmente assomigliava a uno di quei batteri di cui abbiamo trovato tracce fossili risalenti a circa 3 miliardi di anni fa. Forse viveva in condizioni simili ai batteri che oggi troviamo nei pressi dei vulcani sottomarini, lungo le dorsali oceaniche, a migliaia di metri di profondità e a temperature superiori a 100 °C. Sono chiamati *archeobatteri*, per via delle loro antichissime caratteristiche genetiche e di un habitat che gli studiosi ritengono simile a quelli della Terra primordiale.

PIACERE, IVAN

Sappiamo così poco sull'origine dei virus che nessuno ha ancora proposto nemmeno un nome con cui chiamare l'ipotetico progenitore virale, ammesso che ne sia esistito uno solo. È tuttavia certo che i virus si sono evoluti e continuano a farlo ancora oggi, tramite lo stesso meccanismo che guida l'evoluzione degli organismi cellulari: la selezione di varianti originate durante la replicazione e messe alla prova dell'ambiente e degli organismi da parassitare.

Con ogni probabilità è impossibile ricondurre oggi tutti i virus esistenti a un solo capostipite comune, poiché più percorsi evolutivi si sono originati in tempi diversi. Un'ipotesi affascinante, sostenuta per esempio dal microbiologo francese Patrick Forterre, è che la prima stirpe virale possa essere coeva delle più antiche forme di vita. In mancanza di un nome ufficiale, qui chiameremo il capostipite di questo gruppo IVAN, da «ipotetico virus ancestrale».

Se ipotizziamo che il virus ancestrale non fosse troppo diverso dai virus odierni, IVAN doveva consistere in una sorta di involucro proteico al cui interno erano conservati il materiale genetico e alcuni enzimi. E se era parassita, come i virus odierni, IVAN poteva moltiplicarsi soltanto all'interno di un altro organismo, una cellula come LUCA. La logica dunque ci dice che IVAN dovrebbe essere apparso *dopo* LUCA (**figura**).

Una delle ipotesi formulate dagli scienziati è che i virus derivino da cellule primitive degenerate, tramutate in parassiti dopo avere perso la capacità di vita autonoma. Un'altra ipotesi è che i virus si siano originati da «geni in fuga», ossia da pezzetti di genoma in grado di dirigere in modo autonomo la propria duplicazione e di saltare da una cellula all'altra. Ancora oggi in natura sono presenti elementi genetici mobili, chiamati *trasposoni*: sono sequenze di DNA in grado di inserirsi all'interno del genoma di molti organismi. Nel genoma umano se ne trovano migliaia, ma per la maggior parte hanno perso la capacità di spostarsi.

Alle due ipotesi sull'origine cellulare dei virus se n'è affiancata una nuova, proposta negli anni Ottanta dal biologo tedesco Wolfram Zillig, uno studioso dei virus che infettano gli archeobatteri. Secondo Zillig i virus si sarebbero evoluti *insieme* alle cellule, a partire dallo stesso brodo primordiale.

Sulla lunga strada che ha portato a LUCA ci deve essere stato infatti un tempo in cui gli acidi nucleici e le proteine, fra le componenti principali di ogni cellula odierna, si sono isolati gli uni dalle altre, all'interno di compartimenti chiusi da involucri o membrane. In questa fase è possibile che alcuni pezzetti del genoma della protocellula (non ancora LUCA, ma qualche suo antenato) abbiano imboccato la strada della *viralità*, diventando antenati di IVAN, mentre altri (gli antenati da cui poi si è evoluto LUCA) potrebbero aver preso la via della *cellularità*.

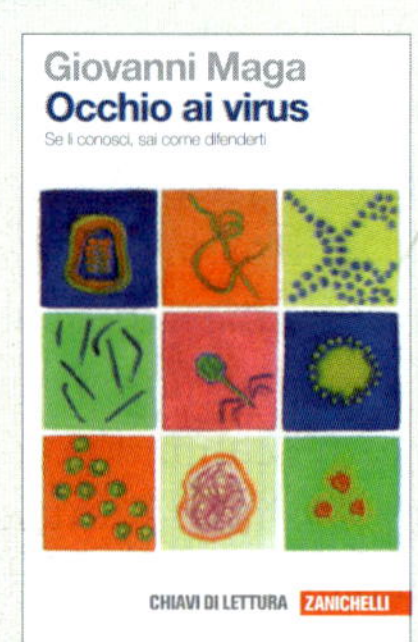

da Giovanni Maga, *Occhio ai virus*, Chiavi di lettura, Zanichelli, 2012

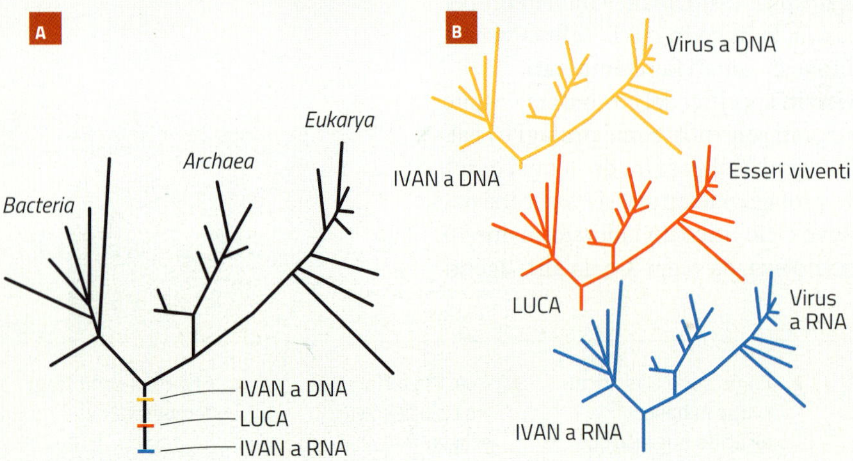

◂ **Figura**
(A) Gli esseri viventi possono essere rappresentati con un albero (in nero; A), ma per essere più precisi, i viventi e i virus sono il risultato di tre diversi alberi (B): uno per i virus a RNA, uno per le cellule e uno per i virus a DNA.

2 La genetica dei batteri

I batteri possono essere classificati in base alla forma o al metabolismo

I batteri sono organismi procariotici che fanno parte del dominio *Bacteria*; la classificazione più comune dei batteri si basa sulla **forma** delle cellule, che può essere tondeggiante, allungata, spiraliforme oppure a virgola (**figura 5A**).

I batteri con forma sferica sono detti *cocchi*; in base al piano di divisione della cellula, si possono formare diversi tipi di aggregati cellulari tra cui i diplococchi, gli streptococchi e gli stafilococchi. I **diplococchi** sono coppie di cocchi e comprendono per esempio il genere *Neisseria*, a cui appartiene l'agente della meningite *Neisseria meningitidis* (**figura 5B**). Gli **streptococchi** formano invece catenelle formate da più cellule: tra i rappresentanti più noti c'è *Streptococcus pneumoniae*, che provoca la polmonite. Gli **stafilococchi**, infine, si aggregano a formare grappoli; esistono quasi cinquanta specie di stafilococchi, alcune delle quali producono tossine e sono causa di tossinfezioni alimentari.

I *bacilli* sono batteri a forma di bastoncello, ne è un esempio *Bacillus anthracis*, l'agente del carbonchio, ma esistono anche specie che non sempre sono patogene, come *Escherichia coli*. Altri esempi di bacilli provocano malattie anche gravi come il tetano (*Clostridium tetani*), la tubercolosi (*Mycobacterium tuberculosis*; **figura 5C**) o la difterite (*Corynebacterium diphtheriae*).

Infine, i batteri che hanno forma a spirale comprendono gli **spirilli** e le **spirochete** (tra cui *Leptospira interrogans*, l'agente della leptospirosi, o *Trypanosoma brucei*, che provoca la malattia del sonno), mentre quelli a forma di virgola sono i **vibrioni** e comprendono *Vibrio cholerae*, che causa appunto il colera (**figura 5D**).

Altri tipi di classificazioni si basano sul **metabolismo** dei batteri e in particolare su due aspetti: la loro capacità di formare spore o di vivere in presenza di ossigeno. Si distinguono quindi batteri **sporigeni** o **asporigeni** e batteri **aerobi** o **anaerobi**. *Clostridium tetani*, per esempio, è un bacillo sporigeno anaerobio obbligato (cioè che vive esclusivamente in ambienti privi di ossigeno).

A colpo d'occhio

FORMA DEI BATTERI
- COCCHI
  - DIPLOCOCCHI
  - STREPTOCHOCCHI
  - STAFILOCOCCHI
- BACILLI
- SPIRILLI E SPIROCHETE
- VIBRIONI

Ti ricordi?

Le **spore** batteriche sono forme cellulari specializzate per resistere a condizioni ambientali avverse e garantire la sopravvivenza finché la situazione non torni favorevole.

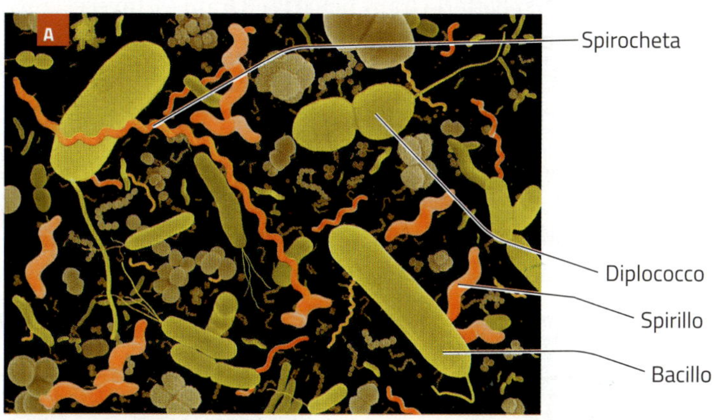

I batteri vengono classificati in base alla loro forma: i cocchi sono sferici, i bacilli allungati, gli spirilli hanno un aspetto spiraliforme e i vibrioni sono a forma di virgola.

◂ **Figura 5**
(A) Disegno delle diverse forme assunte dai batteri. Tre fotografie al microscopio elettronico a trasmissione: il diplococco *Neisseria meningitidis* (B), sei esemplari del bacillo *Mycobacterium tuberculosis* (C) e due esemplari del vibrione *Vibrio cholerae* (D).

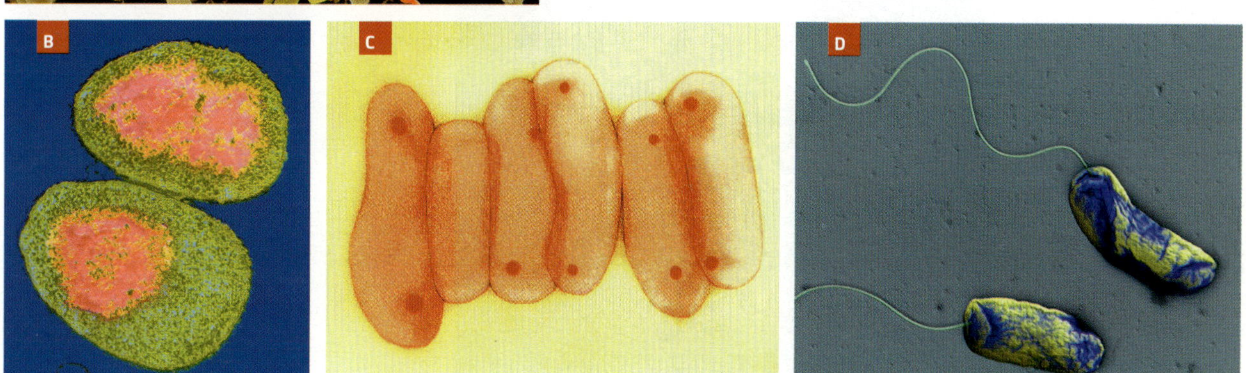

I batteri si distinguono in Gram positivi e Gram negativi in base alla parete cellulare

Quasi tutti i batteri possiedono una parete cellulare spessa e rigida, che protegge la cellula e ne determina la forma (**figura 6**). La composizione della parete non è però uniforme: nei batteri essa contiene il **peptidoglicano**, una sostanza complessa costituita da polisaccaridi e proteine; le pareti degli archei, invece, ne sono prive. Anche i lipidi che fanno parte della membrana plasmatica si differenziano nei due regni di procarioti.

Ti ricordi?

Gli **archei** sono organismi unicellulari che costituiscono uno dei due domini dei procarioti; l'altro dominio è quello dei batteri. Le analisi strutturali e genetiche fanno ritenere che gli archei siano gli antenati più vicini agli eucarioti.

Curiosità

La **colorazione di Gram** è un metodo messo a punto nel 1884 dal microbiologo danese Hans Christian Gram; a oltre centotrent'anni di distanza, questo metodo è ancora usato per osservare i batteri al microscopio ottico.

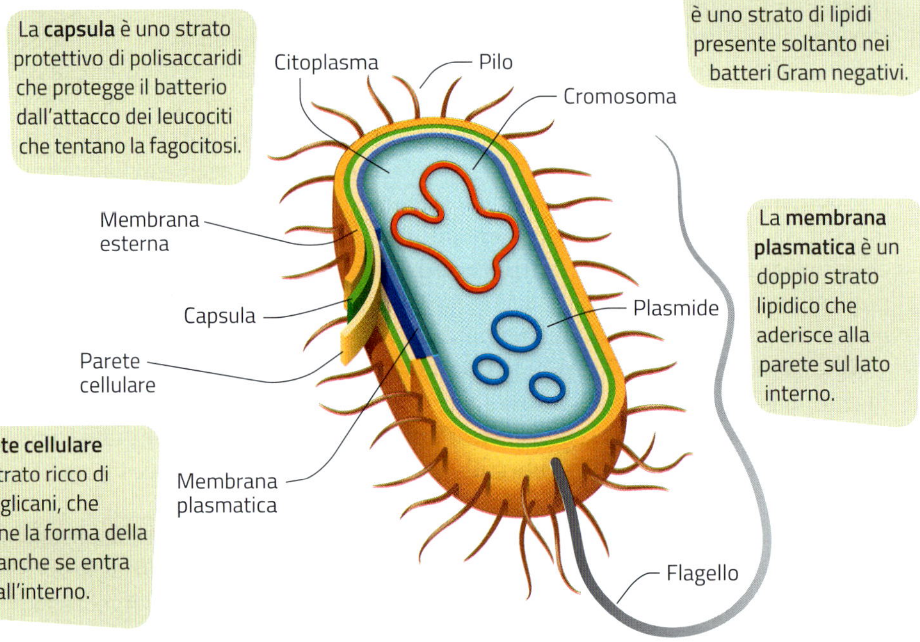

▸ Figura 6
Struttura di un batterio che presenta una membrana plasmatica, una parete e può avere, o meno, una capsula esterna.

Una tecnica di colorazione consente di distinguere i batteri in base alla diversa composizione chimica della parete: la **colorazione di Gram** prevede l'uso di un colorante violetto, una decolorazione con alcol e una successiva colorazione con un colorante rosso. I batteri **Gram positivi** (**Gram** +), la cui parete è molto ricca di peptidoglicano, assorbono e trattengono il colorante violetto, assumendo una tinta blu/violetta (**figura 7A**). Nei batteri **Gram negativi** (**Gram** –), invece, la parete è formata da uno strato sottile di peptidoglicano e da una membrana esterna di natura lipidica. Questo tipo di parete non trattiene il colorante viola, che è asportato dall'alcol, mentre assorbe il secondo colorante rosso: le cellule quindi si colorano di rosso (**figura 7B**).

Le differenze biochimiche e strutturali nella parete cellulare sono strettamente collegate alla capacità dei batteri di causare malattie: i batteri Gram negativi patogeni, per esempio, sono più resistenti agli antibiotici che agiscono impedendo la sintesi del peptidoglicano.

▸ Figura 7
Confronto tra batteri Gram positivi (A) e Gram negativi (B).

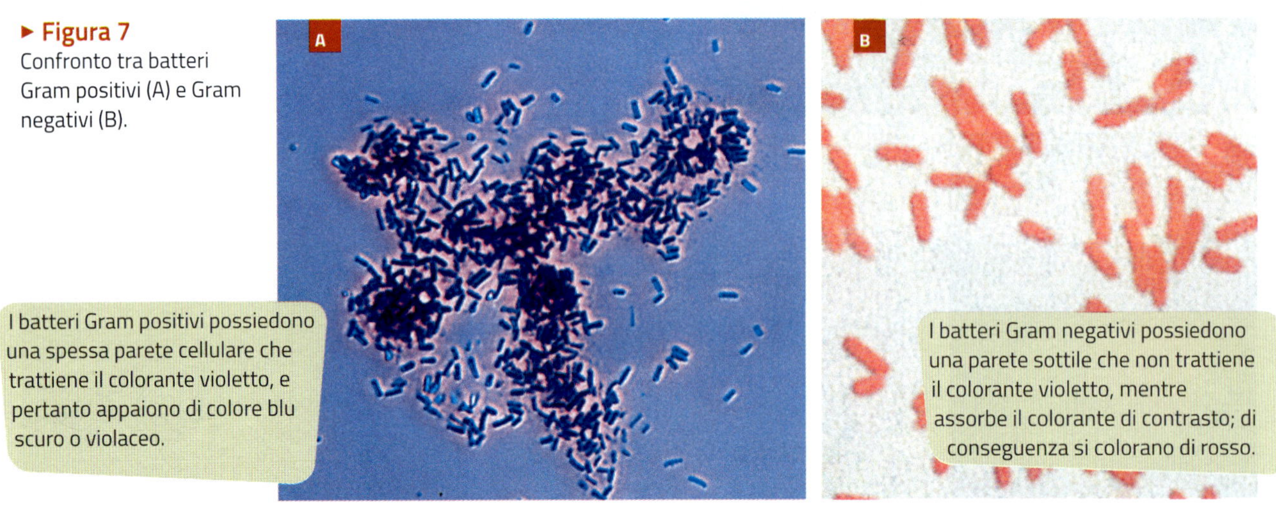

Il genoma batterico comprende cromosomi e plasmidi

Il materiale genetico dei batteri presenta un solo **cromosoma**, formato da una molecola di DNA circolare a doppio filamento, costituita da qualche milione di nucleotidi e da poche migliaia di geni disposti in successione uno vicino all'altro. A differenza di quanto accade nel DNA eucariotico, la replicazione del DNA batterico avviene a partire da un solo punto d'origine, che funziona da sito d'inizio per l'ancoraggio delle proteine necessarie alla replicazione.

Oltre al cromosoma, però, sono presenti anche piccole molecole circolari di DNA a doppio filamento chiamate **plasmidi** (*vedi* **figura 6**). I plasmidi sono molto più piccoli del cromosoma batterico e posseggono da un paio a qualche decina di geni. In natura esistono moltissimi tipi di plasmidi: solo in *E. coli* se ne conoscono più di 270. In genere, i plasmidi trasportano geni non essenziali per la vita della cellula, che però possono modificare il suo ciclo di vita o il suo metabolismo: alcuni plasmidi, per esempio, favoriscono lo scambio di materiale genetico tra i batteri, altri conferiscono resistenza agli antibiotici, altri ancora codificano enzimi che permettono di metabolizzare i derivati del petrolio o i pesticidi.

Come il cromosoma batterico, anche i plasmidi sono autoreplicanti perché posseggono un proprio punto d'origine della replicazione (**figura 8**). Alcuni plasmidi si replicano in sincronia con il cromosoma e ogni cellula figlia ne riceve soltanto una copia; altri, invece, si duplicano più frequentemente del cromosoma, col risultato che le cellule possono contenere copie multiple di uno stesso plasmide, fino a 50, in un'unica cellula. Viceversa, se il plasmide si replica meno frequentemente del cromosoma, alcune delle cellule figlie possono non riceverne alcuna copia.

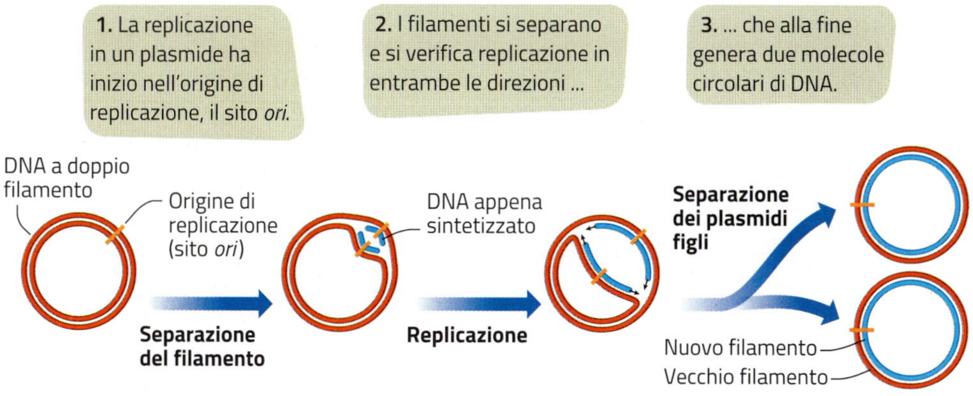

▼ **Figura 8**
La replicazione di un plasmide inizia nell'origine di replicazione e procede in modo indipendente dal cromosoma.

L'espressione genica è controllata da geni regolatori che codificano repressori o attivatori

Con il termine **espressione genica** si intende il processo grazie al quale le informazioni ereditarie codificate nei geni sono trascritte, decodificate e convertite in macromolecole funzionali, di solito proteine. A seconda del ruolo che svolgono nelle cellule, i geni si distinguono in strutturali e regolatori.

Un **gene strutturale** è una sequenza di DNA che codifica una proteina o un RNA che partecipa alla costruzione della struttura della cellula o al suo funzionamento: ne sono esempi i geni per le DNA e RNA polimerasi, i geni per le proteine del citoscheletro e quelli per gli rRNA. Il controllo dell'espressione di un gene strutturale può avvenire in almeno tre momenti diversi: a livello della trascrizione, prima della traduzione e dopo la traduzione (**figura 9**).

La regolazione a livello della trascrizione prevede la presenza di particolari proteine che possono agire come *repressori* oppure come *attivatori* della trascrizione e che sono codificate dai **geni regolatori**, cioè da geni che controllano l'espressione di altri geni.

▼ **Figura 9**
La regolazione dell'espressione genica può avvenire a livelli diversi.

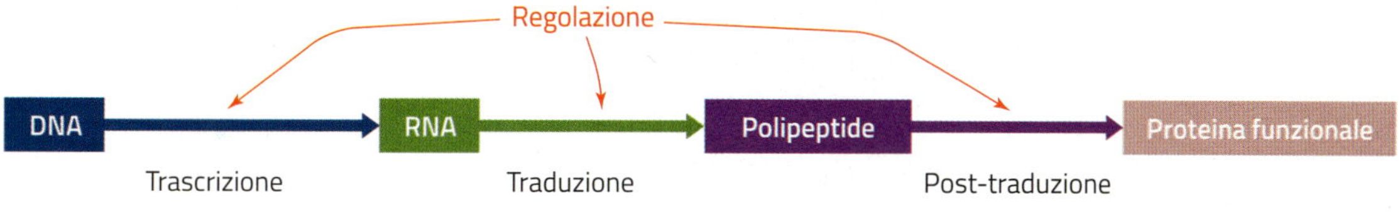

Curiosità

Ciascun **gene regolatore** che codifica un repressore o un attivatore è preceduto da un suo promotore ed è seguito da un terminatore.

I geni strutturali dei batteri sono spesso organizzati in operoni

A differenza di quanto accade negli eucarioti, nei batteri i geni strutturali sono raggruppati in unità di trascrizione chiamate **operoni** (**figura 10**). Questo riguarda soprattutto i geni che sono coinvolti nello stesso processo, per esempio quelli che codificano gli enzimi che fanno parte della medesima via metabolica e che devono essere regolati simultaneamente; in questo caso, anziché essere distribuiti in vari punti del cromosoma, i geni sono in serie e sono controllati da un unico promotore. Il **promotore** è la sequenza alla quale si lega l'RNA polimerasi prima di cominciare ad aprire la doppia elica e dare inizio alla sintesi dell'RNA messaggero.

Fra il promotore e il primo gene strutturale si trova una sequenza di DNA chiamata **operatore**, che è riconosciuta e legata da specifici repressori e attivatori. Infine, ogni operone si conclude con un **terminatore**, la cui funzione è determinare la fine della trascrizione.

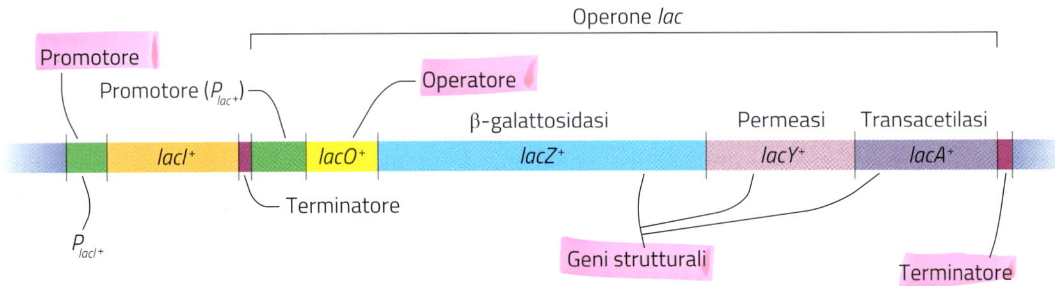

▸ **Figura 10** Schema generale di un operone, nel quale si possono distinguere il promotore, l'operatore, i geni strutturali e il terminatore.

A colpo d'occhio

AGISCE SULL'OPERATORE	ATTIVATORE
REPRESSORE (DIPENDE DA)	COREPRESSORE
	INDUTTORE

I repressori e gli attivatori che si legano all'operatore sono codificati da geni regolatori che non fanno parte dell'operone e che possono trovarsi in qualsiasi punto del cromosoma batterico. L'azione di queste molecole è opposta: un attivatore si lega all'operatore e promuove la trascrizione, mentre un repressore occupa l'operatore e impedisce lo scorrimento dell'RNA polimerasi sul DNA. In presenza del repressore, dunque, non si verifica la trascrizione dell'mRNA.

La capacità del repressore di legarsi all'operatore dipende, a sua volta, da un'altra molecola che attiva o disattiva il repressore di quel particolare operone. Se la molecola attiva un repressore è detta **corepressore**, mentre se lo disattiva è detta **induttore**. Un esempio di corepressore è l'amminoacido triptofano (**figura 11A**):

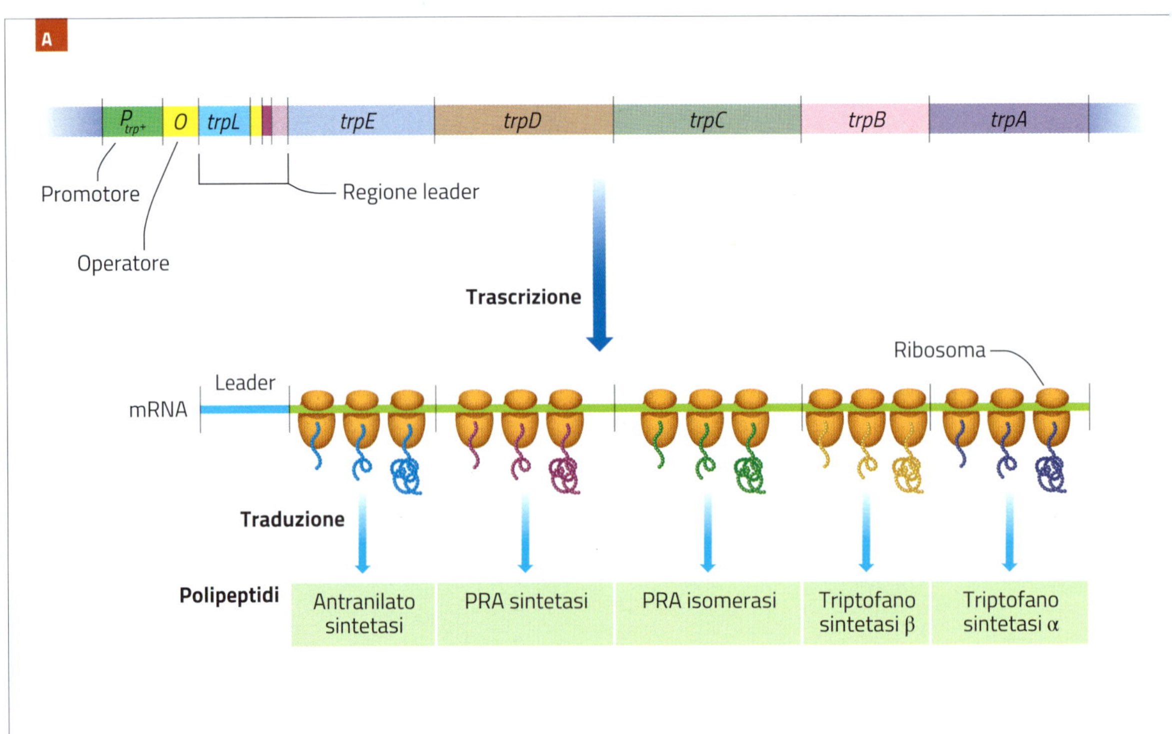

▸ **Figura 11** Il triptofano è il corepressore dell'operone *trp* (A), mentre l'allolattosio è l'induttore dell'operone *lac* (B).

se è presente in abbondanza nel terreno di coltura, il triptofano attiva un repressore che si lega all'**operone *trp***; il risultato è la mancata trascrizione (e traduzione) dei geni coinvolti nella sintesi dell'amminoacido stesso. Invece, quando nel terreno di coltura è presente il lattosio, la cellula inizia a metabolizzarlo producendo un altro zucchero molto simile, chiamato allolattosio. L'allolattosio è un induttore che si lega al repressore e lo inattiva, staccandolo dall'operatore dell'**operone *lac***. Di conseguenza, in presenza di allolattosio l'RNA polimerasi inizia a spostarsi lungo la molecola del DNA e trascrive i geni strutturali dell'operone (**figura 11B**). L'mRNA prodotto dirige la sintesi di tre proteine: l'enzima *β-galattosidasi*, la *β-galattoside permeasi* e la *transacetilasi*.

Sia l'allolattosio sia il triptofano, così come le molecole che interagiscono con i repressori degli altri operoni, esercitano i loro effetti modificando la configurazione tridimensionale della molecola del repressore. L'operone del lattosio è un tipico esempio di **operone inducibile** che è attivato in caso di necessità, come è tipico degli operoni che presiedono alle vie cataboliche; l'operone del triptofano, al contrario, è un esempio di **operone reprimibile**, tipico delle vie anaboliche.

Attualmente in *E. coli* sono stati identificati circa 75 differenti operoni che comprendono 260 geni strutturali. Come vedremo nel prossimo capitolo, la manipolazione degli operoni è un meccanismo utilizzato nei processi biotecnologici per indurre le cellule batteriche a produrre proteine utili in campo medico, come per esempio l'insulina umana.

Guarda il video nell'ebook:
Un minuto di biologia
- *L'operone lac*
- *L'operone trp*

La biologia in 3D
- *L'operone lac*
- *The lac operon*

A colpo d'occhio

OPERONE — REPRIMIBILE — VIE ANABOLICHE (*trp*)
OPERONE — INDUCIBILE — VIE CATABOLICHE (*lac*)

Gli operoni permettono risposte veloci agli stimoli ambientali

Un batterio che deve rispondere in modo rapido a uno stimolo esterno, ha bisogno di attivare velocemente tutti i geni necessari per dare una risposta specifica. In *Escherichia coli*, per esempio, il metabolismo energetico è basato principalmente sul glucosio, ma quando si trova in un ambiente povero di glucosio e ricco di altri zuccheri (per esempio il lattosio), il batterio deve subito «accendere» le vie metaboliche che permettono di ricavare energia dal lattosio. Per degradare il lattosio, *E. coli* deve però utilizzare tre enzimi che sono normalmente espressi a livelli molto bassi e per farlo deve attivare molti geni in poco tempo.

A metà del Novecento, i genetisti Francois Jacob e Jacques Monod osservarono che i geni implicati nella degradazione del lattosio erano poco trascritti e tradotti dalla cellula, ma che venivano rapidamente attivati quando si sostituiva il

B

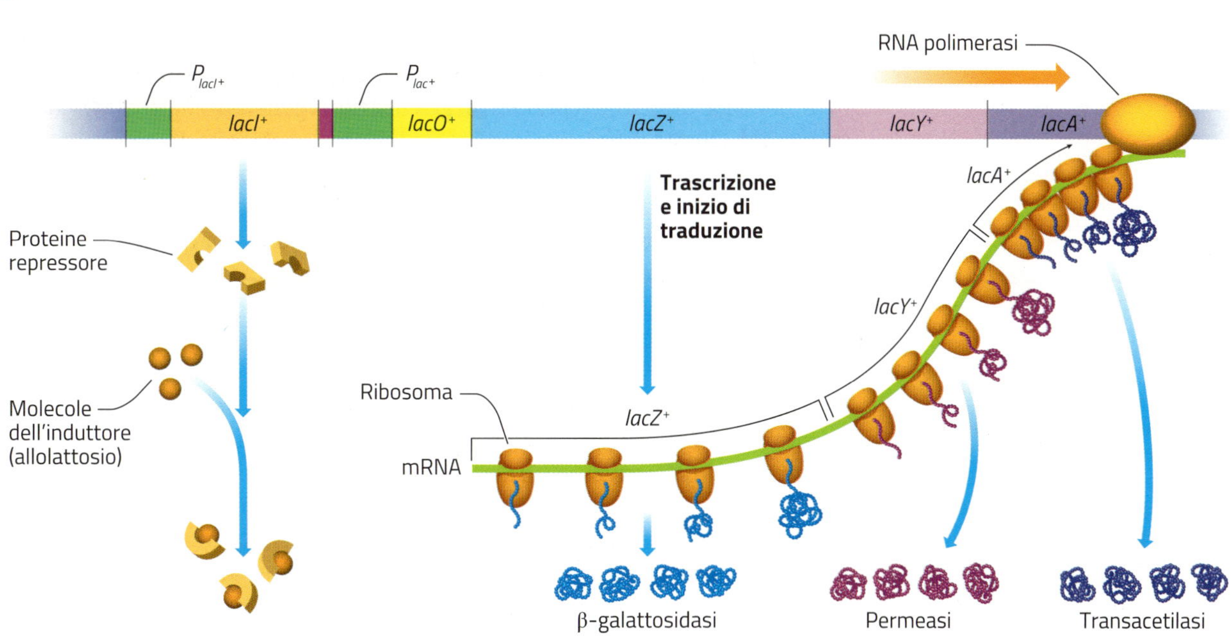

glucosio con il lattosio nel terreno di coltura (**figura 12**). L'espressione di questi geni calava altrettanto in fretta se si aggiungeva glucosio al terreno. I dati indicavano che i batteri potevano controllare in modo molto veloce l'espressione dei geni implicati in questi processi, così da assicurarsi la disponibilità degli enzimi necessari per degradare gli zuccheri presenti nell'ambiente. Jacob e Monod ipotizzarono quindi che i geni che servivano per degradare il lattosio non fossero semplicemente espressi in modo coordinato, ma costituissero un'unica unità di trascrizione: l'operone *lac*.

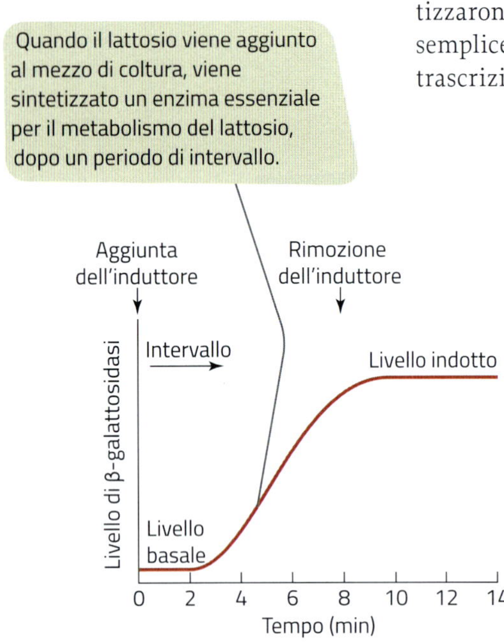

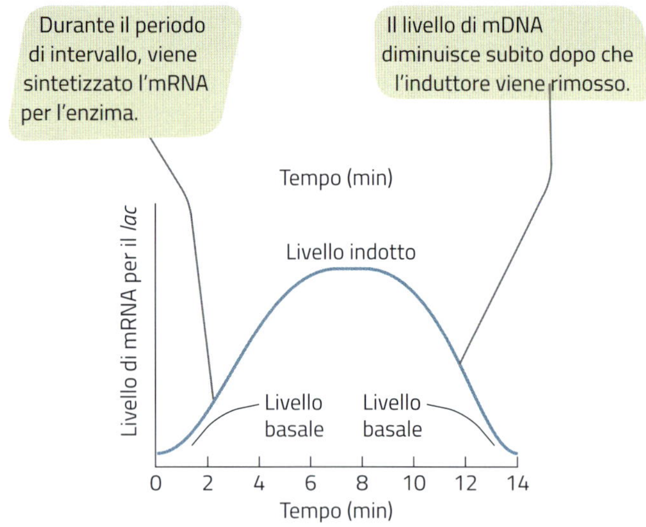

▲ Figura 12
Quando si trova in un ambiente ricco di lattosio, *E. coli* fa aumentare in breve tempo la concentrazione dell'enzima β-galattosidasi (A); questo incremento è preceduto di pochi istanti dall'aumento dell'mRNA, che porta le istruzioni per la sintesi dell'enzima (B).

Quando l'operone viene «acceso», tutti i geni sono trascritti in un'unica molecola di RNA messaggero. Data l'assenza di sequenze non codificanti, questo lungo trascritto potrà essere tradotto senza interruzioni, portando in rapida successione alla sintesi di tutte le proteine codificate dall'operone stesso. Terminato il lattosio, l'operone *lac* tornerà silente, evitando di sintetizzare proteine non necessarie. Il fatto che l'operone raggruppi la parte codificante di tutte le proteine necessarie per una data via metabolica, rappresenta quindi un vantaggio sia in termini di tempo sia di facilità di regolazione.

Poco tempo dopo la scoperta, Monod affermò che «ciò che vale per un batterio, vale anche per un elefante». Secondo il suo pensiero, infatti, i due organismi, per quanto diversi, dovevano necessariamente seguire le stesse regole, ma le ricerche successive hanno dimostrato che si stava sbagliando.

Sebbene eucarioti e procarioti condividano le stesse basi genetiche, i genomi eucariotici mostrano caratteristiche proprie che ben li differenziano dai genomi batterici: a parte alcune eccezioni, negli eucarioti i geni non sono mai organizzati in operoni. Questa differenza implica, da un lato, la necessità di regolare singolarmente i vari geni, ma dall'altro fornisce la possibilità di riutilizzare alcuni geni in processi molto differenti. Quindi, sebbene nella regolazione genica esistano alcune regole di base, gli eucarioti hanno sviluppato un maggior numero di soluzioni per assicurarsi una corretta espressione genica.

I batteri sono coltivati in laboratorio su terreni liquidi e solidi

Per poter svolgere le loro ricerche Jacob e Monod hanno dovuto «coltivare» delle colonie di *E. coli*, ovvero farle crescere in ambiente controllato. I biologi impiegano spesso i batteri in laboratorio perché sono facili da coltivare e crescono rapidamente. Il batterio *E. coli*, un bacillo intestinale Gram negativo, per esempio, è diventato un organismo modello perché è facile da coltivare ed è in grado di riprodursi ogni 20 minuti circa; nel corso di una giornata, quindi, si possono originare in teoria oltre 70 generazioni di batteri. Queste caratteristiche hanno indotto gli scienziati a usare i batteri come modelli sperimentali per comprendere le basi molecolari di diversi processi cellulari, tra cui la replicazione del DNA e l'espressione genica.

Ti ricordi?

Un **organismo modello** è una specie che può essere allevata e studiata facilmente e che è portatrice di caratteristiche che possono essere generalizzate ad altri organismi; *Escherichia coli* è l'organismo modello dei procarioti, mentre tra gli eucarioti si usano il nematode *Caenorhabditis elegans*, il lievito *Saccharomyces cerevisiae* o la pianta *Arabidopsis thaliana*.

Per farle crescere in laboratorio, i microbiologi hanno definito i bisogni nutrizionali di numerose specie batteriche e hanno sviluppato terreni di coltura diversi a seconda di tali esigenze. Un terreno di coltura tipico contiene una fonte di carbonio (per esempio uno zucchero), nutrienti come azoto e fosforo, vitamine e ioni; questo terreno è detto **terreno minimo** e permette la crescita di batteri che presentano genotipo selvatico, cioè il genotipo più comune in natura.

I ceppi mutanti di batteri, che per esempio mancano di enzimi necessari per la sintesi di una o più biomolecole essenziali, possono crescere solamente su **terreni arricchiti** con queste sostanze; per esempio, un ceppo di batteri incapace di sintetizzare l'amminoacido leucina (il cui genotipo si indica con la sigla *leu–*) non può crescere su un terreno minimo, ma crescerà invece in un terreno al quale sia stata aggiunta leucina; questi mutanti sono detti *mutanti nutrizionali*. Per fare crescere contemporaneamente più colonie con esigenze metaboliche non definite o variabili si usano infine *terreni complessi*, addizionati con carne o estratto di lievito che forniscono tutti i nutrienti necessari.

Le colture batteriche crescono in provette che contengono un terreno di coltura liquido e sterile (**figura 13A**); nella provetta si inseriscono pochi batteri che si dividono e aumentano di numero fino a quando i nutrienti non si esauriscono o i prodotti di rifiuto del metabolismo non raggiungono livelli di tossicità. In alternativa si possono coltivare i batteri su piastre di Petri, in un terreno reso solido grazie all'aggiunta di agar, un polisaccaride ricavato dalle alghe (**figura 13B**). La soluzione diluita di batteri viene distribuita sulla superficie della piastra; a mano a mano che i batteri si dividono, si formano **colonie batteriche** formate da cellule geneticamente identiche. Raccogliendo i batteri di una singola colonia (che è visibile a occhio nudo) si possono isolare ceppi di batteri geneticamente puri.

Per isolare i ceppi batterici mutanti e studiarne il fenotipo, i microbiologi si basano spesso sulle loro esigenze nutrizionali. Immaginiamo di voler studiare i mutanti *leu–*: per prima cosa, dovremo isolarli dalla coltura batterica di partenza, che contiene sia i mutanti *leu–* sia i batteri con genotipo selvatico *leu+*. Per farlo spargiamo i batteri su una piastra contenente un terreno arricchito con leucina, dove cresceranno entrambi i tipi di batteri; poi trasferiamo alcune cellule di ciascuna colonia su due nuove piastre, una con terreno arricchito con leucina e uno con terreno minimo. Questa operazione, che si chiama *piastratura delle repliche*,

A colpo d'occhio

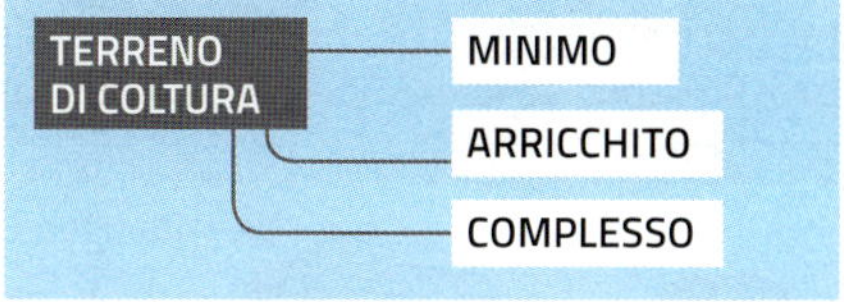

▾ Figura 13
Coltivazione dei batteri in un terreno liquido (A) o solido (B).

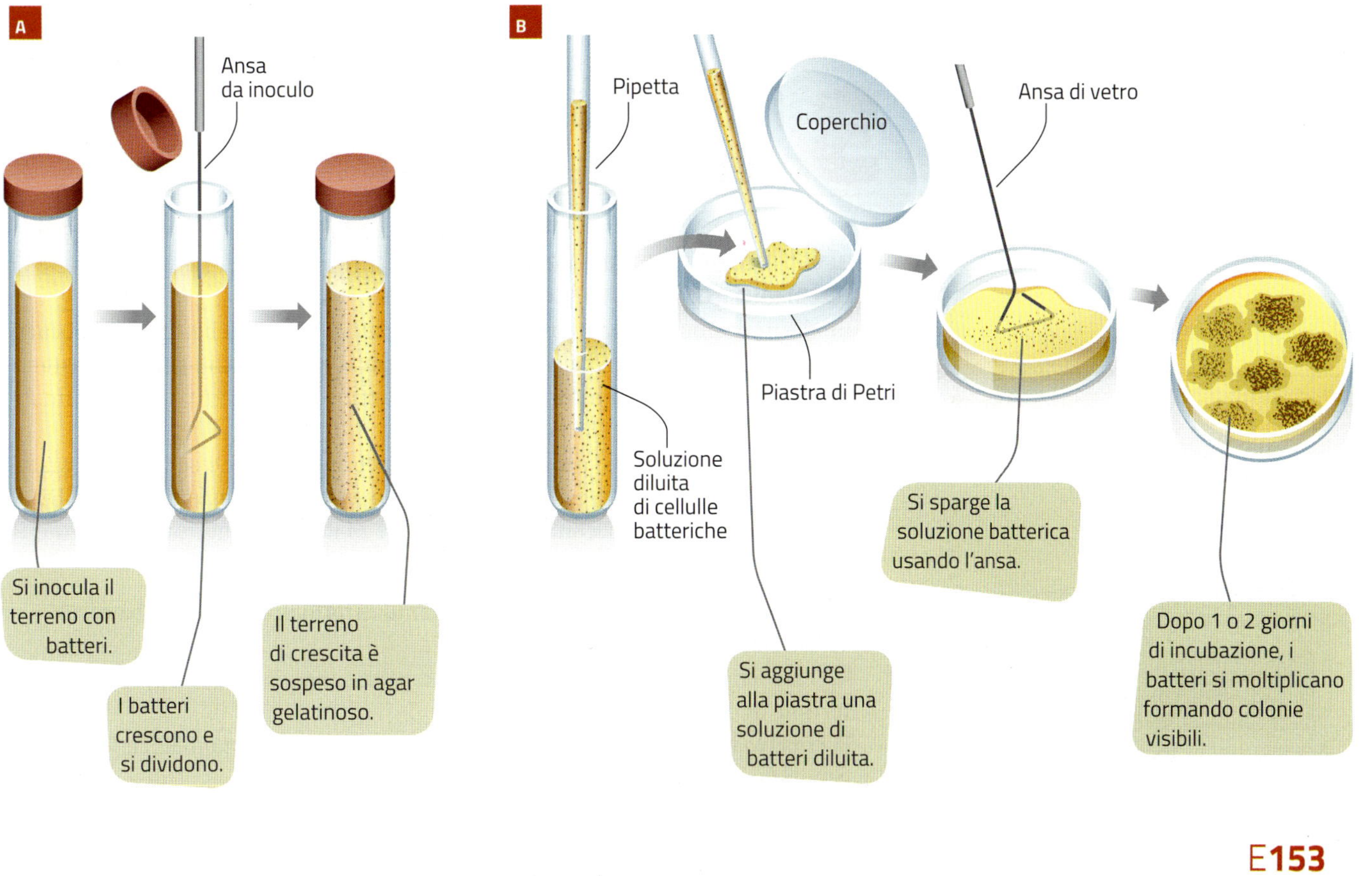

deve essere fatta in modo da mantenere la posizione reciproca delle colonie (**figura 14**). Osservando le colonie che crescono possiamo dedurre se sono mutanti oppure selvatiche: le colonie che crescono su entrambi i tipi di terreno saranno mutanti, mentre quelle che crescono solo sul terreno arricchito sono formate soltanto da cellule mutanti *leu*–; i mutanti possono poi essere isolati e coltivati per effettuare altri studi.

▾ Figura 14
Tecnica della piastratura delle repliche.

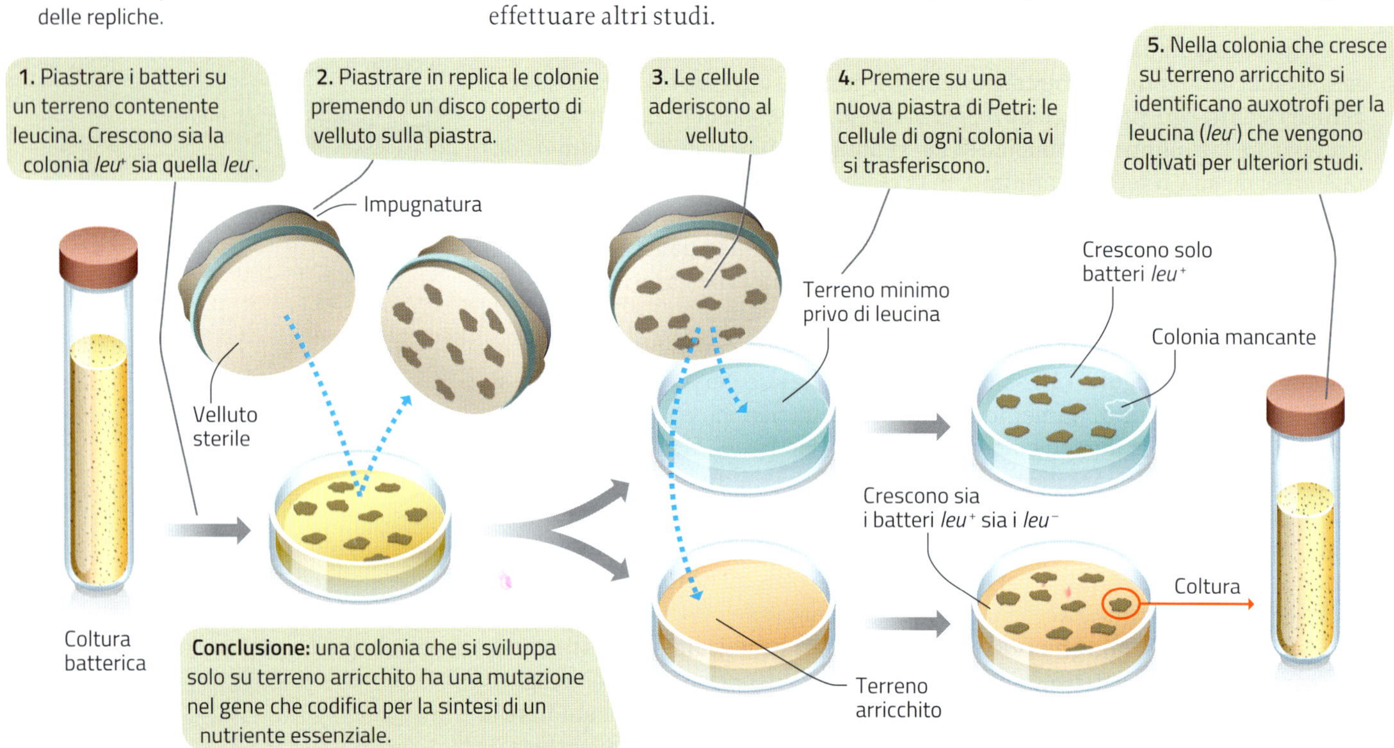

Facciamo il punto

1. Quali sono i criteri di classificazione dei batteri?
2. Qual è la differenza tra i batteri Gram positivi e Gram negativi?
3. Com'è strutturato il materiale genetico dei batteri?
4. Che cos'è un operone?
5. Qual è la differenza operoni inducibili e reprimibili?
6. Quali tipi di terreni di coltura esistono?

3 Il trasferimento genico nei batteri

I batteri possono scambiarsi il materiale genetico in tre modi diversi

Le moderne tecniche di laboratorio per modificare i genomi batterici ed eucariotici hanno preso spunto dai meccanismi naturali con i quali i geni si spostano all'interno di uno stesso cromosoma, da un cromosoma all'altro o addirittura da una cellula a un'altra.

Nei batteri esistono tre processi con cui le cellule possono scambiarsi materiale genetico. Ciascuno di essi implica un tipo diverso di trasferimento di DNA e modalità differenti di ricombinazione tra il materiale genetico acquisito e il cromosoma batterico:

- la **coniugazione** consiste nel trasferimento diretto di DNA da un batterio all'altro attraverso specifiche strutture;
- la **trasformazione** avviene quando un batterio incorpora DNA presente nel terreno di coltura;
- la **trasduzione** si verifica quando un batteriofago trasporta materiale genetico da una cellula batterica all'altra.

A colpo d'occhio

TRASFERIMENTO GENICO NEI BATTERI
- CONIUGAZIONE
- TRASFORMAZIONE
- TRASDUZIONE

Non tutte le specie batteriche presentano i tre processi: la coniugazione, per esempio, si verifica più spesso in alcune specie che in altre; la trasformazione avviene con frequenza limitata, ma può essere favorita in laboratorio; infine, nel caso della trasduzione, il fattore limitante è la capacità del fago di infettare specie diverse.

Come la riproduzione sessuata degli eucarioti, i processi di scambio di materiale genetico aumentano la variabilità genetica dei batteri. Esistono però due grandi differenze: nei batteri lo scambio di DNA e la riproduzione non sono correlati, perché i procarioti si riproducono per divisione cellulare anche senza ricevere DNA da altre cellule; la cellula rimane sempre aploide, per cui il DNA che non si integra nel cromosoma dell'ospite viene rapidamente degradato.

Guarda il video nell'ebook:
Un minuto di biologia
La coniugazione batterica

La coniugazione è legata alla presenza del plasmide F

La **coniugazione** ha inizio quando tra due cellule vicine si forma un ponte citoplasmatico, attraverso il quale una parte del cromosoma batterico o un plasmide si trasferisce da una *cellula donatrice* a una *cellula ricevente* (figura 15). Dopo la coniugazione può verificarsi ricombinazione per crossing over tra sequenze omologhe poste sul cromosoma della cellula ricevente e sul DNA trasferito, che in questo modo si integra stabilmente nel genoma batterico.

Nella maggior parte dei batteri, la coniugazione dipende da un plasmide chiamato **fattore di fertilità** o **fattore F** che è presente nelle cellule donatrici, ma non nelle cellule riceventi; le cellule che lo possiedono sono dette F^+, mentre quelle che ne sono prive sono chiamate F^-. Questo plasmide possiede un'origine di replicazione e circa 25 geni, alcuni dei quali controllano la produzione di lun-

Ti ricordi?

La **ricombinazione** è il processo di rottura e ricongiunzione di segmenti di DNA che porta a un nuovo arrangiamento del materiale genetico e fa sì che la discendenza possieda un corredo di geni diverso da quello dei genitori. È un evento che comporta uno scambio di materiale tra due molecole di DNA, in corrispondenza di sequenze omologhe.

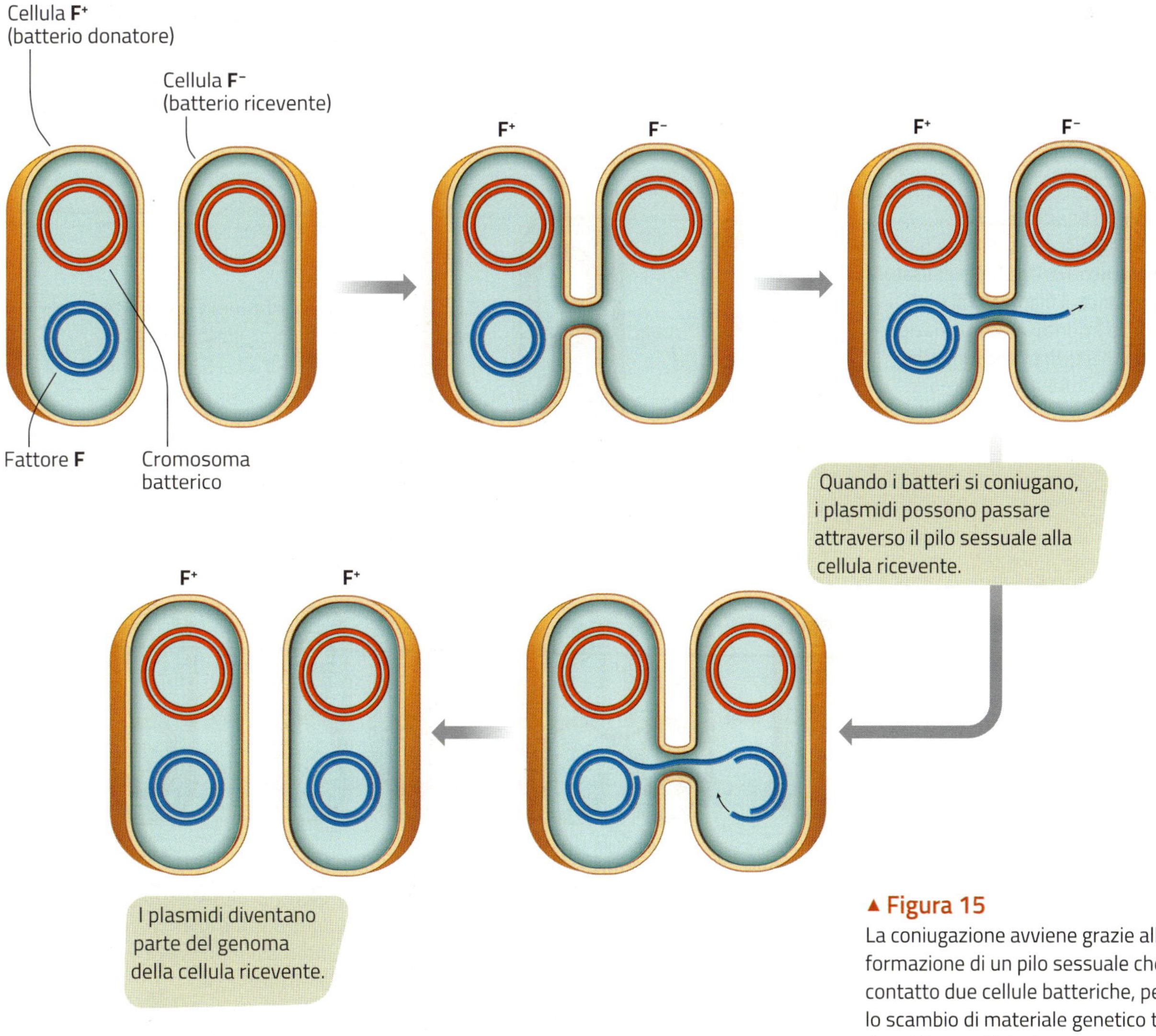

▲ **Figura 15**
La coniugazione avviene grazie alla formazione di un pilo sessuale che mette in contatto due cellule batteriche, permettendo lo scambio di materiale genetico tra cellula donatrice e cellula ricevente.

ghe strutture proteiche a forma di bastoncino chiamate **pili**. I pili sono sottili estroflessioni della membrana plasmatica che si estendono dalla superficie delle cellule F^+ ed entrano in contatto con specifici recettori presenti sulla membrana delle cellule F^-. Si forma, così, un ponte citoplasmatico che avvicina le due cellule e permette il passaggio di un singolo filamento del fattore F dalla cellula F^+ alla cellula F^-.

Il trasferimento del plasmide ha inizio quando uno dei due filamenti di DNA del fattore F si interrompe vicino all'origine della replicazione: un'estremità del filamento interrotto si separa dal resto del plasmide e passa nella cellula ricevente; contemporaneamente, sul filamento rimasto nella cellula F^+ inizia una replicazione che procede lungo il plasmide e ripristina il filamento trasferito.

All'interno della cellula ricevente, il singolo filamento si replica producendo una copia a doppio filamento del plasmide; se il fattore F viene trasferito per intero, la cellula ricevente che era F^- diventa F^+.

Il fattore F può integrarsi nel cromosoma batterico

I fattori F possono integrarsi nel cromosoma di una cellula batterica; se ciò accade, la cellula è chiamata **cellula Hfr** o *high-frequency recombination cell* (**figura 16A**). Questo evento è piuttosto raro, perché si verifica una volta ogni 10 000 cellule, ma quando avviene può determinare il trasferimento di una porzione del cromosoma batterico da una cellula a un'altra, durante la coniugazione. La quantità di cromosoma che viene trasferita dipende dal tempo in cui le cellule rimangono in coniugazione, ma di rado i batteri rimangano uniti abbastanza a lungo da trasferire tutto un cromosoma nella cellula F^-.

Una volta terminato il trasferimento, tra il cromosoma della cellula ricevente e le parti del cromosoma della cellula donatrice può avvenire una ricombinazione; il nuovo materiale genetico va così a sostituire quello esistente nel cromosoma della cellula ricevente (**figura 16B**), mentre la quantità di DNA in eccesso è degradata.

▸ **Figura 16**
(A) La formazione di una cellula Hfr avviene quando un fattore F si integra nel cromosoma batterico. (B) Una volta passato nella cellula ricevente, il filamento di DNA della cellula Hfr va incontro a ricombinazione genica, mentre la parte di cromosoma che non si integra va incontro a degradazione.

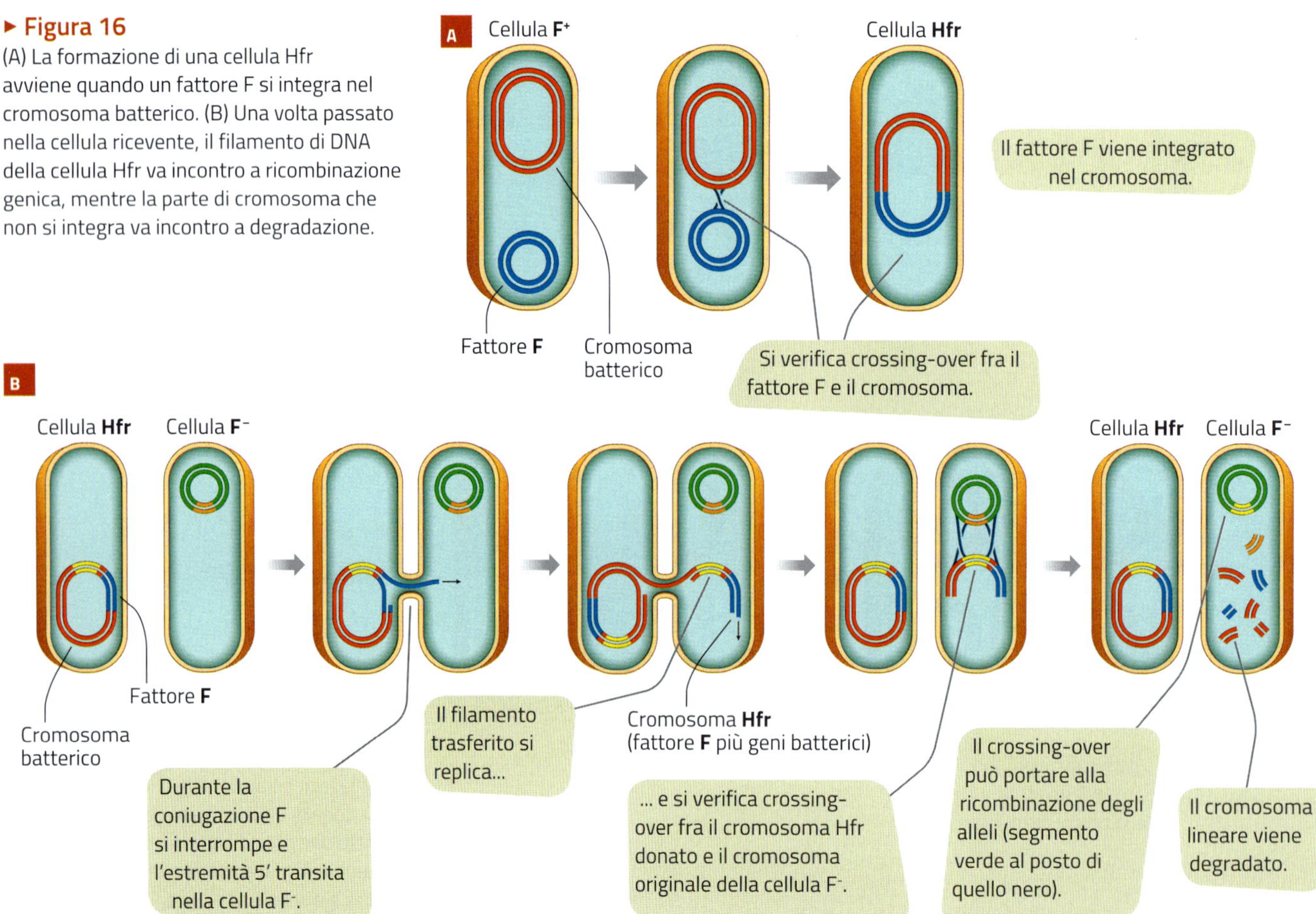

In altri casi, anch'essi piuttosto rari, il fattore F si stacca dal cromosoma di una cellula Hfr e forma un plasmide, che contiene anche una porzione di DNA cromosomico. Questi geni possono essere trasferiti mediante coniugazione ad altre cellule F^-. Tutti questi eventi hanno come effetto finale un aumento della variabilità genetica all'interno delle popolazioni batteriche.

Gli studi sulla coniugazione impiegarono mutanti nutrizionali

La coniugazione venne scoperta nel 1946 da Joshua Lederberg e Edward Tatum grazie agli studi su due ceppi di mutanti nutrizionali di *E. coli.* Il ceppo Y10 era capace di sintetizzare gli amminoacidi fenilalanina e cisteina e la vitamina H (biotina), ma non gli amminoacidi treonina e leucina e la vitamina B1 (tiamina): il genotipo di questo ceppo era quindi $thr^-\ leu^-\ thi^-\ bio^+\ phe^+\ cys^+$. Il ceppo Y24, al contrario, poteva sintetizzare la treonina, la leucina e la vitamina B_1, ma non la fenilalanina, la cisteina e la vitamina H: il suo genotipo era quindi $thr^+\ leu^+\ thi^+\ bio^-\ phe^-\ cys^-$.

Coltivando i due ceppi separatamente su un terreno di coltura minimo, i batteri non crescevano: il ceppo Y10 non poteva svilupparsi perché aveva bisogno di treonina, leucina e vitamina B1; il ceppo Y24, invece, aveva bisogno di fenilalanina, cisteina e vitamina H.

Quando Lederberg e Tatum mescolarono i due ceppi, sul terreno minimo si svilupparono alcune colonie; i batteri che le costituivano erano capaci di sintetizzare tutti i metaboliti, e quindi avevano genotipo selvatico $thr^+\ leu^+\ thi^+\ bio^+\ phe^+\ cys^+$ (**figura 17**).

Questo risultato indicava chiaramente che tra i batteri coltivati nello stesso recipiente si era verificato un qualche tipo di trasferimento e ricombinazione di materiale genetico. Ulteriori esperimenti dimostrarono che tale scambio richiedeva necessariamente un contatto diretto tra i batteri. Gli studi sulla coniugazione proseguirono grazie ai contributi di vari gruppi di ricerca: nel 1950 il gruppo di William Hayes e quello di Luca Cavalli Sforza isolarono il primo ceppo di batteri *Hfr*; infine, nel 1953 Hayes dimostrò che il trasferimento genico avviene in una sola direzione, da una cellula donatrice F^+ a una cellula ricevente F^-.

Ti ricordi?

Joshua Lederberg e sua moglie **Esther** dimostrarono la resistenza alla penicillina di molte specie batteriche, mentre **Edward L. Tatum** e il collega **George W. Beadle** dimostrarono che ogni enzima della via metabolica per la sintesi di un amminoacido è codificato da un gene distinto.

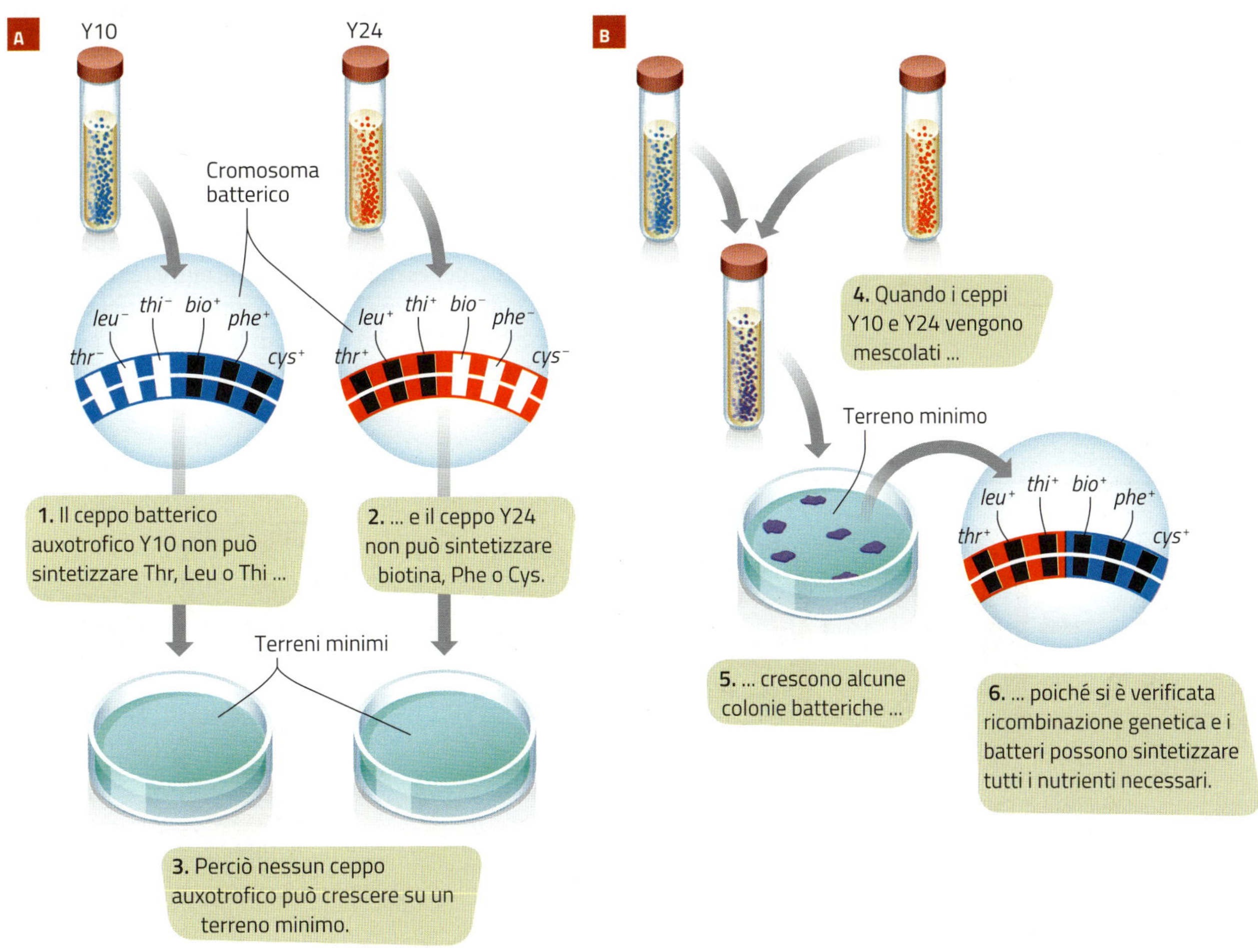

▾ Figura 17
Lederberg e Tatum dimostrarono che due ceppi batterici complementari non potevano crescere su un terreno minimo (A), ma una volta uniti, erano in grado di crescere perché al loro interno avveniva la coniugazione batterica (B).

Il plasmide R conferisce resistenza ai farmaci

Un effetto della coniugazione è stato osservato negli ospedali e negli allevamenti intensivi. In questi ambienti, dove gli antibiotici sono continuamente presenti, i soli batteri in grado di sopravvivere sono quelli che possiedono una resistenza agli antibiotici: non trovandosi più in competizione con altri microrganismi, i batteri resistenti si moltiplicano e si diffondono velocemente. In questo caso, quindi, la presenza stessa degli antibiotici riduce l'efficacia del trattamento contro i patogeni perché seleziona i batteri resistenti.

L'antibiotico-resistenza è il risultato dell'azione di geni localizzati sui **plasmidi R**, che si trasferiscono per coniugazione da una cellula all'altra all'interno di un organismo. I plasmidi R si sono diffusi enormemente a partire dagli anni Sessanta del Novecento e alcuni di loro trasmettono la resistenza a più antibiotici simultaneamente; inoltre possono passare rapidamente tra specie batteriche diverse. Un esempio è costituito dal batterio *Shigella dysenteriae*, che provoca gravi forme di dissenteria. A metà del secolo scorso, ceppi di *Shigella* resistenti all'ampicillina furono isolati in diverse zone del mondo; le analisi del DNA rivelarono in tutti i ceppi resistenti la presenza di uno stesso plasmide che codificava enzimi capaci di inattivare l'antibiotico. Questo plasmide era anche in grado di trasferirsi a cellule di *E. coli*, rendendole resistenti a loro volta.

√ La trasformazione permette di incorporare il DNA presente nell'ambiente

Ti ricordi?

Frederick Griffith realizzò un esperimento con due ceppi di *Streptococcus pneumoniae* e dimostrò che il materiale genetico (che egli chiamò «principio trasformante») può passare da cellule morte a cellule vive attraverso il terreno di coltura.

Guarda il video nell'ebook:
Un minuto di biologia
La trasformazione batterica

La trasformazione è il secondo modo con cui può avvenire il trasferimento di materiale genetico tra i batteri; questo processo ebbe un ruolo importante negli esperimenti di Frederick Griffith sul batterio *Streptococcus pneumoniae*, che portarono negli anni Trenta del Novecento alla scoperta del *fattore trasformante*.

La **trasformazione** richiede dapprima l'acquisizione di frammenti di DNA dal terreno di coltura e poi la sua incorporazione nel cromosoma batterico o in un plasmide (**figura 18**). Questo fenomeno si può verificare spontaneamente quando i batteri morti si degradano e rilasciano il proprio DNA nell'ambiente; pertanto, rappresenta una modalità di scambio genetico sia per le specie batteriche che vivono nel terreno sia per quelle che popolano gli ambienti acquatici.

Non tutti i batteri sono in grado di compiere la trasformazione; la capacità dipende dallo stadio di crescita, dalle condizioni ambientali e dalla concentrazione del DNA disponibile nell'ambiente e anche dalla specie batterica.

I biologi che si occupano di genetica dei batteri hanno sviluppato tecniche di laboratorio che aumentano la frequenza di trasformazione, in modo da inserire nelle cellule frammenti particolari di DNA o di rendere capaci di trasformarsi specie che di per sé non lo sarebbero, come *E. coli*; per esempio, è possibile agire rendendo più «porosa» la membrana batterica con sostanze chimiche, campi elettrici o shock termici, oppure utilizzando concentrazioni molto elevate di DNA. Questo processo è alla base di una comune metodica di laboratorio, il *clonaggio genico*.

▾ Figura 18
Processo di trasformazione batterica.

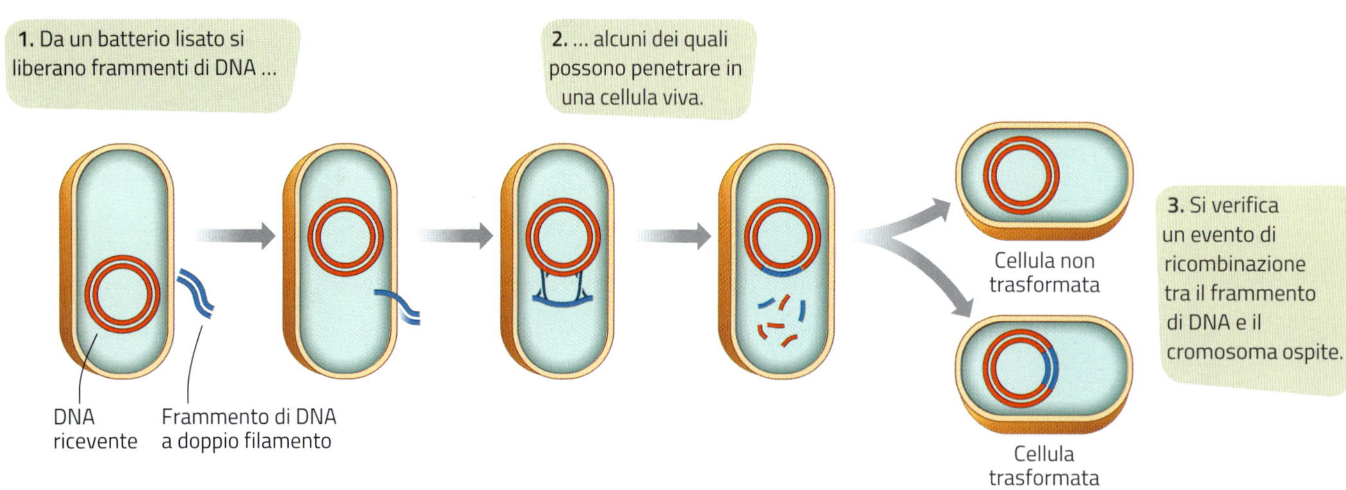

3 - Per saperne di più

Reinventare i batteri con la biologia sintetica

Nella primavera del 2016 il genetista americano Craig Venter ha annunciato la nascita del primo organismo vivente dotato di un genoma minimo completamente sintetizzato in laboratorio; questo organismo è stato battezzato **Syn 3.0**.

Venter è a capo dell'azienda *Celera Genomics* ed è stato uno dei principali artefici del completamento del Progetto Genoma Umano. Il suo gruppo di ricerca nel 2010 aveva creato un «nuovo» batterio sintetizzando chimicamente un intero cromosoma batterico, per poi reimpiantarlo con successo all'interno di una cellula batterica di *Mycoplasma mycoides* privata del proprio cromosoma. Da questo esperimento era nato *M. mycoides JCVI-syn 1.0*, soprannominato **Synthia**, il cui genoma contiene 901 geni.

Partendo dal genoma di *Synthia*, il gruppo di Venter ha iniziato a togliere un tratto di DNA dopo l'altro, arrivando infine a isolare i frammenti indispensabili alla vita di *M. mycoides JCVI-syn 3.0*, il cui genoma è costituito da soli 473 geni. La maggior percentuale di geni presenti serve alla cellula per regolare la replicazione del DNA e la sintesi proteica, altri geni servono per costruire la membrana cellulare e regolare il metabolismo. In modo inatteso, la funzione di 149 di questi geni «essenziali» è ignota; questi geni, quindi, sono probabilmente legati a processi essenziali nei batteri, che finora non sono noti.

Syn 3.0 è quindi il primo successo di una nuova branca della biologia: la **biologia sintetica**. Partendo da questa cellula minima, si può agire aggiungendo geni scelti per «costruire» nuovi batteri utili a produrre farmaci, oppure a svolgere funzioni di interesse industriale come degradare sostanze inquinanti.

La trasduzione è uno scambio di materiale genetico che avviene grazie ai virus

La trasduzione è il terzo modo in cui un batterio può ricevere un tratto di DNA esogeno e dipende da un batteriofago, che agisce da agente. Esistono due tipi di trasduzione: la **trasduzione generalizzata** permette di trasferire qualsiasi tipo di gene, mentre nella **trasduzione specializzata** si possono trasferire solo alcuni geni che si trovano in punti specifici del cromosoma batterico.

Il meccanismo della trasduzione generalizzata (**figura 19**) si basa sul fatto che, durante il ciclo litico di riproduzione del fago, il cromosoma batterico si frammenta in modo casuale e durante l'assemblaggio delle nuove particelle virali, può capitare che all'interno del capside resti imprigionato, insieme o al posto del genoma virale, un tratto del cromosoma batterico. Quando queste particelle, chiamate **fagi trasducenti**, infettano una nuova cellula, rilasciano al suo interno il DNA batterico introducendo nuovi geni che possono integrarsi per crossing over nel cromosoma.

Non tutti i fagi possono attivare la trasduzione: è necessario infatti che il fago degradi il cromosoma batterico, che il processo di impacchettamento del DNA nei virioni non sia specifico per il DNA fagico e infine che i geni batterici trasferiti si ricombinino con il cromosoma della cellula ricevente.

La trasduzione specializzata, invece, richiede la presenza di batteriofagi lisogeni e si verifica quando il profago si stacca in modo imperfetto dal cromosoma batterico, portando con sé dei tratti di DNA adiacenti al proprio sito di inserzione.

Guarda il video nell'ebook: **Un minuto di biologia** *La trasduzione batterica*

▼ Figura 19
La trasduzione generalizzata dipende dall'azione casuale di un batteriofago che intraprende il ciclo litico.

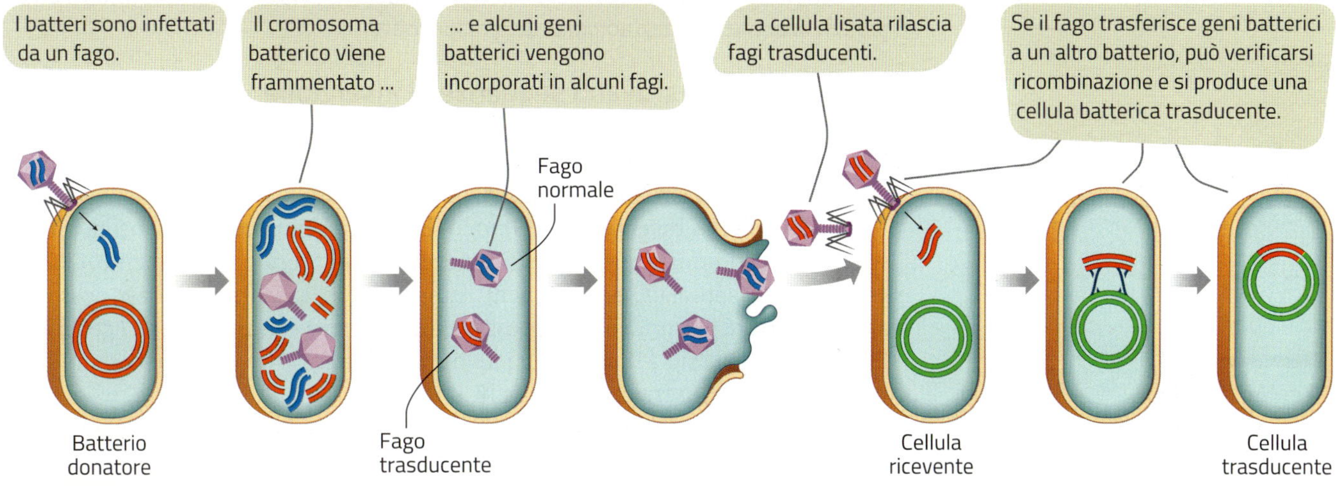

Facciamo il punto

1. Quali processi permettono il trasferimento genico nei batteri?
2. Qual è la funzione del fattore F?
3. Che cos'è il plasmide R?
4. Quale differenza esiste tra trasduzione generalizzata e specializzata?

4 Gli elementi trasponibili

Gli elementi trasponibili sono presenti sia nei procarioti sia negli eucarioti

I plasmidi e i virus possono funzionare come vettori e trasportare geni da una cellula all'altra. I cromosomi dei procarioti e degli eucarioti contengono però altri elementi genetici mobili, chiamati elementi trasponibili o trasposoni, che sono capaci di spostarsi da soli in siti diversi dello stesso cromosoma oppure in cromosomi differenti. L'esistenza dei trasposoni e la loro capacità di «saltare» lungo il genoma furono scoperte nel mais all'inizio degli anni Cinquanta dalla genetista statunitense Barbara McClintock, premio Nobel per la medicina nel 1983. Gli **elementi trasponibili** hanno molti nomi diversi: oltre che *trasposoni*, sono chiamati anche *geni mobili* e *jumping genes* («geni che saltano»). Per molto tempo, su proposta del genetista americano Richard Dawkins, sono stati chiamati anche *DNA egoista* perché apparentemente non svolgono alcuna funzione utile per la cellula che li ospita.

I trasposoni sono presenti in tutti gli organismi, spesso in grandi quantità: per esempio, costituiscono almeno il 45% del genoma umano. Sono in grado di inserirsi in molti siti differenti e grazie al loro spostamento, detto *trasposizione*, sono spesso causa di mutazioni sia perché si inseriscono in un gene interrompendone la sequenza codificante sia perché provocano grossi riarrangiamenti del DNA, come delezioni, duplicazioni e inversioni.

Esistono molti tipi di elementi trasponibili, che hanno gradi di complessità diversi; quasi tutti, però, si muovono in un modo simile (**figura 20**):

- nel DNA bersaglio vengono praticati dei tagli sfalsati dall'enzima **trasposasi**, che è codificato dal traspone stesso;
- l'elemento trasponibile si lega alle estremità a singolo filamento del DNA bersaglio, sempre grazie alla trasposasi;
- le interruzioni a filamento singolo sono riempite dalla DNA polimerasi, che ripristina il doppio filamento di DNA integrando stabilmente il trasposone nel nuovo sito.

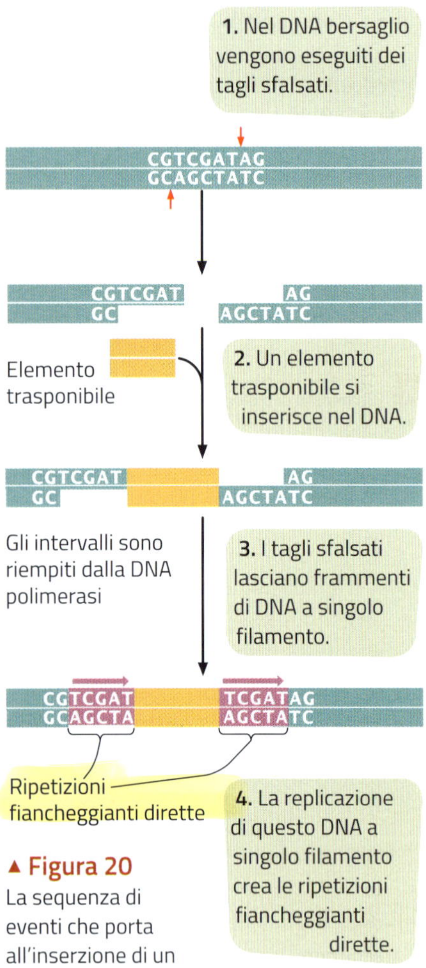

▲ **Figura 20**
La sequenza di eventi che porta all'inserzione di un trasposone nel DNA.

Oltre al gene che codifica la trasposasi, i trasposoni contengono alle loro estremità delle **ripetizioni terminali invertite**, che sono riconosciute dalla trasposasi stessa e sono necessarie perché la trasposizione abbia luogo. Quando un elemento trasponibile si inserisce nel DNA, si generano delle ripetizioni lunghe da 3 a 12 paia di basi che non fanno parte del trasposone.

Nei procarioti si trovano sequenze di inserzione e trasposoni compositi

I trasposoni presenti nei batteri sono divisi in due gruppi principali: le sequenze di inserzione e i trasposoni compositi.

Le **sequenze di inserzione** (o IS) sono il tipo più semplice di trasposone e trasportano solo l'informazione genetica necessaria al proprio spostamento, cioè il gene per la trasposasi. Questi elementi, lunghi da 800 a 2000 paia di basi, possono anche infettare plasmidi e virus, passando così da una cellula all'altra. I genetisti li indicano con la sigla IS seguita da un numero identificativo: IS1, per esempio, è una sequenza di inserzione comune in *E. coli*.

I **trasposoni compositi** sono formati da una parte centrale, che può contenere diversi geni, fiancheggiata da due sequenze di inserzione. In questo tipo di trasposoni il DNA posto tra le IS non è necessario per lo spostamento, ma trasporta informazioni aggiuntive. Il trasposone *Tn*, per esempio, misura 9300 paia di basi e contiene un gene per la resistenza all'antibiotico tetraciclina compreso tra due sequenze IS10.

A colpo d'occhio

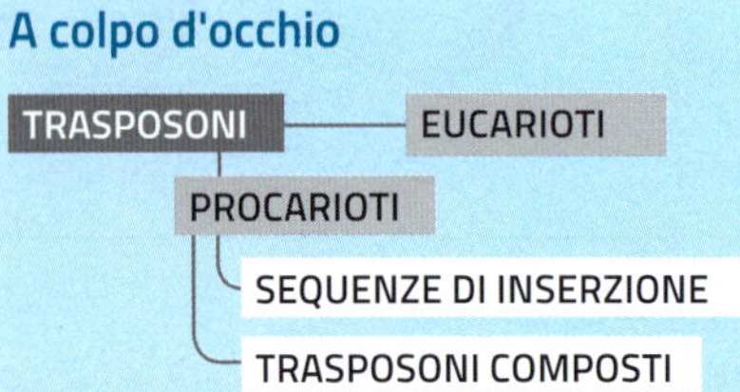

La trasposizione può avvenire in tre modi diversi

Le sequenze di inserzione e i trasposoni compositi si spostano direttamente da una regione all'altra del genoma e sono chiamati **trasposoni a DNA**. Secondo quando osservato da numerosi gruppi di ricerca, i trasposoni a DNA si muovono utilizzando due meccanismi diversi: la trasposizione replicativa e la trasposizione non replicativa.

Nella **trasposizione replicativa** o *trasposizione «copia-incolla»*, una nuova copia dell'elemento trasponibile si inserisce nel nuovo sito mentre la vecchia copia rimane nel sito originario: di conseguenza, a ogni spostamento il numero di copie del trasposone aumenta di un'unità (figura 21A). Nella **trasposizione non replicativa** o *trasposizione «taglia-incolla»*, invece, l'elemento trasponibile viene asportato dal sito originario e inserito nel nuovo sito senza che il numero delle sue copie aumenti (figura 21B).

Altri elementi trasponibili, detti **retrotrasposoni**, richiedono invece la sintesi di un intermedio a RNA che, una volta giunto a destinazione, viene ricopiato in DNA dall'enzima **trascrittasi inversa** (figura 21C). Questo tipo di trasposoni, originatasi da retrovirus, è presente solo negli eucarioti e utilizza solamente la trasposizione replicativa.

A partire dagli anni Novanta del secolo scorso, alcuni ricercatori hanno dimostrato che questi elementi genetici mobili possono essere usati anche per integrare nel genoma di una cellula un gene scelto in laboratorio. In diverse parti del mondo sono stati creati insetti geneticamente modificati in cui i geni desiderati sono stati inseriti nel genoma usando i trasposoni come delle «forbici molecolari». Il trasposone contenente il transgene è stato iniettato all'interno delle uova, così da permetterne l'integrazione nelle cellule dell'embrione in via di sviluppo. La stessa metodica è oggi utilizzata comunemente anche per creare pesci geneticamente modificati al fine di studiare la funzione di alcuni geni.

A colpo d'occhio

MODALITÀ DI TRASPOSIZIONE
- REPLICATIVA (COPIA E INCOLLA) — TRASPOSONI A DNA
- NON REPLICATIVA (TAGLIA E INCOLLA) — TRASPOSONI A DNA
- PER RETROTRASPOSIZIONE

▼ **Figura 21**
Tre meccanismi di trasposizione: copia e incolla (A), taglia e incolla (B), mediante trascrittasi inversa (C).

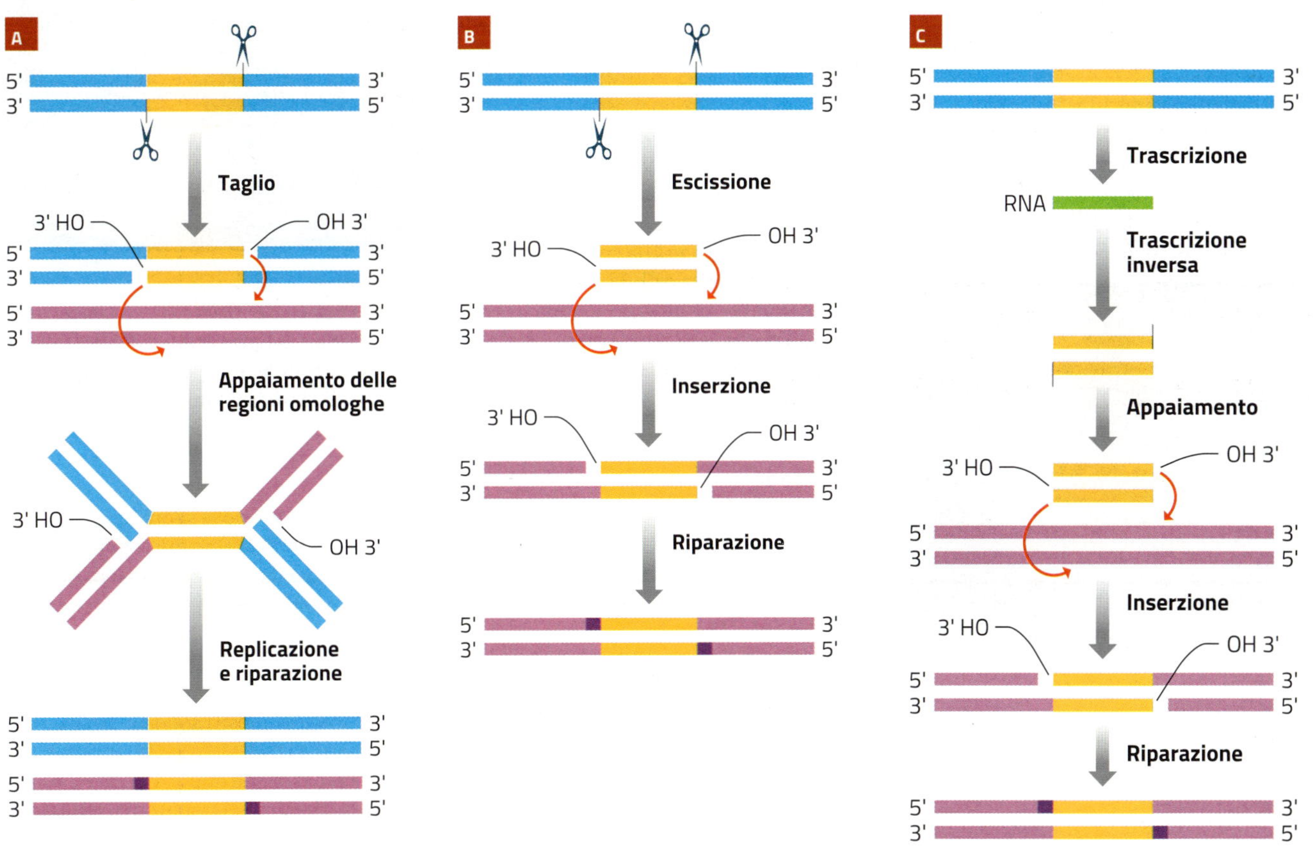

Facciamo il punto

1. Che cosa sono gli elementi trasponibili?
2. Qual è il meccanismo di trasposizione di tutti i trasposoni e quale enzima coinvolge?
3. Quali sono i trasposoni dei procarioti?
4. Qual è la differenza tra trasposoni a DNA e retrotrasposoni?

SINTESI DI FINE CAPITOLO

LO SAI?
RIPASSA CON LO SMARTPHONE

La genetica dei virus

I virus sono costituiti da un involucro proteico chiamato **capside**, contenente un **acido nucleico** (DNA o RNA). Il genoma virale è un modello di studio ideale in genetica perché ha pochi geni.

Secondo il **dogma centrale della biologia molecolare** l'informazione genetica fluisce dal DNA all'RNA e alle proteine, ma non può andare in direzione inversa, ma in alcuni virus le informazioni genetiche passano dalle molecole di RNA a quelle di DNA.

Possiamo distinguere i **virus a DNA**, tra cui gli herpesvirus, e i **virus a RNA**, che comprendono anche i virus influenzali umani.

I cicli litico e lisogeno

A seconda che il genoma virale si integri o meno in quello della cellula ospite, i virus possono presentare due diversi cicli vitali:

- nel **ciclo litico**, la cellula infettata è usata immediatamente per replicare le particelle virali, ma il DNA virale non viene mai integrato nel genoma batterico;
- nel **ciclo lisogeno**, invece, l'acido nucleico virale si integra nel genoma dell'ospite, dove può rimanere quiescente anche per molto tempo, per poi riattivarsi a seguito di precisi segnali molecolari.

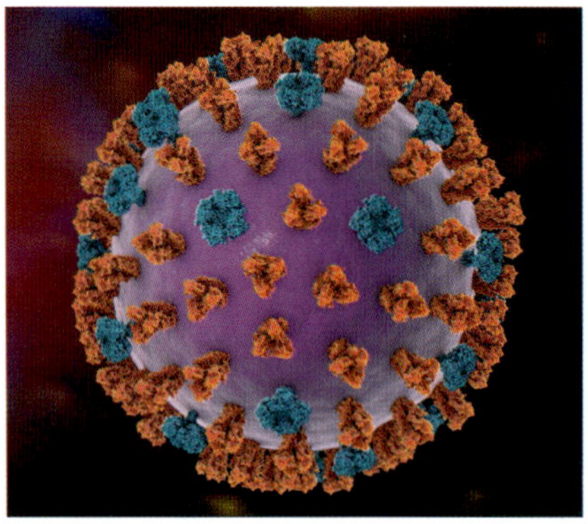

I batteri

I batteri sono procarioti, la classificazione più comune si basa sulla **forma** delle cellule (tondeggiante, allungata, spiraliforme oppure a virgola), oppure si può basare sul **metabolismo** dei batteri e in particolare su due aspetti: la loro capacità di formare spore (si distinguono quindi batteri *sporigeni* o *asporigeni*) e di vivere in presenza di ossigeno (quindi batteri *aerobi* o *anaerobi*).

Quasi tutti i batteri possiedono una **parete** cellulare spessa e rigida, che protegge la cellula e ne determina la forma. Una tecnica di colorazione consente di distinguere i batteri in base alla diversa composizione chimica della parete: batteri **Gram positivi** (Gram +) e batteri **Gram negativi** (Gram –).

La genetica dei batteri

Il genoma batterico presenta **un solo cromosoma**, formato da una molecola di DNA circolare a doppio filamento che è costituita da qualche milione di nucleotidi e da poche migliaia di geni disposti in successione uno vicino all'altro. Oltre al cromosoma, però, sono presenti anche piccole molecole circolari di DNA a doppio filamento chiamate **plasmidi**.

Un **gene strutturale** è una sequenza di DNA che codifica una proteina o un RNA che partecipano alla costruzione della struttura della cellula o al suo funzionamento. L'espressione genica è controllata da **geni regolatori** che codificano *repressori* o *attivatori* della trascrizione.

Gli operoni

I geni strutturali sono raggruppati in unità di trascrizione chiamate **operoni,** nei quali si possono distinguere il promotore, l'operatore, i geni strutturali e il terminatore.

L'*operone del lattosio* è un esempio di **operone inducibile** che è attivato in caso di necessità (vie cataboliche) l'*operone del triptofano*, al contrario, è un esempio di **operone reprimibile** (vie anaboliche).

Gli operoni permettono risposte veloci agli stimoli ambientali .

Il trasferimento genico nei batteri

I batteri possono scambiarsi il materiale genetico in tre modi:

- la **coniugazione** consiste nel trasferimento diretto di DNA da un batterio all'altro attraverso un plasmide detto *fattore di fertilità* o fattore f, presente nelle cellule donatrici;
- la **trasformazione** avviene quando un batterio incorpora DNA presente nel terreno di coltura;
- la **trasduzione** si verifica quando un batteriofago trasporta materiale genetico da una cellula batterica all'altra e può essere **generalizzata,** se permette di trasferire qualsiasi tipo di gene, o **specializzata** se si possono trasferire solo alcuni geni che si trovano in punti specifici del cromosoma batterico.

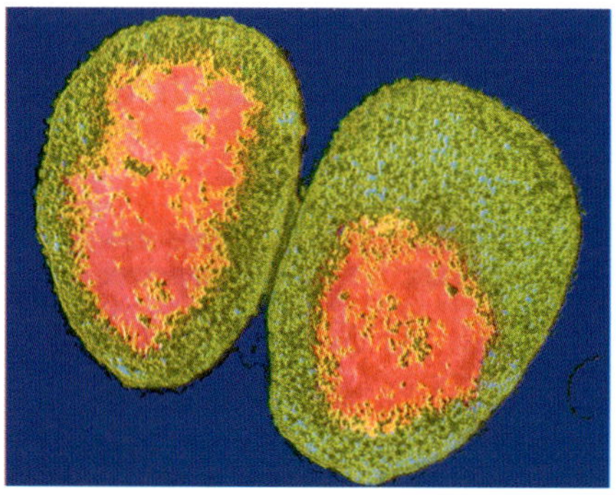

Gli elementi trasponibili

I cromosomi dei procarioti e degli eucarioti contengono elementi genetici mobili, gli **elementi trasponibili** o **trasposoni**, che sono capaci di spostarsi da soli in siti diversi dello stesso cromosoma oppure in cromosomi differenti. Nei procarioti si trovano le **sequenze di inserzione** (o IS), il tipo più semplice che trasporta solo il gene per la trasposasi, e i **trasposoni compositi** formati da una parte centrale, che può contenere diversi geni, fiancheggiata da due sequenze di inserzione. Le sequenze di inserzione e i trasposoni compositi sono chiamati **trasposoni a DNA**.

La trasposizione può avvenire in vari modi, per esempio i trasposoni a DNA si spostano utilizzando due meccanismi: la *trasposizione replicativa* e la *trasposizione non replicativa*. I **retrotrasposoni** richiedono la sintesi di un intermedio a RNA che una volta giunto a destinazione viene ricopiato in DNA dall'enzima *trascrittasi inversa*.

VERIFICA LE TUE CONOSCENZE

ZTE ONLINE

Lezione 1
La genetica dei virus

1. Tutti i virus possiedono
- A un metabolismo specializzato.
- B una molecola di DNA.
- C un capside.
- D un envelope.

2. I retrovirus sono
- A un tipo di virus a RNA.
- B i virus a RNA.
- C prevalentemente i virus a RNA.
- D un tipo di virus sia a DNA sia a RNA.

3. Un esempio di retrovirus è il virus
- A dell'AIDS.
- B della varicella.
- C dell'herpes.
- D dell'influenza.

4. Il genoma virale integrato in un cromosoma della cellula ospite si dice
- A batterio lisogeno.
- B fago temperato.
- C virus lisogeno.
- D profago.

5. Il ciclo litico di una infezione virale
- A si conclude normalmente quando il batterio si riproduce.
- B porta in genere alla rottura della cellula ospite.
- C porta all'inserimento del DNA virale nel cromosoma batterico.
- D in genere disattiva i geni virali una volta penetrati nella cellula ospite.

6. Quando il virus dell'influenza incontra una cellula ospite
- A entra in essa e, senza provocare danni sostituisce il cromosoma della cellula con il proprio RNA virale.
- B inietta in essa il proprio materiale genetico, che utilizza le sostanze presenti nella cellula per assemblare altri virus.
- C entra nel suo nucleo e, dopo averlo lisato, incomincia a riprodursi.
- D entra per endocitosi grazie alla presenza di glicoproteine presenti sulla membrana proprio della cellula ospite.

Lezione 2
La genetica dei batteri

7. Sono batteri di forma sferica
- A soltanti i diplococchi.
- B tutti i cocchi.
- C gli spirilli.
- D i bacilli.

8. La colorazione di Gram dipende
- A dalla permeabilità della membrana cellulare.
- B dalla patogenicità dei batteri.
- C dalla composizione della parete.
- D dal dominio a cui appartiene il vivente.

9. La parete dei batteri è caratterizzata dal fatto che contiene
- A peptidoglicani.
- B cellulosa.
- C colesterolo.
- D lipoproteine.

10. Un terreno di coltura si dice «minimo» se contiene
- A lo strato più sottile possibile di agar.
- B solo le sostanze utili al batterio.
- C un'unica fonte di carbonio e sali minerali.
- D quel che serve per ridurre al minimo il tempo di replicazione.

11. Rispetto alla replicazione batterica, la replicazione dei plasmidi ospiti è
- A più lenta.
- B più rapida.
- C altrettanto veloce.
- D diversa in diversi plasmidi.

12. L'enzima RNA polimerasi si lega al DNA in corrispondenza del
- A attivatore.
- B regolatore.
- C promotore.
- D gene strutturale.

13. La molecola che regola l'attività del repressore in un operone reprimibile si dice
- A induttore.
- B corepressore.
- C regolatore.
- D operatore.

Lezione 3
Il trasferimento genetico nei batteri

14. Il fattore F interviene nel processo detto
- A coniugazione.
- B trasduzione generalizzata.
- C trasformazione.
- D trasduzione specializzata.

15. L'esperimento di Lederberg e Tatum dimostrò che nei batteri si verifica
- A una mutazione genetica.
- B la riproduzione sessuale.
- C la trasformazione.
- D la ricombinazione.

16. La resistenza ai farmaci è data da
- A plasmidi F.
- B plasmidi P.
- C plasmidi R.
- D tutti i plasmidi.

17. Solo i fagi temperati possono fare avvenire la
- A coniugazione.
- B trasduzione generalizzata.
- C trasformazione.
- D trasduzione specializzata.

Lezione 4
Gli elementi trasponibili

18. I trasposoni sono elementi genetici
- A molto rari e presenti solo in determinate specie.
- B presenti in tutti gli organismi in piccolo numero.
- C presenti in grande numero in determinate specie.
- D presenti in tutti gli organismi in grande numero.

19. I retrotrasposoni
- A non esistono.
- B fanno sempre «copia e incolla».
- C fanno sempre «taglia e incolla».
- D sono presenti solo nei procarioti.

VERIFICA LE TUE ABILITÀ

20. Barra la lettera V se l'affermazione è vera, F se è falsa.

a) Solo i fagi a RNA possiedono la trascrittasi inversa. V F

b) Il dogma centrale può essere letto come «il fenotipo non determina mai il genotipo». V F

c) Con il termine LUCA intendiamo la prima specie vissuta sulla Terra. V F

d) Nei virus il DNA è avvolto da una membrana. V F

e) I fagi temperati si trovano solo integrati nel cromosoma della cellula ospite. V F

f) Nella trasduzione generalizzata i virus possono perdere la loro patogenicità. V F

g) La trasduzione si dice specializzata quando riguarda un'unica specie di virus. V F

h) Dalla coniugazione si originano cellule figlie uguali solo a uno dei due batteri. V F

i) La ricombinazione batterica richiede un contatto tra batteri vivi. V F

Completa il brano scegliendo tra i termini elencati in fondo (alcuni termini sono in eccesso).

21. I .... si possono classificare in base a diversi criteri; la .... permette di distinguere i ...., tra cui si trovano gli agenti patogeni della polmonite e della meningite, i ...., come *E. coli*, e i ...., dalle cellule a spirale, come l'agente patogeno della malattia detta ....

(bacilli, batteri, cocchi, colera, forma, tubercolosi, vibrioni, virus)

22. L'operone *lac* è un operone .... In condizioni normali, esso è disattivato da un .... che si lega al tratto del DNA detto .... e impedisce l'azione della .... La situazione cambia quando nella cellula sia presente l'allolattosio, una molecola che fa da .... e fa cessare il blocco alla ....

(corepressore, costitutivo, DNA polimerasi, duplicazione, inducibile, induttore, metabolico, operatore, promotore, RNA polimerasi, repressore, reprimibile, strutturale, traduzione, trascrizione)

Barra il completamento esatto e motiva la risposta.

23. I virus sono parassiti intracellulari obbligati perché

A non hanno un loro materiale genetico.

B non possiedono una membrana cellulare.

C non sono in grado di replicarsi autonomamente.

D sono tutti eterotrofi.

24. Tra i seguenti ipotetici eventi, l'ipotesi dell'origine dei virus per degenerazione da antenati parassiti sarebbe sostenuta da

A il ritrovamento di antichissimi virus fossili.

B la scoperta di virus con un codice genetico diverso.

C l'individuazione in un virus di un gene simile a quello della trasposasi.

D la scoperta di virus con genomi molto più complessi della media.

25. Un tecnico di laboratorio ha esposto una coltura batterica a irraggiamento con UV e si accorge che i suoi microrganismi sono stati spazzati via da un virus. Da ciò può dedurre che

A la sua coltura è stata contaminata da batteri estranei.

B i batteri erano lisogeni.

C un plasmide mutato è diventato virale.

D nel genoma batterico si è attivato un trasposone.

26. Se si induce una mutazione nel gene per la proteina cI di un fago temperato, presumibilmente lo si trasformerà in

A un profago.

B un elemento trasponibile.

C un fago litico.

D un plasmide.

27. I virus sono i vettori preferiti per la terapia genica in quanto

A non hanno un proprio materiale genetico.

B sono in grado di infettare le cellule bersaglio.

C si riproducono molto rapidamente.

D hanno lo stesso codice genetico delle cellule che infettano.

28. Un ceppo selvatico di batteri in genere è in grado di crescere su

A terreno arricchito.

B terreno complesso.

C terreno minimo.

D qualsiasi terreno.

29. Stai osservando la replica su terreno minimo di una piastra batterica ottenuta su terreno minimo con l'aggiunta di arginina. I batteri *arg* corrisponderanno alle colonie presenti

A solo sulla piastra di replica.

B su ambedue le piastre.

C solo sulla piastra originale.

D sulla piastra di replica, ma con colonie più piccole.

UNITUTOR
VERSO L'UNIVERSITÀ

Preparati ai test di ammissione sul sito Unitutor.

30. Se si assemblasse un nuovo batteriofago con il rivestimento proteico di un fago T2 e il DNA di un fago T4, e lo si introducesse in una cellula batterica, da tale cellula verrebbero liberati fagi contenenti:

A le proteine del fago T4 e il DNA del fago T2.

B le proteine del fago T2 e il DNA del fago T4.

C le proteine e il DNA del fago T2.

D le proteine e il DNA del fago T4.

E le proteine e il DNA della cellula batterica.

[dal test di ammissione a Odontoiatria, 2000-01]

TEST YOUR ENGLISH

Choose the correct answer.

31. In prokaryotes, the repressor's ability to bind to the operator

A does not have an impact on protein synthesis.

B is activated by the inductor.

C depends on the presence of another protein.

D depends on external regulating factors.

VERSO L'ESAME: LE TUE COMPETENZE

SCHEMATIZZA

32. Rappresenta graficamente un virus e una cellula batterica e rileva che cosa abbiano in comune e in che cosa invece differiscano.

CONFRONTA

33. Compara tra loro l'operone *lac* e l'operone *trp*: rappresentali schematicamente ed evidenziane somiglianze e differenze.

OSSERVA E DESCRIVI

34. Nel 1970, in un articolo intitolato *Central Dogma of Molecular Biology*, pubblicato dalla rivista *Nature*, Francis Crick rappresenta così come appariva la sua idea nel 1958. Le frecce piene rappresentano i collegamenti probabili, le frecce tratteggiate i collegamenti possibili; dove non sono presenti frecce, significa che il collegamento è impossibile secondo il dogma centrale.

Descrivi l'immagine con un breve testo scritto e chiarisci le ragioni delle scelte di Crick.

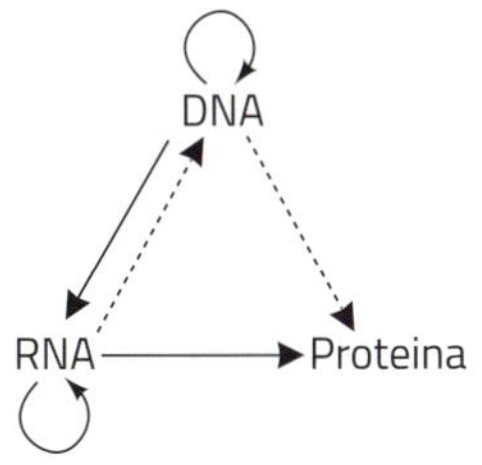

IPOTIZZA

35. Nei fagi temperati, il ciclo litico può essere indotto dall'irraggiamento con UV o raggi X, che danneggiano il DNA.

Prova a ipotizzare quale possa essere in termini evolutivi la causa di questa risposta e, di conseguenza, ipotizza una condizione chimica o fisica non letale in cui far crescere batteri portatori di profagi per indurre il ciclo litico.

RICERCA

36. L'osservazione al microscopio degli essudati di un paziente affetto da gravi problemi respiratori mostrano la presenza di microrganismi a forma di bastoncelli. Il medico che l'ha in cura, dovendo scegliere tra le seguenti alternative, ipotizza che la causa sia *Bacillus anthracis*.

Fai una ricerca sull'antrace, evidenziando le caratteristiche dell'agente infettivo e della malattia.

RIFLETTI

37. Immagina di provare a colorare un campione di cellule vegetali con la colorazione di Gram. Puoi prevedere che le cellule appariranno Gram positive, con una colorazione intermedia oppure Gram negative?

Motiva la tua risposta.

CLASSIFICA

38. Osserva la tabella e prova a sistemare i generi batterici indicati in base al loro tipo di metabolismo.

Anabaena; *Bacillus*; *Beggiatoa*; *Chromatium*; *Clostridium*; *Mycobacterium*; *Nitrobacter*; *Propionibacterium*

GENERE	METABOLISMO
	Ricava l'energia per assimilare CO_2 dall'assimilazione della luce solare e della ossidazione dell'acqua con produzione di O_2
	Ricava energia dall'ossidazione di sostanze organiche usando O_2 come ossidante
	Ricava l'energia per assimilare CO_2 dall'ossidazione di composti inorganici contenenti zolfo
	Ricava l'energia per assimilare CO_2 dall'assimilazione della luce solare e della ossidazione di H_2S con produzione di zolfo elementare, in assenza di O_2
	Ricava energia dalla fermentazione di sostanze organiche in assenza di O_2
	È il genere dell'agente della tubercolosi. Si tratta di un organismo che opera la respirazione cellulare.
	Ricava l'energia per assimilare CO_2 dall'ossidazione di composti azotati inorganici
	Ricava energia dalla trasformazione di sostanze organiche in propionato in assenza di O_2

IPOTIZZA

39. Nel genoma di *E. coli* può esistere un fago temperato che si integra nel cromosoma in prossimità dell'operone per la biotina. Lo chiameremo per questo fago β.

Prova a descrivere come potresti dimostrare sperimentalmente la sua esistenza.

DESCRIVI

40. La shigellosi è un'infezione che si trasmette attraverso l'ingestione di alimenti e acqua contaminati da feci infette, colpisce l'intestino tenue e provoca la dissenteria bacillare (caratterizzata da diarrea, febbre, nausea e dolori addominali). La causa è *Shigella dysenteriae*, un batterio che appartiene allo stesso gruppo di *E. coli* e normalmente è sensibile ai comuni detergenti e disinfettanti, ma si è scoperto che il batterio risulta essere resistente a quattro diversi antibiotici e che questa caratteristica può essere facilmente trasferita ad altri ceppi, per cui è difficile trovare un farmaco che possa debellare tale forma di dissenteria nei Paesi in cui scarseggiano le norme igieniche di base.

a) Che cosa significa che i batteri sono resistenti agli antibiotici?
b) Come è possibile che un ceppo sia resistente a più di un antibiotico?
c) Descrivi come questa caratteristica si trasferisce da un batterio all'altro.

Capitolo

E7 La genetica degli eucarioti

1 Il genoma eucariotico e la sua regolazione

Il differenziamento cellulare dipende dall'espressione genica

Il passaggio dalla condizione unicellulare a quella pluricellulare rappresenta una delle transizioni più importanti della storia della vita. Un organismo pluricellulare, infatti, non corrisponde soltanto a più cellule che «si mettono insieme», ma è anche il risultato di un'organizzazione gerarchica in cui le singole cellule comunicano tra loro e si suddividono i compiti da svolgere. All'interno di questi organismi sono quindi necessari dei meccanismi in grado di dirigere il modo in cui i diversi geni si attivano per dare origine ai vari tipi di cellula.

Nei mammiferi, per esempio, sono presenti decine di tipi cellulari, che differiscono per funzione e morfologia, ma che presentano all'interno del proprio nucleo lo stesso patrimonio di informazioni genetiche. Il processo tramite cui i vari tipi cellulari si diversificano prende il nome di **differenziamento cellulare** e deriva dall'espressione di geni diversi in tipi cellulari diversi (**tabella 1**). Questo è possibile perché a monte di ciascun gene sono presenti porzioni di DNA che indicano come, quando e dove deve essere utilizzato ciascun tratto di DNA.

▸ **Tabella 1**
Il differenziamento cellulare dipende dai geni attivi e dalle proteine che essi esprimono: in ciascun tipo di cellula è possibile osservare quali geni sono attivi e quali no.

Gene attivato	Cellule della pelle	Cellule dei muscoli	Cellule dello stomaco	Cellule del cervello
Proteine integrali di membrana	Sì	Sì	Sì	Sì
Pompa sodio-potassio	No	Sì	No	Sì
Miosina	No	Sì	No	No
Enzima digestivo	No	No	Sì	No
Canale del calcio	No	Sì	No	Sì

In modo del tutto analogo, lo **sviluppo embrionale** prevede che si susseguano diversi stadi di sviluppo e che i diversi organi e tessuti si dispongano correttamente e al momento giusto. Anche in questo caso, è la regolazione dell'espressione genica a guidare il processo che da uno zigote porta alla formazione di un individuo adulto.

A rendere ancora più complesso il funzionamento del genoma eucariotico è poi il fatto che esso è più ricco di geni di quello procariotico e non è organizzato in unità funzionali come gli operoni. Ogni gene possiede una propria regolazione e può intervenire in processi anche molto diversificati.

Il genoma eucariotico dispone di tre RNA polimerasi, fattori di trascrizione ed enhancer

A seconda degli stimoli che riceve, una cellula eucariotica deve poter attivare o spegnere geni specifici tra le varie migliaia che costituiscono il suo genoma. Ma come avviene questa regolazione? Per capire questo passaggio occorre ricordare che un «gene» non è soltanto la porzione codificante che racchiude le informazioni per sintetizzare la catena di amminoacidi alla base della struttura primaria di una proteina. Un gene è qualcosa di più, perché comprende una parte codificante e due sequenze regolatrici (**figura 1**): un *promotore*, che fornisce informazioni riguardanti il punto e la direzione in cui iniziare la trascrizione, e un *terminatore*, che definisce dove deve arrestarsi la sintesi del trascritto primario.

▼ **Figura 1**
La struttura di un gene eucariotico.

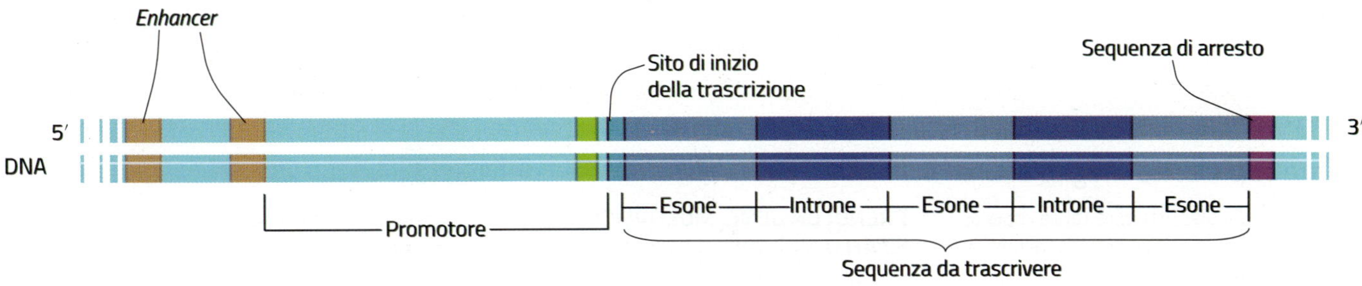

Promotore e terminatore si trovano anche nel genoma batterico, ma le differenze tra eucarioti e procarioti sono notevoli e riguardano sia il tipo e il numero di proteine coinvolte, sia la disposizione dei geni sui cromosomi (**tabella 2**).

Diversamente dai promotori procariotici, che legano direttamente le RNA polimerasi, i promotori eucariotici necessitano di specifici **fattori di trascrizione**; queste proteine agiscono da attivatori perché guidano le RNA polimerasi sul sito di inizio della trascrizione. Un'altra differenza tra procarioti ed eucarioti consiste nella presenza, oltre ai promotori, di altre sequenze in grado di modulare la trascrizione di un gene. Queste **sequenze regolatrici** o *enhancer* si trovano spesso molto distanti dai geni che controllano. Gli enhancer legano gli stessi attivatori che agiscono sul promotore; il legame genera un cambiamento strutturale della cromatina, che si ripiega e porta a un contatto tra l'enhancer e il promotore, con i fattori di trascrizione che fanno da «ponte» e stabilizzano il ripiegamento (**figura 2**). In questo modo, sul promotore si verifica un'elevata concentrazione di attivatori, che a loro volta richiamano altri fattori di trascrizione; il complesso di trascrizione che ne risulta è fino a 200 volte più efficiente rispetto a un promotore che ne sia privo.

	Procarioti	Eucarioti
Livello di organizzazione	Operone	Sequenze regolatrici e fattori di trascrizione
Sequenze regolatrici	Assenti	Presenti (*enhancer*)
RNA polimerasi	Lega direttamente il promotore	Necessita di fattori di trascrizione
Tipi di RNA polimerasi	Uno	Tre

▲ **Tabella 2**
Le principali differenze tra il genoma dei procarioti e quello degli eucarioti.

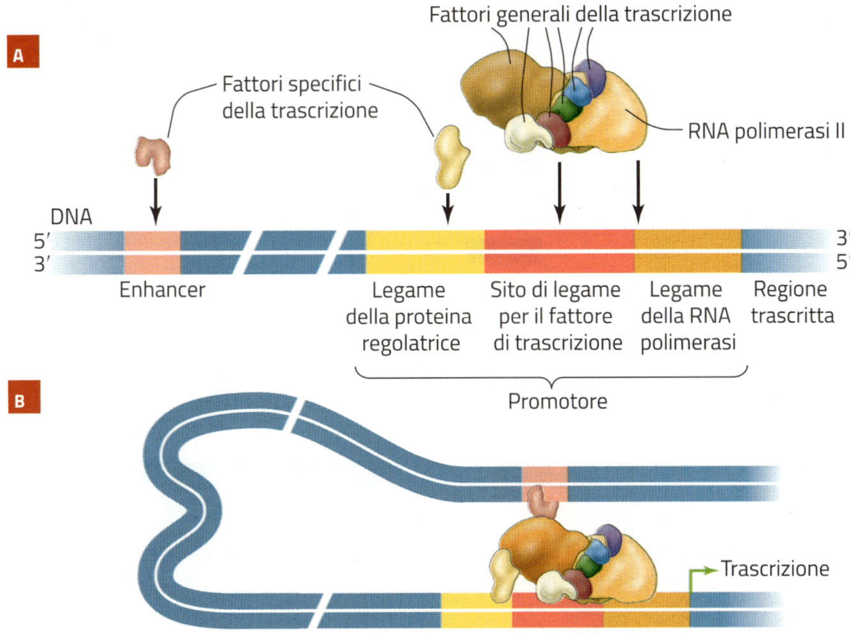

◄ **Figura 2**
(A) La RNA polimerasi e i fattori di trascrizione si legano a livello del promotore. (B) Il ripiegamento della molecola di DNA permette alle sequenze enhancer di interagire con il complesso della RNA polimerasi.

Le sequenze regolatrici permettono anche alle cellule eucariotiche di coordinare la regolazione di più geni la cui trascrizione deve essere attivata contemporaneamente. Negli eucarioti i geni con funzioni correlate, infatti, si trovano generalmente molto lontani sullo stesso cromosoma o anche su cromosomi diversi. In tal caso, la regolazione è possibile qualora i promotori di questi geni contengano le stesse sequenze regolatrici, pronte a legare i medesimi attivatori.

Un esempio di questo fenomeno è la risposta delle piante alla siccità: in condizioni di stress idrico, la pianta sintetizza una serie di proteine i cui geni si trovano dispersi per tutto il genoma e il cui promotore contiene un'identica sequenza regolatrice detta *elemento di risposta allo stress* (SRE). Questa sequenza lega un attivatore capace di innescare la trascrizione simultanea di tutti i geni coinvolti nella reazione alle condizioni ambientali.

Un'ulteriore differenza nella trascrizione di procarioti ed eucarioti riguarda l'enzima RNA polimerasi. Negli eucarioti sono presenti tre diverse RNA polimerasi (I, II e III) ciascuna delle quali svolge compiti specifici.

1 - Per saperne di più

Tante copie sono meglio di una

Immagina di voler ottenere tante copie di un messaggio in tempi brevi: puoi metterlo in una fotocopiatrice e digitare il valore 50; dopo pochi minuti otterrai quel numero di copie. Ma se lo stesso messaggio lo scrivi due volte sul foglio, digitando il valore 50 potrai ottenere 100 messaggi nello stesso lasso di tempo e se lo scrivi 4 volte sul foglio, allora ne otterrai 200.

Un sistema analogo esiste nelle cellule, che possono sintetizzare un certo prodotto genico in quantità maggiori copiando il gene che lo codifica e trascrivendo tutte le copie in un colpo solo. Questa strategia è chiamata **amplificazione selettiva**.

Un esempio di amplificazione selettiva riguarda i geni che codificano tre dei quattro tipi di RNA ribosomiale, il tipo di RNA più abbondante nella cellula. Questi geni sono raggruppati in un'unica unità trascrizionale, ripetuta centinaia di volte nel genoma, in modo da fornire un elevato numero di geni per la sintesi di rRNA. In modo analogo, insetti trattati con insetticidi possono aumentare il numero di copie dei geni implicati nell'inattivazione di tali composti, divenendo quindi resistenti.

In alcuni casi, però, si possono avere ulteriori amplificazioni. Le uova delle rane e dei pesci, per esempio, devono disporre di miliardi di ribosomi per far fronte alla massiccia sintesi proteica che segue la fecondazione. Nella cellula destinata a diventare un oocita, il gruppo genico per gli rRNA è presente in meno di 1000 copie che impiegherebbero 50 anni per produrre un miliardo di ribosomi. Un processo simile avviene anche nelle gonadi femminili del moscerino della frutta, in cui i geni che servono per la produzione del vitello (la risorsa alimentare accumulata nell'uovo) sono amplificati rispetto a quanto accade in tutti gli altri tipi cellulari.

PRENDI UN GENE, MOLTIPLICALO E FALLO MUTARE

Una volta amplificati, i geni rimangono nel DNA e ciascuno di essi può subire delle variazioni dovute ad agenti mutageni, errori nella duplicazione o effetti della ricombinazione genica. Il risultato di questo processo è la diversificazione di un tratto di DNA che in origine codificava copie multiple dello stesso prodotto genico e la formazione di una serie di geni simili. L'insieme di questi geni forma una **famiglia genica**.

Nel genoma umano, circa due terzi dei geni codificanti proteine appartengono a famiglie geniche: alcune hanno pochi membri, come quella delle globine, le subunità dell'emoglobina (**figura**); altre, come quella delle immunoglobuline che costituiscono gli anticorpi, hanno migliaia di membri.

Il vantaggio delle famiglie geniche è che, durante l'evoluzione, lo stesso gene può evolvere funzioni specializzate; se una mutazione dovesse rivelarsi svantaggiosa, perché inattiva quella copia del gene, la funzione sarà comunque preservata dalla presenza delle altre copie. Nel caso dei geni per le globine, per esempio, oltre alle forme alfa e beta che costituiscono la normale emoglobina, è presente una variante gamma (γ). La γ-globina, che ha un'affinità maggiore per l'ossigeno rispetto alle altre globine, è espressa nel feto e favorisce l'assorbimento dell'ossigeno attraverso la placenta.

Nelle famiglie geniche sono spesso presenti *pseudogeni*, ovvero varianti geniche che hanno perso la loro funzione a causa di mutazioni. Pur non conferendo alcun svantaggio, queste sequenze sono state mantenute durante l'evoluzione, tanto che certe famiglie contano più pseudogeni che geni funzionali.

▾ Figura
L'evoluzione della famiglia genica delle globine, proteine che si sono duplicate a partire da 500 milioni di anni fa e che oggi sono distribuite su cromosomi diversi.

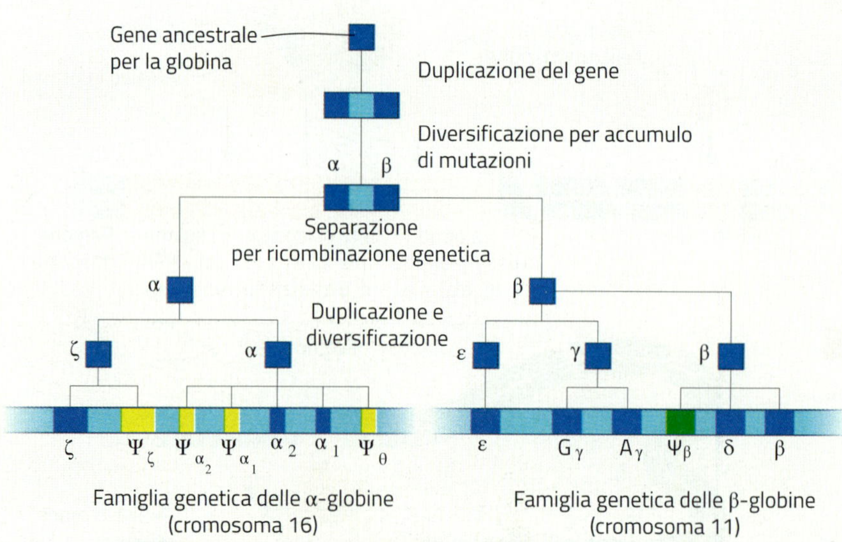

- La *RNA polimerasi I* trascrive i geni per la sintesi degli RNA ribosomiali;
- la *RNA polimerasi II* trascrive i geni per la sintesi degli mRNA;
- la *RNA polimerasi III* sintetizza i tRNA e altri piccoli RNA (miRNA) implicati in diversi processi, tra cui lo splicing.

La presenza di tre diversi enzimi consente di regolare al meglio sia la produzione delle molecole che fanno funzionare il processo (rRNA, tRNA e miRNA) sia la sintesi del prodotto (mRNA).

A colpo d'occhio

RNA POLIMERASI
- I — rRNA
- II — mRNA
- III — tRNA

I fattori di trascrizione eucariotici presentano strutture caratteristiche

I fattori di trascrizione sono proteine regolatrici capaci di legarsi a specifiche sequenze di DNA con un'affinità cento volte superiore a quella per altre zone del genoma. La maggior parte di questi fattori è provvista di regioni che interagiscono con il DNA e formano legami a idrogeno con il solco maggiore della doppia elica.

I principali motivi strutturali che permettono il legame al DNA da parte delle proteine regolatrici sono tre: l'**elica-ripiegamento-elica**, lo **zinc finger** e l'**omeodominio**.

La struttura **elica-ripiegamento-elica** (**figura 3A**) è tipica dei fattori di trascrizione procariotici, ma è presente anche negli eucarioti. Questa struttura comprende due brevi segmenti ad α elica separati da un ripiegamento β. Una delle due α eliche è chiamata *elica di riconoscimento* perché permette l'interazione con il DNA ed è posizionata in modo da adattarsi al solco maggiore della doppia elica.

In uno **zinc finger** (**figura 3B**) circa 30 amminoacidi formano una lunga ansa a forma di dito (da cui il nome), tenuta insieme alla base da uno ione Zn^{2+} coordinato con quattro amminoacidi (quattro Cys, oppure due Cys e due His). Questo motivo strutturale è presente in moltissime proteine eucariotiche che legano il DNA. L'interazione tra uno zinc finger e il DNA è debole, ma la maggior parte delle proteine che legano il DNA possiede molte di queste strutture, che interagiscono con il DNA in modo simultaneo, aumentandone così la forza del legame.

L'**omeodominio** (**figura 3C**), infine, è una struttura costituita da 60 amminoacidi presente in un certo numero di proteine che funzionano da regolatori della trascrizione nei geni *omeotici*, i geni che controllano lo sviluppo degli eucarioti. L'omeodominio è altamente conservato dal punto di vista evolutivo ed è stato ritrovato in vari organismi, compresi gli esseri umani. Il segmento del dominio che lega il DNA è simile al motivo elica-ripiegamento-elica; le sequenze di DNA che codificano questa struttura sono dette *omeobox*.

Le parole

Un **motivo strutturale** è un elemento strutturale tridimensionale che presenta una disposizione delle catene amminoacidiche analoga a quella delle strutture secondarie.

A colpo d'occhio

MOTIVI STRUTTURALI
- ELICA-RIPIEGAMENTO-ELICA
- ZINC FINGER
- OMEODOMINIO

▼ **Figura 3**
I tre principali motivi strutturali presenti nei fattori di trascrizione.

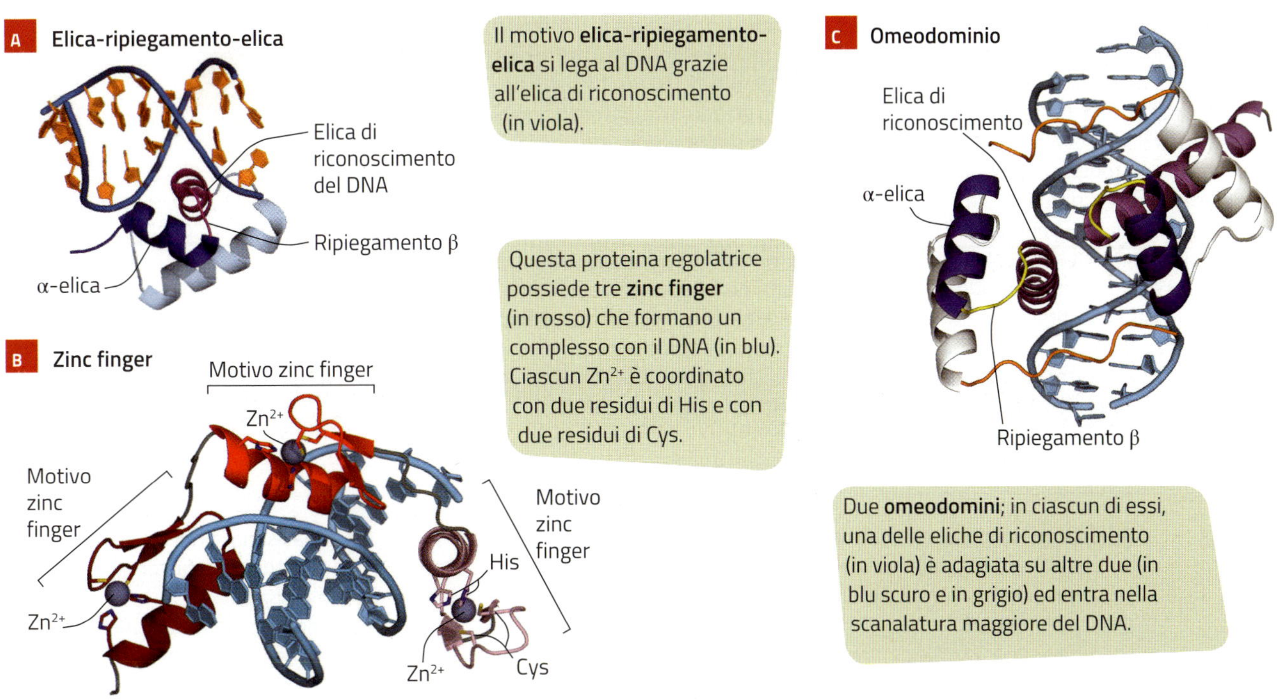

Negli eucarioti i geni possono essere costitutivi, tessuto-specifici o inducibili

Sulla base delle informazioni presenti nei promotori e negli enhancer, ciascun gene è soggetto a uno specifico controllo trascrizionale, simile a quello di altri geni che devono svolgere mansioni analoghe. Alcuni geni, per esempio, codificano proteine che servono in tutti i tipi cellulari: è il caso dei geni che codificano gli istoni, le DNA e le RNA polimerasi e tutte le proteine implicate nella struttura di base della cellula. I geni che sono trascritti in tutte le cellule in ogni momento della loro vita sono chiamati **geni housekeeping** o **geni costitutivi**.

I geni **tessuto-specifici**, invece, guidano le cellule nella specializzazione verso i diversi tipi cellulari e quindi sono espressi solo in alcuni tessuti. Per esempio, se andassimo a confrontare neuroni e linfociti troveremmo geni espressi unicamente nei neuroni e altri espressi soltanto nei linfociti.

Esistono infine geni la cui espressione genica è regolata in modo da attivarsi esclusivamente a seguito di specifici stimoli: questi sono detti **geni inducibili** e sono in genere silenti, ma si attivano in caso di necessità. Ne sono un esempio i geni che sono trascritti solo quando le cellule sono sottoposte a temperature elevate (shock termico); essi codificano proteine chiamate *heat shock protein* che aiutano le altre proteine a mantenere una forma corretta delle proteine anche in condizioni di temperatura non ottimale. Altri geni si attivano in risposta a un danno al DNA, mentre altri ancora sono trascritti e tradotti solo in risposta a stimoli ormonali.

A colpo d'occhio

GENI
- COSTITUTIVI (HOUSEKEEPING) — SEMPRE ESPRESSI
- TESSUTO-SPECIFICI — LEGATI AL DIFFERENZIAMENTO
- INDUCIBILI — ESPRESSI IN CASO DI NECESSITÀ

2 - Chiavi di lettura

Nel genoma è meglio non fare le pulizie

Il nostro genoma, cioè il librone completo delle istruzioni genetiche, una sorta di Wikipedia organica, è qualcosa di cui ciascuna cellula si serve in piccola parte, quella di cui ha bisogno.

Dato che ne usano così poche pagine, perché le cellule si portano dietro quel librone gigantesco lungo tutta la loro esistenza? Forse la domanda andrebbe posta in un altro modo: quanto converrebbe a una cellula, del muscolo o del sangue o dell'intestino, tenere solo quello che le serve? Il problema, quando si fa pulizia, è stabilire che cosa si può buttare senza rimpianti. E questa è una cosa che vale per la cantina come per la cellula.

Per puro spirito di immaginazione, ammettiamo che una cellula disponga della lista dei geni e dei pezzi di DNA che ha utilizzato da quando è nata: la stessa lista sarà sufficiente per il futuro? Non è detto, la vita è imprevedibile. In tempi di abbondanza potrebbe servire tornare a riprodursi; in carestia o malattia, attivare l'apoptosi o morte cellulare programmata; in pestilenza, fare a pezzi il DNA di un microbo invasore.

Che cosa potrà servire di preciso, e quando, non è dato sapere in anticipo. Perciò una cellula si tiene tutto quel librone incrostato di storia biologica per ogni evenienza. Un librone che è per ben impacchettato, occupa pochissimo posto e costa poche risorse: a copiarlo per trasmetterlo alle cellule figlie i batteri consumano il 2% dell'energia. Ecco perché la cellula evita di fare le pulizie di primavera nell'armadio del DNA: i rischi di perdere qualcosa di utile o indispensabile sarebbero maggiori dei benefici.

In questo modo, però, si pone un altro problema: in quel librone gigantesco e un po' caotico, come fa la cellula ad accedere solo ai pezzi che le servono, quando le servono, e a tenere spenti tutti gli altri? L'evoluzione ha risolto questo problema molto tempo fa, in antenati remoti che hanno passato il metodo anche a noi. In pratica il metodo consiste nel regolare innanzitutto l'accesso al materiale genetico: i pezzi che servono di meno, o più di rado, si impacchettano più fittamente e si sistemano in uno scaffale stipato e poco accessibile (per continuare con la metafora dell'armadio). Restano i pezzi utili, per cui la cellula dispone non solo di interruttori, ma anche di personale addetto e altamente specializzato: schiere di molecole vitali, che al pari di maggiordomi ben addestrati, al momento giusto mettono in moto un certo programma genetico, ne mettono a riposo un altro, e così via.

In rari casi le cellule buttano via pezzi di geni. Lo fanno per esempio quelle del sistema immunitario che producono gli anticorpi. In questo caso però lo scopo non è fare ordine, ma piuttosto fare tanto con poco. Le molecole estranee e potenzialmente dannose con cui possiamo avere a che fare, cioè gli antigeni, sono tantissime; perché ognuna abbia il suo anticorpo, ci vorrebbe in teoria un numero uguale, cioè grandissimo, di geni. Anche qui, l'evoluzione ha trovato una soluzione brillante. In pratica è come montare pezzi di lego in un'infinità di forme, ogni volta buttando via qualche pezzetto che è di troppo o d'intralcio. [...]

da Guido Barbujani, Lisa Vozza *Il gene riluttante*, Chiavi di lettura, Zanichelli, 2016

Facciamo il punto

1. In che modo la regolazione dell'espressione genica incide sul differenziamento e sullo sviluppo cellulare?
2. Quali sono le differenze tra il genoma procariotico e quello eucariotico?
3. Qual è la funzione degli enhancer?
4. Quali sono i principali motivi strutturali dei fattori di trascrizione?
5. Come vengono classificati i geni in base alla loro attività?

2 L'epigenetica e l'interazione tra il DNA e l'ambiente

L'epigenetica studia il modo con cui l'ambiente influisce sull'espressione del DNA

Per molti anni l'espressione dei geni è stata spiegata solamente in termini di presenza o assenza di elementi regolatori, come i promotori, e di fattori di trascrizione. Oggi sappiamo che esiste un altro meccanismo di regolazione della trascrizione basato su modificazioni chimiche del DNA e degli istoni. Le modificazioni che influenzano l'espressione di un gene senza alterarne la sequenza nucleotidica sono dette **segnali epigenetici** e sono studiate da una branca della biologia che si chiama **epigenetica**.

I segnali epigenetici comprendono la *metilazione del DNA* e il *rimodellamento della cromatina*. Entrambi i processi sono reversibili, ma spesso sono stabili e persistono nel corso delle divisioni cellulari. Molte modificazioni epigenetiche, inoltre, sono influenzate da stimoli ambientali: è stato dimostrato, per esempio, che nel ratto lo stress ambientale altera la metilazione del gene *Bdnf* che codifica un fattore di crescita importante nello sviluppo del cervello. Da questo punto di vista, quindi, i cambiamenti epigenetici rappresentano un modo con cui l'ambiente può influire sul DNA.

Le parole

Il termine **epigenetica** contiene la radice greca *epì-* che significa «sopra» o «oltre»; con epigenetica si indica quindi lo studio delle variazioni del fenotipo che «stanno sopra» al genotipo, ovvero non dovute a differenze nelle sequenza di basi del DNA.

Leggi l'approfondimento nell'ebook:
La nostra salute
Dalla lotta ai vampiri a quella ai tumori

La metilazione delle citosine nel promotore blocca la trascrizione

Il meccanismo di cambiamento epigenetico più noto è la **metilazione del DNA**, che consiste nell'aggiunta di gruppi metile ($-CH_3$) alle basi nucleotidiche. In un certo senso, è come se sul DNA venissero appiccicate delle etichette; negli eucarioti, il tipo prevalente di «etichettatura» del DNA è la metilazione della citosina per produrre 5-metilcitosina (**figura 4**) che si verifica spesso sulle citosine adiacenti alle guanine, chiamate *dinucleotidi CpG* (dove *p* rappresenta il gruppo fosfato che unisce i nucleotidi C e G). Alcune regioni del DNA presentano una densità molto elevata di dinucleotidi CpG e per questo sono chiamate *isole CpG*.

Nelle cellule dei mammiferi, le isole CpG si trovano spesso in corrispondenza dei promotori dei geni. Quando i geni sono trascritti, le isole CpG di solito non sono metilate; al contrario, la metilazione di isole CpG vicino a un gene porta alla repressione della sua trascrizione. La repressione avviene in due modi: la presenza del gruppo metile impedisce il legame dei fattori di trascrizione; inoltre, la metilcitosina attrae alcune proteine che agiscono direttamente come repressori.

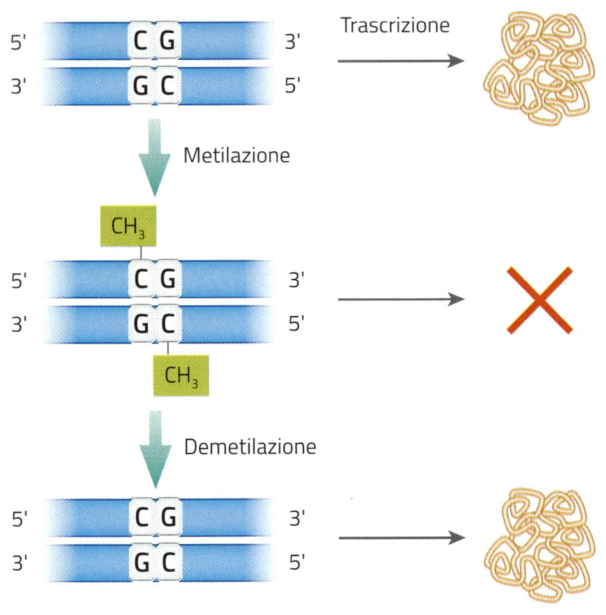

◂ **Figura 4**
La presenza di molti gruppi metile sul promotore di un gene silenzia la trascrizione, ma la demetilazione può indurre la sintesi proteica.

Le cellule, quindi, possono reprimere o attivare i propri geni mediante metilazione e demetilazione delle basi di citosina; le due reazioni sono catalizzate rispettivamente dagli enzimi della famiglia delle *DNA metiltransferasi* (che aggiungono i gruppi metilici) e delle *demetilasi*, che rimuovono i gruppi metile.

La metilazione delle isole CpG può essere trasmessa da una cellula alla sua progenie; quando il DNA si replica, la DNA metiltransferasi catalizza la formazione di metilcitosina sul filamento in formazione (**figura 5**). In questo modo il «modello» di metilazione del DNA viene mantenuto nel corso della divisione cellulare e rappresenta la cosiddetta *memoria epigenetica*.

▸ **Figura 5**
La metilazione delle citosine si mantiene anche quando il filamento di DNA metilato si duplica.

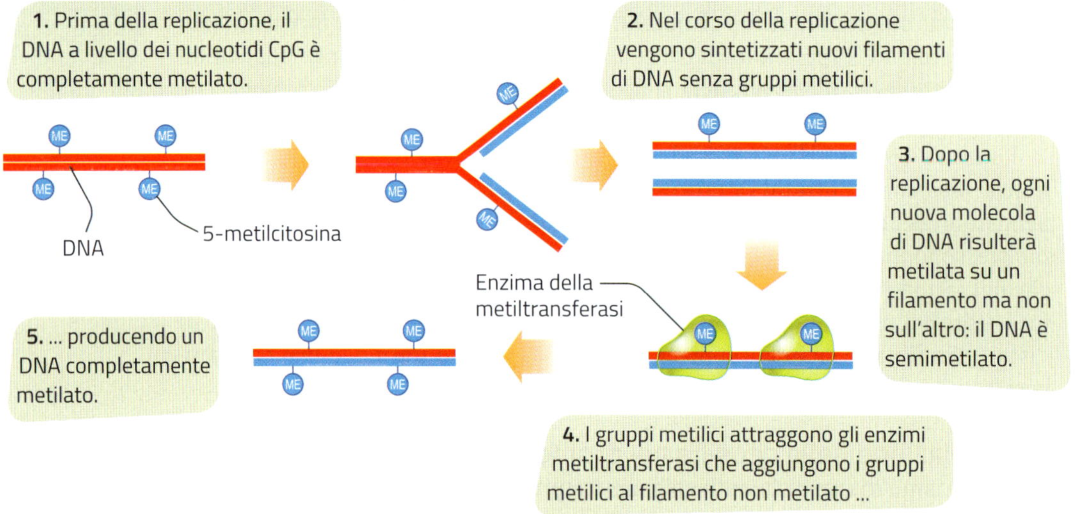

Il rimodellamento della cromatina si basa sull'acetilazione e sulla metilazione degli istoni

Ti ricordi?
I **nucleosomi** sono formati da DNA e istoni e costituiscono le unità organizzative di base della cromatina.

I cambiamenti epigenetici possono anche verificarsi in seguito alla modificazione della cromatina. Nel nucleo delle cellule eucariotiche, infatti, il DNA è avvolto strettamente attorno agli istoni a formare i **nucleosomi**, le unità ripetute di base della struttura della cromatina.

Perché i geni vengano trascritti, i promotori e le altre sequenze regolatrici devono legare i fattori di trascrizione e l'RNA polimerasi; il legame, però, non può avvenire se il DNA è fortemente compattato nei nucleosomi: prima della trascrizione, infatti, la struttura della cromatina si modifica e passa dalla forma chiusa alla forma aperta, in modo da rendere in DNA accessibile al complesso di trascrizione (*rimodellamento della cromatina*). Uno dei modi in cui la cellula può variare il grado di condensazione della cromatina è agire sugli istoni, modificandoli chimicamente.

Un istone è formato da due regioni: una regione globulare, che interagisce sia con il DNA sia con altri istoni, e una «coda» carica positivamente che interagisce con i gruppi fosfato dello scheletro del DNA, che sono carichi negativamente. Le code degli istoni possono essere modificate dall'aggiunta di gruppi acetile o metile che rendono la cromatina più o meno accessibile ai fattori di trascrizione.

In particolare, l'**acetilazione degli istoni** (cioè l'aggiunta di gruppi acetile) stimola la trascrizione indebolendo il legame delle code con il DNA e ponendo la cromatina in una forma aperta, accessibile ai fattori proteici. I gruppi acetile sono aggiunti dagli enzimi *acetiltransferasi* e possono essere rimossi dalle *istone deacetilasi* (**figura 6**).

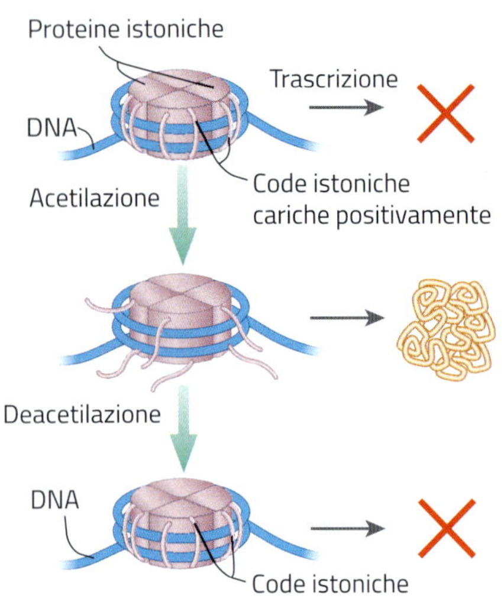

▴ **Figura 6**
La presenza di gruppi acetile sugli istoni libera le code istoniche dal legame con il DNA, rendendolo accessibile all'azione dei fattori di trascrizione e della RNA polimerasi.

Al contrario, la **metilazione degli istoni** reprime la trascrizione aumentando il grado di condensazione della cromatina. Anche in questo caso l'aggiunta dei gruppi metile, effettuata dalle *metiltransferasi*, è reversibile grazie alle *istone demetilasi*.

Finora i biologi molecolari hanno individuato più di 100 tipi di modificazioni delle proteine istoniche. Le ricerche tuttavia mostrano che modificazioni di singoli istoni non bastano da sole a determinare l'attività trascrizionale dei geni; è piuttosto la presenza combinata di molti segnali che determina il livello di attività. Questi segnali epigenetici possono anche interferire tra di loro: alcune modificazioni istoniche, infatti, attraggono enzimi e proteine che modificano altri istoni. Infine, le modificazioni istoniche non influenzano solo la trascrizione, ma anche altri processi molecolari come la riparazione del DNA e la segnalazione di punti di controllo del ciclo cellulare.

I segnali epigenetici passano da un individuo all'altro, ma sono reversibili

Esistono due tipi di ereditarietà: quella tra **generazioni di cellule** (cioè da una cellula madre alle cellule figlie) e quella tra **generazioni di individui pluricellulari** (da un individuo ai suoi figli, nipoti, pronipoti). Per spiegare questa differenza, prendiamo il caso della metilazione del DNA.

Oltre ai fattori di trascrizione, anche i segnali epigenetici come la metilazione del DNA sono essenziali nel definire il programma di differenziamento di una cellula e trasmetterlo alle cellule figlie: questo garantisce che la progenie di un linfocita sia costituita da altri linfociti. Insieme ad altri meccanismi, quindi, la metilazione contribuisce a reprimere i geni che non sono essenziali per un determinato tessuto. Quando la cellula si divide e replica il proprio DNA, entra in gioco l'enzima *DNA metiltransferasi 1*, che riproduce sul nuovo filamento lo stato di metilazione del DNA stampo (*vedi* **figura 5**). Il profilo di metilazione viene dunque ereditato dalla cellula figlia.

È stato però dimostrato che questi profili di metilazione possono essere piuttosto labili. Nei mammiferi, per esempio, subito dopo la fecondazione il genoma dello zigote è attraversato da un'**ondata di demetilazione**, che spazza via (mediante le *demetilasi*) la maggior parte dei gruppi metile. Via via che lo sviluppo dello zigote prosegue, nuovi siti di metilazione vengono etichettati dalle *metiltransferasi de novo*, un gruppo di enzimi che aggiungono gruppi metile anche in assenza di uno stampo. A questo punto, il ciclo ricomincia.

Per quello che sappiamo finora, quindi, i segnali epigenetici sono ereditabili da una cellula all'altra ma possono essere rimossi all'occorrenza, come nel caso dello zigote.

I gemelli monozigoti si differenziano grazie ai cambiamenti epigenetici

Per indicare l'insieme di tutti i segnali epigenomici posseduti da un singolo organismo i genetisti hanno coniato il termine **epigenoma**, che si affianca al genoma scritto nella sequenza delle basi del DNA. Cellule diverse (come i linfociti e i neuroni), pur avendo lo stesso genoma, accendono e spengono geni diversi ricorrendo all'epigenoma, cioè a modificazioni epigenetiche differenti in geni diversi.

Così come hanno studiato il genoma umano, i biologi molecolari stanno cercando di esplorare l'epigenoma. I risultati più interessanti sono stati ottenuti nei gemelli monozigoti, che si sviluppano da un'unica cellula uovo che è stata fecondata da un singolo spermatozoo, ma si divide e origina a due zigoti (**figura 7**). Questi gemelli sono geneticamente identici, nel senso che possiedono le stesse sequenze di DNA, ma spesso differiscono un po' per l'aspetto, le condizioni di salute e il comportamento. La natura delle differenze nei fenotipi di gemelli identici non è ancora pienamente compresa, ma dati recenti suggeriscono che alcune di queste differenze siano dovute a cambiamenti dell'epigenoma. Uno studio condotto sui livelli e sulla localizzazione della metilazione del DNA e dell'acetilazione istonica su 80 gemelli identici ha dimostrato che nei primi anni di vita la metilazione del DNA e l'acetilazione istonica sono simili, mentre con il passare degli anni le differenze aumentano. Si pensa che i cambiamenti dell'epigenoma dipendano anche dall'ambiente e dallo stile di vita (alimentazione, attività fisica, fumo, assunzione di farmaci), perché si riscontrano soprattutto tra gemelli che vivono separati.

A colpo d'occhio

CAMBIAMENTI EPIGENETICI
- SUL DNA
  - METILAZIONE DELLE ISOLE CpG
- SUGLI ISTONI
  - ACETILAZIONE
  - METILAZIONE

Curiosità

I ricercatori americani Brian Dias e Kerry J. Ressler hanno dimostrato (lavorando con topi) che gli stress emotivi subìti nel corso della vita (e le risposte che ne derivano) sono trasmissibili alle generazioni successive per mezzo di modificazioni epigenetiche; è la cosiddetta **eredità ambientale**.

▲ **Figura 7**
Gli attori statunitensi Aaron e Shawn Ashmore sono un esempio di gemelli monozigoti.

Facciamo il punto

1. Che cosa sono i cambiamenti epigenetici?
2. Qual è l'effetto della metilazione del DNA?
3. Come avviene il rimodellamento della cromatina?
4. Che cos'è l'epigenoma?

3 I virus e i trasposoni eucariotici

A colpo d'occhio

VIRUS DEGLI EUCARIOTI
- A DNA — INFLUENZA
- A RNA — HIV

Il virus dell'influenza è un virus a RNA

Lo studio dei batteriofagi, cioè i virus che infettano i batteri (*vedi* capitolo E6), ha delle ricadute fondamentali anche per i virus che infettano le piante e gli animali. Questi parassiti possono avere genomi formati sia dal DNA sia dall'RNA; in particolare, l'RNA è il materiale genetico di alcuni virus umani, come quelli che causano il raffreddore e l'influenza.

Il **virus dell'influenza** penetra nella cellula ospite per endocitosi, all'interno di una vescicola rivestita di membrana (**figura 8**). La fusione della membrana virale con quella della vescicola porta alla liberazione del virione all'interno della cellula. Oltre al proprio materiale genetico, il virus contiene l'enzima necessario per la duplicazione del RNA: questo enzima è una RNA polimerasi particolare, che usa come stampo l'RNA (a differenza delle RNA polimerasi cellulari che come stampo utilizzano il DNA). Il filamento di RNA virale così sintetizzato serve poi sia da mRNA per la sintesi delle proteine virali sia da stampo per la produzione, mediante appaiamento complementare delle basi, di nuove copie del genoma virale. Le molecole di RNA virale e le proteine virali sono poi assemblate in nuove particelle, che escono dalla cellula e ne infettano altre.

L'influenza è una malattia respiratoria che ogni anno colpisce in media l'8% della popolazione italiana, con un picco nelle ultime due settimane di gennaio. Occasionalmente, soprattutto quando nuovi ceppi di virus influenzale si diffondono fra la popolazione, si verificano epidemie mondiali chiamate **pandemie**.

▾ Figura 8
Il ciclo vitale del virus dell'influenza.

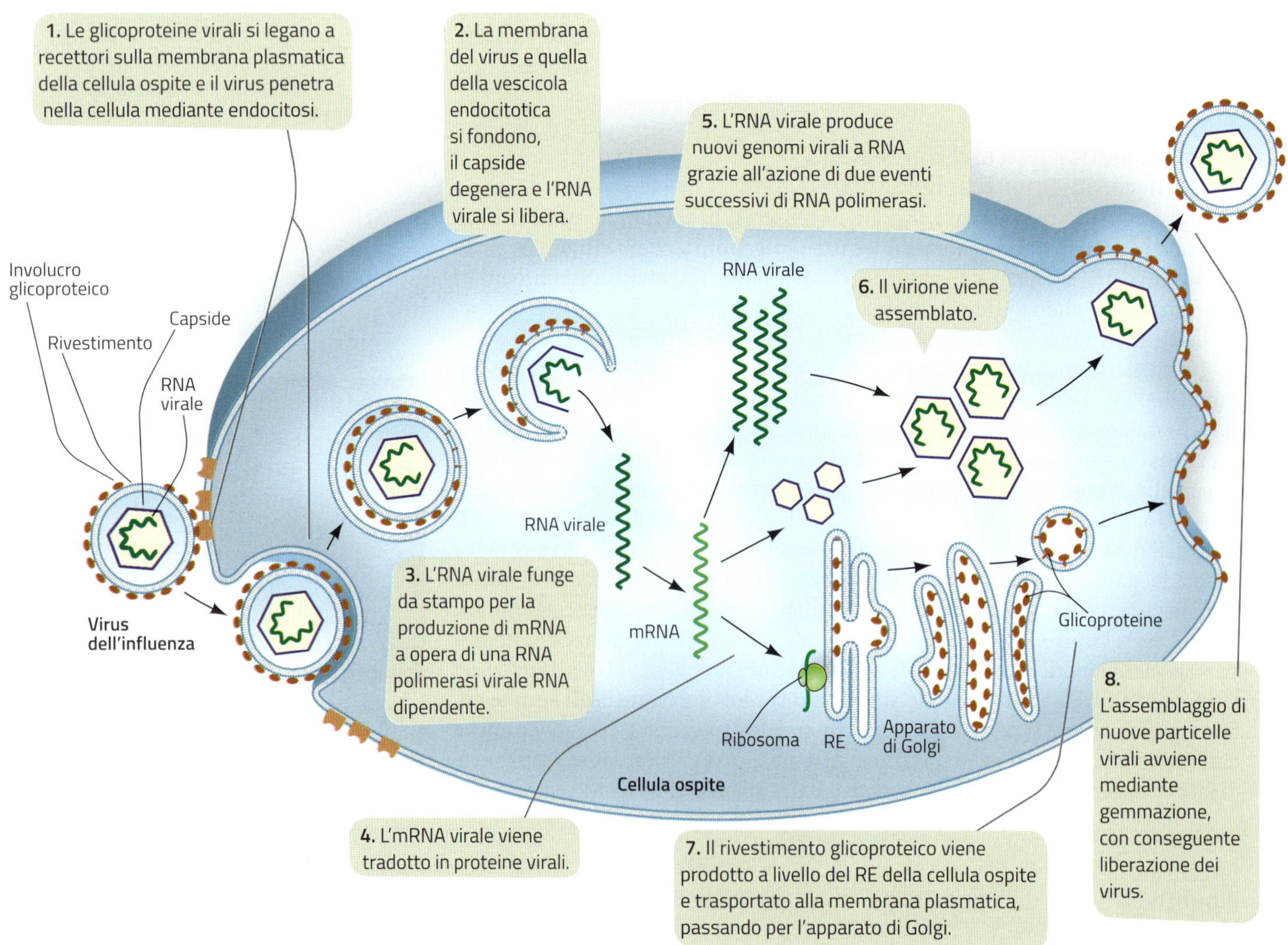

Per esempio nel 1918 il virus dell'*influenza spagnola* uccise circa 50 milioni di persone nel mondo (**figura 9**).

I virus dell'influenza sono in grado di infettare uccelli e mammiferi e appartengono a tre tipi principali: i virus di tipo A, B e C. La maggior parte dei casi di comune influenza sono dovuti a virus A e B. I virus influenzali A sono poi divisi in alcuni sottotipi sulla base di due proteine, l'*emoagglutinina* (HA) e la *neuraminidasi* (NA), presenti sulla superficie della particella virale. Le proteine HA e NA influiscono sulla capacità del virus di entrare nelle cellule e sulla risposta immunitaria dell'organismo ospite. Esistono 16 tipi di proteine HA e 9 tipi di NA che possono trovarsi in combinazioni diverse: per esempio, i comuni ceppi di influenza A che circolano oggi nella popolazione umana sono H1N1 e H3N2, insieme a svariati ceppi di influenza B.

Uno dei maggiori pericoli del virus influenzale è che evolve rapidamente, dando luogo alla frequente comparsa di nuovi ceppi. La sua evoluzione può avvenire in due modi: o muta l'RNA all'interno di un ceppo, oppure due o più ceppi si uniscono. Nel primo caso l'enzima che copia l'RNA è particolarmente propenso a commettere errori e per questo motivo vengono continuamente introdotte nuove mutazioni nel genoma virale. Questa evoluzione continua è chiamata **deriva antigenica** (*antigenic drift*).

Nel secondo caso, invece, nel genoma virale si affermano cambiamenti più profondi attraverso lo **spostamento antigenico** (*antigenic shift*), nel quale il materiale genetico proveniente da ceppi diversi si mescola in un processo chiamato *riassortimento.* Perché si verifichi il riassortimento, occorre che un ospite sia infettato simultaneamente da due ceppi diversi. Gli RNA di entrambi i ceppi si replicano all'interno della cellula e i loro frammenti vengono inclusi nella stessa particella virale, creando un ceppo nuovo. Nel 2002, per esempio, si verificò un riassortimento fra i sottotipi H1N1 e H3N2, creando il nuovo ceppo H1N2, che conteneva l'emoagglutinina di H1N1 e la neuroaminidasi di H3N3. I nuovi ceppi prodotti per spostamento antigenico sono responsabili di molte pandemie, poiché nessuno possiede un'immunità per virus così diversi (**tabella 3**).

La maggior parte dei vari ceppi di influenza A infettano soprattutto gli uccelli; i virus aviari, tuttavia, non infettano facilmente gli esseri umani. La comparsa di nuovi ceppi nell'uomo è dovuta più spesso al riassortimento nei maiali, che possono essere infettati sia da virus umani sia da virus aviari. Nel 2009 un nuovo ceppo dell'influenza H1N1 (chiamato *influenza suina*) si manifestò in Messico e si diffuse rapidamente nel mondo. Questo virus derivava da una serie di eventi di riassortimento che avevano combinato sequenze geniche di virus influenzali di provenienza umana, aviaria e suina fino a produrre il virus H1N1 (**figura 10**). Le tecniche di allevamento che prevedono il contatto fra maiali e uccelli possono facilitare il riassortimento fra ceppi di influenza di queste diverse specie.

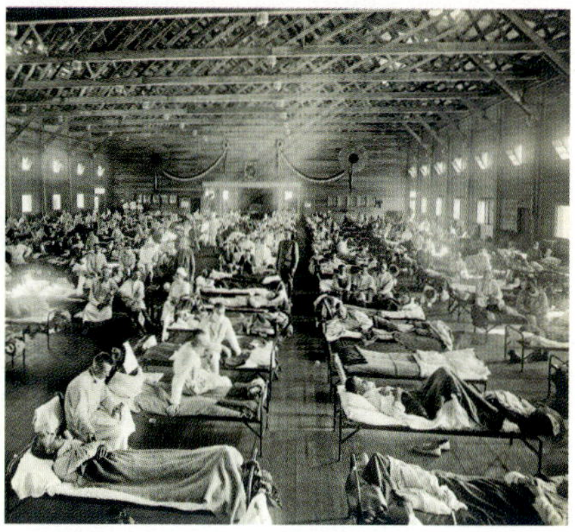

▲ **Figura 9**
Un'immagine del 1918 che ritrae i soccorsi ai malati di influenza spagnola negli Stati Uniti.

Anno	Pamdemia influenzale	Ceppo
1918	Spagnola	H1N1
1957	Asiatica	H2N2
1968	Hong Kong	H3N2
2009	Suina	H1N1

▲ **Tabella 3**
I ceppi dei virus influenzali responsabili delle più grandi pandemie dell'ultimo secolo.

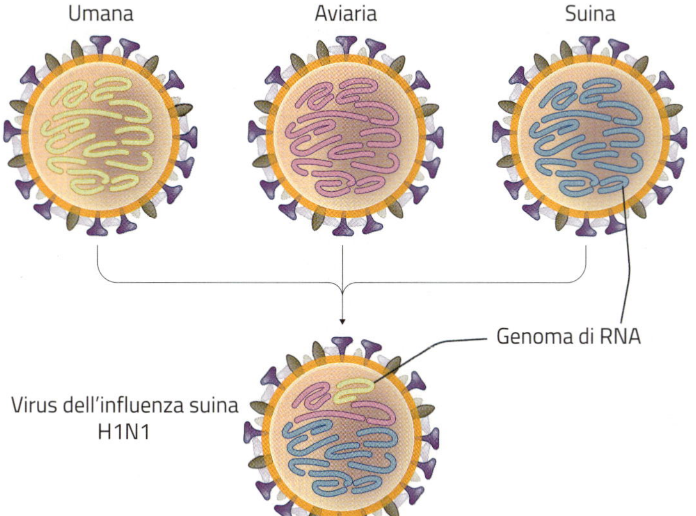

◀ **Figura 10**
Il riassortimento del materiale genetico di ceppi d'influenza umana, aviaria e suina ha creato un ceppo che ha scatenato una pandemia di influenza suina nel 2009.

I retrovirus sono virus a RNA che si integrano nel genoma cellulare

Esiste un gruppo di virus a RNA, chiamati **retrovirus**, che si comportano in un modo del tutto diverso: il loro genoma, infatti, è capace di integrarsi nel genoma della cellula ospite allo stesso modo in cui un fago temperato si inserisce in un cromosoma batterico. Dato che il genoma virale è costituito da RNA, mentre quello dell'ospite è di DNA, un retrovirus deve produrre la *trascrittasi inversa*, l'enzima che sintetizza un **DNA complementare** (cDNA) da uno stampo di RNA.

I retrovirus usano la trascrittasi inversa per copiare il loro genoma, costituito da una molecola di RNA a singolo filamento, in una molecola di DNA a singolo filamento e successivamente a doppio filamento; la copia di DNA del genoma virale si integra poi nel cromosoma ospite, sotto forma di **provirus**. Quando il cromosoma ospite si duplica, anche il provirus viene replicato dagli enzimi dell'ospite (**figura 11**).

In presenza di condizioni adatte, il provirus si attiva e produce numerose copie del genoma virale originale a RNA. Questo RNA codifica le proteine virali e serve da materiale genetico per nuove particelle virali. Quando poi fuoriescono dalla cellula, le particelle virali raccolgono lembi di membrana plasmatica utilizzandoli come envelope.

Tutti i genomi retrovirali conosciuti hanno tre geni in comune: *gag*, *pol* e *env*. Il gene *gag* codifica le proteine che costituiscono il rivestimento del virus; il gene *pol* codifica la trascrittasi inversa e un enzima chiamato *integrasi*, che inserisce il DNA virale nel cromosoma ospite; il gene *env* codifica, infine, le glicoproteine che si trovano sulla superficie del virus.

Alcuni retrovirus contengono **oncogèni** che stimolano la divisione cellulare causando l'insorgenza di tumori. Il primo retrovirus a essere isolato, il virus del sarcoma di Rous, inizialmente fu identificato per la sua capacità di produrre sarcomi, cioè tumori del tessuto connettivo nei polli.

Curiosità

Il **virus dell'immunodeficienza umana** (HIV) è un retrovirus responsabile della sindrome da immunodeficienza acquisita (AIDS). L'AIDS è causata da due diversi virus dell'immunodeficienza, l'HIV-1 e l'HIV-2. La trascrittasi inversa dell'HIV commette molti errori durante la trascrizione; ciò conferisce al virus un tasso molto elevato di mutazione, consentendogli di evolvere rapidamente anche in un singolo ospite.

A colpo d'occhio

GENI RETROVIRUS
- *gag* – PROTEINE DEL RIVESTIMENTO
- *pol* – TRASCRITTASI INVERSA E INTEGRASI
- *env* – GLICOPROTEINE DELL'ENVELOPE

▾ Figura 11
Il ciclo vitale di un retrovirus come HIV.

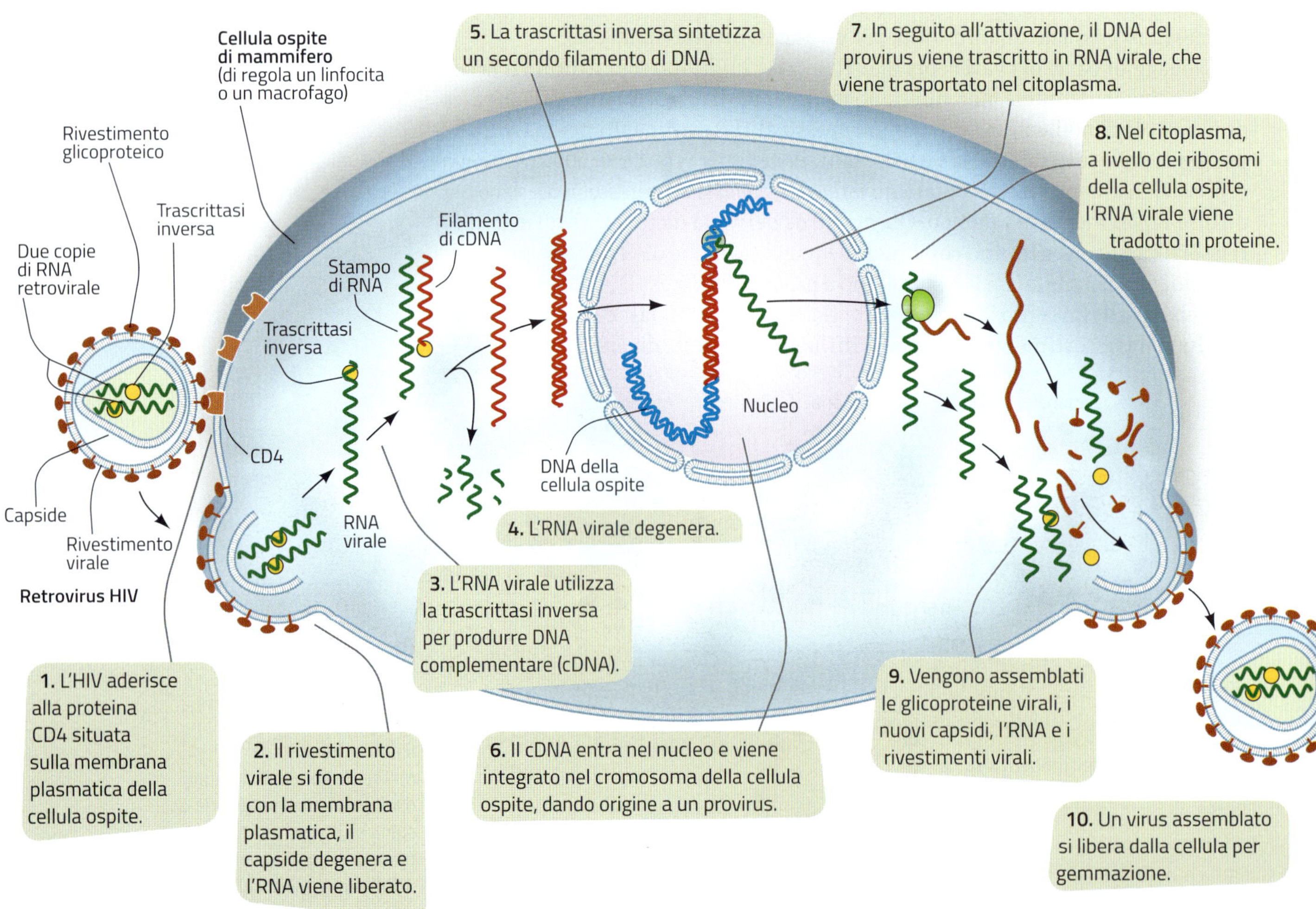

I trasposoni eucariotici sono di due tipi

Gli elementi trasponibili degli eucarioti si possono dividere in due gruppi. Un gruppo ha una struttura simile a quella dei trasposoni batterici: questi elementi terminano con brevi ripetizioni invertite e si traspongono mediante un intermedio a DNA; ne sono esempi gli **elementi *P*** nella drosofila e gli **elementi *Ac*** e ***Ds*** nel mais. L'altro gruppo comprende i **retrotrasposoni**, che utilizzano una modalità di trasposizione diversa, tramite un intermedio a RNA; molti di loro assomigliano ai retrovirus, ai quali sono legati sotto il profilo evolutivo.

Gli elementi trasponibili negli eucarioti furono identificati per la prima volta nel mais più di cinquant'anni fa da Barbara McClintock. La maggior parte delle cariossidi di mais sono totalmente gialle, ma la genetista notò che alcuni chicchi presentavano macchie o striature di colore (**figura 12**) e ipotizzò che queste cariossidi fossero il risultato di una mutazione instabile. Una mutazione nel gene selvatico per il pigmento produceva un chicco privo di colore, ma in alcune cellule una successiva mutazione ritornava al tipo selvatico, determinando la formazione di una macchia di pigmento. McClintock scoprì che la causa della mutazione instabile era un tratto di DNA che si spostava: la ricercatrice notò che spesso nel mais si verificavano rotture cromosomiche vicino a un gene che chiamò *Dissociatore* (*Ds*), ma che ciò avveniva solo se era presente anche un altro gene, l'*Attivatore* (*Ac*). In certi casi, i geni si muovevano insieme verso siti cromosomici diversi. Oggi sappiamo che gli elementi *Ac* e *Ds* nel mais sono trasposoni a DNA.

Anche nella drosofila sono presenti numerosi elementi trasponibili diversi, tra cui gli elementi *P*. Come gli elementi trasponibili dei batteri, gli elementi *P* sono trasposoni a DNA; ogni elemento codifica sia una trasposasi sia un repressore che inibisce la trasposizione.

▲ **Figura 12**
Grazie ai raggi X, McClintock fece mutare il genoma del mais e scoprì i «geni saltellanti»; la sua scoperta fu rivoluzionaria perché in quegli anni i geni erano considerati unità fisse e inalterabili.

Quasi metà del genoma umano è formato da elementi trasponibili

Circa il 45% del genoma umano è costituito da elementi trasponibili, soprattutto retrotrasposoni.

Uno dei più comuni elementi trasponibili presenti nel genoma umano è chiamato ***Alu*** e deriva il suo nome da *Arthrobacter luteus*, il batterio dal quale si ricava l'enzima di restrizione che consente di individuare la sua sequenza specifica. Ogni cellula umana contiene nei suoi cromosomi oltre un milione di copie di *Alu*, imparentate ma non identiche (**figura 13**). Le *Alu* appartengono a una classe di sequenze ripetitive che si trovano spesso nei mammiferi e che nel complesso costituiscono circa l'11% del nostro genoma. Queste sequenze sono state riconosciute come causa di mutazioni in più di 20 malattie genetiche umane.

Gli elementi trasponibili hanno svolto un ruolo fondamentale nel modellare il genoma di molti organismi. Gran parte della straordinaria variazione delle dimensioni del genoma eucariotico, infatti, è dovuta a differenze nel numero degli elementi trasponibili; inoltre circa il 50% di tutte le mutazioni spontanee in *Drosophila* è dovuto a trasposoni.

Leggi l'approfondimento nell'ebook:
Per saperne di più
Tanti geni o tanti elementi genetici mobili?

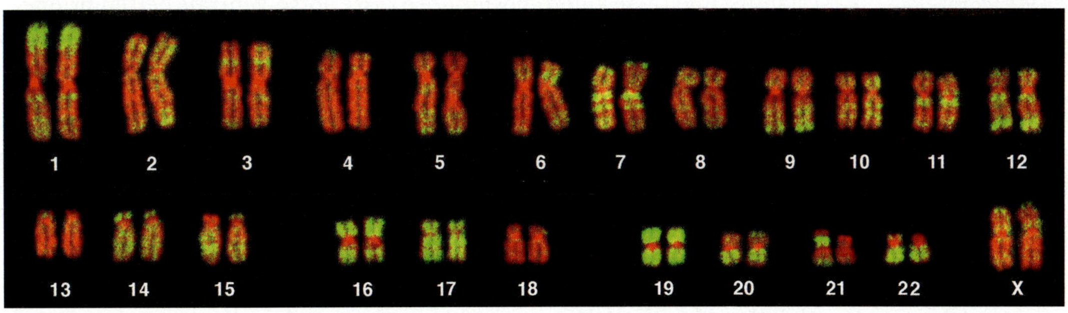

◀ **Figura 13**
Cariotipo di un individuo umano di sesso femminile (46, XX) in cui i cromosomi (colorati in rosso) sono stati ibridizzati con una sonda per sequenze *Alu* (verde).

Facciamo il punto

1. Qual è il ciclo vitale del virus dell'influenza?
2. Quali geni e quali enzimi caratterizzano un retrovirus?
3. Come sono distinti i trasposoni eucariotici?
4. Che cos'è il trasposone *Alu*?

4 La genetica dello sviluppo

Tre tipi di geni guidano la formazione dei piani organizzativi dell'embrione

Lo studio dell'espressione genica nelle prime fasi di sviluppo di un organismo permette di capire in che modo si forma un individuo a partire dallo zigote. La formazione dei **piani organizzativi** è l'insieme dei processi che, partendo dallo zigote, determinano la forma e la struttura degli organismi pluricellulari.

Uno degli organismi modello in cui è stato più studiato il controllo genetico della formazione dei piani organizzativi è *Drosophila melanogaster*. I genetisti hanno isolato nei moscerini della frutta un gran numero di mutazioni che influenzano tutti gli aspetti del loro sviluppo; l'analisi molecolare di queste mutazioni ha fornito molte informazioni sul modo in cui i geni controllano le prime fasi dello sviluppo della drosofila.

Il corpo di una drosofila adulta comprende tre parti fondamentali, ognuno formato da un numero fisso di segmenti che portano antenne, zampe, ali o nessuna appendice: la testa, il torace e l'addome (**figura 14**).

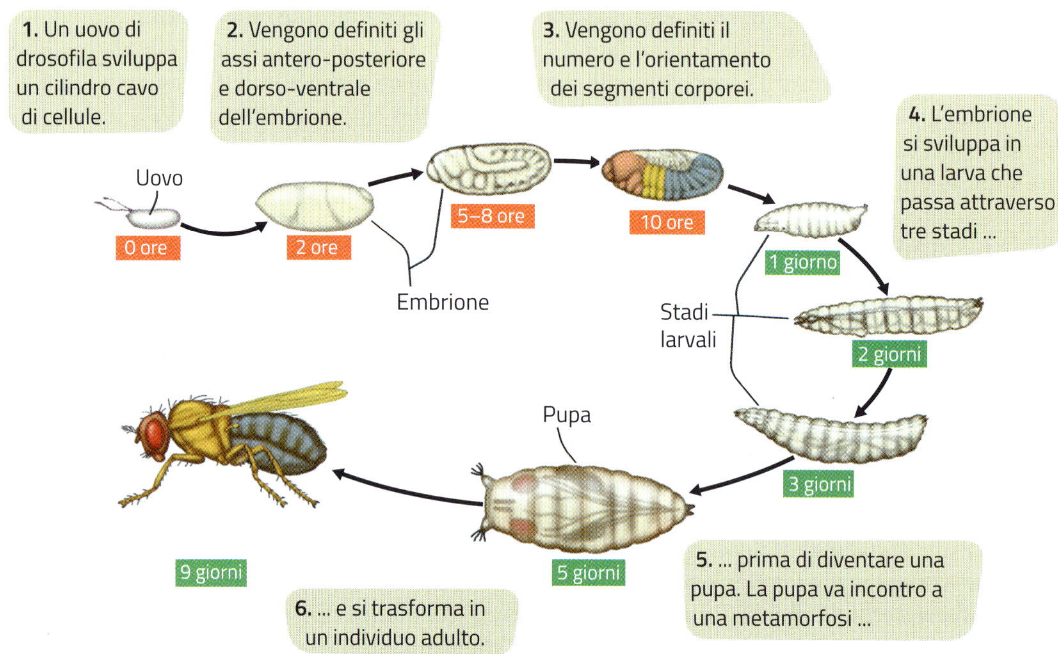

▸ **Figura 14**
Gli stadi di sviluppo di drosofila, con indicate le varie zone che si vanno a differenziare.

A colpo d'occhio

- **GENI DI DROSOFILA**
  - DELLA POLARITÀ — DETERMINANO GLI ASSI PRINCIPALI
  - DI SEGMENTAZIONE — CONTROLLANO LA SEGMENTAZIONE
  - OMEOTICI — DETERMINANO L'ENTITÀ DEI SEGMENTI

Quando un uovo di drosofila viene fecondato, si forma un embrione che va incontro a uno sviluppo diviso in tre fasi distinte:

1. si stabiliscono l'asse antero-posteriore e l'asse dorso-ventrale dell'embrione;
2. si determinano il numero e l'orientamento dei segmenti del corpo;
3. si stabilisce l'identità di ogni singolo segmento.

Ognuno di questi stadi è controllato da uno specifico gruppo di geni: i geni della polarità, i geni di segmentazione e i geni omeotici. Vediamo ora nel dettaglio le loro funzioni.

I geni della polarità determinano l'orientamento del corpo dell'embrione

I **geni della polarità** svolgono un ruolo fondamentale nella determinazione dei due principali assi di sviluppo del moscerino della frutta: l'asse dorso-ventrale e l'asse antero-posteriore. Si possono immaginare questi assi come la longitudine e la latitudine dello sviluppo: qualsiasi posizione nell'embrione di drosofila può essere definita in base a questi due assi.

I geni di polarità dell'uovo sono trascritti in mRNA durante la formazione dell'uovo nel corpo della madre; questi mRNA sono incorporati nel citoplasma e, dopo la fecondazione, sono tradotti in fattori proteici che determinano l'asse dorso-ventrale e quello antero-posteriore. Questi fattori sono detti **morfògeni** e guidano lo sviluppo distribuendosi in modo asimmetrico nell'embrione in formazione.

L'**asse dorso-ventrale**, che definisce il dorso e il ventre del moscerino, dipende da un gruppo di 12 geni tra cui il principale è il gene *dorsal*. Il gene *dorsal* è trascritto e tradotto nell'ovario materno; l'mRNA e la proteina Dorsal che ne derivano sono trasferiti nell'uovo durante l'oogenesi. In un uovo appena deposto, l'mRNA e la proteina Dorsal sono distribuiti in modo uniforme nel citoplasma. In seguito, la proteina Dorsal viene ridistribuita: su un lato dell'embrione rimane nel citoplasma, e quel lato diventerà la superficie dorsale; dall'altro lato la proteina Dorsal è assorbita nei nuclei, per cui questo lato diventerà la superficie ventrale (**figura 15**).

La formazione dell'**asse antero-posteriore** è sotto il controllo di diversi geni, tra cui *bicoid* e *nanos*. Il gene *bicoid* è trascritto nell'ovario della femmina durante l'oogenesi; l'mRNA di *bicoid* è poi incorporato nel citoplasma della cellula uovo, dove si aggancia all'estremità anteriore e determina una maggiore concentrazione dell'mRNA di *bicoid* sull'estremità anteriore (**figura 16A**). Dopo che l'uovo è stato deposto, l'mRNA di *bicoid* viene tradotto nella proteina Bicoid. Dal momento che la maggior parte dell'mRNA si trova nell'estremità anteriore dell'uovo, la proteina Bicoid è sintetizzata in quella regione e forma un gradiente di concentrazione lungo l'asse antero-posteriore dell'embrione, con una concentrazione più elevata all'estremità anteriore e una concentrazione inferiore all'estremità posteriore. L'elevata concentrazione della proteina Bicoid nella parte anteriore dell'embrione induce lo sviluppo della testa e delle altre strutture anteriori legandosi a sequenze regolatrici del DNA e influenzando l'espressione di altri geni tra cui *hunchback*, che controlla lo sviluppo della testa e del torace.

Lo sviluppo dell'asse antero-posteriore è anche influenzato da *nanos*, un gene che agisce all'estremità posteriore. Anche il gene *nanos* è trascritto nella femmina e l'mRNA che ne deriva è localizzato nella parte posteriore dell'uovo (**figura 16B**). Dopo la fecondazione, l'mRNA di *nanos* è tradotto nella proteina Nanos, che si diffonde lentamente verso l'estremità anteriore. Il gradiente della proteina Nanos è opposto a quello della proteina Bicoid: Nanos infatti è più concentrata nella parte posteriore dell'embrione e meno nella parte anteriore. La proteina Nanos inibisce la formazione di strutture anteriori reprimendo la traduzione dell'mRNA di *hunchback*.

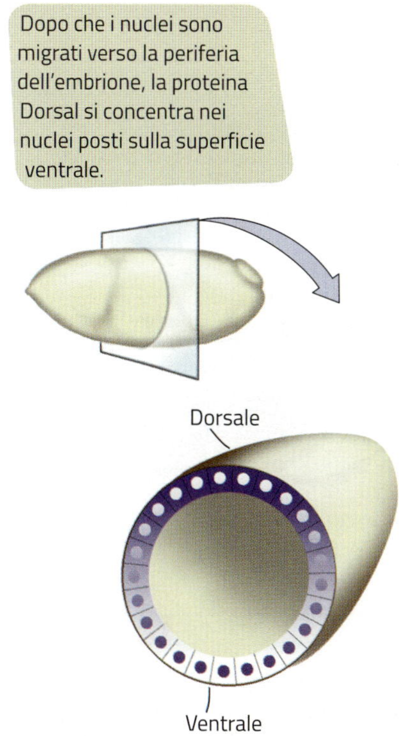

▲ **Figura 15**
L'asse dorso-ventrale di drosofila dipende dalla localizzazione della proteina Dorsal: nelle cellule ventrali si trova nel nucleo, mentre in quelle dorsali è nel citoplasma.

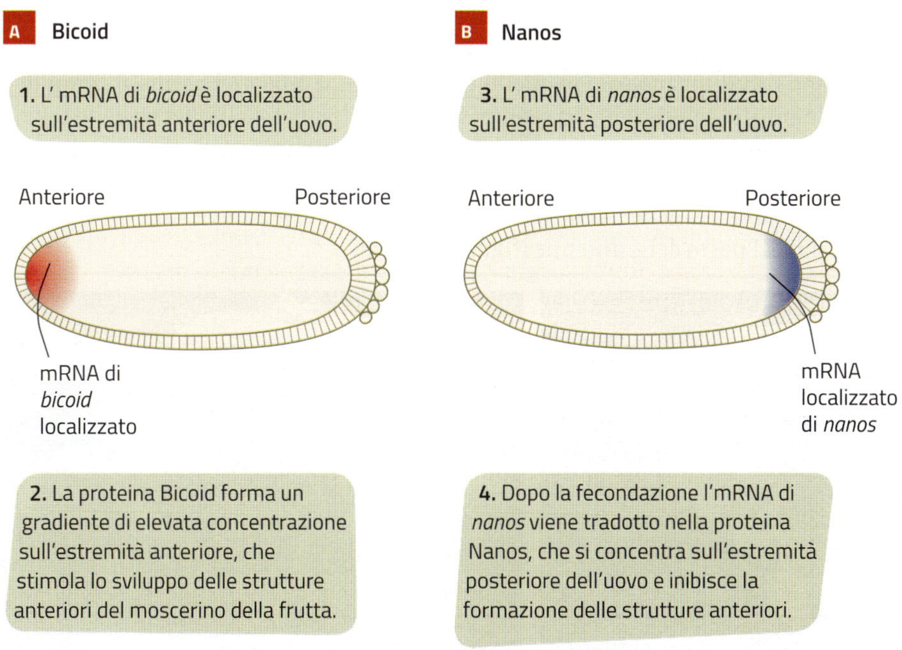

◀ **Figura 16**
L'asse antero-posteriore di drosofila è determinato dai gradienti dei morfogeni codificati da *bicoid* (A) e *nanos* (B).

> **Ti ricordi?**
> Il phylum degli artropodi è caratterizzato da un corpo diviso in tre zone o **segmenti**: capo, torace e addome. Fanno parte di questo gruppo tassonomico aracnidi, crostacei, insetti, chilopodi e diplopodi.

I geni di segmentazione regolano il numero e l'orientamento dei segmenti corporei

Come tutti gli insetti, anche il moscerino della frutta possiede un corpo segmentato. Una volta definiti gli assi fondamentali dell'embrione, i **geni di segmentazione** controllano la differenziazione dell'embrione nei singoli segmenti. Questi geni controllano il numero e l'organizzazione dei segmenti; le mutazioni al loro interno di solito danneggiano interi gruppi di segmenti.

I circa 25 geni responsabili della segmentazione in drosofila sono trascritti dopo la fecondazione; la loro espressione è regolata dalle concentrazioni delle proteine Bicoid e Nanos. I geni di segmentazione sono di tre tipi, e agiscono in modo sequenziale influenzando parti via via sempre più ridotte dell'embrione (**figura 17**): i **geni gap** definiscono le sezioni più ampie; i **geni pair-rule** definiscono sezioni più piccole e influenzano segmenti alterni, pari o dispari; i **geni di polarità di segmentazione**, infine, influenzano l'orientamento dei segmenti.

Le mutazioni a carico dei geni gap portano all'eliminazione di interi gruppi di segmenti adiacenti, mentre quelle sui geni di polarità di segmentazione causano la delezione di una parte di ciascun segmento e la sua sostituzione con un'immagine speculare di parte o di tutto un segmento adiacente.

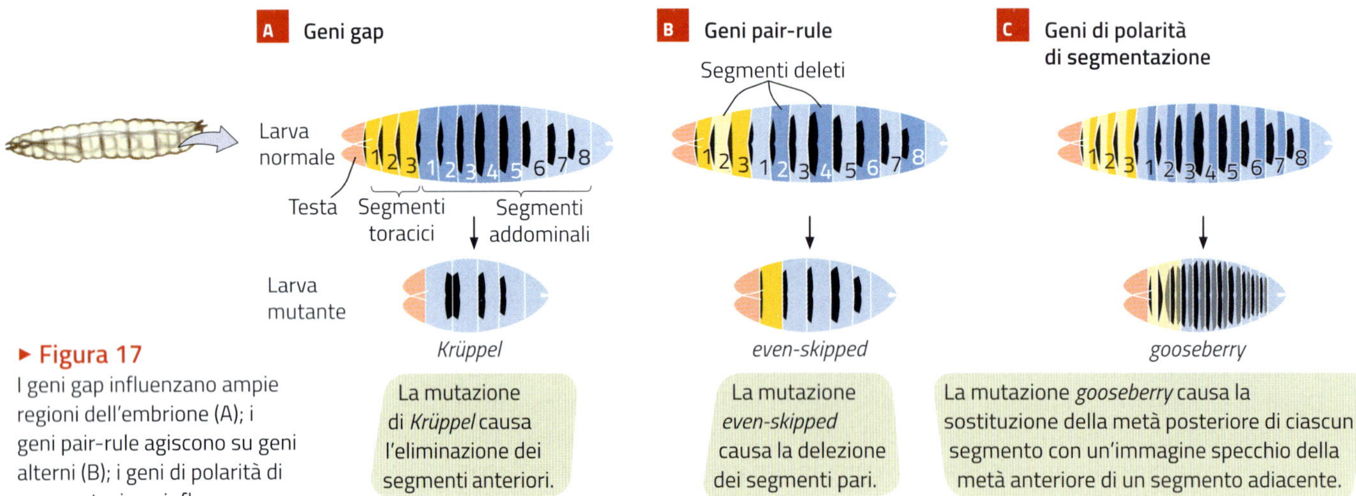

▸ **Figura 17**
I geni gap influenzano ampie regioni dell'embrione (A); i geni pair-rule agiscono su geni alterni (B); i geni di polarità di segmentazione influenzano l'orientamento dei segmenti (C).

I geni omeotici stabiliscono l'identità dei segmenti corporei

Dopo che i geni di segmentazione hanno definito il numero e l'orientamento dei segmenti, si attivano i **geni omeotici** che determinano l'identità dei singoli segmenti. Normalmente gli occhi si formano solo sul segmento della testa, mentre le zampe si sviluppano solo in quello toracico. I geni omeotici hanno il compito di ordinare alle cellule dei vari segmenti dove posizionarsi all'interno delle regioni definite dai geni di segmentazione. Quando un gene omeotico muta, le cellule del segmento si sviluppano come se si trovassero in un'altra posizione: per esempio, le mutazioni del gene *antennapedia* fanno sviluppare le zampe sulla testa del moscerino, al posto delle antenne (**figura 18**).

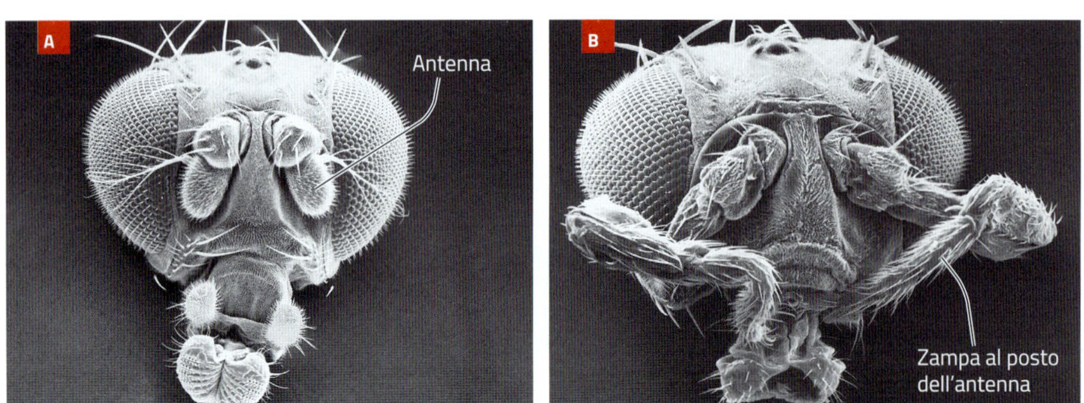

▸ **Figura 18**
Una drosofila portatrice del gene *antennapedia* normale (A) e mutante (B).

I geni omeotici in drosofila sono espressi dopo la fecondazione e sono attivati da specifiche concentrazioni di proteine prodotte dai geni gap, pair-rule e dai geni di polarità di segmentazione. In tutti gli animali, i prodotti dei geni omeotici sono proteine regolatrici che si legano al DNA; ogni gene infatti contiene una sequenza chiamata **omeobox** che è simile in nei geni omeotici di tutte le specie e che codifica un *omeodominio*, una struttura elica-ripiegamento-elica capace di legarsi in modo specifico al DNA.

Nella drosofila ci sono due gruppi principali di geni omeotici. Il primo, chiamato **complesso *antennapedia***, influenza lo sviluppo della testa del moscerino adulto e i segmenti toracici anteriori. Il secondo è costituito dal **complesso *bithorax*** e comprende i geni che influenzano i segmenti toracici e addominali posteriori dell'adulto. È interessante notare che l'ordine dei geni lungo i complessi è identico all'ordine in cui questi vengono espressi lungo l'asse antero-posteriore del corpo (**figura 19**).

▼ Figura 19
Il complesso antennapedia è composto da 5 geni, il complesso *bithorax* da 3 geni; insieme determinano l'identità dei vari segmenti di drosofila.

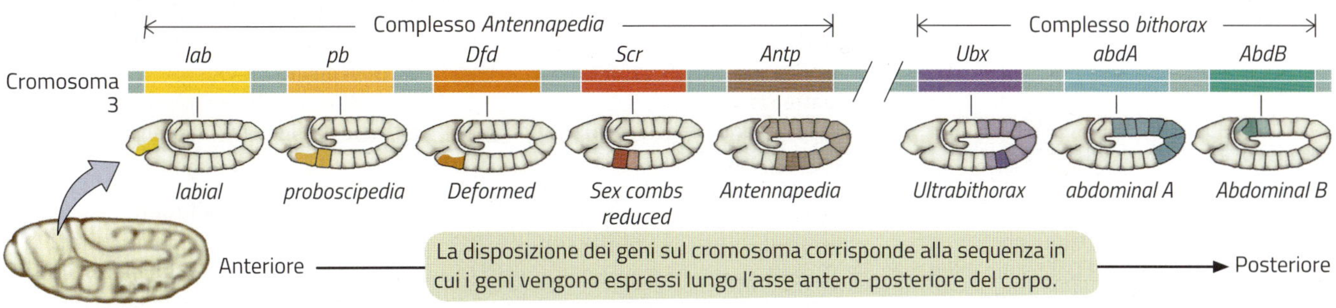

I geni Hox codificano fattori di trascrizione che determinano l'identità delle regioni del corpo

Dopo aver isolato le sequenze omeobox in drosofila, i genetisti molecolari hanno scoperto che geni simili esistono anche in tutti gli animali, compresi nematodi, blatte, ricci di mare, rane, uccelli e mammiferi. Geni con omeobox sono stati scoperti anche nei funghi e nelle piante, dimostrando che hanno avuto origine nelle prime fasi evolutive degli eucarioti.

Un gruppo di geni con regioni omeobox comprende i **geni *Hox***, che includono i geni omeotici di drosofila e che si trovano in tutti gli animali, eccetto le spugne. Di solito nei vertebrati sono presenti quattro gruppi di geni *Hox*, ciascuno dei quali contiene da 9 a 11 geni. Nei mammiferi, i geni *Hox* codificano fattori di trascrizione che aiutano a determinare l'identità delle regioni del corpo. I geni *Hox* spesso mostrano la stessa relazione vista in drosofila fra l'ordine dei geni sul cromosoma e l'ordine con cui sono espressi lungo l'asse antero-posteriore dell'embrione (**figura 20**): i geni che si trovano a un'estremità del complesso *Hox* vengono espressi per primi, mentre i geni posti sull'altra estremità sono espressi più tardi.

Leggi l'approfondimento nell'ebook:
Per saperne di più
Stessi geni, forme diverse

▼ Figura 20
I geni *Hox* dei mammiferi sono simili ai geni omeotici di drosofila.

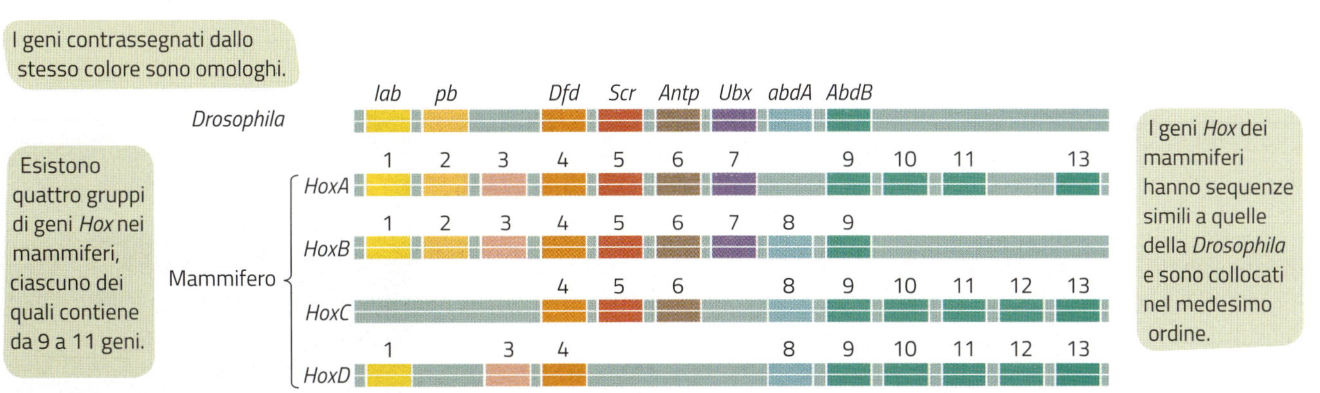

Facciamo il punto

1. Come vengono determinati gli assi dorso-ventrale e antero-posteriore di drosofila?
2. Qual è la funzione dei geni di segmentazione?
3. Quali sono i gemi omeotici e quali funzioni svolgono?
4. Che cosa sono i geni *Hox*?

SINTESI DI FINE CAPITOLO

LO SAI? RIPASSA CON LO SMARTPHONE

Il genoma eucariotico
Il processo tramite cui i vari tipi cellulari si diversificano prende il nome di **differenziamento cellulare** e deriva dall'espressione di geni diversi in cellule diverse. Il genoma eucariotico dispone di tre *RNA polimerasi* (ciascuna con compiti specifici), di *fattori di trascrizione* (che agiscono da attivatori perché guidano le RNA polimerasi sul sito di inizio della trascrizione) e di *enhancer* o sequenze regolatrici.

I fattori di trascrizione eucariotici
Negli eucarioti, le proteine regolatrici capaci di legarsi a specifiche sequenze di DNA sono dette **fattori di trascrizione**. I principali motivi strutturali che permettono il legame al DNA sono l'*elica-ripiegamento-elica*, lo *zinc finger* (dito di zinco) e l'*omeodominio*.

I geni che sono trascritti in tutte le cellule in ogni momento della loro vita sono chiamati **geni housekeeping** o **geni costitutivi.**

I geni la cui espressione genica è regolata in modo da attivarsi esclusivamente a seguito di specifici stimoli sono detti **geni inducibili.**

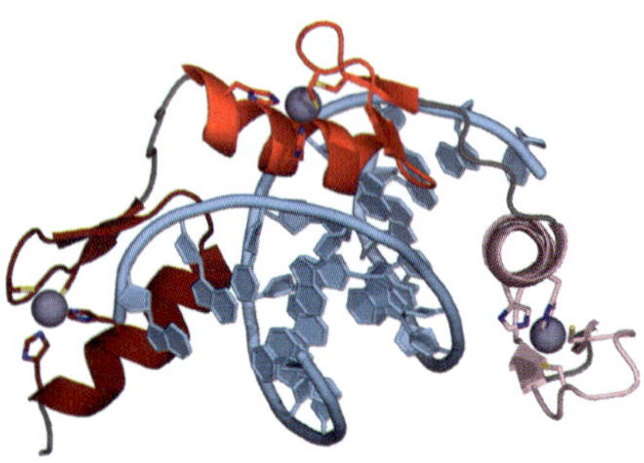

L'epigenetica
Il modo con cui l'ambiente influisce sull'espressione del DNA è studiato dall'**epigenetica**. Le modificazioni che influenzano l'espressione di un gene senza alterarne la sequenza nucleotidica sono dette *segnali epigenetici*. Il meccanismo di cambiamento epigenetico più noto è la **metilazione del DNA**, che consiste nell'aggiunta di gruppi metile ($-CH_3$) alle basi nucleotidiche. I cambiamenti epigenetici possono anche verificarsi in seguito alla modificazione della cromatina tramite:

- l'**acetilazione degli istoni** (l'aggiunta di gruppi acetile) stimola la trascrizione indebolendo il legame delle code con il DNA e ponendo la cromatina in una forma aperta, accessibile ai fattori proteici;
- la **metilazione degli istoni** reprime la trascrizione aumentando il grado di condensazione della cromatina.

L'insieme di tutti i segnali epigenetici posseduti da un singolo organismo i genetisti hanno coniato il termine **epigenoma**, che si affianca al genoma scritto nella sequenza delle basi del DNA.

Virus, retrovirus e provirus
I virus possono avere genomi formati sia da DNA sia da RNA; in particolare, l'RNA è il materiale genetico di alcuni virus umani, come quelli che causano il raffreddore e l'influenza. Uno dei maggiori pericoli del virus influenzale è che evolve rapidamente, dando luogo alla frequente comparsa di nuovi ceppi.

I *retrovirus* sono virus a RNA che si integrano nel genoma cellulare. I retrovirus usano la trascrittasi inversa per copiare il loro genoma, costituito da una molecola di RNA a singolo filamento, in una molecola di DNA a singolo filamento e successivamente a doppio filamento; la copia di DNA del genoma virale si integra poi nel cromosoma ospite, sotto forma di **provirus**.

Gli elementi trasponibili eucariotici
Gli elementi trasponibili degli eucarioti si possono dividere in due gruppi. Un gruppo ha una struttura simile a quella dei trasposoni batterici: questi elementi terminano con brevi ripetizioni invertite e si traspongono mediante un intermedio a DNA; ne sono esempi **gli elementi *P*** nella drosofila e gli **elementi *Ac*** e ***Ds*** nel mais. L'altro gruppo comprende i **retrotrasposoni**, che utilizzano una modalità di trasposizione diversa, tramite un intermedio a RNA.

Quasi metà del genoma umano è formato da elementi trasponibili.

La genetica dello sviluppo
Lo studio dell'espressione genica nelle prime fasi di sviluppo di un organismo permette di capire in che modo si forma un individuo a partire dallo zigote. La *formazione dei piani organizzativi* è l'insieme dei processi che, partendo dallo zigote, determinano la forma e la struttura degli organismi multicellulari.

L'organismo modello è *Drosophila melanogaster*. I **geni della polarità** svolgono un ruolo fondamentale nella determinazione dei due principali assi di sviluppo:

- l'**asse dorso-ventrale**, che definisce il dorso e il ventre del moscerino, dipende da un gruppo di 12 geni tra cui il principale è il gene *dorsal*.
- l'**asse antero-posteriore** è sotto il controllo di diversi geni, tra cui *bicoid* e *nanos*.

I *geni di segmentazione* regolano il numero e l'orientamento dei segmenti corporei. I geni **omeotici** stabiliscono l'identità dei segmenti corporei.

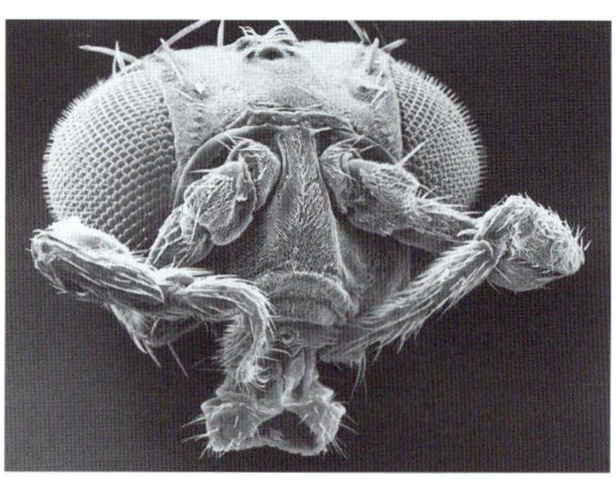

VERIFICA LE TUE CONOSCENZE

ZTE ONLINE

Lezione 1
Il genoma eucariotico e la sua regolazione

1. Il differenziamento cellulare è
A il cambiamento evolutivo di cellule simili in specie diverse.
B il processo che permette a cellule con lo stesso genoma di mostrare caratteristiche diverse.
C il meccanismo per cui una cellula cambia nel tempo adattandosi alle condizioni in cui si trova.
D la frammentazione dell'ovulo fecondato in cellule distinte e più piccole.

2. I geni eucariotici che presiedono a una via metabolica comune di solito
A sono organizzati in operoni proprio come quelli procariotici.
B sono indipendenti gli uni dagli altri senza bisogno di coordinazione.
C sono vicini su un cromosoma, ma ciascuno con un suo promotore.
D non sono fisicamente associati ma hanno uno stesso promotore.

3. Gli enhancer sono
A sequenze di DNA che favoriscono il legame tra i fattori di trascrizione e il complesso della RNA polimerasi.
B piccole molecole proteiche che si legano alla RNA polimerasi e ne favoriscono il legame con il promotore.
C sequenze di DNA che producono repressori o attivatori di un dato gene, modulandone la funzionalità.
D molecole proteiche che si legano al promotore consentendo alla RNA polimerasi di dare avvio alla trascrizione.

4. Una famiglia genica è
A l'insieme dei geni eucariotici che presiedono a una data via metabolica.
B le forme di uno stesso gene presenti in specie imparentate evolutivamente.
C l'albero dell'evoluzione molecolare di un dato gene.
D l'insieme delle copie di uno stesso gene presenti in un genoma.

5. Le *heat shock protein* sono codificate da geni
A costitutivi.
B tessuto-specifici.
C inducibili.
D housekeeping.

Lezione 2
L'epigenetica e l'interazione tra DNA e ambiente

6. Non fa parte dei meccanismi epigenetici
A l'azione dei silencer.
B la metilazione del DNA.
C la demetilazione della citosina.
D il rimodellamento della cromatina.

7. La metilazione delle isole CpG è un processo associato
A all'attivazione di un gene per sblocco del suo promotore.
B alla repressione di un gene per blocco del suo promotore.
C all'attivazione di un gene per blocco del suo repressore.
D alla repressione di un gene per sblocco del suo repressore.

8. Le modificazioni epigenetiche
A sono sempre temporanee nella cellula in cui si verificano.
B possono perdurare per tutta l'esistenza di una singola cellula ma non oltre.
C possono passare a cellule figlie dello stesso organismo ma non ad altro organismi.
D possono perdurare nell'organismo e trasmettersi alla progenie attraverso la riproduzione.

Lezione 3
I virus e i trasposoni eucariotici

9. L'influenza aviaria è indicata come H5N1. Le lettere H e N indicano
A i due ceppi principali della specie virale.
B i tipi di proteine caratterizzanti il ceppo.
C la regione di provenienza del virus in questione.
D il grado di infettività e di pericolosità del virus.

10. Una pandemia è un'epidemia
A che colpisce sia l'uomo sia altre specie.
B diffusa su scala mondiale.
C accompagnata da ondate di panico.
D con una percentuale di decessi maggiore del 90%.

11. Tutti i retrovirus
A possiedono una molecola di RNA a doppia elica.
B formano provirus nel corso de loro ciclo infettivo.
C usano la transcrittasi inversa dell'ospite per riprodursi.
D causano patologie a trasmissione sessuale.

12. L'enzima integrasi consente a un retrovirus di
A legarsi alla membrana cellulare dell'ospite.
B entrare nel citoplasma cellulare.
C oltrepassare il rivestimento nucleare.
D inserire il proprio DNA nel genoma dell'ospite.

13. Gli elementi *Ac* e *Ds* scoperti da McClintock sono
A geni che attivano i trasposoni.
B geni contenuti in alcuni trasposoni.
C trasposoni essi stessi.
D geni che ostacolano i trasposoni.

Lezione 4
La genetica dello sviluppo

14. I geni della polarità
A sono i primi geni che si attivano dopo la fecondazione.
B corrispondono ai cosiddetti morfògeni.
C sono già attivi nell'uovo non fecondato.
D determinano le differenze tra anteriore e posteriore e tra sinistra e destra.

15. La proteina Dorsal forma un gradiente
A nella regione dorsale, crescente in direzione antero-posteriore.
B nella regione dorsale, decrescente in direzione antero-posteriore.
C decrescente dalla regione dorsale alla regione ventrale.
D nella regione ventrale, crescente in direzione antero-posteriore.

16. Lo sviluppo del capo in drosofila è sotto il controllo del gene
A *bicoid*, attivato dalla proteina Nanos.
B hunchback, attivato dalla proteina Bicoid.
C *bicoid*, che inibisce il gene *hunchback*.
D *hunchback*, inibito dalla proteina Nanos.

VERIFICA LE TUE ABILITÀ

17. **Barra la lettera V se l'affermazione è vera, F se è falso.**

a) L'omeodominio contribuisce a regolare l'attività dei geni che regolano l'omeostasi. V F

b) Lo zinco dello zinc-finger si lega ai gruppi R di 4 amminoacidi. V F

c) I ceppi influenzali differiscono tra loro per la composizione di due particolari proteine. V F

d) Il virus dell'influenza cambia rapidamente a causa della selezione indotta dai farmaci. V F

e) Per prevenire il diffondersi di un ceppo influenzale può rendersi necessario eliminare interi allevamenti di polli. V F

Completa il brano scegliendo tra i termini elencati in fondo (alcuni termini sono in eccesso).

18. Il processo di .... è più complesso negli eucarioti di quanto sia nei procarioti. Il legame dell'enzima con il .... non è diretto, ma guidato da .... cui si legano anche gli ...., avvicinati al sito dal ripiegamento della .... Esistono anche tratti di DNA con la funzione opposta, detti ....

(cromatina, replicazione, enhancer, fattori di trascrizione, promotore, repressore, silencer, traduzione, trascrizione)

19. L'espressione del DNA può essere regolata da processi legati all'.................... Tali processi possono riguardare DNA oppure .... Nel primo caso il processo di .... dei residui di .... può inattivare selettivamente un gene, così come accade per la stessa modificazione nel secondo caso. Il processo di .... ha invece un effetto opposto, favorendo il legame tra la .... e il DNA.

(acetilazione, citosina, cisteina, cromosomi, epigenesi, epigenetica, guanina, metilazione, istoni, polimerasi, RNA, transferasi)

Barra il completamento esatto e motiva la risposta.

20. **Una traslocazione che sposti un enhancer in un diverso punto del genoma**

A ne bloccherà l'attività, impedendo che interagisca con il suo complesso di inizio.

B probabilmente non avrà alcun effetto, poiché un enhancer è comunque lontano dal promotore.

C non avrà alcun effetto, perché non ne altererà comunque la sequenza.

D potrebbe inattivarlo se rendesse difficile la sua trascrizione.

21. **La presenza di pseudogeni nel genoma è**

A vantaggiosa perché consente l'amplificazione selettiva.

B svantaggiosa perché gli pseudogeni funzionano male.

C vantaggiosa perché offre materiale per l'evoluzione.

D svantaggiosa perché causa la perdita di funzioni.

22. **Tra i seguenti è prevedibile che sia un gene housekeeping quello per**

A l'idrolisi del saccarosio (saccarasi).

B la sintesi del coenzima tiamina (TMP sintetasi).

C l'assunzione di mannosio attraverso la membrana cellulare (mannosio permeasi).

D il legame tra la cisteina e il suo tRNA per la cisteina (cisteinil-tRNA sintetasi).

23. **Il grado di somiglianza tra gli epigenomi di due gemelli monozigoti nel corso della vita**

A diminuisce sempre con regolarità.

B aumenta sempre con regolarità.

C può aumentare o diminuire in base alle condizioni di vita.

D aumenta sempre ma con un andamento variabile.

24. **Affinché un elemento genico sia considerato un trasposone deve necessariamente possedere**

A ripetizioni terminali a delimitarlo.

B il gene per la trasposasi.

C la capacità di spostarsi autonomamente nel genoma.

D il gene per la trasposasi e almeno un altro gene.

25. **Se immaginiamo di potere introdurre una sonda in un uovo fecondato di drosofila e di mescolarne il citoplasma, ci aspettiamo che**

A lo sviluppo embrionale non avvenga o incorra in gravi anomalie a causa della perurbazione causata ai morfògeni.

B lo sviluppo avverrà normalmente, ma richiederà tempi più lunghi per il necessario ripristino delle condizioni iniziali.

C lo sviluppo si verificherà normalmente: il citoplasma è comunque un miscuglio omogeneo e non risente di questo trattamento.

D potrà verificarsi qualche anomalia a seguito dell'irregolare distribuzione delle proteine e gli mRNA materni tra le cellule figlie.

UNITUTOR VERSO L'UNIVERSITÀ

Preparati ai test di ammissione sul sito Unitutor.

26. **I geni che codificano per proteine degli eucarioti differiscono da quelli dei precarioti in quanto soltanto i primi:**

A vengono duplicati dalla DNA polimerasi.

B vengono trascritti come RNA.

C sono a doppia elica.

D possiedono un promotore.

E contengono introni.

[dal test di ammissione a Veterinaria, 2010-11]

TEST YOUR ENGLISH

27. **Choose the correct answer.**
Which of these statements does not describe epigenetic modifications?

A they are DNA and histone chemical modifications.

B histone methylation and acetylation are example of epigenetic modifications.

C they impact on the condensation state of DNA.

D they modify DNA sequences.

VERSO L'ESAME: LE TUE COMPETENZE

CONFRONTA

28. Completa la tabella dedicata ai diversi tipi di geni presenti nel genoma.

	GENI		
SONO ESPRESSI	Costitutivi	Tessuto-specifici	Inducibili
Dove?			
Quando?			
Con che tipo di funzioni?			
Sotto che tipo di regolazione?			
Esempi			

ARGOMENTA

29. Nei topi esiste un gene aguti che, se attivo, determina un fenotipo caratteristico: pelo giallo chiaro e elevata predisposizione all'obesità. Alcuni ricercatori, nel 2003, hanno mostrato come da madri aguti si possano ottenere figliate prevalentemente di topi aguti oppure di topi normali (scuri e di peso normale), agendo esclusivamente sulla dieta. La somministrazione di alcune vitamine, come la S-adenosil metionina (SAM, un cofattore degli enzimi del gruppo metiltransferasi) porta a figli normali, mentre la loro assenza nella dieta porta alle cucciolate aguti.

Prova a elaborare un modello che spieghi questi dati.

RIFLETTI E RICERCA

30. Fin dal 2009 esiste un consorzio pubblico-privato per un Progetto Epigenoma Umano (HEP).

Fai una ricerca in Rete su questo argomento e rifletti sulle caratteristiche che questo progetto dovrà avere e, in particolare, in che cosa esso si scosterà necessariamente dal Progetto Genoma.

LEGGI E DEDUCI

31. In un articolo pubblicato da F. D. Karim sulla rivista *EMBO Journal* nel 1992 è trattato un caso di espressione coordinata di più geni, in questo caso innescata da un ormone: «In drosofila il rilascio a ondate successive dell'ormone ecdisone funziona come segnale per attivare la metamorfosi da larva a insetto adulto, attraverso l'attivazione di alcuni geni primari e la sintesi delle rispettive proteine che hanno l'effetto di inibire la loro stessa produzione e di attivare un gran numero di geni secondari. Noi abbiamo studiato cinque dei geni attivati primariamente: due sono più precoci, perché innescati da concentrazioni più basse (E74B e EcR), altri tre, tardivi, richiedono concentrazioni più elevata (E74A, E75A e E75B). con il nostro studio abbiamo dimostrato che la variazione nel tempo della concentrazione di ecdisone nella larva contiene informazioni essenziali per la regolazione dei geni interessati.»

Proponi un modello che spieghi il comportamento qui descritto, tenendo conto dei seguenti quesiti:

a) Come può avvenire l'espressione coordinata dei cinque geni studiati?
b) Come possono distinguersi i due gruppi (precoci e tardivi)? Come può verificarsi l'autosoppressione?
c) Come possono essere attivati di concerto i geni secondari?

RAPPRESENTA

32. Progetta un volantino informativo che risponda alle domande:

a) Che cos'è l'HIV?
b) Che cos'è l'AIDS?
c) Come è stata scoperta la malattia?

IPOTIZZA

33. L'emofilia A è una patologia genetica, connessa a un gene presente sul cromosoma X, che comporta l'assenza del fattore VIII della coagulazione e la conseguente difficoltà di arrestare emorragie interne o esterne, anche lievi. Fin dalla fine degli anni Ottanta sappiamo che tale patologia, di solito ereditaria, può presentarsi *ex novo* a causa di un trasposone.

Indica uno o più modi in cui un trasposone può essere responsabile di tale mutazione.

CLASSIFICA

34. Qui di seguito sono elencati in ordine alfabetico geni e proteine che agiscono nel dirigere lo sviluppo dell'embrione in drosofila. Riordina i termini in modo opportuno per evidenziare le relazioni gerarchiche e temporali (puoi produrre un diagramma a albero, una mappa o un altro tipo di schema che ti sembri opportuno).

bicoid	Geni Gap
Bicoid	Geni omeotici
dorsal	Geni pair-rule
Dorsal	*hunchback*
Geni della polarità	Morfògeni
Geni di polarità di segmentazione	*nanos*
	Nanos

RICERCA

35. L'ape regina e le operaie sono geneticamente identiche, ma la pappa reale di cui si nutre soltanto la regina agisce da agente epigenico. Questo alimento silenzia l'espressione di un gene, il *Dnmt3*, che codifica per una DNA metiltransferasi; quando *Dnmt3* è inattivo, il DNA è meno metilato, per cui molti geni che nelle api operaie sono silenziati vengono espressi e portano allo sviluppo delle caratteristiche da regina.

Fai una ricerca in Rete e presenta questa scoperta con una presentazione in Power Point.

SEI PRONTO PER LA VERIFICA?

Dopo aver studiato i contenuti fondamentali dei **capitoli E6** ed **E7**, prova a svolgere questa verifica nel **tempo massimo di 1 ora.**

Alla fine della prova **controlla le tue risposte** con le soluzioni che troverai sul sito *online.scuola.zanichelli.it/curtisnuovoinvitoblu* e **calcola il punteggio** totale che hai conseguito compilando la griglia finale.

CONOSCENZE

Barra il completamento esatto.

1. I batteri che formano delle catenelle di cellule sono detti

A stafilococchi.
B spirilli.
C vibrioni.
D streptococchi.

(4 punti se hai risposto correttamente) ...../4

2. La parete cellulare dei batteri è uno strato ricco di peptidoglicani, molecole costituite da

A polisaccaridi e lipidi.
B lipidi.
C polisaccaridi e proteine.
D proteine.

(4 punti se hai risposto correttamente) ...../4

3. I geni ribosomiali eucariotici sono trascritti dall'enzima

A DNA polimerasi.
B RNA polimerasi I.
C RNA polimerasi II.
D RNA polimerasi III.

(4 punti se hai risposto correttamente) ...../4

4. La struttura *zinc finger*

A contiene uno ione positivo coordinato con quattro amminoacidi.
B è una struttura di sessanta amminoacidi.
C possiede una struttura a elica contenente all'interno uno ione di zinco.
D è una proteina che raccoglie ioni zinco dal citoplasma.

(4 punti se hai risposto correttamente) ...../4

5. Nel virus dell'influenza, si verifica uno spostamento antigenico quando

A si creano delle nuove mutazioni nell'RNA virale.
B il genoma virale si mischia con quello dell'ospite.
C il virus si trasforma in un virus a DNA.
D si mescolano i genomi di ceppi diversi.

(4 punti se hai risposto correttamente) ...../4

6. L'*envelope* di un virus è

A l'invoucro proteico che contiene l'acido nucleico.
B la membrana che riveste il capside.
C la proteina che costituisce il capside.
D l'enzima che favorisce l'ingresso nella cellula ospite.

(4 punti se hai risposto correttamente) ...../4

7. Un terreno di coltura batterico che contiene uno zucchero, dei nutrienti con azoto e fosforo, vitamine e ioni è detto

A potenziale.
B ottimale.
C standard.
D minimo.

(4 punti se hai risposto correttamente) ...../4

8. Barra la risposta esatta.
Quali elementi non sono in grado di trasporsi autonomamente?

A *Ac*, nel mais.
B *Ds*, nel mais.
C *P*, nella drosofila.
D *Alu*, nell'uomo.

(4 punti se hai risposto correttamente) ...../4

Barra i due completamenti esatti.

9. I trasposoni

A prima di spostarsi lasciano sempre una copia nel sito originario.
B si inseriscono nel DNA bersaglio grazie all'enzima trasposasi.
C eucariotici si spostano soltanto lungo lo stesso cromosoma.
D contengono alle loro estremità delle ripetizioni terminali invertite.
E sfruttano un intermedio a RNA che viene convertito in DNA dalla trascrittasi inversa.

(5 punti per due risposte corrette, 3 per una sola) ...../5

10. Gli *enhancer* sono delle sequenze regolatrici

A presenti soltanto negli eucarioti.
B che legano gli stessi attivatori che agiscono sul promotore eucariotico.
C poste all'interno del promotore eucariotico.
D che controllano più operoni procariotici.
E ea cui si lega l'RNA polimerasi nei procarioti.

(5 punti per due risposte corrette, 3 per una sola) ...../5

11. Per ciascuna affermazione barra il simbolo V se la ritieni vera oppure il simbolo F se la ritieni falsa.

a) Durante la coniugazione, un batterio trasferisce una parte del proprio DNA in un'altra cellula. V F
b) Le cellule *Hfr* possiedono il fattore F integrato nel proprio cromosoma. V F
c) Grazie alla trasformazione, il DNA è integrato sotto forma di plasmide. V F
d) La trasduzione specializzata richiede la presenza di batteri lisogeni. V F

(2 punti per ogni scelta corretta) ...../8

12. Descrivi i meccanismi alla base della regolazione dell'espressione genica nei procarioti.

....
....
....
....

(8 punti se la risposta è completa, 4 punti se è incompleta) ...../8

ABILITÀ

Barra la risposta esatta.

13. Quali geni di drosofila sono trascritti indipendentemente dalla fecondazione?

A Geni gap.
B Geni pair-rule.
C Geni della polarità.
D Geni di polarità di segmentazione.

(4 punti se hai risposto correttamente) ...../4

Barra il completamento esatto.

14. Le catene polipeptidiche dell'emoglobina sono codificate da geni

A rimodellati.
B tessuto-specifici.
C costitutivi.
D inducibili.

(4 punti se hai risposto correttamente) ...../4

15. Grazie alla colorazione di Gram, i batteri dotati di una parete cellulare sottile

A assumono una colorazione rossa.
B assumono una colorazione viola.
C non trattengono alcun colorante.
D trattengono entrambi i coloranti.

(4 punti se hai risposto correttamente) ...../4

16. Un batterio che ha un solo cromosoma e produce un pilo sessuale è un cellula

A F^- che trasferisce una copia del suo cromosoma a un'altra cellula F^-.
B F^- che frammenta il suo cromosoma e lo trasferisce a un'altra cellula F^-.
C Hfr che trasferisce parte del suo cromosoma a una cellula F^-.
D Hfr, in cui fattore F si stacca dal cromosoma batterico e viene trasferito a una cellula F^-.

(4 punti se hai risposto correttamente) ...../4

Barra il completamento errato.

17. Nella drosofila,

A il complesso *antennapedia* influenza lo sviluppo dei segmenti anteriori e della testa.
B i geni *bithorax* influenzano lo sviluppo dei segmenti toracici e addominali posteriori.
C i geni *Hox* vengono espressi nello stesso ordine con cui si trovano lungo il cromosoma.
D i geni omeotici vengono espressi durante la formazione dell'uovo.

(4 punti se hai risposto correttamente) ...../4

18. I plasmidi sono molecole di DNA

a) capaci di autoreplicarsi indipendentemente dal cromosoma batterico.
b) che possono contenere fino a un centinaio di geni.
c) circolari a doppio filamento.
d) che possono conferire resistenza agli antibiotici.

(4 punti per ogni scelta corretta) ...../4

19. Nelle seguenti frasi, barra tra i termini in neretto quelli errati.

a) Negli eucarioti, l'espressione genica è influenzata da una serie di modifiche della **sequenza** / **struttura** del DNA e degli istoni.
b) La metilazione consiste nell'aggiunta di un gruppo metile alla **citosina** / **guanina** delle ripetizioni *CpG* in prossimità del promotore di un gene, determinando **l'attivazione** / **la repressione** dell'espressione genica.
c) L'acetilazione degli istoni influenza la trascrizione, poiché rende cromatina **più** / **meno** accessibile ai fattori proteici.

(2 punti per ogni scelta corretta) ...../8

20. Completa le seguenti frasi con i termini appropriati (alcuni vanno utilizzati più di una volta).

a) Un batteriofago segue un ciclo ...., quando infetta un batterio integrando il proprio .... nel genoma dell'ospite.
b) Il batteriofago integrato è chiamato .... e il batterio ospitante è detto ....
c) Il DNA del virus può rimanere integrato nel .... del batterio per molto tempo prima di iniziare un ciclo ....
d) Il batteriofago che non determina immediatamente la .... della cellula è detto ....
e) Col passare del tempo, un fago integrato può attivarsi e dare inizio a un ciclo ...., che si conclude con la digestione del .... dell'ospite.

(litico, DNA, lisi, profago, lisogeno, temperato)

(2 punti per ogni frase corretta) ...../10

PUNTEGGIO TOTALE ...../100

Se hai ottenuto:

- meno di 60 punti devi riprendere lo studio dei capitoli;
- tra 60 e 70 punti hai una preparazione sufficiente;
- tra 70 e 80 punti hai una preparazione buona;
- tra 80 e 100 punti significa che hai studiato a fondo.

Capitolo
E8

Il DNA ricombinante

1 Gli strumenti dell'ingegneria genetica

La tecnologia del DNA ricombinante è alla base dell'ingegneria genetica

La scoperta che tutti i viventi possiedono non solo lo stesso *materiale* genetico, ma anche lo stesso *codice* genetico, ha permesso di ipotizzare la creazione di organismi in cui siano presenti tratti di DNA provenienti da specie diverse. Questa idea è stata la base per la nascita dell'**ingegneria genetica**. L'unione dei termini *ingegneria* e *genetica* è stata introdotta negli anni Settanta del secolo scorso per indicare una branca della biologia applicata che condivideva con l'ingegneria l'idea di progettare qualcosa di nuovo e utile, ma che agiva sul patrimonio genetico di un organismo vivente. Tale innovazione è stata resa possibile dalla scoperta di enzimi che ci permettono di tagliare il DNA in frammenti (*enzimi di restrizione*) e successivamente di incollarli (*ligasi*), includendo al loro interno porzioni di DNA di varia provenienza. Nel loro insieme, questi strumenti sono noti come **tecnologie del DNA ricombinante** e costituiscono la base delle moderne biotecnologie.

Avvalendosi di queste tecnologie è possibile rendere una pianta resistente a un insetticida inserendo nel suo genoma un gene (isolato da un batterio del suolo) che codifica una proteina non sensibile all'erbicida; oppure si possono trasformare i batteri in vere e proprie «fabbriche» per proteine umane prodotte in sistemi batterici. All'opposto, si possono inattivare geni per studiare la loro funzione, come nel caso dei *topi knock out*.

La semplicità d'uso di queste tecnologie sorprese gli scienziati, che nel febbraio del 1975 si riunirono ad Asilomar, in California (USA), per discutere non solo delle potenziali applicazioni, ma anche dei pericoli derivanti dal DNA ricombinante. A seguito dell'incontro, gli scienziati si autoimposero un codice di comportamento sull'uso delle nuove tecnologie per modificare il DNA; quell'incontro, rimasto nella storia come l'«incontro di Asilomar», è considerato un esempio importante di consapevolezza da parte degli scienziati della necessità di considerare i possibili effetti indesiderati o negativi delle loro ricerche.

Le parole
Il termine **biotecnologie** è stato inventato nel Novecento per definire le moderne tecniche di manipolazione del DNA, ma già nell'antichità l'uomo ricorreva alle biotecnologie (definite *classiche*) per produrre pane, yogurt, bevande alcoliche e altri prodotti fermentati.

L'estrazione del DNA comporta la rottura della parete e della membrana plasmatica

Per analizzare il DNA bisogna innanzitutto procedere alla sua estrazione da un campione (tessuto, coltura cellulare, liquido biologico). Tutti i protocolli di estrazione iniziano con la lisi del campione, che si realizza per mezzo di detergenti

Le parole
Il **protocollo sperimentale** è un documento che riporta in dettaglio il piano di svolgimento di una ricerca e ne attesta la validità scientifica, etica e procedurale.

(**figura 1**). Una volta liberato il DNA dalle cellule, si deve procedere alla sua purificazione eliminando tutte le altre biomolecole presenti nel campione. Questo può essere fatto ricorrendo a enzimi (come le proteasi e le RNasi) oppure avvalendosi di membrane o resine in grado di legare solamente il DNA.

Una volta purificato, il DNA viene sciolto in acqua e utilizzato per le analisi molecolari. I tessuti vegetali differiscono da quelli animali per la presenza della parete cellulare, perciò le estrazioni di DNA da piante prevedono anche la lisi della parete. L'estrazione di DNA più semplice avviene nei batteri, in cui è sufficiente mettere le provette contenenti le colture batteriche in acqua bollente per lisare le cellule e liberare il DNA.

Grazie allo sviluppo delle tecnologie della biologia molecolare, le quantità di DNA necessarie per fare analisi genetiche sono oggi molto ridotte, tanto che sono sufficienti poche cellule da cui iniziare l'estrazione.

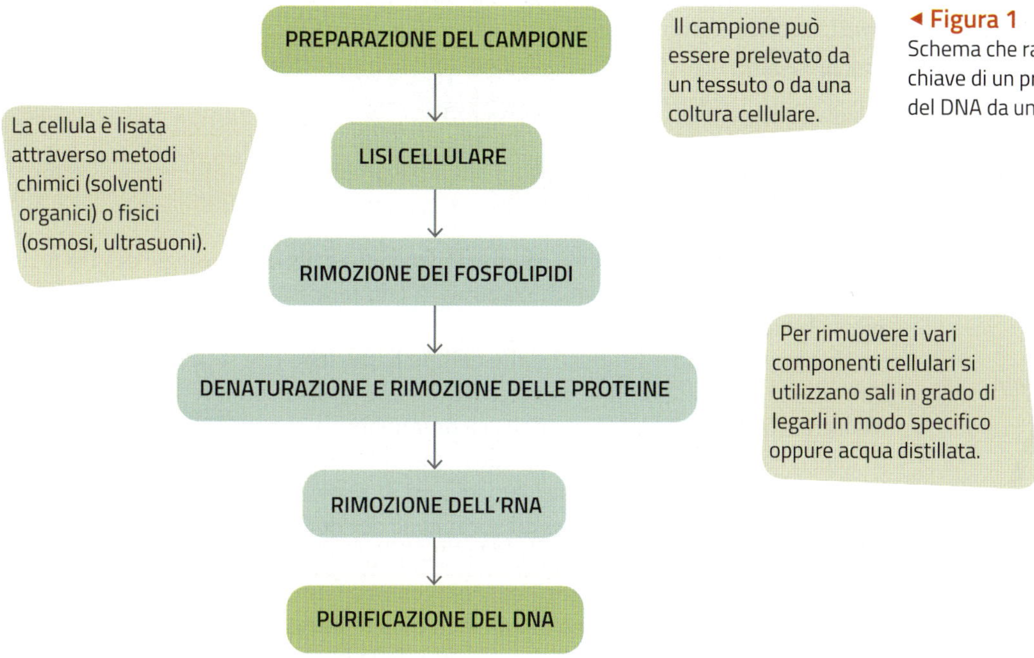

◂ **Figura 1**
Schema che raffigura i passaggi chiave di un protocollo di estrazione del DNA da un campione.

Gli enzimi di restrizione tagliano il DNA

All'inizio degli anni Settanta del secolo scorso alcuni scienziati osservarono che i batteri possono difendersi dall'infezione dei virus grazie all'azione di particolari enzimi, definiti **enzimi di restrizione** o *endonucleasi*, che sono in grado di degradare il DNA virale. Per evitare l'infezione, i batteri frammentano il genoma virale rompendo i legami tra il gruppo ossidrilico all'estremità 3' di un nucleotide e il gruppo fosfato all'estremità 5' del nucleotide successivo, in corrispondenza di specifiche sequenze di nucleotidi dette **siti di restrizione**.

Uno degli enzimi più usati in laboratorio è l'enzima *Eco*RI («eco erre uno») che taglia il DNA in corrispondenza della sequenza GAATTC:

5' –... G|AATTC ... –3'
3' –... CTTAA|G ... –5'

↓

5' –... G – 3'   5' – AATTC ... –3'
3' –... CTTAA–5'   3' –G ... –5'

Il prefisso ***Eco*** deriva dalle iniziali del batterio *Escherichia coli* in cui è stato isolato; **R** indica il ceppo RY13 e il numero romano **I** specifica che si tratta della prima endonucleasi isolata in questo batterio.

Come *Eco*RI, la maggior parte degli enzimi di restrizione agisce riconoscendo sequenze palindrome e operando un taglio «sfalsato» nel filamento di DNA (**tabella 1**). Per *sequenza palindroma* si intende una sequenza che risulta uguale sui due filamenti in cui, però, decorre in direzione opposta.

Microrganismo (ceppo)	Enzima	Sequenza 5' → 3' 3' → 5'
Bacillus amyloliquefaciens (H)	*Bam*HI	G·GATCC CCTAG·G
Brevibacterium albidum	*Bal*I	TGG·CCA ACC·GGT
Escherichia coli (RY13)	*Eco*RI	G·AATTC CTTAA·G
Haemophilus aegyptius	*Hae*III	GG·CC CC·GG
Haemophilus haemolyticus	*Hha*I	GCG·C C·GCG
Haemophilus influenzae (R_d)	*Hind*III	A·AGCTT TTCGA·A
Haemophilus parainfluenzae	*Hpa*I	GTT·AAC CAA·TTG
Xanthomonas oryzae	*Xor*II	CGATC·G G·CTAGC

▴ **Tabella 1**
Alcuni enzimi di restrizione, con indicati la specie batterica nella quale sono stati isolati e la sequenza palindroma riconosciuta.

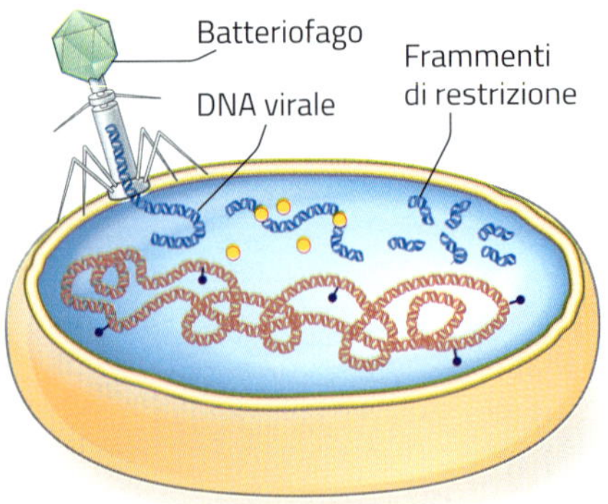

▲ **Figura 2**
I batteri producono enzimi di restrizione che degradano il DNA dei fagi, tagliandolo in frammenti; la metilazione protegge il DNA batterico dall'azione dei propri enzimi di restrizione.

Il plasmide pBR322 presenta un'origine di replicazione (*ori*) per permettere la replicazione autonoma del plasmide e i geni per la resistenza all'ampicillina (*amp*) e alla tetraciclina (*tet*).

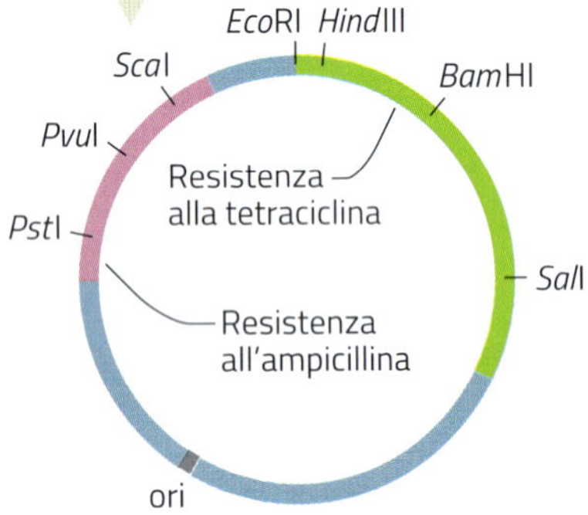

▲ **Figura 3**
Il plasmide pBR322 è stato uno dei primi plasmidi usati come vettori nelle tecnologie del DNA ricombinante; la mappa indica la posizione dei siti di taglio dei principali enzimi di restrizione.

Ti ricordi?
L'**elettroforesi su gel** fornisce tre tipi di informazioni: il numero dei frammenti, la loro dimensione e l'abbondanza relativa di ciascun frammento.

La presenza di estremità sfalsate o *coesive* è fondamentale per ottenere DNA ricombinante: i frammenti di restrizione, infatti, possono unirsi tra loro in seguito alla formazione di legami a idrogeno tra le basi delle code sfalsate, per poi essere uniti da un legame covalente da un apposito enzima che forma il legame fosfodiesterico.

Gli enzimi di restrizione agiscono solo sul DNA estraneo e non tagliano il DNA batterico. Questo accade perché il batterio protegge il proprio DNA attraverso la metilazione: alcuni enzimi aggiungono un gruppo metile ($-CH_3$) a livello di alcuni nucleotidi in tutti i punti del DNA batterico che potrebbero essere riconosciuti dagli enzimi di restrizione (**figura 2**). L'aggiunta di un gruppo metilico è sufficiente per bloccare l'azione di taglio delle endonucleasi. L'enzima *Eco*RI, per esempio, è in grado di riconoscere e tagliare la sequenza GAATTC solamente se la seconda citosina non è metilata.

Non tutti gli enzimi, però, producono tagli sfalsati; alcuni, come l'enzima *Pvu*II, lasciano estremità *piatte*:

5' –... CAG|CTG ... –3'
3' –... GTC|GAC ... –5'
↓
5' –CAG –3'   5' –CTG ... –3'
3' –CTC –5'   3' –GAC ... –5'

Questi enzimi sono impiegati con meno frequenza nelle tecnologie del DNA ricombinante poiché l'utilizzo di frammenti con terminali piatti rende più complessa la ricombinazione.

Una volta isolati ed estratti dalle cellule batteriche che li producono, gli enzimi di restrizione possono essere usati in laboratorio come se fossero «forbici molecolari». Infatti il DNA di qualsiasi organismo, incubato in provetta con uno di questi enzimi, viene tagliato in tutti i punti in cui è presente il relativo sito di restrizione. Oggi sono noti oltre 200 enzimi di restrizione, tanto che è possibile scegliere l'enzima che meglio si presta al gene che deve essere isolato.

Siccome ogni enzima ha una propria sequenza bersaglio, non tutte le endonucleasi sono in grado di tagliare uno stesso genoma negli stessi punti; per i genomi batterici e per i plasmidi sono disponibili mappe di restrizione in cui sono indicati tutti i possibili siti di restrizione, così da facilitare l'isolamento dei geni di interesse (**figura 3**). Una volta effettuata la digestione enzimatica, i frammenti si isolano grazie all'elettroforesi.

I frammenti di DNA si separano mediante elettroforesi su gel

Per separare i frammenti di DNA ottenuti dopo il taglio con gli enzimi di restrizione si utilizza un gel di agarosio (un polisaccaride che si ricava dalle alghe) posto all'interno di un contenitore di plastica munito di elettrodi chiamato *cella elettroforetica* (**figura 4**). Questa tecnica è detta **elettroforesi**.

Il gel presenta a una delle estremità delle piccole cavità verticali chiamate *pozzetti*, allineate a formare una fila. Ogni campione, composto da una miscela di frammenti di DNA e colorato con un colorante blu, viene deposto (o «caricato») in un pozzetto; si applica poi al gel un campo elettrico, con il polo negativo posizionato vicino ai pozzetti e il polo positivo posto all'estremità opposta.

A pH neutro, il DNA è carico negativamente grazie alla presenza dei gruppi fosfato; i frammenti sono attratti verso il polo positivo con una forza costante: il gel funziona come un «setaccio molecolare», attraverso il quale le molecole piccole migrano più velocemente di quelle grandi. Dopo un certo intervallo di tempo si interrompe la corrente elettrica e si esamina la distanza percorsa dai frammenti; per visualizzare il DNA si usa un colorante che diventa fluorescente quando viene esposto alla luce ultravioletta.

Per determinare le dimensioni dei frammenti si pone, in un pozzetto di fianco al campione, un marcatore costituito da DNA di dimensioni note, che serve come standard di riferimento (*marker*).

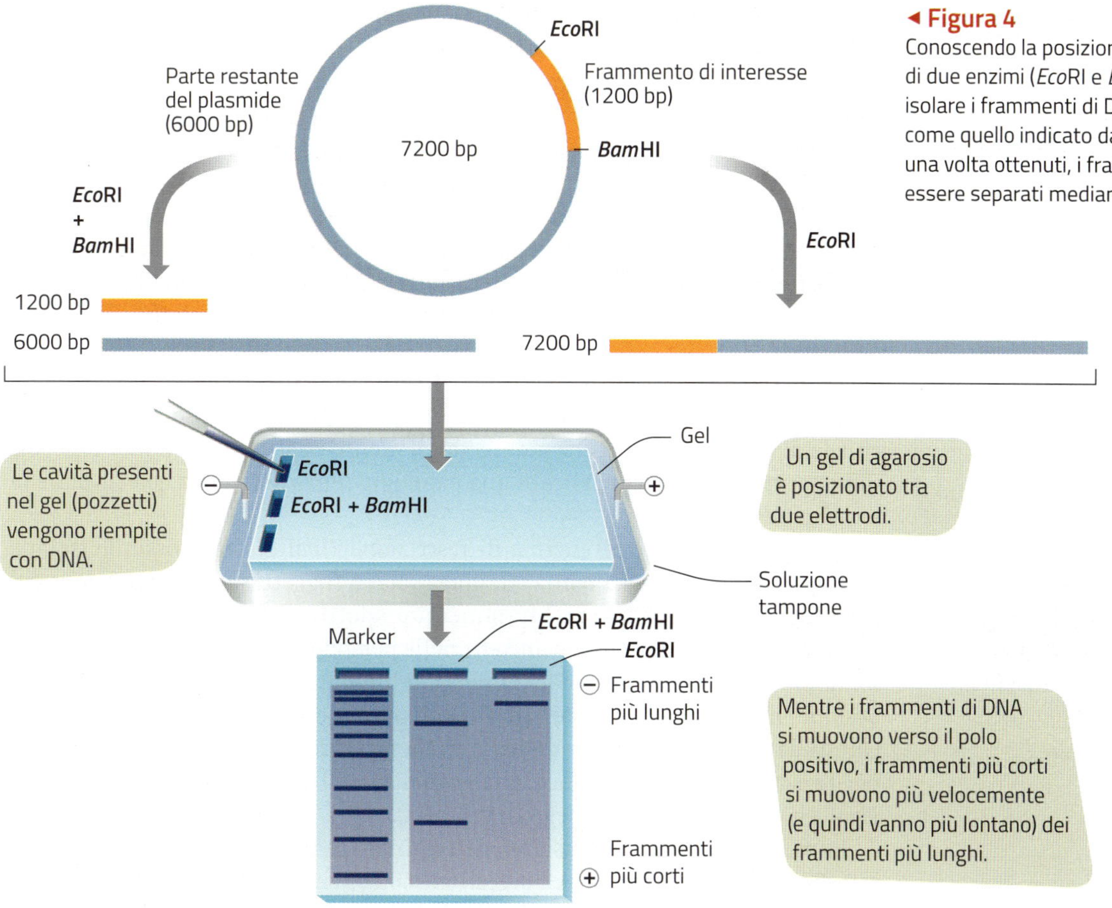

◂ Figura 4
Conoscendo la posizione dei siti di restrizione di due enzimi (*Eco*RI e *Bam*HI), è possibile isolare i frammenti di DNA corrispondenti, come quello indicato dalla freccia arancione; una volta ottenuti, i frammenti possono essere separati mediante elettroforesi.

Le ligasi saldano insieme i frammenti di DNA

La presenza di estremità sfalsate favorisce la ricombinazione di frammenti di DNA, ma non è sufficiente per saldarli stabilmente tra loro. Per completare la ricombinazione è necessario l'intervento di enzimi in grado di catalizzare la formazione di legami 3',5'-fosfodiesterici tra nucleotidi adiacenti. Questi enzimi, chiamati **ligasi**, sono normalmente alla base del legame dei frammenti di Okazaki che si ottengono sul filamento lento durante la replicazione del DNA, ma sono usati anche in laboratorio per unire i frammenti di restrizione.

La scoperta della ligasi come «colla molecolare» risale al 1973, quando Stanley Cohen e Herbert Boyer tagliarono con enzimi di restrizione e poi unirono con una DNA ligasi due plasmidi di *E. coli*, ciascuno contenente un gene per la resistenza agli antibiotici. Il plasmide risultante, una volta reinserito in cellule di *E. coli*, rese i batteri resistenti a entrambi gli antibiotici (**figura 5**).

Ti ricordi?
Durante la replicazione, la DNA polimerasi si sposta in direzione 5' → 3' sul filamento veloce e in direzione 3' → 5' sul filamento lento; su quest'ultimo l'enzima procede in modo discontinuo e a ritroso, producendo i **frammenti di Okazaki**, sequenze di 100-200 nucleotidi negli eucarioti e 1000-2000 nucleotidi nei batteri.

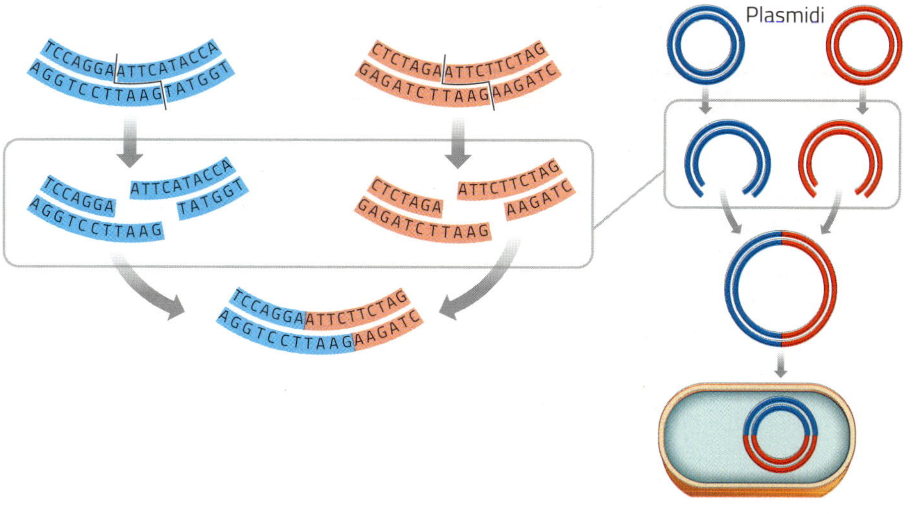

◂ Figura 5
Cohen e Boyer realizzarono il primo DNA ricombinante combinando due diverse sequenze di DNA per ottenere una nuova molecola di DNA funzionale.

Per funzionare, le ligasi richiedono ATP e specifiche temperature. La maggior parte degli esperimenti in laboratorio è svolta, per esempio, con la *DNA ligasi T4* (isolata dal batteriofago T4) che ha un'efficienza ottimale a 25 °C. Utilizzando ligasi ed enzimi di restrizione, Cohen e Boyer dimostrarono che era possibile inserire segmenti di DNA isolati da una rana acquatica in un ceppo di *E. coli*; essi provarono quindi per la prima volta che i frammenti di DNA potevano essere ricombinati in laboratorio anche se provenivano da specie diverse. L'esperimento di Cohen e Boyer portò quindi alla produzione del primo **organismo geneticamente modificato** o **OGM**. Da allora, la costruzione di DNA ricombinanti è divenuta una pratica comune in tutti i laboratori di genetica molecolare.

Gli enzimi di restrizione sono strumenti diagnostici

Diagnosticare una malattia genetica è un'operazione complessa, che spesso richiede di sequenziare il gene coinvolto; in alcuni casi, però, semplici test possono permettere di diagnosticare una patologia senza arrivare a determinare la sequenza del DNA.

Per esempio, grazie all'enzima di restrizione *Hpa*I è stato possibile isolare, sia in persone affette da anemia falciforme sia in soggetti sani, una porzione del gene codificante la β-globina. I frammenti prodotti, marcati radioattivamente e utilizzati come sonde, mostravano che nelle persone con emoglobina normale le sonde si ibridano sempre con frammenti di lunghezza di circa 7000-7600 nucleotidi, mentre in quelle malate i frammenti avevano lunghezza molto maggiore. Questi dati hanno permesso di dedurre che negli individui portatori dell'allele per l'anemia falciforme manca una sequenza di riconoscimento per l'enzima *Hpa*I, che è invece presente negli individui sani.

In modo analogo oggi possiamo determinare se un soggetto è affetto da anemia sottoponendo il suo DNA a digestione con enzimi di restrizione: se una mutazione altera la sequenza del sito di restrizione, l'enzima non pratica il taglio, generando frammenti più lunghi che vengono individuati con l'elettroforesi (**figura 6**). Differenze dovute a mutazioni all'interno di geni sono alla base dei polimorfismi di lunghezza dei **frammenti di restrizione** (RFLP).

Le parole

La sigla **RFLP** è l'acronimo inglese di *Restriction Fragment Length Polymorphism* e indica sia una caratteristica delle molecole del DNA che consente di distinguerle l'una dall'altra, grazie alle differenze nelle sequenze di nucleotidi che le compongono, sia la tecnica di laboratorio che sfrutta tali caratteristiche per mettere a confronto le varie molecole di DNA.

▾ Figura 6
È possibile distinguere gli alleli di uno stesso gene ricorrendo agli enzimi di restrizione e all'elettroforesi.

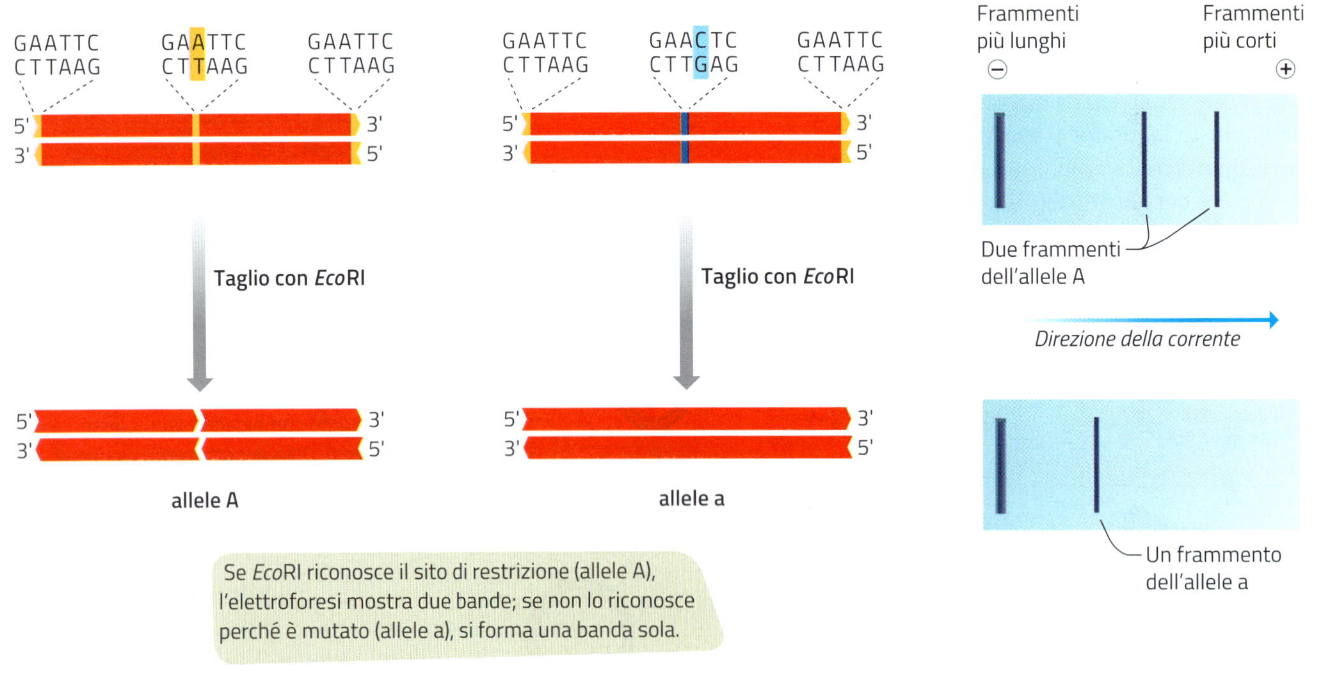

Facciamo il punto

1. Qual è lo scopo dell'ingegneria genetica?
2. Come si ottiene il DNA ricombinante?
3. Qual è la funzione degli enzimi di restrizione?
4. Come vengono separati i frammenti di restrizione?
5. In che modo Boyer e Cohen hanno ottenuto un OGM?

2 Clonare il DNA

Il clonaggio genico è l'inserimento di un gene animale o vegetale in un batterio

In passato, la produzione di molecole utili per mezzo di batteri era limitata ai composti che questi organismi sintetizzavano naturalmente, che venivano estratti e poi purificati. Tutto ciò è cambiato con l'avvento delle tecnologie del DNA ricombinante. Oggi, infatti, possiamo trasferire un gene che codifica una proteina animale o vegetale dal suo ospite naturale a un batterio: questa operazione è detta **clonaggio genico**.

È quindi abbastanza semplice ottenere batteri geneticamente modificati da usare come *biofabbriche* per la produzione di molecole di interesse medico o industriale. Esistono due modi per effettuare un clonaggio: integrare il gene in un plasmide che verrà poi inserito, tramite trasformazione, all'interno della cellula batterica; oppure integrare il gene nel cromosoma cellulare. Questa seconda modalità presenta qualche difficoltà tecnica in più, ma garantisce una maggiore stabilità: talvolta, infatti, i plasmidi possono essere persi, cosa che non accade con il cromosoma.

Le parole

Per consuetudine si parla di **clonaggio genico** per indicare il processo di integrazione di un gene in un sistema batterico, mentre si usa **clonazione** in merito alla produzione di piante e/o animali geneticamente identici (*cloni*).

A colpo d'occhio

CLONAGGIO DI UN GENE
- TRAMITE UN PLASMIDE
- TRAMITE UN CROMOSOMA

Il vettore di clonaggio è un plasmide con caratteristiche definite

Per integrare un gene in un plasmide servono alcuni degli strumenti molecolari di cui abbiamo già parlato: enzimi di restrizione per tagliare il DNA in punti precisi, una ligasi in grado di unire i due frammenti di DNA e un plasmide opportunamente scelto da utilizzare come **vettore di clonaggio**.

Un vettore di clonaggio ideale deve possedere tre caratteristiche importanti (**figura 7**):

1. un'*origine di replicazione* che assicuri che il vettore venga replicato all'interno della cellula;
2. dei geni che consentano a qualsiasi cellula che contiene il vettore di essere identificata; questi geni sono detti **geni marcatori**; esempi di marcatori sono un gene per la resistenza a un antibiotico o il gene per la *proteine fluorescente verde* (GFP);
3. uno o più *siti unici di restrizione* nei quali possa essere inserito il frammento di DNA da clonare. I siti di restrizione utilizzati per il clonaggio devono essere unici perché, se un plasmide viene tagliato contemporaneamente a livello di più siti di riconoscimento, si genereranno parecchi frammenti di DNA che sarà molto difficile risistemare poi nell'ordine corretto.

Avendo a disposizione questi strumenti, possiamo integrare qualsiasi tratto di DNA in un sistema batterico.

A colpo d'occhio

VETTORE DI CLONAGGIO
- ORIGINE DI REPLICAZIONE
- GENI MARCATORI
- SITI DI RESTRIZIONE UNICI

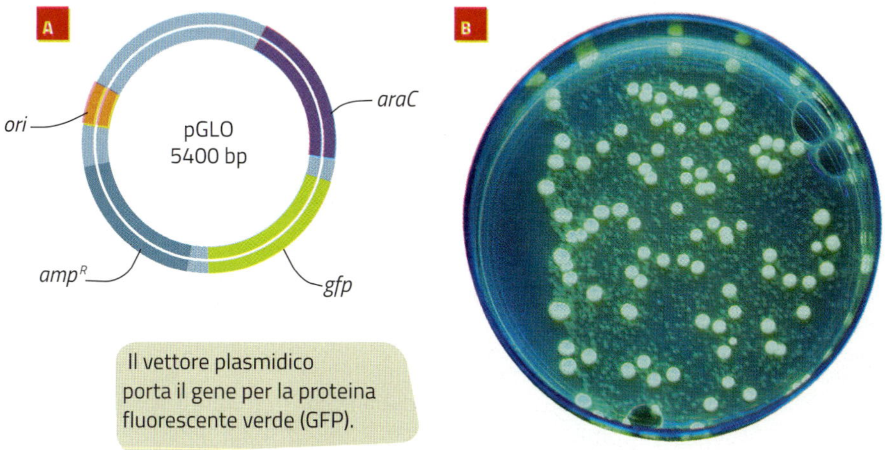

◂ Figura 7
Nelle cellule transgeniche è visibile l'effetto del plasmide con il gene per la proteina fluorescente verde (A) poiché la GFP emette luminescenza quando è colpita da luce ultravioletta (B).

Le cellule batteriche che ospitano il plasmide producono la GFP e brillano sotto la luce ultravioletta.

Due marcatori indicano se una cellula ha incorporato il gene

Per effettuare il clonaggio genico dobbiamo prima di tutto isolare il tratto di DNA che vogliamo clonare, digerendolo con un enzima di restrizione. Con lo stesso enzima è necessario digerire anche il plasmide che useremo come vettore; la scelta più frequente è di usare enzimi che operino tagli sfalsati, in modo da favorire i processi di ricombinazione.

Terminata la fase di preparazione del DNA, si passa alla **ligazione**: in questa fase si usa una DNA ligasi per unire il DNA da clonare a quello del plasmide (**figura 8A**). A questo punto il vettore di clonaggio è pronto e dobbiamo inserirlo nella cellula batterica. Questa tappa avviene generalmente per trasformazione, mettendo all'interno di una provetta il plasmide ricombinante e le cellule batteriche che sono state rese *competenti*, cioè sono state trattate per facilitare l'acquisizione del DNA esogeno.

Avendo a disposizione il plasmide ricombinante e le cellule competenti, si può procedere alla trasformazione: attraverso uno shock termico a 42 °C, si favorisce l'acquisizione del plasmide da parte delle cellule batteriche. Le cellule trasformate sono quindi seminate in un terreno nutritivo, al fine di favorirne la crescita.

A questo punto si pone il problema di distinguere i batteri che contengono il plasmide ricombinante da quelli che non lo hanno incorporato. Tra le caratteristiche ideali di un plasmide utilizzabile come vettore, vi era quella di possedere geni che determinano la resistenza ad antibiotici. Aggiungendo al terreno di coltura un antibiotico, noteremo che solo i batteri che hanno acquisito il plasmide sono resistenti e possono crescere. Il gene per la resistenza all'antibiotico ha quindi agito come **marcatore di resistenza** (**figura 8B**).

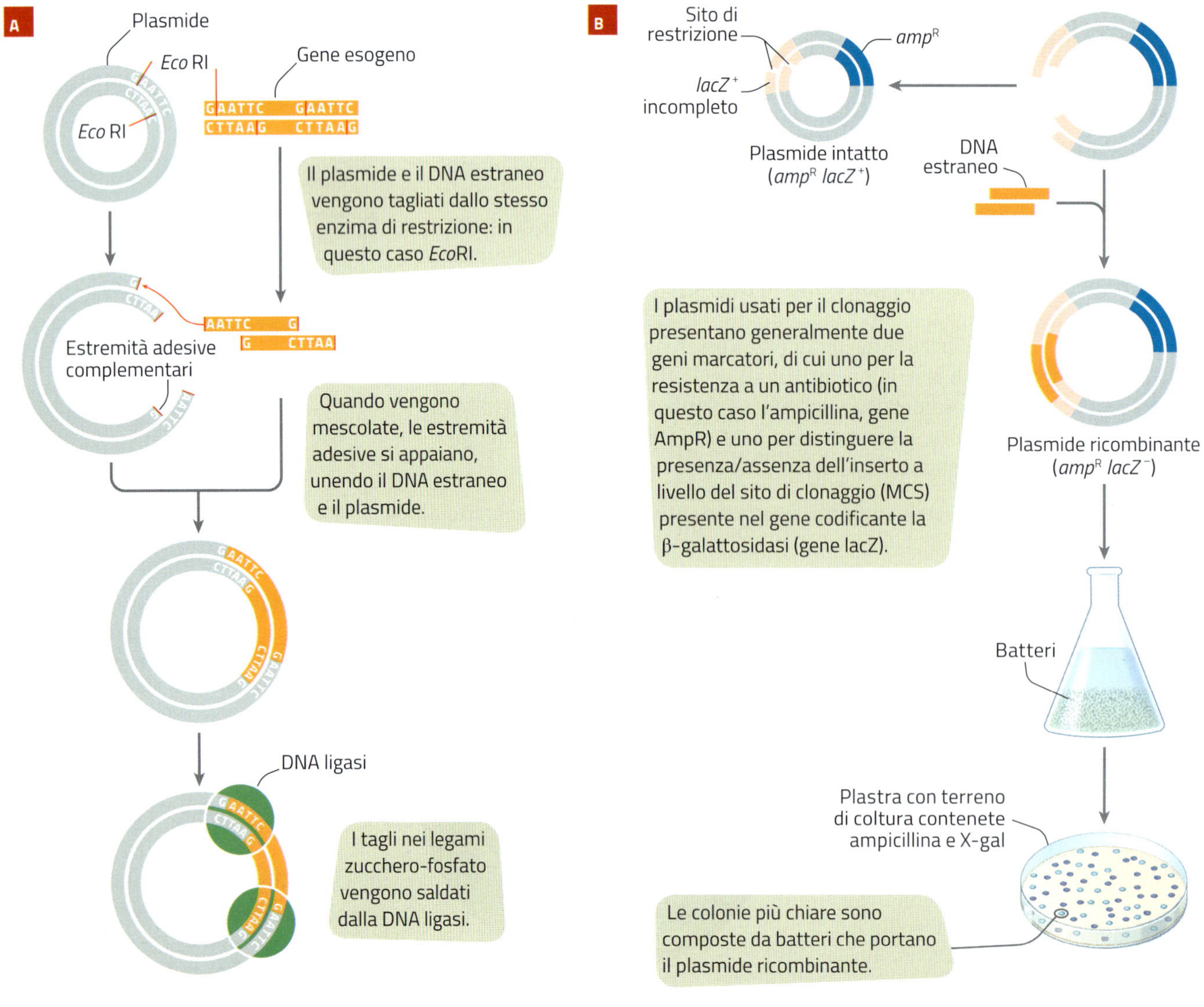

▼ Figura 8
(A) La costruzione di un vettore di clonaggio prevede l'uso dello stesso enzima di restrizione sia sul plasmide sia sul gene e il successivo intervento di una *ligasi* che forma i legami covalenti tra i nucleotidi. (B) Per capire quali colonie hanno incorporato il gene contenuto nel vettore di clonaggio occorre fornire alla coltura un antibiotico: solo le cellule trasformate cresceranno anche in presenza dell'antibiotico.

Il clonaggio però non è ancora terminato: oltre alle cellule che hanno acquisito il plasmide ricombinante, nella piastra potrebbero esserci anche delle cellule in cui il plasmide si è correttamente circolarizzato, ma che non ha incorporato il gene da clonare. Queste cellule possiedono il plasmide (e quindi sono resistenti agli antibiotici), ma non sono utili in laboratorio perché non contengono il gene che ci interessa. Per distinguere queste cellule si fa ricorso a un secondo marcatore, detto **marcatore di selezione**, costituito dal gene *lacZ*, che serve per sintetizzare l'enzima β-galattosidasi.

Quando si costruisce il vettore plasmidico, il frammento da clonare viene inserito a livello di una sequenza specifica (definita sito di clonaggio multiplo o MCS, dall'inglese *Multiple Cloning Site*) presente all'interno del gene *lacZ*. Se il DNA esogeno è assente, la cellula batterica può produrre la β-galattosidasi; se invece il frammento si è inserito, *lacZ* risulta interrotto e la cellula non produce più molecole di β-galattosidasi funzionali (*vedi* **figura 8B**).

Per verificare se i batteri sono in grado di produrre la β-galattosidasi si aggiunge al terreno di coltura il composto chimico X-gal, costituito da una molecola di galattosio legato a una molecola di un composto eterociclico chiamato *indolo*, che produce una sostanza blu quando viene degradato. Le cellule batteriche con il plasmide originale intatto (in cui non si è inserito alcun frammento di DNA), hanno il gene *lacZ* funzionale; i batteri quindi sono in grado di sintetizzare la β-galattosidasi, che scinde l'X-gal e colora di blu le colonie. Nelle cellule batteriche che hanno incorporato il plasmide ricombinante, invece, il gene per la β-galattosidasi è interrotto dall'inserimento del DNA esogeno: queste cellule, quindi, non sintetizzano β-galattosidasi e non sono in grado di scindere le molecole di X-gal nel terreno: le colonie batteriche rimangono quindi bianche.

Combinando geni per la resistenza ad antibiotici e marcatori di selezione è possibile individuare velocemente le cellule contenenti il plasmide ricombinante e coltivarle in gran numero, replicando così il frammento di DNA inserito.

Curiosità

La **competenza** si ottiene modificando alcune proprietà chimico-fisiche delle membrane cellulari con l'impiego di scariche ad alto voltaggio (*elettroporazione*) oppure, in una fase precisa della crescita batterica, somministrando sostanze chimiche come il $CaCl_2$ (*porazione chimica*). I cationi bivalenti schermano le cariche negative sul DNA e sulla cellula, facilitando l'ingresso del DNA (che altrimenti tenderebbe a essere respinto per repulsione di due cariche negative).

I vettori di espressione permettono di produrre molecole utili come i farmaci

Oltre che permetterci di ottenere molteplici copie del plasmide ricombinante, il clonaggio consente anche di produrre molecole di nostro interesse. Per farlo è necessario usare un vettore plasmidico adeguato. Se ci limitassimo a inserire un gene in un normale vettore e a clonarlo in *E. coli*, molto probabilmente non otterremmo la sintesi della proteina corrispondente; l'espressione di un gene, infatti, richiede anche la presenza delle opportune sequenze regolatrici, capaci di guidare la trascrizione e la sintesi proteica del gene stesso. Pertanto, se oltre al gene aggiungiamo al plasmide anche un promotore e un terminatore, potremo usare il clonaggio per produrre proteine ricombinanti. I plasmidi che contengono le sequenze necessarie per guidare l'espressione del gene inserito sono chiamati **vettori di espressione** (**figura 9**).

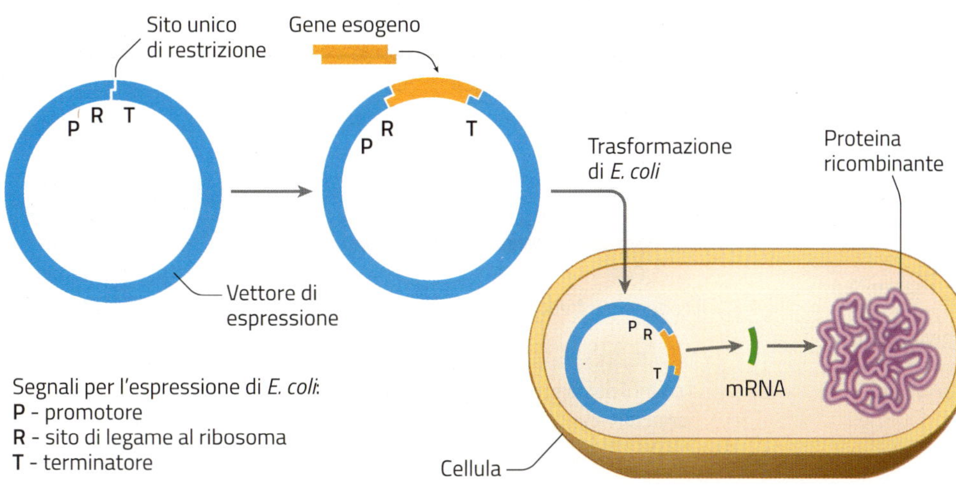

◂ Figura 9
La costruzione di un vettore di espressione.

Proteina	Malattia da trattare
Desossiribonucleasi	Fibrosi cistica
Eritropoietina	Anemia
Fattore VIII e IX	Emofilia A e B
Ormone follicolo-stimolante	Infertilità
Insulina	Diabete
Interferone-α	Leucemia
Interferone-β	Cancro, AIDS
Relaxina	Facilitazione del parto
Somatostatina e somatotropina	Disturbi dell'accrescimento
Fattore di necrosi tumorale	Cancro

▲ **Tabella 2**
Esempi di proteine umane prodotte a partire da geni clonati in batteri o cellule eucariotiche.

La *somatostatina* è stata la prima proteina umana a essere stata prodotta in *E. coli*. Trattandosi di una proteina molto piccola, composta di soli 14 amminoacidi, era ideale per la sintesi di un gene artificiale. La strategia utilizzata è la stessa che abbiamo descritto in precedenza: dapprima si inserisce il gene per la somatostatina in un vettore di espressione e poi si isolano le cellule trasformate. Una metodica analoga è stata poi utilizzata con tante altre molecole, tra cui anche l'insulina.

La lista delle proteine umane prodotte attraverso la tecnologia del DNA ricombinante cresce continuamente (**tabella 2**). Oltre alle proteine utilizzate nel trattamento di malattie metaboliche per sostituire le proteine non funzionali, la lista comprende vaccini e fattori di crescita (come interferoni e interleuchine) di potenziale utilizzo nella terapia del cancro.

I trasposoni spostano i geni dal plasmide al cromosoma batterico

I plasmidi sono strumenti estremamente utili in ingegneria genetica, soprattutto perché si possono modificare velocemente. Il loro unico problema è che talvolta possono andare perduti e con essi anche la copia del gene inserito. Questo problema non si porrebbe se quel particolare gene fosse integrato nel cromosoma batterico, dato che una cellula batterica non può perdere il proprio cromosoma. Perché allora non fare il clonaggio genico nel cromosoma batterico invece che in un plasmide?

La risposta è che non si può trattare il cromosoma batterico con la stessa facilità con cui un plasmide può essere estratto, modificato e reintegrato. Per risolvere questo problema si può però ricorrere ai trasposoni, elementi genetici mobili in grado di spostarsi autonomamente dai plasmidi verso il cromosoma batterico.

Usando tecniche apposite, è possibile sfruttare i trasposoni presenti nel vettore di clonaggio per spostare il gene inserito dal plasmide al cromosoma batterico, ottenendo così una trasformazione stabile e non più influenzata dal rischio di perdita del plasmide.

1 - Per saperne di più

Adattare i geni eucariotici ai procarioti

La presenza delle opportune sequenze di regolazione è un elemento essenziale per produrre proteine ricombinanti; bisogna però ricordare che esistono precise differenze nel modo in cui l'informazione genetica è elaborata nei batteri rispetto agli eucarioti.

Per prima cosa, il tratto di DNA che si vuole usare come gene per produrre una proteina ricombinante non deve contenere introni, perché *E. coli* non possiede le molecole necessarie per la loro rimozione dai trascritti (**figura A**). Inoltre, sebbene quasi tutti gli organismi utilizzino il medesimo codice genetico, ogni specie ha la tendenza a utilizzare preferibilmente determinati codoni: questo fenomeno è detto *codon bias* e corrisponde alla probabilità che un determinato codone sia utilizzato per codificare un amminoacido rispetto ad altri codoni che codificano lo stesso amminoacido (**figura B**).
Il *codon bias* riflette l'efficienza con cui le molecole di tRNA di quella specie sono in grado di riconoscere i diversi codoni. Se il gene clonato contiene un'elevata percentuale di codoni rari, i tRNA di *E. coli* potranno avere difficoltà ad appaiarsi durante la traduzione del gene, causando la produzione di una quantità ridotta di proteina. Talvolta è quindi necessario fare piccole correzioni alle sequenze codificanti così che l'utilizzo dei codoni sia ottimale per la traduzione in *E. coli*.

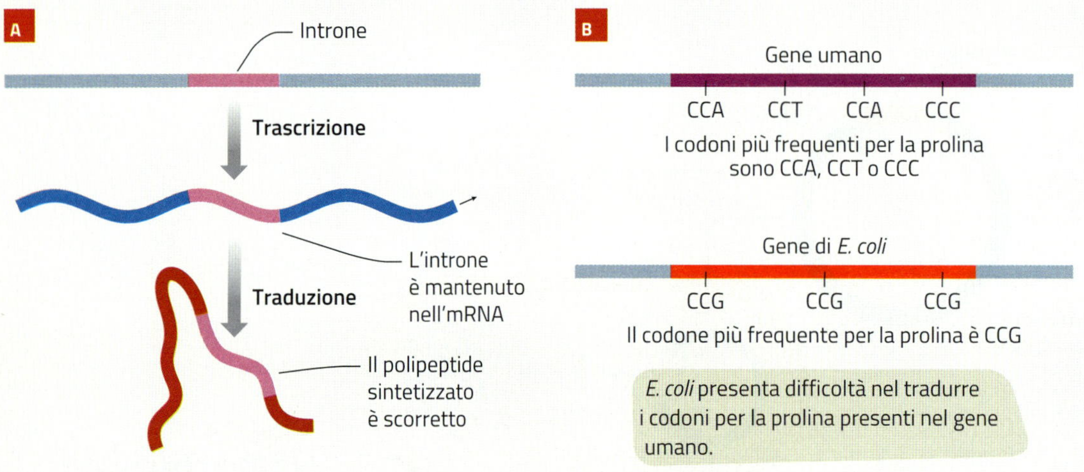

◀ **Figura**
La presenza degli introni (A) e il *codon bias* (B) sono due elementi da tenere in considerazione quando si inserisce un plasmide in un batterio.

Vettori «capienti» per clonare tratti di DNA di grandi dimensioni

I plasmidi sono facili da maneggiare, ma presentano un problema di «capienza» perché non possono ospitare frammenti più grandi di 15 000 nucleotidi. Per ovviare a questo inconveniente sono stati utilizzati come vettori anche i fagi, i cromosomi artificiali batterici e di lievito e nuovi vettori chiamati *cosmidi*.

Il DNA fagico è contenuto nella testa del fago, dove viene strettamente impacchettato grazie all'intervento delle sequenze *cos*; i fagi possono quindi ospitare frammenti di dimensioni comprese tra 8000 e 20 000 nucleotidi. Sebbene questa dimensione sia maggiore di quella utilizzabile con i plasmidi (e quindi più vantaggiosa), i fagi sono però più complessi da utilizzare in laboratorio.

I **cromosomi artificiali** sono vettori modificati in modo da poter ospitare grandi frammenti di DNA. Il **cromosoma batterico artificiale** (o **BAC**, dall'inglese *Bacterial Artificial Chromosome*) è un vettore derivato dal fattore F presente naturalmente nel batterio *E. coli*, che si usa per clonare grandi frammenti di DNA. Come i normali cromosomi batterici, i BAC contengono i siti necessari per la replicazione del DNA eterologo.

I **cromosomi artificiali di lievito** (**YAC**, *Yeast Artificial Chromosome*) possiedono le tre caratteristiche comuni a tutti i cromosomi eucariotici: telomeri, centromeri e una o più origini di replicazione. Gli YAC inoltre contengono uno o più siti di restrizione grazie ai quali si può inserire DNA esogeno da clonare (**figura 10A**). Gli YAC sono i vettori di clonaggio che possono contenere gli inserti più grandi di DNA.

I **cosmidi** sono infine plasmidi al cui interno sono state inserite le sequenze di impacchettamento *cos* tipiche dei genomi virali. Come tutti i vettori di origine plasmidica, anche i cosmidi contengono un'origine di replicazione autonoma, geni che possono essere usati come marcatori di selezione (per esempio in grado di conferire resistenza ad antibiotici) e siti unici di taglio degli enzimi di restrizione (**figura 10B**). Possono ospitare frammenti di DNA molto grandi, di dimensioni comprese tra 32 000 e 50 000 paia di basi.

A colpo d'occhio

VETTORI CROMOSOMICI — FAGO — COSMIDE — CROMOSOMA ARTIFICIALE BATTERICO — CROMOSOMA ARTIFICIALE DI LIEVITO

Le parole

Il termine **cosmide** nasce dalla fusione di *cos* (cioè le sequenze coesive) e *plasmide*; i cosmidi sono vettori di clonaggio dotati di sequenze *cos* che possono contenere fino a 50 000 paia di basi.

▼ Figura 10
Un cromosoma artificiale di lievito (A) e un cosmide con un sito per clonaggi multipli (B).

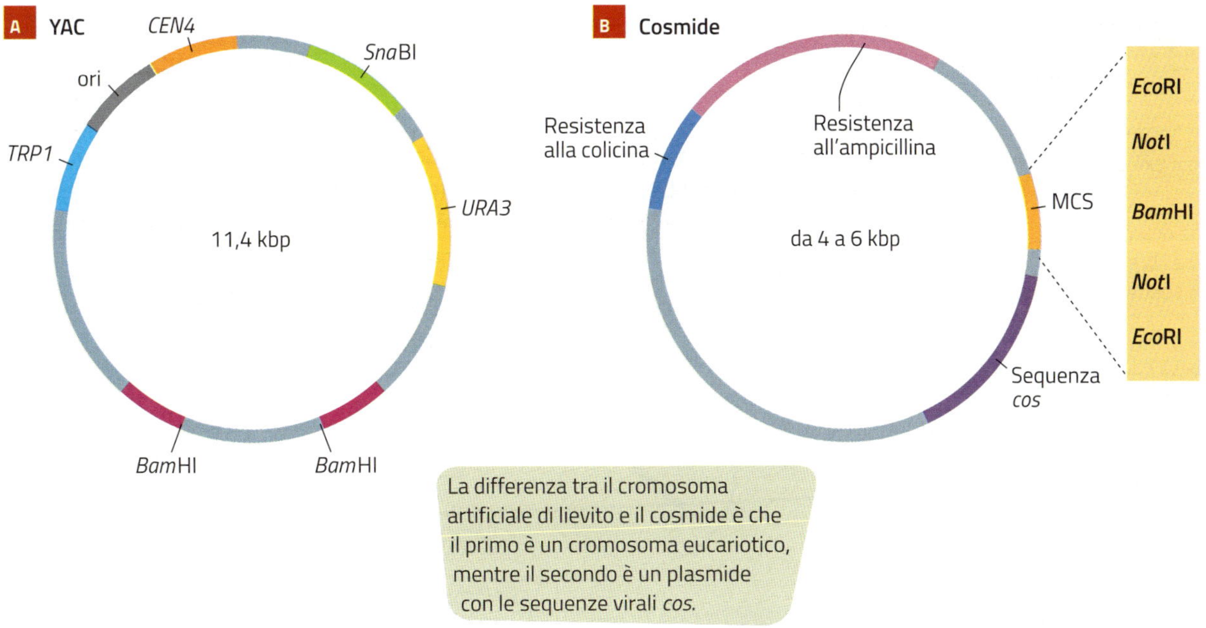

Le librerie genomiche contengono tutti i geni di un organismo

A partire dal 1998, anno in cui è stato sequenziato il primo genoma animale (appartenente al nematode *Caenorhabitis elegans*), un crescente numero di specie animali e vegetali è stato studiato a livello genomico grazie anche al clonaggio genico. Avvalendosi delle metodiche di clonaggio è infatti possibile costruire una **libreria genomica** o **genoteca**, ovvero una collezione di frammenti di DNA, ciascuno clonato in un vettore di clonaggio.

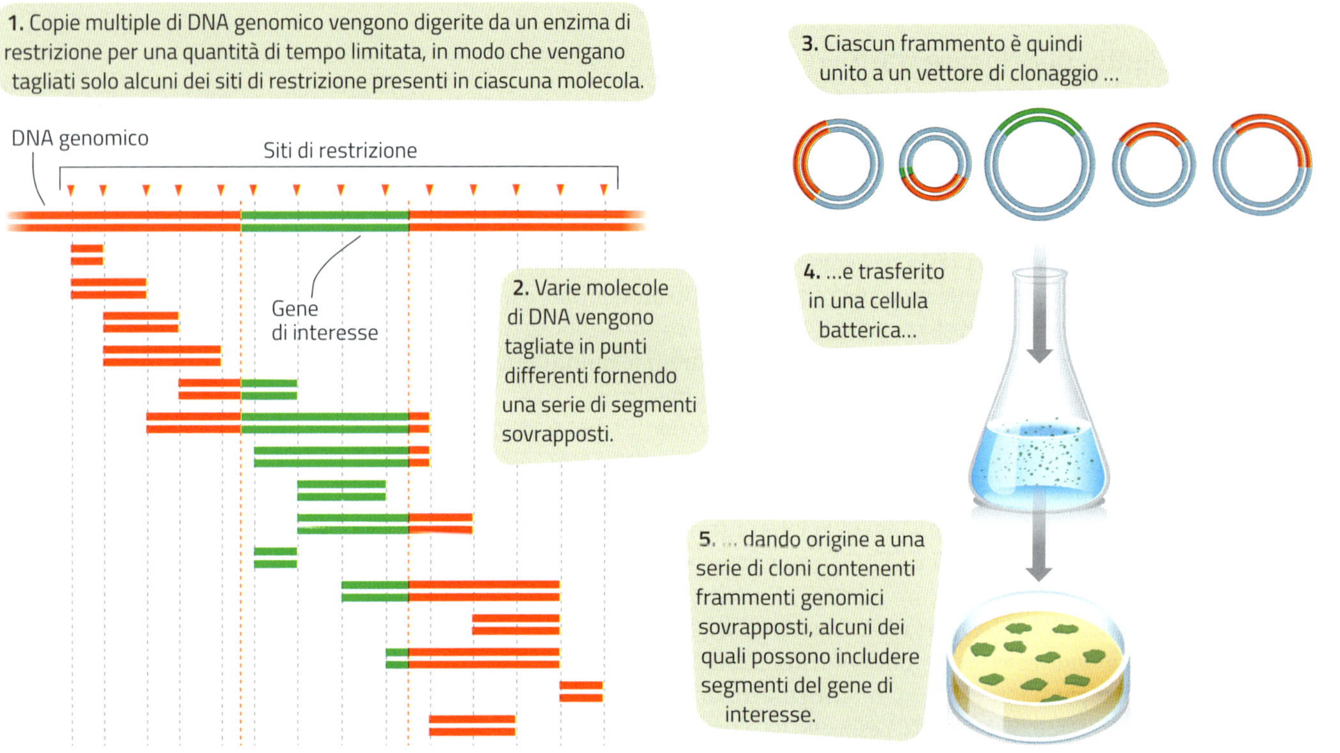

▲ **Figura 11**
La costruzione di una libreria genomica che contenga tutte le sequenze presenti nel DNA di un organismo.

La costruzione di una libreria genomica (**figura 11**) inizia con l'estrazione del DNA dalle cellule di un organismo. Il DNA estratto è successivamente tagliato con enzimi di restrizione e la «popolazione» dei frammenti di DNA ottenuti è clonata per mezzo di vettori (cosmidi o BAC).

Una libreria genomica è costituita da un numero elevato di cloni per garantire che tutte le sequenze di DNA nel genoma archiviato vi siano rappresentate. Per questo motivo, una delle operazioni più laboriose consiste nella successiva **identificazione del clone** all'interno di una genoteca. Questo approccio prevede l'analisi dei singoli cloni (*screening della libreria*) per individuare quello che contiene il nostro gene di interesse.

Il primo passaggio dell'esame è piastrare i cloni della libreria in modo che ogni batterio si sviluppi in una colonia distinta. Utilizzando membrane di nylon o di nitrocellulosa si fanno poi delle repliche delle colonie piastrate e si procede all'ibridazione del DNA presente sulle membrane ricorrendo a sonde di DNA corrispondenti al gene scelto. Queste sonde sono marcate tramite l'incorporazione di nucleotidi che contengono l'isotopo radioattivo del fosforo ^{32}P, così da rendere riconoscibili i cloni ibridati (**figura 12**).

▼ **Figura 12**
L'identificazione di un gene all'interno di una libreria avviene tramite l'uso di sonde.

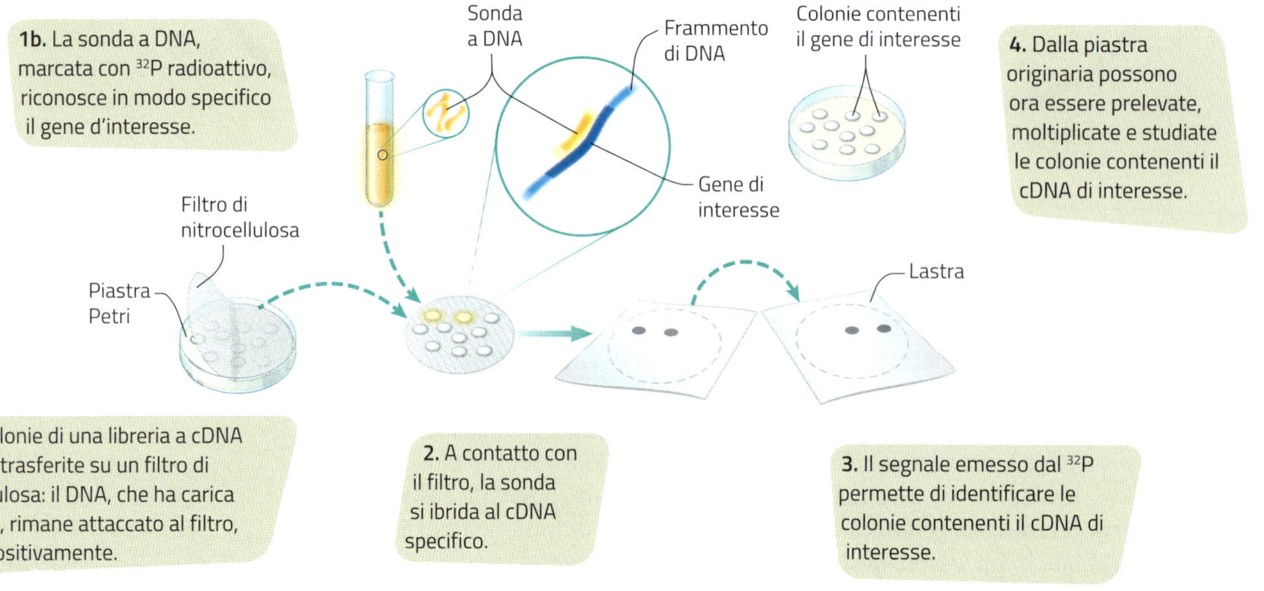

Dopo il tempo necessario per consentire l'ibridazione, il filtro viene lavato per rimuovere la sonda che non si è legata e quindi essiccato. A quel punto, la rilevazione del segnale della sonda conduce all'identificazione delle colonie a cui questa si è legata.

Le librerie genomiche possono essere esaminate anche con metodiche diverse, come la reazione a catena della polimerasi o il sequenziamento.

La libreria di cDNA permette di scattare un'istantanea sui geni espressi da una cellula

Il DNA nucleare non è l'unica molecola con cui può essere costruita una genoteca. Una libreria genomica, infatti, può essere realizzata anche partendo da frammenti di DNA derivanti dai geni trascritti; questi frammenti sono chiamati **DNA complementari** o **cDNA**. La prima tappa della produzione di cDNA è l'estrazione di mRNA da un tessuto; questo mRNA funziona da stampo per l'enzima trascrittasi inversa, che sintetizza DNA a partire da RNA. Si forma così un filamento di cDNA complementare all'mRNA di partenza.

L'insieme dei cDNA ottenuti da un particolare tessuto in un determinato momento del ciclo biologico di un organismo costituisce una libreria di cDNA (**figura 13**). Siccome non tutte le cellule utilizzano tutti i geni nello stesso momento, la libreria di cDNA è un modo per fissare nel tempo lo schema di trascrizione della cellula e dare un'immagine istantanea del **trascrittoma**, cioè dell'insieme degli mRNA trascritti da un certo tipo di cellule in un dato momento.

Le librerie di DNA complementare si sono rivelate di enorme utilità per confrontare l'espressione genica nei diversi tessuti a vari stadi di sviluppo. L'uso di queste librerie ha dimostrato, per esempio, che ben un terzo di tutti i geni di un animale si esprime soltanto durante lo sviluppo prenatale.

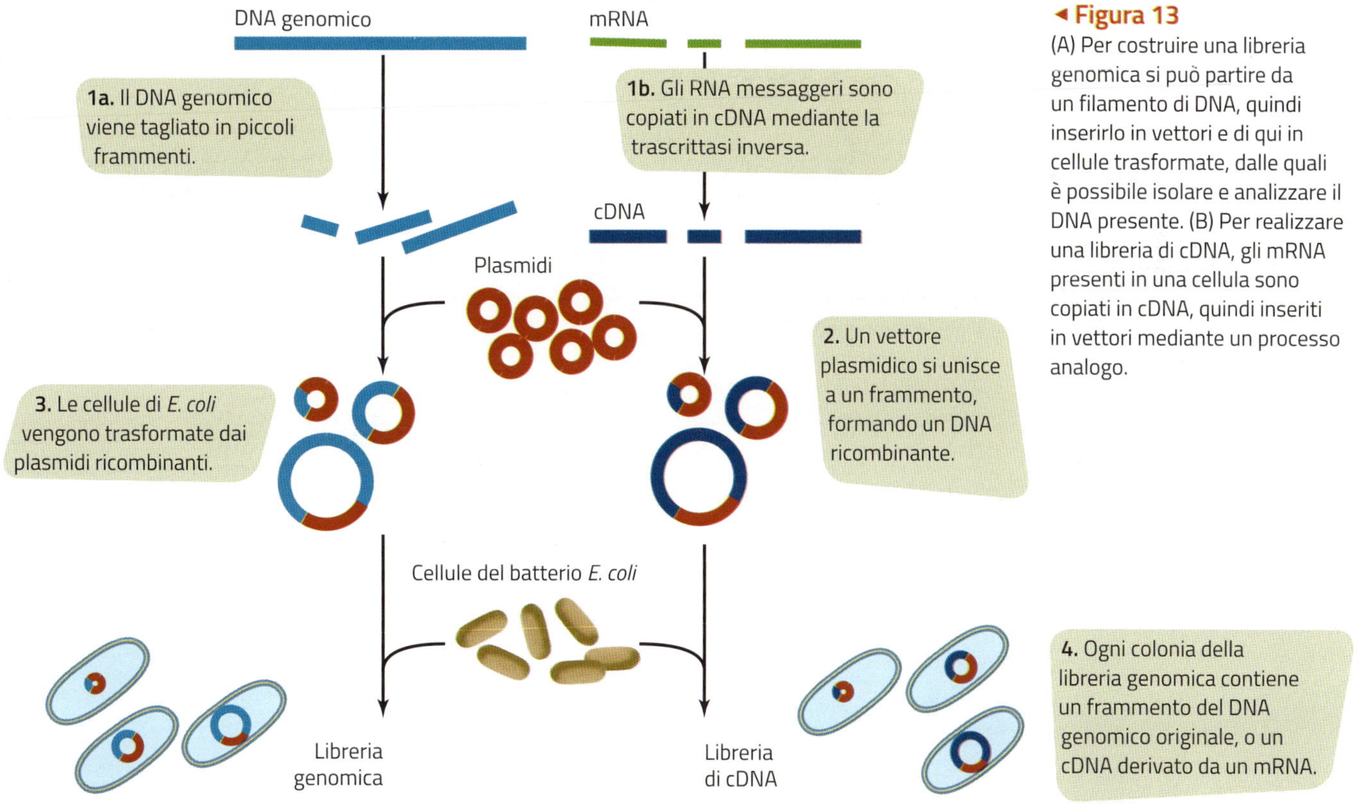

◂ Figura 13
(A) Per costruire una libreria genomica si può partire da un filamento di DNA, quindi inserirlo in vettori e di qui in cellule trasformate, dalle quali è possibile isolare e analizzare il DNA presente. (B) Per realizzare una libreria di cDNA, gli mRNA presenti in una cellula sono copiati in cDNA, quindi inseriti in vettori mediante un processo analogo.

Facciamo il punto

1. Che cosa si intende con clonaggio genico?
2. Quali elementi compongono un vettore di clonaggio plasmidico?
3. Che cos'è un vettore di espressione?
4. Quali tipi di cromosomi sono usati come vettori?
5. Che cos'è una genoteca?
6. Che cosa si intende per libreria di cDNA?

Riflessioni sulla terapia genica

L'ampliamento della tecnologia diagnostica ha consentito l'intervento di correzione della struttura genetica al fine di una possibile eliminazione dei fattori patogeni presenti nel DNA. La tecnica consiste nell'introduzione in organismi o cellule umane di un gene per prevenire e/o curare una condizione patologica (**figura**).

Esistono in teoria due possibili tipi di **terapia genica**: il primo mira a correggere difetti genetici in cellule della linea germinale con effetto sulla discendenza, il secondo si propone di eliminare o ridurre difetti molecolari a livello delle cellule somatiche con effetti limitati sull'individuo.

Come si evince anche da un documento del Comitato Nazionale per la Bioetica, la terapia genica sulla linea somatica non è concettualmente diversa da ogni altro trattamento terapeutico e può venire considerata sullo stesso piano di un trapianto di un organo o di un tessuto. La praticabilità della terapia genica somatica trova una piena giustificazione nel fatto che essa, non discostandosi per aspetti essenziali da altre forme di intervento terapeutico, può essere ricondotta al diritto alla salute che legittima il complesso di tali attività sanitarie.

ESISTE UN RISCHIO EUGENETICO?

La situazione per la terapia sulla linea germinale è molto diversa. L'intervento in questo caso è, infatti, diretto sul pre-embrione ovvero su un organismo nelle fasi iniziali della sua formazione. Un principio etico fondamentale che può essere chiamato in causa nella terapia genica è quello della *intangibilità del patrimonio ereditario* di un soggetto, che, sul piano scientifico, trova sostegno nel principio della *conservazione dell'identità genetica*. Eccetto pochissime eccezioni (come l'inserimento di un gene proveniente dallo stesso embrione o proveniente da uno dei genitori) tutti gli altri interventi correttivi eseguiti sulla linea germinale con materiale estraneo, della stessa specie o di specie diversa, portano a una modificazione della struttura del genoma con conseguenze non prevedibili nello sviluppo dello stesso individuo e della sua discendenza.

Il problema si estende anche alla collettività, in quanto un intervento sistematico sul genoma di singoli individui può avere riflessi sulla struttura genetica della popolazione. Un'azione sull'insieme delle mutazioni deleterie che passano da una generazione all'altra potrebbe essere giustificato, mentre non sarebbe accettabile un intervento mirato al potenziamento di determinate qualità o all'induzione di nuovi caratteri.

Modificazioni indotte nel genoma con queste finalità si associano spesso al ricordo di pratiche eugenetiche già tragicamente sperimentate in passato.

In assenza di un'attenta sorveglianza, la terapia genica germinale potrebbe portare ad abusi e condotte aberranti che si risolverebbero nella negazione della libertà individuale e nella discriminazione tra soggetti.

Su questo tema bioetico si sono create posizioni contrapposte: da una parte c'è chi sostiene l'imperativo categorico di lasciar fare alla natura o di limitarsi a controllare il processo naturale; dall'altra invece c'è chi giudica lecito e doveroso intervenire nel processo vitale per evitare risultati patologici non desiderati nella funzione riproduttiva ed esige la scelta consapevole delle singole persone per avere risultati migliori di quelli derivanti dall'evoluzione naturale, soprattutto in caso di malattie genetiche.

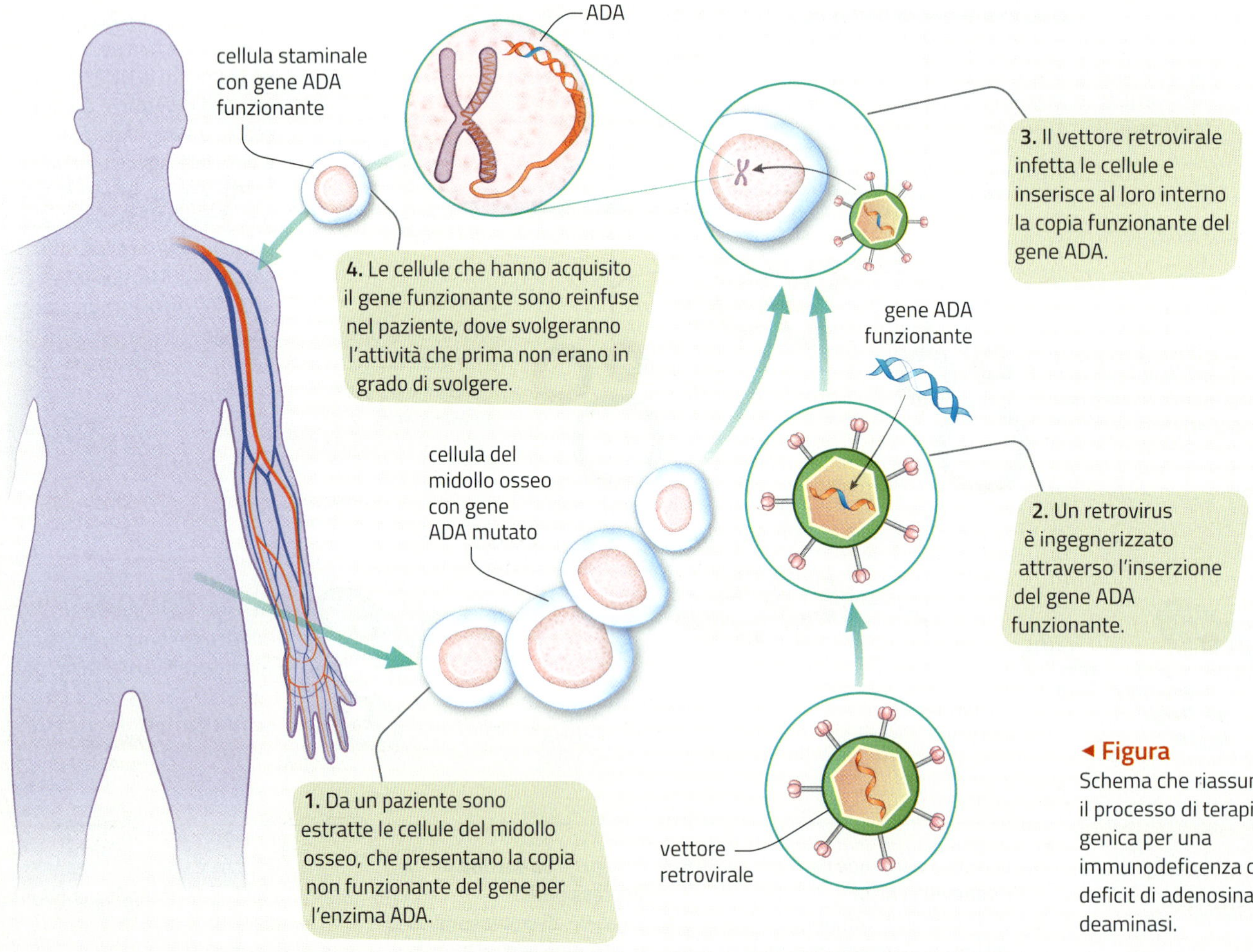

◂ **Figura**
Schema che riassume il processo di terapia genica per una immunodeficenza come deficit di adenosina deaminasi.

3 Replicare il DNA in provetta

La PCR produce in provetta molte copie dello stesso frammento di DNA

Il clonaggio genico è stato per molti decenni l'unica tecnica utilizzabile per poter disporre in laboratorio di grandi quantità di un particolare frammento di DNA. A partire dalla metà degli anni Ottanta, però, è stato possibile ottenere lo stesso risultato in modo più rapido e veloce grazie alla **reazione a catena della polimerasi** o **PCR** (dall'inglese *Polymerase Chain Reaction*), un metodo che consente di replicare il DNA in provetta per mezzo di una polimerasi, ottenendo numerose copie di una specifica sequenza.

Questa metodica ha rivoluzionato la biologia molecolare ed è attualmente una delle tecnologie di genetica molecolare più diffuse. Per mettere in atto la PCR sono richieste due componenti essenziali:

1. un DNA stampo dal quale copiare un nuovo filamento di DNA;
2. due *primer* (o inneschi) con un gruppo –OH libero all'estremità 3'della catena, ai quali aggiungere nuovi nucleotidi grazie alla DNA polimerasi.

Il materiale di partenza della PCR è un gene o un segmento di DNA di interesse; nel giro di un'ora questa sequenza bersaglio può essere amplificata un milione di volte (figura 14). La prima fase del processo è detta **fase di denaturazione** e consiste nella separazione delle catene complementari tramite riscaldamento a temperature attorno ai 90 °C.

Nella **fase di annealing** i *primer*, ciascuno dei quali è complementare a un'estremità della sequenza bersaglio, si legano al DNA e agiscono da inneschi per la DNA polimerasi. A questo punto avviene la **fase di sintesi** (o estensione), nella quale la sequenza stampo viene copiata e quindi il DNA si replica in modo selettivo. In breve tempo vengono prodotte quindi delle repliche esatte della sequenza bersaglio.

Curiosità

La **PCR** è stata ideata negli anni Ottanta dal biochimico americano Kary Mullis, che per questa scoperta ha ottenuto il premio Nobel per la chimica nel 1993. Mullis ha raccontato la sua scoperta e la sua vita di scienziato eccentrico in un libro dal titolo *Ballando nudi nel campo della mente.*

▾ **Figura 14**
Le fasi della reazione a catena della polimerasi.

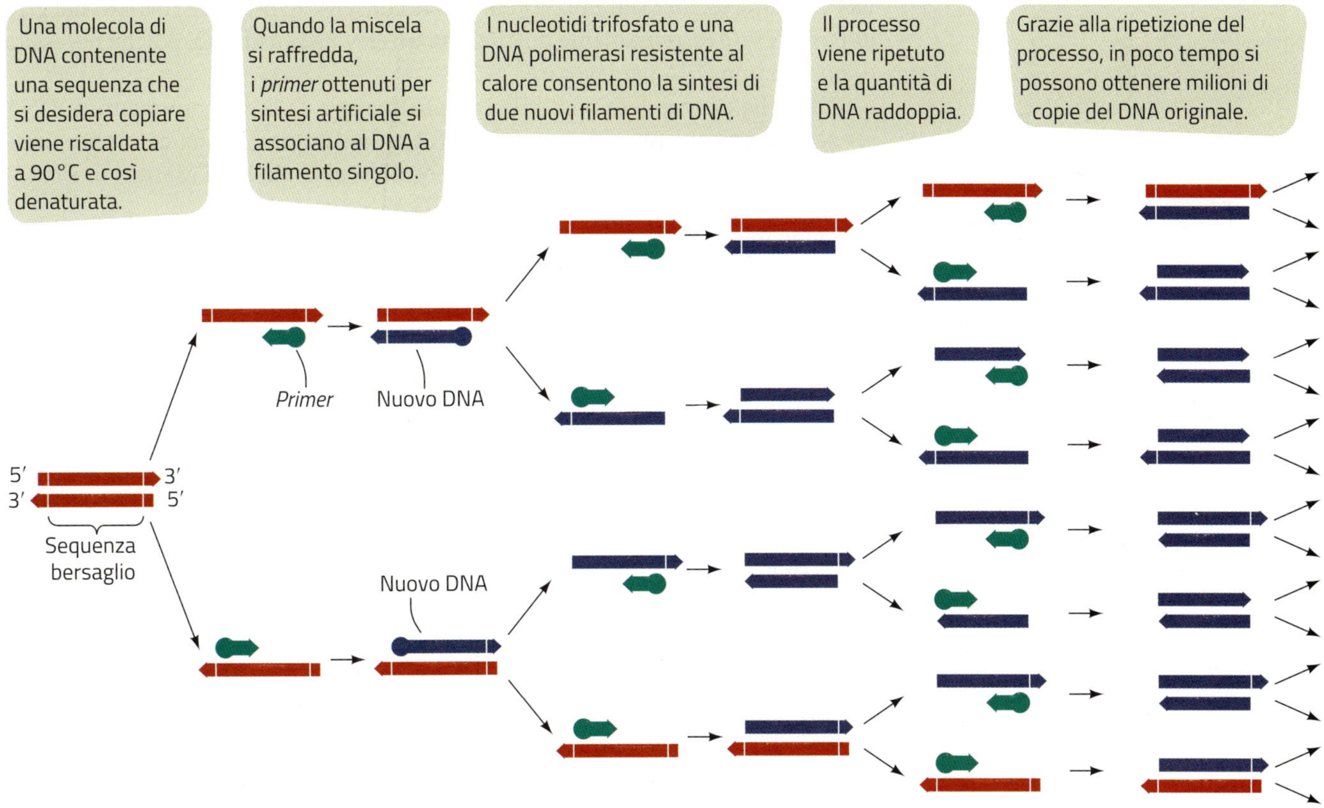

A colpo d'occhio

FASI DELLA PCR
- DENATURAZIONE
- ANNEALING
- SINTESI

Il punto chiave della PCR è costituito dai due inneschi: sono questi brevi frammenti di DNA ad attivare la DNA polimerasi necessaria per sintetizzare il DNA. I *primer* sono brevi frammenti di DNA (lunghi circa 15-30 nucleotidi), costruiti in modo da evitare sia gli appaiamenti reciproci (*self annealing*) sia la formazione di ripiegamenti che potrebbero impedire il corretto attacco del *primer* alla regione complementare presente alle estremità del gene bersaglio.

Nei cicli successivi si separano le molecole a doppia catena sia del DNA originale sia delle copie neosintetizzate, gli inneschi si legano ancora alle sequenze complementari e la DNA polimerasi le duplica. Il ciclo di denaturazione, di attacco dei *primer* e di sintesi di DNA può essere ripetuto tra 20 e 30 volte, così da ottenere un progressivo accumulo di repliche. Il numero di copie cresce in modo esponenziale: al termine dell'operazione esso sarà pari 2^n, dove *n* corrisponde al numero di cicli effettuati.

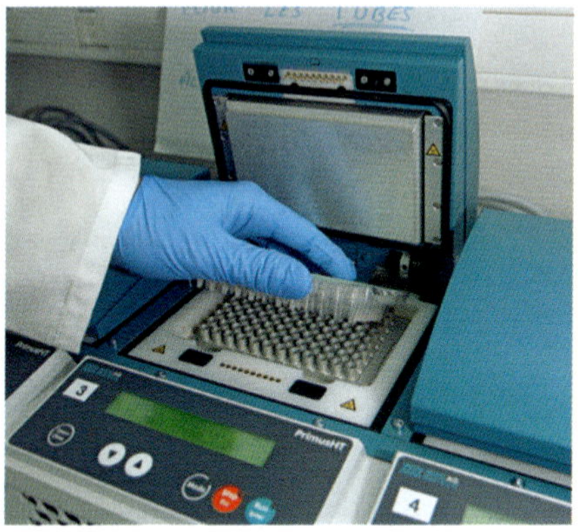

▲ **Figura 15**
Il termociclatore esegue automaticamente i cambi di temperatura necessari per la PCR.

Due innovazioni fondamentali hanno reso più semplice l'impiego di questa metodica in laboratorio. La prima è stata la scoperta di una DNA polimerasi stabile alle alte temperature: la polimerasi usata nei primi esperimenti di PCR, infatti, si denaturava a 90 °C; a ogni ciclo era così necessario aggiungere enzima fresco alla miscela di reazione, rallentando considerevolmente l'intero processo e aumentandone i costi. Questo ostacolo è stato superato ricorrendo alla ***Taq* polimerasi** isolata dal batterio *Thermus aquaticus*, che vive nelle sorgenti bollenti del Parco nazionale di Yellowstone. Questo enzima, che lavora a una temperatura ottimale di 72 °C, è stabile alle alte temperature e non si denatura durante la fase di separazione dei filamenti di DNA.

La seconda importante innovazione è stata lo sviluppo dei *termociclatori automatizzati*, strumenti automatizzati in grado di produrre le rapide variazioni di temperatura necessarie alle varie fasi della PCR, senza necessità di spostare manualmente le provette (**figura 15**). Questo strumento è costituito da un blocco termico dotato di alloggi per le provette e da un sistema che aumenta o riduce la temperatura del blocco in base alle istruzioni fornite da un programma.

La PCR è usata in campo microbiologico, giudiziario e di ricerca medica

La PCR è una tecnica semplice e veloce, che consente di ottenere risultati nel giro di poche ore; è estremamente duttile e ha un'elevata sensibilità, poiché necessita di pochissimo DNA per lavorare.

Oltre che per rendere possibile l'amplificazione di brevi frammenti di DNA senza dover ricorrere al clonaggio, la PCR ha un'ampia gamma di applicazione che va dalla medicina al campo giuridico, attraversando tutti i settori di ricerca in campo biologico.

La tecnica della PCR si è rivelata estremamente utile in microbiologia. Il numero di microrganismi che possono essere ricercati e identificati in modo altamente specifico mediante PCR è estremamente elevato e aumenta ogni giorno. Rispetto alle analisi microbiologiche classiche, inoltre, questa tecnica ha la possibilità di fornire una risposta veloce.

Un altro vantaggio è che per funzionare la PCR necessita di una ridottissima quantità di DNA, tanto che gli acidi nucleici estratti da poche cellule di sfaldamento della mucosa orale sono sufficienti per fare numerose analisi molecolari. La PCR è anche alla base della tecnica per il riconoscimento delle impronte genetiche, fondamentali nella genetica forense. Oggi molti gruppi di ricerca lavorano applicando la cosiddetta *single cell PCR*, in cui la reazione di amplificazione è realizzata partendo dal materiale genico isolato da una unica cellula.

Oltre che per amplificare il DNA, la PCR può essere usata per amplificare sequenze corrispondenti a segmenti di RNA. Questo tipo di amplificazione si realizza trasformando inizialmente, con l'enzima trascrittasi inversa, un RNA in un DNA complementare (cDNA). Successivamente il cDNA può essere amplificato con la consueta reazione a catena della polimerasi. Questa tecnica è conosciuta come **PCR a trascrizione inversa** o **RT-PCR**.

Il DNA fingerprinting è basato sull'analisi dei microsatelliti

La PCR è oggi applicata soprattutto nelle analisi di **DNA fingerprinting**, ovvero alla definizione di impronte molecolari da utilizzare per indagini forensi. Queste analisi sono generalmente condotte analizzando i **microsatelliti** o **brevi sequenze ripetute in tandem** (STR), cioè tratti di DNA che si ripetono uno di seguito all'altro come $(CA)_n$ e $(GCC)_n$ e ancora $(GATA)_n$. Queste sequenze ripetute sono molto diffuse nel genoma umano e sono interessanti perché il numero di copie di sequenze ripetute possedute in ogni locus varia da individuo a individuo.

Per amplificare un frammento di DNA che contiene sequenze ripetute, di solito si individuano le STR con la PCR, utilizzando *primer* che si appaiano molto vicino alle ripetizioni microsatellite. Tali *primer* consentono di amplificare singoli microsatelliti che differiscono tra individui non tanto per la sequenza di base, quanto per il numero di volte che questa sequenza è ripetuta. Il DNA di un individuo con molte ripetizioni produrrà un segmento amplificato più lungo di quello che produrrà quello di una persona con meno ripetizioni (**figura 16**).

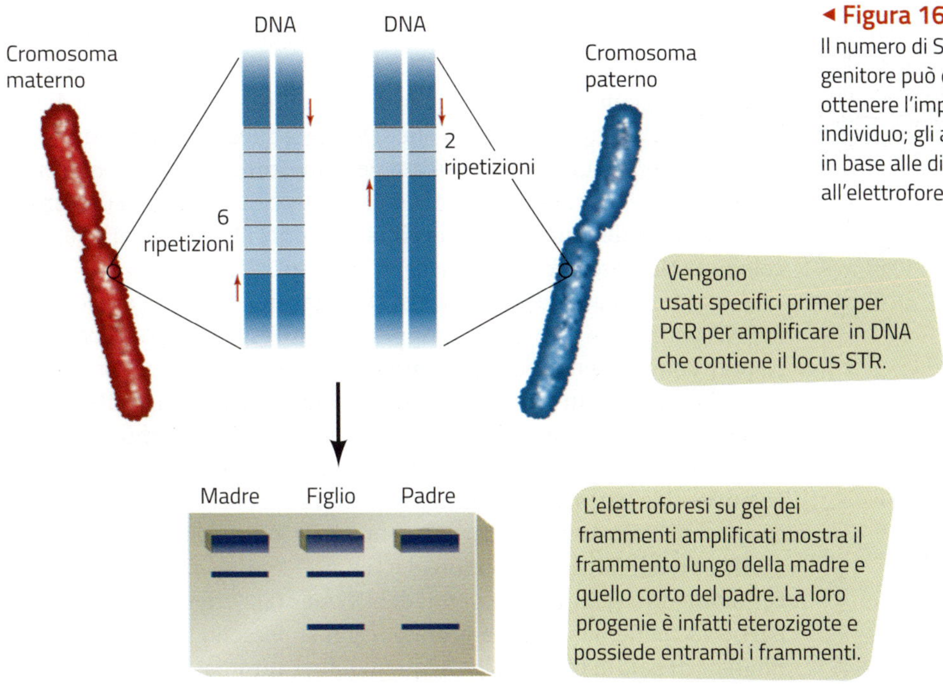

◂ **Figura 16**
Il numero di STR ereditate da ogni genitore può essere usato per ottenere l'impronta genetica di un individuo; gli alleli sono identificati in base alle dimensioni grazie all'elettroforesi su gel.

Per molto tempo, i prodotti di amplificazione corrispondenti agli alleli marcatori del locus *target* sono stati separati mediante elettroforesi in gel di poliacrilammide, poiché soltanto questa matrice consente di evidenziare polimorfismi di pochi (2-5) nucleotidi.

Oggi, invece, si utilizzano *primer* a cui è stato attaccato un marcatore fluorescente che consente di individuare i frammenti di DNA con un laser. I *primer* per i diversi loci STR sono marcati con colori diversi, perciò è possibile differenziare prodotti di loci diversi di dimensioni simili. Dopo la reazione a catena della polimerasi, i frammenti sono separati per elettroforesi; ogni frammento transita vicino a un raggio laser e un computer ne calcola la dimensione basandosi sulla velocità con cui migra nel campo elettrico.

L'analisi dell'impronta genetica è diventata uno strumento fondamentale nelle indagini forensi: oltre a essere usata per risolvere casi in ambito penale, è impiegata anche per l'accertamento di paternità e per stabilire l'identità di resti umani.

Ti ricordi?
I geni si trovano in punti precisi dei cromosomi, chiamati **loci** (singolare *locus*). Ciascun locus è portatore di un solo allele, ovvero una variante del gene.

Facciamo il punto

1. Quali sono le fasi della reazione a catena della polimerasi?
2. In quali settori è impiegata la PCR?
3. Che cos'è la PCR a trascrizione inversa?
4. Che cosa sono i microsatelliti e in che modo sono usati?

4 Sequenziare il DNA: dai geni ai genomi

Il sequenziamento permette di ottenere la sequenza ordinata dei nucleotidi di un genoma

Sequenziare un frammento di DNA significa determinare l'ordine esatto nel quale si trovano i nucleotidi che lo costituiscono. Alla fine del sequenziamento, quindi, si ottiene un insieme di lettere, per esempio ATTTAGGACCTATATATACTA, in cui a ciascuna lettera corrisponde un nucleotide: adenina (A), timina (T), citosina (C) e guanina (G).

Verso la metà degli anni Settanta, Frederick Sanger sviluppò un metodo di sequenziamento basato sull'allungamento del DNA da parte della DNA polimerasi, che prevedeva l'interruzione della sintesi ad opera di didesossinucleotidi. Il **metodo Sanger**, chiamato anche *metodo del didesossinucleotide* o *metodo a terminazione di catena*, divenne rapidamente la procedura standard per sequenziare qualsiasi frammento di DNA purificato ed è ancora oggi uno dei metodi più utilizzati.

Ti ricordi?

Frederick Sanger (1918-2013) è uno dei pochi scienziati ad aver vinto per due volte il premio Nobel: la prima è accaduto nel 1958, per aver ottenuto la sequenza esatta degli amminoacidi dell'insulina, e la seconda nel 1980, per avere ideato un metodo di sequenziamento del DNA.

Il sequenziamento con il metodo di Sanger inizia con la sintesi di DNA in provetta; oltre al campione di DNA che si vuole sequenziare, serviranno quindi una DNA polimerasi, un *primer* marcato per innescare la sintesi, i quattro deossinucleotidi trifosfato che costituiscono normalmente il DNA e i quattro nucleotidi in forma di **dideossinucleotidi trifosfato (ddNTP)**, coniugati ciascuno con un colorante fluorescente (*fluorocromo*) di diverso colore.

A seguito della denaturazione del DNA da sequenziare, il *primer* si lega e attiva la DNA polimerasi, che inizia ad aggiungere all'estremità 3' libera del *primer* i nucleotidi complementari al filamento stampo. Avendo usato una miscela di dNTP e ddNTP, di tanto in tanto la DNA polimerasi inserisce un ddNTP invece di un dNTP. Con l'incorporazione del ddNTP la sintesi del filamento complementare si ferma, poiché i ddNTP non permettono la formazione del legame con il successivo nucleotide trifosfato. Si ottengono così frammenti di DNA di varia lunghezza, che differiscono da provetta a provetta per il tipo di ddNTP con il quale terminano: ddGTP, ddATP, ddTTP oppure ddCTP.

Per molti anni il sequenziamento del DNA è stato effettuato con una procedura particolarmente laboriosa e costosa. Oggi si possono sequenziare in poche ore migliaia di paia di basi grazie a **sequenziatori automatici** che utilizzano scanner a laser e permettono una analisi veloce e di molti campioni simultaneamente. I sequenziatori contengono tubi capillari al cui interno i frammenti di DNA ottenuti sono separati in una singola corsa elettroforetica, e i diversi ddNTP rivelati con l'aiuto del laser. La sequenza del DNA è quindi letta determinando la successione dei colori dei ddNTP che passano davanti al rivelatore per poi tradurre la sequenza di colori in sequenza di nucleotidi (**figura 17**).

Immaginiamo per esempio di partire da un DNA a doppia elica con la sequenza:

5' -ATGCACACA-3'
3' -TACGTGTGT-5'

Dopo la denaturazione forniamo un innesco, per esempio 5'-ATG-3' che è complementare all'inizio del filamento stampo. Avremo quindi:

5' -ATG-3'
3' -TACGTGTGT-5'

Nella miscela 1 (con il ddATP) dall'allungamento dell'innesco si formeranno i frammenti:

5' -ATGCA-3'
5' -ATGCACA-3'
5' -ATGCACACA-3'

Invece nella miscela 2 (quella con ddCTP) avremo:

5' -ATGC-3'
5' -ATGCAC-3'
5' -ATGCACAC-3'

Separando i frammenti marcati su gel e ordinandoli secondo la lunghezza crescente otterremo:

5' -ATGC-3' (miscela 2)
5' -ATGCA-3' (miscela 1)
5' -ATGCAC-3' (miscela 2)
5' -ATGCACA-3' (miscela 1)
5' -ATGCACAC-3' (miscela 2)
5' -ATGCACACA-3' (miscela 1)

Non conosciamo l'identità di tutti i nucleotidi, ma solo quella dell'oligonucleotide di innesco (nel nostro caso 5'-ATG-3') e quella dell'ultimo nucleotide di ciascun frammento, che corrisponde al dideossinucleotide marcato (in rosso). Quindi, sulla base della miscela di reazione in cui si trovano, possiamo leggere l'ordine in cui i nucleotidi si susseguono dal frammento più piccolo al più grande, ottenendo la sequenza cercata:

5' -ATGCACACA-3'

▾ Figura 17
Dopo aver amplificato i frammenti di DNA con la PCR, viene inserito un *primer* universale a cui seguono i nucleotidi fluorescenti; a questo punto i prodotti della PCR vengono riuniti e separati su gel elettroforetico. Un rivelatore posto alla fine del gel ne analizza l'intensità e il colore e dà come risultato una serie di picchi consecutivi e di colore diverso che rappresentano le dimensioni crescenti dei diversi frammenti (ognuno è più lungo di una base) e il tipo di base terminale che ciascuno di essi porta con sé.

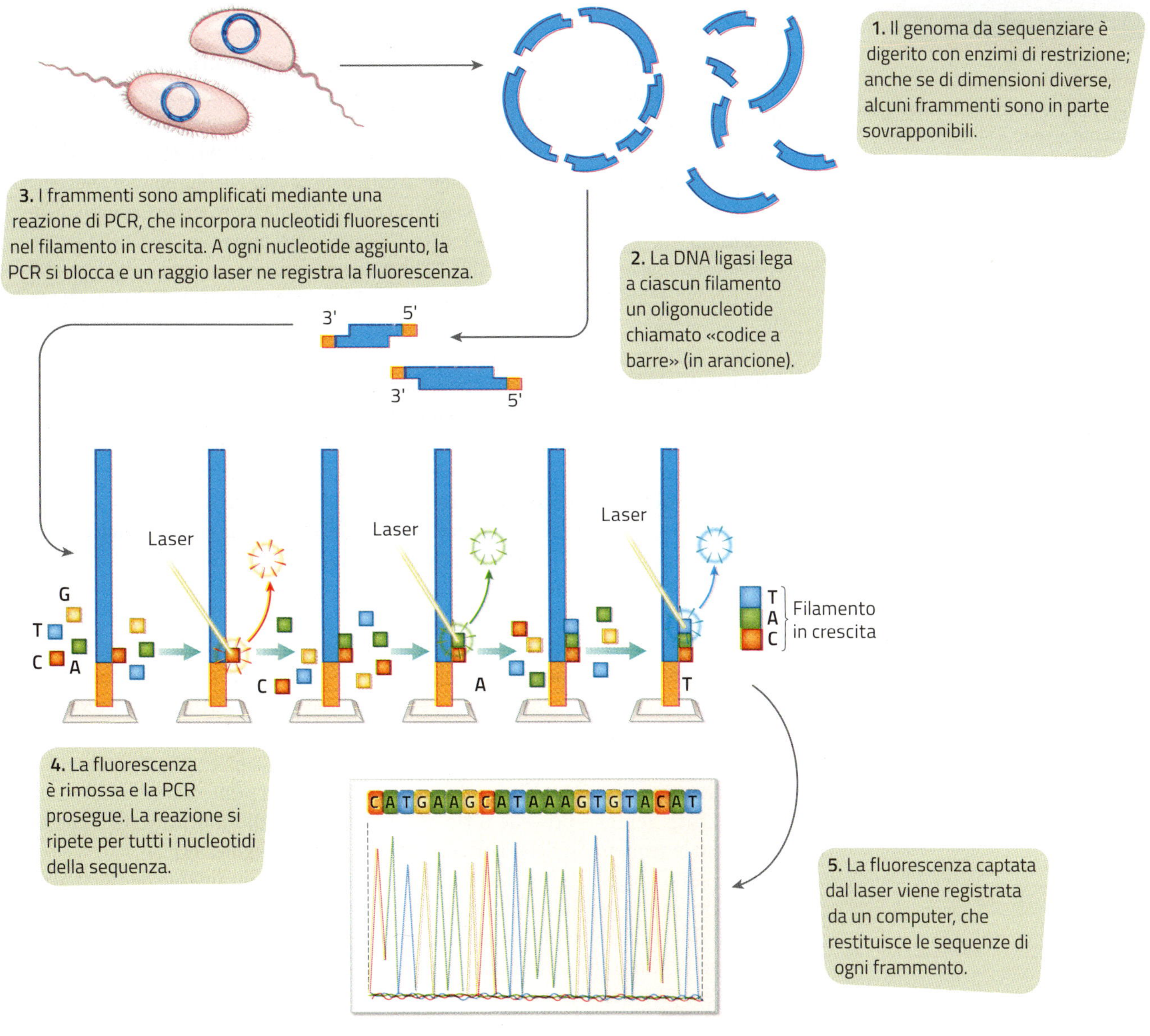

Ti ricordi?

Gli **oncogéni** sono geni coinvolti nella regolazione del ciclo cellulare, che inducono la cellula a dividersi; il loro malfunzionamento, unito a quello degli oncosoppressori (che bloccano la divisione) può condurre all'insorgenza di un tumore.

▲ **Figura 18**
La maggiore attenzione verso i test genetici per il tumore al seno è stato definito «effetto Jolie», lo stesso titolo riportato sulla copertina dell settimanale *Time* del 15 maggio 2013.

Il sequenziamento permette di diagnosticare alcune malattie genetiche

La possibilità di utilizzare *primer* specifici per isolare un gene specifico ha reso più semplice la ricerca di mutazioni implicate nell'insorgenza delle malattie genetiche. Il tumore al seno è uno dei casi più frequenti: la malattia solitamente è sporadica, ma la presenza di mutazioni su geni con un ruolo chiave nel controllo del ciclo cellulare può aumentare la predispsizione di un individuo. Ne sono un esempio gli oncogeni BRCA1 e BRCA2 che codificano le proteine implicate nella riparazione e ricombinazione del DNA, nella regolazione del ciclo cellulare e nella regolazione della trascrizione.

In presenza di una mutazione BRCA1 e BRCA2, le probabilità che insorgano neoplasie mammarie e ovariche sono fino a 50 volte più alte rispetto al normale. Per esempio, mentre nella popolazione generale il rischio di sviluppare un tumore ovarico è molto basso (1,8%), nei portatori di mutazione BRCA1 il rischio sale al 39-46% e nei portatori di mutazione BRCA2 sale al 10-27%.

Grazie alla PCR e al sequenziamento di questi due geni è quindi possibile sottoporre a programmi di prevenzione le donne che presentano mutazioni BRCA1 e BRCA2. Tra i casi di diagnosi più recente ha destato molto scalpore la notizia che l'attrice americana Angelina Jolie si sia sottoposta a un intervento chirurgico al seno poiché la madre era morta di cancro e lei risultava portatrice della mutazioni nel gene BRCA1. Dopo l'annuncio, in molti centri medici si è verificato un incremento delle richieste di analisi da parte di donne a rischio familiare, per quello che è stato ribattezzato come *effetto Jolie* (**figura 18**).

Oggi conosciamo la sequenza di centinaia di genomi

A partire dalla fine degli anni Novanta del secolo scorso, i costi per sequenziare il DNA si sono progressivamente ridotti, tanto che dal sequenziamento di singoli geni è divenuto possibile sequenziare interi genomi. Nel 1996 è stato determinato il genoma del primo organismo eucariotico, il lievito *Saccharomyces cerevisiae*, seguito dai genomi del batterio *Escherichia coli* (1997), del nematode *Caenorhabditis elegans* (1998), il moscerino della frutta *Drosophila melanogaster* (2000) e la pianta *Arabidopsis thaliana* (2000). Il primo «abbozzo» di genoma umano è stato pubblicato nel 2001, anche se il Progetto Genoma Umano è stato in realtà completato due anni dopo.

Oltre agli organismi, però, a essere sequenziati sono anche i tumori, al fine di capire quali mutazioni hanno fatto insorgere il cancro. Nel febbraio 2017, per esempio, Aldo Scarpa dell'Università di Verona ha pubblicato sulla rivista *Nature* il sequenziamento del genoma di molti tumori neuroendocrini del pancreas.

Finora, la maggior parte dei progetti è stata condotta utilizzando librerie genomiche i cui inserti sono stati sequenziati con il metodo di Sanger. Il sequenziamento non può infatti iniziare a un'estremità del cromosoma e continuare dritto fino all'altra estremità, ma si devono sequenziare di volta in volta piccoli frammenti di DNA, di solito non più di 500-700 nucleotidi.

Per determinare l'intera sequenza di un intero genoma è quindi necessario che il DNA venga «spezzato» in migliaia o milioni di frammenti più piccoli, che successivamente possono essere inclusi in vettori (per esempio BAC e cosmidi) e sequenziati. Le sequenze che si ottengono vengono poi confrontate in modo da identificare tratti di DNA che hanno sequenze sovrapposte o *contigue*; in questo modo è possibile porre questi brevi tratti uno dietro l'altro nel giusto ordine.
Il metodo più utilizzato, definito *shotgun*, è stato messo a punto dal genetista americano Craig Venter e prevede il ricorso a programmi di bioinformatica che assemblano le sequenze e ricostruiscono così il genoma (**figura 19**).

Oggi sono presenti numerosi centri internazionali interamente dedicati al sequenziamento di genomi e alla loro successiva analisi. Grazie a questi centri, il numero di genomi completamente sequenziati a nostra disposizione è in continua crescita, tanto che sono ormai migliaia le specie eucariotiche di cui conosciamo l'intero genoma.

Leggi l'approfondimento nell'ebook:
Per saperne di più
Le nuove frontiere del sequenziamento

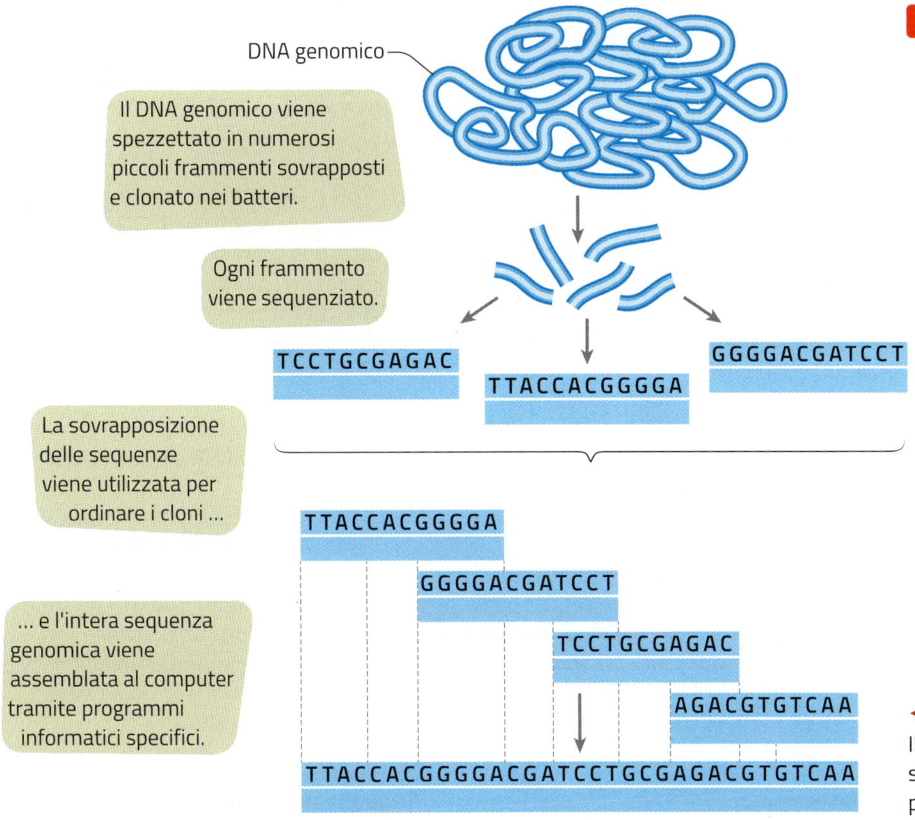

◂ **Figura 19**
Il sequenziamento *shotgun* è basato sulla sovrapposizione delle sequenze per allineare i frammenti sequenziali.

3 - Per saperne di più

I microarray a DNA

L'analisi dei frammenti di DNA è stata resa molto più veloce e potente grazie alla tecnologia dei *microarray* o *biochip*, sviluppata negli anni Novanta del secolo scorso (**figura**). I microarray sono sottili supporti di plastica o di vetro su cui si trovano molte migliaia di pozzetti, ciascuno contenente pochi picogrammi (1 pg = 10^{-12} g) di una diversa sonda di DNA a singola elica.

I microarray si basano sull'ibridazione tra la sonda di DNA di un dato pozzetto e uno dei frammenti di restrizione che si ricavano dall'organismo in esame. Se si cerca un gene, si parte dal DNA genomico; se invece si vuole studiare il profilo di espressione, si usano i cDNA ottenuti a partire dagli mRNA grazie alla trascrittasi inversa. L'uso di molecole fluorescenti permette di individuare immediatamente i pozzetti in cui è avvenuta l'ibridazione, che corrispondono alle sequenza che stiamo cercando. I biochip possono servire a identificare la presenza e l'espressione di un gene in un dato tipo cellulare o, più in generale, a tracciare il profilo di espressione di quel tipo cellulare in un dato momento. Sfruttando il gran numero di pozzetti, infatti, è possibile effettuare in un solo test la ricerca contemporanea di moltissimi geni, ottenendo in poche ore ciò che in passato avrebbe richiesto anni di lavoro.

▾ **Figura**
Migliaia di sequenze di DNA vengono inserite in una griglia di vetro e ibridate con cDNA per poter analizzare moltissimi geni contemporaneamente.

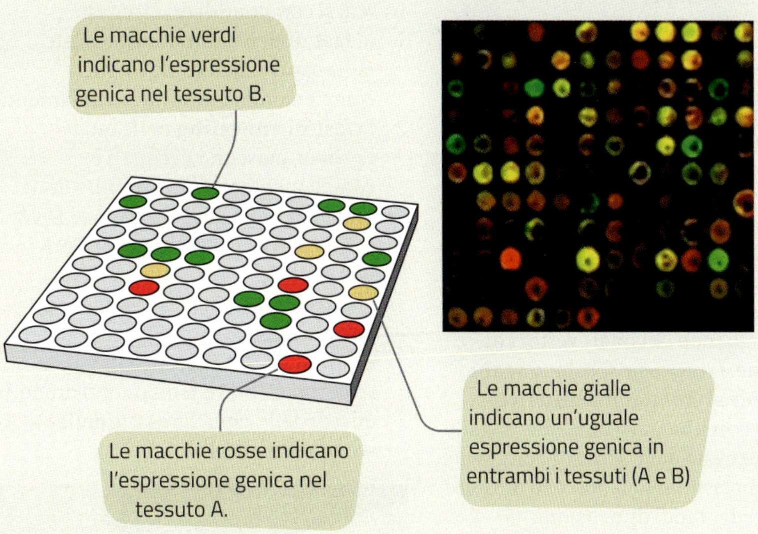

Facciamo il punto

1. Che cosa significa sequenziare un genoma?
2. Come si svolge il metodo Sanger?
3. In che modo il sequenziamento è utile per diagnosticare le malattie genetiche?
4. Che cos'è lo *shotgun*?

SINTESI DI FINE CAPITOLO

LO SAI? RIPASSA CON LO SMARTPHONE

L'ingegneria genetica

La tecnologia del **DNA ricombinante** è alla base dell'ingegneria genetica e si basa su enzimi che ci permettono di tagliare il DNA in frammenti (*enzimi di restrizione*) e successivamente di incollarli (*ligasi*), includendo al loro interno porzioni di DNA di varia provenienza. L'estrazione del DNA comporta la rottura della parete e della membrana plasmatica.

Gli enzimi di restrizione tagliano il DNA e per separare i frammenti ottenuti si utilizza un gel di agarosio (un polisaccaride che si ricava dalle alghe) posto all'interno di una cella elettroforetica; questa tecnica è detta **elettroforesi**. Le ligasi poi riuniscono i frammenti di DNA.

Clonare il DNA

Il **clonaggio genico** è l'inserimento di un gene animale o vegetale in un batterio, e può avvenire tramite un plasmide o **vettore di clonaggio**: un plasmide con caratteristiche definite che deve avere un'origine di replicazione, dei geni marcatori e dei siti di restrizione unici. Con questi strumenti, possiamo integrare qualsiasi tratto di DNA in un sistema batterico.

Per verificare se una cellula ha incorporato il gene, si usano dei *marcatori*. Combinando geni per la resistenza agli antibiotici e marcatori di selezione è possibile individuare le cellule contenenti il plasmide ricombinante e coltivarle in gran numero, moltiplicando così il frammento di DNA inserito.

I vettori di espressione e i trasposoni

I plasmidi che contengono le sequenze necessarie per guidare l'espressione del gene inserito sono chiamati **vettori di espressione**. I *trasposoni* spostano i geni dal plasmide al cromosoma batterico ottenendo così una trasformazione stabile e non influenzata dal rischio di perdita del plasmide. I plasmidi non possono ospitare frammenti di grandi dimensioni.

I **cromosomi artificiali** sono vettori modificati in modo da poter ospitare grandi frammenti di DNA e sono il *cromosoma batterico artificiale* (BAC), i *cromosomi artificiali di lievito* (YAC) e i *cosmidi*.

Le librerie genomiche

Grazie al clonaggio è possibile costruire una **libreria genomica** o genoteca, una collezione di frammenti di DNA, ciascuno clonato in un vettore di clonaggio. Un numero elevato di cloni garantisce che tutte le sequenze di DNA nel genoma archiviato vi siano rappresentate. Per identificare il clone all'interno di una genoteca si fa uno *screening* della libreria.

Una libreria genomica si può realizzare partendo da frammenti di DNA derivanti dai geni trascritti, chiamati DNA complementari o **cDNA**. La libreria di cDNA è un modo per fissare nel tempo lo schema di trascrizione della cellula e darci un'immagine istantanea del **trascrittoma**, cioè dell'insieme degli mRNA trascritti da un certo tipo di cellule in un dato momento.

Replicare il DNA in provetta

La reazione a catena della polimerasi o **PCR** consente di replicare il DNA, ottenendo numerose copie di una specifica sequenza. Affinché avvenga, servono due componenti:

- DNA stampo dal quale copiare un nuovo filamento di DNA;
- primer (o inneschi) ai quali aggiungere nuovi nucleotidi grazie alla DNA polimerasi.

La PCR si compone di diverse fasi:

1. la **fase di denaturazione** consiste nella separazione delle catene complementari tramite riscaldamento;
2. la **fase di annealing** nella quale i primer, ciascuno dei quali è complementare a un'estremità della sequenza bersaglio, si legano al DNA e agiscono da inneschi per la DNA polimerasi;
3. la **fase di sintesi** (o estensione), in cui la sequenza stampo viene copiata e quindi il DNA si replica in modo selettivo, in breve tempo sono prodotte quindi delle repliche esatte della sequenza bersaglio.

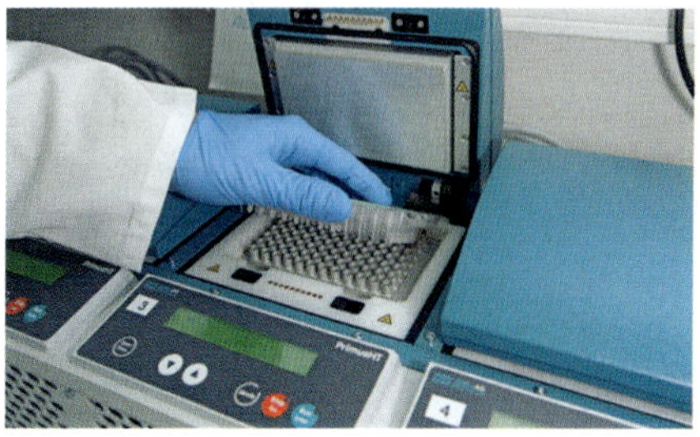

RT-PCR e DNA fingerprinting

Oltre che per amplificare il DNA, la PCR si può usare per amplificare sequenze corrispondenti a segmenti di RNA: trasformando con l'enzima trascrittasi inversa, un RNA in un DNA complementare (cDNA). Il cDNA può essere amplificato poi con la reazione a catena della polimerasi. Questa tecnica è conosciuta come **PCR a trascrizione inversa** o RT-PCR.

La PCR ha un'applicazione legata alle analisi di **DNA fingerprinting**, cioè alla definizione di impronte molecolari da utilizzare per indagini forensi. Queste analisi sono condotte analizzando i *microsatelliti* o *brevi sequenze ripetute in tandem* (STR), cioè tratti di DNA che si ripetono uno di seguito all'altro.

Sequenziare il DNA

Sequenziare un frammento di DNA significa determinare l'ordine esatto nel quale si trovano i nucleotidi che lo costituiscono. Il sequenziamento permette di diagnosticare alcune malattie genetiche (per esempio un certo tipo di tumore al seno).

Oggi conosciamo la sequenza di centinaia di genomi. Per determinare tutta la sequenza di un intero genoma è necessario che il DNA venga «spezzato» in migliaia o milioni di frammenti più piccoli, che possono essere inclusi in vettori (per esempio BAC e cosmidi) e sequenziati.

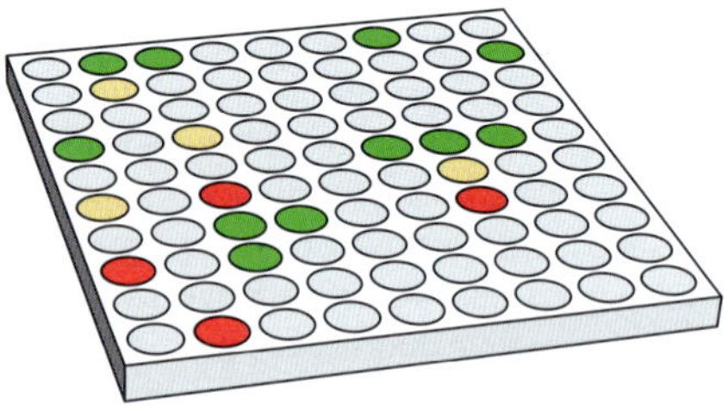

VERIFICA LE TUE CONOSCENZE

ZTE ONLINE

Lezione 1
Gli strumenti dell'ingegneria genetica

1. Un enzima di restrizione
- A consente alla cellula di vivere solo in determinate condizioni.
- B idrolizza il DNA solo partendo da un'estremità.
- C limita la replicazione e la crescita dei virus nella cellula.
- D si trova solo nei cocchi.

2. *Eco*RI non taglia il DNA del batterio perché
- A il DNA non ha la sequenza giusta.
- B il DNA ha le citosine metilate.
- C l'enzima non è attivo nel citoplasma.
- D l'enzima riconosce il DNA virale.

3. Due enzimi di restrizione
- A catalizzano diverse reazioni.
- B agiscono su virus differenti.
- C metilano diverse basi azotate.
- D riconoscono sequenze differenti.

4. Gli enzimi di restrizione sono utili in campo medico perché
- A possono essere usati come antitumorali.
- B consentono di individuare mutazioni associate a patologie.
- C permettono di modificare batteri patogeni.
- D sono utilizzabili per la produzione di vaccini.

5. Nell'elettroforesi su gel, i frammenti di DNA si separano in base a
- A le dimensioni.
- B la carica.
- C la sequenza.
- D il campo elettrico.

6. Le ligasi nella cellula
- A aggiungono nucleotidi a un'elica.
- B favoriscono il legame tra le due eliche.
- C uniscono i frammenti di Okazaki.
- D uniscono il primer all'elica in crescita.

7. Le principali funzioni dei lipidi sono
- A diverse mutazioni in un tratto del genoma.
- B mutazioni nel gene per un enzima di restrizione.
- C diversa lunghezza dei frammenti di DNA.
- D mutazioni nei virus che infettano una cellula.

8. Un gene marcatore molto usato è quello per
- A la sintesi di un amminoacido.
- B la resistenza a un antibiotico.
- C la regolazione del ciclo cellulare.
- D la produzione di un antibiotico.

9. Una cellula competente è una cellula che
- A può riconoscere uno specifico gene.
- B è geneticamente modificata per un svolgere un compito.
- C può riconoscere uno specifico virus.
- D acquista facilmente DNA dall'ambiente.

Lezione 2
Clonare il DNA

10. Un marcatore di selezione consente di verificare che il plasmide
- A sia presente nella cellula batterica.
- B si sia correttamente circola rizzato.
- C abbia incorporato il DNA esogeno.
- D si sia integrato nel cromosoma batterico.

11. Per clonaggio si producono
- A proteine.
- B vitamine.
- C antibiotici.
- D geni.

12. I vettori che possono contenere più geni sono
- A i cosmidi.
- B i fagi.
- C gli YAC.
- D i plasmidi.

13. I cosmidi contengono DNA che deriva da
- A batteri e plasmidi.
- B plasmidi e virus.
- C virus e cianobatteri.
- D lievito e batteri.

14. Una genoteca è un insieme di
- A frammenti genici inseriti in un vettore.
- B geni clonati e conservati in provetta.
- C genomi di specie imparentate tra loro.
- D vettori genici disponibili per una data specie.

15. Il cDNA è un DNA
- A copiato.
- B clonato.
- C complementare.
- D codificante.

Lezione 3
Replicare il DNA in provetta

16. La PCR richiede dei *primer* perché
- A non si denaturano a temperature elevate.
- B consentono l'automatizzazione del metodo.
- C sono necessari per duplicare anche i telomeri.
- D servono come inneschi per la DNA polimerasi.

17. La *Taq* polimerasi è preziosa per la PCR perché
- A lavora benissimo anche in provetta.
- B non si denatura alla temperatura di 90 °C.
- C funziona anche su DNA di organismi diversi.
- D non richiede la fase di *annealing*.

18. È possibile ottenere il DNA fingerprinting di un individuo grazie allo studio
- A del numero di copie di una certa sequenza ripetuta.
- B della particolare sequenza di basi in una data STR.
- C della sequenza codificante di uno specifico gene.
- D delle differenze di sequenze tra i geni di una famiglia.

Lezione 4
Sequenziare il DNA: dai geni al genoma

19. Il metodo di Sanger si basa sull'uso di
- A basi azotate anomale.
- B basi azotate metilate.
- C didesossiribonucleotidi.
- D nucleotidi marcati con ^{32}P.

20. La PCR trova utilizzo anche in oncologia perché
- A permette di studiare il genoma delle cellule neoplastiche.
- B consente di individuare oncogeni attivi.
- C è utilizzata per modificare i geni anomali.
- D si può sfruttare per produrre farmaci a basso costo.

21. Il primo genoma a essere interamente sequenziato è stato quello del lievito *Saccharomyces cerevisiae*, avvenuto nell'anno
- A 1986
- B 1991
- C 1996
- D 2001

VERIFICA LE TUE ABILITÀ

22. Barra la lettera V se l'affermazione è vera, F se è falsa.

a) Gli enzimi di restrizione si trovano anche nelle cellule umane. V F

b) Un enzima di restrizione riconosce una specifica sequenza all'estremità 5'. V F

c) È possibile che i prodotti di due diversi enzimi di restrizione si leghino tra loro. V F

d) La PCR è stata ideata nel 1993. V F

e) La fase della PCR più difficile da mettere a punto fu quella della denaturazione. V F

f) I *primer* sono brevi frammenti di RNA. V F

g) Il principale contributo fornito da Mullis alla PCR fu la scoperta della *Taq* polimerasi. V F

Completa le seguenti frasi con i termini corretti.

23. Per ottenere un campione .... di DNA occorre innanzitutto causare .... delle cellule del campione, allontanare .... di membrana e indurre .... della componente ....

(i lipidi, la lisi, le proteine, lipidica, liquido, proteica, puro, la condensazione, gli acidi nucleici, la denaturazione)

24. A pH .... il DNA ha carica .... perché possiede ...., perciò se i suoi frammenti sono posti su gel in un campo .... si muoveranno verso il polo .... con velocità diversa a seconda della loro ....

(acido, basi azotate, carica, elettrico, gruppi fosfato, lunghezza, magnetico, negativa, negativo, neutro, positiva, positivo)

Barra il completamento esatto e motiva la risposta.

25. Se ti chiedono di andare alla genoteca, tu cerchi

A un documento in un database sul computer.

B una serie di beute conservate in condizioni controllate.

C uno scaffale in una libreria.

D un termostato con una serie di piastre di Petri.

26. Per ottenere il DNA della pianta *Arabidopsis thaliana*, al kit di materiali che si userebbe su un campione animale occorre aggiungere

A un enzima per eliminare il vacuolo.

B una tecnica di separazione per eliminare la clorofilla.

C una proteasi specifica per la membrana.

D una cellulasi specifica per la parete.

27. Un marker per l'elettroforesi su gel può risultare inadeguato

A se l'attività del gene è diversa dal previsto.

B se il pH utilizzato è diverso dal normale.

C mai: è il maker che regola la procedura.

D se i frammenti sono più piccoli del previsto.

28. Se si studiano con l'elettroforesi su gel i frammenti del DNA di tre individui che per un dato gene *g*, che hanno genotipo *GG*, *Gg* e *gg*, soltanto l'individuo eterozigote potrà mostrare

A nessun frammento sul gel.

B un frammento di lunghezza intermedia.

C due diversi frammenti per quel gene.

D nessuna differenza evidente.

29. Se si taglia un giovane ramo da una pianta e lo si pone nel terreno, esso metterà radici e diverrà un nuovo individuo. Si tratta a tutti gli effetti di un caso di

A clonazione.

B fecondazione assistita.

C riproduzione sessuale.

D clonaggio.

30. Un vettore fagico non causa la lisi della cellula perché

A non possiede più il suo genoma integro.

B per questo scopo si scelgono fagi non infettivi.

C il batterio non è della specie ospite di quel virus.

D è stato opportunamente attenuato.

31. La PCR non è comunemente usata per

A la medicina forense.

B la microbiologia.

C la produzione di farmaci.

D il riconoscimento di specie.

32. Il metodo Sanger permette di individuare direttamente

A quale sia l'ultimo nucleotide di una sequenza.

B la sequenza nucleotidica di un certo tratto di DNA.

C la presenza di regioni con compiti speciali.

D quale sia la sostanza utilizzata come innesco.

33. Grazie al Progetto Genoma Umano abbiamo completato

A il sequenziamento del DNA umano.

B la mappa genica del nostro DNA.

C l'analisi funzionale del genoma animale.

D lo studio delle funzioni di ciascun cromosoma eucariotico.

UNITUTOR VERSO L'UNIVERSITÀ

Preparati ai test di ammissione sul sito Unitutor.

34. L'elettroforesi è un processo per la separazione di composti sulla base:

A della loro elettronegatività.

B della loro massa.

C della loro densità.

D del loro momento magnetico.

E delle loro cariche elettriche.

[dal test di ammissione a Odontoiatria, 2006-07]

TEST YOUR ENGLISH

Choose the correct answer.

35. Bacterial restriction enzymes

A are used as defense against competing bacteria.

B can cut the viral genome, breaking hydrogen bonds between double strands.

C works on specific areas, called restriction sites.

D are also called esonucleases.

36. Gene sequencing

A relies on polymerase chain reactions (PCR).

B cannot be applied to a whole genome.

C is a very complex, slow and expensive process.

D is a technique invented during the Human Genome Project.

VERSO L'ESAME: LE TUE COMPETENZE

SCHEMATIZZA

37. Spesso si paragonano le molecole utilizzate nell'ingegneria genetica a utensili o macchinari di uso comune, per esempio in un ufficio. Prova a farlo in tutti i casi in cui trovi un'analogia applicabile e spiega le ragioni della tua scelta.

ANALIZZA

38. Hai sequenziato il genoma di un nuovo fago da poco scoperto e dall'analisi dei dati emerge che nel genoma non compare mai la serie di basi azotate TGGCCA. Potrebbe essere un semplice caso, ma potrebbe esserci una spiegazione.

Quale ipotesi potresti fare? Chiarisci che cosa sostenga la tua proposta e che cosa potresti fare per verificarla.

RAPPRESENTA

39. Rappresenta graficamente un cromosoma artificiale di lievito (YAC), indicando tutte le componenti rilevanti dal punto di vista funzionale.

DEDUCI

40. Dopo aver studiato i vari tipi di vettori genici a disposizione dei biotecnologi, deduci per ciascuno di essi i vantaggi e gli svantaggi derivanti dal loro utilizzo.

RICERCA

41. La tecnica del DNA fingerprinting è stata inventata nel 1985 dal biologo molecolare Alec Jeffreys (nella fotografia) ed è stata applicata per la prima volta per risolvere un duplice omicidio. L'assassino, Colin Pitchfork, nel 1988 è stato condannato per rapimento e omicidio.

Fai una ricerca in Rete e prepara una presentazione in PowerPoint nella quale dovrai riportare almeno due casi in cui la tecnica del DNA fingerprinting è stata fondamentale per scovare il colpevole e almeno un caso in cui non è bastata a provare la colpevolezza dell'accusato.

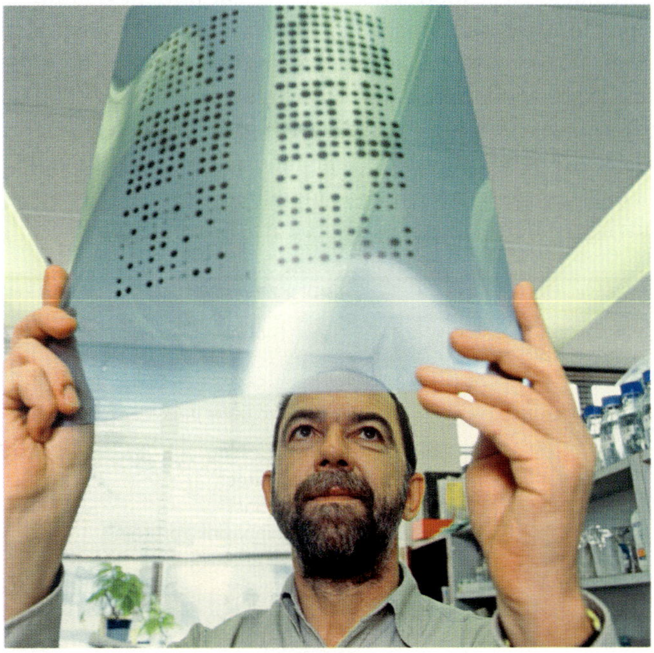

ANALIZZA E DEDUCI

42. Immagina di lavorare per l'ufficio di medicina legale dei carabinieri e di essere contattato per svelare l'autore di un delitto. Un tuo collega ha prelevato dei campioni biologici da tre sospettati e te li ha consegnati perché tu li possa confrontare con il DNA rinvenuto sulla scena del crimine. A questo punto, hai svolto una PCR per aumentare il numero di copie e studiare quelle specifiche sequenze che sono uniche per ogni individuo. In seguito hai proceduto a un'elettroforesi per confrontare queste diverse sequenze. Nell'immagine puoi vedere i risultati dell'elettroforesi di DNA su gel di agarosio.

Quale dei tre sospettati è il colpevole? Motiva la tua risposta.

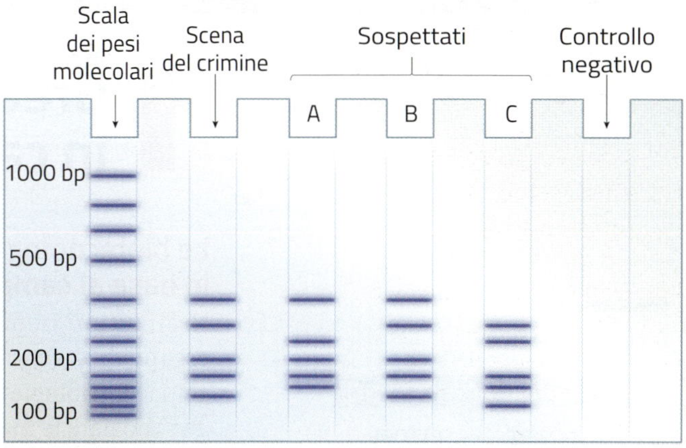

APPLICA

43. La PCR è uno strumento prezioso anche per la filogenesi, vale a dire gli studi sulle relazioni evolutive tra specie viventi e/o estinte.

Descrivi almeno un paio di possibili utilizzi della PCR in questa prospettiva.

IPOTIZZA

44. Immagina di dover clonare una sequenza di DNA (in arancione nella figura): hai a disposizione tre diversi enzimi di restrizione (A, B, C) che tagliano la sequenza creando estremità piatte oppure sfalsate.

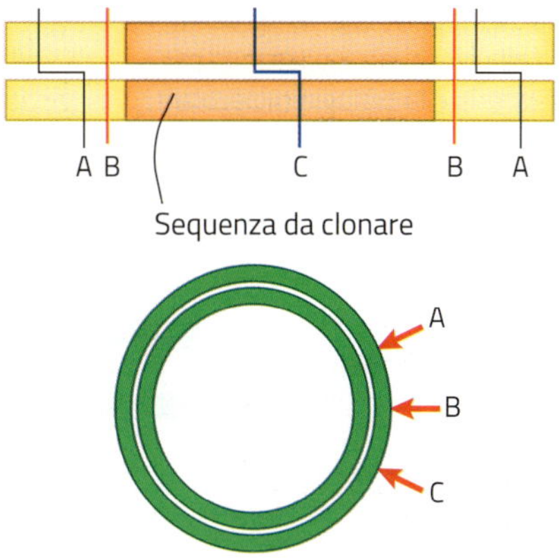

Quale dei tre enzimi è più indicato per poter inserire il gene all'interno del plasmide batterico (in verde nella figura)? Motiva la tua risposta.

Capitolo E9

Le applicazioni delle biotecnologie

1 Green biotech: le biotecnologie in campo agroalimentare

A colpo d'occhio

BIOTECNOLOGIE (APPLICAZIONE)
- GREEN — SETTORE AGROALIMENTARE
- RED — SETTORE FARMACEUTICO
- WHITE — SETTORE INDUSTRIALE

Le biotecnologie moderne sono divise in base al campo di applicazione

Negli ultimi trentacinque anni è divenuto sempre più frequente modificare gli organismi viventi ricorrendo all'ingegneria genetica. Gli scienziati hanno impiegato le tecnologie del DNA ricombinante per produrre beni e servizi e così facendo sono nate le **moderne biotecnologie**.

Il campo di applicazione delle biotecnologie è molto ampio (**figura 1**) e va dalla costruzione in laboratorio di animali, piante e batteri geneticamente modificati alla progettazione e produzione di nuovi farmaci. Per questo si distinguono tre tipi di biotecnologie: biotecnologie agroalimentari (*Green Biotech*), biotecnologie medico-farmaceutiche (*Red Biotech*) e biotecnologie industriali e ambientali (*White Biotech*).

La definizione di biotecnologia si applica anche a pratiche antiche quanto la civiltà umana. Le prime indicazioni di processi che utilizzavano i lieviti per la fermentazione della birra, per esempio, risalgono a 4000 anni fa, ai tempi delle civiltà sumera ed egizia; alla stessa epoca risalgono le prime testimonianze dell'uso di latte fermentato, formaggi e yogurt. Spesso ci si riferisce a queste pratiche come **biotecnologie classiche** per distinguerle dalle moderne tecniche di manipolazione del DNA, la cui nascita si fa risalire al momento in cui l'ingegneria genetica cominciò a offrire tecniche adeguate per produrre alimenti o farmaci.

▼ **Figura 1**
Le applicazioni delle biotecnologie sono il risultato della ricerca in molti campi del sapere, che vanno dalla fisica alla biochimica, passando per l'ingegneria e la biologia molecolare.

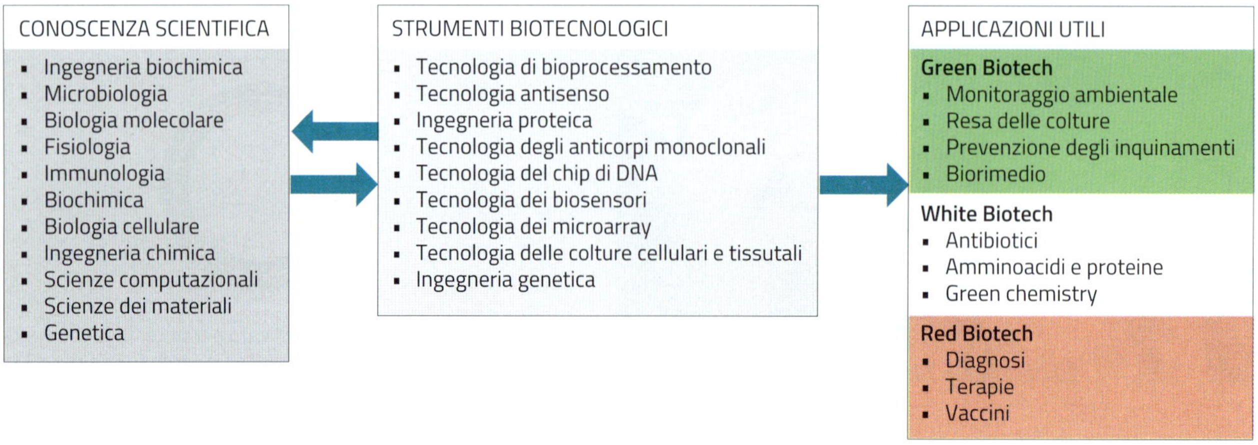

Le piante Bt resistono ai parassiti, il Golden Rice è ricco di nutrienti

L'agricoltura è uno degli ambiti in cui le biotecnologie hanno avuto più successo. Queste tecniche hanno infatti fornito la possibilità di ottenere varietà vegetali più resistenti ad agenti patogeni e a condizioni ambientali avverse.

La produzione di specie resistenti ai parassiti e alle infezioni virali è stata conseguita grazie all'introduzione nel genoma di diverse specie vegetali (tra cui mais e soia) di un gene che codifica una tossina letale per gli insetti, isolata dal batterio *Bacillus thuringiensis* (**figura 2**). In modo analogo, sono state ottenute varietà resistenti agli erbicidi introducendo un gene isolato da un batterio che vive nel suolo. Le piante con geni Bt o resistenti agli erbicidi sono definite **organismi geneticamente modificati di prima generazione**, perché sono stati creati con l'unico scopo di aumentare l'efficienza e la produttività agricola; secondo quanto riportato in diversi studi, l'utilizzo di queste piante GM ha drasticamente ridotto l'uso degli insetticidi nelle zone in cui sono state coltivate.

Oggi esistono anche **OGM di seconda generazione**, cioè progettati per ottenere alimenti con caratteristiche aggiuntive (vitamine o sostanze antiossidanti) e **OGM di terza generazione** creati per far produrre alle piante vaccini o farmaci.

Alle biotecnologie si deve anche la possibilità di produrre piante resistenti ai patogeni. Un esempio riguarda le coltivazioni di papaya nelle isole Hawaii, dove la produzione era crollata a causa di infezioni da parte del virus PRSV (*Papaya Ring Spot Virus*), che rende le piante malate incapaci di attuare la fotosintesi. Nel 1986 un gruppo di scienziati ha identificato e clonato la sequenza di una delle proteine di cui è composta la capsula esterna del virus e ha ottenuto una varietà GM di papaya «vaccinata» e quindi in grado di resistere all'infezione. La papaya hawaiana è il primo esempio di varietà vegetale salvata grazie al ricorso alle biotecnologie.

Un altro risultato interessante in questo campo è stato la produzione del cosiddetto *Golden Rice* o riso dorato (**figura 3**), un OGM di seconda generazione progettato per accumulare β-carotene, il precursore della vitamina A. Poiché questa vitamina è assente nel riso, la sua carenza causa cecità e morte nelle popolazioni che si nutrono prevalentemente di questo cereale. Il *Golden Rice* contiene tre geni (due provenienti dal narciso e uno da un batterio del suolo) che costituiscono la via di sintesi del β-carotene, così da integrare la dieta di chi lo consuma. In questo caso le biotecnologie sono risultate utili per migliorare le proprietà nutrizionali di un alimento. I livelli di produzione di β-carotene sono stati oggetto di una ampia discussione, ma diverse prove indicano che il consumo di *Golden Rice* andrebbe a ridurre i sintomi più gravi dell'ipovitaminosi A. Ad oggi, questa varietà di riso non è ancora coltivata su ampia scala sebbene la sua produzione non abbia alcuna controindicazione né per l'uomo né per l'ambiente.

Le parole

Gene Bt è un'espressione che identifica il gene prelevato dal batterio *Bacillus thuringiensis*; in modo analogo vengono definite le specie in cui viene inserito questo gene: mais Bt, cotone Bt ecc.

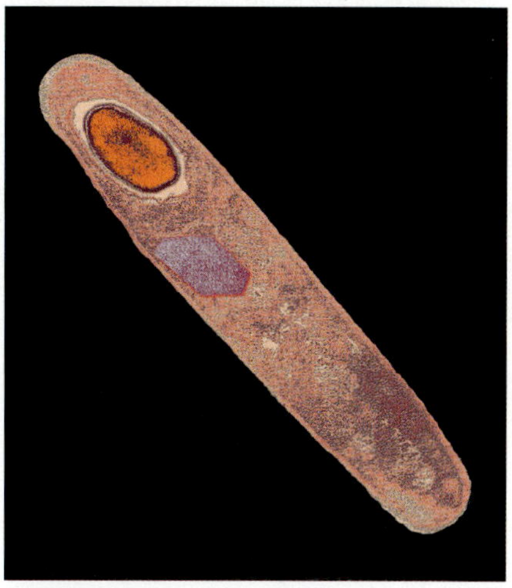

▲ **Figura 2**
Fotografia al microscopio elettronico a trasmissione di *Bacillus thuringiensis*, con evidenziati in arancione il nucleo e in viola un'endospora.

▼ **Figura 3**
Il *Golden Rice* è una varietà di riso modificata geneticamente con l'aggiunta di tre geni provenienti dal narciso e dal batterio *Erwinia uredovora* per sintetizzare β-carotene, un precursore della vitamina A.

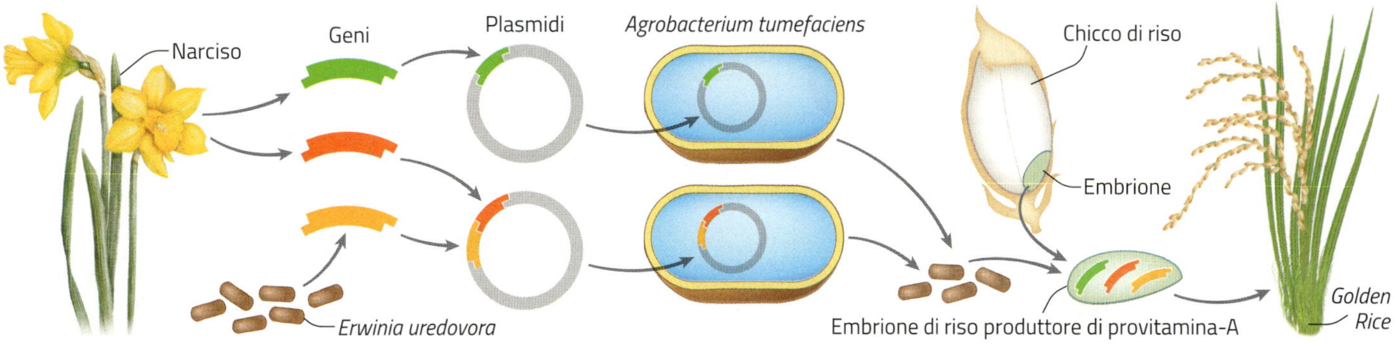

1. Due geni sono estratti dalla pianta del narciso e uno dal batterio *Erwinia uredovora*.

2. I geni e i loro promotori sono inseriti in plasmidi che poi vengono incorporati da *Agrobacterium tumefaciens*.

3. *A. tumefaciens* è messo in coltura con degli embrioni di riso, nei quali trasferisce i geni di interesse.

4. L'embrione si sviluppa e forma i semi, che sono seminati per dare colture transgeniche ricche di β-carotene.

La superficie totale coperta corrisponde, per estensione, a quella dell'intera Alaska.

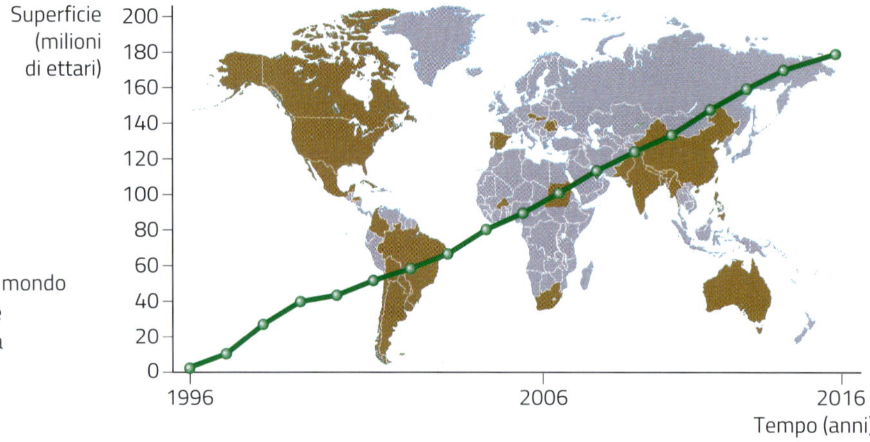

Gli Stati Uniti, con oltre 70 milioni di ettari destinati alla coltivazione GM, sono il maggior produttore mondiale, seguiti da Brasile (44 milioni) e Argentina (25 milioni).

▸ **Figura 4**
La diffusione delle colture geneticamente modificate nel mondo è iniziata nel 1996. In marrone gli Stati che hanno concesso la coltivazione di piante GM.

L'utilizzo delle biotecnologie agroalimentari permette di ottenere raccolti più abbondanti e di qualità più elevata; per questo sono numerose le nazioni che coltivano varietà vegetali GM su larga scala (**figura 4**). Tuttavia, sebbene non esistano prove che costituiscano un pericolo per gli esseri umani o gli animali che se ne cibano il dibattito sulla loro sicurezza come fonte di materie prime o per il consumo alimentare è tuttora molto acceso.

Per modificare una pianta si usa il plasmide Ti o il metodo biobalistico

A colpo d'occhio

MODIFICARE PIANTE — MONOCOTILEDONI — PLASMIDE Ti (*A. tumefaciens*)

MODIFICARE PIANTE — DICOTILEDONI — METODO BIOBALISTICO

Per costruire una pianta geneticamente modificata dobbiamo introdurre nel nucleo della cellula vegetale i frammenti di DNA contenenti i geni responsabili del carattere che vogliamo far acquisire alla pianta. Il trasferimento del DNA è però ostacolato dalla presenza della spessa parete delle cellule vegetali. Per superare questa barriera, i ricercatori hanno fatto ricorso a organismi che in natura avevano già mostrato di possedere tale capacità, come il batterio *Agrobacterium tumefaciens*. Questo fitopatogeno è responsabile della formazione di tumori in numerose piante di interesse agrario; il danno indotto da *A. tumefaciens* è dovuto all'integrazione nel genoma della pianta e dalla successiva espressione di un frammento di DNA conosciuto come *fattore Ti*. Una volta isolato, il fattore Ti è stato modificato in laboratorio in modo da rimuovere i geni che inducevano il tumore e integrare al suo interno un tratto di DNA di nostra scelta (**figura 5**).

Gli scienziati hanno così creato il **plasmide Ti**, che ha permesso di produrre in modo semplice ed economico piante geneticamente manipolate. L'impiego del plasmide Ti ci si avvale delle stesse metodiche di clonaggio che si usano di solito in laboratorio e che abbiamo descritto nel capitolo precedente.

▾ **Figura 5**
Il plasmide Ti, che proviene dal batterio del suolo *Agrobacterium tumefaciens*, è usato come vettore per modificare geneticamente le piante.

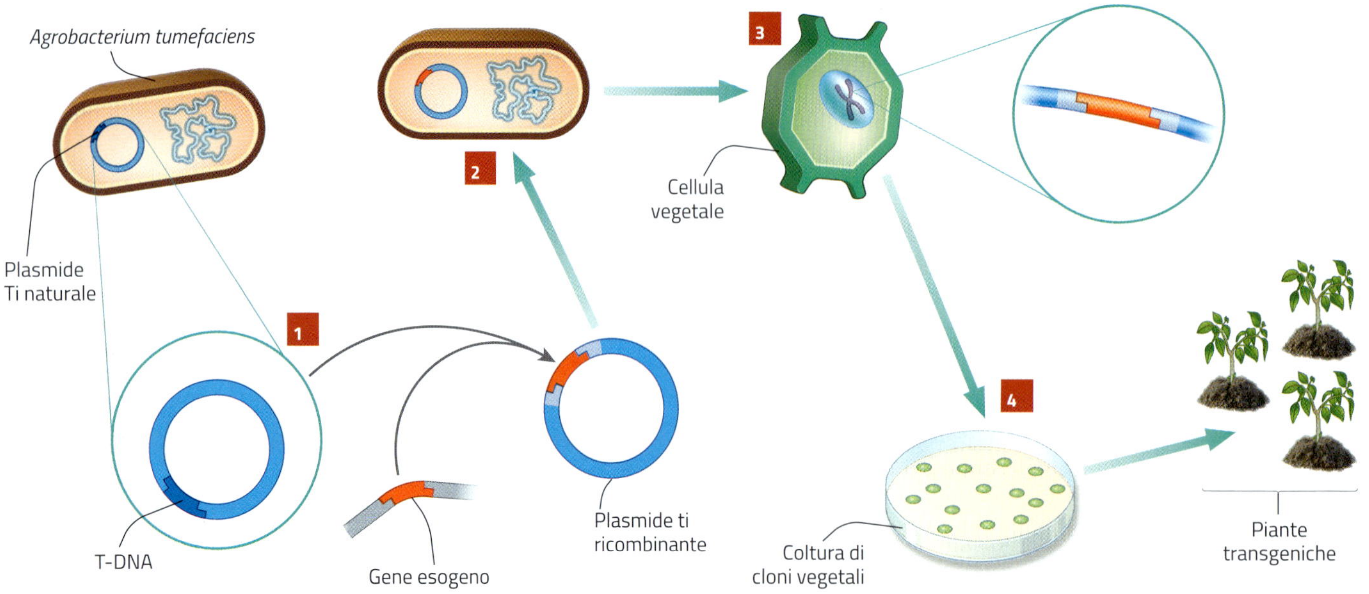

Poiché *Agrobacterium* non è in grado di infettare le piante monocotiledoni, è stato sviluppato un secondo metodo chiamato **metodo biobalistico**, basato sul bombardamento di cellule vegetali con particelle d'oro o di tungsteno rivestite di frammenti di DNA. L'elevata velocità con cui le particelle sono sparate permette loro di penetrare sia la parete sia la membrana della cellula, facendo in modo che i frammenti di DNA siano liberati all'interno del citoplasma e del nucleo. Una parte di questi frammenti sarà integrata nel genoma della cellula ospite e determinerà la trasformazione genetica della cellula trattata. Il bombardamento con microproiettili si è dimostrato utile per manipolare con elevata efficacia numerose piante.

Ti ricordi?

Le piante angiosperme sono divise in due grandi gruppi: le **monocotiledoni** e le **dicotiledoni**. I nomi si riferiscono alle prime foglie che compaiono nell'embrione della pianta, che sono chiamate *cotiledoni*. L'embrione delle monocotiledoni possiede una foglia sola, mentre quello delle dicotiledoni ne ha due.

1 – Uno sguardo alla bioetica

Una riflessione sugli OGM

Dagli ultimi dati diffusi da ISAA (*International Service for the Acquisition of Agri-biotech Applications*) sulla situazione attuale delle colture geneticamente modificate, emerge che a livello globale l'uso di OGM è in crescita, ma in Europa non decollano e sono anzi in crisi. Dal punto di vista delle coltivazioni GM, i Paesi europei sono ai margini della classifica in base alle dimensioni delle coltivazioni, dove troviamo in testa USA, Brasile e Argentina. Tra i Paesi che avversano con più accanimento queste colture GM troviamo alcuni rappresentanti dell'Unione Europea e, tra questi, l'Italia ha la posizione più intransigente nei confronti dei semi e dei prodotti GM.

Quando, agli inizi degli anni Settanta del secolo scorso, venne creato il primo organismo geneticamente modificato, la comunità scientifica si rese subito conto della portata della scoperta, ma anche dei possibili rischi insiti in questo tipo di ricerca.

Parlando di OGM sono stati evocati scenari molto diversi: c'è chi sostiene che, proprio grazie all'impiego degli OGM in agricoltura, si potrà sconfiggere la fame nel mondo, chi teme che siano pericolosi per l'umanità e problematici per la biodiversità. Esistono anche, tra gli oppositori, coloro che contestano le multinazionali, che negli anni hanno ottenuto il controllo economico sull'agricoltura transgenica tramite i brevetti. Nonostante i moniti e gli allarmi lanciati, a distanza di qualche decennio non è accaduto nulla di quanto era stato ipotizzato, ma rimangono ancora in sospeso alcuni problemi.

IL DIBATTITO SUI RISCHI

Il dibattito su questo tema sembra essere orientato su impostazioni ideologiche o su personali rappresentazioni mentali. La causa di questi atteggiamenti è in parte dovuta a una scarsa comunicazione da parte della comunità scientifica che non ha saputo informare adeguatamente riguardo la metodologia e le tappe di queste scoperte, così che i risultati scientifici sono rimasti oggetto di simpatia o antipatia o comunque elaborati secondo processi mentali che nulla hanno a che vedere con la scienza.

La responsabilità di una adeguata informazione è da attribuire, in parte, anche ai *mass media* e alle logiche di mercato che li guidano, perché spesso si punta sulla spettacolarizzazione della notizia più che sul rigore dell'informazione scientifica. Come afferma anche l'Osservatorio di Pavia, centro di ricerca indipendente per la tutela del pluralismo nei mezzi di comunicazione, l'informazione si riduce spesso a mera portavoce dello scontro ideologico tra opposte «fazioni» pro o contro le agro biotecnologie; non informando sul tema, ma solo sulle opinioni intorno al tema, senza peraltro che queste vengano adeguatamente motivate. In questo modo il pubblico è sempre più disorientato e sempre meno capace di formarsi una propria opinione.

Un altro elemento che condiziona la comprensione della ricerca sugli OGM è dato dalla paura, quella che spesso si prova di fronte a esperienze nuove che, proprio per questo motivo, sono potenzialmente pericolose. L'aspetto della paura nel contesto degli organismi geneticamente modificati è proprio in rapporto al rischio che si lega a tutto ciò che è nuovo.

Cambierà l'atteggiamento dell'opinione pubblica italiana? Secondo il chimico e divulgatore scientifico Dario Bressanini: «L'esperienza del passato, per esempio nel caso delle vaccinazioni o della pastorizzazione del latte, indica che quando i benefici superano i rischi (...) la maggior parte delle persone finisce per accettare senza timore i benefici di una nuova tecnologia». E forse lo sarà anche per gli organismi geneticamente modificati.

LA NORMATIVA EUROPEA SUGLI OGM

A prescindere dal dibattito tra fazioni a favore e contro gli OGM, però, esiste a livello comunitario una normativa che regola l'uso di questi prodotti. Tale regolamentazione risale all'inizio degli anni Novanta ed è stata introdotta per proteggere la salute dei cittadini e l'ambiente e al tempo stesso creare un mercato unificato delle biotecnologie.

Grazie ad essa è stato istituito un sistema comunitario che garantisce la tracciabilità e l'etichettatura dei prodotti GM destinati all'alimentazione umana e animale ed è stato istituito un comitato con il compito di valutare l'ammissibilità di nuovi prodotti da mettere in commercio. A oggi nel territorio dell'Unione Europea possono essere legalmente commercializzati i derivati di sedici diversi OGM, tra cui alcune varietà di soia, mais, colza e gli oli derivati da due varietà di semi di cotone.

Risale invece al gennaio 2015 la decisione del Parlamento europeo di lasciare ai singoli Stati membri il potere di decidere se consentire o meno la coltivazione di piante GM sul proprio territorio nazionale. L'Italia ha scelto di vietare tale coltivazione attraverso un decreto firmato dai ministri della Salute, dell'Ambiente e dell'Agricoltura, così come hanno fatto Francia e Germania, mentre Stati come la Spagna o il Portogallo hanno lasciato la libertà di scelta ai propri agricoltori.

Leggi l'approfondimento nell'ebook:
Per saperne di più
Un OGM per salvare le banane

Sebbene l'attenzione maggiore venga posta sulle piante GM di interesse alimentare, queste sono solamente un esempio delle reali applicazioni delle biotecnologie vegetali (**tabella 1**).

▸ **Tabella 1**
Alcune applicazioni poco conosciute delle biotecnologie vegetali.

Applicazioni piante GM
Migliorare la maturazione dei frutti
Aumentare la resistenza agli erbicidi
Aumentare la resistenza agli stress ambientali (freddo, salinità, siccità)
Aumentare la resistenza ai patogeni (virus, funghi, batteri, insetti)
Modificare il contenuto nutrizionale (proteine, vitamine)
Produrre molecole ricombinanti (enzimi, anticorpi, antigeni per vaccini)

Le piante GM di terza generazione producono medicinali e biocombustibili

Negli ultimi anni sono stati avviati diversi esperimenti in cui le piante non sono utilizzate in quanto alimenti, ma come «biofabbriche»: l'idea di base è produrre **farmaci** e **vaccini** da piante tramite l'inserimento di geni opportuni.

Benché attualmente non siano ancora disponibili biofarmaci prodotti dalle piante, questo settore di ricerca presenta notevoli potenzialità. Le piante potrebbero, infatti, produrre i biofarmaci in grandi quantitativi e in modo più economico rispetto ai sistemi attuali, che sono basati su cellule batteriche o animali (**tabella 2**).

Alcune ricerche hanno dimostrato che utilizzando piante edibili (come patata e pomodoro) per la produzione di farmaci è possibile semplificarne la somministrazione, che può avvenire per via alimentare. I *vaccini orali* ottenuti grazie a piante GM sono tra le più promettenti frontiere della ricerca, perché risolverebbero il problema del trasporto e della conservazione nei paesi in via di sviluppo.

Infine, molte piante geneticamente modificate sono usate per creare i cosiddetti *biocombustibili*: è questo il caso della soia transgenica coltivata in Sudamerica per produrre biodiesel, impiegato come carburante per i motori. Riparleremo di questo ultimo punto in modo più approfondito nel corso del capitolo.

▾ **Tabella 2**
Alcuni esempi di farmaci e altri derivati medici prodotti dalle piante.

Applicazioni potenziali	Pianta	Proteina	Livelli di espressione
Proteine umane			
Anticoagulante	Tabacco	Proteina C	<0,01% PST
Antitrombina III	Colza	Irudina	0,3% proteine del seme
Neutropenia	Tabacco	Fattore stimolante	n.d.
Ormone della crescita	Tabacco	Somatotropina	7,0% PST (cloroplasto)
Anemia	Tabacco	Eritropoietina	<0,01% PST (nucleo)
Analgesico per narcosi	Arabidopsis	Encefalite	0,1% proteine del seme
Cicatrizzante, attivatore tissutale	Tabacco	Proteina epidermica	<0,01% PST
Epatite C e B	Riso, rapa, tabacco	Interferone α Interferone β	n.d. <0,01% peso fresco
Cirrosi epatica	Tabacco	Siero albumina	0,02% PST
Sostituto del plasma nelle trasfusioni	Tabacco	Emoglobine α e β	0,05% proteine del seme
Colagene	Tabacco	Collagene	<0,01% peso fresco
Fibrosi cistica, malattie del fegato	Riso	α_1 antitripsina	n.d.
Inibitore della tripsina nei trapianti	Mais	Aprotinina	n.d.
Antimicrobico	Patata	Lattoferrina	<0,1% PST
Proteine non umane			
Ipertensione	Tabacco, pomodoro	Enzima di conversione della angiotesina	n.d.
Terapia contro l'HIV	Tabacco	α-tricosantina	2,0% PST
Malattia di Gaucher	Tabacco	Glucorerebrosidasi	1-10% PST
			PST = proteina solubile totale (n.d., non determinato).

2 – Educazione ambientale

Glifosato: risorsa o pericolo?

Il glifosato, il cui nome chimico è N-fosfonometil-glicina, è uno dei principi chimici più utilizzati in agricoltura. Messo in commercio nel 1974, il glifosato (commercializzato con il nome *RoundUp* dalla multinazionale Monsanto) è diventato in breve uno degli erbicidi più usati nel mondo per eliminare le piante infestanti, di cui causa il disseccamento perché interferisce con il funzionamento dei cloroplasti. È presente in più di 700 prodotti per l'agricoltura e il giardinaggio domestico e per quasi vent'anni è stato impiegato dall'esercito degli Stati Uniti per irrorare milioni di ettari di piantagioni di coca in Colombia, allo scopo di ridurre la produzione di cocaina.

L'utilizzo del glifosato ha registrato un netto aumento dagli anni Ottanta, quando Monsanto ha cominciato a commercializzare piante di soia, mais e colza geneticamente modificate per essere resistenti a questo erbicida. Grazie all'inserimento di un gene che codifica per una proteina del cloroplasto non bloccata dal glifosato, i campi in cui sono coltivate le piante *RoundUp* possono essere irrorati con il glifosato senza essere danneggiate, a differenza delle infestanti che vengono uccise. In parallelo alla diffusione delle piante *RoundUp*, quindi, si è registrato un aumento significativo nell'uso di questo erbicida.

Questa molecola è stata per molto tempo ritenuta sicura per l'ambiente e l'uomo, tanto che nel 2013 negli Stati Uniti l'ente federale per l'ambiente, la *Environmental protection agency*, ha innalzato le soglie legalmente tollerabili di residui di glifosato nel cibo. Ha quindi suscitato grande attenzione nel 2015 uno studio condotto dall'Agenzia Internazionale per la ricerca sul cancro (IARC) che indicava il glifosato come «potenzialmente carcinogeno» per gli umani. Esaminando studi sui lavoratori agricoli esposti al glifosato negli Stati Uniti, in Canada e in Svezia, l'IARC ha rilevato che l'uso del glifosato potrebbe essere correlato a un aumentato rischio di linfoma non-Hodgkin, un tumore del sistema linfatico. A questo si aggiunge che altri studi hanno suggerito la possibilità che il glifosato arrechi danni al DNA e ai cromosomi nei mammiferi. Queste conclusioni sono state contestate non solo da Monsanto, ma da altri enti (tra cui Autorità europea per la sicurezza alimentare) tanto che ad oggi il glifosato è ancora in uso, in attesa che l'Agenzia europea per la chimica completi il proprio studio sull'impatto del glifosato sulla salute umana e sull'ambiente.

I potenziali e ancora dibattuti pericoli associati all'utilizzo del glifosato sono tra le principali motivazioni proposte in Europa per impedire la diffusione delle piante GM, che andrebbero a incrementarne l'utilizzo; allo stesso tempo però in molte nazioni europee il suo utilizzo nell'agricoltura convenzionale non è in discussione. In Italia dal 2016 è vietato usare il glifosato in luoghi pubblici (come parchi, giardini, campi sportivi e zone ricreative, aree gioco per bambini, cortili e aree verdi interne a complessi scolastici e strutture sanitarie), così come è vietato impiegarlo in agricoltura nel periodo che precede il raccolto e la trebbiatura, fasi in cui è maggiore il rischio di lasciare residui sui cibi che consumiamo.

Ad oggi, il glifosato resta un erbicida molto utilizzato di cui non esistono in commercio alternative ugualmente efficaci, ma di cui si sospetta una potenziale pericolosità. In questa situazione, si dovrebbe ricorrere al principio di precauzione e sospenderne l'uso fino a quando la sua innocuità non fosse accertata. Se invece fosse stabilito un rischio cancerogeno anche minimo, l'UE dovrebbe bandirne l'impiego; questa decisione avrebbe però delle ripercussioni sull'importazione dei mangimi, che sono prodotti a partire da soia e mais GM coltivati fuori dai confini europei dove l'applicazione pre-raccolto del glifosato è la regola. Visto che l'Italia non è autosufficiente nella produzione di mais e soia a uso zootecnico, si porrebbe quindi il problema di dove reperire le materie prime per la produzione dei mangimi.

▲ **Figura A**
Trattamento di campi coltivati con glifosato.

▲ **Figura B**
Diserbanti a base di glifosato reperibili negli scaffali di un supermercato.

Facciamo il punto

1. In che modo vengono divise le biotecnologie moderne?
2. Quali metodi permettono di inserire dei geni nelle cellule vegetali?
3. Quali piante GM sono state prodotte e a quale scopo?

2 Red biotech: le biotecnologie medico-farmaceutiche

Gli animali transgenici sono ottenuti con tre tecniche diverse

Sebbene il dibattito pubblico sugli OGM si occupi prevalentemente delle piante geneticamente modificate, abbiamo oggi a nostra disposizione anche numerosi strumenti per produrre animali transgenici. Al momento sono in uso diverse tecniche di trasferimento genico per questo settore di ricerca:

- l'integrazione di *vettori retrovirali* (cioè vettori ottenuti da retrovirus) contenenti il gene esogeno in embrioni in via di sviluppo;
- la *microiniezione* del DNA in uova fecondate (tecnica usata soprattutto nei mammiferi e negli insetti);
- l'incorporazione di *cellule staminali embrionali*, in alcuni casi anche geneticamente modificate, in embrioni ai primi stadi dello sviluppo.

A colpo d'occhio

MODIFICARE ANIMALI
- VETTORI RETROVIRALI
- MICROINIEZIONI NELLE UOVA
- CELLULE STAMINALI EMBRIONALI

Queste tecniche hanno permesso di ottenere topi geneticamente modificati che non solo esprimono il prodotto del gene integrato, ma sono anche in grado di trasmettere il nuovo gene alla discendenza.

Lo scopo principale di questo approccio è produrre animali con determinate caratteristiche zootecniche, ma anche sfruttare questi organismi per produrre proteine ricombinanti. Mediante l'uso di un promotore di un gene specifico per le proteine del latte, è possibile far secernere nel latte di pecore transgeniche il fattore IX umano, uno dei fattori responsabili della coagulazione del sangue. Lo stesso promotore usato nel topo ha permesso di produrre un'altra proteina umana, l'attivatore tissutale del plasminogeno.

Le parole

Il termine **transgenico** è spesso usato come sinonimo di «geneticamente modificato», ma in realtà indica organismi o cellule in cui è stato inserito un gene proveniente da un'altra specie allo scopo di far loro acquisire determinate caratteristiche.

Le biotecnologie possono rendere più semplici gli xenotrapianti

Oggi eseguire un trapianto di organi non è più un problema di carattere tecnico, ma dipende dalla disponibilità di organi da donatore compatibile. Per raggiungere questo traguardo, però, sono stati necessari molti esperimenti.

Nel 1954 il chirurgo Joseph Murray inaugurò a Boston la chirurgia dei trapianti con il primo trapianto di rene sull'uomo. Già negli anni precedenti c'erano stati dei tentativi che non avevano permesso però la sopravvivenza del ricevente. A Murray fu assegnato nel 1990 il premio Nobel per la medicina per aver effettuato con successo un trapianto di reni tra due gemelli: la compatibilità genetica evitò il problema del rigetto. Il riconoscimento da parte dell'organismo di un organo trapiantato e il conseguente rigetto sono dovuti a un gruppo di geni che costituiscono il *Complesso Maggiore di Istocompatibilità*, che codificano per la sintesi di molecole presenti sulla superficie di ogni cellula del nostro corpo. Questo complesso è caratteristico per ogni individuo ed è coinvolto anche in alcuni meccanismi di difesa immunitaria.

Le parole

Il **Complesso Maggiore di Istocompatibilità** presente nell'uomo è anche chiamato HLA, acronimo dell'espressione inglese *Human Leukocytes Antigen.*

Per ovviare al problema del rigetto si sta ricorrendo alle biotecnologie, che hanno aperto nell'ultimo decennio una nuova possibilità grazie agli **xenotrapianti**, cioè i trapianti tra specie diverse (da animale a essere umano). Il primo xenotrapianto è stato eseguito nel 1992 a Pittsburgh dal chirurgo Thomas Starzl, che sostituì il fegato di un essere umano con quello di un babbuino. In quell'occasione il paziente riuscì a sopravvivere per qualche settimana, prima di morire per infezione. Ora, tramite tecniche d'ingegneria genetica, è possibile modificare il genoma di animali al fine di disporre di organi compatibili con l'uomo, evitando così il rigetto.

L'idea di usare organi animali per sopperire alla cronica carenza ha una lunga storia che si è finora scontrata con una serie di difficoltà, fra cui la possibilità di trasmissione di agenti infettivi dall'animale all'uomo. La scelta del maiale come candidato a fornire gli organi supera in parte questo problema, dato che nelle migliaia di anni di convivenza fra suini ed esseri umani sono pochi gli agenti patogeni che hanno fatto il salto di specie (**figura 6**). Tuttavia, nel genoma suino sono presenti retrovirus chiamati *PERV* (*Porcine Endogenous RetroViruses*) che sono potenzialmente in grado di produrre particelle virali che potrebbero infettare le cellule umane, con conseguenze imprevedibili non solo per il trapiantato, ma anche per chi venisse in contatto con lui.

Grazie all'ingegneria genetica, il genetista americano George Church ha introdotto mutazioni all'interno delle sequenze PERV e le ha inattivate, così da eliminare uno dei principali ostacoli alla sperimentazione nel campo degli xenotrapianti. In parallelo, alcuni gruppi di ricerca hanno identificato nel genoma del maiale un gruppo di geni che, una volta spento, renderebbe gli organi invisibili al nostro sistema immunitario, limitando la reazione di rigetto. I problemi da superare per portare gli xenotrapianti nella clinica umana rimangono però ancora molti.

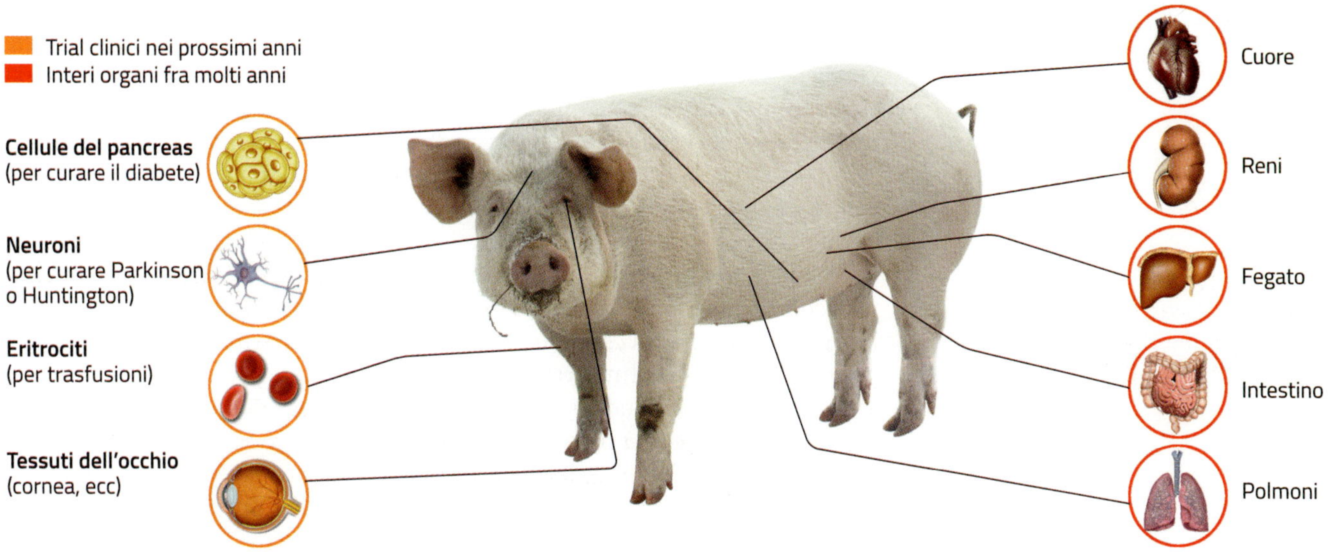

▾ **Figura 6**
Il maiale è il soggetto ideale per gli xenotrapianti: ha una velocità di crescita maggiore di quella di un primate non umano (si pensi a uno scimpanzé o a un orango, la cui vita media è di 35-45 anni), i suoi organi hanno dimensioni simili a quelle di un primate, il numero di esemplari allevati è enorme e la sperimentazione suina è meno impegnativa da accettare sotto il profilo etico rispetto a quella sui primati.

Alcuni animali sono geneticamente modificati per crescere più in fretta

Le biotecnologie applicate ai modelli animali si sono focalizzate soprattutto sulla produzione di animali da utilizzare in medicina, ma vi sono altri ambiti di applicazione. Un esempio è il salmone *AquAdvantage*, un salmone GM che grazie all'ingegneria genetica cresce più velocemente e richiede meno cibo (**figura 7**).

Le prime ricerche per creare un salmone geneticamente modificato risalgono alla fine degli anni Ottanta, quando furono avviati alcuni esperimenti per inserire nel genoma del salmone atlantico della specie *Salmo salar* geni di altre specie di salmoni, in modo da accelerare la sua crescita in allevamento. Il salmone *AquAdvantage*, per esempio, è stato ottenuto aggiungendo al corredo genetico del salmone atlantico un gene isolato dal salmone reale *Oncorhynchus tshawytscha*, che codifica l'ormone della crescita. Grazie a questa modificazione genetica, il salmone *AquAdvantage* cresce più in fretta e può essere commercializzato prima dei comuni salmoni. Si tratta di un vantaggio importante per i produttori ma anche per l'ambiente perché, a parità di prodotto, l'impatto ambientale è inferiore.

Curiosità

Entro il 2050, sulla Terra vivranno oltre 9 miliardi di persone, per cui occorrerà produrre cibo a sufficienza per tutti, senza distruggere l'ambiente. Una delle soluzioni al problema verrà dalla **carne artificiale** o *in vitro meat*. Questa idea è nell'immaginario collettivo già da anni grazie ai racconti di fantascienza; per farla diventare realtà si sta pensando all'impiego delle cellule staminali.

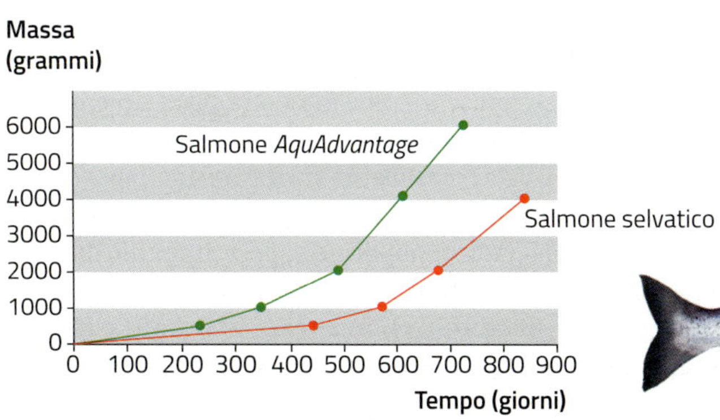

▾ **Figura 7**
Il confronto tra le dimensioni di un salmone normale e uno *AquAdvantage*.

Il salmone *AquAdvantage* può raggiungere le dimensioni adulte in 16-28 mesi, anziché in 36, come un salmone normale dell'oceano Atlantico; questa varietà, inoltre, mangia una quantità di cibo che è più bassa del 25% rispetto alla varietà selvatica.

A colpo d'occhio

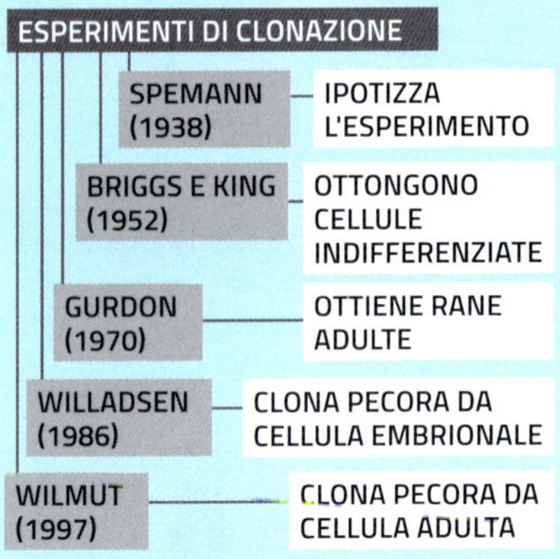

Curiosità

L'**esperimento di Wilmut** era molto simile a quelli di Gurdon; l'unico accorgimento di Wilmut fu lasciare per alcuni giorni in carenza di nutrimento le cellule candidate a fornire il nucleo per il trapianto, per bloccarne il ciclo cellulare. Wilmut, inoltre, impiantò l'embrione in una pecora di razza diversa da quella che aveva fornito il nucleo cellulare, così da poter provare la reale origine di Dolly. In entrambi gli esperimenti, la percentuale di successi fu molto bassa: un solo successo su 277 tentativi.

La storia della clonazione animale comincia nel 1938 e culmina con la pecora Dolly

Il termine **clonazione**, ovvero la produzione in molte copie identiche, è stato applicato a interi organismi, a singole cellule e, infine, a specifici geni (anche se è più corretto usare il termine *clonaggio*; *vedi* capitolo E8). L'idea della clonazione di un intero organismo risale al 1938, quando l'embriologo tedesco Hans Spemann concepì un esperimento che definì «fantastico»: asportare il nucleo da una cellula uovo e sostituirlo con quello di una cellula somatica (cioè una normale cellula diploide del corpo) per ottenere una sorta di cellula uovo fecondata da far sviluppare per giungere a un adulto geneticamente identico a quello da cui era stato preso il nucleo.

Spemann non disponeva delle tecniche necessarie a realizzare l'esperimento, che fu invece compiuto nel 1952 da Robert Briggs e Thomas King. Usando una sottilissima pipetta di vetro, essi riuscirono ad asportare il nucleo da un uovo di rana (*Rana pipiens*) senza danneggiare la cellula. I ricercatori utilizzarono quella specie perché le uova di *R. pipiens* sono molto grandi, fino a 5 mm di diametro. Con la stessa tecnica riuscirono a impiantare nell'uovo un nucleo diploide prelevato da una cellula embrionale di un'altra rana. Briggs e King non ottennero un animale sviluppato, ma dimostrarono che la cellula provvista del nuovo nucleo andava incontro ad alcune divisioni cellulari, formando una masserella indifferenziata di cellule.

Nel 1970, poi, il biologo britannico John Gurdon ripeté questo esperimento usando una rana africana *Xenopus laevis*. Egli distrusse il nucleo dell'uovo con i raggi UV e lo sostituì con il nucleo di una cellula intestinale di girino. Dopo i primi insuccessi, alla fine arrivò a ottenere rane adulte perfettamente formate. Si dovette tuttavia attendere il 1986 perché l'embriologo danese Steen Willadsen arrivasse a clonare una pecora usando il nucleo di una cellula prelevata da un embrione in una fase precoce dello sviluppo. Questo risultato fu accolto con grande interesse dai ricercatori e diede origine a una serie di repliche che furono applicate ad altre specie, tra cui bovini e suini.

Nel 1996 il ricercatore Ian Wilmut ottenne l'attenzione di tutta la comunità scientifica pubblicando un articolo sulla rivista *Nature* in cui annunciava di avere clonato una pecora a partire da una cellula adulta e non embrionale: si trattava di Dolly (**figura 8**). L'opinione pubblica si convinse che la novità scientifica fosse la clonazione in sé, mentre per i ricercatori l'aspetto rilevante era un altro: essere partiti dal nucleo di una cellula adulta e non embrionale.

Fino ad allora, infatti, si pensava che le cellule differenziate avessero subito modifiche irreversibili, tanto da essere definite *terminalmente differenziate*. La nascita di Dolly rappresentò quindi una duplice sorpresa, poiché dimostrò che anche i mammiferi potevano essere clonati e che le cellule di un individuo adulto potevano essere riprogrammate. Da allora le ricerche si sono concentrate sugli aspetti che governano questo processo, nella speranza di controllarlo sempre meglio e di rendere la clonazione sicura e affidabile.

Intanto, dal 2000 in poi, la lista delle specie clonate si è allungata e oggi comprende macachi, topi, mucche, gatti, cavalli e cammelli. Tutti gli organismi clonati appartengono a specie oggi viventi, per cui alcuni scenari fantascientifici rimangono irrealizzabili: il progetto di clonare un mammut partendo da frammenti fossili del suo DNA è ancora lontano dall'essere realizzabile. Anche disponendo di DNA integro, non esistono per queste specie estinte madri surrogate della stessa specie. Si tratta di un dettaglio non secondario, come dimostra l'esperimento con lo stambecco dei Pirenei (*Capra pyrenaica pyrenaica*). Nel tentativo di clonare questo animale, estinto nel 2000, è stata utilizzata come madre surrogata una capra di una specie affine; l'animale clonato però è morto poco dopo la nascita. Le potenzialità di questa tecnica potrebbero essere maggiori se applicate a specie a rischio di estinzione, ma con ancora un certo numero di esemplari in vita.

La clonazione non è tuttavia sfruttata a fini commerciali in Europa o in altre parti del mondo; negli Stati Uniti, inoltre, dal luglio 2001 esiste una moratoria

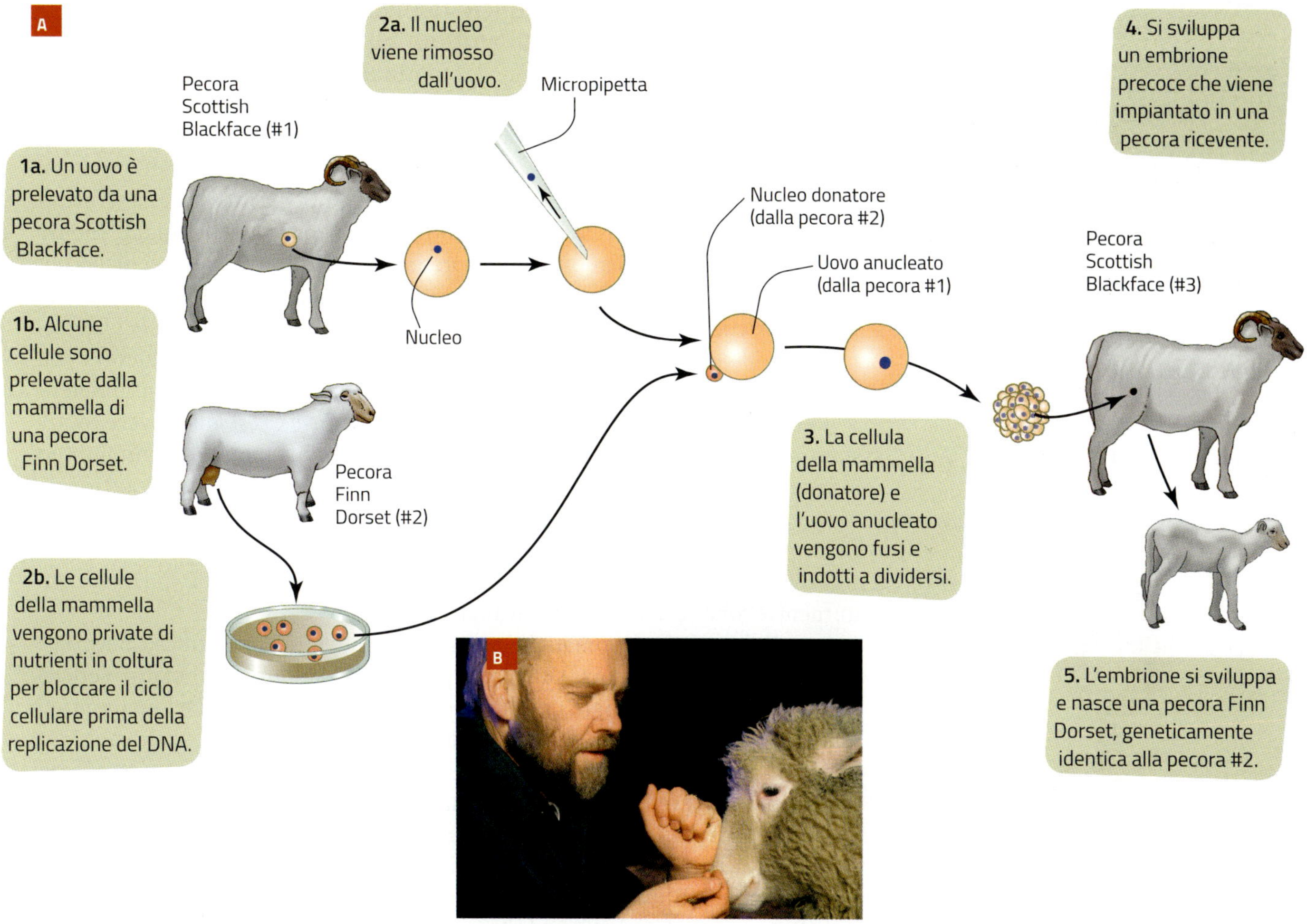

▲ **Figura 8**
(A) Schema del metodo usato per clonare la pecora Dolly. (B) Lo scienziato Ian Wilmut con la pecora derivata dal suo esperimento.

sulla vendita di tali prodotti. Fin dall'inizio c'è stato chi ha pensato di applicare tali tecniche anche alla riproduzione umana; finora, nonostante sporadici annunci, non c'è stata alcuna prova che tale esperimento sia stato portato a termine. A causa delle loro implicazioni etiche, molti Stati vietano questo tipo di ricerche: l'articolo 3 della *Carta dei diritti fondamentali dell'Unione Europea*, per esempio, vieta la «clonazione riproduttiva» degli esseri umani.

Le cellule staminali possono essere manipolate per curare le malattie genetiche

Fino ad oggi, i tessuti o gli organi danneggiati sono stati rimpiazzati con tessuti od organi prelevati da donatori, con importanti limitazioni dovute alla disponibilità e alla compatibilità con il ricevente. Questo problema potrebbe essere risolto avvalendosi delle **cellule staminali**, cellule non differenziate in grado di dividersi all'infinito e dare origine a qualsiasi altro tipo di cellula del corpo. Le cellule staminali hanno inoltre il vantaggio di poter essere fatte crescere *in vitro* in laboratorio, dove possono essere anche geneticamente manipolate per correggere eventuali geni mutati presenti.

Le cellule staminali si suddividono in quattro categorie a seconda della loro capacità di dare origine ai diversi tipi cellulari:

- le staminali **totipotenti** sono in grado di dare origine a un intero organismo, e sono presenti solo nelle prime divisioni delle cellule embrionali;
- le staminali **pluripotenti** non possono produrre un intero organismo, ma possono differenziarsi in tutti i suoi possibili tipi cellulari;
- le staminali **multipotenti** sono in grado di differenziare in pochi, specifici tipi cellulari in risposta a segnali come i fattori di crescita o gli ormoni;
- le staminali **unipotenti** infine sono in grado di dare origine a un unico tipo di cellula.

A colpo d'occhio

CELLULE STAMINALI (ESISTENTI)
- TOTIPOTENTI — TUTTO L'ORGANISMO
- PLURIPOTENTI — TUTTI I TIPI CELLULARI
- MULTIPOTENTI — ALCUNI TIPI CELLULARI
- UNIPOTENTI — UN SOLO TIPO CELLULARE

A colpo d'occhio

CELLULE STAMINALI (STUDIATE)
- EMBRIONALI (ESC) — PLURIPOTENTI
- SOMATICHE (SSC) — MULTIPOTENTI
- PLURIPOTENTI INDOTTE (iPSC) — PLURIPOTENTI

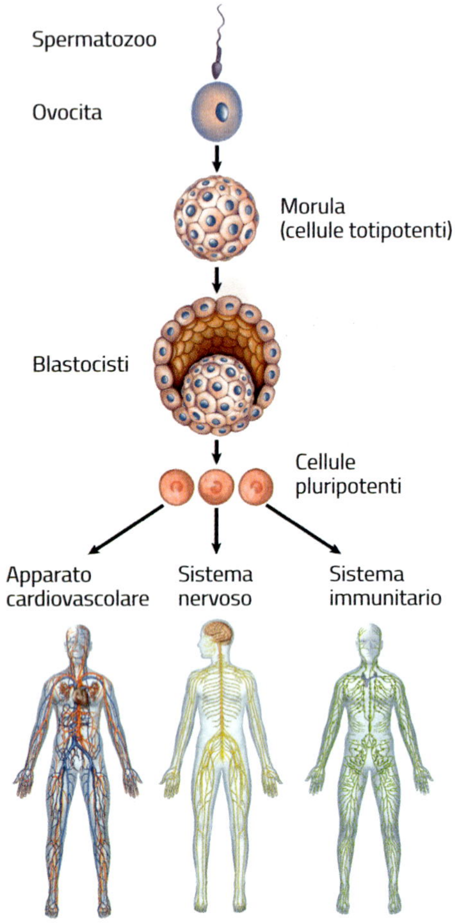

▲ **Figura 9**
Le staminali embrionali possono essere prelevate dalle blastocisti sovrannumerarie, ovvero quelle ottenute con le tecniche di fecondazione assistita che non vengono utilizzate per la successiva fase di impianto.

Le staminali pluripotenti indotte risolvono i problemi etici e tecnici delle staminali embrionali

Fra le staminali più studiate vi sono le **staminali embrionali** o ESC (dall'inglese *Embryonic Stem Cells*; **figura 9**), un tipo di staminali pluripotenti che si preleva dall'embrione allo stadio di blastocisti. L'impiego delle staminali embrionali ha sollevato un acceso dibattito di carattere etico, poiché per poter ottenere una linea di queste cellule è necessaria la distruzione di una blastocisti, una struttura che potenzialmente potrebbe portare allo sviluppo di un essere umano. Inoltre, la crescita e l'impiego di queste cellule presentano alcune difficoltà tecniche: non sappiamo ancora se le cellule coltivate e differenziate in laboratorio abbiano tutte le caratteristiche strutturali e funzionali delle cellule differenziate *in vivo*, cioè nel loro ambiente normale; inoltre, potrebbero accumulare difetti dovuti a mutazioni e crescere in modo incontrollato, portando allo sviluppo di un tumore.

Le **cellule staminali somatiche** o SSC (*Somatic Stem Cells)* sono invece cellule staminali presenti nell'organismo adulto. Essendo multipotenti, hanno un potenziale di sviluppo minore rispetto alle staminali embrionali, ma offrono il vantaggio di poter essere prelevate da una persona vivente senza danneggiarla. La loro distribuzione tuttavia varia da tessuto a tessuto: sono abbondanti nei tessuti soggetti a frequente rinnovamento cellulare, come gli epiteli di rivestimento, mentre sono scarse o assenti in altri.

Le cellule staminali somatiche non sono riconducibili a un'unica categoria, e questo ha delle conseguenze sulle loro applicazioni: le staminali ematopoietiche, per esempio, possono originare solo i tipi di cellule del sangue. Le loro proprietà individuali e sperimentali, tra cui la possibilità di essere isolate e coltivate in laboratorio per dare origine a cellule specializzate, sono quindi più o meno efficaci in funzione della cellula staminale somatica di partenza.

Una delle frontiere più interessanti riguarda infine la possibilità di ottenere cellule staminali partendo da cellule già differenziate. Nel 2006 il gruppo di ricerca del biologo Shinya Yamanaka ha dimostrato che fibroblasti completamente differenziati isolati da topi adulti potevano essere «riconvertiti» in cellule indifferenziate, chiamate **cellule staminali pluripotenti indotte** (o iPSC, *Induced Pluripotent Stem Cells;* **figura 10**). Nel 2007 lo stesso ricercatore ha ottenuto iPSC umane, aprendo il fronte per un nuovo campo di ricerca, quello della **medicina rigenerativa**.

Prima che questa sperimentazione possa essere estesa all'uomo dovranno essere risolti numerosi problemi, ma la medicina che ricrea tessuti o cellule danneggiate è oggi una frontiera con grandi potenzialità applicative. Come per le cellule staminali embrionali, infatti, anche per le cellule iPSC rimane il problema di indirizzare il loro differenziamento nella direzione desiderata.

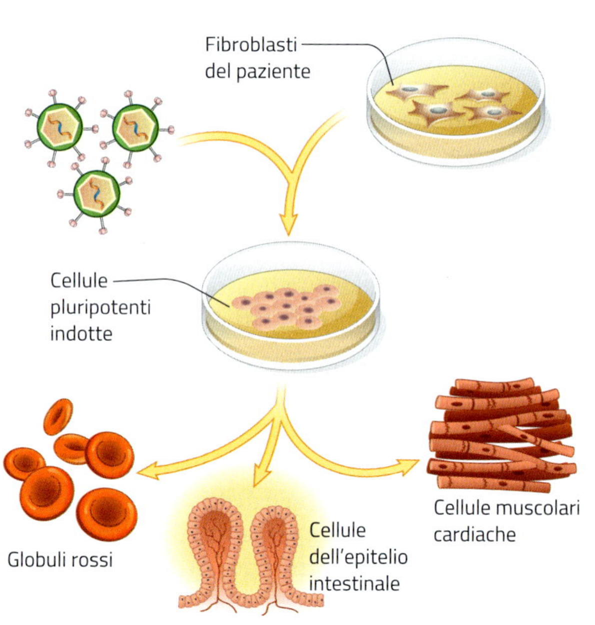

► **Figura 10**
Il metodo Yamanaka per generare iPSC *in vitro* si basa sulla trasduzione di vettori virali che, inducendo l'espressione di particolari fattori di crescita, risveglia la staminalità di cellule già differenziate; ad oggi sono in fase di sperimentazione metodiche che portano allo stesso risultato senza il ricorso a vettori virali.

Le staminali autologhe possono diventare dei farmaci

no degli esempi più attuali di applicazione delle cellule staminali, che costituisce anche il primo farmaco cellulare brevettato in Europa, riguarda la rigenerazione completa della cornea a partire da un gruppo di **cellule staminali autologhe**. *Autologhe* significa che sono cellule provenienti dal paziente stesso, prelevate da una piccola parte dell'occhio chiamata *limbus*, al confine tra la cornea e la congiuntiva.

Nei pazienti che hanno subìto ustioni o lesioni chimiche, la superficie corneale viene danneggiata e la congiuntiva a poco a poco comincia a ricoprire la cornea con una patina bianca, che ostacola la visione e provoca dolore e infiammazione cronici. Per fabbricare una nuova cornea in laboratorio si effettua una biopsia di 1-2 mm del limbus e da quella si ricostruisce un epitelio, che viene posizionato su un supporto proteico di fibrina e poi adagiato sull'occhio del paziente. La fibrina funziona come una colla e viene rapidamente riassorbita, lasciando una cornea trasparente senza correre rischio di rigetto.

Sperimentazioni già in atto in modelli animali indicano che nel prossimo futuro saranno disponibili cellule staminali per sostituire cellule o tessuti nelle malformazioni congenite del cuore o dei polmoni, nell'aterosclerosi oppure nel midollo spinale danneggiato da traumi fisici. Altre possibilità riguardano il diabete, il morbo di Alzheimer e la córea di Huntington.

Da tutto ciò emerge che le cellule staminali saranno uno dei più importanti e innovativi strumenti per riparare diverse tipologie di danni cellulari, tanto da portare alla definizione di una nuova categoria di farmaci: i **farmaci cellulari**.

Le parole

Il *limbus* è la zona di giunzione tra cornea e sclera, due membrane dell'occhio.

4 – Uno sguardo alla bioetica

Quali cellule staminali usare?

Lo studio delle cellule staminali è uno degli aspetti più interessanti delle ricerche nel campo delle scienze della vita; è un argomento di attualità, sia per la ricerca scientifica sia per i temi etici che tocca.

Gli studi in questo settore stanno facendo passi da giganti: nuove ricerche su questo argomento vengono pubblicate quasi ogni giorno. Tra i tanti motivi di tale interesse c'è la possibilità di accedere a nuove frontiere di terapia, grazie alla proprietà intrinseca di queste cellule. Ma lo studio delle cellule staminali è importante anche perché apre una finestra sulla nostra storia biologica: su come diventiamo quello che siamo e quali meccanismi determinano lo sviluppo di un embrione di poche cellule uguali in un organismo complesso.

Alle staminali come strumento «per curare» si affianca la possibilità di impiego delle staminali «per capire».

La ricerca e l'utilizzo di cellule staminali adulte non solleva particolari questioni etiche e giuridiche a condizione, naturalmente, che il prelievo e il trattamento avvengano con modalità che garantiscono la dignità, i diritti e le libertà della persona. Ma nel 1998 venne isolato dall'embrione umano e coltivato *in vitro* un nuovo tipo di cellule staminali: sono le «famose» cellule staminali embrionali. Lo studio di questo tipo di cellule, che prevede l'utilizzo di embrioni umani, mette in gioco principi etici per le condizioni cui deve essere soggetta la ricerca.

Mentre per alcuni, la rimozione di alcune cellule equivale alla distruzione dell'embrione e della vita umana di cui sono portatrici; per altri, che vedono nella ricerca delle staminali embrionali una grande speranza per la cura di malattie come Alzheimer e Parkinson, risulta immorale non avanzare in tale ricerca.

Altri due argomenti, indipendenti da ragioni di ordine morale, hanno peso nel dibattito sulle cellule staminali adulte ed embrionali e fanno leva su ragioni di ordine politico e scientifico. Il primo argomento è quello dell'equivalenza scientifica e a fini terapeutici tra cellule staminali adulte ed embrionali, il secondo è quello dell'uso politicamente corretto dei fondi pubblici.

I risultati della ricerca sulle staminali, peraltro, indicano che ci sono ancora problemi per risolvere i quali è necessaria molta ricerca di base prima di pensare a una applicazione clinica.

Sotto il profilo scientifico tutte queste ricerche sono estremamente interessanti e meritano di essere incoraggiate poiché, in base ai dati circa le differenti proprietà dei vari tipi di staminali, non siamo ancora in grado di decidere quale sia la strada da perseguire. E non è neppure detto che sia necessario privilegiare una sola linea cellulare: per alcune malattie sarà più opportuno utilizzare cellule staminali embrionali, per altre sarà più adatto usare le staminali adulte o quelle del cordone ombelicale.

La scelta dovrà anche valutare la facilità d'uso di questi nuovi trattamenti: è desiderabile (e anzi, è moralmente e socialmente necessario) che chiunque ne abbia bisogno possa usufruirne e non solo coloro che potranno avere accesso agli istituti più avanzati e attrezzati.

Facciamo il punto

1. Attraverso quali tecniche si può ottenere un animale geneticamente modificato?
2. In che modo le biotecnologie favoriscono gli xenotrapianti?
3. Che cos'è la clonazione animale e come vi si è giunti?
4. Quali tipi di cellule staminali esistono nel nostro corpo?
5. Quali tipi di staminali sono impiegati per la ricerca?

3 White biotech: le biotecnologie ambientali e industriali

Curiosità

Nel 1989 avvenne il primo grande sversamento della storia degli Stati Uniti: la petroliera *Exxon Valdez* naufragò al largo dell'Alaska, liberando in mare oltre 270 000 barili di petrolio; per ripulire le acque fu necessario ricorrere a metodi innovativi, basati sull'uso di batteri geneticamente modificati per rimuovere gli idrocarburi.

I batteri GM sono impiegati per ripulire acque e suoli contaminati

La possibilità di produrre batteri geneticamente modificati ha aperto anche applicazioni legate all'ambiente; per esempio, sono già stati creati in laboratorio batteri capaci di degradare e accumulare metalli pesanti o altri composti tossici da utilizzare per strategie di **biorisanamento**, o *bioremediation*, del suolo e delle acque (**figura 11**). Utilizzando batteri GM sarà anche possibile velocizzare lo smaltimento di alcuni prodotti di rifiuto(tra cui la plastica, che potrebbero essere trasformati in sostanze riutilizzabili). Allo stesso modo, i prodotti di rifiuto urbani, industriali o agro-zootecnici potranno essere distrutti dai microrganismi e trasformati in sostanze biodegradabili.

▸ **Figura 11**
I batteri possono essere usati per costruire biofiltri in grado di rimuovere il mercurio dalle acque inquinate.

I biocombustibili forniscono energia senza intaccare i giacimenti fossili

Le biotecnologie possono essere anche utilizzate per trovare un'alternativa *rinnovabile* ai **combustibili fossili** (il petrolio, il carbone e il gas naturale). Questi materiali hanno permesso lo sviluppo economico e tecnologico della società negli ultimi due secoli, ma i loro giacimenti sono destinati a esaurirsi: è stato stimato, per esempio, che le riserve di petrolio si esauriranno nel giro di alcuni decenni.

Oltre alle fonti solare, eolico e geotermico, anch'esse rinnovabili sono in via avanzata di sperimentazione i **biocombustibili**, da utilizzare sia nell'industria sia nei trasporti. Ne sono esempi il biodiesel e il bioetanolo, che sfruttano l'energia chimica di composti ottenibili da materiali vegetali rinnovabili in tempi rapidi (**figura 12**). Questi materiali offrono diversi vantaggi: essendo di origine vegetale, quando bruciano immettono nell'atmosfera una quantità di diossido di carbonio uguale a quella assimilata dalle piante durante la fotosintesi; non con-

▾ **Figura 12**
La produzione di biocarburanti a partire dagli scarti organici come i materiali legnosi di recupero, che vanno prima triturati, quindi sottoposti all'azione di batteri ingegnerizzati in grado di far procedere velocemente il processo di fermentazione del glucosio.

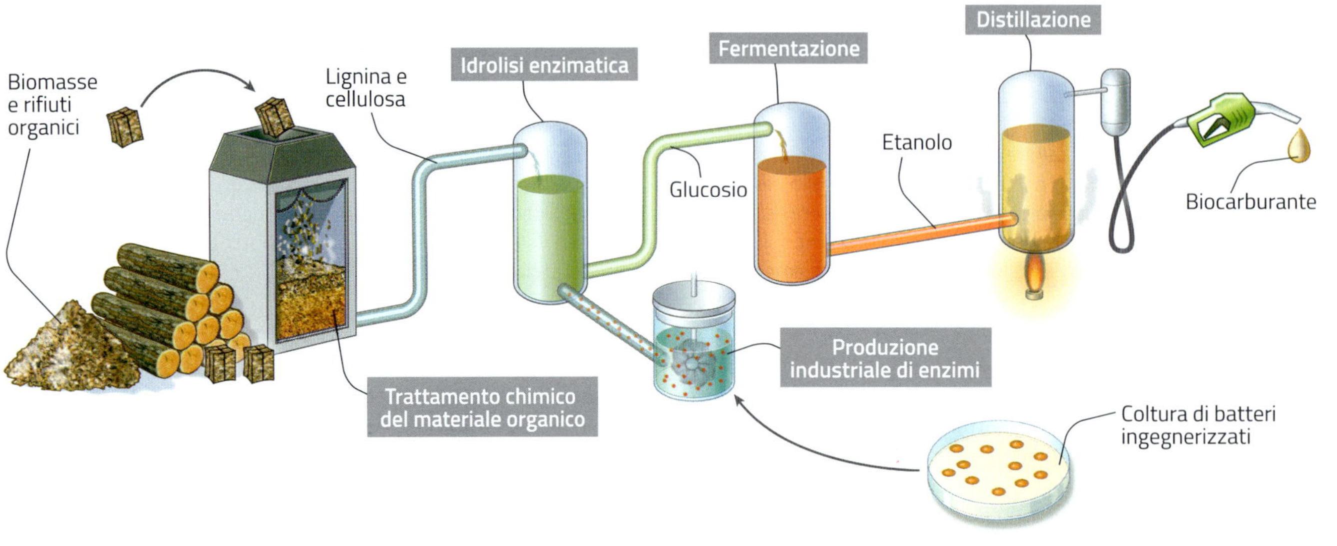

tribuiscono quindi ad aumentare l'effetto serra. Inoltre i biocombustibili sono privi di zolfo, il principale responsabile delle piogge acide e garantiscono un'ossidazione completa degli atomi di carbonio grazie alla presenza di ossigeno nelle loro molecole, per cui consentono una significativa riduzione delle emissioni di CO e di composti incombusti; infine sono totalmente biodegradabili.

Il **biodiesel** è un carburante simile al gasolio ed è ottenuto attraverso un processo chimico da fonti rinnovabili come oli vegetali (olio di colza e di soia), oli vegetali di scarto e grassi animali.

Il **bioetanolo** è un combustibile che si ricava mediante un processo di fermentazione di prodotti agricoli ricchi di carboidrati (come cereali, colture zuccherine, amidacei, vinacce), di residui di coltivazioni agricole e forestali, di residui di lavorazioni delle industrie agrarie e agroalimentari, di rifiuti urbani.

L'inconveniente principale dei biocombustibili è legato ai costi energetici della loro produzione. Per ovviare a questo problema, sono in corso progetti per sfruttare la capacità delle alghe di usare la luce solare per sintetizzare lipidi da convertire in idrocarburi; questi potranno essere impiegati sia a livello industriale per la produzione di materiali (come prodotti plastici) sia per il funzionamento dei motori delle automobili. Al momento i livelli di produzione di queste fonti energetiche sono molto bassi, ben lontani da soddisfare anche solamente una minima parte del fabbisogno energetico. Un aiuto potrebbe arrivare da organismi geneticamente modificati per svolgere i processi biochimici in modo più veloce ed efficiente.

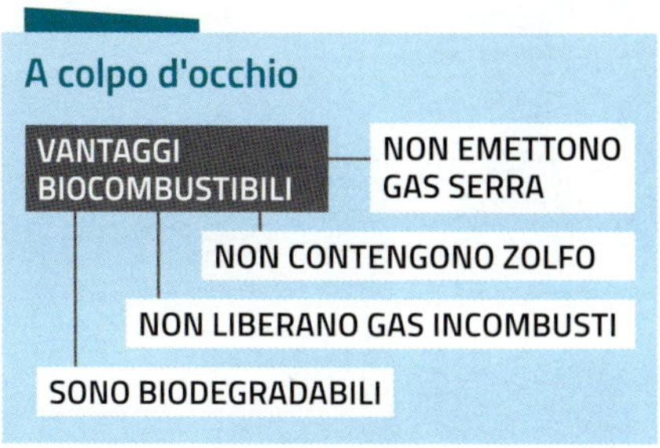

Facciamo il punto

1. Che cosa si intende con il termine biorisanamento?
2. Che cosa sono i biocombustibili?
3. Quali vantaggi offrono i biocombustili rispetto ai combustibili fossili?

4 Le nuove frontiere delle biotecnologie

La genomica identifica i geni per studiarne la funzione e l'evoluzione

Il sequenziamento del genoma appartenente al nematode *Caenorhabditis elegans*, ha segnato l'inizio della **genomica**; questa branca della biologia molecolare studia la struttura del genoma, le informazioni in esso contenute, il modo in cui le sue diverse parti interagiscono e la sua evoluzione.

Studiare un genoma significa essere in grado di assegnare ruoli funzionali ai prodotti dei geni individuati con il sequenziamento (**genomica funzionale**). Questa operazione non è sempre facile; spesso la funzione è ricavata da ricerche successive, comparando, per esempio, la struttura del gene scoperto a quella di altri geni. In genomica è quindi molto utile confrontare le sequenze ottenute da organismi diversi per individuare i geni presenti in un organismo e assenti in un altro, per poi mettere in relazione questi risultati con la rispettiva fisiologia. La **genomica comparata** fornisce anche un sostegno alla teoria dell'evoluzione.

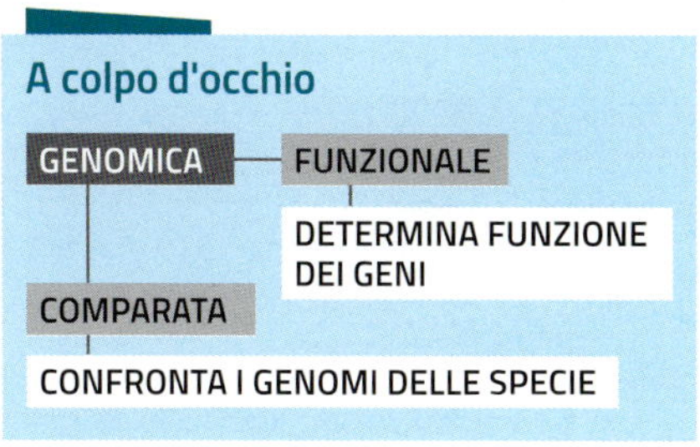

In questi anni, lo studio della genomica ha avuto ricadute notevoli in campo medico-sanitario, alimentare ed ecologico. Un caso particolarmente affascinante è la produzione di un organismo artificiale dotato di un genoma costruito interamente in laboratorio. Questa impresa, alla quale si è dedicato Craig Venter dopo avere completato il *Progetto Genoma Umano*, non è solo suggestiva, ma interessante come primo passo verso la produzione di specie batteriche costruite secondo specifiche necessità. L'organismo, chiamato *Mycoplasma laboratorium*, costituirebbe la base per la produzione di tutti i futuri batteri artificiali, poiché è stato dotato del genoma minimo indispensabile per una cellula.

Il Progetto Genoma Umano ha sfatato molti miti, ma ha lasciato altrettante questioni aperte

Il **Progetto Genoma Umano** (o HGP, dall'inglese *Human Genome Project*) è stato uno dei più grandi progetti di ricerca in campo biologico dell'intero Novecento. Avviato all'inizio degli anni Novanta su iniziativa di James Watson, il progetto è stato completato ufficialmente nel 2003, anche se una prima bozza era stata pubblicata con già nel 2001.

Il progetto ha visto la collaborazione di un ente pubblico statunitense, il *National Institutes of Health* (NIH), e di un'azienda privata, la *Celera Corporation* fondata e diretta dal biochimico Craig Venter (**figura 13**). A questi due gruppi si sono aggiunte collaborazioni di altri enti in USA, Canada, Gran Bretagna e Nuova Zelanda.

▲ **Figura 13**
La portata del sequenziamento del genoma umano fu tale che la conferenza stampa di presentazione dei primi dati vide la partecipazione non solo di Craig Venter (a sinistra) per *Celera* e di Francis Collins per gli NIH (a destra), ma anche dell'allora Presidente degli Stati Unti Bill Clinton (al centro); il genoma umano è stato denominato dall'UNESCO come patrimonio dell'umanità.

L'obiettivo del progetto era ottenere la sequenza completa del corredo cromosomico aploide di un essere umano, che comprende oltre 3 miliardi di nucleotidi. Poiché ogni genoma è unico per alcuni suoi tratti, il Progetto ha previsto la comparazione di diversi campioni con un'elaborazione statistica dei dati.

I ricercatori del NIH hanno usato un approccio tradizionale, frammentando il genoma con diversi enzimi di restrizione così da ottenere frammenti di piccole dimensioni, che poi sono stati collegati tra loro per ricavare frammenti di dimensioni via via maggiori. I ricercatori della *Celera*, invece, hanno fatto invece ricorso a una tecnica chiamata *shotgun sequencing* che, sfruttando potenti computer, è in grado di trovare i collegamenti tra più frammenti, accelerando molto le operazioni anche se con minore precisione. Attualmente l'intera sequenza del genoma umano è disponibile in Rete, dove è conservata presso siti specifici consultabili dai ricercatori.

L'esame delle sequenze ha rivelato alcuni dati interessanti, tra cui il fatto che il nostro genoma contiene dai 24 000 ai 25 000 geni, contro i circa 100 000 che i genetisti avevano stimato. A fronte di questo ridotto numero di geni, risulta che più del 95% del DNA umano è costituito da sequenze che non vengono mai tradotte in polipeptidi (**figura 14**). In altre parole, i nuclei delle nostre cellule ospitano un'enorme quantità di DNA non codificante, che ha catturato l'attenzione degli scienziati già dall'inizio degli anni Ottanta del secolo scorso.

Per molto tempo, questo DNA è stato definito **junk DNA**, cioè «DNA spazzatura», ma oggi sappiamo che è tutt'altro che inutile: nel DNA non codificante sono presenti sequenze che servono per controllare il funzionamento dei geni che codificano le proteine, per svolgere ruoli strutturali (come definire la forma corretta dei cromosomi e del nucleo) e per codificare piccoli frammenti di RNA importanti per regolare l'espressione genica.

Oltre a queste sequenze, vi sono anche gli elementi genetici mobili, che non svolgono alcuna funzione per la cellula, ma che hanno rappresentato una vera e propria miniera per l'evoluzione del nostro genoma; da questi elementi, infatti, sono derivate numerose sequenze che regolano l'espressione di diversi geni.

A pochi anni di distanza, è difficile dare l'idea della grandiosità dell'HGP, dato che i vertiginosi progressi tecnologici hanno fatto sì che un nuovo genoma possa essere sequenziato in pochi mesi. Il costo per sequenziare un genoma si è infatti continuamente ridotto dal 2000 a oggi; si stima che entro qualche anno potranno essere sufficienti 10 000 euro per avere la sequenza completa dei propri geni. Questo approccio dovrebbe permettere di modificare il modo in cui ci curiamo: conoscere in dettaglio il proprio genoma, infatti, consentirà di sapere verso quali malattie siamo predisposti e di capire quali farmaci potrebbero essere adatti per curarci.

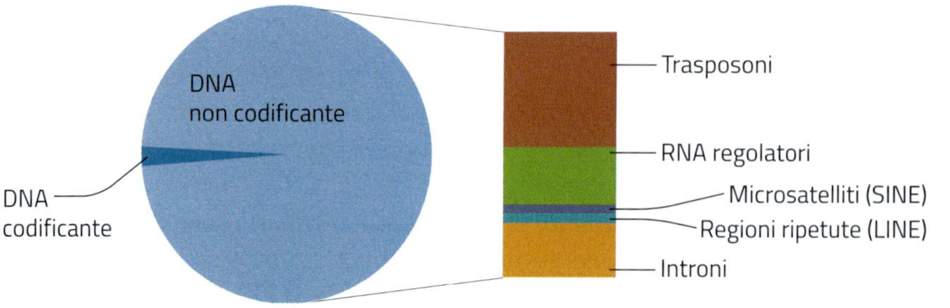

▶ **Figura 14**
La quantità di DNA non codificante è molto superiore a quella del DNA codificante e comprende trasposoni, sequenze ripetute, RNA regolatori e introni.

Il sistema CRISPR-Cas9 ha permesso di correggere il genoma in modo rapido e preciso

Da tempo abbiamo numerosi strumenti molecolari per diagnosticare molte malattie genetiche. Diagnosticare le cause di una malattia non significa tuttavia necessariamente riuscire a curarla. Possiamo quindi identificare le mutazioni alla base di una malattia genetica, senza però avere strumenti clinici per guarire il paziente dalla malattia.

Per alcuni decenni molti scienziati hanno provato, con scarsi successi, a utilizzare vettori virali per integrare nel genoma di soggetti con malattie genetiche una copia sana, non mutata, del gene responsabile della malattia (**terapia genica**). I vettori utilizzati, però, hanno spesso causato numerosi problemi, portando nei casi più estremi alla morte del paziente.

La terapia genica è oggi un argomento di grande attualità a seguito della scoperta nei batteri di un sistema utile per modificare il genoma in modo altamente specifico. In particolare, alcuni ricercatori hanno osservato che nei batteri esiste una particolare forma di immunità che si basa su sequenze denominate **CRISPR** (*Clustered Regularly Interspaced Short Palindromic Repeats*) in cui sono presenti ripetizioni palindrome di gruppi di DNA estraneo disposti a intervalli regolari. Queste sequenze CRISPR sono in grado di legare l'*endonucleasi* Cas9 e di guidarla verso i DNA estranei (per esempio, genomi virali) favorendone la degradazione.

Le genetiste Jennifer Doudna ed Emmanuelle Charpentier hanno dimostrato sperimentalmente che utilizzando una sequenza CRISPR come guida era possibile portare l'*endonucleasi Cas9* a tagliare il DNA a livello di sequenze specifiche scelte dalle due ricercatrici, e che questo sistema era perfettamente funzionante anche negli eucarioti. A distanza di pochi anni, la metodica CRISPR-Cas9 è divenuta l'applicazione più usata per modificare il genoma di piante e di animali. Questa tecnica offre enormi potenzialità applicative che dipendono dal modo in cui CRISPR-Cas9 viene fatto funzionare. Nella versione più semplice, è possibile disegnare e sintetizzare un RNA CRISPR (gRNA) che guida la *nucleasi Cas9* verso

Le parole

La sigla **CRISPR** si pronuncia «crisper» ed è l'acronimo inglese dell'espressione *clustered regularly interspaced short palindromic repeats*; in italiano può essere reso come «brevi ripetizioni palindrome raggruppate e separate a intervalli regolari».

4 – Per saperne di più

Bastano pochi geni per renderci umani

In passato si riteneva che solo un numero molto elevato di geni può spiegare la complessità del nostro organismo. In termini numerici la cifra stimata era 100 000 geni del genoma umano, ma qualcuno azzardava anche di più.

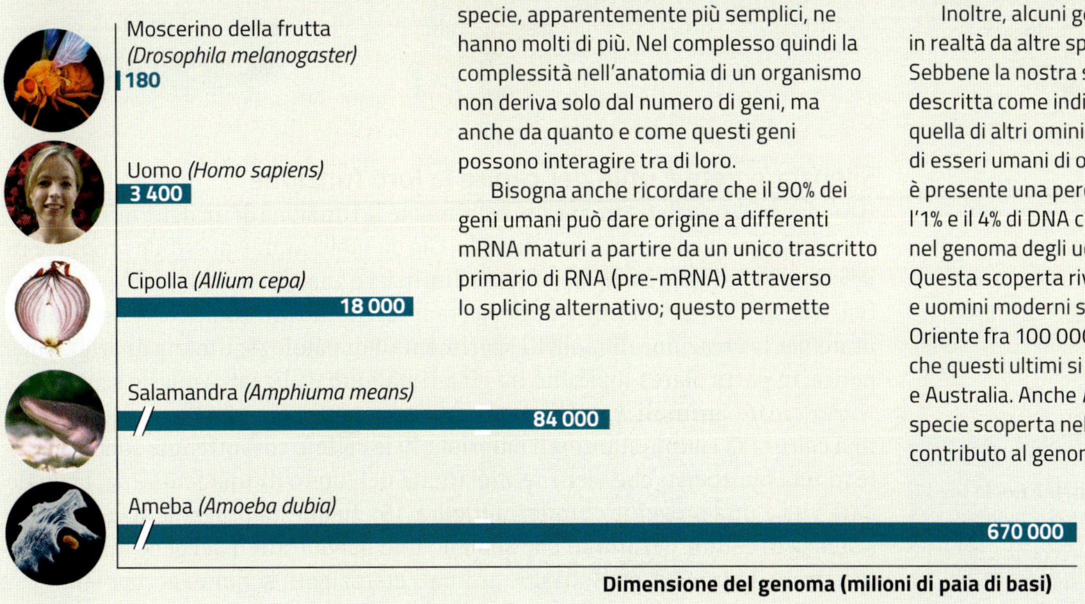

Il Progetto Genoma Umano ha invece rivelato che la nostra specie non si differenzia molto da quelle di altri animali per numero di geni: il genoma del topo *Mus musculus* presenta circa 24 000 geni, mentre l'ape ne ha circa 20 000; altre specie, apparentemente più semplici, ne hanno molti di più. Nel complesso quindi la complessità nell'anatomia di un organismo non deriva solo dal numero di geni, ma anche da quanto e come questi geni possono interagire tra di loro.

Bisogna anche ricordare che il 90% dei geni umani può dare origine a differenti mRNA maturi a partire da un unico trascritto primario di RNA (pre-mRNA) attraverso lo splicing alternativo; questo permette di tagliare e cucire in modi differenti il trascritto primario per dare mRNA maturi (e dunque proteine) differenti. Grazie a questo meccanismo, con soli 24 000 geni possiamo produrre un numero molto più elevato di molecole differenti.

Inoltre, alcuni geni umani derivano in realtà da altre specie di genere *Homo*. Sebbene la nostra storia evolutiva sia stata descritta come indipendente rispetto a quella di altri ominidi, in realtà nel genoma di esseri umani di origine europea e asiatica è presente una percentuale compresa tra l'1% e il 4% di DNA che era presente anche nel genoma degli uomini di Neanderthal. Questa scoperta rivela che neanderthaliani e uomini moderni si sono incrociati in Medio Oriente fra 100 000 e 50 000 anni fa, prima che questi ultimi si diffondessero in Asia e Australia. Anche *H. sapiens denisova*, una specie scoperta nel 2010, ha fornito un contributo al genoma dell'uomo moderno.

Ti ricordi?

Le **mutazioni frame-shift** fanno scorrere di un posto la «finestra di lettura» del messaggio e di solito portano alla produzione di proteine non funzionali.

una specifica sequenza che sarà tagliata con un taglio a doppio filamento. Questo porta all'attivazione dei meccanismi di riparo che possono ricongiungere le due sequenze tagliate tramite una ricombinazione non omologa; tale operazione porta però generalmente all'introduzione di mutazioni *frame-shift* con conseguente inattivazione del gene riarrangiato (**figura 15A**). Questo sistema è quindi usato per inattivare in modo selettivo un gene, al fine di studiarne la funzione oppure per impedirne il funzionamento.

Se invece, oltre all'RNA guida, viene fornito anche un DNA stampo, questo DNA può essere integrato a livello del sito di taglio a patto che le sue estremità siano omologhe a quelle ai due lati del sito di taglio. Ciò significa che, sfruttando la riparazione attraverso ricombinazione omologa, si può integrare nel genoma un qualsiasi gene decidendo in quale specifica posizione avverrà tale inserimento (**figura 15B**).

In commercio esistono già funghi in cui è stato spento un gene che comportava il loro imbrunimento dopo il taglio, oltre che animali modificati ricorrendo a questa metodica. Sono inoltre già in atto numerose sperimentazioni per usare questo metodo per riparare mutazioni che provocano malattie umane: alla fine del 2016 in Cina si è verificato il primo caso di utilizzo del sistema CRISPR-Cas9 come strumento terapeutico nell'uomo. Si tratta però di un impiego molto dibattuto, poiché non sono ancora del tutto chiari i possibili effetti collaterali di queste manipolazioni genetiche.

▾ **Figura 15**
Due applicazioni del sistema CRISPR-Cas9: interrompere un gene per creare animali *knock-out* (A) oppure inserire un gene in un punto preciso del DNA (B).

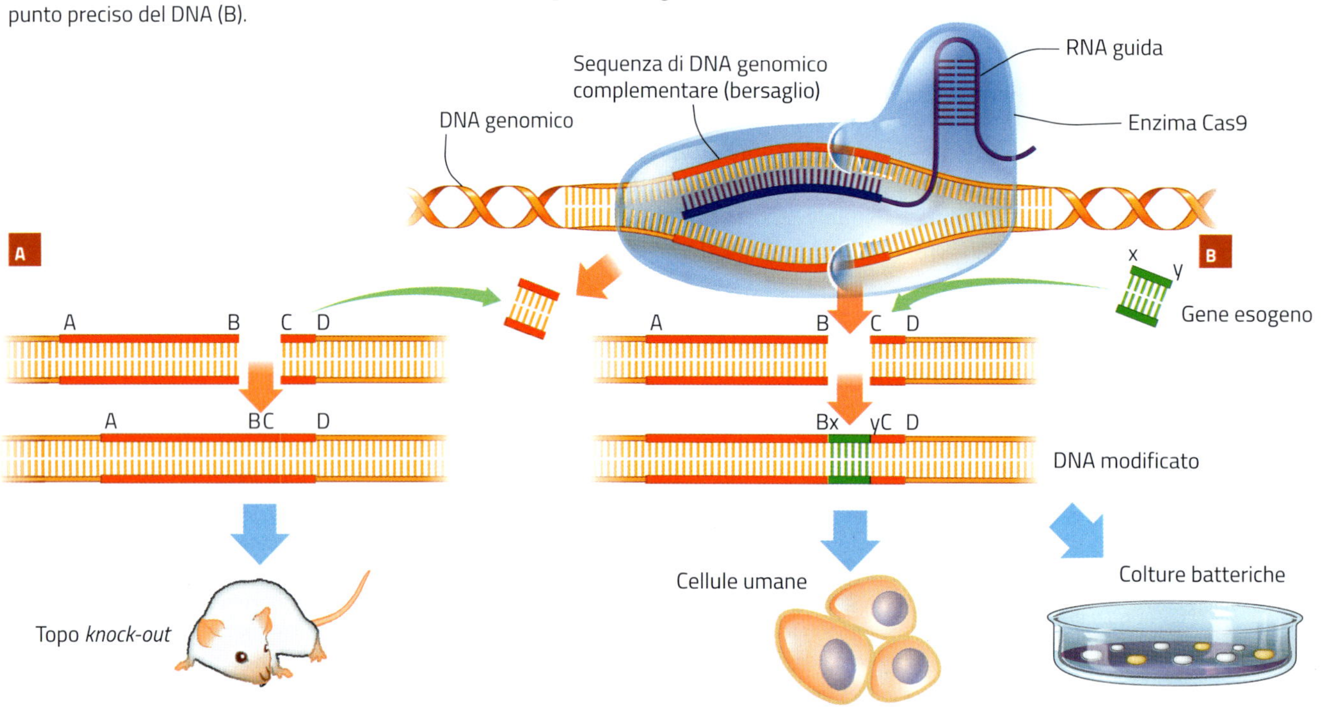

Silenziare geni è utile per capire la loro funzione

Il modo ideale per definire sperimentalmente la funzione di un determinato gene è inattivarlo e vedere che cosa succede. Già da molti anni è possibile produrre in laboratorio animali in cui sono stati eliminati o inattivati uno o più geni specifici. Questi animali, definiti *knock-out*, rappresentano attualmente il sistema più usato per la creazione di modelli sperimentali di patologie umana di origine genetica; in particolare i topi sono tra gli animali più utilizzati a questo scopo.

Per creare **animali *knock-out*** si inattiva un gene con tecniche molecolari in una coltura di cellule staminali embrionali; le cellule così ottenute sono iniettate in una blastocisti che viene reimpiantata nell'utero di una femmina, la quale darà vita a una progenie chimerica (**figura 16**). In questa progenie si verifica l'esistenza di cellule germinali che abbiano uno dei due alleli del gene di interesse inattivato. Una volta prodotti due animali eterozigoti, si fanno accoppiare, così da ottenere una nuova generazione con omozigoti per il difetto cercato.

Curiosità

La procedura degli **animali knock-out** è stata messa a punto dal biologo statunitense Mario Capecchi, che per il suo lavoro è stato insignito del premio Nobel nel 2007.

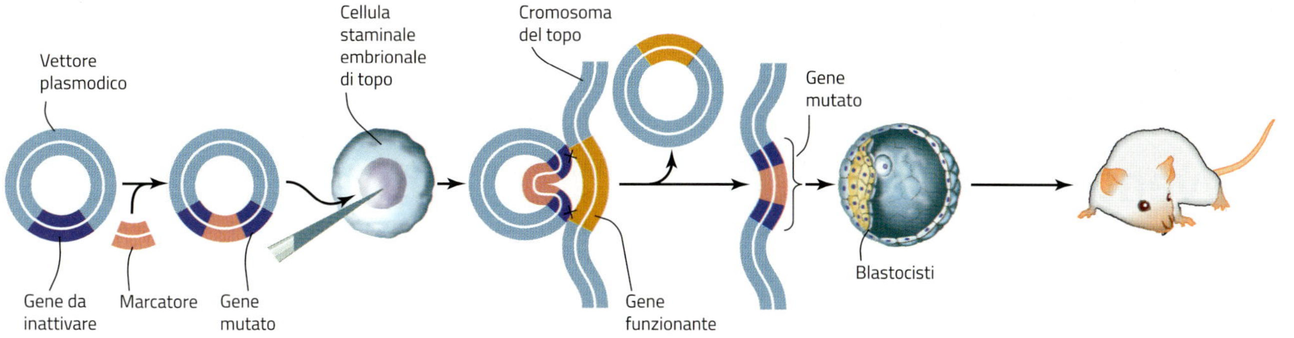

▲ **Figura 16**
La procedura per creare un topo *knock-out*.

La scoperta del sistema CRISPR ha rivoluzionato anche il modo in cui vengono prodotti animali *knock-out*; lo stesso risultato può essere ottenuto infatti in modo più semplice e rapido iniettando all'interno di un embrione l'RNA guida e la *endonucleasi Cas9*.

Per molti decenni i topi sono stati i principali modelli usati in laboratorio per studiare la funzione di geni. Ad oggi, la facilità di utilizzo di CRISPR ha fatto sì che possiamo ottenere lo «spegnimento selettivo» di geni in un ampio spettro di organismi tra cui il pesce zebra, il moscerino della frutta, il nematode *C. elegans*, ma anche piante, maiali e scimmie. I modelli sperimentali utilizzabili in laboratorio sono quindi oggi molto più numerosi che in passato.

La bioinformatica permette di studiare genoma, trascrittoma e interattoma

Negli ultimi anni, la ricerca nel campo della biologia molecolare e delle biotecnologie ha portato a esplorare alcuni campi di studio del tutto nuovi e, in alcuni casi, inaspettati. In particolare, l'informatica ha permesso di avere strumenti di facile utilizzo per analizzare i genomi portando alla nascita di una nuova disciplina, la **bioinformatica**, che comprende tutte le applicazioni della tecnologia dell'informazione applicate al campo della biologia molecolare. Negli anni, la bioinformatica si è rivelata un prezioso strumento per archiviare e gestire l'enorme quantità di dati che derivano dalle analisi genetiche e si è arricchita di software per l'archiviazione, di procedimenti matematici e di tecniche derivate dalla statistica. La nuova frontiera della ricerca è ora l'elaborazione di sistemi di gestione dei dati che aiutino i ricercatori non solo a gestirli, ma anche a comprenderne il senso.

Poter disporre di metodiche di sequenziamento rapido ha posto infatti il problema di come conservare e analizzare i dati. Secondo le stime dei ricercatori nel 2025 potremmo arrivare a produrre (e quindi a dover immagazzinare e gestire) tra i 2 e i 40 exabyte (10^{18} byte) di informazioni all'anno.

Grazie alla bioinformatica applicata alla genomica è stato anche rivisto l'albero evolutivo delle specie viventi; la genomica comparata infatti ha consentito ai ricercatori di individuare parentele evolutive che sfuggivano ai comuni metodi di analisi. Inoltre, la bioinformatica ha consentito di avvicinarsi allo studio di come il genoma di una cellula di un organismo pluricellulare possa modificare nel tempo la propria espressione; questo fa sì che, sebbene il genoma resti lo stesso per ogni cellula, il trascrittoma e il **proteoma** (cioè l'insieme delle proteine) possano cambiare in modo sostanziale. Queste conoscenze si stanno rivelando fondamentali per lo studio dello sviluppo degli organismi viventi e dei meccanismi d'insorgenza di patologie come i tumori. Infine, la bioinformatica ci permette di capire come è costituito l'**interattoma**, ovvero di decifrare l'insieme delle interazioni molecolari che avvengono in un organismo vivente e che, mediante un meccanismo a cascata, ne regolano il metabolismo.

Facciamo il punto

1. Che cosa studia la genomica?
2. Qual è stato lo scopo del Progetto Genoma Umano?
3. Che cos'è il junk DNA?
4. A che cosa serve il sistema CRISPR-Cas9?
5. Che cos'è la bioinformatica?

LA LINEA DEL TEMPO

Esplora nell'ebook la timeline interattiva

L'avvento delle biotecnologie

Durante la seconda metà del Novecento e nei primi anni del nuovo secolo, le scoperte in ambito biologico si susseguono a un ritmo sempre crescente. Conoscere la struttura del DNA, capire le modalità attraverso cui si replica e mettere a punto tecniche sempre più rapide per il suo sequenziamento apre la porta all'idea di poter manipolare il materiale genetico. È negli anni Ottanta che viene creato in laboratorio il primo organismo vivente con il DNA alterato artificialmente e nel giro di poco più di trent'anni si arriva all'annuncio del batterio artificiale che possiede il cosiddetto «genoma minimo» per sostenere la vita. La parabola delle biotecnologie, che ha trovato potenziali campi di applicazione dall'ambito teraputico a quello agronomico, è stata possibile anche grazie all'uso sempre più massiccio dei computer. Fare ricerca senza sfruttare la potenza di calcolo messa a disposizione dai grandi centri informatici sarebbe oggi praticamente impossibile.

1944

L'informatica va in guerra
In Inghilterra, Alan Turing e i suoi colleghi cercano di decifrare *Enigma* (il codice segreto dei tedeschi) usando *Colossus*: il primo computer programmabile della storia. È un oggetto di grandi dimensioni, che sfrutta ancora le valvole termoioniche, e a progettarlo è il matematico Max Newman.

1952

La prima clonazione
I biologi statunitensi Robert Briggs e Thomas J. King compiono il primo esperimento di clonazione animale per trasferimento nucleare usando un girino (*Rana pipiens*).

1953

La struttura del DNA
James Watson e Francis Crick propongono la struttura a doppia elica del DNA, la scoperta si avvale anche del contributo fondamentale delle immagini ai raggi X ottenute da Rosalind Franklin e dagli studi sugli acidi nucleici di Maurice Wilkins. Si tratta del primo modello accurato, confermato dagli esperimenti successivi, della struttura tridimensionale del DNA.

1961

Gli enzimi di restrizione
Werner Aber, Daniel Nathans e Hamilton Smith scoprono la famiglia di proteine «endonucleasi di restrizione» studiando i meccanismi di difesa dei batteri dai virus. Tali enzimi possono leggere e tagliare la molecola di DNA in corrispondenza di precise sequenze; si apre la strada alle tecniche di ingegneria genetica.

1977

Il primo personal computer
La Apple, un'azienda di informatica californiana, mette sul mercato il primo *home computer*. La miniaturizzazione delle componenti elettroniche, grazie ai microcircuiti stampati, permette di ridurre le dimensioni dei calcolatori fino a renderli oggetti utilizzabili per scopi personali: si apre l'era del *personal computer*.

1979

Proteine umane ricombinanti
Herbert Boyer fonda la prima azienda biotecnologica, la *Genentech*, che produce le prime proteine umane ricombinanti in batteri *E. coli* per uso farmacologico.

1983

L'invenzione della PCR
Kary Mullis inventa una tecnica per riprodurre in molte copie sequenze specifiche di DNA. La reazione a catena della polimerasi (PCR) permetterà operazioni come la clonazione, il sequenziamento, l'analisi dei geni e la diagnosi di molte malattie.

1984

L'oncotopo
Philip Leder e Timothy Stewart generano il primo topo transgenico modello per un tumore umano, il cosiddetto «oncotopo».

1997

La nascita del *pharming*
Angelika Schneike, Keith Campbell e Ian Wilmut utilizzano il nucleo di una cellula GM in coltura per generare una pecora transgenica clonata, in grado di produrre nel latte una proteina umana (il fattore IX della coagulazione). È nato il *pharming*.

1998

Il silenziamento genico
Andrew Fire e Craig Mello descrivono il meccanismo del silenziamento genico tramite piccoli RNA, una tecnologia che rivoluzionerà l'ingegneria genetica.

2000

Progetto Genoma Umano
Dopo dieci anni di lavori, viene rilasciata la prima bozza del genoma umano; il progetto si conclude con il sequenziamento definitivo nel 2003.

2006

Yamanaka e le IPCs
Shinya Yamanaka mette a punto una tecnica di trasferimento genico in grado di rendere staminale qualunque cellula adulta, sono le cellule staminali pluripotenti indotte (iPSCs) che stanno rivoluzionando il campo della terapia genica. Nel 2012 vincerà il premio Nobel per questa scoperta.

1966

Prime prove di bioinformatica
Lavorando nei laboratori della Columbia University di New York, Margaret Dayhoff e Richard Eck sono stati i pionieri dell'uso dei computer per confrontare le sequenze proteiche e tentare di ricostruire le loro storie evolutive.

1972

Il DNA ricombinante
Il biochimico statunitense Paul Berg genera il primo DNA ricombinante, mescolando i geni del fago λ e del virus SV40.

1973

Il primo OGM
Stanley Cohen e Herbert Boyer generano il primo organismo geneticamente modificato trasferendo nel batterio *Escherichia coli* geni clonati dalla rana *Xenopus laevis*.

1975

Il sequenziamento del DNA
Frederick Sanger mette a punto un metodo per determinare l'ordine dei nucleotidi in una molecola di DNA. Due anni dopo, sequenzia con successo il primo genoma (di un batteriofago), questo risultato gli fa vincere il secondo premio Nobel nel 1980; il primo l'aveva ricevuto nel 1958 per aver scoperto la sequenza di amminoacidi dell'insulina.

1984

Wiladsen e il trasferimento nucleare
Il danese Steen Wiladsen genera il primo mammifero clonato (una pecora) per trasferimento nucleare a partire da una cellula embrionale.

1990

La terapia genica
French Anderson, Kenneth Culver e Michael Blease realizzano il primo protocollo di terapia genica, curando una bambina affetta da deficienza per l'enzima adenosina deaminasi.

1995

Le applicazioni in agricoltura
L'azienda *Monsanto* mette in commercio le prime varietà agricole transgeniche per coltivazione su larga scala: il mais Bt, resistente ai parassiti, e la soia RR, resistente all'erbicida glifosato.

1996

La pecora Dolly
Ian Wilmut e Keith Campbell trasferiscono il nucleo di una cellula di una pecora adulta in un ovocita enucleato, ottenendo un embrione che genera la pecora Dolly, il primo mammifero clonato da una cellula somatica.

1997

I microarrays
Lo statunitense Joseph DeRisi mette a punto una tecnologia per realizzare arrays di DNA ad alta densità su lastrine di vetro: è iniziata l'era dei microarrays.

2007

Arriva sul mercato *23andMe*
L'azienda *23andMe* inizia a vendere sul mercato americano i primi kit per test genetici in grado di stimare la predisposizione per oltre 90 condizioni ereditarie specifiche. Questo tipo di prodotti si basa su una elevatissima rapidità di sequenziamento del DNA, grazie a potenza di calcolo crescenti e ai big data.

2007

Il sistema CRISPR-Cas9
La scienziata francese Emmanuelle Charpentier descrive il sistema CRISPR-Cas9 per effettuare tagli sul DNA in corrispondenza di qualsiasi sequenza. Questa tecnologia consente di modificare il genoma di qualsiasi organismo in maniera estremamente precisa.

2016

Venter e il genoma minimo
Il gruppo del J. Craig Venter Institute di La Jolla, in California, è riuscito a progettare e realizzare in laboratorio il più piccolo genoma batterico in grado di sopravvivere. Il batterio, battezzato con il codice JCVI-syn3.0, ha un genoma composta di 473 geni tra cui quelli necessari per l'espressione dei geni stessi e quelli che codificano per proteine che si ritrovano in molti esseri viventi.

SINTESI DI FINE CAPITOLO

LO SAI?
RIPASSA CON LO SMARTPHONE

Le biotecnologie moderne

Gli scienziati hanno impiegato le tecnologie del DNA ricombinante per produrre beni e servizi e così facendo sono nate le moderne **biotecnologie**. Il loro campo di applicazione è molto ampio e se ne distinguono tre tipi: biotecnologie agroalimentari (*green biotech*), biotecnologie medico-farmaceutiche (*red biotech*) e biotecnologie industriali e ambientali (*white biotech*).

Green biotech

L'agricoltura è uno degli ambiti in cui le biotecnologie hanno avuto più successo per la possibilità di ottenere varietà vegetali più resistenti ad agenti patogeni e a condizioni ambientali avverse.

Le *piante Bt* resistono ai parassiti grazie all'introduzione nel loro genoma di un gene che codifica una tossina letale per gli insetti, isolata da *Bacillus thuringiensis*; sono **OGM di prima generazione** perché creati con l'unico scopo di aumentare l'efficienza e la produttività agricola. Il *Golden Rice* è progettato per accumulare β-carotene, il precursore della vitamina A, così da integrare la dieta di chi lo consuma; è un **OGM di seconda generazione**, progettato per ottenere alimenti con caratteristiche aggiuntive. Le piante **GM di terza generazione** producono medicinali e biocombustibili.

Red biotech

Gli animali transgenici sono ottenuti con tre tecniche diverse:

- l'integrazione di vettori retrovirali contenenti il gene esogeno in embrioni in via di sviluppo;
- la microiniezione del DNA in uova fecondate;
- l'incorporazione di cellule staminali embrionali in embrioni ai primi stadi dello sviluppo.

Le biotecnologie possono rendere più semplici gli **xenotrapianti**, cioè i trapianti tra specie diverse (da animale a essere umano). Alcuni animali sono geneticamente modificati per crescere più in fretta, per esempio il salmone *AquAdvantage*.

La storia della clonazione

Il termine **clonazione**, ovvero la produzione in molte copie identiche, è stato applicato a interi organismi, a singole cellule e a specifici geni. La storia della clonazione animale comincia nel 1938 quando si ipotizzò di asportare il nucleo da una cellula uovo e sostituirlo con quello di una cellula somatica per ottenere una sorta di cellula uovo fecondata da far sviluppare fino a un adulto geneticamente identico a quello da cui era stato preso il nucleo. Nel 1996 venne clonata una pecora a partire da una cellula adulta e non embrionale: si trattava di **Dolly**. In questo modo si dimostrò che anche i mammiferi potevano essere clonati e che le cellule di un individuo adulto potevano essere riprogrammate.

Le cellule staminali

Le **cellule staminali** sono cellule non differenziate in grado di dividersi all'infinito e dare origine a qualsiasi altro tipo di cellula del corpo; queste cellule crescono anche in laboratorio, dove possono essere geneticamente manipolate per correggere eventuali geni mutati presenti.

Le staminali si dividono in quattro categorie:

- *totipotenti* se sono in grado di dare origine a un intero organismo,
- *pluripotenti* se possono differenziarsi in tutti i possibili tipi cellulari;
- *multipotenti* se sono in grado di differenziare in pochi, specifici tipi cellulari;
- *unipotenti* se danno origine a un unico tipo di cellula.

White biotech

Sono le biotecnologie usate per scopi ambientali e industriali. Per esempio,i batteri GM sono capaci di degradare e accumulare metalli pesanti o altri composti tossici da utilizzare per strategie di **biorisanamento** (*bioremediation*) del suolo e delle acque. I **biocombustibili** ricavano energia dalle piante senza intaccare i giacimenti fossili, ne sono esempi il biodiesel e il bioetanolo che sfruttano l'energia chimica di composti ottenibili da materiali vegetali rinnovabili in tempi rapidi.

Le nuove frontiere delle biotecnologie

La *genomica* è la branca della biologia molecolare che studia la struttura del genoma, le informazioni in esso contenute, il modo in cui le sue diverse parti interagiscono e la sua evoluzione.

Il *Progetto Genoma Umano* aveva l'obiettivo di ottenere la sequenza completa del corredo cromosomico aploide di un essere umano. Si è scoperto che più del 95% del DNA umano è costituito da sequenze che non vengono mai tradotte in polipeptidi, allora definito **junk DNA**. Nel DNA *non codificante* ci sono sequenze che servono per controllare il funzionamento dei geni che codificano le proteine, per svolgere ruoli strutturali e per codificare piccoli frammenti di RNA.

Il sistema **CRISPR-Cas9** ha permesso di correggere il genoma di animali e piante in modo rapido e preciso.

VERIFICA LE TUE CONOSCENZE

ZTE ONLINE

Lezione 1
Green biotech: le biotecnologie in campo agroalimentare

1. La produzione di bioetanolo come combustibile ottenuto dal mais è un esempio di
A Green Biotech.
B Red Biotech.
C White Biotech.
D Blue Biotech.

2. Il *Golden Rice* è una varietà di riso arricchita di
A vitamina A.
B ioni rame.
C zafferano.
D β-carotene.

3. L'importanza di *Agrobacterium tumefaciens* risiede nel fatto che
A produce un antibiotico naturale.
B è un simbionte di alcune importanti specie vegetali.
C è in grado di indurre tumori vegetali.
D produce una tossina letale per gli insetti.

4. Il metodo biobalistico prevede di
A sparare cellule vegetali contro una griglia metallica rivestita di DNA.
B bombardare cellule vegetali con proiettili ricoperti di DNA.
C agitare in soluzione cellule vegetali e particelle di oro a cui è legati il DNA.
D bombardare cellule vegetali con proiettili contenenti DNA.

Lezione 2
Red biotech: le biotecnologie medico-farmaceutiche

5. Rispetto ad altri tipi di vaccini, quelli prodotti da piante GM avrebbero il vantaggio di essere
A producibili localmente senza doverli trasportare.
B più efficaci perché progettati specificamente.
C più specifici, perché prodotti da un organismo vivente.
D meno costosi, derivando da vegetali.

6. Il primo xenotrapianto ha riguardato
A un fegato di maiale nel 1999.
B cuore di babbuino nel 1992.
C un cuore di maiale nel 2005.
D un rene di bovino nel 1975.

7. Il primo animale clonato fu
A il verme *Caenorhabditis elegans* nel 1948.
B la rana *Rana pipiens* nel 1952.
C la rana *Xenopus laevis* nel 1970.
D la pecora Dolly nel 1996.

8. La caratteristica tipica delle staminali è che
A sono le cellule più resistenti ai tumori che si conoscano.
B sono cellule dormienti, che si attivano solo in casi speciali.
C mantengono caratteri embrionali indifferenziati.
D sono le cellule che dopo la fecondazione si attivano per prime.

9. Una cellula ematopoietica può generare parecchi tipi cellulari, ma tutti legati al sangue, per cui è una staminale
A unipotente.
B multipotente.
C pluripotente.
D totipotente.

10. Shinya Yamanaka ha dimostrato sperimentalmente che
A le cellule differenziate possono tornare a essere staminali.
B anche nell'organismo adulto rimangono alcune cellule totipotenti.
C la rigenerazione di tessuti e organi è dovuta alle staminali adulte.
D la cellula uovo è una staminale totipotente.

Lezione 3
White biotech: le biotecnologie ambientali e industriali

11. L'eliminazione di metalli pesanti dal suolo è un esempio di
A biointervento.
B biodecontaminazione.
C riqualificazione.
D biorisanamento.

12. Un biocombustibile è caratterizzato dall'essere
A un composto organico.
B di origine vegetale.
C a impatto zero come gas serra.
D a base di idrogeno molecolare.

Lezione 4
Le nuove frontiere delle biotecnologie

13. La genomica comparata si occupa di studiare
A le somiglianze e le differenze tra i genomi di diverse specie.
B le relazioni tra i geni di un'unica famiglia genica.
C le somiglianze e le differenze tra cellule di tessuti differenti.
D le relazioni tra i geni che presiedono a una data via metabolica.

14. *Mycoplasma laboratorium* è stato ottenuto per
A evoluzione in provetta a partire da precursori organici.
B incrocio tra diverse specie batteriche mai incrociate in natura.
C semplificazione del genoma di un batterio esistente.
D fusione tra un genoma batterico e uno virale.

15. La discipline «omiche» non si occupano di studiare
A il proteoma.
B l'epigenoma.
C il trascrittoma.
D il lipoma.

16. La genomica studia di fatto
A l'attività dei geni di un dato organismo.
B il patrimonio di geni disponibili in una data cellula.
C le modalità di relazione e regolazione dei geni.
D il rapporto tra struttura dei cromosomi ed espressione dei geni.

17. Il vantaggio principale offerto dal sistema CRISPR-Cas9 è che
A interviene direttamente sul DNA.
B sostituisce completamente la molecola bersaglio.
C usa un piccolo RNA come guida, invece di un enzima.
D causa modificazioni che risultano ereditabili.

VERIFICA LE TUE ABILITÀ

18. Barra la lettera V se l'affermazione è vera, F se è falsa.

a) Le biotecnologie farmaceutiche sono dette Red Biotech. V F

b) La microiniezione di DNA nelle uova è usata soprattutto per mammiferi e insetti. V F

c) In laboratorio sono stati prodotti embrioni GM di molti animali, uomo compreso. V F

d) Le cellule staminali pluripotenti indotte hanno le stesse potenzialità rigenerative delle staminali embrionali, ma non presentano problemi etici. V F

e) Attualmente la produzione di farmaci da OGM è solo teorica, ma la ricerca è molto promettente. V F

Completa le seguenti frasi con i termini corretti.

19. .... con geni per la resistenza a .... e infestanti sono definite .... di prima generazione, prodotti per ottenere varietà con maggiore ....; oggi esiste anche una seconda generazione, progettata per ottenere .... arricchiti per esempio di vitamine e una terza generazione che prevede la produzione di ....

(alimenti, batteri, farmaci, OGM, OTG, parassiti, piante, predatori, produttività, proteine, qualità, sicurezza, vitamine)

20. Nel Progetto Genoma Umano, la componente .... rappresentata dai ricercatori dell'NIH ha usato l'approccio detto ...., partendo dai frammenti di .... più piccoli e risalendo gradualmente. La componente ...., ovvero l'azienda Celera, ha invece fatto ricorso al più rapido metodo ...., reso possibile dal supporto di computer dedicati.

(computer, laboratori, multinazionale, privata, pubblica, restrizione, shotgun sequencing, top-down method)

Barra il completamento esatto e motiva la risposta.

21. La differenza tra le biotecnologie moderne e quelle classiche è che le prime

A generano specie che non esistono in natura.
B possono inserire un gene in modo controllato.
C possono causare allergie e intolleranze.
D utilizzano radiazioni nucleari.

22. Nel 2006 è stato presentato un maiale che, grazie a un gene preso da *C. elegans*, produce grassi ricchi di ω-3. Si tratta di un OGM analogo a quelli di

A prima generazione.
B seconda generazione.
C terza generazione.
D quarta generazione.

23. La coltivazione della banana è esposta a particolari rischi perché la specie

A è incapace di riprodursi in natura.
B non esiste in natura ed è frutto dell'opera umana.
C ha una varietà genetica molto limitata.
D cresce solo nelle regioni di cui è originaria.

24. Tra i rischi legati all'uso dei biocombustibili possiamo citare

A la diffusione di piante transgeniche dedicate a produrre questi materiali.
B l'aggravamento dell'effetto serra dovuto all'uso di questi combustibili.
C la diffusione di autoveicoli potenzialmente più inquinanti di quelli tradizionali.
D l'abbandono dell'agricoltura tradizionale da parte dei paesi produttori.

25. Il successo di Wilmut e la nascita della pecora Dolly hanno aperto la strada a

A gli studi sulla clonazione di animali in laboratorio.
B l'uso della clonazione nella zootecnia.
C le ricerche sulla riprogrammazione di cellule adulte.
D gli sudi sull'uso delle staminali adulte.

26. L'uso delle cellule staminali somatiche in campo terapeutico ha un vantaggio:

A sono già pronte per un dato organo o tessuto.
B sono abbondanti e relativamente semplici da isolare per manipolarle.
C sono totipotenti e quindi più versatili nel possibile utilizzo.
D possono essere autologhe il che ne facilita l'uso.

UNITUTOR
VERSO L'UNIVERSITÀ

Preparati ai test di ammissione sul sito Unitutor.

27. La nascita della pecora Dolly ha rappresentato il primo caso documentato di:

A clonazione.
B clonazione di un mammifero a partire dal nucleo di una cellula adulta
C fecondazione artificiale di mammifero
D cloanzione di mammifero
E clonazione di vertebrato

[dal test di ammissione a Veterinaria, 2010-11]

28. Quale dei seguenti casi, reali o di fantasia, può essere considerato un esempio di OGM?

A il mostro di Frankestein.
B la mela avvelenata della favola di Biancaneve.
C un batterio produttore di insulina.
D la pecora Dolly.
E un mandarancio.

[dal test di ammissione a Odontoiatria, 2010-11]

TEST YOUR ENGLISH

Choose the correct answer.

29. Which of these statementes does not describe gene therapy?

A It is based on the insertion of a specific gene to correct a mutated gene associated with a disease.
B It requires some vectors (plasmids, a virus) to introduce the correct gene.
C It can also be applied to stem celles.
D Gene therapy has already achieved significant results in many diseases.

VERSO L'ESAME: LE TUE COMPETENZE

SCHEMATIZZA

30. Raccogli tutte le informazioni che hai su tre diversi tipi di biocombustibile e confrontali tra loro, evidenziando pregi e difetti di ciascuno.

RICERCA ED ESPONI

31. La CRISPR-Cas9 è una metodica alternativa di modificazione del DNA.

a) Fai una ricerca su questa tecnica e raccogli informazioni su alcuni casi in cui è stata utilizzata con successo.
b) A questo punto racconta i vari casi in sequenza, come se fossero le notizie date da un servizio del telegiornale.

RIFLETTI

32. Immagina di avere a disposizione gli strumenti per clonare qualunque organismo vivente a tua scelta; a partire dalla lista qui di seguito, completa la tabella mettendo a confronto i vantaggi e gli svantaggi di ciascuna scelta.

Specie	Vantaggi	Svantaggi
Corvo delle Hawaii (estinto in natura, ma vivente in cattività)		
Dodo (estinto nel XVIII secolo)		
Un bovino da latte molto produttivo		
Una mummia egizia		
Un uomo di Neanderthal		
Un ricercatore insignito del premio Nobel		
Un rinoceronte di Sumatra (in pericolo di estinzione)		

IPOTIZZA

33. Un gruppo di ricercatori ha realizzato in laboratorio un topo in cui viene espressa la proteina verde fluorescente GFP a livello dei filamenti di actina.

In che modo può essere stato ottenuto questo risultato e quali applicazioni può avere?

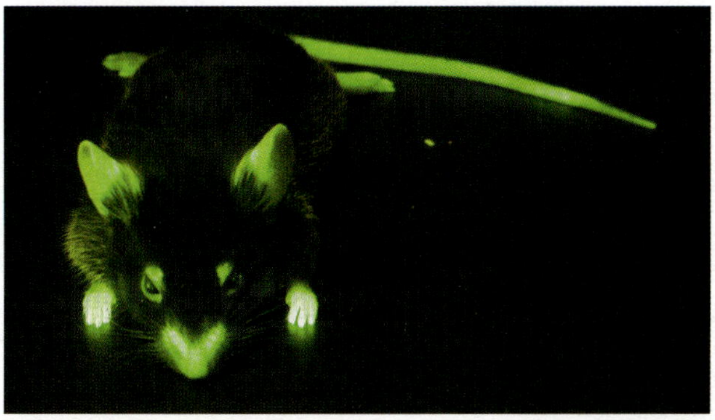

ANALIZZA E DEDUCI

34. Nella tabella sono riportati i dati relativi ai primi sette Paesi coltivatori di OGM al mondo. I valori provengono dal rapporto sugli OGM stilato dall'ISAAA nel 2016.

a) Quali sono le specie più coltivate?
b) Quali sono secondo te i principali utilizzi di tali coltivazioni?
c) Quali Stati sono presenti e perché, secondo te, non compaiono nazioni europee?

Nazione	Area coltivata (milioni di ettari)	Specie GM coltivate
USA	73,1	mais, soia, cotone, colza, barbabietola, papaya, zucca
Brasile	42,2	soia, mais, cotone
Argentina	24,5	soia, mais, cotone
India	11,6	cotone
Canada	11,6	colza, mais, soia, barbabietola
Cina	3,9	cotone, papaya, pioppo, pomodori, peperoni
Paraguay	3,9	soia, mais, cotone

DEDUCI

35. Una nota catena di distribuzione alimentare decide di indicare sulle proprie confezioni che le patate in vendita non sono transgeniche, per cui richiede a un laboratorio di eseguire alcune analisi. Il laboratorio decide di avvalersi di test con PCR ricorrendo a un controllo positivo.

Sapresti indicare nel gel sottostante quali lotti di patate non sono geneticamente modificati?

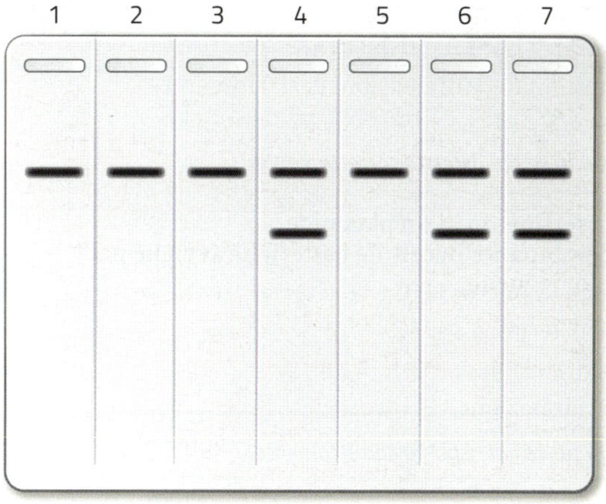

SEI PRONTO PER LA VERIFICA?

IN 1 ORA

Dopo aver studiato i contenuti fondamentali dei **capitoli E8** ed **E9**, prova a svolgere questa verifica nel **tempo massimo di 1 ora.**

Alla fine della prova **controlla le tue risposte** con le soluzioni che troverai sul sito *online.scuola.zanichelli.it/curtisnuovoinvitoblu* e **calcola il punteggio** totale che hai conseguito compilando la griglia finale.

CONOSCENZE

Barra il completamento esatto.

1. **Durante un'infezione virale, gli enzimi di restrizione batterici**

A frammentano il DNA batterico.
B frammentano il DNA virale.
C inseriscono il DNA virale in quello batterico.
D inseriscono il DNA virale in quello plasmidico.

(4 punti se hai risposto correttamente) ...../4

2. **Il Golden Rice è un esempio di OGM creato per**

A aumentare l'efficienza e la produttività agricola.
B ottenere alimenti con caratteristiche aggiuntive.
C produrre vaccini o farmaci dalle piante.
D riprodurre una pianta estinta.

(4 punti se hai risposto correttamente) ...../4

3. **Nell'elettroforesi su gel, il marker serve a**

A contrassegnare soltanto i frammenti molto lenti.
B identificare il polo positivo del campo elettrico.
C colorare i frammenti di DNA.
D determinare le dimensioni dei frammenti di DNA.

(4 punti se hai risposto correttamente) ...../4

4. **L'inserimento di un plasmide ricombinante in cellule batteriche avviene per**

A shock termico a 14 °C.
B shock termico a 42 °C.
C disidratazione.
D iperidratazione.

(4 punti se hai risposto correttamente) ...../4

5. **Il bioetanolo è un biocombustibile che si può ottenere dalla lavorazione di**

A grassi animali.
B cereali.
C gas naturale.
D oli vegetali.

(4 punti se hai risposto correttamente) ...../4

6. **Con xenotrapianto si intende il trapianto di un tessuto o organo tra individui**

A della stessa specie ma di sesso diverso.
B di specie diverse.
C della stessa specie e dello stesso sesso.
D di generazioni diverse.

(4 punti se hai risposto correttamente) ...../4

Barra i due completamenti esatti.

7. **Per costruire una libreria genomica di cDNA, è necessaria la presenza**

A del DNA nucleare.
B degli estratti di mRNA di un tessuto.
C della RNA polimerasi.
D dei ribosomi, dei tRNA e degli amminoacidi.
E dell'enzima trascrittasi inversa.

(5 punti per due risposte corrette, 3 per una sola) ...../5

8. **Il cosiddetto «DNA spazzatura»**

A è costituito dai geni inattivi in uno specifico tessuto.
B svolge un ruolo strutturale.
C è costituito dai geni che codificano per enzimi che degradano le macromolecole.
D è presente nel genoma in quantità trascurabile.
E codifica per piccoli RNA che regolano l'espressione genica.

(5 punti per due risposte corrette, 3 per una sola) ...../5

9. Per ciascuna affermazione barra il simbolo V se la ritieni vera o il simbolo F se la ritieni falsa.

a) Il metodo per sequenziare il DNA di Sanger è anche detto *metodo del desossinucleotide*. V F
b) La *Taq* polimerasi è un enzima prodotto da un batterio che vive nelle sorgenti bollenti del parco di Yellowstone. V F
c) Il DNA fingerprinting è un metodo d'indagine basato sull'analisi dei microsatelliti di un individuo. V F
d) Lo screening di una libreria genomica avviene utilizzando sonde di DNA che contengono l'isotopo radioattivo del fosforo ^{32}P. V F
e) Il metodo *shotgun* è un metodo per sequenziare il DNA che utilizza coloranti fluorescenti. V F

(2 punti per ogni scelta corretta) ...../10

10. Barra la risposta esatta.
Cosa viene utilizzato per trasferire il DNA nelle cellule vegetali nel *metodo biobalistico*?

A Particelle costituite da proteine contenenti al loro interno dei frammenti di DNA.
B Nanosfere di fosfolipidi ricoperte di DNA.
C Microproiettili d'oro o tungsteno ricoperti di DNA.
D Batteri che contengono al loro interno il DNA che deve essere trasferito.

(4 punti se hai risposto correttamente) ...../4

11. Descrivi il metodo che è stato utilizzato per clonare la pecora Dolly.

....

....

....

....

(8 punti se la risposta è completa, 4 punti se è incompleta) ...../8

ABILITÀ

Barra il completamento esatto.

12. In seguito all'infezione del batterio *Agrobacterium tumefaciens*, le cellule vegetali possono essere modificate geneticamente, in presenza di un gene esogeno inserito nel

A plasmide Ti.
B fattore Ti.
C DNA batterico.
D citoplasma del batterio.

(4 punti se hai risposto correttamente) ...../4

13. Le cellule ematopoietiche possono dare origine a qualsiasi tipo di cellula del sangue poiché sono

A totipotenti.
B pluripotenti
C multipotenti.
D unipotenti.

(4 punti se hai risposto correttamente) ...../4

Barra la risposta esatta.

14. Quale di queste sequenze è considerata palindroma?

A GGATCC
B GGATGG
C CCAAGG
D GGTTGG

(4 punti se hai risposto correttamente) ...../4

15. Quante molecole di DNA si ottengono dopo 5 cicli di PCR?

A 10 molecole di DNA
B 25 molecole di DNA
C 32 molecole di DNA
D 64 molecole di DNA

(4 punti per ogni scelta corretta) ...../4

16. Completa le seguenti frasi con i termini appropriati.

a) Le staminali embrionali sono cellule staminali .... che vengono prelevate dall'.................... allo stadio di blastocisti. Le cellule staminali somatiche sono cellule staminali .... presenti nell'organismo ....

b) Nel 2006, Yamanaka e il suo il gruppo di ricerca, è riuscito a convertire dei fibroblasti ...., isolati da un topo .... in cellule indifferenziate. Queste cellule sono state chiamate «cellule staminali .... indotte» o iPSC. Nel 2007, lo stesso ricercatore ha ottenuto iPSC umane, aprendo un nuova area di ricerca detta di medicina ....

(2 punti per ogni inserimento corretto) ...../16

17. Barra il completamento errato.
Gli YAC

A possiedono telomeri.
B possono avere più origini di replicazione.
C sono cromosomi artificiali di origine virale.
D consentono di clonare inserti di DNA molto grandi.

(4 punti se hai risposto correttamente) ...../4

18. Nel seguente brano, barra tra i termini in neretto quelli errati.

La prima fase di un ciclo di PCR è la **denaturazione** / **sintesi** del DNA che avviene a 90 °C. La seconda fase, che avviene ad una temperatura **maggiore** / **minore**, è detta di *annealing*, poiché i primers si **ricombinano** / **appaiano** con le sequenze complementari di DNA. Durante la terza fase, la *Taq* polimerasi **duplica** / **trascrive** il DNA. Dopo la terza fase, il ciclo ricomincia e viene ripetuto per 20-30 volte.

(2 punti per ogni scelta corretta) ...../8

PUNTEGGIO TOTALE ...../100

Se hai ottenuto:

- meno di 60 punti devi riprendere lo studio dei capitoli;
- tra 60 e 70 punti hai una preparazione sufficiente;
- tra 70 e 80 punti hai una preparazione buona;
- tra 80 e 100 punti significa che hai studiato a fondo.

GENETIC ENGINEERING

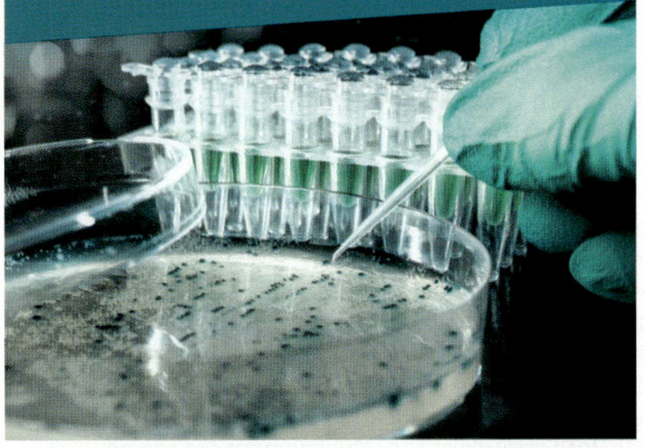

In this module you will:

- **learn about** the process of genetic engineering;
- **discuss the relation** between selection and cloning;
- **research examples** of genetically modified plants, animals and micro-organisms;
- **find out some interesting facts** about the applications of genetic engineering;
- **discover terms, verbs and expressions** related to this topic.

1. INTRODUCTION

Over the last thirty years advances in **molecular genetics** have taken place at an astonishing pace. New methods are being developed for the diagnosis of genetic disorders, and there is new hope of actually finding cures. **Human gene therapy** is becoming reality.

This burst of discoveries and applications has been made possible by the technology known as **recombinant DNA**: portions of DNA molecules from different sources are modified, recombined and then inserted into other cells.

Genetic engineering is the artificial manipulation and alteration of genes. It has found an increasing number of applications in the food industry, agriculture and medicine. It is the process of transferring specific genes from the chromosomes of one organism into the chromosomes of another organism in such a way that they become a reproductive part of the new organism.

2. WARM UP

Answer the questions below. Then discuss your answers with your partner.

a) Do you know one example of genetic engineering in plants or animals?

....

....

....

b) Have you ever heard of cloning? If so, what is it?

....

....

....

c) Do you know which was the first organism to be genetically modified?

....

....

....

3. READING

Track D1 (available on online.scuola.zanichelli.it/curtisnuovoinvitoblu)

Read this extended glossary (you can listen to the audio to check the pronunciation of difficult words) and then complete the sentences.

- **DNA** is a substance found in cell nuclei in the chromosomes. It regulates protein synthesis and is the main molecule of genes. The shape of the DNA molecule is a double helix, similar to a twisted rope ladder where each upright forms a spiral. In fact, DNA is composed of two strands connected together by bases and twisted around on itself. The two strands are linked by nitrogenous bases: adenine, thymine, cytosine and guanine. Adenine always bonds with thymine and cytosine with guanine.
- **Chromosomes** are tightly coiled and highly organised structures of DNA and protein, and contain genes (the units of inheritance in living organisms). There are 46 chromosomes in a human diploid cell and 23 in a human sex cell.
- **Genes** are short regions of chromosomes; every gene contains the code for the production of a protein.

a) DNA is located within the nucleus in structures called ....

b) The code for the production of a .... is contained in the .... located on each chromosome.

c) In a human .... there are 46 chromosomes, but just 23 in a ....

4. VOCABULARY

Complete the sentences using the words given below.

totipotent - plasmids - zygote - restriction - recombinant - egg - cutting - chromosomes

a) The process of genetic engineering involves ...., pasting and/or editing DNA to produce a notable effect.

b) The specific function of .... enzymes is to cut the DNA double helix in precise locations.

c) In the case of bacteria, biological vectors are termed ....

d) A .... DNA molecule contains DNA from multiple sources.

e) After a sperm cell fertilizes an .... a single cell called a .... is formed. This cell is a .... stem cell, and it can become any kind of human cell.

f) Genes are located in ....

5. READING

Track D2 (available on online.scuola.zanichelli.it/curtisnuovoinvitoblu)

Read the text about restriction enzymes (you can listen to the audio to check the pronunciation of difficult words) and then write the function of each of the terms listed in the table.

Foreign genes can be added to an existing organism using *restriction enzymes* to create plants that are more resistant to pests or more tolerant to extreme weather conditions.

Scientists use restriction enzymes to cut the DNA into fragments at specific nucleotide sequences known as *recognition sites*. On either side of the gene that has been exposed is an area of DNA called the *sticky end*, whose bases are ready to be paired to the new DNA according to the base-pair rule (**Figure 1**). The gene is then joined to the other organism's DNA using another enzyme called ligase, and the joining procedure is called *ligation*.

Scientists may want to remove a gene without sticky ends, so that it will not bind to other parts of DNA. These fragments are said to have *blunt ends*.

Name	Function
a. Restriction enzymes	
b. Sticky ends	
c. Recognition site	
d. Blunt ends	
e. Ligation	

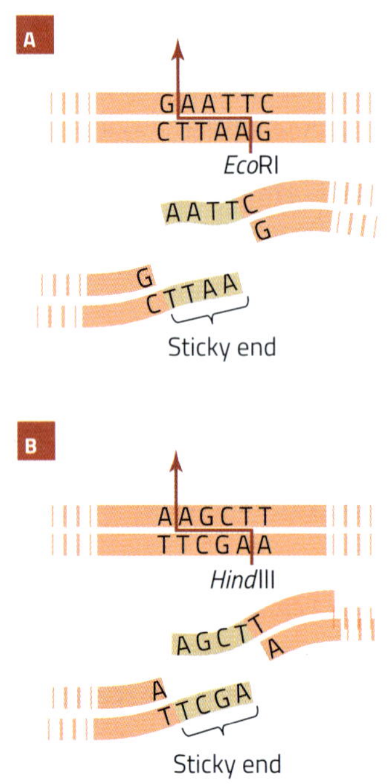

▲ **Figure 1**
The DNA nucleotide sequences recognized by two restriction enzymes, *Eco*RI and *Hind*III. These two enzymes cut the DNA so that «sticky» ends result. A «sticky» end can reattach to its complementary sequence at the end of any DNA molecule that has been cut by the same restriction enzyme. Restriction enzymes are named for the bacteria from which they are obtained. *Eco*RI is from *E. coli*, and *Hind*III is from *Haemophilus influenzae*.

6. VISUAL LEARNING

After reading the text about PCR, complete Figure 2 with the words listed below.

annealing - nucleotides - elongation - DNA - denaturation - primer

In 1989 a new process was developed for producing multiple copies of DNA segments. This process, known as **polymerase chain reaction** (PCR), takes a tiny sample of DNA and synthesizes millions of copies of a specific segment of that DNA in just a few hours.

Unlike cloning, PCR requires knowledge of the nucleotide sequences at each end of the DNA segment to be copied. The DNA sample is added to a solution containing DNA polymerase molecules, i.e. large quantities of the four nucleotides that occur in DNA, and primer molecules of DNA. These are about 20 nucleotides long and are complementary to the sequences at each end of the desired segment.

When this solution is heated, the two strands of the DNA double helix separate (a process called *denaturation*). As the solution is cooled the primers attach to the complementary sequences (*annealing*). DNA polymerase molecules recognize the primers and begin adding nucleotides at the location the primers are attached to (*elongation*). Both strands of the DNA segment are copied simultaneously.

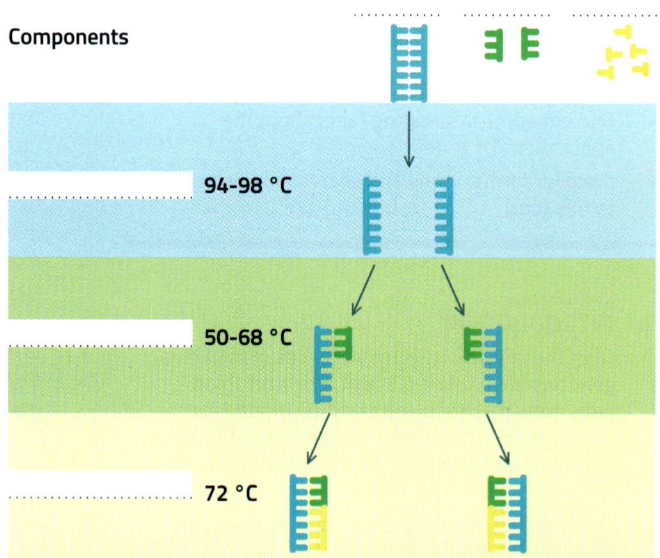

▲ **Figure 2**
Polymerase chain reaction cycle.

7. VOCABULARY

Match these terms (*letters*) with their definitions (*numbers*).

a) Genetic engineering
b) Cutting
c) Isolation
d) Expression
e) Selection
f) Cloning

1. The process of producing identical copies of a cell.
2. The process of killing any cells that did not take up the recombinant DNA.
3. The artificial manipulation and alteration of genes.
4. The removal of a gene from a piece of DNA using restriction enzymes.
5. The process of removing DNA from a cell.
6. The stimulation of a cell to produce a particular gene.

A	B	C	D	E	F

8. READING

Track D3 (available on online.scuola.zanichelli.it/curtisnuovoinvitoblu)

Read the text and answer the questions in your own words (you can listen to the audio to check the pronunciation of difficult words).

Genetic engineering is a relatively new scientific technique. The first organism to be genetically modified, in 1973, was an *E. coli* bacterium whose DNA was injected with a gene for antibiotic resistance.

Genetic engineering involves a series of important steps.

1. The DNA and the gene of interest must be isolated from the cell. To do this the cell is split open using a mild detergent and proteases are added to remove histones (proteins) associated with the DNA.
2. The DNA must be cut open to remove the gene of interest with restriction enzymes that will act only on a particular sequence of the DNA.
3. The gene is inserted into another piece of DNA called a vector, which is usually a bacterial plasmid; a circular piece of DNA most bacteria possess in addition to their normal DNA. Vectors can also be viruses. An enzyme called ligase is responsible for joining the cut ends of the gene with the cut ends of the vector. This new piece of DNA is a combination of the desired gene and a vector, and is called **recombinant DNA**.

Although humans have been manipulating organisms for millennia, genetic engineering simplifies and targets manipulation in an unprecedented way. Transgenic plants and animals are generated with characteristics that cannot be obtained using traditional breeding methods. Unlike organisms generated by selective breeding, transgenic (or recombinant) organisms by definition contain genes from other species. Genetic engineering techniques are used to generate recombinant DNA, which contains sequences from different organisms. This DNA then becomes incorporated into a host so that it can be passed to subsequent generations.

a) What is genetic engineering?
b) What is meant by recombinant DNA?
c) What is meant by cutting a piece of DNA?
d) What are the main steps of the genetic engineering?
e) What is cloning?

9. VISUAL LEARNING

Now complete Figure 3 with the words listed below (some terms may be used more than once, as indicated).

foreign DNA - cutting (2X) - ligase - recombinant DNA - sticky ends (2X)

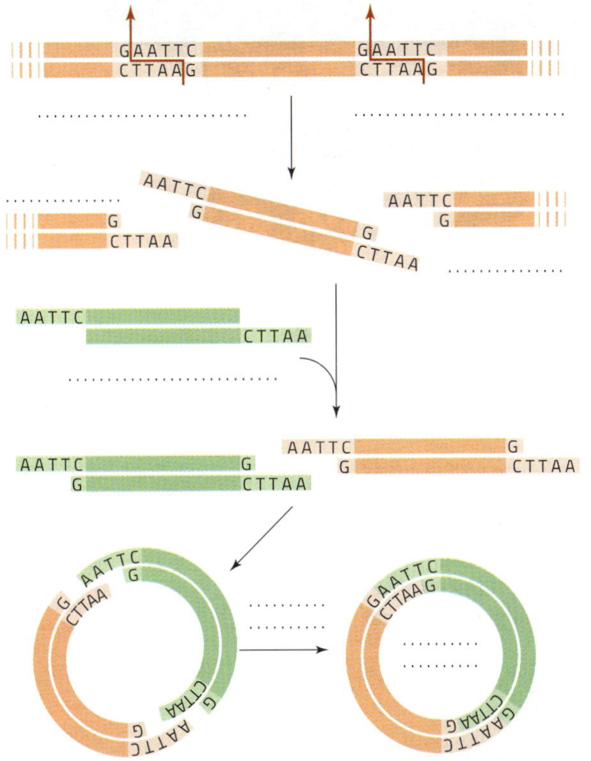

◂ **Figure 3** How to create a recombinant plasmid.

10. DISCUSSION

Read the text about GMO and then discuss the questions below with your partner.

A *genetically modified organism* (GMO) is any organism whose genetic material has been altered using genetic engineering techniques. GMOs are used to produce medications and foods, and are widely used in scientific research.

The term *transgenic organism* refers to an organism whose genetic makeup has been altered by the addition of genetic material from an unrelated organism. This should not be confused with the more general way in which GMO is used to classify genetically altered organisms, as typically GMOs are organisms whose genetic makeup has been altered without the addition of genetic material from an unrelated organism.

a) What are the benefits of producing GMOs?

....
....
....

b) What are the risks related to the production of GMOs?

....
....
....

c) What do you think of GMOs?

....
....
....

11. VIDEO

Video D1: CRISPR-Cas9 (available on online.scuola.zanichelli.it/curtisnuovoinvitoblu)

Watch the video about CRISPR (Clustered Regularly Interspaced Short Palindromic Repeats): a technology that enables geneticists to edit parts of the genome by deleting, adding or amending sections of the DNA sequence. Then say if the statements are True or False.

a) Only haploid cells contain a copy of our genome. T F

b) Genes affect our health. T F

c) Researchers need to control genes to understand how they work. T F

d) Recently, a new method called CRISPR has generated considerable excitement. T F

e) CRISPR is based on the system that viruses use to protect themselves from bacteria. T F

f) The first components of this method are two types of RNA. T F

g) Cas9 can cut the two strands of DNA at a specific location so that bits of DNA can be added or taken away. T F

h) Only viral DNA in a test tube can be cut with this method. T F

i) Errors can occur during the repair process, leading to random mutations. T F

j) Researchers can intervene by inserting the DNA that carries the desired sequence. T F

k) These interventions cannot be carried out in stem cells. T F

l) This method allows researchers to target only one gene at a time. T F

m) In the future the CRISPR technique might offer better treatments for genetic diseases. T F

12. REVISION

Follow the instructions below and prepare a short presentation (oral or written) about:

a) the meaning of *genetic engineering*, by giving examples of applications in micro-organisms, animals and plants.

The aim of your presentation is to give essential information about genetic engineering and its applications.

- Start with a brief overview of the different steps involved in genetic engineering.
- Talk or write about the cloning process.
- Explain the importance of studying the natural mechanisms by which genes can be moved.

or:

b) the moral problems arising from the cloning of animals and human individuals.

The aim of your presentation is to give essential information about some ethical dilemmas.

- Start with a brief overview of the different applications for this technology.
- Talk or write about another application of genetic engineering: the diagnosis of genetic disorders.
- Give a brief answer to the question: "Should we use this power"?

13. EXPLORE FURTHER

Read this abstract, for the complete text read *National Geographic Magazine*, Aug. 2016, "DNA revolution".

... CRISPR places an entirely new kind of power into human hands. For the first time, scientists can quickly and precisely alter, delete, and rearrange the DNA of nearly any living organisms, including us...

CRISPR has two components. The first is an enzyme -Cas9- that functions as a cellar scalpel to cut DNA. (In nature bacteria use it to server and disarm the genetic code of invading viruses). The other consists of an RNA guide that leads the scalpel to the precise nucleotides-the chemical letters of DNA-it has be sent to cut. The guide's accuracy is uncanny; scientists can dispatch a synthetic replacement part to any location in a genome made of billions of nucleotides. When it reaches its destination the Cas9 enzyme snips out the unwanted DNA sequence. To patch the break, the cell inserts the chain of nucleotides that has been delivered in the CRISPR package... Last year, in the study published in the *Proceedings of the National Academy of Science*, James (a molecular geneticist at the University of California, Irvine) used CRISPR to engineer a version of *Anopheles* mosquitoes that makes them incapable of spreading the malaria parasite.... Last December scientists from around the world met in Washington to discuss the difficult ethics of these choices. More discussions are planned. There will never be simple answers, but without any regulatory guidance - and there is none yet for editing human DNA - the tremendous potential of this revolution could be overshadowed by fear.

"With gene drivers and CRISPR we now have a power over species of all kinds that we never thought possible", says Hank Greely, director of Stanford's Center for Law and the Biosciences. "The potential good we can do is immense. But we need to acknowledge that we are dealing with a fundamentally new kind of power, and figure out a way to make sure we use it wisely. We are not currently equipped to do that, and we have no time to lose."

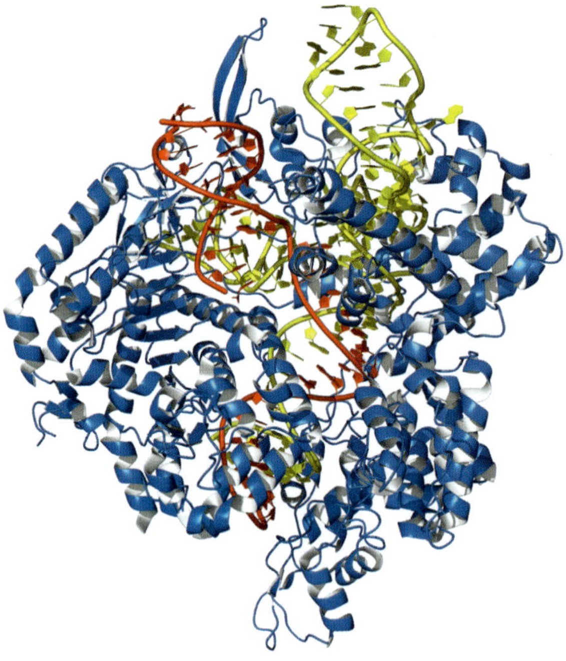

▲ **Figure 4**
CRISPR-Cas9 gene editing complex from *Streptococcus pyogenes*. The Cas9 nuclease protein uses a guide RNA sequence to cut DNA at a complementary site. Used in genome engineering and gene therapy (Cas9 is shown in blue, RNA in yellow, target DNA in red).

FINAL TEST
Genetic engineering

Choose the correct answer in these multiple-choice questions.

1. Restriction enzymes are:
A DNA unwinding enzymes.
B DNA joining enzymes.
C DNA cleaving enzymes.
D none of these.

2. The enzyme used to join the DNA fragments is:
A topoisomerase.
B DNA ligase.
C DNA polymerase.
D reverse transcriptase.

3. The process of manipulating genes is known as:
A genetic modification.
B gene targeting.
C gene cloning.
D gene linking.

4. A recombinant DNA molecule is produced by joining together:
A one mRNA with a DNA segment.
B two RNA segments.
C one mRNA with a tRNA segment.
D two DNA segments.

5. A group of genetically similar organisms obtained by sexual reproduction is called:
A clone.
B population.
C assembly.
D none of these.

6. Bacterial extra chromosomal, self-replicating, circular DNA molecules are called:
A vectors.
B viruses.
C plasmids.
D chromatin.

7. A clone is a group of organisms that are produced:
A asexually and are genetically similar.
B asexually and are genetically dissimilar.
C sexually and are genetically similar.
D sexually and are genetically dissimilar.

8. Transgenic organisms are:
A extinct organisms.
B produced by traditionally breeding technique.
C produced by gene transfer technology.
D naturally occurring.

9. Which of the following statements about plasmids is correct?
A Plasmids are mobile.
B Plasmids are made up of RNA and proteins.
C Plasmids are usually found in eukaryotes.
D Plasmids are viruses.

10. A procedure called PCR is used to:
A cleave DNA.
B produce recombinant DNA.
C copy gene sequences.
D clone cells.

Answer the revision questions below by filling in the gaps.

11. What is a restriction enzyme?

A restriction enzyme is an enzyme which .... the DNA at specific nucleotide sequences called ....

12. What is a vector?

A vector is a self-replicant DNA molecule into which a DNA segment can be spliced and introduced into a cell; generally a .... or a ....

13. What is a plasmid?

A plasmid is a small .... molecule within a cell that is physically .... from a chromosomal DNA and can replicate independently.

14. What does CRISPR mean?

CRISPR stands for: .... regularly interspersed short .... repeats.

PROBLEMA 1:
La chimica della carta

Il principale componente della carta è la cellulosa, la stessa sostanza che forma la parete cellulare delle cellule vegetali. Dal punto di vista chimico la cellulosa è un polisaccaride, un polimero naturale che si ottiene per policondensazione di molecole di d-glucosio ($C_6H_{12}O_6$). I monomeri di D-glucosio sono uniti mediante un legame 1,4-β-glicosidico che si forma in seguito a una reazione di condensazione, durante la quale viene rilasciata una molecola di acqua. Il legame tra il C-1 di un monomero e il C-4 del monomero successivo è un legame equatoriale, che porta alla formazione di una molecola lineare (a differenza di quanto avviene nel caso dell'amido e dell'amilopectina, che hanno strutture ramificate).

Come molti materiali di origine biologica, anche la carta può deteriorarsi. Gli elementi che mettono a repentaglio la conservazione dei documenti antichi sono:

- i danni fisici dovuti all'usura o a lacerazioni delle pagine;
- i danni biologici causati da insetti e animali che si nutrono di carta (tarli, termiti e topi) oppure da microrganismi come batteri e funghi;
- i danni chimici dovuti a ossidazione o idrolisi della cellulosa.

Questi danni sono accelerati o aggravati se i documenti cartacei sono esposti alla luce diretta del sole o alle alte temperature, oppure se vengono conservati in ambienti con un alto tasso di umidità.

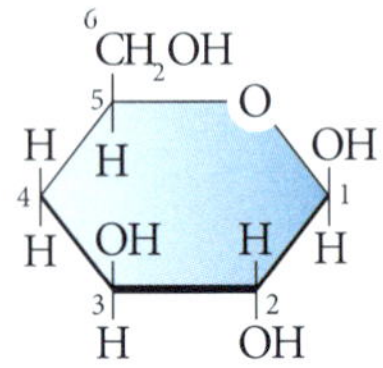

β-D-glucosio

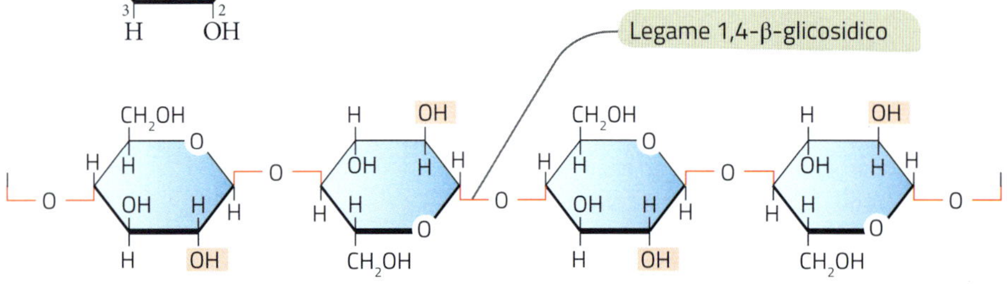

QUESITO A

L'umidità è uno dei peggiori nemici della carta, poiché la cellulosa è una molecola con un alto potere igroscopico: in altre parole, essa può assorbire facilmente molecole di acqua, che penetrano nelle fibre di cellulosa e causano un rigonfiamento del supporto cartaceo. Anche se la cellulosa non si solubilizza in solventi polari, la presenza di acqua rende la carta più sensibile alle lacerazioni e alla crescita di muffe. La figura mostra due delle molte catene di cellulosa che formano una fibra:

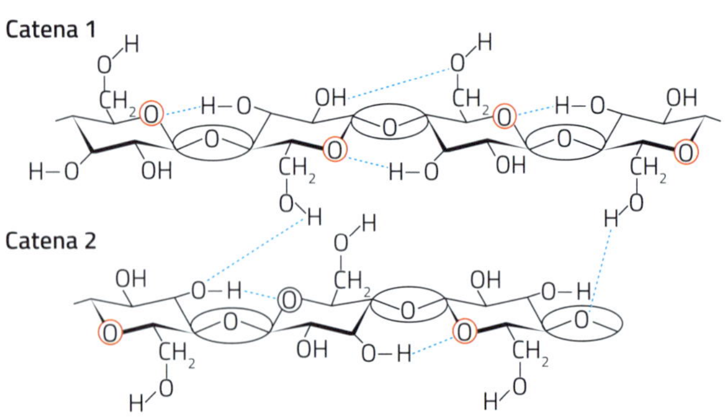

1. Di che tipo sono i legami cerchiati in nero?

A Legami a idrogeno.
B Legami ionici.
C Legami 1,4-β-glicosidici.
D Legami covalenti polari.

2. Di che tipo sono i legami tratteggiati in azzurro?

A Legami a idrogeno.
B Legami ionici.
C Legami 1,4-β-glicosidici.
D Legami covalenti polari.

QUESITO B

La figura sottostante mostra che cosa succede quando la carta assorbe umidità, inglobando molecole di H_2O.

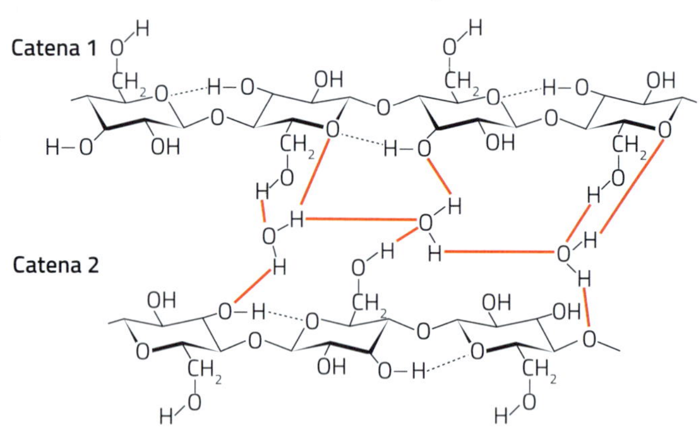

3. Di che tipo sono i legami evidenziati in rosso?

A Legami a idrogeno.
B Legami ionici.
C Legami 1,4-β-glicosidici.
D Legami covalenti polari.

4. Quale effetto provoca l'assorbimento di acqua?

A Le molecole di acqua spezzano i legami tra le molecole di glucosio.
B L'acqua rende le fibre di cellulosa più rigide.
C Le molecole di acqua distanziano le catene di cellulosa, causando il rigonfiamento delle fibre.
D L'acqua solubilizza la cellulosa.

QUESITO C

Uno dei principali responsabili del deterioramento della carta è l'idrolisi. Il legame β-glucosidico, infatti, è uno dei punti più sensibili della cellulosa: è proprio su di esso che l'idrolisi agisce, spezzando la catena di monomeri. La conseguente depolimerizzazione della cellulosa porta a un progressivo indebolimento della carta.

L'idrolisi del legame β-glicosidico avviene quando il pH subisce forti deviazioni rispetto alla norma: in altre parole, può essere innescata sia dagli acidi forti (pH<<7) sia dalle basi forti (pH>>7). L'idrolisi acida è il nemico numero uno della carta, perché può avvenire facilmente anche a temperatura ambiente; l'idrolisi basica invece è innescata solo ad alte temperature.

L'idrolisi acida della cellulosa si svolge in più fasi. Analizza i seguenti passaggi e descrivi gli eventi che caratterizzano ciascuna fase della reazione.

a)

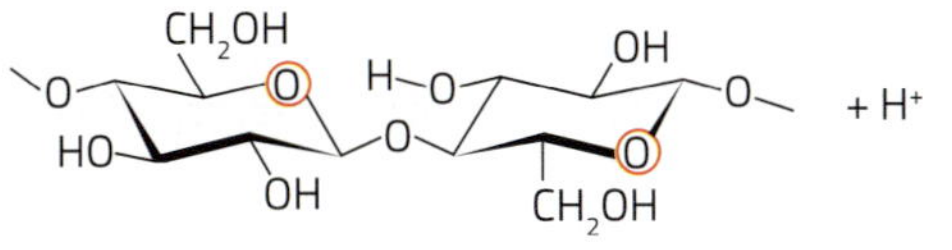

b)

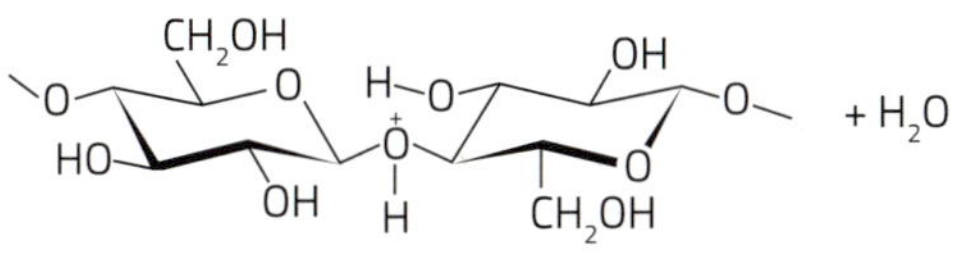

c)

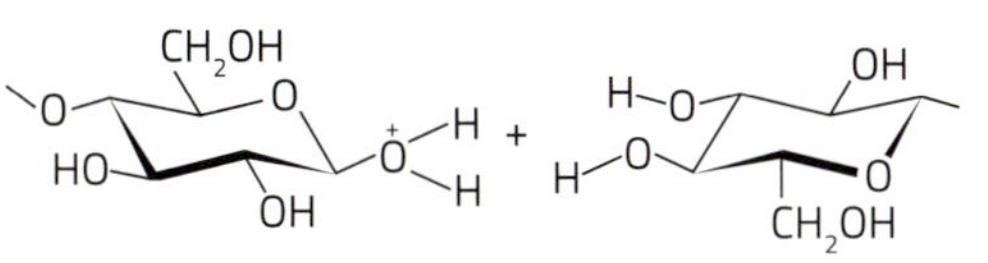

d)

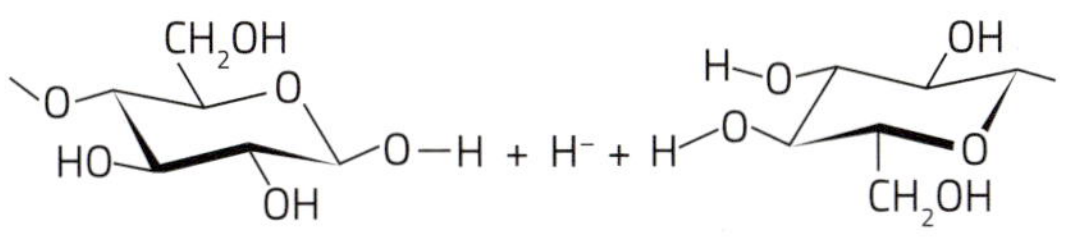

QUESITO D

In condizioni normali le reazioni di ossidazione avvengono lentamente, ma sono accelerate dalla presenza di metalli di transizione, come il ferro e il rame. Si tratta di un dettaglio non trascurabile, soprattutto se si pensa che questi metalli sono spesso presenti negli inchiostri dei documenti antichi.

Gli inchiostri ferro-gallici (noti anche come «inchiostri di galla») sono usati dal Medioevo in poi per la stesura di un gran numero di documenti: la loro reattività è di particolare interesse per i restauratori. L'azione di degrado prodotta dai componenti di questi inchiostri è duplice: da un lato l'acido solforico promuove l'idrolisi acida della cellulosa, dall'altro la presenza di ioni metallici a bassa valenza come il ferro(II) o il rame(II) catalizza la reazione di ossidazione, secondo le modalità descritte dalla reazione di Fenton.

Questa reazione è alla base della fioritura di macchioline rossastre su documenti e stampe, un fenomeno che i restauratori chiamano in gergo *foxing*. Il colore delle macchie, che ricorda quello di una volpe (*fox* in inglese), dipende dall'alta concentrazione di ioni Fe^{2+} e Cu^{2+}, che aggrediscono e alterano la cellulosa.

Se le condizioni sfavorevoli permangono, l'ossidazione porta alla definitiva rottura del polimero o all'apertura dell'anello glucosidico. Questo può avvenire se la carta è conservata in ambienti molto umidi: sia l'acido solforico sia il solfato ferroso sono solubili in acqua, quindi possono migrare facilmente verso aree del documento prive di inchiostro.

5. Le seguenti equazioni ricostruiscono le tre fasi della reazione di ossidoriduzione nota come reazione di Fenton: il fenomeno chimico alla base del *foxing* su documenti cartacei antichi. Inserisci gli elementi mancanti in ciascuna delle tre equazioni chimiche.

a) $Fe^{2+} + O_2 \rightarrow$ .... $+ O_2^-$

b) $2O_2^- + 2H^+ \rightarrow$ .... $+ H_2O_2$

c) .... $+ H_2O_2 \rightarrow Fe^{3+} + OH^- + OH^\bullet$

6. Tra i prodotti del punto C dell'esercizio precedente, che cosa indica il simbolo $OH^\bullet$?

A. Un prodotto secondario della reazione, privo di reattività.

B. Una molecola neutra.

C. Un radicale con un elettrone spaiato, molto reattivo.

D. Un'entità molecolare inesistente in natura.

PROBLEMA 2:
La biologia dello sport

Il catabolismo anaerobico del glucosio si verifica negli atleti durante un'attività muscolare breve ma intensa, per esempio una corsa di 400 metri. In questa situazione, la richiesta di ATP aumenta notevolmente ma l'apporto di ossigeno non è sufficiente a metabolizzare tutto il piruvato e il NADH prodotti dalla glicolisi; il muscolo quindi utilizza la sua riserva di glucosio come fonte per la produzione di ATP mediante la glicolisi seguita dalla fermentazione lattica.

QUESITO A

Durante una corsa, i muscoli delle gambe producono ATP quasi esclusivamente grazie alla fase esoergonica della glicolisi, durante due reazioni catalizzate rispettivamente dalla *fosfoglicerato chinasi* e dalla *piruvato chinasi*. Quante molecole di ATP e quante di NADH si ottengono in questa fase? Qual è il bilancio netto complessivo per mole di glucosio? Qual è il destino del piruvato prodotto dalla *piruvato chinasi*?

QUESITO B

Immagina che il muscolo scheletrico sia privo dell'enzima *lattatodeidrogenasi*; gli sarebbe possibile svolgere un'intensa attività generando ATP ad alta velocità mediante glicolisi?

QUESITO C

Il grafico mostra le concentrazioni di lattato nel plasma sanguigno prima, durante e dopo uno sprint di 400 metri.

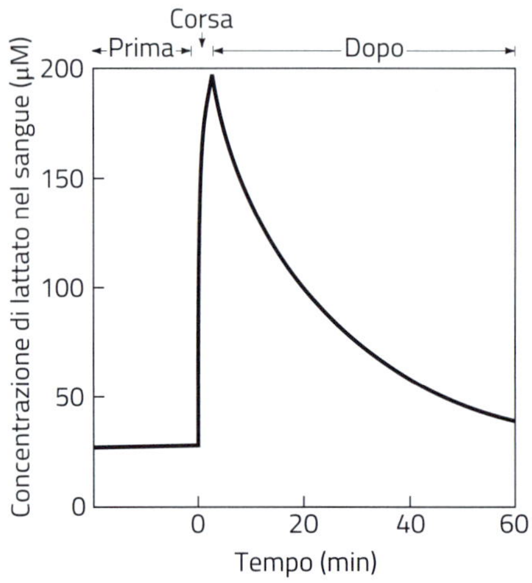

Qual è la causa del rapido aumento della concentrazione di lattato? Che cosa determina la diminuzione di concentrazione del lattato dopo la fine della corsa? Perché la diminuzione è meno rapida dell'aumento? Perché la concentrazione di lattato a riposo non è zero?

QUESITO D

La trasformazione di glucosio in lattato operata nelle cellule muscolari libera solo il 7% circa dell'energia libera che è rilasciata quando il glucosio viene totalmente ossidato a CO_2 e H_2O. Ciò significa che la glicolisi anaerobica nel muscolo rappresenta uno spreco di glucosio? Motiva la tua risposta.

QUESITO E

Osserva il seguente grafico, in cui sono riportati i valori di acido lattico in persone che abbiano eseguito un esercizio fisico. Il grafico mette a confronto persone sane con persone affette da miopatia mitocondriale: ogni pallino rappresenta una persona.

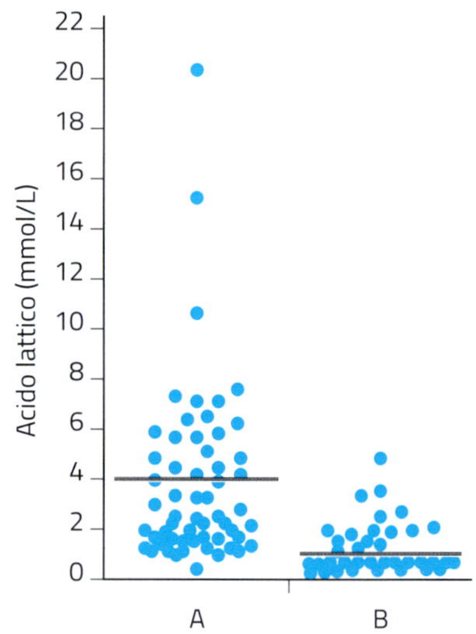

Sulla base di quanto hai appreso sui deficit metabolici delle malattie mitocondriali, secondo te, quale tra i due gruppi è composto da individui affetti da una mitocondriopatia?

1) il gruppo A
2) il gruppo B
3) non è possibile stabilirlo

PROBLEMA 3:
Come funziona un erbicida?

Il glifosato, che ha formula $C_3H_8NO_5P$ed è commercializzato con il nome *Roundup*, è un analogo della glicina usato come erbicida per uccidere le piante infestanti. Questo composto agisce inattivando l'enzima *5-enolpiruvilshikimato-3-fosfato sintetasi* o EPSPS che fa parte della via metabolica che porta alla sintesi degli amminoacidi fenilalanina, tirosina e triptofano. Le piante trattate con glifosato non riescono a sintetizzare questi amminoacidi e muoiono.

Per ridurre il più possibile l'uso di questo erbicida, la stessa azienda che produce il Roundup ha messo a punto delle piante di soia, cotone, mais e colza geneticamente modificate che resistono al glifosato; queste piante, chiamate *Roundup Ready*, contengono il gene per l'enzima EPSPS del batterio *Agrobacterium tumefaciens*, che non viene inibito dal glifosato. In questo modo il trattamento colpisce in modo mirato solo le piante infestanti.

Per studiare in che modo il glifosato inibisce la EPSPS, Boocock e Coggins isolarono l'enzima dal fungo *Neurospora crassa*; misurarono poi la velocità della reazione catalizzata da EPSPS con uno dei suoi substrati naturali (il fosfoenolpiruvato o PEP) in presenza di varie concentrazioni di glifosato. I risultati sono riportati nel grafico.

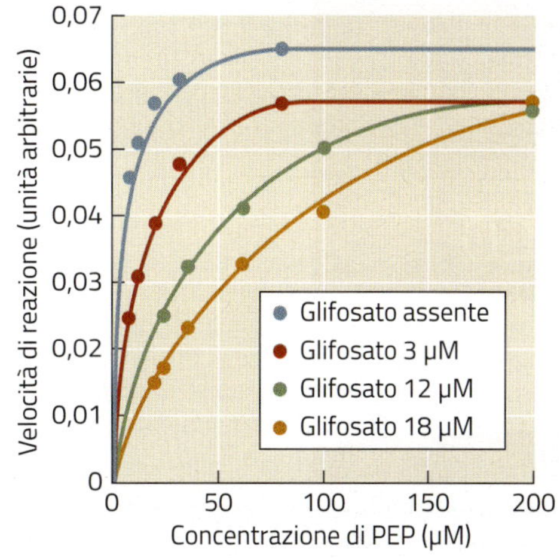

QUESITO A

A quale concentrazione di substrato si satura la EPSPS in assenza diglifosato? Quanto substrato è necessario per saturare la EPSPS in presenza di glifosato 18 mM? In ciascuno dei casi, qual è la velocità di reazione a saturazione?

QUESITO B

In base alla curva della velocità di reazione senza inibitore, l'EPSPS si comporta come un enzima allosterico? Motiva la tua risposta.

QUESITO C

Partendo da questi dati, qual è il meccanismo più probabile dell'inibizione dell'EPSPS da parte del glifosato: competitiva o non competitiva? Perché?

QUESITO D

La figura sottostante rappresenta il vettore utilizzato per realizzare le piante di soia transgeniche resistenti al glifosato; il vettore include un promotore 35S CaMV (isolato dal virus del mosaico del cavolfiore, presente in una grande abbondanza di piante), una sequenza che codifica un peptide segnale, una porzione codificante per il gene EPSPS proveninete da *Agrobacterium tumefaciens* e un terminatore. Il peptide segnale è necessario affinché la proteina possa entrare nel cloroplasto; il terminatore serve a evitare la produzione di mRNA aberranti non desiderati, che potrebbero innescare reazioni citotossiche o di silenziamento genico.

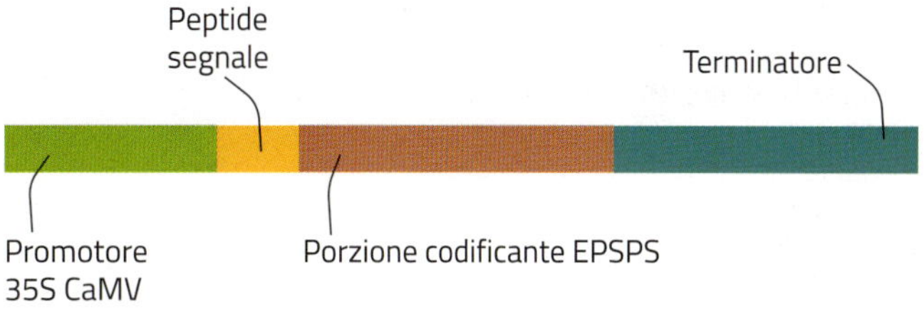

A livello di quali tessuti le piante di soia transgeniche così prodotte produrranno la proteina EPSPS ricombinante? Il vettore descritto sarà specifico per la soia, oppure potrà essere usato in tutte le piante *Roundup*?

Sebbene il codice genetico sia pressoché universale, è stato necessario un intervento a livello della porzione codificante per il gene EPSPS: di che intervento si tratta?

Indice analitico

A

B

C

D

E

F

G

H

I

J

K

L

M

N

O

P

R